금속제련과 리사이클링

금속제련과 리사이클링

Extractive Metallurgy and
Recycling of Metals

손호상 지음

경북대학교출판부

지은이 **손호상**

1983 경북대학교 금속공학과 학사
1985 경북대학교 금속공학과 석사
1993 일본 Kyoto대학 야금학과 박사
1985~1988 현대자동차 기술연구소
1993~1994 (주)영풍 석포제련소 기술연구소
1994~2001 포스코 기술연구소
2001~현재 경북대학교 금속재료공학과 교수
2013~2015 경북대학교 공과대학 학장
경북대학교 산업대학원 원장
2017~2018 한국자원리싸이클링학회 회장
2018~현재 포스코 석좌교수

저·역서
『자원리사이클링공학』(경북대학교출판부, 2019)
『범용금속의 리사이클링』(경북대학교출판부, 2020)
『희소금속의 제련과 리사이클링』(경북대학교출판부, 2023)
『A. Yazawa의 열역학 문제집』(역서, 경북대학교출판부, 2017)

금속제련과 리사이클링

찍은 날 2024년 3월 8일 | **펴낸 날** 2024년 3월 12일
지은이 손호상 | **펴낸이** 홍원화 | **펴낸 곳** 경북대학교출판부
출판등록 1973년 10월 10일 ㉣97호 | **주소** 대구광역시 북구 대학로 80
전화 053-950-3830 | **팩스** 053-953-4692 | **E-mail** press@knu.ac.kr
Homepage http://knupress.com
ISBN 978-89-7180-635-7 93580

정가는 뒤표지에 있습니다.
잘못 만들어진 책은 바꾸어 드립니다.

머리말

인류가 최초로 금속을 이용해 만든 물건은 자연동으로 만든 펜던트(길이 2.3 cm, 두께 0.3 cm)이다. 이것은 이라크의 샤니다르 동굴에서 발견되었으며 기원전 9500년경의 유물로 알려져 있다. 이어서 기원전부터 납(Pb), 은(Ag), 금(Au), 주석(Sn), 철(Fe), 수은(Hg)의 순서로 금속을 사용한 기록이 있어 이 일곱 가지 금속을 고대금속(metals of antiquity)이라 부른다. 현재는 주기율표에 실려 있는 금속 원소 대부분이 금속 재료로 실용화되어 일상생활에 사용되고 있다. 특히 그다지 쓸모가 없던 금속 원소들도 산업사회의 발전에 따라 현재는 핵심금속으로 자리 잡아 현대 산업사회를 지탱하는 필수 원소가 되었다.

한편 이러한 금속의 천연자원은 총량이 한정되어 있어 무한정 사용할 수 없는 것이 현실이다. 1972년 Donella H. Meadows 등이 『성장의 한계(The Limits to Growth)』에서 이러한 자원고갈에 대해 경종을 울린 이래 반세기가 지났다. 그동안 '도시광산(Urban Mine)'이란 신조어가 생겨날 만큼 지상자원에도 관심이 주어져 지속 가능한 사회 형성에 공헌할 수 있는 새로운 대안이 제시되었다는 점은 매우 고무적인 현상이다.

금속은 몇 가지를 제외하면 대부분 천연 상태에서 화합물로 존재한다. 인류는 이러한 화합물에서 산불 등 외부적인 사건이나 시행착오를 거쳐

금속을 추출하게 되었다. 이러한 금속의 제련기술은 인류 문명의 발달에 따라 크게 발전해 왔다. 천연광석에서 금속을 추출할 때는 채굴한 광석의 품위를 높인 후 물리화학적 법칙과 원리에 따라 목적금속을 순금속이나 화합물 등으로 회수한다. 도시광산에서 금속을 추출하는 기술 역시 기본적으로는 천연자원에서 금속을 추출하는 기술과 큰 차이가 없다. 오히려 지상자원은 금속 상태로도 존재하여 별도의 환원 공정이 필요 없는 경우가 많아 환원에 소비되는 에너지는 물론 CO_2 발생량을 획기적으로 줄일 수 있다. 그러므로 금속의 리사이클링은 저비용의 친환경 기술이라 할 수 있다.

그동안 금속제련에 관해 많은 서적이 출간되었으나, 대부분 80년대 이전의 것으로 현대 산업사회에서 필요로 하는 금속에 관해서는 그다지 언급되지 못했다. 그리고 이러한 서적들은 천연광석의 제련에 국한되어 있는 것이 대부분이다. 따라서 본 서에서는 천연광석에서 금속을 추출하는 제련기술과 함께 도시광산에서 금속자원을 회수하는 리사이클링 기술도 다루고 있다. 특히 생산량이 많은 범용금속은 물론 현대 산업사회를 지탱하는 핵심금속의 제련과 리사이클링 기술 예에 관해 상세하게 설명하였다. 또한 150여 개의 예제를 통하여 제련기술에 대한 정량적인 이해를 돕고자 하였다.

제1장에서는 금속의 분류와 리사이클링의 필요성 등을 개괄적으로 설명하였다. 그리고 제2장에서는 금속제련과 리사이클링에 필요한 열역학, 전기화학, 반응속도론 등의 물리화학 기초에 관하여 많은 예제와 함께 설명하였다. 보다 자세한 내용은 별도의 서적을 참고할 수 있을 것이다.

제3장에서는 금속제련과 리사이클링을 위한 원료의 물리적, 화학적

예비처리 기술인 파쇄, 선별, 조립, 건조, 하소, 배소 등에 관하여 설명하였다.

제4장과 제5장에서는 원료를 고온에서 처리하여 순금속을 추출하는 건식제련과 건식정제를 이론과 함께 최근 주목받는 금속에 응용되는 실례를 중심으로 설명하였다.

제6장에서는 원료를 상온 근처에서 처리하여 순금속이나 화합물을 추출하는 습식제련의 이론과 응용 예를 설명하였으며, 제7장에서는 수용액이나 용융염에서 전기에너지를 이용하여 금속을 추출하는 전해제련의 이론과 응용 예를 설명하였다.

제8장에서는 금속 중 생산량이 압도적으로 많은 철강제련의 기초에 관하여 설명하였다.

한편 금속의 제련과 리사이클링에는 매우 다양한 기술들이 있기 때문에 본 서에서 다루지 못한 내용도 있을 것이다. 그러나 기존의 여러 참고서적이나 문헌들과 함께 전작인『범용금속의 리사이클링』과『희소금속의 제련과 리사이클링』을 함께 활용한다면 순환경제 시대의 새로운 비즈니스 모델 구축에 큰 기여를 할 수 있을 것으로 기대된다.

마지막으로 본 서의 교정과 출간을 위해 수고를 아끼지 않으신 경북대학교출판부 직원분들께 깊은 감사의 인사를 드린다.

2024. 1.

蘇爺 孫豪祥

contents

제8장

철강제련

[부록]

Extractive Metallurgy and Recycling of Metals

제1장

서론

1.1 금속제련의 개요

1.2 금속의 분류

1.3 금속제련 원료

1.4 금속제련과 지속 가능한 사회

제1장 | # 서론

Introduction

1.1 금속제련의 개요

인류는 '자원'을 확보하고 이용하면서 발전해 왔다. 이러한 자원(resources)은 '원재료나 광물과 같이 인류에게 유용한 물질의 저장원'으로, 예전에는 '지하자원'이나 '천연자원'을 의미하였다.[1] 그러나 순환경제(circular economy)의 등장과 함께 현재는 도시광산(urban mine)인 '지상자원'도 중요한 자원이 되었다. '도시광산'이라는 용어는 지상에 축적되어 있는 공업제품을 재생 가능한 자원으로 간주하고, 이러한 자원이 축적된 장소를 도시광산으로 명명하면서 사용되기 시작하였다.[2] 지금은 자원 재활용 분야는 물론이고 사회 전반에서 일반적인 용어로 자리 잡았다.

금속제련은 상기한 자원을 물리화학적으로 처리하여 실용 재료로 만드는 과정이며, 그림 1.1에 금속제련의 개요를 나타내었다. 금속은 금, 은, 구리 등 몇 가지를 제외하면 대부분 천연 상태에서 산화물, 황화물, 탄산염, 규산염, 황산염 등의 화합물로 존재한다. 인류는 산불 등 외부적인 사건이나 시행착오를 거쳐 자연 상태에서 화합물로 존재하는 금속 광석에서 금속을 추출하게 되었다. 이러한 금속의 제련기술은 인류 문명의 발달에 따른 주변 기술의 변천에 따라 크게 발전하여 왔다.

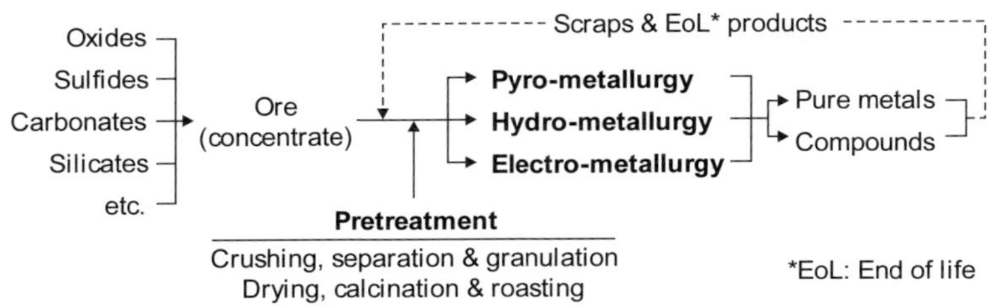

그림 1.1. 금속제련의 개요

금속 성분을 함유한 원료에서 목적성분을 추출하는 제련공학은 우선 원료 중 목적성분의 품위를 높인 후 물리화학적 법칙과 원리에 따라 목적금속을 순금속이나 화합물 등으로 회수하는 것이다. 이러한 제련공학에는 고온에서 반응 촉진 및 상 분리를 하는 건식제련(pyro-metallurgy, 제4장), 목적금속을 상온이나 그 부근의 온도에서 이온 상태로 만들어 공존 원소나 불필요한 물질을 분리하고 금속 상태로 추출하는 습식제련(hydro-metallurgy, 제6장), 전해질 수용액이나 용융염 등 이온 전도체에 전류를 흘렸을 때의 화학변화로 물질을 분리하거나 제조하는 전해제련(electro-metallurgy, 제7장)으로 나눌 수 있다. 또 건식제련은 조금속(crude metal)을 만드는 환원 제련(제4장)과 조금속의 불순물을 제거하는 건식정제(제5장)로 구분하며, 원료의 예비처리 공정인 건조, 하소(calcination), 배소(roasting) 등(제3장)도 원료가 용융되지 않을 정도의 온도로 가열하여 처리하는 것이므로 건식제련의 범주에 포함하기도 한다.[3]

전통적인 제련에서는 천연자원만 원료로 사용하였으나 이제는 제품 생산 과정에서 발생하는 스크랩이나 수명이 다하여 폐기되는 제품(EoL products)도 중요한 제련원료가 되었다. 이러한 도시광산에서 금속을 추출하는 기술 역시 기본적으로는 천연자원에서 금속을 추출하는 기술과 큰 차이는 없다. 지상자원을 수집하여 필요에 따라 파·분쇄하고 선별하는 등의 전처리를 거친 후, 목적금속에 적합한 물리화학적 처리를 한다. 오히려 지상자원은 금속 상태로도 존재하여 별도의 환원 공정이 필요 없는 경우가 많아 환원에 소비되는 에너지는 물론 CO_2 발생량을 줄일 수 있으므로 저비용의 친환경 기술이라 할 수 있다. 특히 금속은 리사이클링에 의해 원재료와 동등한 품질의 소재로 재생할 수 있는 장점이 있다. 따라서 스크랩으로부터 금속을 생산하는 것은 탄소중립에 의한 지구환경 보호는 물론 새로운 친환경 비즈니스 모델이 될 것이다.

한편 건식·습식제련 중 어떤 공정을 채택할 것인가는 후속 공정을 포함한 공정의 경제성에 의해 결정된다. 예를 들면

① 저품위 광석이나 난용융성의 광석은 건식으로 처리하면 많은 연료가 필요할 뿐만 아니라 슬래그 양이 많아지므로 침출하는 편이 경제적이다.

② 화학적으로 반응성이 강한 금속은 건식제련으로 금속 상태를 얻기가 곤란하고, 산화제련으로는 불순물을 제거할 수 없으므로 습식제련으로 처리한다.

그림 1.2에는 주기율표에서 금속 원소를 범용금속, 희소금속, 귀금속 등으로 분류하고, 제련 관점에서 구분하여 나타내었다.[4]

① 좌측 끝의 점선으로 둘러싸인 1~3족 원소: 금속 중에서도 반응성이 풍부한 활성(reactive) 금속들이므로 용융염 전해 등으로 제조

② 전이금속(transition metals) 중 4~10족: 일반적으로 융점이 높고,

특히 Mo, W 등은 수소환원 등으로 제조

③ 전이금속의 오른쪽 하부: 귀금속인 Au, Ag와 백금족들은 상당한 양이 비철금속 제련의 부산물로서 생산되며 리사이클링도 중요한 금속

④ 12~15족에 걸쳐서 있는 Zn, Pb, Bi 등: 융점이 700 K 이하인 저융점 금속들이며, 금속 및 화합물의 증기압도 높아 12족의 Zn, Cd, Hg는 증류제련으로 만들기도 함

⑤ 우측 끝의 점선으로 둘러싸인 15~18족 원소: 비금속(non metals)으로 반금속, 반도체 원소군

⑥ Me: 상당한 양이 다른 비철금속의 제조과정에서 부산물로 생산되는 금속

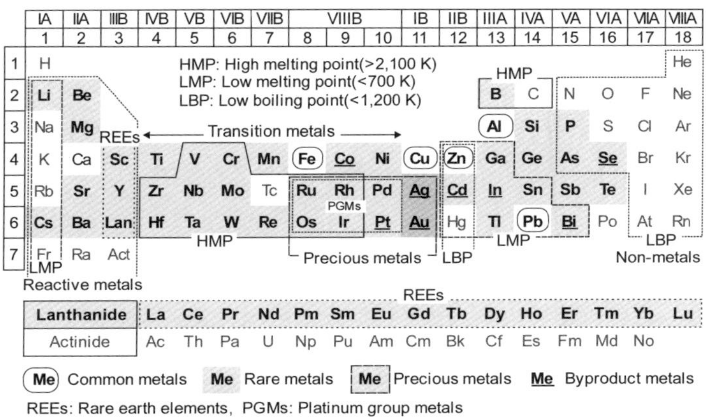

그림 1.2. 금속의 분류와 제련 관점에서의 주기율표

한편 제련은 원료를 환원하여 금속상으로 분리하는 것이 주 공정이지만, 얻어지는 금속상은 목적금속 외의 여러 성분이 불순물로서 함유된

다원계 용체의 조금속이다. 따라서 불순물을 제거하거나 회수하는 공정이 부수적으로 필요하다. 또 원료 중의 불순물을 미리 제거하여 순수에 가까운 금속 화합물이나 그 수용액을 만드는 부수적인 처리를 먼저 한 후 금속으로 환원하기도 한다. 이러한 주 공정과 부수적인 공정의 양자가 함께 기능하여 비로소 제련 공정이 성립된다. 편의상 각각의 기술 내용을 '기간 프로세스'와 '부속 프로세스'로 구분하여 생각하면 많은 금속의 복잡한 제련 프로세스를 종합적으로 이해하는 데 도움이 된다. 실제 예를 들면, 구리 제련은 원료인 황동광 정광을 고온에서 산화 탈황하여 조동을 만드는 용련(smelting)인 '기간 프로세스'와 조동을 전해정제하여 고순도 구리를 얻는 동시에 조동에 포함된 Au, Ag를 비롯해 As, Sb, Bi 등의 유가 성분을 회수하는 '부속 프로세스'로 이루어져 있다.[5]

기간 프로세스는 제련의 핵심인 금속으로의 환원이며, 각 금속에 적용하는 환원법은 평형론(예: 열역학)을 비롯한 물리화학적 원리에 기반을 두고 있다. 이러한 환원 방법은 다음과 같이 분류할 수 있다.

① 탄소에 의한 열환원: Fe, Ferro-alloy(Fe-Si, Fe-Mn, Fe-Ni 등), Zn, Pb, Sn, Si 등(4.3.2 산화물의 탄소 열환원, 8.2 고로 제선법)

② 산소에 의한 열환원: Cu, Pb, Ni 등(4.4 황화물의 용융제련)

③ 수소에 의한 열환원: W, Mo, Ni 등(4.3.5 산화물의 기체 환원)

④ 활성금속에 의한 열환원: Ti, Zr, Nb, Ta, V, U, Th, Fe-Mo, Fe-V, 희토류(rare earth)(4.3.4 산화물의 금속 열환원, 4.5 할로겐화물의 금속 열환원)

⑤ 전해채취(수용액 전해와 용융염 전해)

수용액 전해: Zn, Ni, Co, Cr 등(7.3 수용액 전해채취)

용융염 전해: Al, Mg, Na, V, 희토류 등(7.5 용융염 전해)

1.2 금속의 분류

그림 1.2의 주기율표에는 100여 개의 원소가 실려 있지만, 그중에서 80여 개의 원소가 금속이나 반금속으로 불리는 원소들이다. 금속 중에서 다수의 원소가 금속 재료로 실용화되어 일상생활에 사용되고 있다. 금속은 크게 전 세계 금속 생산량의 93 % 이상을 차지하는 철강(Fe)과 그 나머지인 비철금속(non-ferrous metals)으로 구분한다. 또 금속의 생산량이나 희소성 등에 따라 범용금속(common metals), 희소금속(rare metals), 귀금속(precious metals) 등으로 구분할 수 있다. 표 1.1에는 산업용 금속을 학문적으로 분류하여 나타내었지만, 희소금속 등에 관해 엄밀한 구분이 있는 것은 아니며 국가나 지역에 따라 달리 분류하기도 한다. 최근에는 희소금속을 핵심금속(critical metals)이라 부르기도 한다.[6]

표 1.1. 산업용 금속의 분류

구분		개수	금속
철계금속		1	Fe
비철금속	범용금속	4	Al, Cu, Zn, Pb
	귀금속	2	Au, Ag
	희소금속 (40)	6	백금족 원소: Ru, Rh, Os, Pd, Ir, Pt
		6	알칼리/알칼리토금속: Li, Mg, Cs, Be, Sr, Ba
		1	REE(희토류금속: 17종(란타나이드 15종+Sc, Y))
		11	고융점금속(Ti, Zr, Hf, V, Nb, Ta, Cr, Mo, W, Mn, Re)
		2	철족 원소: Co, Ni
		4	13족 원소: Cd, Ga, In, Tl
		10	반금속 원소: As, B, Bi, Ge, P, Sb, Se, Si, Sn, Te

범용금속은 철(Fe), 알루미늄(Al), 구리(Cu), 아연(Zn), 납(Pb) 등 다른 금속과 비교하여 생산량이 압도적으로 많은 것으로, 일상생활에서 다양한 분야에 널리 사용되고 있으며, 양산금속이라 부르기도 한다. 특히 고대금속인 철은 전 세계 금속 생산량의 93 % 이상을 차지한다. 18세기에 만들어진 알루미늄은 연간 9,000만 톤(2차 자원 포함) 정도가 생산되어 우리들의 일상생활에서 다양하게 사용되고 있다. 또 인류가 최초로 사용한 금속인 구리는 연간 2,200만 톤 가까이 생산되어 여전히 우리들의 사랑을 받고 있는 금속이다. 아연은 기원전 4000년경부터 황동의 합금원소로 사용되어 온 금속이며, 지금도 연간 1,300만 톤 정도가 생산되어 철강재료의 부식 방지 등에 널리 사용되고 있다. 납은 인류가 두 번째로 사용한 금속이면서 아직까지도 연간 1,100만 톤 정도를 생산하고 있지만, 인체에 유해하여 납축전지 등의 한정된 용도로만 사용되고 있다.

희소금속은 'rare metals'를 번역한 것으로, 범용금속의 상대적인 말이다. 희귀한 금속이란 뜻이지만 학술적으로 분명하게 정의된 단어는 아니다. 어떤 원소를 희소금속으로 분류할 것인지에 대해서도 보편적인 기준이 있는 것은 아니지만, 대략적으로 구분하면 다음과 같다.[7]

① 백금족 금속처럼 원소의 지각 내 존재도가 낮거나 지역적으로 편재된 금속

② Ti처럼 자원적으로는 풍부해도 금속으로의 추출이나 정련이 어려운 금속

③ V처럼 지각 중의 원소 존재도는 높지만, 지역적으로 널리 분포되어 있어 광석의 품위가 낮아 경제적으로 채산성이 없는 금속

④ Ni이나 Co처럼 장래에 안정적인 공급이 곤란할 가능성이 다른 금속보다 상대적으로 높은 금속

그림 1.3에는 1900년부터 주요 금속 1차 지금의 연간 생산량 변화를 나타내었다. 이러한 금속의 생산량은 2차 대전이 끝난 후의 경제 부흥기에 급속하게 증가하였다. 석유위기(1970년) 등에 따른 정체기가 있었지만 1996년부터 시작된 중국 특수에 힘입어 모든 금속의 생산량은 다시 급격하게 증가하였다. 특히 철강의 2022년 전 세계 생산량[8]은 18.854억 톤에 달하며(그림 8.1 참조), 그중 약 54 %(약 10.18억 톤)는 중국에서 생산되고 있다.

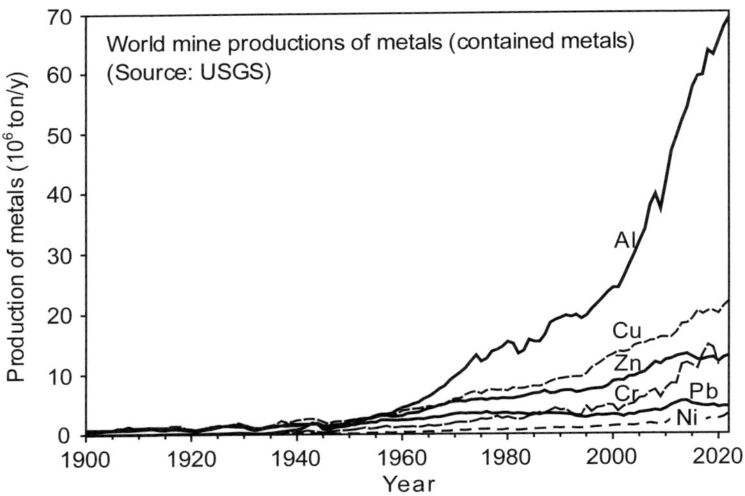

그림 1.3. 주요 금속의 연간 생산량 변화 비교

1.3 금속제련 원료

1.3.1 천연광석

표 1.2에는 지각 중 원소 존재도 순위를 나타내었다.[9] 산소, 규소, 알루미늄, 철의 순서로 풍부하지만, 상위 10위까지의 원소가 전체의 99.8 %를 차지한다. 다행히 금속 생산량의 대부분을 차지하는 Fe, Al은 원소 존재도에서 각각 4위, 3위를 차지하는 매우 풍부한 자원이다. 그러나 Cu는 26위로 지각 중 존재량은 60 ppm이며, Zn(70 ppm)는 24위, Pb(14 ppm)는 36위에 불과하다. 희소금속인 희토류 원소 중 세륨(Ce)은 지각 중 원소 존재도가 66.5 ppm(25위)으로 구리와 비슷한 양이며, Nd, La, Y은 27~29위, Sc도 31위일 정도로 이름과 달리 비교적 양이 많은 원소들이다.[10] 그러나 희토류 원소는 지구화학적 성질로 인해 경제성 있는 농축된 형태로는 거의 산출되지 않는다.

천연광석에는 Cu, Ag, Au 등과 같이 금속으로 존재하는 것도 있으나, 대부분의 금속은 황화물, 산화물, 탄산염, 규산염, 황산염, 비화물 등의 광물로 산출된다. 표 1.3에는 이러한 천연광석을 몇 가지 그룹으로 분류하여 조성과 함께 나타내었다.[11] 천연광석에는 목적금속이 단독으로 존재하기도 하지만, 몇 가지 금속이 복합되어 있는 경우가 많다. Mo은 단독광으로도 존재하지만, Cu와 복합광이거나 Cu 광석의 선광 과정에서 부산물로 회수하기도 한다. 또 코발트(Co)는 대부분 Cu-Co, Ni-Co 광석 중에 소량 함유되어 있어서 Cu 및 Ni 제련의 부산물로 생산되고 있다. 또 아연(Zn) 제련에서는 은(Ag), 카드뮴(Cd), 인듐(In) 등을, 동 제련에서는 은(Ag), 금(Au), 백금(Pt), 팔라듐(Pd) 등을 부수적으로 회수하고 있다.

표 1.2. 지각 중 원소의 존재도(Abundance of Elements in the Earth's Crust and in the Sea)

No.	Element	Symbol	ppm	No.	Element	Symbol	ppm
1	Oxygen	^{8}O	46.10%	31	Scandium	^{21}Sc	22
2	Silicon	^{14}Si	28.20%	32	Lithium	^{3}Li	20
3	Aluminum	^{13}Al	8.23%	33	Niobium	^{41}Nb	20
4	Iron	^{26}Fe	5.63%	34	Nitrogen	^{7}N	19
5	Calcium	^{20}Ca	4.15%	35	Gallium	^{31}Ga	19
6	Sodium	^{11}Na	2.36%	36	Lead	^{82}Pb	14
7	Magnesium	^{12}Mg	2.33%	37	Boron	^{5}B	10
8	Potassium	^{19}K	2.09%	38	Thorium	^{90}Th	9.6
9	Titanium	^{22}Ti	0.57%	39	Praseodymium	^{59}Pr	9.2
10	Hydrogen	^{1}H	0.14%	40	Samarium	^{62}Sm	7.05
11	Phosphorus	^{15}P	0.105%	41	Gadolinium	^{64}Gd	6.2
12	Manganese	^{25}Mn	0.100%	42	Dysprosium	^{66}Dy	5.2
13	Fluorine	^{9}F	0.0585%	43	Erbium	^{68}Er	3.5
14	Barium	^{56}Ba	0.04%	44	Ytterbium	^{70}Yb	3.2
15	Strontium	^{38}Sr	0.04%	45	Hafnium	^{72}Hf	3.0
16	Sulfur	^{16}S	0.04%	46	Cesium	^{55}Cs	3.0
17	Carbon	^{6}C	0.02%	47	Beryllium	^{4}Be	2.8
18	Zirconium	^{40}Zr	0.02%	48	Uranium	^{92}U	2.7
19	Chlorine	^{24}Cl	0.0145%	49	Bromine	^{35}Br	2.4
20	Vanadium	^{23}V	0.01%	50	Tin	^{50}Sn	2.3
21	Chromium	^{24}Cr	0.01%	51	Europium	^{63}Eu	2.0
22	Rubidium	^{37}Rb	90 ppm	52	Tantalum	^{73}Ta	2.0
23	Nickel	^{28}Ni	84	53	Arsenic	^{33}As	1.8
24	Zinc	^{30}Zn	70	54	Germanium	^{32}Ge	1.5
25	Cerium	^{58}Ce	66.5	55	Holmium	^{67}Ho	1.30
26	Copper	^{29}Cu	60	56	Tungsten	^{74}W	1.25
27	Neodymium	^{60}Nd	41.5	57	Molybdenum	^{42}Mo	1.20
28	Lanthanum	^{57}La	39	58	Terbium	Tb	1.20
29	Yttrium	^{39}Y	33	59	Thallium	^{81}Tl	0.85
30	Cobalt	^{27}Co	25	60	Lutetium	^{71}Lu	0.8

No.	Element	Symbol	ppm	No.	Element	Symbol	ppm
61	Thulium	^{68}Tm	0.52	71	Platinum	^{78}Pt	0.005
62	Iodine	^{53}I	0.45	72	Gold	^{79}Au	0.004
63	Indium	^{49}In	0.25	73	Osmium	^{76}Os	0.0015
64	Antimony	^{51}Sb	0.20	74	Tellurium	^{52}Te	0.0010
65	Cadmium	^{48}Cd	0.15	75	Ruthenium	^{44}Ru	0.0010
66	Mercury	^{80}Hg	0.085	76	Iridium	^{77}Ir	0.0010
67	Silver	^{47}Ag	0.075	77	Rhodium	^{45}Rh	0.0010
68	Selenium	^{34}Se	0.050	78	Rhenium	^{75}Re	0.0007
69	Palladium	^{46}Pd	0.015				
70	Bismuth	^{83}Bi	0.0085				

한편 상당수의 비철금속은 광석 중에 Fe과의 화합물로 존재하여 Fe을 제거하는 것이 가장 큰 과제이다. 예를 들면 Ti 원료인 ilmenite는 $FeTiO_3$이며, Ni 황화광인 pentlandite는 $(Ni,Fe)_9S_8$, Ni 산화광인 laterite는 $(Ni,Co)SiO_3 \cdot (Fe,Al,Cr)_2O_3 \cdot xH_2O$이다. 그리고 Sn 광석인 석석(cassiterite, tinstone, SnO_2)에는 불순물로 다량의 Fe이 존재한다. 따라서 이러한 금속의 제련에서는 Fe을 우선적으로 제거한 후에 각각의 금속을 추출하고 있다.

표 1.3. 주요 금속 광석의 종류와 조성

Group	Metals	Minerals	Composition
Native Metals	Gold		Au
	Silver		Ag
	Electrum		Au-Ag
	PGMs		Pt, Ir, Os, Ru, Rh, Pd
	Copper		Cu
	Awarite		$FeNi_2$
	Josephinite		$FeNi_3$
	Native mercury		Hg

Group	Metals	Minerals	Composition
Oxides, Hydroxides and Carbonates	Aluminum	Gibbsite	$Al(OH)_3$
		Böhmite	AlOOH
		Diaspore	AlOOH
	Copper	Cuprite	Cu_2O
		Tenorite	CuO
		Malachite	$CuCO_3 \cdot Cu(OH)_2$
		Azurite	$2CuCO_3 \cdot Cu(OH)_2$
	Iron	Magnetite	Fe_3O_4
		Hematite	Fe_2O_3
		Ilmenite	$Fe_2O_3 \cdot nH_2O$
		Goethite	FeOOH
		Siderite	$FeCO_3$
	Magnesium	Dolomite	$(Ca,Mg)CO_3$
	Manganese	Pyrolusite	MnO_2
		Manganite	$Mn_2O_3 \cdot H_2O$
		Hausmannite	Mn_3O_4
	Rare earths	Bastnasite	$LnFCO_3$ (Ln=lanthanide)
	Tin	Cassiterite	SnO_2
	Titanium	Rutile	TiO_2
	Uranium	Pitchblende	U_3O_8
		Uraninite	UO_2
	Zinc	Zincite	ZnO
		Hydrozincite	$ZnCO_3 \cdot 2Zn(OH)_2$
		Smithsonite	$ZnCO_3$
Complex Oxides	Chromium	Chromite	$Cr_2O_3 \cdot FeO$
	Niobium	Columbite	$Nb_2O_5 \cdot (Fe,Mn)O$
		Pyrochlore	$Nb_2O_5 \cdot (Ca,Ba)O \cdot NaF$
	Tantalum	Tantalite	$Ta_2O_5 \cdot (Fe,Mn)O$
	Titanium	Ilmenite	$TiO_2 \cdot FeO$
	Tungsten	Scheelite	$WO_3 \cdot CaO$
		Wolframite	$WO_3 \cdot FeO$

Group	Metals	Minerals	Composition
Silicates Anhydrous	Beryllium	Beryl	$3BeO \cdot Al_2O_3 \cdot 6SiO_2$
	Lithium	Spodumene	$Li_2O \cdot Al_2O_3 \cdot 4SiO_2$
	Zirconium	Zircon	$ZrSiO_4$
Silicates Hydrated	Cesium	Pollucite	$2Cs_2O \cdot 2Al_2O_3 \cdot 4SiO_2 \cdot H_2O$
	Copper	Chrysocolla	$Cu_3(OH)_2 \cdot Si_4O_{10} \cdot nH_2O$
	Nickel	Garnierite	$(Ni,Mg)_3(OH)_4 \cdot Si_2O_5 \cdot nH_2O$
Sulfides	Antimony	Stibnite	Sb_2S_3
	Arsenic	Realgar	As_4S_4
		Orpiment	As_2S_3
		Arsenopyrite	FeAsS
	Cobalt	Linnæite	Co_3S_4
	Copper	Chalcocite	Cu_2S
		Covellite	CuS
		Digenite	Cu_9S_5
		Bornite	Cu_5FeS_4
		Chalcopyrite	$CuFeS_2$
		Cubanite	$CuFe_2S_3$
		Enargite	Cu_3AsS_4
	Iron	Pyrite	FeS_2
		Marcasite	FeS_2
		Pyrrhotite	FeS
	Lead	Galena	PbS
	Mercury	Cinnabar	HgS
	Molybdenum	Molybdenite	MoS_2
	Nickel	Pentlandite	(Fe,Ni)S
	Silver	Argentite	Ag_2S
	Zinc	Sphalerite	ZnS
Phosphate	Rare earths	Monazite	$LnPO_4$
		Xenotime	$LnPO_4$
Sulphate	Lead	Anglesite	$PbSO_4$
	Aluminium	Alunite	$KAl_3(SO_4)_2(OH)_6$

Group	Metals	Minerals	Composition
Telluride	Gold	Calaverite	$AuTe_2$
Arsenide	Cobalt	Smaltite	$CoAs_2$

1.3.2 도시광산

선형경제(linear economy)에서는 '지하자원'이나 '천연자원'만 금속 제련의 원료로 간주하여 왔다. 그러나 순환경제(circular economy)와 탄소중립의 중요성이 부각되면서 도시광산인 '지상자원'도 중요한 금속 제련의 원료로 주목받게 되었다.

금속 관점에서 '도시광산'이란 그동안 인류가 천연광석에서 추출한 금속으로 만들어 낸 공업제품이 지상에 축적된 것을 재생 가능한 자원으로 간주한 것이다. 표 1.4에는 대표적인 도시광산과 함유된 금속 원소를 나타내었다.[12] 천연광석에는 목적금속의 함유량이 가장 많고 여기에 맥석과 함께 몇 가지 불순물 또는 유가금속 원소들이 소량 함유되어 있어서 목적금속과 함께 유가금속을 부산물로 회수한다. 그러나 도시광물에는 다양한 금속 원소들이 공존하는 것이 많다. 예를 들면 자동차에는 Fe은 물론 Al, Cu, Zn 등을 비롯한 다양한 비철금속이 함유되어 있다. 특히 전기자동차에는 대량의 리튬이온 배터리가 사용되어 Li, Ni, Co, Mn, Al, Cu 등이 함유되어 있다. 또 내연기관 자동차의 배기가스 정화용 폐촉매 중에는 Pt, Pd 등의 백금족 금속이 함유되어 있다. 전기전자부품에는 Au, Ag, Ta 등 열 가지가 넘는 희소금속이 사용되고 있다. 또 석유화학 산업에서 발생하는 폐촉매 중에는 촉매 구성 성분인 Mo, Ni, V 등은 물론 석유 중의 V이나 Mo이 포집되어 있다.

표 1.4. 도시광산과 도시광물의 함유 금속 원소

도시광산		함유 금속 원소
이동 수단	자동차, 전동차, 선박, 항공기 등	Fe, Al, Ti, Cu, Zn, Co, V, Mo, Nb, *REEs 등
전기·전자 제품	PC, 전자레인지, 냉장고, 세탁기, 복사기, 휴대폰, 의료기기 등	Cu, Ag, Au, Pt, Pd, Fe, In, W, Zr, Co, Ti, Mo, Ga, Ta, Nb, Si, REEs 등
전동기, 공구류	모터류, 절삭공구	Fe, Cu, W, Co, V, Mo, Ti, Si, REEs 등
전지	1·2차 전지, 수소 연료전지, 태양전지	Pb, Li, Ni, Mn, Fe, Zn, Hg, Cd, Co, Sb, Al, Pt, Si, Ag, Sn, REEs 등
촉매	촉매 스크랩, 석유화학 촉매, 자동차용 촉매	Pt, Pd, Ni, Mo, V, Co 등
설비, 구조물	건물, 교량, 철로, 송전선, 통신케이블, 기계 설비류 등	Fe, Al, Cu, Zn, Ni, Sn, Mn, Cr 등
기타	도금슬러지, 도금폐액, ASR	Cu, Zn, Sn, Cr, Fe, Ni, Ag, Au, Pt, Pd 등

*REEs: Rare Earth Elements

1.4 금속제련과 지속 가능한 사회

1.4.1 자원 변동량

그림 1.4에는 1972년에 Meadows 등이 『성장의 한계(The Limits to Growth)』에서 발표한 자원 변동량 등의 예측 결과를 나타내었다.[13] 또 비교를 위해 철강과 그림 1.3에 나타낸 범용금속 전체 생산량의 변화를 중첩하여 나타내었다. 1970년까지는 실제 데이터(범용금속 생산량은 전부 실제 데이터)이며, 이후의 것은 컴퓨터 시뮬레이션 결과이다. 1970년까지는 지구상의 채굴 가능한 자원이 90 % 이상 남아 있지만, 그 이후에는 기하급수적으로 감소하는 것으로 예측하고 있다. 이와 함께 2030년대까지는 환경공해가 극심해지는 것으로 예측하는 등 현재의 기후변화가 잘 반영되어 있는 것을 알 수 있다. 특히 5대 범용금속 생산량의 95 % 정도는 철강이지만, 최근까지의 실제 범용금속 생산량* 변화를 보면

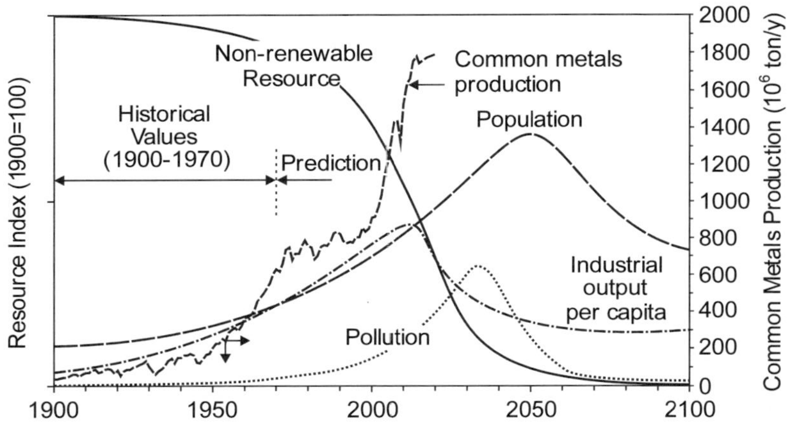

그림 1.4. 표준 모델에 의한 자원량 변동 등의 계산 결과와 범용금속 생산량 변화 비교

Meadows 등에 의한 1972년의 예측 결과가 과장된 것이 아님을 알 수 있다. 따라서 이에 대한 대책 마련이 시급한 상황이다.

한편 우리나라는 범용금속인 철강, 구리, 아연, 납을 생산하기 위한 천연광석 전량을 수입에 의존하고 있으며, 일부를 제외하면 경제성 있는 국내의 지하자원은 거의 전무하다고 할 수 있다. 또 범용금속의 대부분은 많은 양의 에너지를 소비하면서 CO_2도 다량으로 발생시키는 제련법에 의해 만들어지고 있다. 따라서 지속 가능한 사회를 유지하기 위해서는 친환경적인 제련법과 함께 지상자원을 활용하는 리사이클링 기술의 개발이 시급한 실정이다.

1.4.2 금속제련과 탄소중립

금속 스크랩을 리사이클링하여 원소재로 재생하면 품질 저하 없이 천

* 범용금속 생산량은 스크랩에서 생산된 2차 지금의 양을 포함하고 있다.

료로 사용하는 전기로 제강(Scrap-EAF)의 CO_2 발생량은 30 % 미만이며, 에너지 소비량도 약 41 %에 불과하다. 따라서 품질 문제만 해결된다면 수소 환원제철법 등 새로운 제철기술이 개발되기 전까지는 철스크랩을 주원료로 사용하는 전기로 제강법이 탄소중립의 대안이 될 수 있을 것이다.

표 1.6. 철강 제조 방법에 따른 CO_2 발생 및 에너지 소비 원단위 비교

	CO_2 t/t-CS cast		Energy GJ/t-CS cast	
	2021	2022	2021	2022
Global average	1.91	1.91	21.02	20.99
BF-BOF	2.33	2.33	24.13	23.98
Scrap-EAF	0.66	0.68	10.07	10.20
DRI-EAF	1.39	1.37	22.58	22.37

BF: Blast Furnace, BOF: Basic Oxygen Furnace, EAF: Electric Arc Furnace, DRI: Direct Reduced Iron, CS: Crude Steel

1.4.3 지속 가능한 사회의 형성

Meadows 등의 『성장의 한계』에서 예측한 자원 변동량과 그동안의 금속 생산량 변화를 보면 금속의 천연자원이 점점 더 고갈 상태에 가까워지고 있는 것은 분명하다. 그러나 천연자원을 사용한 공업 생산량 증가에 따라 지상자원이 점점 증가하고 있는 것도 사실이다. 따라서 지상자원은 우리에게 천연자원을 대체할 새로운 기회를 제공할 수 있을 것이다. 특히 최근의 지구 온난화는 심각한 수준에 다다르고 있으며, 금속제련 산업은 CO_2 배출의 주범으로 지목되고 있다. 표 1.5와 그림 1.5에 나타낸 바와 같이 스크랩으로부터 2차 지금을 생산하는 데 필요한 에너

지는 1차 지금 생산에 필요한 에너지에 비해 매우 낮다. 또 스크랩을 리사이클링하여 금속을 생산하면 CO_2 발생량이 현저하게 감소하므로 탄소중립에 큰 기여를 할 수 있다. 따라서 지구환경 보존과 지속 가능한 사회를 위해서 금속자원의 리사이클링은 더 이상 선택의 문제가 아닌 필수과제가 되었다.

최근 전 세계적으로 4차 산업과 함께 순환경제(circular economy)가 새로운 화두로 회자되고 있다. 일부 자원은 예전부터 재활용하여 왔으나, 환경과 에너지 문제와 맞물려 1970년대부터 순환경제의 개념이 등장하였다. 특히 1972년에 『성장의 한계』가 발표되고 40년이 지난 후인 2013년과 2014년 다보스포럼에서 순환경제가 핵심 의제로 등장하면서 전 지구적인 자원 고갈과 환경 문제를 해결할 수 있는 새로운 대안으로 떠올랐다.

그림 1.6에는 금속 자원 관점에서 선형경제(linear economy)와 순환경제의 개념을 시각적으로 나타내었다.[17] 선형경제는 천연자원을 채취(resource extraction)하여 제품을 생산(production)하고, 사용(consumption) 후에 폐기(dispose)하는 구조이므로 한정된 천연자원은 점점 사라지고, 폐기물(waste) 발생량은 점점 증가한다. 이러한 문제점을 해결할 수 있는 대안으로 등장한 것이 순환경제 개념이다. 순환경제는 유럽에서 '자원 고갈이나 환경부하의 저감에 대응한 자원순환 촉진을 위한 정책'으로 나온 것이다. 지금까지의 대량 생산, 대량 판매, 대량 이용, 대량 폐기 등 한 방향으로의 '선형경제'에서 리사이클링, 재이용, 재사용, 공동사용 등으로 자원을 최대한으로 순환시켜 새로운 천연자원의 투입과 폐기물 발생을 최소화하는 '순환경제'로 경제의 본질을 바꾸는 것이다. 순환경제는

단순한 환경보호 차원을 넘어 새로운 비즈니스 모델로도 주목받고 있다. 특히 금속 자원의 리사이클링 관점에서는 경제적, 기술적으로 한 단계 도약할 수 있는 새로운 기회가 되었다.

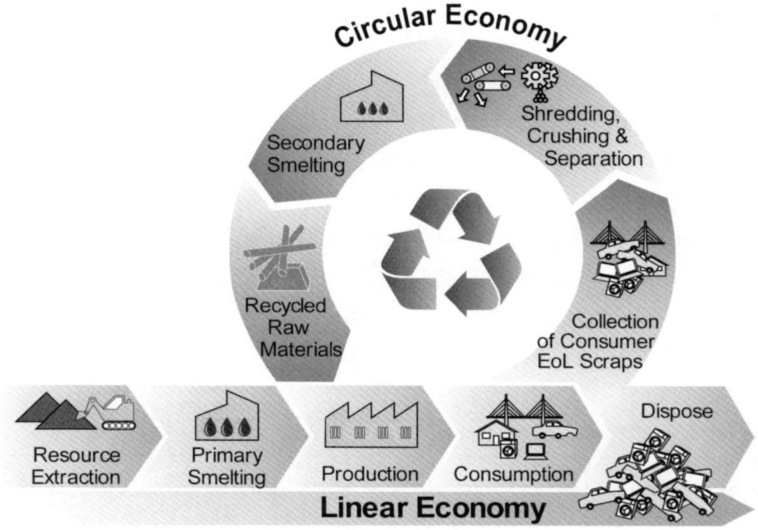

그림 1.6. 금속 자원의 선형경제와 순환경제

한편 자원리사이클링의 관점에서 보면 선형경제이든 순환경제이든 폐기물은 발생할 수밖에 없다. 따라서 성장의 한계를 넘어 지속 가능한 사회를 만들기 위해서는 순환경제 개념 중에서도 EoL(End of Life) 제품 등을 재활용하여 자원을 순환할 수 있도록 하는 것이 중요하다. 생산자와 소비자의 인식전환은 물론, 자원을 재활용하는 기술을 개발하고 실용화하는 것이 필요하다. 즉, 경제성이 있고 자원고갈과 환경부하를 해소하여 우리 사회가 지속적인 성장을 할 수 있는 금속제련과 리사이클링 기술을 개발하여 새로운 비즈니스 모델의 창출에 기여해야 할 것이다.

고대금속 이야기

인류가 금속을 사용하기 시작한 것은 기원전 9500년경으로 거슬러 올라간다. 인류가 최초로 사용한 금속은 구리(Cu)이며, 뒤이어 납(Pb), 은(Ag), 금(Au), 주석(Sn), 철(Fe), 수은(Hg)의 순서로 사용하였다. 이 일곱 가지의 금속을 고대금속(metals of antiquity)이라 부른다. 또 고대 문명에서는 태양, 달, 그리고 다섯 개 행성인 화성, 수성, 목성, 금성, 토성의 일곱 개 천체가 지구 주위를 돈다고 생각했다. 우연의 일치로 금속의 개수도 일곱 개여서 금속과 천체 사이의 관계를 암시하기도 하였다. 각 천체는 금속 중 하나와 연관되어 있었기 때문에 천체의 상징도 표 1.7과 같이 각 금속의 상징이 되었다. 또 표와 같이 금, 은, 철, 수은, 주석, 동, 납의 순서로 일주일의 일~토를 의미하기도 한다.[18]

표 1.7. 고대금속과 천상계

Metal	Day of week	Celestial body	Characteristics	Symbol
Gold(Au)	Sunday	Sun (태양)	Perfection bright yellow	☉
Silver(Ag)	Monday	Moon (달)	Near perfection silvery	☽
Iron(Fe)	Tuesday	Mars (화성)	Warriors' metal shield and spear	♂
Mercury(Hg)	Wednesday	Mercury (수성)	Moves quickly messenger of gods	☿
Tin(Sn)	Thursday	Jupiter (목성)	Lower form of silver	♃
Copper(Cu)	Friday	Venus (금성)	Resembles gold looking-glass of Venus	♀
Lead(Pb)	Saturday	Saturn (토성)	Least desired tarnished/dark	♄

[참고문헌]

1 손호상, 2019: 자원리사이클링공학, p.1, 경북대학교출판부.

2 Michio Nanjo, 1987: Urban Mine, New Resources for the Year 2000 and Beyond, Bulletin of the Research Institute of Mineral Dressing and Metallurgy, Tohoku University 43(2), pp.239-251. (실제 발행은 1988년 3월 25일)

3 大谷正康, 1971: 鉄冶金熱力学, p.2, 日刊工業新聞社, 東京.

4 T. Azakami and Y. Awakura, 1999: Extractive Metallurgy, p.1, JIM, Sendai, Japan.

5 K. Ono, 2004: Extractive Metallurgy III: Physicochemical Classification of Reduction Processes and Steelmaking, Materia Japan 43(8), pp.680-685.

6 Y. Yang, 2019: Chapter 15 Primary Production and Recycling of Critical Metals, p.316, Critical Materials, Ed. by S. E. Offerman, World Scientific.

7 손호상, 2021: 범용금속의 리사이클링, p.14, 경북대학교출판부.

8 Edwin Basson, 2023: 2022 World Steel in Figures, p.7, World Steel Association.

9 W. M. Haynes, 2014: ABUNDANCE OF ELEMENTS IN THE EARTH'S CRUST AND IN THE SEA, CRC Handbook of Chemistry and Physics, 97th edition (2014–2015), pp.14-19.

10 손호상, 2020: 범용금속의 리사이클링, p.17, 경북대학교출판부.

11 Fathi Habashi, 2017: Metals from Ores: An Introduction, Aspects Min Miner Sci. 1(1), pp.9-16.

12 손호상, 2021: 범용금속의 리사이클링, p.13, 경북대학교출판부.

13 Donella H. Meadows, Dennis L. Meadows, Jorgen Randers and William W. Behrens III, 1972: THE LIMITS TO GROWTH A REPORT FOR THE CLUB OF ROME'S PROJECT ON THE PREDICAMENT OF MANKIND, p.124, Universe Books, NEW YORK.

14 S. Grimes, J. Donaldson, and G. C. Gomez, 2008: Report on the Environmental Benefits of Recycling, p.4, Bureau of International Recycling (BIR), Brussels, Belgium.

15 Terry Norgate, 2013: Metal recycling: The need for a life cycle approach. EP135565, p.2, CSIRO, Australia.

16 World Steel Association, 2023: Sustainability Indicators 2023 report, World Steel Association(2023. 11), Brussels, Belgium.

17 손호상, 2023: 희소금속의 제련과 리사이클링, p.23, 경북대학교출판부.

18 Fathi Habashi, 2008: The Seven Metals of Antiquity, Mineral Processing and Extractive Metallurgy(Trans. Inst. Min. Metall. C) 117(3), pp.190-191.

Extractive Metallurgy and Recycling of Metals

제2장

금속제련의 물리화학

제2장 | 금속제련의 물리화학

Physical Chemistry of Metallurgy

2.1 서론

제련공학은 천연광석이나 도시광산의 금속이 함유된 원료에서 상평형의 물리화학 법칙과 원리에 따라 금속을 분리하여 추출하는 기술 체계이다. 따라서 금속제련의 화학반응은 주로 열화학 반응, 수용액 반응 및 전기화학 반응이다. 열화학 반응이나 수용액 반응은 자발적으로 진행하는 반응이지만, 전기화학 반응은 전기 에너지를 화학 에너지로 변환하여 반응 구동력을 전기로 보상하는 것이다. 또 열화학 반응은 고온화학 반응이지만, 전기화학 반응은 상온에서 고온까지 적용 온도 범위가 넓다.

이러한 금속제련공학의 기초는 물리화학이며, 그중에서 특히 화학열역학, 물질이동론, 반응속도론, 전기화학 등이 금속제련과 밀접한 관계가 있다. 따라서 건식·습식, 철·비철금속에 관계없이 제련반응을 이해하고 응용하기 위해서는 열역학과 속도론이 필요하다. 이는 반응이 평형에 도달한 상태를 정량적으로 파악하는 것에서 시작하여야 하므로 이 장에서는 이러한 제련반응의 이해에 필요한 물리화학의 기초에 관하여 간단히 설명한다. 보다 상세한 내용에 관해서는 각각의 전문 서적을 참고할 수 있을 것이다.

◎ 열역학에서 사용하는 미적분 공식

$$\frac{d(x^n)}{dx}=nx^{n-1},\qquad \frac{d(\ln x)}{dx}=\frac{1}{x},\qquad \frac{d}{dx}\left(\frac{1}{x}\right)=-\frac{1}{x^2},$$

$$\frac{d}{dx}\left(\frac{1}{x^n}\right)=-\frac{n}{x^{n+1}},\qquad \frac{d(uv)}{dx}=u\frac{dv}{dx}+v\frac{du}{d}x\ \ (\text{at}\ \ x=f(u,v)),$$

$$\int\frac{1}{x}dx=\ln x+I_{\circ},\quad \int x^n dx=\frac{x^{n+1}}{n+1}+I_{\circ}\ \ (n\neq-1)$$

◎ 2차방정식 근의 공식

$$x=\frac{-b\pm\sqrt{b^2-4ac}}{2a}\ \ \text{at}\ \ ax^2+bx+c=0$$

2.2 용액의 농도

용액* 내 각 화학성분의 조성은 무게로 나타내는 '중량 백분율(weight%)'이나 '원자 백분율(atom%)', '몰 분율(mole fraction)' 그리고 '몰 농도(molarity)' 등을 사용하며 각각 다음과 같다.

① 중량 분율(weight fraction)과 중량 백분율(weight percent)

용액 중 성분 i의 중량 분율(W_i)과 백분율(wt%i)은 다음과 같으며, w_i는 용액 성분 i의 중량을 나타낸다.

$$W_i=\frac{w_i}{w_1+w_2+\cdots+w_n}\ \ \text{with}\ \ \Sigma W_i=1 \tag{2.1}$$

* 용액(solution): 고체, 액체, 기체에 상관없이 여러 가지 화학성분으로 구성된 균일상(homogeneous phase)으로, 2가지 이상의 성분을 함유하는 혼합물이 균일상을 만들었을 때 이 혼합물을 용액이라 부른다.

$$\text{wt\%}\,i = \frac{w_i}{w_1 + w_2 + \cdots + w_n} \times 100 = W_i \times 100$$

② 몰 분율(mole fraction)과 원자 백분율(atom percent)

용액 중 성분 i의 몰 분율(x_i)과 원자 백분율(at%i)은 다음과 같으며, n_i는 해당 성분 i의 몰 수(mol), M_i는 성분 i의 원자량(g/mol)을 나타낸다.

$$x_i = \frac{n_i}{n_1 + n_2 + \cdots + n_n} \quad \text{with} \quad \Sigma x_i = 1 \quad \text{and} \quad n_i = \frac{w_i}{M_i} \tag{2.2}$$

$$\text{at\%}\,i = \frac{n_i}{n_1 + n_2 + \cdots + n_n} \times 100 = x_i \times 100$$

③ 중량 백분율과 원자 백분율의 상호 관계

A-B 2성분계 용액에서 (wt%i)와 (at%i)의 상호 관계식은 다음과 같다.

$$\text{wt\%A} = \left[\frac{(\text{at\%A} \times M_\text{A})}{(\text{at\%A} \times M_\text{A}) + (\text{at\%B} \times M_\text{B})} \right] \times 100 \tag{2.3}$$

$$\text{at\%A} = \left[\frac{(\text{wt\%A}/M_\text{A})}{(\text{wt\%A}/M_\text{A}) + (\text{wt\%B}/M_\text{B})} \right] \times 100 \tag{2.4}$$

$$= \frac{n_\text{A}}{n_\text{A} + n_\text{B}} \times 100$$

중량 백분율(wt%)과 원자 백분율(at%) 사이에는 다음의 관계가 있다.

$$\frac{(\text{wt\%A})}{100 - (\text{wt\%A})} = \frac{M_\text{A}}{M_\text{B}} \left[\frac{(\text{at\%A})}{100 - (\text{at\%A})} \right] \tag{2.5}$$

④ 몰 농도(molar concentration or molarity)

단위 부피당 성분 i의 몰 수(n_i)를 몰 농도(c_i)라 하며 다음과 같다.

$$c_i = \frac{n_i}{V}, \quad c = \Sigma c_i \quad (\text{mol/cm}^3 \text{ or kmol/m}^3) \tag{2.6}$$

⑤ 수용액의 몰 농도(molarity)와 몰랄 농도(molality)

수용액의 몰 농도(b_i)는 용매 1 L 중에 용해된 용질 i의 몰 수를, 몰랄 농도(m_i)는 용매 1 kg 중에 용해된 용질 i 의 몰 수를 나타내며 각각 다음과 같다.

$$\text{molarity: } b_i = \frac{n_i}{V_{solvent}} \quad (\text{M, mol/L}) \tag{2.7}$$

$$\text{molality: } m_i = \frac{n_i}{w_{solvent}} \quad (\text{mol/kg}) \tag{2.8}$$

[예제 2.1] 90 wt%Cu-Sn 청동에서 Cu와 Sn의 at%와 몰 분율을 구하라. 단, Cu와 Sn의 원자량은 각각 63.55 및 118.71 g/mol이다.

[풀이] at%Cu는 식(2.4)로부터 다음 식과 같이 계산한다.

$$\text{at\%Cu} = \left[\frac{(\text{wt\%Cu}/M_{\text{Cu}})}{(\text{wt\%Cu}/M_{\text{Cu}}) + (\text{wt\%Sn}/M_{\text{Sn}})}\right] \times 100 \tag{1}$$

$$= \left[\frac{(90/63.55)}{(90/63.55) + (10/118.71)}\right] \times 100 = 94.4$$

$$\text{at\%Sn} = (100 - 94.4) = 5.6 \tag{2}$$

따라서 각각의 몰 분율 x_i 는 식(2.2)로부터 다음과 같다.

$$x_{\text{Cu}} = \frac{n_{\text{Cu}}}{n_{\text{Cu}} + n_{\text{Sn}}} = \frac{\text{at\%Cu}}{100} = \frac{94.4}{100} = 0.944 \tag{3}$$

$$x_{\text{Sn}} = \frac{\text{at\%Sn}}{100} = 1 - 0.944 = 0.056 \tag{4}$$

[예제 2.2] 25 g의 황산(H_2SO_4)이 500 g의 물에 녹아 있는 용액에서 황산의 몰랄 농도 m(mol/kg)을 구하라. 단, 황산의 몰 질량은 98.08 g/mol이다.

[풀이] 황산의 몰 수는 다음과 같다.

$$n_{\text{H}_2\text{SO}_4} = \frac{w_{\text{H}_2\text{SO}_4}}{M_{\text{H}_2\text{SO}_4}} = \frac{25}{98.08} = 0.255 \text{ mol} \tag{1}$$

따라서 황산의 몰랄 농도는 다음과 같다.

$$m_{H_2SO_4} = 0.255 \times \frac{1,000}{500} = 0.51 \ \text{mol/kg} \qquad (2)$$

[예제 2.3] 순도 96 %의 NaCl을 사용하여 100 mL의 0.1 m(mol/kg) Na 용액을 만들기 위해 첨가하여야 하는 NaCl 양을 구하라. 단 NaCl의 분자량은 58.43 g/mol이다.[1]

[풀이] 문제를 식으로 나타내면 다음과 같다.

$$m_{Na} = \frac{x \ \text{g NaCl(impure)}}{100 \ \text{mL}} \qquad (1)$$

$$\therefore \ x = m_{Na} \times 100\,(\text{mL}) \qquad (2)$$

$$= \frac{58.43(\text{g/mol})}{1,000(\text{g}) \times 0.96} \times 0.1\left(\frac{\text{mol}}{\text{kg}}\right) \times 100(\text{mL})$$

$$= 0.6086 \ \text{g NaCl}$$

2.3 이상기체

이상기체는 분자 간 인력과 척력이 무시되고 평균 분자 간 간격이 매우 넓어 분자가 자유롭게 운동한다. 이상기체는 Boyle의 법칙, Gay-Lussac의 법칙, Avogadro의 가설로부터 압력(P), 부피(V), 온도(T) 사이에 다음의 이상기체 상태 방정식을 만족한다.

$$PV = nRT \qquad (2.9)$$

여기서 R은 기체상수이며, 제련반응에서 다루는 대부분의 기체는 이상기체로 가정할 수 있다. 그리고 식(2.6)의 몰 농도 c_i와 다음의 관계가 있다.

$$c_i = \frac{n_i}{V} = \frac{P}{RT} \quad \text{mol/cm}^3$$

한편 물리적, 화학적 작용이 없는 각각 n_1, n_2, ⋯ 몰의 이상기체가 일정한 온도의 전체 압력 P_{tot}에서 일정한 부피 V를 차지하면서 서로 혼합되어 있을 때 각각의 기체는 용기 내에 단독으로 있을 때와 동일한 압력을 나타낸다. 또 혼합에 따른 전체 압력 P_{tot}은 용기 내에서 각각의 기체가 나타내는 압력의 합과 같다. 이것을 'Dalton의 분압 법칙'이라 하며 다음과 같다.

$$P_{tot} = p_1 + p_2 + p_3 + \cdots \tag{2.10}$$

$$p_i = x_i \cdot P_{tot} \quad (x_i : \text{ mole fraction}) \tag{2.11}$$

등압(isobaric) 및 등부피(isochoric), 등온(isothermal)에서는 각각 다음과 같은 관계가 성립한다.

Isobaric: $\frac{V_1}{T_1} = \frac{V_2}{T_2} = \frac{V_3}{T_3} \cdots$

Isochoric: $\frac{P_1}{T_1} = \frac{P_2}{T_2} = \frac{P_3}{T_3} \cdots$

Isothermal: $P_1 V_1 = P_2 V_2 = P_3 V_3 \cdots$

[예제 2.4] 273.15 K, 1 atm에서 기체상수 R을 여러 가지 단위로 구하라.[2]

[풀이] 이상기체 상태방정식인 $PV = nRT$로부터 기체상수 R은 다음과 같다.

$$R = \frac{PV_n}{nT} = \left[\frac{(\text{힘})}{(\text{길이})^2}\right][(\text{길이})^3]\left[\frac{1}{\text{몰수}}\right]\left[\frac{1}{\text{온도}}\right]$$

$$= \frac{\text{에너지}}{\text{몰수} \times \text{온도}} \left[\frac{\text{energy}}{\text{mol} \cdot \text{K}}\right]$$

여기서 에너지(= PV일) 단위를 바꾸면 R값을 여러 가지 단위로 구할 수 있다.

① erg 단위*: cgs 단위†로 나타내는 압력 단위는 dyn/cm^2이다.

$$P(1\ atm) = \rho gh = 13.595 \times 980.66 \times 76 = 1.0132 \times 10^6\ dyn/cm^2$$

ρ: 수은 밀도 13.595 g/cm^3, g: 중력 상수 980.66 cm/s^2,

h: 1기압이 나타내는 수은주 높이 76 cm

V_n: 이상기체 1 mol 부피 22,414 cm^3, T: 절대온도 273.15 K‡

$$\therefore R = \frac{PV_n}{nT} = \frac{1.0132 \times 10^6 \times 22{,}414}{1 \times 273.15}$$

$$= 8.314 \times 10^7\ erg \cdot mol^{-1} \cdot K^{-1}$$

$$= 8.314\ J \cdot mol^{-1} \cdot K^{-1}$$

② cal 단위: 1 cal=4.184×10^7 erg=4.184 J이므로

$$R = \frac{8.314 \times 10^7}{4.184 \times 10^7} = 1.987\ cal \cdot mol^{-1} \cdot K^{-1}$$

③ [L·atm] 단위: 표준상태(0 ℃=273.15 K, 1 atm)에서 이상기체 1 mol의 부피는 22.414 L이므로

$$R = \frac{PV_n}{nT} = \frac{1 \times 22.414}{1 \times 273.15} = 0.08206\ \frac{L \cdot atm}{mol \cdot K}$$

한편 에너지 단위를 [L·atm] 단위로 바꾸거나, 반대의 경우 다음과 같은 계수를 사용한다.

$$\frac{8.314}{0.08206}\left[\frac{J}{mol{\cdot}K}\right]\left[\frac{mol{\cdot}K}{L{\cdot}atm}\right] = 101.316\ \frac{J}{L{\cdot}atm}$$

---

* erg 단위: cgs 단위계에서 사용되는 에너지와 일의 단위. 그리스어의 '일'을 뜻하는 'ergon'에서 유래.(10^7 erg=1 J)

† cgs 단위: centimetre(cm)-gram(g)-second(s) system of unit.

‡ 0 ℃는 절대온도로 273.15 K이지만 계산상 편의를 위해 273 K을 사용한다.

[예제 2.5] 고로(용광로) 안의 풍구 앞에서 노 내에 불어넣는 공기 중 산소는 가열된 코크스와 반응하여 아래 반응식으로 소비된다. 풍구 앞 공기 압력이 4.0 atm일 때 CO와 N_2의 분압(partial pressure)을 구하라. 단 공기 성분의 부피 비는 O_2:N_2=21:79로 가정한다.[3]

$$C(s)+\frac{1}{2}O_2(g)=CO(g) \tag{1}$$

[풀이] 식(1)에서 $O_2(g)$가 코크스(C)와 반응하면 CO(g)는 $O_2(g)$의 2배가 생성된다.

$$V_{CO}=2\times V_{O_2}=2\times 21=42,$$

$$V_{N_2}=V_{air}-V_{O_2}=100-21=79$$

$$\therefore V_{tot}=V_{CO}+V_{N_2}=42+79=121 \tag{2}$$

따라서 Dalton의 분압 법칙에 따라 p_{CO}와 p_{N_2}는 각각 다음과 같다.

$$p_{CO}=P_{tot}\times\frac{V_{CO}}{V_{tot}}=4\times\frac{42}{121}=1.39\ \text{atm} \tag{3}$$

$$p_{N_2}=P_{tot}\times\frac{V_{N_2}}{V_{tot}}=4\times\frac{79}{121}=2.61\ \text{atm} \tag{4}$$

2.4 열역학 함수

2.4.1 내부에너지와 엔탈피(열함량)

열역학 제1법칙*에 의하면 계(system)의 상태가 A에서 B로 변할 때

* 열역학 제1법칙(에너지 보존의 법칙): 에너지는 새로이 생성되거나 소멸되지 않으며 단지 그 형태만 바뀐다.

그림 2.1(a)와 같이 내부에너지 U, 계에 주어진 열량 Q, 외부에 대하여 한 일량 W의 관계는 다음과 같다.

$$\Delta U = U_B - U_A = Q - W \tag{2.12}$$

위 식의 무한소 변화량*은 다음과 같이 나타낸다.

$$dU = \delta Q - \delta W \tag{2.13}$$

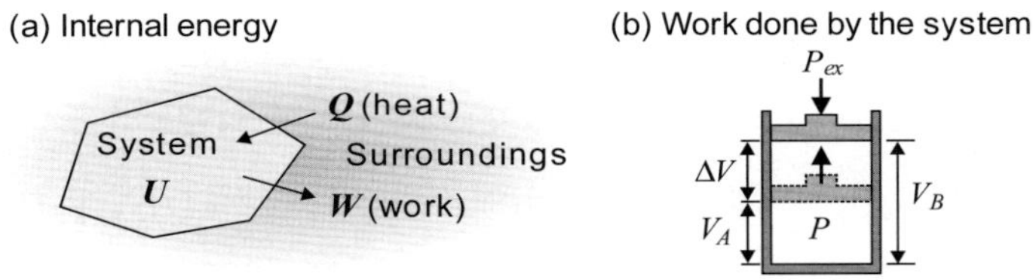

그림 2.1. 내부에너지와 계가 한 일의 관계

그림 2.1(b)와 같이 외부 압력 P가 일정하고 부피가 ΔV만큼 변화하는 기계적 일이 일어날 때 계가 하는 일은 $W = P\Delta V = P(V_B - V_A)$이다. 따라서 내부에너지 변화는 다음과 같다.

$$dU = \delta Q - PdV = \delta Q - P(V_B - V_A)$$

위의 식을 정리하면 다음과 같다.

$$\delta Q = (U_B + PV_B) - (U_A + PV_A) \tag{2.14}$$

여기서 우변의 $(U + PV)$를 다음 식과 같이 H로 정의하며, 계의 엔탈피(enthalpy, 열함량)라 부른다.

$$H \equiv U + PV = Q \tag{2.15}$$

H의 무한소 변화량은 양변을 미분하여 다음 식으로 나타낸다.

---

*'δ'는 경로함수, 'd'는 상태함수를 나타낸다.

$$dH = dU + PdV + VdP$$

압력이 일정하면 $dP = 0$이므로 위의 식은 다음과 같이 된다.

$$dH = dU + PdV = \delta Q_P \tag{2.16}$$

한편 화학반응 $mA + nB = qC + rD$의 엔탈피변화 ΔH는 다음과 같다.

$$\Delta H = \Sigma H_{\text{product}} - \Sigma H_{\text{reactant}} \tag{2.17}$$

$$= (qH_C + rH_D) - (mH_A + nH_B)$$

여기서 H_i는 i 물질 1몰당 엔탈피이며, 298 K에서 순물질(순수한 화합물은 아님)은 $H \equiv 0$으로 정해져 있다. 298 K에서 화합물의 표준 생성 엔탈피 ΔH°_{298}은 열역학 데이터 북 등에 실려 있다. 식(2.17)에서 $\Delta H > 0$ 이면 흡열반응, $\Delta H < 0$ 이면 발열반응이다. 또 엔탈피 H는 상태함수이므로 그림 2.2와 같이 반응의 최초와 최종 상태만 규정되면 반응과정은 ΔH에 영향을 미치지 못하며, 이것을 'Hess의 법칙'이라 한다.

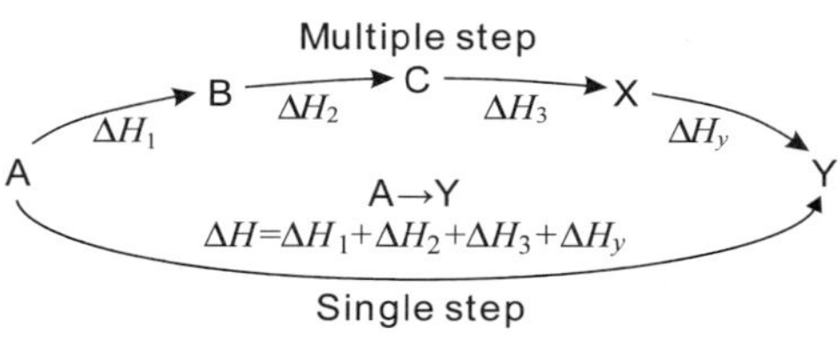

그림 2.2. Hess의 법칙

[예제 2.6] 1기압하의 어떤 기체계에 50 J의 열을 공급하여 계의 부피가 100 cm^3로 늘어났을 때 이 계가 한 일의 양, 내부에너지 변화량, 엔탈피 증가량을 구하라.

[풀이] ① 일정압력 P에 대해 ΔV의 체적변화에 의한 일량 W는 $P\Delta V$로 주어진다. 가한 열이 J 단위이므로 $1\ \text{atm} = 1.013 \times 10^6 \text{dyn}\cdot\text{cm}^{-2}$으로

환산하면

$$W = P\Delta V = (1.013\times10^6\ \text{dyn}\cdot\text{cm}^{-2})\times(100\ \text{cm}^3) \quad (1)$$
$$= 1.013\times10^8\ \text{erg} = 10.13\ \text{J}$$

한편, 기압의 단위는 [atm]이며 ΔV는 [cm^3]로 W와 단위가 다르지만, 여러 가지 단위의 기체상수를 이용하여 환산하면 단위를 맞출 수 있다. 즉

$$W = P\Delta V \quad (2)$$
$$= 1\ [\text{atm}]\times100\ [\text{cm}^3]\times\frac{8.314}{82.06}\left[\frac{\text{J}}{\text{K}\cdot\text{mol}}\right]\left[\frac{\text{K}\cdot\text{mol}}{\text{cm}^3\cdot\text{atm}}\right]$$
$$= 10.13\ \text{J}$$

② 계의 처음 상태와 마지막 상태의 내부에너지를 각각 U_1, U_2라 하면 열역학 제1법칙에 의해 계의 내부에너지변화는 다음과 같다.

$$U_2 - U_1 = \Delta U = Q_P - W = 50 - 10.13 = 39.87\ \text{J} \quad (3)$$

③ 등압 과정에서의 엔탈피 변화는 식(2.16)으로부터 그 계에 들어오거나 제거된 열량과 같으며, 계의 내부에너지변화와 엔탈피 증가는 다르다.

$$\therefore\ \Delta H = Q_P = 50\ \text{J} \quad (4)$$

[예제 2.7] CO와 CO_2의 표준 생성열(ΔH°_{298})이 각각 -110,525 J, -393,514 J일 때 다음 식의 반응열을 구하라.

$$CO(g) + \frac{1}{2}O_2(g) = CO_2(g) \quad (1)$$

[풀이] 식(1)의 반응은 다음 식들을 가감하여 구할 수 있다.

$$C(s,\ graphite) + \frac{1}{2}O_2(g) = CO(g),\ \Delta H^\circ_{298,(2)} = -110{,}525\ \text{J} \quad (2)$$
$$C(s,\ graphite) + O_2(g) = CO_2(g),\ \Delta H^\circ_{298,(3)} = -393{,}514\ \text{J} \quad (3)$$
$$\therefore\ \Delta H^\circ_{298,(1)} = \Delta H^\circ_{298,(3)} - \Delta H^\circ_{298,(2)} \quad (4)$$
$$= -393{,}514 + 110{,}525 = -282{,}989\ \text{J}$$

또 CO_2와 CO의 표준 생성열($\Delta H^\circ_{298,i}$)로부터 직접 계산할 수도 있다.

2.4.2 열용량과 반응열

열용량(heat capacity) C(J/K)는 어떤 물질의 온도를 단위 온도만큼 올리는 데 필요한 열량이며, 계가 δQ의 열량을 흡수하여 dT 만큼 온도가 변했을 때 다음 식과 같다.

$$C \equiv \frac{\delta Q}{dT} \ \text{J/K} \tag{2.18}$$

열용량은 크기성질(extensive property)이므로 물질에 따른 상대 비교를 위해 세기성질(intensive property)로 변환하면 다음과 같다.

- 비열(specific heat capacity): 단위 질량당 열용량, [J·K^{-1}·g^{-1}]
- 몰 열용량(molar heat capacity): 단위 몰당 열용량, [J·K^{-1}·mol^{-1}]

한편 등부피($dV=0$)에서는 $dU=\delta Q$이므로 등부피 비열 C_V는 다음과 같다.

$$C_V = \left(\frac{\delta Q}{dT}\right)_V = \left(\frac{dU}{dT}\right)_V \tag{2.19}$$

등압($dP=0$)에서는 $dH=\delta Q$이므로 등압 비열 C_P는 다음과 같다.

$$C_P = \left(\frac{\delta Q}{dT}\right)_P = \left(\frac{dH}{dT}\right)_P \tag{2.20}$$

위의 식으로부터 Kirchhoff식은 다음과 같다.

$$\Delta C_P = \left(\frac{\partial \Delta H}{\partial T}\right)_P \tag{2.21}$$

화학반응 $m\text{A}+n\text{B}=q\text{C}+r\text{D}$의 ΔC_P는 다음과 같다.

$$\Delta C_P = (qC_{P,(\text{C})}+rC_{P,(\text{D})})-(mC_{P,(\text{A})}+nC_{P,(\text{B})}) \tag{2.22}$$

C_P의 대표적인 온도 의존성은 다음과 같다.

$$C_P = a+bT+cT^{-2} \tag{2.23}$$

따라서 식(2.20)으로부터 온도에 따른 엔탈피변화는 다음과 같다.

$$\Delta H = H_{T_2} - H_{T_1} = \int_{T_1}^{T_2} C_P d\,T \qquad (2.24)$$

$$= \int_{T_1}^{T_2} (a + bT + cT^{-2}) d\,T$$

한편 그림 2.3과 같이 온도 T_1에서 T_2 사이에 변태점 T_t(변태열 L_t), 융점 T_m(용융열 L_m), 비등점 T_v(증발열 L_v)가 존재하면 식(2.24)는 다음과 같이 된다.

$$H_{T_2} - H_{T_1} = \int_{T_1}^{T_t} C_{P_1} d\,T \pm L_t + \int_{T_t}^{T_m} C_{P_2} d\,T \pm L_m \qquad (2.25)$$

$$+ \int_{T_m}^{T_v} C_{P_3} d\,T \pm L_v + \int_{T_v}^{T_2} C_{P_4} d\,T$$

위 식의 계산에서 화학반응이 일어날 때의 용융이나 증발잠열은 반응하는 물질의 상변태이면 (-), 생성물질의 상변태이면 (+) 값이 된다.

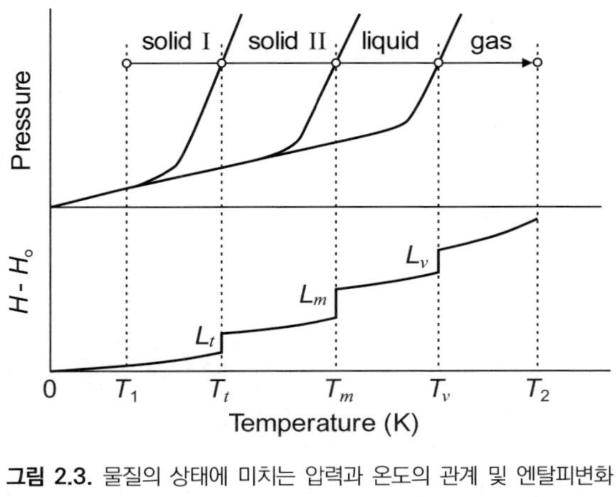

그림 2.3. 물질의 상태에 미치는 압력과 온도의 관계 및 엔탈피변화

[예제 2.8] Cu 1몰을 1,000 ℃에서 1,200 ℃로 가열할 때의 엔탈피변화를 구하라. 단, $C_{P,\mathrm{Cu(s)}} = 22.6 + 6.28 \times 10^{-3}T$, $C_{P,\mathrm{Cu(l)}} = 31.4$ J/(mol·K), 융융열(L_m)=13,000 J/mol이며, 순수한 Cu의 융점은 1,084 ℃이다.[4]

[풀이] 식(2.25) 및 그림 2.4와 같이 고체 Cu가 융점까지 가열될 때의 엔탈피, 융융에 따른 엔탈피, 그리고 액체 Cu가 1,200 ℃까지 가열될 때의 엔탈피를 합한다.

$$\Delta H_{1473,\mathrm{Cu}} = \int_{1273}^{1357} C_{P,\mathrm{Cu(s)}}\, dT + L_m + \int_{1357}^{1473} C_{P,\mathrm{Cu(l)}}\, dT \quad (1)$$

$$\Delta H_{1373,\mathrm{Cu}} = \int_{1273}^{1357} (22.6 + 6.28 \times 10^{-3} T)\, dT \quad (2)$$

$$+ 13{,}000 + \int_{1357}^{1473} 31.4\, dT$$

$$= 2{,}592.1 + 13{,}000 + 3{,}642.4 = 19{,}234.5 \text{ J/mol}$$

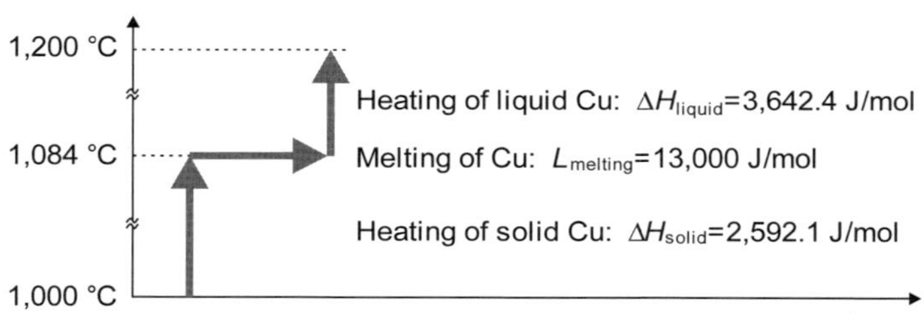

그림 2.4. 예제 2.8의 계산 과정

[예제 2.9] 아래 자료로부터 527 ℃에서 액체 Pb와 O_2(g)로부터 고체 PbO를 생성하는 데 필요한 표준 생성열을 구하라. 단, Pb의 융점은 327 ℃이며, 융융열은 4.81 kJ/mol, $\Delta H^{\circ}_{298,<\mathrm{PbO}>} = -219.24$ kJ/mol이다.

	C_P (J·K^{-1}·mol^{-1})
Pb(l)	$32.43-3.10\times10^{-3}T$
PbO(s)	$44.35+16.74\times10^{-3}T$
Pb(s)	$23.56+9.75\times10^{-3}T$
O_2(g)	$29.96+4.184\times10^{-3}T-1.67\times10^{5}T^{-2}$

[풀이] 이 문제는 Pb가 527 ℃에서 액체 상태이므로 상변태(고체→액체)에 따른 엔탈피 변화를 고려해야 한다. 따라서 식(1), (2)의 엔탈피변화와 상변태에 따른 엔탈피변화를 더해야 한다.

$$<Pb>+\frac{1}{2}(O_2)=<PbO>,\ \Delta C_{P,(1)} \tag{1}$$

$$\{Pb\}+\frac{1}{2}(O_2)=<PbO>,\ \Delta C_{P,(2)} \tag{2}$$

따라서 527 ℃에서 PbO의 표준 생성열은 다음과 같이 구한다.

$$\Delta H^{\circ}_{800,(2)}=\Delta H^{\circ}_{298,(1)}+\int_{298}^{600}\Delta C_{P,(1)}dT+\Delta H^{\circ}_{600,f}+\int_{600}^{800}\Delta C_{P,(2)}dT \tag{3}$$

$$\Delta C_{P,(1)}=C_{P,<PbO>}-C_{P,<Pb>}-\frac{1}{2}C_{P,(O_2)} \tag{4}$$

$$=5.81+4.90\times10^{-3}T+0.84\times10^{5}T^{-2}$$

$$\Delta C_{P,(2)}=C_{P,<PbO>}-C_{P,\{Pb\}}-\frac{1}{2}C_{P,(O_2)} \tag{5}$$

$$=-3.06+17.75\times10^{-3}T+0.84\times10^{5}T^{-2}$$

한편 반응물질의 상변태이므로 $\Delta H^{\circ}_{600,f}=-4{,}810$ J이다. 따라서 각각을 식(3)에 대입하여 계산하면 다음과 같다.

$$\Delta H^{\circ}_{800,(2)}=-219{,}240+2{,}562-4{,}810+1{,}908=-219{,}580\ \text{J} \tag{6}$$

[예제 2.10] 1,000 ℃에서 액체 은(Ag)의 증발열을 구하라. 2,200 ℃에서 Ag의 증발열은 251 kJ/mol이며, 비등점은 2,200 ℃이다.

액체 Ag: $C_{P,\{Ag\}} = 30.54\ \text{J·K}^{-1}\text{·mol}^{-1}$

기체 Ag: $C_{P,(Ag)} = 20.92\ \text{J·K}^{-1}\text{·mol}^{-1}$

[풀이] 1,000 ℃에서 액체 Ag의 증발열은 그림 2.5와 같이 1,000 ℃의 액체 Ag가 2,200 ℃까지 상승하여 증발하고, 다시 2,200 ℃의 기체 Ag가 1,000 ℃의 기체 Ag로 되는 과정을 거쳐서 계산하며 다음과 같다.

$$\Delta H_{1273} = \Delta H_{(1)} + \Delta H_{(2)} + \Delta H_{(3)} \tag{1}$$

$$= \int_{1273}^{2473} C_{P,\{Ag\}}\, dT + L_v + \int_{2473}^{1273} C_{P,(Ag)} dT$$

$$= 30.54 \times (2,473 - 1,273) + 251,000 + 20.92 \times (1,273 - 2,473)$$

$$= 262,544\ \text{J/mol}$$

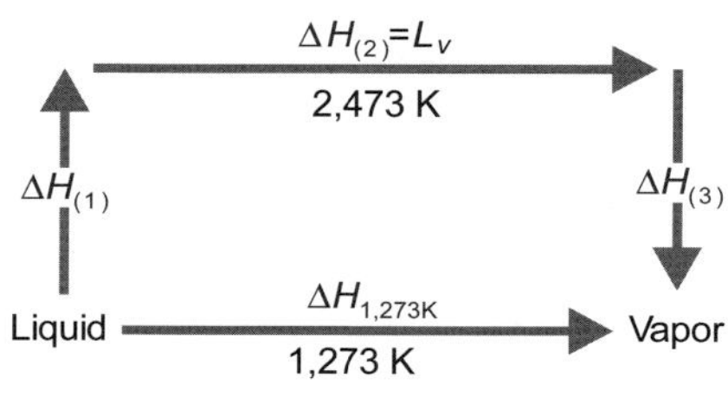

그림 2.5. 예제 2.10의 계산 과정

2.4.3 혼합 기체와 화합물의 열용량

혼합 기체의 등압 열용량은 다음 식과 같이 계산한다.

$$C_{P,mix} = \sum (x_i C_{P,i}) \quad (x_i\text{는 기체 성분 } i\text{의 몰 분율}) \tag{2.26}$$

고체 화합물 A_mB_n에서 A 및 B의 원자량을 각각 M_A, M_B, 원자열을 각각 α_A, α_B라 하면, A_mB_n의 C_P와 혼합물의 $C_{P,mix}$는 각각 다음과 같

다. 이를 'Neumann-Kopp의 법칙'이라 한다. 각 원소의 원자열 α ($J\cdot K^{-1}\cdot mol^{-1}$)는 표 2.1에 나타내었다.

$$C_{P,A_mB_n} = \frac{(m\alpha_A + n\alpha_B)}{(mM_A + nM_B)} \tag{2.27}$$

$$C_{P,mix} = \Sigma(W_iC_{P,i}) \quad (W_i : \text{wt\%}/100)$$

표 2.1. 각 원소의 원자열 $\alpha(J\cdot K^{-1}\cdot mol^{-1})$

원소	원자열 α	원소	원자열 α	원소	원자열 α
C	7.53	Cl	27.20	Si	15.90
H	9.62	S	22.59	Bi	11.30
O	16.74	P	22.59	Sn	15.90
F	20.92	N	20.92	기타	26.78

[예제 2.11] (a) 1,000 K에서 mol%로 60 %N_2+40 %CO인 혼합 기체의 열용량을 구하라. 단, 각 물질의 열용량은 다음과 같다.

$N_2(g)$: $C_{P,N_2} = 27.87 + 4.27\times10^{-3}T$ $J\cdot K^{-1}\cdot mol^{-1}$

$CO(g)$: $C_{P,CO} = 28.41 + 4.10\times10^{-3}T - 0.46\times10^5\,T^{-2}$ $J\cdot K^{-1}\cdot mol^{-1}$

(b) 20 wt%CaO, 50 wt%SiO_2, 30 wt%Al_2O_3로 된 맥석을 20 wt% 함유한 α-Fe_2O_3 광석이 있다. Neumann-Kopp의 법칙으로부터 이 광석의 열용량을 추정하라. Ca, Al, Fe, Si, O의 원자량은 각각 40, 26.98, 55.85, 28, 16 g/mol이다.

[풀이] (a) 1,000 K에서의 각 기체의 열용량은 다음과 같다.

$C_{P,N_2} = 32.14$ $J\cdot K^{-1}\cdot mol^{-1}$, $C_{P,CO} = 32.464$ $J\cdot K^{-1}\cdot mol^{-1}$

기체의 조성이 mol%이므로 혼합 기체의 등압 열용량은 다음과 같다.

$$C_{P,mix} = \sum x_i \cdot C_{P,i} = x_{N_2} C_{P,N_2} + x_{CO} C_{P,CO} \quad (1)$$

$$= 0.6 \times 32.14 + 0.4 \times 32.46 \fallingdotseq 32.27 \quad J \cdot K^{-1} \cdot mol^{-1}$$

(b) 다성분계 물질의 열용량은 식(2.27)과 표 2.1로부터 계산한다. 단, Ca, Al, Fe의 원자열 a는 26.78 $J \cdot K^{-1} \cdot mol^{-1}$이다.

$$C_{P,(CaO)} = (26.78 + 16.74)/56 = 0.777 \quad J \cdot K^{-1} \cdot g^{-1} \quad (2)$$

$$C_{P,(SiO_2)} = (15.9 + 2 \times 16.74)/60 = 0.823 \quad J \cdot K^{-1} \cdot g^{-1} \quad (3)$$

$$C_{P,(Al_2O_3)} = (2 \times 26.78 + 3 \times 16.74)/102 = 1.018 \quad J \cdot K^{-1} \cdot g^{-1} \quad (4)$$

$$C_{P,(Fe_2O_3)} = (2 \times 26.78 + 3 \times 16.74)/156 = 0.665 \quad J \cdot K^{-1} \cdot g^{-1} \quad (5)$$

따라서 광석의 열용량은 다음과 같다.

$$C_{P,ore} = (0.04 \times 0.777) + (0.1 \times 0.823)$$
$$+ (0.06 \times 1.018) + (0.8 \times 0.665)$$
$$= 0.707 \quad J \cdot K^{-1} \cdot g^{-1}$$

2.4.4 엔트로피

열역학 제2법칙*으로부터 엔트로피 S는 "어떤 상태 변화에 따른 엔트로피 변화량은 그 상태 변화가 가역적으로 일어날 때 이동하는 열량을 절대온도로 나눈 값과 같다."는 것으로 다음과 같이 정의한다.

$$dS \equiv \delta Q / T \quad (2.28)$$

등압 조건에서 엔트로피 변화값은 다음과 같다.

$$dS = \frac{dH}{T} = \left(\frac{C_P}{T}\right) dT = C_P d(\ln T) \quad (2.29)$$

---

* 열역학 제2법칙: 열 저장체나 그 주위에 아무런 변화를 남기지 않고 일정한 온도의 열 저장체로부터 열을 뽑아내어 일로 전환할 수 있는 순환기관을 만드는 것은 불가능하다.

$$S_{T_2} - S_{T_1} = \int_{T_1}^{T_2} \left(\frac{C_P}{T} \right) dT \tag{2.30}$$

화학반응 $m\mathrm{A} + n\mathrm{B} = q\mathrm{C} + r\mathrm{D}$의 엔트로피변화 ΔS는 다음과 같으며, S_i는 i 물질 1몰당 엔트로피이다.

$$\Delta S = (qS_{\mathrm{C}} + rS_{\mathrm{D}}) - (mS_{\mathrm{A}} + nS_{\mathrm{B}}) \tag{2.31}$$

한편 그림 2.3과 같이 온도가 T_1에서 T_2까지 상승할 때 상변화가 있으면 다음 식과 같이 된다.

$$S_{T_2} - S_{T_1} = \int_{T_1}^{T_t} \left(\frac{C_{P_1}}{T} \right) dT \pm \frac{\Delta L_t}{T_t} + \int_{T_t}^{T_m} \left(\frac{C_{P_2}}{T} \right) dT \pm \frac{\Delta L_m}{T_m} \tag{2.32}$$

$$+ \int_{T_m}^{T_v} \left(\frac{C_{P_3}}{T} \right) dT \pm \frac{\Delta L_v}{T_v} + \int_{T_v}^{T_2} \left(\frac{C_{P_4}}{T} \right) dT$$

위 식에서 T_1이 0 K이면 열역학 제3법칙*에 의해 $S_{0\,\mathrm{K}} = 0$이다. 그리고 엔탈피 계산과 마찬가지로 화학반응이 일어날 때 반응물질의 상변태 잠열은 (-), 생성물질의 상변태 잠열은 (+) 값이 된다.

용융 엔트로피 ΔS_m은 용융열 ΔH_m과 융점 T_m에 의해 계산되며, 'Richard의 법칙'으로 불리는 다음의 경험식이 알려져 있다.

$$\Delta S_m = \frac{\Delta H_m}{T_m} \fallingdotseq 8.37 \ \mathrm{J/(mol \cdot K)} \tag{2.33}$$

또 증발 엔트로피 ΔS_v는 증발열 ΔH_v와 비등점 T_v에 의해 계산되며, 'Trouton의 법칙'이라 불리는 다음의 경험식이 알려져 있다.

$$\Delta S_v = \frac{\Delta H_v}{T_v} \fallingdotseq 87.86 \ \mathrm{J/(mol \cdot K)} \tag{2.34}$$

* 열역학 제3법칙: 순수하고 완전한 결정형 고체의 엔트로피는 절대온도 '0'도에서 '0'이다. 보다 일반적으로 표현하면 "열역학적으로 평형상태에 있는 계의 엔트로피 값은 '0 K'에서 '0'이다."

[예제 2.12] 1,073 ℃에서 고체 구리의 표준 엔트로피변화를 구하라.[5]

$$S^{\circ}_{300,<Cu>} = 33.47\ \text{J}\cdot\text{mol}^{-1}\cdot\text{K}^{-1}$$

$$C_{P,<Cu>} = 22.63 + 6.27\times10^{-3}T\ \ \text{J}\cdot\text{mol}^{-1}\cdot\text{K}^{-1}$$

[풀이] 식(2.30)으로부터 다음 식과 같이 계산한다.

$$S^{\circ}_{1346,<Cu>} = S^{\circ}_{300,<Cu>} + \int_{300}^{1346}\left(\frac{22.63+6.27\times10^{-3}T}{T}\right)dT$$

$$\begin{aligned}\therefore S^{\circ}_{1346,<Cu>} &= 33.47 + 22.63(\ln 1{,}346 - \ln 300)\\ &\quad + 6.27\times10^{-3}(1{,}346-300)\\ &= 73.999\ \text{J}\cdot\text{K}^{-1}\cdot\text{mol}^{-1}\end{aligned}$$

[예제 2.13] 727 ℃에서 다음 반응식의 표준 엔트로피변화를 구하라.[6]

$$2\text{Al} + \frac{3}{2}\text{O}_2 = \text{Al}_2\text{O}_3;\ \Delta S^{\circ}_{298} = -313.26\ \text{J}\cdot\text{mol}^{-1}\cdot\text{K}^{-1} \tag{1}$$

단, 알루미늄의 용점은 660 ℃이며, 용융 잠열(L_f)은 10,460 J/mol이다.

	Al_2O_3	O_2	Al(s)	Al(l)
C_P ($\text{J}\cdot\text{mol}^{-1}\cdot\text{K}^{-1}$)	105.19	31.67	28.28	29.29

[풀이] Al은 660 ℃에서 용융이 되므로 727 ℃에서의 엔트로피변화는 다음과 같이 화학반응의 엔트로피변화와 용융에 따른 엔트로피변화를 고려하여야 한다.

$$2<\text{Al}> + \frac{3}{2}(\text{O}_2) = <\text{Al}_2\text{O}_3> \tag{2}$$

$$2\{\text{Al}\} + \frac{3}{2}(\text{O}_2) = <\text{Al}_2\text{O}_3> \tag{3}$$

$$<\text{Al}> = \{\text{Al}\} \tag{4}$$

따라서 727 ℃에서의 엔트로피변화는 식(2.32)로부터 다음과 같이 계산하며, 반응물질인 Al의 상변태가 일어나므로 용융열(L_f)은 (-)가 된다.

$$\therefore \varDelta S^\circ_{1000} = \varDelta S^\circ_{298} + \int_{298}^{933} \frac{\varDelta C_{P,(2)}}{T} dT - \frac{2L_{f(4)}}{T_f} + \int_{933}^{1000} \frac{\varDelta C_{P,(3)}}{T} dT \quad (5)$$

$$\varDelta C_{P,(2)} = C_{P,Al_2O_3} - 2 \times C_{P,<Al>} - \frac{3}{2} C_{P,O_2} = 1.125 \quad (6)$$

$$\varDelta C_{P,(3)} = C_{P,Al_2O_3} - 2 \times C_{P,\{Al\}} - \frac{3}{2} C_{P,O_2} = -0.895 \quad (7)$$

$$\therefore \varDelta S^\circ_{1000} = -313.26 + \int_{298}^{933} \frac{1.125}{T} dT - \frac{2 \times 10,460}{933} - \int_{933}^{1000} \frac{0.895}{T} dT \quad (8)$$

$$= -313.26 + 1.284 - 22.422 - 0.062 = -334.461 \text{ J/K}$$

2.4.5 자유에너지

금속제련과 관련된 반응은 대부분 일정한 부피와 온도, 또는 일정한 압력과 온도에서 일어난다. 압력과 온도가 일정할 때 제련반응의 진행 방향을 알기 위한 지표로 다음 식의 깁스 자유에너지(Gibbs free energy) G를 사용한다.

$$G \equiv H - TS \quad (2.35)$$

여기서 $H \equiv U + PV$이므로 G는 다음 식으로 나타낸다.

$$G = U + PV - TS$$

양변을 미분하면 다음과 같다.

$$dG = dU + PdV + VdP - TdS - SdT$$

여기서 $dU = dH - PdV = TdS - PdV$이므로 다음 식과 같다.

$$dG = VdP - SdT \quad (2.36)$$

따라서 등온, 등압의 조건에서 PV 일만 할 때의 평형 조건은 $dG = 0$이며, G는 최솟값이 된다.

식(2.35)에 식(2.20)과 식(2.29)를 대입하면 G는 다음과 같이 나타낼 수 있다.

$$G = \int C_P dT - T\int \frac{C_P}{T} dT \tag{2.37}$$

반응의 표준 엔탈피변화 ΔH°와 표준 엔트로피변화 ΔS°로부터 표준 자유에너지변화 ΔG°는 다음과 같이 나타낸다.

$$\Delta G^\circ_T = \Delta H^\circ_T - T\Delta S^\circ_T \tag{2.38}$$

따라서 온도에 따른 표준 자유에너지변화는 다음과 같다.

$$\Delta G^\circ_T = \left(\Delta H^\circ_{298} + \int_{298}^{T} \Delta C_P dT\right) - \left(T\Delta S^\circ_{298} + T\int_{298}^{T} \frac{\Delta C_P}{T} dT\right) \tag{2.39}$$

화학반응에 따른 자유에너지변화는 생성물질의 전체 합과 반응물질 전체 합의 차이로 나타내며 다음과 같다.

$$\begin{aligned} \Delta G &= \sum G_{product} - \sum G_{reactant} \\ &= \left(\sum H_{product} - \sum H_{reactant}\right) - T\left(\sum S_{product} - \sum S_{reactant}\right) \\ &= \Delta H - T\Delta S \end{aligned} \tag{2.40}$$

또 25 ℃에서 어떤 화학반응 $m\mathrm{A} + n\mathrm{B} = q\mathrm{C} + r\mathrm{D}$에 관한 표준 자유에너지변화 ΔG°는 다음과 같다.

$$\begin{aligned} \Delta G^\circ_{298} &= \sum G^\circ_{298,\,product} - \sum G^\circ_{298,\,reactant} \\ &= \left(q\Delta G^\circ_{298,\,\mathrm{C}} + r\Delta G^\circ_{298,\,\mathrm{D}}\right) - \left(m\Delta G^\circ_{298,\,\mathrm{A}} + n\Delta G^\circ_{298,\,\mathrm{B}}\right) \end{aligned} \tag{2.41}$$

주어진 조건에서 자유에너지변화값 ΔG가 '0'보다 작으면 정반응이 일어나고, '0'보다 크면 역반응이 일어나며, '0'이면 평형상태에 있다.

[예제 2.14] 아래의 자료로부터 727 ℃에서 MoO_3와 TiO_2의 수소에 의

한 환원반응의 표준 자유에너지변화를 금속 1몰당에 관하여 구하고, 그 결과를 설명하라.

	⟨MoO_3⟩	⟨TiO_2⟩	(H_2O)
ΔG°_{1000} (kJ/mol)	-493.43	-892.96	-191.60

[풀이] MoO_3의 수소 환원반응은 다음과 같다.

$$<MoO_3>+3(H_2)=<Mo>+3(H_2O) \tag{1}$$

$$\therefore \Delta G^\circ_{1000}=3\Delta G^\circ_{1000,H_2O}-\Delta G^\circ_{1000,MoO_3} \tag{2}$$

$$=3\times(-191.60)-(-493.43)=-81.37\ \text{kJ/mol}$$

TiO_2의 수소 환원반응은 다음과 같다.

$$<TiO_2>+2(H_2)=<Ti>+2(H_2O) \tag{3}$$

$$\therefore \Delta G^\circ_{1000}=2\Delta G^\circ_{1000,H_2O}-\Delta G^\circ_{1000,TiO_2} \tag{4}$$

$$=2\times(-191.60)-(-892.96)=509.76\ \text{kJ/mol}$$

따라서 727 ℃에서 MoO_3는 수소에 의해 자발적 환원이 일어나지만, TiO_2의 환원은 불가능하다. 실제로 금속 Mo은 MoS_2를 산화 배소하여 MoO_3로 만든 후 H_2로 환원하여 만든다. 다만 MoO_3는 MoO_2의 중간 단계를 거쳐서 Mo으로 환원된다.[7]

[예제 2.15] 주어진 자료를 이용하여 327 ℃에서 다음 반응식의 표준 자유에너지를 구하라.

$$<Ni> + \frac{1}{2}(O_2) = <NiO>, \tag{1}$$

$$\Delta H^\circ_{298,<NiO>}=-240,580\ \text{J/mol}$$

	ΔS°_{298} (J·K^{-1}·mol^{-1})	C_P (J·K^{-1}·mol^{-1})
⟨Ni⟩	29.79	$25.23+43.68\times10^{-6}T^2-10.46\times10^{-3}T$
⟨NiO⟩	38.07	54.01
(O_2)	205.09	$29.96+4.18\times10^{-3}T-1.67\times10^{5}T^{-2}$

[풀이] 우선 식(1)의 ΔH°_{298}, ΔS°_{298} 및 ΔC_P는 다음과 같다.

$$\Delta H^\circ_{298}=\Delta H^\circ_{298,<\mathrm{NiO}>}=-240{,}580\ \ \mathrm{J} \tag{2}$$

$$\Delta S^\circ_{298}=38.07-29.79-205.09/2=-94.27\ \ \mathrm{J/K} \tag{3}$$

$$\Delta C_P=C_{P,\mathrm{NiO}}-C_{P,\mathrm{Ni}}-C_{P,\mathrm{O_2}}/2 \tag{4}$$

$$=(13.8-43.68\times10^{-6}T^2+8.37\times10^{-3}T+0.84\times10^{5}\,T^{-2})\ \ \mathrm{J/K}$$

이어서 ΔH°_{600}과 ΔS°_{600}를 구한다.

$$\Delta H^\circ_{600}=\Delta H^\circ_{298}+\int_{298}^{600}\Delta C_P dT=-237{,}894\ \ \mathrm{J} \tag{5}$$

$$\Delta S^\circ_{600}=\Delta S^\circ_{298}+\int_{298}^{600}\frac{\Delta C_P}{T}dT=-87.70\ \ \mathrm{J/K} \tag{6}$$

$$\therefore \Delta G^\circ_{600}=\Delta H^\circ_{600}-T\Delta S^\circ_{600} \tag{7}$$

$$=-237{,}894+600\times87.70=-185{,}274\ \ \mathrm{J}$$

2.5 활동도와 반응평형

2.5.1 활동도

열역학 제1법칙과 제2법칙을 결합하면 $dG=VdP-SdT$가 된다. 온도가 일정하면 $dG=VdP$이며, 1몰의 이상기체는 $V=RT/P$이므로 ΔG

는 다음과 같다.

$$dG = RT\frac{dP}{P} = RT\,d(\ln P) \tag{2.42}$$

실제 기체($fV = RT$, f : 퓨가시티, fugacity*)에서는 다음과 같다.

$$dG = RT\,d(\ln f) \qquad (f \to P \text{ at } P \to 0) \tag{2.43}$$

이 식을 정적분하면 다음과 같다.

$$G - G^\circ = RT\ln\left(\frac{f}{f^\circ}\right) = RT\ln a, \quad \therefore\ a \equiv \frac{f}{f^\circ} \tag{2.44}$$

여기서 a를 활동도(activity)라 부르며, 어떤 물질이 임의의 상태에 있을 때의 퓨가시티 f와 표준상태에 있을 때의 퓨가시티 f°의 비이다. 용액 중 성분 i의 활동도 a_i는 다음 식을 만족한다,

$$\overline{G_i} - G_i^\circ = RT\ln\left(\frac{f_i}{f_i^\circ}\right) = RT\ln a_i \tag{2.45}$$

여기서 $\overline{G_i}$는 용액(혼합물) 중 성분 i의 부분 몰 자유에너지이며, G_i°는 성분 i가 표준상태(순물질)에 있을 때의 표준 몰 자유에너지이다.

[예제 2.16] 500 ℃에서 10 wt%의 Fe을 고용하고 있는 Zn의 퓨가시티와 활동도를 구하라. 단, 500 ℃에서 순수한 아연의 증기압(p_{Zn}°)은 1.58 mmHg이며, 이상용액으로 가정한다.(원자량 Fe: 55.85 g/mol, Zn: 65.38 g/mol)

[풀이] 우선 아연의 몰 분율 x_{Zn}는 다음과 같다.

$$x_{Zn} = \frac{(90/65.38)}{(90/65.38) + (10/55.85)} = 0.885 \tag{1}$$

---

* 퓨가시티(fugacity)는 fugere(도망가다)에서 온 단어로, escaping tendency와 같은 뜻이다. 따라서 물질의 퓨가시티는 그 상태로부터 벗어나려는 정도(피산능)를 나타낸다.

이 합금을 이상용액으로 가정하였으므로 500 ℃에서 합금의 증기압 p_{Zn}는

$$p_{Zn} = p^{\circ}_{Zn} \cdot x_{Zn} = 1.58 \times 0.885 = 1.398 \ \text{mmHg} \tag{2}$$

따라서 Zn의 퓨가시티 f_{Zn}는 다음과 같다.

$$f_{Zn} = p_{Zn} = 1.398 \ \text{mmHg or} \tag{3}$$

$$f_{Zn} = \frac{1.398}{760} = 1.84 \times 10^{-3} \ \text{atm}$$

Zn의 활동도 a_{Zn}는 다음과 같으며, 이상용액으로 가정하였으므로 x_{Zn}와 같다.

$$a_{Zn} = \frac{f_{Zn}}{f^{\circ}_{Zn}} = \frac{p_{Zn}}{p^{\circ}_{Zn}} = x_{Zn} = \frac{1.351}{1.58} = 0.885 \tag{4}$$

2.5.2 평형상수

반응 $mA + nB \cdots = qC + rD \cdots$의 자유에너지변화 ΔG는 다음과 같다.

$$\begin{aligned}\Delta G &= \sum G_{\text{product}} - \sum G_{\text{reactant}} \\ &= \left(q\overline{G_C} + r\overline{G_D} + \cdots\right) - \left(m\overline{G_A} + n\overline{G_B} + \cdots\right)\end{aligned}$$

모든 성분이 표준상태에 있다면 표준 자유에너지변화 ΔG°는 다음과 같다.

$$\Delta G^{\circ} = \left(qG^{\circ}_C + rG^{\circ}_D + \cdots\right) - \left(mG^{\circ}_A + nG^{\circ}_B + \cdots\right)$$

따라서 두 식의 차이는 식(2.45)로부터 다음과 같이 나타낼 수 있다.

$$\begin{aligned}\Delta G - \Delta G^{\circ} = &\left[(RT\ln a^q_C) + (RT\ln a^r_D) + \cdots\right] \\ &- \left[(RT\ln a^m_A) + (RT\ln a^n_B) \cdots\right]\end{aligned}$$

$$\therefore \ \Delta G = \Delta G^{\circ} + RT\ln\left(\frac{a^q_C \cdot a^r_D \cdots}{a^m_A \cdot a^n_B \cdots}\right) \tag{2.46}$$

$\Delta G < 0$에서는 정반응이 진행하고, $\Delta G > 0$에서는 역반응이 진행한다.

평형상태에서는 $\Delta G=0$이며 $(a_C^q \cdot a_D^r \cdots)/(a_A^m \cdot a_B^n \cdots)$항을 '열역학적 평형상수' 또는 간단히 '평형상수'라 부르고, 'K'로 나타낸다. 따라서 평형상태에서는 다음 식과 같이 나타내며, 물질의 상태가 기체이면 활동도 대신 분압 p_i를 사용한다.

$$\Delta G^\circ = -RT\ln\left(\frac{a_C^q \cdot a_D^r \cdots}{a_A^m \cdot a_B^n \cdots}\right) = -RT\ln K, \tag{2.47}$$

$$K = \exp\left(-\frac{\Delta G^\circ}{RT}\right)$$

[예제 2.17] 1,000 K에서 다음 반응식의 평형상수와 $p_{CO}:p_{CO_2}$=1:1일 때의 산소분압을 구하라.

$$CO(g) + 1/2O_2(g) = CO_2(g) \tag{1}$$

단, $$C(s) + O_2(g) = CO_2(g),\ \Delta G^\circ_{(2)} = -394,133 - 0.84T\ J \tag{2}$$

$$C(s) + \frac{1}{2}O_2(g) = CO(g),\ \Delta G^\circ_{(3)} = -111,713 - 87.66T\ J \tag{3}$$

[풀이] 식(1)은 식(2)-(3)으로 구하며 다음과 같다.

$$CO(g) + \frac{1}{2}O_2(g) = CO_2(g),\ \Delta G^\circ_{(1)} = -282,420 + 86.82T\ J \tag{4}$$

1,000 K에서의 평형상수 $K_{(1)}$은 다음과 같다.

$$K_{(1)} = \frac{p_{CO_2}}{p_{CO} \cdot p_{O_2}^{1/2}} = \exp\left(-\frac{\Delta G^\circ_{(1)}}{RT}\right) \tag{5}$$

$$= \exp\left(-\frac{-195,600}{8.314 \times 1,000}\right) = 1.65 \times 10^{10}\ \text{at } 1,000\,K$$

$p_{CO}:p_{CO_2}$=1:1이므로 p_{O_2}는 다음과 같다.

$$p_{O_2} = \left(\frac{p_{CO_2}}{p_{CO}} \cdot \frac{1}{K_{(1)}} \right)^2 = \left(\frac{1}{1.65 \times 10^{10}} \right)^2 = 3.67 \times 10^{-23} \text{ atm} \tag{6}$$

따라서 CO, CO_2 가스의 유량을 조절하여 공급하면 반응기의 분위기 중 산소분압을 일정한 값으로 유지할 수 있다.

[예제 2.18] (a) 실험실에서 Ar 가스 중 산소를 제거하기 위해 가열한 구리 중을 통과시키면 다음과 같은 반응이 일어난다.

$$4Cu(s) + O_2(g) = 2Cu_2O(s), \ \Delta G^\circ_{(1)} = -338{,}300 + 146.63T \text{ J} \tag{1}$$

600 ℃에서 평형에 도달했을 때 Ar 중 평형 산소분압을 구하라.

(b) Ar 가스 중 N_2를 다음 식과 같이 Mg으로 제거하고자 한다. 527 ℃에서 N_2의 제거 한계를 구하라.[8]

$$3Mg(s) + N_2(g) = Mg_3N_2(\alpha), \ \Delta G^\circ_{(2),800} = -299{,}600 \text{ J} \tag{2}$$

[풀이] (a) 식(1)의 평형상수는 다음과 같다.

$$K_{(1)} = \frac{a^2_{Cu_2O}}{a^4_{Cu} \cdot p_{O_2}} = \exp\left(-\frac{\Delta G^\circ_{(1)}}{RT} \right) \tag{3}$$

600 ℃에서 $\Delta G^\circ_{(1),873} = -210{,}292$ J이고, Cu_2O와 Cu는 순수 고체이므로 $a_{Cu_2O} = a_{Cu} = 1$로 둘 수 있다. 따라서

$$K_{(1)} = \frac{1}{p_{O_2}} = \exp\left(-\frac{\Delta G^\circ_{(1),873}}{RT} \right) = 3.83 \times 10^{12} \tag{4}$$

$$\therefore p_{O_2} = \frac{1}{K_{(1)}} = \frac{1}{3.83 \times 10^{12}} = 2.61 \times 10^{-13} \text{ atm} \tag{5}$$

다만 Cu 산화물의 안정한 생성상을 상태도에서 확인하여야 한다. Cu-O계 상태도에서 Cu_2O는 375 ℃ 이상에서 안정하며, 그 이하에서는 CuO가 안정상이다. 따라서 375 ℃ 이하에서는 다음 식의 반응을 검토

하여 평형 산소분압을 구한다.

$$Cu(s) + \frac{1}{2}O_2(g) = CuO(s),\ \Delta G^\circ = -155{,}850 + 90.17\,T\ \text{J} \tag{6}$$

(b) Mg에 의한 N_2의 제거에서 식(2)의 평형상수는 다음과 같다.

$$K_{(2)} = \frac{a_{Mg_3N_2}}{a^3_{Mg}\cdot p_{N_2}} = \exp\left(-\frac{\Delta G^\circ_{(2)}}{RT}\right) \tag{7}$$

527 ℃에서 $\Delta G^\circ_{(2),800} = -299{,}600$ J이고, $a_{Mg_3N_2} = a_{Mg} = 1$이므로

$$K_{(2)} = \frac{1}{p_{N_2}} = \exp\left(-\frac{\Delta G^\circ_{(2),800}}{RT}\right) = 3.65\times 10^{19} \tag{8}$$

$$\therefore p_{N_2} = \frac{1}{K_{(2)}} = 2.74\times 10^{-20}\ \text{atm} \tag{9}$$

2.5.3 반트 호프식(Van't Hoff Equation)

Van't Hoff식은 평형상수와 엔탈피의 관계를 나타내는 것으로 다음과 같다.

$$\left(\frac{\partial \ln K}{\partial T}\right)_P = \frac{\Delta H^\circ}{RT^2},\quad \left[\frac{d(\ln K)}{d(1/T)}\right]_P = -\frac{\Delta H^\circ}{R} \tag{2.48}$$

ΔH°가 온도에 의존하지 않는다면, 이 식을 적분하여 다음 식을 얻을 수 있다.

$$\ln\left(\frac{K_2}{K_1}\right) = \frac{\Delta H^\circ}{R}\left(\frac{1}{T_1} - \frac{1}{T_2}\right) \tag{2.49}$$

한편 식(2.48)에서 RT^2은 항상 (+) 값이 되므로

① $\Delta H^\circ > 0$ 즉, 흡열반응에서는 $\partial \ln K/\partial T > 0$ 으로, 온도 상승과 함께 K는 커지고, 평형은 흡열 방향, 즉 온도 상승을 저지하는 방향으로 이동한다.

② $\Delta H^\circ < 0$ 즉, 발열반응에서는 $\partial \ln K / \partial T < 0$ 으로, 온도 상승과 함께 K는 작아지고, 평형은 역방향, 즉 발열 방향으로 이동한다.

③ $\Delta H^\circ = 0$ 즉, 열의 출입이 없는 반응에서는 $\partial \ln K / \partial T = 0$, 즉 K는 온도와 무관하게 일정하며 온도를 변화시켜도 평형상태는 변하지 않는다.

[예제 2.19] MnO(s), Mn_3O_4(s)와 O_2(g)가 평형을 이루고 있는 계에서 MnO와 Mn_3O_4는 순수한 안정상이다. 1,000 ℃ 및 1,100 ℃에서 평형 산소분압은 각각 1.4×10^{-6} 및 2.8×10^{-5} atm이다. 이때 다음 식의 반응열(J)을 구하라.

$$3\mathrm{MnO(s)} + 0.5\mathrm{O_2(g)} = \mathrm{Mn_3O_4(s)} \quad (1)$$

단, 반응열은 온도와 무관한 것으로 가정한다.

[풀이] 우선 주어진 반응식 (1)의 평형상수는 다음과 같다.

$$K_{(1)} = \frac{a_{\mathrm{Mn_3O_4}}}{a^3_{\mathrm{MnO}} \cdot p^{1/2}_{\mathrm{O_2}}} = p^{-1/2}_{\mathrm{O_2}} \quad (\because\ a_{\mathrm{Mn_3O_4}} = a_{\mathrm{MnO}} = 1) \quad (2)$$

따라서 각 온도에서의 평형상수 $K_{(1)}$는 다음과 같다.

$$K_{(1),1273} = (1.4\times10^{-6})^{-1/2} = 845.15$$

$$K_{(1),1373} = (2.8\times10^{-5})^{-1/2} = 188.98$$

반응열이 온도와 무관한 것으로 가정하였으므로, 식(2.48)로부터

$$\Delta H^\circ = -R\frac{d(\ln K)}{d(1/T)} \quad (3)$$

$$\Delta(\ln K) = \ln(188.98) - \ln(845.15) = -1.498$$

$$\Delta\left(\frac{1}{T}\right) = \frac{1}{1{,}373} - \frac{1}{1{,}273} = -5.72\times10^{-5}$$

$$\therefore\ \Delta H^{\circ} = -8.314 \times \frac{\Delta(\ln K)}{\Delta(1/T)} \tag{4}$$

$$= -8.314 \times \frac{(-1.498)}{(-5.72 \times 10^{-5})} = -217{,}681\ \text{J}$$

[예제 2.20] 각 온도에서 아래 반응식의 평형상수가 다음 표와 같을 때 1,000 K에서 ΔH°, ΔG°, ΔS°를 계산하라.

$$NiO(s) + CO(g) = Ni(s) + CO_2(g) \tag{1}$$

T(K)	936	1,027	1,125
K	4.54×10^3	2.55×10^3	1.58×10^3

[풀이] 우선 각 온도에서의 데이터로부터 $\log K$와 $1/T$을 구하면 다음 표 및 그림 2.6과 같다.

T(K)	936	1,027	1,125
K	4.54×10^3	2.55×10^3	1.58×10^3
$\log K$	3.6571	3.4065	3.1987
$(1/T)\times10^3$	1.0684	0.9737	0.8889

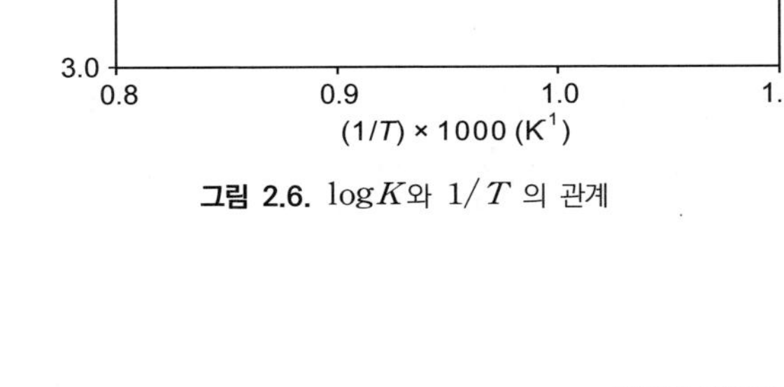

그림 2.6. $\log K$와 $1/T$ 의 관계

그림 중에서 $\log K$와 $1/T$ 사이의 기울기는 2,555.7이므로

$$\Delta H^\circ = -2.303R \times \tan\theta = -2.303 \times 8.314 \times 2{,}555.7 \tag{2}$$

$$= -48{,}934 \text{ J}$$

한편, 직선의 식으로부터 1,000 K에서의 평형상수는

$$\log K_{1,000} = \frac{2{,}555.7}{T} + 0.9238 = \frac{2{,}555.7}{1{,}000} + 0.9238 = 3.48 \tag{3}$$

$$\therefore K_{1,000} = 3.02 \times 10^3$$

$$\Delta G^\circ = -RT\ln K_{1000} = -8.314 \times 1{,}000 \times \ln(3.02 \times 10^3) \tag{4}$$

$$= -66{,}620 \text{ J}$$

$\Delta G^\circ = \Delta H^\circ - T\Delta S^\circ$이므로

$$\Delta S^\circ = \frac{\Delta H^\circ - \Delta G^\circ}{T} = \frac{-48{,}934 + 66{,}620}{1{,}000} = 17.67 \text{ J/K} \tag{5}$$

2.5.4 Clausius-Clapeyron식

순수한 액체 A의 증발을 생각하면 A(l)=A(g)의 평형에서

$$\Delta G^\circ = \Delta H^\circ - T\Delta S^\circ = -RT\ln P \tag{2.50}$$

비등점 T_v는 $P=1$ atm이 되는 온도이므로 식(2.50)에서 $\Delta G_v^\circ = 0$이며, $\Delta S_v^\circ = \Delta H_v^\circ / T_v$이다. 비등점 근방에서 $\Delta S^\circ \fallingdotseq \Delta S_v^\circ$(상수)로 보면 식(2.50)은

$$\ln P = -\frac{\Delta H^\circ}{RT} + \frac{\Delta S_v^\circ}{R}$$

양변을 미분하고, $P = RT/V$이므로 다음과 같이 나타낼 수 있다.

$$\frac{dP}{P} = \left(\frac{\Delta H^\circ}{RT^2}\right) dT, \quad \frac{dP}{dT} = \frac{\Delta H^\circ}{TV} \tag{2.51}$$

증발에서 $V(g) \gg V(l)$이므로 $\Delta V = V(g) - V(l) \fallingdotseq V(g)$가 되며, 'Clausius-Clapeyron식'이라 불리는 다음 식으로 나타낼 수 있다.

$$\frac{dP}{dT} = \frac{\Delta H^{\circ}}{T\Delta V} \tag{2.52}$$

[예제 2.21] 외부 압력이 1기압에서 2기압으로 상승할 때 Zn의 비등점을 구하라. 단, Zn의 증발 잠열(ΔH_v)은 114.22 kJ/mol, 1기압에서의 비등점은 907 ℃이다.

[풀이] 액체와 기체의 평형에 관한 것이며, 액체의 부피는 기체의 부피에 비하여 무시할 수 있으므로 식(2.51)로부터 압력 변화에 따른 비등점을 구한다.

$$\log\left(\frac{P_2}{P_1}\right) = -\frac{\Delta H_v}{2.303\,R}\left(\frac{1}{T_2} - \frac{1}{T_1}\right) \tag{1}$$

$$\log\left(\frac{2}{1}\right) = -\frac{114,220}{2.303 \times 8.314}\left(\frac{1}{T_2} - \frac{1}{1,180}\right) \tag{2}$$

$$\therefore\ T_2 = 1,254.7\ \text{K}\ \ (981.7\ ℃)\ \text{at}\ P_{ext} = 2\ \text{atm} \tag{3}$$

[예제 2.22] Mg의 증발 잠열은 비등점(1,107 ℃)에서 134 kJ/mol이다. 이 온도 부근에서 Mg의 증기압을 나타내는 식을 구하라.

[풀이] Clausius-Clapeyron식을 이용하면

$$\log P = -\frac{\Delta H_b^{\circ}}{2.303RT} + B \tag{1}$$

여기서 ΔH_b°는 증발 잠열이므로, 대입하면 다음과 같다.

$$\log P = -\frac{134,000}{2.303RT} + B = -\frac{6,998}{T} + B \tag{2}$$

비등점 1,107 ℃에서 증기압은 1 atm이므로

$$\log(1) = -\frac{6,998}{1,380} + B \quad \therefore B = 5.07 \tag{3}$$

$$\therefore\ \log P_{\text{Mg}} = -\frac{6,998}{T} + 5.07 \tag{4}$$

2.6 용액

용액(solution)은 고체, 액체, 기체 여부에 상관없이 2가지 이상의 화학성분으로 구성된 균일상(homogeneous phase)의 혼합물이다. 천연물질은 물론 제련에서 다루는 모든 물질은 용액으로 간주할 수 있다. 따라서 금속의 제련반응이나 정련반응에서 균일상 내 여러 가지 성분 사이의 평형이나 다른 상과의 평형 관계를 알기 위해서는 용액 내 각 성분의 열역학적 성질을 정량적으로 파악하는 것이 필요하다.

2.6.1 라울(Raoult)의 법칙: 이상용액(Ideal Solutions)

용액 중 한 성분이 나타내는 증기압은 그 성분과 다른 성분 사이의 반응성을 나타내는 기준으로 볼 수 있다. 예로서 순물질 A(고체 또는 액체)가 표준상태에 있을 때 온도 T에서의 증기압을 p_A°라 하자. 같은 온도에서 임의의 조성을 가지는 A-B 합금 중 A의 증기압을 p_A라 하면 A-B 2성분계 중 A의 활동도(activity) a_A는 다음과 같다.

$$a_A \equiv \frac{p_A}{p_A^\circ} \tag{2.53}$$

따라서 활동도는 어떤 성분이 용액 중에서 나타내는 증기압과 표준상태에서 나타내는 증기압의 비율로 나타낸 무차원 수이다. 이러한 활동도를 라울 기준의 활동도라 하며, 활동도는 전체 농도 범위에서 0~1의 값을 가진다.

한편 용질 첨가에 따른 용매의 증기압 감소율이 용액 중 용매의 몰 분율과 동일한 것을 'Raoult의 법칙'이라 한다. 또 라울의 법칙을 만족하는 용액을 '이상용액(ideal solution)'이라 부른다. 따라서 어떤 용액이라울의 법칙을 만족한다면 용액 내 한 성분의 활동도는 다음 식과 같이 용액 내 그 성분의 몰 분율과 같다.

$$a_i = x_i \tag{2.54}$$

그림 2.7(a)에 온도 T에서 A-B 2원계 합금의 증기압 곡선을 나타내었다. 그림에서 점선과 같이 몰 분율에 대해 직선을 나타내는 용액을 이상용액 또는 라울의 법칙을 만족하는 용액이라 한다. 그러나 건식제련에서 다루는 약 1,000 ℃에서는 전체 조성 범위에서 이상용액 거동을 하는 합금은 많지 않다. 그림에서처럼 A-B 2원계 합금에서 점선보다 위쪽으로 편기해 있는 것은 A-B 원자가 반발하기 때문이며 라울의 법칙에서 양(+)으로 편기되어 있다고 한다. 극단적인 경우 2상 분리가 일어날 수 있다. 반대로 점선보다 아래쪽으로 편기해 있는 A-B 2원계 합금은 A-B 원자 사이에 인력이 작용하는 것으로 음(-)으로 편기해 있다고 하며, 금속간화합물을 생성할 수 있다.

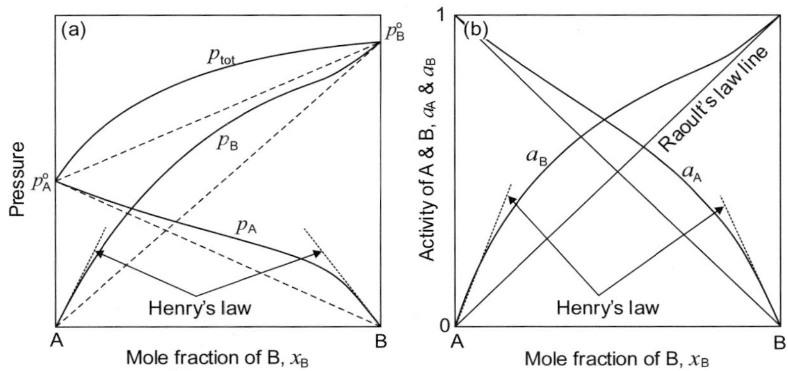

그림 2.7. A-B 2원계 합금의 증기압 곡선(a)과 활동도 곡선(b)

식(2.53)의 관계를 이용하여 그림 2.7(a)의 증기압 곡선으로부터 활동도 곡선을 그리면 그림 2.7(b)와 같다. 일반적으로 활동도 곡선은 음이나 양으로 편기되어 있어도 고농도 영역에서는 라울 곡선에 점근하며, 묽은 농도 영역에서는 직선으로 근사할 수 있다. 묽은 농도 영역에서 직선으로 근사할 수 있으면 헨리의 법칙이 성립한다. 다만 헨리의 법칙은 무한희박농도에서만 성립한다.

[예제 2.23] 용융 아연의 증발에 관한 다음 식으로부터 Zn의 증기압이 1 atm일 때 Zn의 비등점을 구하라.

$$Zn(l) = Zn(g) : \qquad (1)$$

$$\Delta G^{\circ} = 127{,}280 + 24.39\,T\log T - 182.76\,T \text{ J/mol}$$

[풀이] 주어진 식의 반응이 평형상태에 있다고 하면

$$\Delta G^{\circ}_{(1)} = -RT\ln\frac{p_{Zn}}{a_{Zn(l)}} \qquad (2)$$

$$= 127{,}280 + 24.39\,T\log T - 182.76\,T$$

Zn(l)가 순수 상태라면 $a_{Zn(l)} = 1$로 둘 수 있으며, 비등점에서 $p_{Zn} = 1$이므로 식(2)로부터

$$127{,}280 + 24.39\,T\log T - 182.76\,T = 0 \qquad (3)$$

$$\therefore\ T = 1{,}180.3\ \text{K}$$

[예제 2.24] 727 ℃에서 Cu_2O, NiO와 평형으로 존재하는 Cu-Ni 합금의 조성(wt%)을 구하라. 단, Cu와 Ni의 원자량은 각각 63.54와 58.7 g/mol이다. 또 이 온도에서 Cu_2O와 NiO는 서로 융합하지 않으며, Cu-Ni 합금은 이상용액으로 가정한다.

At 727 ℃: $\Delta G^\circ_{Cu_2O} = -76,274$ J/mol, $\Delta G^\circ_{NiO} = -126,148$ J/mol

[풀이] Cu_2O와 NiO의 생성반응은 각각 다음과 같다.

$$2Cu + \frac{1}{2}O_2 = Cu_2O, \quad \Delta G^\circ_{Cu_2O} = -76,274 \text{ J/mol at } 1,000 \text{ K} \qquad (1)$$

$$Ni + \frac{1}{2}O_2 = NiO, \quad \Delta G^\circ_{NiO} = -126,148 \text{ J/mol at } 1,000 \text{ K} \qquad (2)$$

따라서 식(2)-(1)을 하면 Cu_2O-NiO 및 Cu-Ni 합금이 평형하는 다음 식을 얻을 수 있다.

$$Ni + Cu_2O = NiO + 2Cu, \quad \Delta G^\circ_{(3)} = -49,874 \text{ J/mol at } 1,000 \text{ K} \qquad (3)$$

$$K_{(3)} = \frac{a_{NiO} \cdot a_{Cu}^2}{a_{Cu_2O} \cdot a_{Ni}} = \exp\left(-\frac{\Delta G^\circ_{(3)}}{RT}\right) = 403$$

주어진 온도에서 Cu_2O와 NiO는 고체이며 서로 융합하지 않으므로 각각의 활동도는 1로 둘 수 있다. 그리고 Cu-Ni 합금은 이상용액이므로

$$\frac{a_{Cu}^2}{a_{Ni}} = \frac{x_{Cu}^2}{x_{Ni}} = 403, \quad \therefore x_{Cu}^2 - 403\,x_{Ni} = 0 \qquad (4)$$

$$\therefore \; x_{Cu}^2 + 403x_{Cu} - 403 = 0 \quad (\because \; x_{Ni} = 1 - x_{Cu}) \qquad (5)$$

이차방정식 근의 공식을 이용하여 위의 식을 풀면

$$x_{Cu} = 0.9975, \quad x_{Ni} = 1 - 0.9975 = 0.0025 \qquad (6)$$

따라서 식(2.3)으로부터 중량%를 구하면 다음과 같다.

$$[\text{wt\%Cu}] = \frac{99.75 \times 63.54}{99.75 \times 63.54 + 0.25 \times 58.7} \times 100 = 99.769 \text{ wt\%} \qquad (7)$$

$$[\text{wt\%Ni}] = 100 - 99.769 = 0.231 \text{ wt\%} \qquad (8)$$

2.6.2 비이상용액(Non-ideal Solutions)

비이상용액(또는 실제 용액)은 적어도 용액 내 한 성분은 식(2.54)를 만족하지 않는 용액이다. 따라서 라울의 법칙을 비이상용액에도 응용할 수 있도록 보정 인자 γ_i 를 도입하여 다음과 같이 나타낸다.

$$a_i = \gamma_i \cdot x_i \tag{2.55}$$

여기서 γ_i 는 성분 i 의 라울형 활동도계수(Raoultian activity coefficient)라 부른다. 활동도계수 γ_i 는 온도, 압력 및 용액 조성에 따라 좌우되지만, 이상용액에서는 1이다.

한편 Raoult의 법칙이 성립하지 않아도 충분히 희박한 용액, 즉 용매 성분 A에 대하여 용질 성분 B가 $x_A \gg x_B$의 범위일 때 용질 성분 B는 용매 성분 A에 완전히 둘러싸여 주위로부터 균일한 상호작용을 받으므로 A-B 2원계에서 다음의 관계가 성립한다.

$$p_B = k_B \cdot x_B \tag{2.56}$$

여기서 k_B는 주어진 온도에서 상수이다. 즉, 그림 2.8과 같이 묽은 용액 내 용질의 증기압이 용질의 몰 분율에 비례하는 것을 '헨리(Henry)의 법칙'이라 한다. 식(2.56)의 양변을 p_B°로 나누면 다음 식과 같이 된다.

$$a_B = \frac{p_B}{p_B^\circ} = \frac{k_B}{p_B^\circ} \cdot x_B = \text{constant} \cdot x_B = \gamma_B^\circ \cdot x_B \tag{2.57}$$

식(2.57)의 상수는 무한히 묽은 용액의 초기 조성 범위 내에서 활동도-조성 곡선의 기울기와 같은 값이다. 또 용질 B의 농도가 0인 점에서 활동도-조성 곡선에 그린 접선의 기울기이며 γ_B°로 표시하고, 무한히 묽은 용액에서 용질의 활동도계수이며 일정한 값이다.

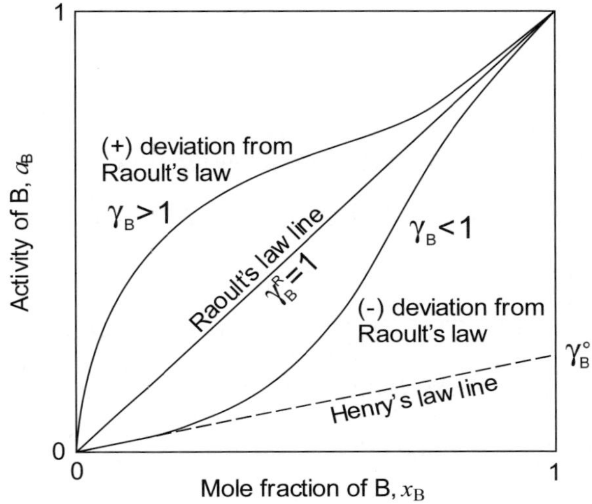

그림 2.8. 성분 B의 몰 분율과 활동도의 관계

[예제 2.25] 545 ℃에서 $ZrZn_{14}$ 화합물의 포정 분해(peritectic decomposition)반응은 다음과 같으며, 포정 온도에서 이 합금에는 99.2 at%의 Zn가 함유되어 있다. 합금 중 Zn의 활동도계수를 구하라.[9]

$$ZrZn_{14} = ZrZn_6 + 8[Zn]_{Zn-Zr\ alloy}, \qquad (1)$$

$$\Delta G^\circ = 2{,}837\ \text{J at } 545\ ℃$$

[풀이] 주어진 반응식의 역반응에서 $\Delta G^\circ = -2{,}837$ J이므로

$$K = \frac{a_{ZrZn_{14}}}{a_{ZrZn_6} \cdot a_{Zn}^8} = \exp\left(-\frac{\Delta G^\circ}{RT}\right) = \exp\left(-\frac{-2.837}{8.314 \times 818}\right) = 1.518 \qquad (2)$$

$ZrZn_{14}$와 $ZrZn_6$는 각각 순수한 고체로서 활동도를 1로 둘 수 있다. 따라서

$$a_{Zn} = x_{Zn} \times \gamma_{Zn} = K^{-1/8} = 1.518^{-1/8} \qquad (3)$$

$$\therefore \gamma_{Zn} = \frac{a_{Zn}}{x_{Zn}} = \frac{1.518^{-1/8}}{0.992} = 0.957 \quad (4)$$

[예제 2.26] Cu-Zn 합금(원자분율 60:40)에서 Zn의 활동도계수가 $RT\ln\gamma_{Zn} = -21{,}548x_{Cu}^2$로 주어져 있을 때 1,200 ℃에서 Zn의 평형 증기압을 구하라.[10]

$$Zn(l) = Zn(g), \ \Delta G^\circ = 127{,}277 + 24.393\,T\log T - 182.76\,T \text{ J} \quad (1)$$

[풀이] Zn 증발의 자유에너지변화는 다음과 같다.

$$\Delta G_{(1)} = \Delta G^\circ_{(1)} + RT\ln\left(\frac{p_{Zn}}{a_{Zn}}\right) \quad (2)$$

여기서 합금 중 Zn의 평형 증기압 p_{Zn}은 $\Delta G_{(1)} = 0$일 때의 값이며, $\Delta G^\circ_{(1),1473} = -28{,}092$ J/mol이므로 평형상수는 다음과 같다.

$$K_{(1)} = \frac{p_{Zn}}{a_{Zn}} = \exp\left(-\frac{\Delta G^\circ_{(1)}}{RT}\right) = \exp\left(-\frac{-28{,}092}{8.314 \times 1{,}473}\right)$$

$$= 9.913 \quad (3)$$

$$\therefore p_{Zn} = K_{(1)} \cdot a_{Zn} = 9.913 \cdot a_{Zn} \quad (4)$$

Zn의 활동도계수가 $RT\ln\gamma_{Zn} = -21{,}548x_{Cu}^2$으로 주어져 있으므로

$$a_{Zn} = x_{Zn} \cdot \gamma_{Zn} = x_{Zn}\exp\left(\frac{-21{,}548x_{Cu}^2}{RT}\right) \quad (5)$$

$$= 0.4 \times \exp\left(-\frac{21{,}548 \times 0.6^2}{8.314 \times 1{,}473}\right) = 0.212$$

따라서 a_{Zn}값을 식(4)에 대입하면 p_{Zn}는 다음과 같다.

$$p_{Zn} = 9.9133 \times 0.2123 = 2.102 \text{ atm} \quad (6)$$

2.6.3 활동도의 기준상태와 표준상태 변환

(1) Raoult 기준의 활동도

Raoult 기준에서 성분 i의 활동도 a_i^{R}은 몰 분율 x_i 및 활동도계수 γ_i^{R}로부터 다음과 같이 나타내며, 순수 물질 i를 기준으로 한 $x_i=1$에서 $a_i^{\mathrm{R}}=1$이다.

$$a_i^{\mathrm{R}} = \gamma_i^{\mathrm{R}} \cdot x_i, \quad \lim_{x_i \to 1} \gamma_i^{\mathrm{R}} = 1 \tag{2.58}$$

성분 i의 농도가 낮으면 a_i^{R}은 직선으로 근사할 수 있다. 이를 Henry의 법칙이라 부르며 활동도계수 γ_i°를 이용하여 다음 식으로 나타낸다.

$$a_i^{\mathrm{R}} = \gamma_i^{\circ} \cdot x_i, \quad \lim_{x_i \to 0} \gamma_i^{\mathrm{R}} = \gamma_i^{\circ} \tag{2.59}$$

(2) Henry 기준의 활동도

성분 i가 저농도일 때 a_i^{R}을 직선으로 근사하여 나타낼 수 있는 Henry의 법칙이 성립하면 Henry 기준 성분 i의 활동도 a_i^{H}는 다음 식으로 나타낸다.

$$a_i^{\mathrm{H}} = \gamma_i^{\mathrm{H}} \cdot x_i, \quad \lim_{x_i \to 0} \gamma_i^{\mathrm{H}} = 1 \tag{2.60}$$

Raoult 기준에서 Henry 기준으로의 변환은 다음과 같다.

$$\Delta G_i^{\circ} = G_i^{\circ}(\mathrm{dilute}) - G_i^{\circ}(\mathrm{pure}) = -RT\ln a_i^{\mathrm{H}} + RT\ln a_i^{\mathrm{R}}$$

$$\therefore \Delta G_{\mathrm{R}\to\mathrm{H}}^{\circ} = RT\ln\left(\frac{a_i^{\mathrm{R}}}{a_i^{\mathrm{H}}}\right) = RT\ln\gamma_i^{\circ} \quad \left(\gamma_i^{\circ} = \frac{a_i^{\mathrm{R}}}{a_i^{\mathrm{H}}} = \frac{\gamma_i^{\mathrm{R}}}{\gamma_i^{\mathrm{H}}}\right) \tag{2.61}$$

(3) 1 wt% 기준의 활동도

Henry의 법칙이 성립하는 농도 범위에서 성분 i가 1 wt% 이하의 저농도이면 wt% 농도를 이용하여 wt%와 성분 i의 활동도가 같다고 보고 다음 식으로 나타낸다.

$$a_i^{wt} = f_i \cdot [wt\% i], \quad \lim_{[wt\% i] \to 0} f_i = 1 \tag{2.62}$$

따라서 성분 i의 농도가 1 wt%일 때의 a_i^{wt}는 편의상 1이 된다.

Henry 기준에서 1 wt% 기준으로의 변환은 다음과 같다.

$$\Delta G_i^\circ = G_i^\circ(wt\%) - G_i^\circ(dilute) = -RT\ln a_i^{wt} + RT\ln a_i^H$$

$$= RT\ln\left(\frac{a_i^H}{a_i^{wt}}\right) = RT\ln\left(\frac{\gamma_i^H \cdot x_i}{f_i \cdot [wt\% i]}\right)$$

여기서

$$[wt\% i] = \frac{x_i \cdot M_i}{x_i \cdot M_i + (1 - x_i) \cdot M_{solv.}} \times 100 \fallingdotseq 100\frac{x_i \cdot M_i}{M_{solv.}}$$

그리고 무한 희박용액에서는 식(2.60)과 식(2.62)로부터 $\gamma_i^H = 1$, $f_i = 1$ 이다.

$$\therefore \Delta G_{H\to 1wt\%}^\circ = RT\ln\left(\frac{a_i^H}{a_i^{wt}}\right) = RT\ln\left(\frac{M_{solv.}}{100 M_i}\right) \tag{2.63}$$

Raoult 기준에서 1 wt% 기준으로의 변환은 다음과 같다.

$$\Delta G_i^\circ = G_i^\circ(1wt\%) - G_i^\circ(pure) = -RT\ln a_i^{wt} + RT\ln a_i^R$$

식(2.61) 및 (2.63)으로부터 $\Delta G_{R\to 1wt\%}^\circ$은 다음과 같이 나타낸다.

$$\Delta G_{R\to 1wt\%}^\circ = \Delta G_{R\to H}^\circ + \Delta G_{H\to 1wt\%}^\circ = RT\ln\gamma_i^\circ + RT\ln\left(\frac{M_{solv.}}{100 M_i}\right)$$

$$\therefore \Delta G_{R\to 1wt\%}^\circ = RT\ln\left(\frac{a_i^R}{a_i^{wt}}\right) = RT\ln\left(\gamma_i^\circ \cdot \frac{M_{solv.}}{100 M_i}\right) \tag{2.64}$$

[예제 2.27] 1,873 K에서 다음 식의 자유에너지변화를 구하라.[11]

$$Si(pure\ liquid) = Si(1wt\%\ in\ Fe) \tag{1}$$

그리고 다음 반응식의 온도에 따른 자유에너지변화식을 구하라.

$$\text{Cr(pure solid)} = \text{Cr(1wt\% in Fe)} \tag{2}$$

단, $M_{Fe} = 55.85\,\text{g/mol}$, $M_{Si} = 28.09\,\text{g/mol}$, $M_{Cr} = 52.0\,\text{g/mol}$, $\gamma_{Si}^{\circ} = 0.0011$, $\gamma_{Cr}^{\circ} \fallingdotseq 1$이며, Cr의 융점은 2,171 K 이다.

[풀이] ① Raoult 기준에서 1 wt% 기준으로의 변환이므로 식(2.64)로부터

$$\Delta G_{Si,(1)}^{\circ} = RT\ln\left(\frac{\gamma_{Si}^{\circ} \cdot M_{Fe}}{100 \cdot M_{Si}}\right) \tag{3}$$

$$= 8.314 \times 1{,}873 \times \ln\left(\frac{0.0011 \times 55.85}{100 \times 28.09}\right)$$

$$= -167{,}100\ \text{J/mol}$$

② 식(2.64)로부터 구한 식(2)의 자유에너지변화는 다음과 같다.

$$\Delta G_{Cr}^{\circ} = RT\ln\left(\frac{\gamma_{Cr}^{\circ} \cdot M_{Fe}}{100 \cdot M_{Cr}}\right) \tag{4}$$

$$= 8.314\,T\ln\left(\frac{1 \times 55.85}{100 \times 52.0}\right) = -37.69\,T\ \ \text{J/mol}$$

Cr의 융점이 2,171 K이므로 고체 Cr의 용융 자유에너지변화를 구해야 한다. Richard의 법칙으로부터 $\Delta S_m = \Delta H_m / T_m \fallingdotseq 8.4\ \text{J/(mol·K)}$이므로 $\Delta H_m = 8.4 \times 2{,}171 = 18{,}200\ \text{J/mol}$이며 Cr 용융의 자유에너지변화는 다음과 같다.

$$\text{Cr(pure solid)} = \text{Cr(pure liquid)},$$

$$\Delta G^{\circ} = 18{,}200 - 8.4\,T\ \text{J/mol} \tag{5}$$

따라서 식(3)+식(4)에 의해 위 두 식의 합으로부터 다음과 같다.

$$\Delta G_{Cr,(2)}^{\circ} = 18{,}200 - 46.09\,T\ \text{J/mol} \tag{6}$$

[예제 2.28] Fe-Si 용액이 $p_{O_2} = 8.15 \times 10^{-14}$ 분위기에서 순수 고체 SiO_2와 평형하고 있다. 1,600 ℃에서 용액 중 a_{Si}을 다음 각 표준상태에서 구하라.[12]

① 고체 Si, ② 액체 Si, ③ Henry 기준

단, $\gamma_{Si}^{\circ}=0.0116$, $M_{Fe}=55.85$, $M_{Si}=28.09$, $T_{m,Si}=1{,}410$ ℃,

$\Delta H_{m,Si}^{\circ}=50{,}626$ J/mol

$$Si(s)+O_2(g)=SiO_2(s),\ \Delta G^{\circ}=-904{,}180+172.37T\ \text{J} \tag{1}$$

[풀이] ① 1,873 K에서 식(1)의 $\Delta G_{(1)}^{\circ}$은 다음과 같이 나타낸다.

$$\Delta G_{(1)}^{\circ}=-904{,}180+172.37\times 1{,}873=-581{,}331\ \text{J} \tag{2}$$

순수한 고체 SiO_2와 평형하고 있으므로 $a_{SiO_2}=1$이다. 따라서

$$K_{(1)}=\frac{a_{SiO_2}}{a_{Si}\cdot p_{O_2}}=\frac{1}{a_{Si}\cdot p_{O_2}}=\exp\left(-\frac{\Delta G_{(1)}^{\circ}}{RT}\right)=1.63\times 10^{16} \tag{3}$$

$$\therefore\ a_{Si(s)}=\frac{1}{K_{(1)}\cdot p_{O_2}}=\frac{1}{(1.63\times 10^{16})\times(8.15\times 10^{-14})}=0.00075 \tag{4}$$

② Si의 용융 반응과 자유에너지변화 ΔG_m°은 다음과 같다.

$$Si(s)=Si(l) \tag{5}$$

$$\Delta G_m^{\circ}=\Delta H_m^{\circ}-T\Delta S_m^{\circ}=\Delta H_m^{\circ}-T\frac{\Delta H_m^{\circ}}{T_m} \tag{6}$$

$$=50{,}626-1{,}873\times\frac{50{,}626}{1{,}683}=-5{,}714\ \text{J}$$

$$\therefore K_{(2)}=\frac{a_{Si(l)}}{a_{Si(s)}}=\exp\left(-\frac{\Delta G_m^{\circ}}{RT}\right)=\exp\left(-\frac{-5{,}714}{8.314\times 1{,}873}\right)=1.443 \tag{7}$$

$$\therefore\ a_{Si(l)}=K_{(2)}\cdot a_{Si(s)}=1.443\times 0.00075=0.0011 \tag{8}$$

③ Raoult 기준에서 Henry 기준으로의 변환에 관한 것으로 식(2.61)로부터 $a_{Si}^{R}/a_{Si}^{H}=\gamma_{Si}^{\circ}$이다. 여기서 a_{Si}^{R}은 순수 액체 기준의 Si 활동도로 ②에서 구한 0.0011이며 $\gamma_{Si}^{\circ}=0.0116$이므로 a_{Si}^{H}는 다음과 같다.

$$a_{Si}^{H}=\frac{a_{Si}^{R}}{\gamma_{Si}^{\circ}}=\frac{0.0011}{0.0116}=0.0948 \tag{9}$$

2.6.4 다성분계의 활동도계수

용매 1에 용질 성분 2, 3…이 함유된 다성분계의 활동도계수는 용질 성분끼리 상호작용의 영향도 받는다. 용질 성분 농도가 낮으면 용질 성분 2의 활동도계수는 용질 농도에 관한 1차 식 형태로 다음과 같이 나타낸다.

$$\gamma_2 = f(x_{2,}\ x_3\ \cdots,\ x_n)$$

$$\ln\gamma_2 = \ln\gamma_2^\circ + x_2\frac{\partial\ln\gamma_2}{\partial x_2} + x_3\frac{\partial\ln\gamma_2}{\partial x_3} + \cdots \quad (2.65)$$

여기서 γ_2°는 용매 1 중에 용질 2가 무한 희석 상태로 함유된 2원계에서의 값이며, 우변의 미분항은 다음과 같이 나타낸다.

$$\epsilon_2^{(2)} = \frac{\partial\ln\gamma_2}{\partial x_2},\quad \epsilon_2^{(3)} = \frac{\partial\ln\gamma_2}{\partial x_3},\quad \cdots$$

$$\therefore\ \ln\gamma_2 = \ln\gamma_2^\circ + \epsilon_2^{(2)}x_2 + \epsilon_2^{(3)}x_3 + \ \cdots \quad (2.66)$$

여기서 $\epsilon_i^{(j)}$를 편의상 i성분에 대한 j성분의 상호작용 모계수(interaction parameter)라 한다.

몰 분율 대신에 중량 백분율, 자연대수 대신에 상용대수를 이용하면 Henry 법칙 기준의 활동도계수 f_2는 다음과 같이 나타낸다.

$$\log f_2 = e_2^{(2)}[\%2] + e_2^{(3)}[\%3] + \cdots \quad (2.67)$$

여기서 $e_i^{(j)}$는 편의상 i성분에 대한 j성분의 상호작용 조계수(interaction parameter)라 부르며 다음과 같다.

$$e_2^{(2)} = \frac{\partial\log f_2}{\partial[\%2]},\quad e_2^{(3)} = \frac{\partial\log f_2}{\partial[\%3]},\quad \cdots \quad (2.68)$$

이상과 같이 $\epsilon_i^{(j)}$나 $e_i^{(j)}$를 알면 다성분계 희박용액에서 활동도계수를 근사적으로 계산할 수 있다. 간단한 Me$-i-j$의 3원계에서 상호작용 모계수와 상호작용 조계수의 사이에는 다음의 관계가 성립한다. (단, M_i는

각 성분의 원자량)

$$\epsilon_i^{(j)} = \epsilon_j^{(i)}, \quad e_j^{(i)} = \frac{M_j}{M_i} e_i^{(j)} \tag{2.69}$$

$$\epsilon_i^{(j)} = 230 \frac{M_j}{M_{\text{Me}}} e_i^{(j)} + \left(1 - \frac{M_j}{M_{\text{Me}}}\right) \tag{2.70}$$

$$e_i^{(j)} = \frac{M_{\text{Me}}}{230 M_j} \epsilon_i^{(j)} - \frac{M_{\text{Me}} - M_j}{230 M_j}$$

이러한 관계는 용질 2가 무한 희박용액인 범위 내에서 성립하며, 식(2.70) 우변의 제2항은 무시할 수도 있다.

[예제 2.29] 450 ℃에서 Zn를 0.015 몰 분율을 함유하는 Bi-Zn 2원계 용액에서 무한희석 상태를 기준으로 한 Zn의 활동도계수는 3.974이다. Bi-Zn-Pb-Ag 용액에서 상호작용 모계수 $\epsilon_{\text{Zn}}^{(\text{Pb})}$와 $\epsilon_{\text{Zn}}^{(\text{Ag})}$가 각각 1.3과 -2.5이고, Zn, Pb, Ag의 몰 분율이 모두 0.015일 때 450 ℃에서 Zn의 활동도계수를 구하라.

[풀이] 식(2.66)으로부터 다음과 같이 나타낼 수 있으며, $\gamma_{\text{Zn}}^{(\text{Zn})}$은 2원계에서의 값이다.

$$\begin{aligned} \ln\gamma_{\text{Zn}} &= \ln\gamma_{\text{Zn}}^{(\text{Zn})} + \ln\gamma_{\text{Zn}}^{(\text{Pb})} + \ln\gamma_{\text{Zn}}^{(\text{Ag})} \qquad (1) \\ &= \ln\gamma_{\text{Zn}}^{\circ} + x_{\text{Pb}} \cdot \epsilon_{\text{Zn}}^{(\text{Pb})} + x_{\text{Ag}} \cdot \epsilon_{\text{Zn}}^{(\text{Ag})} \end{aligned}$$

위의 식에 각각의 값을 대입하면

$$\begin{aligned} \ln\gamma_{\text{Zn}} &= (\ln 3.974) + (0.015 \times 1.3) + (0.015 \times (-2.5)) \qquad (2) \\ &= 1.362 \end{aligned}$$

$$\therefore \gamma_{\text{Zn}} = 3.904 \qquad (3)$$

[예제 2.30] 0.05 wt%S, 1.5 wt%Si, 3.5 wt%C, 2.0 wt%Mn을 함유한 선철 중 S의 활동도계수를 구하라. 단,

$$e_S^{(S)} = -0.028,\ e_S^{(Si)} = 0.066,\ e_S^{(C)} = 0.11,\ e_S^{(Mn)} = -0.025$$

[풀이] 식(2.67)로부터 S의 활동도계수 f_S는 다음과 같이 계산할 수 있다.

$$\log f_S = \log f_S^{(S)} + \log f_S^{(Si)} + \log f_S^{(C)} + \log f_S^{(Mn)} \tag{1}$$

$$= e_S^{(S)}[\%S] + e_S^{(Si)}[\%Si] + e_S^{(C)}[\%C] + e_S^{(Mn)}[\%Mn]$$

$$= (-0.028) \times 0.05 + 0.066 \times 1.5 + 0.11 \times 3.5 + (-0.025) \times 2$$

$$\therefore\ f_S = 2.71$$

[예제 2.31] 용융 Cu 중 S에 대한 제3원소의 영향으로 다음과 같은 상호작용 모계수가 주어져 있을 때, $e_S^{(Co)}$, $e_S^{(Fe)}$, $e_S^{(Ni)}$, $e_{Co}^{(S)}$, $e_{Fe}^{(S)}$, $e_{Ni}^{(S)}$를 구하라. 단, Cu, Co, S, Fe, Ni의 원자량은 각각 63.54, 58.93, 32.06, 55.85, 58.71 g/mol이다.[13]

$$\epsilon_S^{(Co)} = -4.8,\ \epsilon_S^{(Fe)} = -7.4,\ \epsilon_S^{(Ni)} = -6.6$$

[풀이] 식(2.70)을 이용하여 변환하면 다음과 같다.(우변 제2항은 무시할 수 있다.)

$$e_S^{(Co)} = \frac{M_{Cu}}{230 M_{Co}} \epsilon_S^{(Co)} - \frac{M_{Cu} - M_{Co}}{230 M_{Co}} \tag{1}$$

$$= \frac{63.54}{230 \times 58.93}(-4.8) - \frac{63.54 - 58.93}{230 \times 58.93}$$

$$= -0.0225 - 0.00034 \cong -0.0225$$

나머지도 동일한 방법으로 계산하면 다음과 같다.

$$e_S^{(Fe)} = -0.0372,\ e_S^{(Ni)} = -0.0314$$

한편 $e_{Co}^{(S)}$ 등은 식(2.69)를 이용하여 다음과 같이 계산한다.

$$e_{\mathrm{Co}}^{(\mathrm{S})} = \frac{M_{\mathrm{Co}}}{M_{\mathrm{S}}} e_{\mathrm{S}}^{(\mathrm{Co})} = \frac{58.93}{32.06}(-0.0225) = -0.0414 \tag{2}$$

나머지도 동일한 방법으로 계산하면 다음과 같다.

$$e_{\mathrm{Fe}}^{(\mathrm{S})} = -0.0680,\ e_{\mathrm{Ni}}^{(\mathrm{S})} = -0.0611$$

2.7 금속제련과 퍼텐셜도

각 금속에 적용하는 환원법은 기본적으로 평형론(예: 열역학)을 기반으로 한다. 특히 제련반응에서는 반응이 평형에 도달한 상태를 정량적으로 파악하는 것이 필요하다. 당연히 열역학적 수치를 비교해야 하는데, 그림으로 표시하면 유용하게 활용할 수 있으며, 대표적으로 산화물의 표준 생성 자유에너지-온도도(Ellingham diagram)와 이와 유사한 $\log p_{\mathrm{O}_2} - 1/T$, 일정한 온도에서 $\log p_{\mathrm{O}_2} - \log p_{\mathrm{S}_2}$, 전위($E$)-pH의 관계를 그래프로 나타낸 퍼텐셜도가 널리 이용되고 있다.

2.7.1 상률

온도 T, 압력 P, 상의 수 p, 성분의 수가 c인 어떤 계의 화학반응에 대한 평형 조건이 r개 있다고 하자. 이 계가 평형상태에 있기 위한 조건, 즉 이 계를 구성하는 상의 수는 그대로 두고 임의로 선택할 수 있는 세기 변수의 개수를 자유도 F라 하며 다음과 같이 주어진다.

$$F = 2 + (c - r) - p \tag{2.71}$$

예를 들어 진공으로 유지되고 있는 용기 중에서 C(s)와 SiO_2(s)의 혼합물을 가열하여 다음의 반응을 일으키는 경우를 생각해 보자.

$$C(s)+SiO_2(s)=SiO(g)+CO(g)$$

성분의 수는 4, 상의 수는 3이지만, 평형 관계를 고려하여야 한다. 우선 위의 식에 나타낸 평형 반응식과 SiO(g)와 CO(g)는 등몰 생성하므로 평형 관계 $r=2$가 된다. 따라서 자유도는 1이 되므로 이 계는 외부에서 SiO나 CO를 도입하지 않는다면 온도 변수 한 가지에 의해 평형이 결정된다.

[예제 2.32] 산소 가스가 Cu(l) 중으로 용해될 때의 자유도를 구하라.

[풀이] 성분 $c=3$: Cu(l), O(in Cu(l)), $O_2(g)$

독립된 화학반응의 수 $r=1$: $1/2O_2(g)=O_{(in\ Cu(l))}$

상의 수 $p=2$: Cu(l)와 gas상

$\therefore F=2+(c-r)-p=2+(3-1)-2=2$

따라서 계의 상태를 결정하기 위해서는 온도와 산소분압, 또는 온도와 Cu 중 산소 농도를 결정하면 된다. 즉, 온도를 일정하게 하여도 산소분압이나 산소 농도를 자유롭게 바꿀 수 있다는 것이다.

[예제 2.33] Cu(l)와 Cu_2O(s or l)가 공존할 때의 자유도를 구하라.

[풀이] 성분 $c=3$: Cu, Cu_2O, O_2

독립된 화학반응의 수

$r=1$: $2Cu(l)+1/2O_2(g)=Cu_2O(s\ or\ l)$

상의 수 $p=3$: Cu(l), Cu_2O(s or l), gas

$\therefore F=2+(c-r)-p=2+(3-1)-3=1$

따라서 이 반응은 온도를 일정하게 하면 Cu(l) 중 산소 농도와 평형 산소분압이 결정되어 자유롭게 바꿀 수 없다.

2.7.2 표준 생성 자유에너지-온도도(Ellingham diagram)

화학반응의 자유에너지나 평형상수는 온도의 함수로 나타낼 수 있으므로 그래프로 나타내면 열역학적 제 특성을 직관적으로 파악할 수 있다. 따라서 다음 식에 나타낸 금속의 산화반응을 예로 들어 설명한다.

$$\frac{2m}{n}\mathrm{M}+\mathrm{O}_2=\frac{2}{n}\mathrm{M}_m\mathrm{O}_n \tag{2.72}$$

이 반응의 자유에너지변화는 다음과 같다.

$$\Delta G=\Delta G^\circ+RT\ln\left(\frac{a_{\mathrm{M}_m\mathrm{O}_n}^{2/n}}{a_{\mathrm{M}}^{2m/n}\cdot p_{\mathrm{O}_2}}\right)$$

여기서 ΔG°는 표준 자유에너지변화이며, 평형상태에서는 $\Delta G=0$이므로 평형상수 K를 이용하여 다음과 같이 나타낼 수 있다.

$$\Delta G^\circ=-RT\ln K=-RT\ln\left(\frac{a_{\mathrm{M}_m\mathrm{O}_n}^{2/n}}{a_{\mathrm{M}}^{2m/n}\cdot p_{\mathrm{O}_2}}\right) \tag{2.73}$$

여기서 M과 $\mathrm{M}_m\mathrm{O}_n$을 순수 물질이라 하면 $a_{\mathrm{M}}=a_{\mathrm{M}_m\mathrm{O}_n}=1$이 되므로 다음과 같이 나타낼 수 있다.

$$\Delta G^\circ=RT\ln p_{\mathrm{O}_2} \tag{2.74}$$

따라서 ΔG°는 온도와 p_{O_2}에만 의존하며, 식 (2.74)의 $RT\ln p_{\mathrm{O}_2}$를 산소 퍼텐셜(oxygen potential)이라 한다. 그림 2.9는 제련반응에서 각종 산화물의 표준 생성 자유에너지와 온도의 관계를 나타낸 것으로, Ellingham diagram이라 부르고 있으며, 식 (2.72)와 같이 산소(O_2) 1몰을 기준으로 나타내어야 한다.

한편 $\varDelta G^\circ$는 다음과 같이 나타낼 수 있다.

$$\varDelta G^\circ (= RT \ln p_{O_2}) = \varDelta H^\circ - T\varDelta S^\circ = a + bT \qquad (2.75)$$

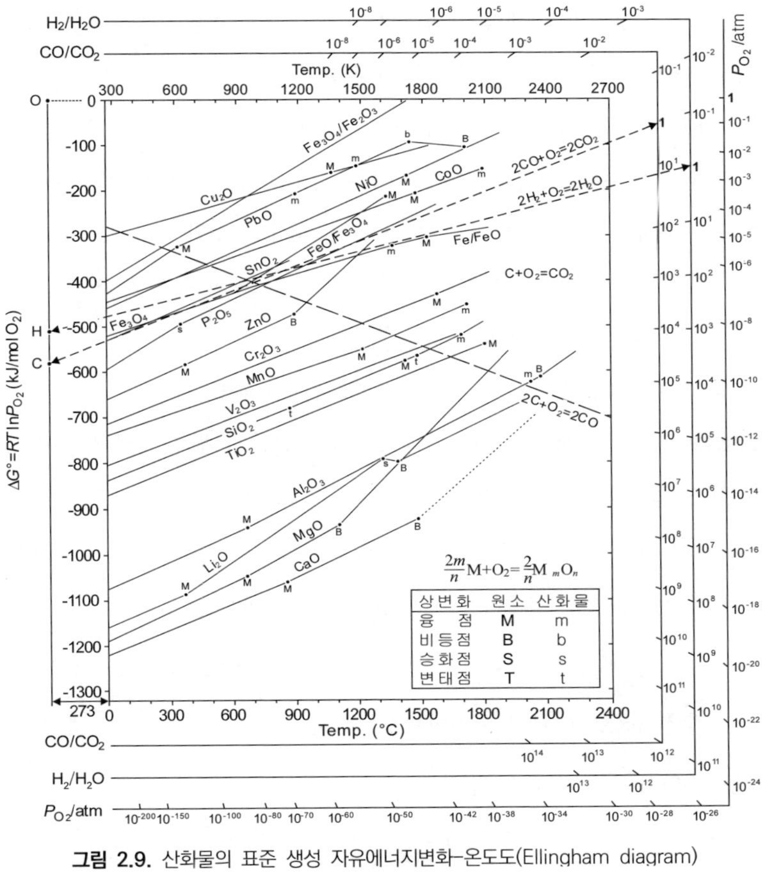

그림 2.9. 산화물의 표준 생성 자유에너지변화-온도도(Ellingham diagram)

따라서 상수 a는 반응의 표준 엔탈피변화(생성열) $\Delta H°$ 이며, 그림 2.9에서 각 직선을 절대 0 K(-273 ℃)까지 외삽하였을 때의 $\Delta G°$ 이다. 또 상수 b는 그림 2.9에서 직선의 구배($\partial \Delta G/\partial T$)를 나타내고, 반응의 표준 엔트로피변화(생성 엔트로피)의 음의 값($-\Delta S°$)에 상당한다. 응축상의 엔트로피변화는 기체상의 엔트로피변화보다 작으므로 상변화가 일어나는 온도에서 기울기가 바뀐다. 그림에서 직선이 아래쪽에 위치하는 금속일수록 산화되기 쉽고, 그 산화물은 안정하다. 산화물은 물론 황화물, 탄화물, 질화물 등에 관해서도 동일하게 나타낸다.

그림 2.9의 종축에 O, H, C 점이 표시되어 있다. 우선 O는 해리 산소압을 구하는 기준점이 된다. H와 C는 각각 수소와 CO 가스에 의한 산화, 환원의 평형을 나타내는 기준점이고, 그림 우측의 H_2/H_2O와 CO/CO_2 축까지 외삽하여 비율을 구할 수 있다.[14]

예를 들어 CO와 H_2에 의한 FeO의 산화환원을 생각해 보자. 그림 2.10의 1,400 ℃에서 2Fe(s)+O_2=2FeO(l) 반응의 평형 산소압(해리 산소압)은 그림 2.9에서 설명한 것처럼 a'점으로 $10^{-9.8}$ atm이다. 2CO+O_2=2CO_2의 직선은 CO와 CO_2가 표준상태, 즉 $p_{CO}=p_{CO_2}=1$ atm에 대한 것으로 0 K의 종축 C점에서 p_{CO}/p_{CO_2} 축의 1을 향하여 그어져 있다. 1,400 ℃에서 $p_{CO}/p_{CO_2}=1$일 때의 평형 산소압 $10^{-8.7}$ atm(d'점)이며, d점은 a점보다 위에 위치하므로 $p_{CO}/p_{CO_2}=1$의 CO-CO_2 혼합가스로는 FeO(l)를 환원할 수 없다.

2H_2+O_2=2H_2O의 직선은 H_2와 H_2O가 표준상태인 $p_{H_2}=p_{H_2O}=1$ atm에 대한 것으로 0 K의 종축상 H점에서 p_{H_2}/p_{H_2O} 축의 1을 향하여 그어져

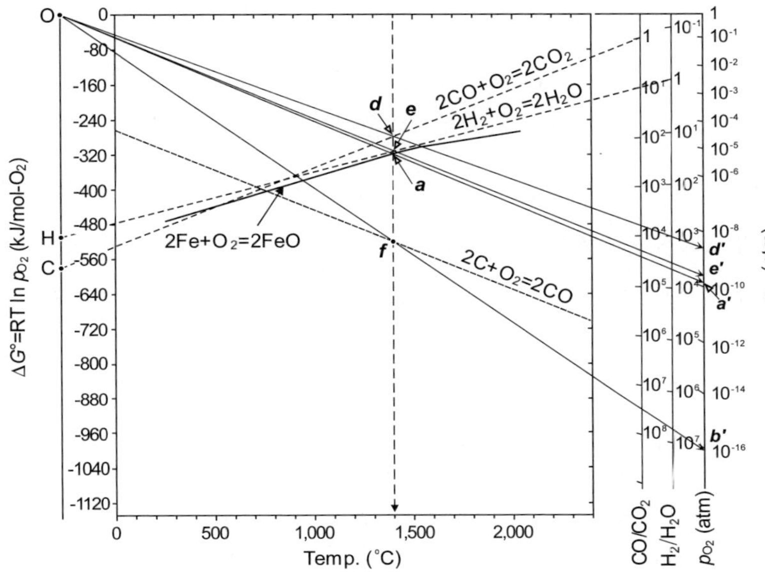

그림 2.10. FeO, CO, H_2-H_2O 및 CO-CO_2 혼합가스의 안정성과 p_{O_2} 관계

있다. 1,400 ℃에서 $p_{H_2}/p_{H_2O}=1$일 때의 평형 산소압은 $10^{-9.5}$ atm(e' 점)이며, e점은 a점보다 위에 위치하므로 $p_{H_2}/p_{H_2O}=1$의 H_2-H_2O 혼합 가스도 FeO(l)를 환원할 수 없다. 한편, 2C+O_2=2CO의 직선으로부터 1,400 ℃에서 고체 탄소와 CO($p_{CO}=1$ atm)가 평형할 때의 평형 산소분압은 $10^{-16.2}$ atm(b'점)이며, f점은 a점보다 아래쪽에 위치하므로 FeO(l)는 $p_{CO}=1$ atm의 분위기하에서는 고체 탄소에 의해 환원된다.

$p_{CO}/p_{CO_2}=1$의 CO-CO_2 혼합가스 및 $p_{H_2}/p_{H_2O}=1$의 H_2-H_2O 혼합 가스는 FeO(l)를 환원할 수 없으나, p_{CO}/p_{CO_2}나 p_{H_2}/p_{H_2O}를 변화시켜서 분위기 산소분압을 낮추면 FeO(l)를 환원할 수 있다.

[예제 2.34] Ellingham diagram에서 어떤 금속/산화물의 해리 산소압을 구하는 방법을 설명하고, 또, 일정한 온도에서 p_{O_2}가 일정할 때 금속과 산화물 중 어느 쪽이 안정한지 구하는 방법을 알아보자.

[풀이] 그림 2.11에서 알고자 하는 온도를 T ℃라 하자. 온도 선과 $\Delta G°$ 선의 교차점 E를 찾는다. 그리고 점 O와 점 E를 연결하여 p_{O_2}축으로 외삽한 점 e가 T ℃에서 $Me+O_2=MeO_2$의 구하는 산소 해리압이다.

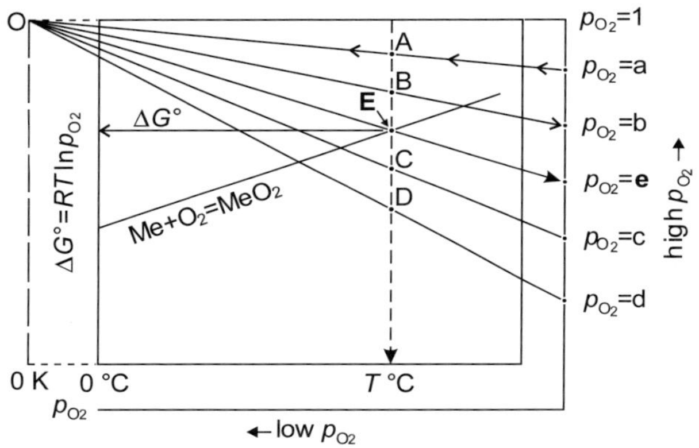

그림 2.11. Me 또는 MeO_2의 안정성과 p_{O_2}의 관계

여기서 온도 T ℃에서 계의 산소분압을 $p_{O_2}=a$라 하면, 점 O와 p_{O_2} 눈금의 점 a를 연결하면 T ℃에서의 $RT\ln p_{O_2}$는 점 A가 된다. 그런데 반응의 $\Delta G°$ 선은 점 A보다 아래쪽(E)에 있다. 즉, $p_{O_2}=a$에서 반응은 $\Delta G°<0$이 되므로 $Me+O_2=MeO_2$ 반응은 오른쪽으로 자발적으로 진행하여 MeO_2가 안정하게 된다. $p_{O_2}=b$에 대해서도 마찬가지이다. 그런데 p_{O_2}를 c 또는 d로 하면, 이 온도에서의 $RT\ln p_{O_2}$는 점 C 또는 점 D로 된

다. 이러한 점은 반응의 ΔG°선보다 아래쪽에 있으므로 반응은 $\Delta G^\circ > 0$ 으로 된다. 따라서 이 p_{O_2}에서는 금속인 Me 쪽이 안정하게 된다.

[예제 2.35] 1,400 ℃에서 Fe(s)+CO_2=FeO(l)+CO 반응의 평형 p_{CO}/p_{CO_2}, p_{H_2}/p_{H_2O} 비를 Ellingham diagram에서 구하는 방법에 대해 알아보자.

[풀이] 그림 2.12에서 2Fe+O_2=2FeO에 대한 Ellingham선상의 1,400 ℃의 점 a와 절대 0도에서 종축의 C점을 연결하는 직선을 p_{CO}/p_{CO_2} 축까지 외삽하면 $p_{CO}/p_{CO_2} = 10^{0.5}$($a''$ 점)이 얻어진다. 이 p_{CO}/p_{CO_2} 비 이상의 CO-CO_2 혼합가스에 의해 FeO(l)는 환원된다. 또 그림 2.12에서 a 점과 0 K에서의 종축상 H점을 연결하는 직선을 p_{H_2}/p_{H_2O} 축까지 외삽하면 $p_{H_2}/p_{H_2O} = 10^{0.05}$($a'''$ 점)가 얻어진다. 이 p_{H_2}/p_{H_2O} 비 이상의 H_2-H_2O 혼합가스에 의해 FeO(l)를 환원할 수 있다.

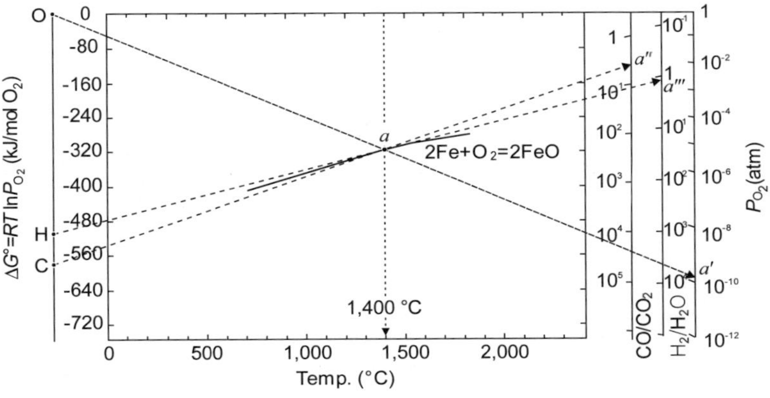

그림 2.12. FeO 안정성과 p_{CO}/p_{CO_2} 및 p_{H_2}/p_{H_2O}의 관계

2.7.3 M-S-O 퍼텐셜도

비철금속은 황화물로 산출되는 경우가 많으므로 황화물의 산화 반응을 고찰할 때는 금속 M의 O와 S에 대한 친화력을 동시에 평가하는 것이 필요하다. 우선 금속 M의 산화 및 황화 반응은 다음과 같다.

$$2M + O_2 = 2MO,\ \ \log K = 2\log(a_{MO}/a_M) - \log p_{O_2} \tag{2.76}$$

$$2M + S_2 = 2MS,\ \ \log K = 2\log(a_{MS}/a_M) - \log p_{S_2} \tag{2.77}$$

여기서 $a_M = a_{MO} = a_{MS} = 1$로 두면, 일정 온도에서 $\log p_{O_2}$와 $\log p_{S_2}$, 즉 산소 퍼텐셜과 유황 퍼텐셜에 대응하는 값을 종축과 횡축에 잡은 그림 2.13을 그릴 수 있다.[15] 이 그림 중에서 식 (2.76), (2.77)의 평형 관계는 각각 수평, 수직의 선이 되며, 또 좌하에서 우상으로의 사선은 다음의 평형 관계를 나타낸다.

$$2MS + O_2 = 2MO + S_2, \tag{2.78}$$

$$\log K = 2\log(a_{MO}/a_{MS}) + \log p_{S_2} - \log p_{O_2}$$

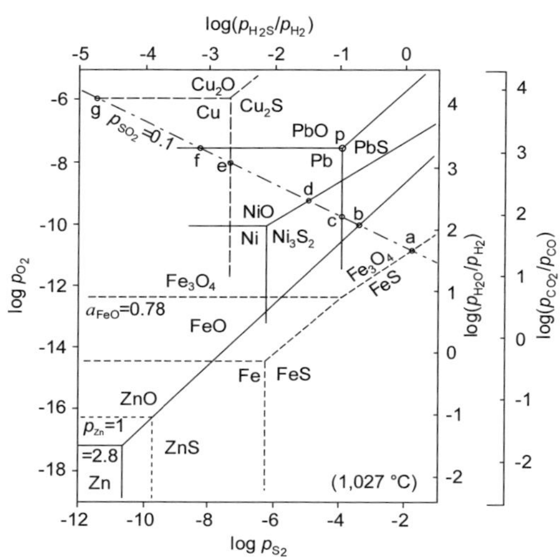

그림 2.13. M-S-O계 유황-산소 퍼텐셜도(1,027 ℃)

따라서 이 그림으로부터 일정한 온도에서 M, MS, MO의 안정 영역을 구분하여 나타낼 수 있다. 다만 이러한 관계는 온도에 따라 바뀌므로, 공정 온도에서 이러한 M-S-O 퍼텐셜도를 그려 산화환원 관계를 검토한다.

한편 황화광의 배소 등에서 $\log p_{SO_2}$-$\log p_{O_2}$를 변수로 하여 금속, 황화물, 산화물, 황산염 등의 안정 영역을 나타낼 수 있다. 우선 M-MS의 평형 반응은 다음 식으로 나타낼 수 있으므로 평형상수로부터 $\log p_{SO_2}$-$\log p_{O_2}$의 관계식을 구한다.

① $M(s) + SO_2(g) = MS(s) + O_2(g)$ (2.79)

$$K_{(1)} = \frac{a_{MS} \cdot p_{O_2}}{a_M \cdot p_{SO_2}} = \frac{p_{O_2}}{p_{SO_2}}, \quad \log K_{(1)} = \log p_{O_2} - \log p_{SO_2}$$

위 식의 평형 반응을 그림 2.14의 선(1)에 나타내었다.[16]

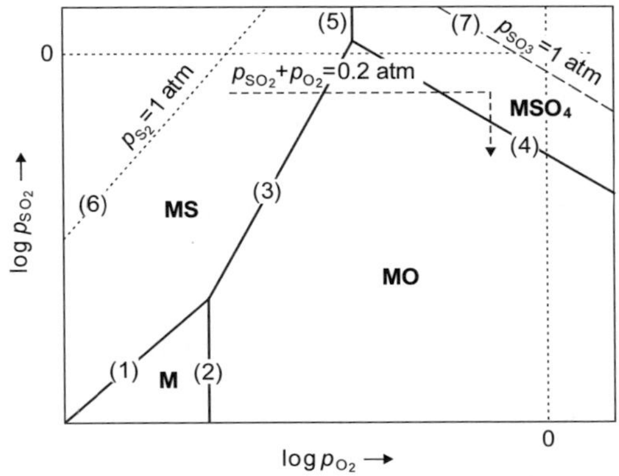

그림 2.14. M-S-O계의 안정상 영역도

나머지의 평형 관계도 다음에 나타낸 식으로부터 구할 수 있으므로 그림 2.14와 같이 각 상의 안정 영역을 나타낼 수 있다.

② $2M(s)+O_2(g)=2MO(s),$ (2.80)

$$K_{(2)}=\frac{1}{p_{O_2}},\quad \log K_{(2)}=-\log p_{O_2}$$

③ $2MS(s)+3O_2(g)=2MO(s)+2SO_2(g)$ (2.81)

$$K_{(3)}=\frac{p_{SO_2}^2}{p_{O_2}^3},\quad \log K_{(3)}=2\log p_{SO_2}-3\log p_{O_2}$$

④ $2MO(s)+2SO_2(g)+O_2(g)=2MSO_4(s)$ (2.82)

$$K_{(4)}=\frac{1}{p_{SO_2}^2\cdot p_{O_2}},\quad \log K_{(4)}=-2\log p_{SO_2}-\log p_{O_2}$$

⑤ $MS(s)+2O_2(g)=MSO_4(s),$ (2.83)

$$K_{(5)}=\frac{1}{p_{O_2}^2},\ \log K_{(5)}=-2\log p_{O_2}$$

⑥ $S_2(g)+2O_2(g)=2SO_2(g)$ (2.84)

⑦ $2SO_2(g)+O_2(g)=2SO_3(g)$ (2.85)

[예제 2.36] 아래의 데이터를 이용하여 1,000 K에서 니켈에 관한 Ni-S-O 퍼텐셜도를 그리고 각 상의 안정 영역을 표시하시오.

$2Ni(s)+O_2(g)=2NiO(s): \Delta G^\circ=-469{,}800+169.36T$ J (1)

$3Ni(s)+S_2(g)=Ni_3S_2(s): \Delta G^\circ=-281{,}160+102.72T$ J (2)

$NiO(s)+SO_3(g)=NiSO_4(s): \Delta G^\circ=-248{,}070+198.82T$ J (3)

$2Ni(s)+S_2(g)=2NiS(s): \Delta G^\circ=-292{,}710+143.97T$ J (4)

$\frac{1}{3}S_2(g)+O_2(g)=\frac{2}{3}SO_3(g): \Delta G^\circ=-304{,}650+107.86T$ J (5)

$\frac{1}{2}S_2(g)+O_2(g)=SO_2(g): \Delta G^\circ=-362{,}070+73.41T$ J (6)

[풀이] 우선 응축상의 활동도를 1로 두면 1,000 K에서 식(1)과 (2)의 평형상수로부터 $\log p_{O_2}$와 $\log p_{S_2}$를 다음 식과 같이 구할 수 있다.

$$K_{(1)} = \frac{a_{NiO}^2}{a_{Ni}^2 \cdot p_{O_2}} = \exp\left(-\frac{\Delta G_{(1)}^\circ}{RT}\right) = 4.94 \times 10^{15}$$

$$\therefore \log p_{O_2} = -\log K_{(1)} = -15.69 \tag{1}$$

$$K_{(2)} = \frac{a_{Ni_3S_2}}{a_{Ni}^3 \cdot p_{S_2}} = \exp\left(-\frac{\Delta G_{(2)}^\circ}{RT}\right) = 2.10 \times 10^{9}$$

$$\therefore \log p_{S_2} = -\log K_{(2)} = -9.32 \tag{2}$$

Ni_3S_2/NiS 평형: (4)×3-(2)×2

$$2Ni_3S_2(s) + S_2(g) = 6NiS(s) : \Delta G^\circ = -315,810 + 226.47T \text{ J}$$

$$\therefore \log p_{S2} = -\log K_{(7)} = 4.67 \tag{7}$$

Ni_3S_2/NiO 평형: (1)×3-(2)×2

$$2Ni_3S_2(s) + 3O_2(g) = 6NiO(s) + 2S_2(g) : \Delta G^\circ = -847,080 + 302.64T \text{ J}$$

$$2\log p_{S_2} - 3\log p_{O_2} = \log K_{(8)} = 28.44 \tag{8}$$

NiO/$NiSO_4$: (3)×2+(5)×3

$$2NiO(s) + S_2(g) + 3O_2(g) = 2NiSO_4(s) : \Delta G^\circ = -1,410,090 + 721.22T \text{ J}$$

$$\log p_{S_2} + 3\log p_{O_2} = -\log K_{(9)} = -35.98 \tag{9}$$

NiO/NiS: (4)-(1)

$$2NiO(s) + S_2(g) = 2NiS(s) + O_2(g) : \Delta G^\circ = 177,090 - 25.39T \text{ J}$$

$$\log p_{O_2} - \log p_{S_2} = \log K_{(10)} = -7.92 \tag{10}$$

NiS/$NiSO_4$: 평형 [(9)-(10)]/2

$$NiS(s) + 2O_2(g) = NiSO_4(s) : \Delta G^\circ = -793,590 + 373.31T \text{ J}$$

$$2\log p_{O_2} = -\log K_{(10)} = -21.95 \tag{11}$$

그림 2.15에 1,000 K에서 Ni-S-O계 $\log p_{O_2} - \log p_{S_2}$ 퍼텐셜도를 상기한 반응식 번호와 함께 나타내었다.

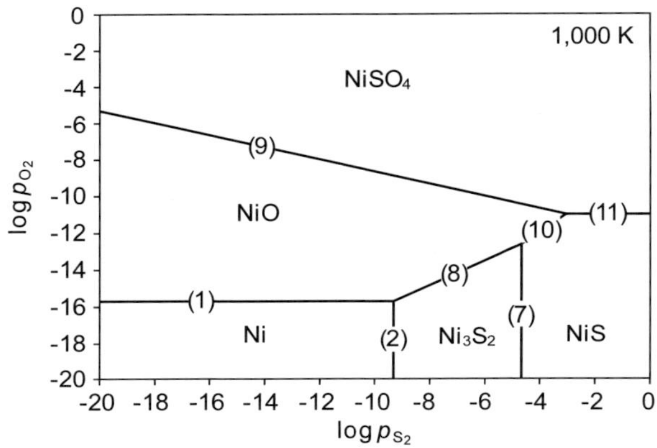

그림 2.15. NiS를 고려한 Ni-S-O계 퍼텐셜도(1,000 K)

한편 1,000 K에서 Ni-S-O계의 $\log p_{SO_2} - \log p_{O_2}$ 관계는 다음과 같다.

Ni/Ni_3S_2 평형: (2)-(6)×2

$$3Ni(s) + 2SO_2(g) = Ni_3S_2(s) + 2O_2(g) : \Delta G^\circ = 442{,}980 - 44.1T \text{ J}$$

$$2\log p_{O_2} - 2\log p_{SO_2} = \log K_{(12)} = -20.84 \tag{12}$$

Ni_3S_2/NiS 평형: (7)/2-(6)

$$Ni_3S_2(s) + SO_2(g) = 3NiS(s) + O_2(g) : \Delta G^\circ = 204{,}165 + 39.825T \text{ J}$$

$$\log p_{O_2} - \log p_{SO_2} = \log K_{(13)} = -12.75 \tag{13}$$

Ni_3S_2/NiO 평형: (8)+(6)×4

$$2Ni_3S_2(s) + 7O_2(g) = 6NiO(s) + 4SO_2(g): \ \Delta G^\circ = -2{,}295{,}360 + 596.28\,T \text{ J}$$

$$4\log p_{SO_2} - 7\log p_{O_2} = \log K_{(14)} = 88.75 \tag{14}$$

NiO/NiSO4 평형: (9)-(6)×2

$$2NiO(s) + O_2(g) + 2SO_2(g) = 2NiSO_4(s): \Delta G^\circ = -685{,}950 + 574.4\,T \text{ J}$$

$$\log p_{O_2} + 2\log p_{SO_2} = -\log K_{(15)} = -5.827 \tag{15}$$

NiS/NiO 평형: [(14)-(13)×2]/3

$$2NiS(s) + 3O_2(g) = 2NiO(s) + 2SO_2(g): \ \Delta G^\circ = -901{,}230 + 172.54\,T \text{ J}$$

$$2\log p_{SO_2} - 3\log p_{O_2} = \log K_{(16)} = 38.06 \tag{16}$$

NiS/NiSO4: 평형 식(11)과 동일

$$NiS(s) + 2O_2(g) = NiSO_4(s): \ \Delta G^\circ = -793{,}590 + 373.31\,T \text{ J}$$

$$2\log p_{O_2} = -\log K_{(10)} = -21.95 \tag{17}$$

그림 2.16에 1,000 K에서 Ni-S-O계 $\log p_{O_2} - \log p_{SO_2}$ 퍼텐셜도를 상기한 반응식 번호와 함께 나타내었다.

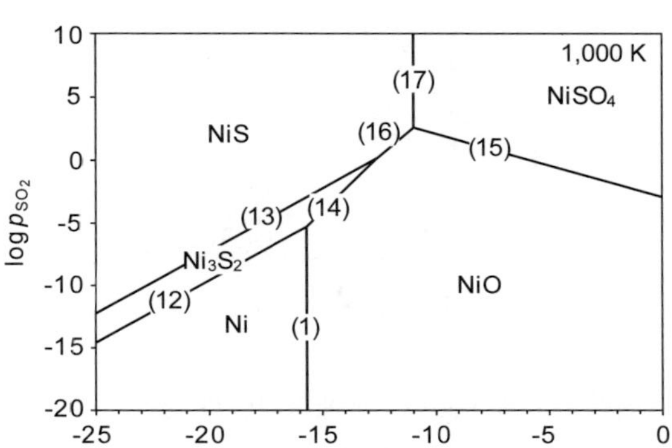

그림 2.16. Ni-S-O계의 안정상 영역도

2.8 전기화학

2.8.1 전기화학 전지의 열역학

화학변화를 이용하여 전기 에너지를 얻는 장치를 전지라 한다. Daniell 전지에서의 반응은 다음 식과 같으며, 그림 2.17에 나타내었다.

$$Cu(s)|CuSO_4\ aq.\|ZnSO_4\ aq.|Zn(s),\ E = 1.10\ V \tag{2.86}$$

이러한 전지 반응을 일반적인 화학 반응식으로 나타내면 다음과 같다.

$$Zn + Cu^{2+} = Zn^{2+} + Cu \tag{2.87}$$

이 반응식의 화학 에너지를 전기 에너지로 변환시키기 위해 그림과 같이 양쪽 극을 도선으로 연결하면 Zn는 Zn^{2+}로 용해되고, $CuSO_4$ 용액 중의 Cu^{2+}는 전극 표면에 석출한다. 이때 전류는 전지 내에서 Zn→Cu 방향으로 흐르며, 전극 사이의 전위차 E를 기전력(e.m.f.)이라 한다.

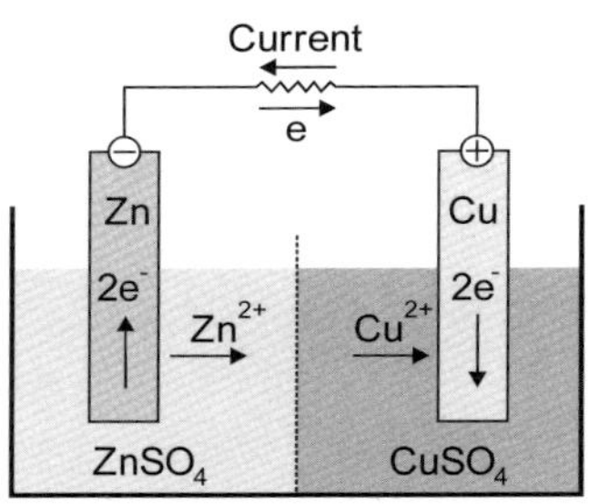

그림 2.17. Daniell cell의 전지 반응

전지 내의 화학변화에 따른 자유에너지변화 ΔG는 다음과 같이 나타낸다.

$$\Delta G = -zFE \tag{2.88}$$

여기서 z는 반응에 관계하는 물질의 이온 가수, F는 Faraday 상수로 전자 1 mol의 전기량에 상당하는 양으로 다음과 같다.

$$F = N_A \times e = (6.022045 \times 10^{23}) \times (1.602189 \times 10^{-19}) \quad (2.89)$$

$$= 96,485 \text{ C/mol} = 26.80 \text{ A} \cdot \text{h/mol}$$

예를 들어 Daniell 전지는 E=1.10 V이므로 ΔG는 다음과 같다.

$$\Delta G = -zFE = -2 \times 96,485 \times 1.10 = -212,267 \text{ J} \quad (2.90)$$

[예제 2.37] 25 ℃에서 아래의 가역전지 기전력은 각각 0.4902와 0.2111 V이다.

$$\text{Pb(s)}|\text{PbCl}_2\text{(s), KCl, AgCl(s)}|\text{Ag(s)} \quad E^\circ_{(1)} = 0.4902 \text{ V} \quad (1)$$

$$\text{Pb(s)}|\text{PbI}_2\text{(s), KI, AgI(s)}|\text{Ag(s)} \quad E^\circ_{(2)} = 0.2111 \text{ V} \quad (2)$$

25 ℃에서 다음 반응의 ΔG°를 계산하라.

$$\langle \text{PbI}_2 \rangle + 2\langle \text{AgCl} \rangle = \langle \text{PbCl}_2 \rangle + 2\langle \text{AgI} \rangle \quad (3)$$

[풀이] 전지반응 (1), (2)는 반응물과 생성물이 모두 표준상태에 있으므로 표준 자유에너지변화 $\Delta G^\circ = -zFE^\circ$이다. 문제의 전지반응에서 Pb는 (-)극, Ag는 (+)극이 된다. 따라서 자발적인 Pb 전극의 용해 반응과, Ag 이온이 금속 Ag로 석출되는 반응이 일어나므로 각 전지의 자발적인 반응은 다음과 같다.

$$\langle \text{Pb} \rangle + 2\langle \text{AgCl} \rangle = \langle \text{PbCl}_2 \rangle + 2\langle \text{Ag} \rangle \quad (4)$$

$$\langle \text{Pb} \rangle + 2\langle \text{AgI} \rangle = \langle \text{PbI}_2 \rangle + 2\langle \text{Ag} \rangle \quad (5)$$

따라서 전지를 통하여 2 F의 전기가 흐름에 따라 1몰의 Pb가 용해하고 2몰의 Ag가 석출하므로 표준 자유에너지변화는 다음과 같다.

$$\Delta G^{\circ}_{298,(4)} = -zFE^{\circ}_{(1)} = -2 \times 96{,}485 \times 0.4902 = -94{,}594 \text{ J} \tag{6}$$

$$\Delta G^{\circ}_{298,(5)} = -zFE^{\circ}_{(2)} = -2 \times 96{,}485 \times 0.2111 = -40{,}736 \text{ J} \tag{7}$$

식(4)-(5)에 의해 반응식 (3)의 ΔG°는 다음과 같다.

$$\Delta G^{\circ}_{298,(3)} = -94{,}594 - (-40{,}736) = -53{,}858 \text{ J} \tag{8}$$

또는 식(4)-(5)에 의해 다음과 같이 계산할 수도 있다.

$$\Delta G^{\circ}_{298,(3)} = -zF(E^{\circ}_{(1)} - E^{\circ}_{(2)}) \tag{9}$$

$$= -2 \times 96{,}485 \times (0.4902 - 0.2111) = -53{,}858 \text{ J}$$

2.8.2 평형전위와 Nernst식

수용액 중 전기화학 반응은 다음 식으로 나타낸다.

$$x\text{Ox} + m\text{H}^{+} + ze^{-} = y\text{Re} + z\text{H}_2\text{O} \tag{2.91}$$

여기서 Ox는 산화종, Re는 환원종을 나타내며, 일반적인 화학반응식으로 나타내면 다음과 같다.

$$a\text{A} + b\text{B} + \cdots = x\text{X} + y\text{Y} + \cdots \tag{2.92}$$

등온, 등압하에서 이 반응의 깁스 자유에너지변화는 각 성분의 화학퍼텐셜 μ_i를 이용하여 다음 식과 같이 나타낸다.

$$\Delta G = (x\mu_{\text{X}} + y\mu_{\text{Y}} + \cdots) - (a\mu_{\text{A}} + b\mu_{\text{B}} + \cdots) \tag{2.93}$$

한편 식(2.93)의 전기화학 반응에 따른 자유에너지변화 ΔG는 반응에서 최대의 일 zFE와 동일하고 $\Delta G = -zFE$이므로 E는 다음과 같다.

$$E = -\frac{\Delta G^{\circ}}{zF} - \frac{RT}{zF}\ln\left(\frac{a_{\text{X}}^{x} \cdot a_{\text{Y}}^{y} \cdots}{a_{\text{A}}^{a} \cdot a_{\text{B}}^{b} \cdots}\right) \tag{2.94}$$

평형상태에서 $E = 0$이므로 표준 전극전위(standard electrode potential) E°는 다음과 같다.

$$E^\circ = -\frac{\Delta G^\circ}{zF} = \frac{RT}{zF}\ln K \tag{2.95}$$

따라서 평형전위 E는 다음과 같다.

$$E = E^\circ - \frac{RT}{zF}\ln\left(\frac{a_X^x \cdot a_Y^y \cdots}{a_A^a \cdot a_B^b \cdots}\right) \tag{2.96}$$

위의 식이 평형전위(equilibrium potential)를 나타내는 Nernst의 식이며, 평형상태에서 전극반응의 전극전위를 나타내는 식이다. 여기서 E°는 반응계 각 성분의 활동도가 1일 때의 전위이며, 표 2.2에 표준 수소전극(standard hydrogen electrode: SHE)을 기준으로 한 주요 금속의 표준 전극전위 값을 나타내었다.

표 2.2. M^{n+}/M계의 표준 전극(산화환원)전위 E° (25 ℃, V vs. NHE)※

반전지반응	E°(V)	반전지반응	E°(V)
$Au^+ + e = Au$	1.692	$Sn^{4+} + 4e = Sn$	-0.1375
$Au^{3+} + 3e = Au$	1.498	$Ni^{2+} + 2e = Ni$	-0.257
$Pt^{2+} + 2e = Pt$	1.18	$Co^{2+} + 2e = Co$	-0.28
$Ag^+ + e = Ag$	0.7996	$Cd^{2+} + 2e = Cd$	-0.403
$Hg_2^{2+} + 2e = 2Hg$	0.7973	$Fe^{2+} + 2e = Fe$	-0.447
$Cu^+ + e = Cu$	0.521	$Cr^{3+} + 3e = Cr$	-0.744
$Cu^{2+} + 2e = Cu$	0.3419	$Zn^{2+} + 2e = Zn$	-0.7618
$HAsO_2 + 3H^+ + 3e = As + 2H_2O$	0.248	$Mn^{2+} + 2e = Mn$	-1.185
$SbO + 2H^+ + 2e = Sb + H_2O$	0.212*	$Al^{3+} + 3e = Al$	-1.676
$2H^+ + 2e = H_2$	0.000	$Mg^{2+} + 2e = Mg$	-2.372
$Pb^{2+} + 2e = Pb$	-0.1262	$Na^+ + e = Na$	-2.71

* pH=0에서의 값, ※ 부록 4 참조

[예제 2.38] 25 ℃에서 $Cu|Cu^{2+}$와 $Cu|Cu^{+}$의 표준 전극전위는 각각 0.342 V와 0.521 V이다. $2Cu^{+} = Cu^{2+} + Cu$ 반응의 평형상수를 구하라.

[풀이] 묽은 Cu 수용액 중 Cu^{+}, Cu^{2+}, 금속 Cu가 평형하는 것으로, 우선 $Cu|Cu^{2+}$의 평형은 다음과 같다.

$$Cu^{2+} + 2e = Cu, \quad E^{\circ}_{(1)} = 0.342 \text{ V} \tag{1}$$

$$\Delta G^{\circ}_{(1)} = -zFE^{\circ}_{(1)} = -2 \times 0.342 \times F = -0.684F$$

$Cu|Cu^{+}$의 평형은 다음과 같다.

$$Cu^{+} + e = Cu, \quad E^{\circ}_{(2)} = 0.521 \text{ V} \tag{2}$$

$$\Delta G^{\circ}_{(2)} = -zFE^{\circ}_{(2)} = -1 \times 0.521 \times F = -0.521F$$

따라서 식(2)×2-(1)에 의해

$$2Cu^{+} = Cu^{2+} + Cu \tag{3}$$

$$\Delta G^{\circ}_{(3)} = 2\Delta G^{\circ}_{(2)} - \Delta G^{\circ}_{(1)}$$

$$= -0.521F \times 2 + 0.684F = -0.358F = -34,542 \text{ J}$$

$$K_{(3)} = \frac{a_{Cu^{2+}}}{a^{2}_{Cu^{+}}} = \exp\left(-\frac{\Delta G^{\circ}_{(3)}}{RT}\right) = \exp\left(\frac{34,542}{8.314 \times 298}\right) = 1.14 \times 10^{6} \tag{4}$$

2.9 반응속도론

2.9.1 반응의 분류

화학반응을 형식에 따라 분류하면 다음과 같다.

① 단일반응(single reaction): A → B

② 다중반응(multiple reaction)

연쇄반응(consecutive reaction): A → B → C

병발반응(competitive reaction): A + B → $\begin{cases} X+Y \\ Z+W \end{cases}$

화학반응을 관여하는 상으로부터 분류하면 다음과 같다.

① 균일반응(homogeneous reaction)

균일반응은 반응에 관여하는 상이 기체, 액체, 고체 중 어느 한 가지인 경우로 기상반응, 액상반응이 여기에 해당한다. 균일반응의 반응속도 R^*는 반응계의 단위 체적당, 단위 시간당 생성되는 생성물 양으로 나타내며 다음 식과 같다.

$$R^* = \frac{1}{V}\frac{dn}{dt} \quad \left[\frac{\mathrm{mol}}{\mathrm{cm^3 \cdot s}}\right] \tag{2.97}$$

단, V는 반응계의 부피, n은 생성물의 몰 수, t는 시간이다.

② 불균일 반응(heterogeneous reaction)

불균일 반응은 반응에 관여하는 상이 2가지 이상인 경우로 제련반응의 대부분은 불균일 반응이다. 불균일 반응은 기-액 간, 기-고 간, 고-액 간, 액상1-액상2 사이의 계면에서 일어난다. 따라서 반응속도는 단위 면적당, 단위 시간당 생성되는 생성물의 양으로 나타내고 다음 식과 같으며, A는 반응계의 계면적이다.

$$R^* = \frac{1}{A}\frac{dn}{dt} \quad \left[\frac{\mathrm{mol}}{\mathrm{cm^2 \cdot s}}\right] \tag{2.98}$$

또 반응조작 방법에 따라 분류하면 다음과 같다.

① 회분반응(batch operation)

② 반회분반응(semi-batch operation)

③ 연속반응(continuous operation)

2.9.2 반응속도에 미치는 농도의 영향

화학반응 속도는 반응물질의 농도에 비례한다. 반응하는 원자나 분자 농도 곱의 합이 '반응차수(order of reaction)'이며 반응속도를 결정할 때 반드시 고려해야 할 사항이다.

(1) 1차 반응

1차 반응의 반응속도는 다음 식과 같이 나타낸다.

$$\mathrm{A} = \mathrm{X} + \mathrm{Y}, \qquad -\frac{dc}{dt} = kc \tag{2.99}$$

여기서 c는 임의의 시간 t에서 A의 농도(mol/cm^3)이며, k는 속도상수이다. 식(2.99)를 $t=0$에서 $c=c_0$, $t=t$에서 $c=c$의 경계조건으로 적분하면

$$k = \frac{2.303}{t}\log\left(\frac{c_0}{c_0 - x}\right) \tag{2.100}$$

여기서 x는 시간 t 안에 반응한 A의 양이다. 식(2.100)으로부터 y축에 $\log[c_0/(c_0-x)]$를, x축에 시간 t를 잡고 그림으로 나타냈을 때 1차 반응이면 기울기가 $k/2.303$인 직선이 된다.

1차 반응에서 반응이 50 % 완료하는 데 걸리는 시간인 반감기(half-life time) $t_{0.5}$는 식(2.100)으로부터 다음 식과 같으며 초기 농도와는 무관하다.

$$t_{0.5} = \frac{2.303\log 2}{k} \tag{2.101}$$

[예제 2.39] 초기 농도가 0.05 mol/L인 어떤 1차 반응의 속도상수가 8.0×10^{-4} s^{-1}일 때, 반응이 개시되는 시점의 반응속도를 구하라. 또 1차

반응에서 반응이 99.9 % 일어나는 데 필요한 시간이 반감기의 몇 배가 되는지 알아보자.[17]

[풀이] 이 반응의 속도를 R^* 라 하면 속도상수 k 및 초기농도 c_0 사이에 $R^*=kc_0$의 관계가 성립한다. 따라서

$$R^*=kc_0=8.0\times10^{-4}\times0.05=4.0\times10^{-5}\ \text{mol}\cdot\text{L}^{-1}\cdot\text{s}^{-1} \tag{1}$$

$$\therefore\ R^*=4.0\times10^{-8}\ \text{mol}\cdot\text{cm}^{-3}\cdot\text{s}^{-1} \tag{2}$$

한편, 1차 반응에서는 식(2.100), (2.101)로부터 99.9 %까지 반응이 진행하는 시간은 다음과 같다.

$$t=\frac{1}{k}\ln\left[\frac{c_0}{c_0(1-0.999)}\right]=\frac{1}{k}\ln10^3=\frac{2.303\times3}{k} \tag{3}$$

$$\therefore\ \frac{t}{t_{0.5}}=\frac{2.303\times3\times k}{0.693\times k}\simeq10 \tag{4}$$

(2) 2차 반응

다음 반응식의 반응속도가 A와 B의 농도에 의존하면 2차 반응이 된다.

$$\text{A}+\text{B}=\text{X}+\text{Y} \tag{2.102}$$

임의의 시간 t에서 A와 B의 농도를 각각 c_A, c_B라 하면 반응속도는 다음과 같이 나타낼 수 있다.

$$-\frac{dc_A}{dt}=-\frac{dc_B}{dt}=k\cdot c_A\cdot c_B \tag{2.103}$$

임의의 시간 t에서 반응한 A와 B의 농도를 x라 하면, 위의 식은 다음과 같이 나타낼 수 있다.

$$-\frac{d(c_A-x)}{dt}=-\frac{d(c_B-x)}{dt}=k(c_A-x)(c_B-x) \tag{2.104}$$

또는

$$\frac{dx}{dt} = k(c_A - x)(c_B - x) \tag{2.105}$$

여기서 c_A, c_B는 각각 A와 B의 초기 농도이다. 위의 식을 $t = 0$에서 $x = 0$, $t = t$에서 $x = x$의 경계조건으로 적분하면 다음과 같다.

$$k = \frac{2.303}{t(c_A - c_B)} \log \frac{c_B(c_A - x)}{c_A(c_B - x)} \tag{2.106}$$

만일 $c_A = c_B = c$ 일 때 식(2.105)를 적분하면 다음과 같이 된다.

$$k = \frac{1}{t} \cdot \frac{x}{c(c-x)} \tag{2.107}$$

2차 반응에서 2가지의 반응 물질이 같은 양으로 있을 때, 반감기 $t_{0.5}$는 다음과 같으며, 1차 반응과 달리 초기 농도에 의존한다.

$$t_{0.5} = \frac{1}{kc} \tag{2.108}$$

그리고 보다 높은 차수의 반응도 위와 같은 방법으로 구할 수 있다.

[예제 2.40] 반응물질의 초기 농도가 0.4 mol/L인 2차 반응에서, 반응이 30 % 완료하는 데 80분이 소요되었을 때의 반응속도 상수와 반응이 80 % 완료하는 데 소요되는 시간을 구하라.[18]

[풀이] 식(2.107)을 적용한다.

$$k = \frac{1}{80 \times 60} \cdot \frac{0.30 \times 0.4}{0.4(0.4 - 0.30 \times 0.4)} = 2.232 \times 10^{-4}\ \mathrm{L{\cdot}mol^{-1}{\cdot}s^{-1}} \tag{1}$$

따라서 속도상수는 $2.232 \times 10^{-4}\ \mathrm{L{\cdot}mol^{-1}{\cdot}s^{-1}}$이다.

반응이 80 % 완료되는 $t_{0.80}$은 식(2.107)으로부터 계산할 수 있다.

$$2.232 \times 10^{-4} = \frac{1}{t_{0.8}} \cdot \frac{0.80 \times 0.4}{0.4(0.4 - 0.80 \times 0.4)} \tag{2}$$

$$\therefore t_{0.80} = \frac{0.80 \times 0.4}{0.4 \times (0.4 - 0.80) \times (2.232 \times 10^{-4})} = 4.48 \times 10^4 \text{ s} \quad (3)$$

따라서 80 %의 반응이 완료되는 시간은 4.48×10^4 s이다.

2.9.3 반응속도에 미치는 온도의 영향

속도상수 k의 온도 의존성은 다음의 Arrhenius식으로 나타낸다.

$$k = A\exp\left(-\frac{E}{RT}\right) \quad (2.109)$$

여기서 A는 빈도인자(frequency factor), E는 반응의 활성화 에너지이다. 식(2.109)의 양변에 대수를 취하면 다음과 같다.

$$\log k = \log A - \frac{E}{2.303R}\left(\frac{1}{T}\right) \quad (2.110)$$

Arrhenius 법칙은 $\log k$를 온도의 역수$(1/T)$에 관해 플롯하면 식(2.110)에 따라 $-E/(2.303R)$의 기울기를 가지는 직선이 얻어지므로 활성화 에너지를 구할 수 있다. 또 $1/T=0$에서 만나는 점이 $\log A$이므로 빈도인자를 구할 수 있다.

[예제 2.41] 서로 다른 온도의 산소 분위기에서 암모늄 아세테이트 수용액 중에 방연광(galena)을 침출할 때의 속도상수 $k(\text{mol}/(\text{cm}^4\cdot\text{min}))$가 다음과 같을 때, 이 침출 반응의 활성화 에너지를 구하라.[19]

Temp.(℃)	90	110	135	145	150
k	2.51×10^{-13}	7.99×10^{-13}	3.16×10^{-12}	6.01×10^{-12}	7.81×10^{-12}

[풀이] 활성화 에너지값을 얻기 위해 $(1/T)$과 $\log k$를 구하면 다음 표와 같다.

Temp.(℃)	90	110	135	145	150
$(1/T)\times10^3$	2.755	2.611	2.451	2.392	2.364
k	2.51×10^{-13}	7.99×10^{-13}	3.16×10^{-12}	6.01×10^{-12}	7.81×10^{-12}
$\log k$	-12.60	-12.10	-11.50	-11.22	-11.11

따라서 $(1/T)$에 관하여 $\log k$를 플롯하면 그림 2.18과 같이 기울기가 -3.816×10^3인 직선이 얻어지며, 활성화 에너지는 다음과 같다.

$$-3.816\times10^3 = -\frac{E}{2.303\times8.314} = -\frac{E}{19.147} \tag{1}$$

$$\therefore\ E = 3.816\times10^3\times19.147 = 73{,}065\ \text{J/mol} \tag{2}$$

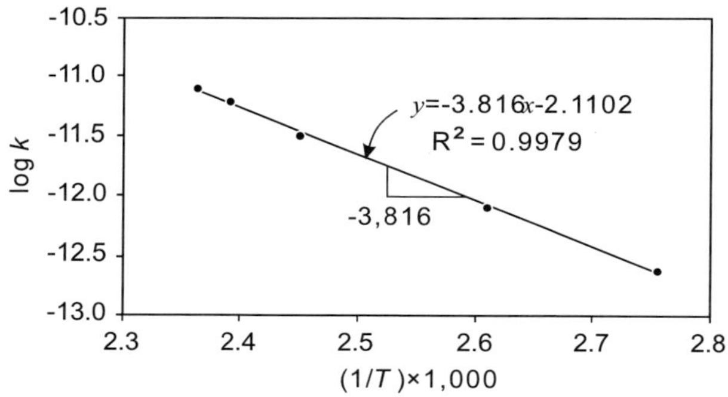

그림 2.18. 침출 반응 온도$(1/T)$에 따른 $\log k$ 변화

[예제 2.42] 어떤 1차 반응이 30 % 진행하는 데 50 ℃에서 20분, 100 ℃에서 5분이 소요되었다. 이때의 활성화 에너지를 구하라.[20]

[풀이] 식(2.101)로부터 각각의 온도에서 반응속도 상수를 구하면 다음과 같다.

$$k_{50} = \frac{2.303}{t}\log\left(\frac{c_0}{c_0 - x}\right) = \frac{2.303}{20}\log\left(\frac{1}{0.7}\right) = 1.78 \times 10^{-2}\ \text{min}^{-1} \quad (1)$$

$$k_{100} = \frac{2.303}{5}\log\left(\frac{1}{0.7}\right) = 7.13 \times 10^{-2}\ \text{min}^{-1} \quad (2)$$

2개의 온도 T_1, T_2에서의 반응속도 상수를 k_1, k_2라 하면 다음 식이 성립한다.

$$\log\frac{k_2}{k_1} = -\frac{E}{2.303R}\left(\frac{1}{T_2} - \frac{1}{T_1}\right) = \frac{E}{2.303R}\left(\frac{1}{T_1} - \frac{1}{T_2}\right) \quad (3)$$

$$\therefore \log\left(\frac{7.13}{1.78}\right) = \frac{E}{2.303R}\left(\frac{1}{323} - \frac{1}{373}\right) \quad (4)$$

$$\therefore E = \frac{2.303\log(7.13/1.78)}{1/323 - 1/373} \times 8.314 = 27{,}804\ \text{J} \quad (5)$$

2.9.4 미반응 핵 모델(unreacted-core model)

미반응 핵 모델(unreacted-core model)은 고-기반응이나 고-액반응의 속도를 해석하기 위해서 가장 널리 이용되는 방법이다. 미반응 핵 모델에서는 다음 식의 반응이 그림 2.19처럼 고체 표면에서 내부를 향하여 구심적으로 진행하고, 내부의 미반응 부분과 외측의 반응 생성물층 사이에 계면이 형성되는 것으로 간주한다.

$$\text{A(s)} + b\text{B(g)} = c\text{C(s)} + d\text{D(g)} \quad (2.111)$$

따라서 위 식의 반응은 아래의 단계를 거쳐서 진행하는 것으로 생각한다.

① 가스 경계층을 통한 반응 가스 B의 확산

② 다공질 반응 생성물 층 내 반응 가스 B의 확산

③ 계면에서의 화학반응

④ 다공질 반응 생성물층 내의 반응 생성 가스 D의 확산

⑤ 경계층 내의 생성 가스 D의 확산

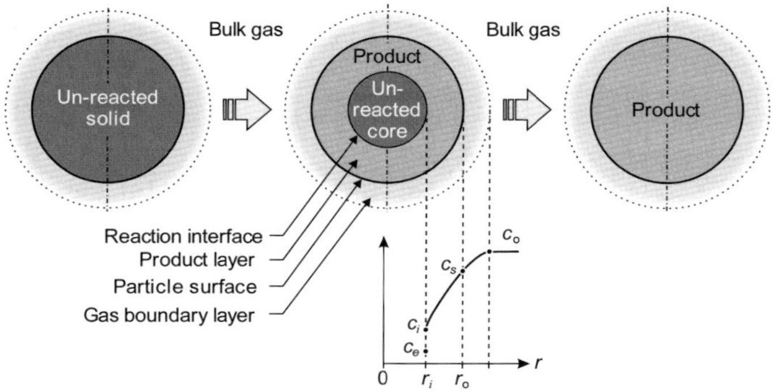

그림 2.19. 고체 입자의 반응 진행과 미반응 핵 모델

이러한 각 단계 중 ④ 및 ⑤는 식(2.111)에 나타낸 화학 양론 계수에 의해서 각각 ② 및 ①에 관계시킬 수 있다. 여기서는 반응 가스에 주목하여 ①~③단계에 대하여 각 과정의 속도식을 알아본다.

우선 식(2.111)의 화학반응에서 고체 입자의 반응속도를 반응 가스의 몰 수로 나타내면 다음과 같다.

$$R^* = -4\pi r_i^2 b \frac{\rho_A}{M_A} \frac{dr_i}{dt} \tag{2.112}$$

여기서 ρ_A와 M_A 각각 고체 입자의 밀도와 분자량이며, b는 식(2.111)의 화학양론계수이다.

반응에 의해 입자 반경 $r_\circ$가 변화하지 않는 것으로 가정하면 의정상 가정하에서 다음의 각 식이 얻어진다.

$$\text{가스경계층 물질이동: } R^* = \frac{4\pi r_\circ^2}{\psi} k_g (c_\circ - c_s) \tag{2.113}$$

$$\text{생성물 층 내 확산 : } R^* = \frac{4\pi r_i r_\circ}{\psi (r_\circ - r_i)} D_e (c_s - c_i) \tag{2.114}$$

$$\text{계면 화학반응 : } R^* = \frac{4\pi r_i^2}{\psi} k c_i \tag{2.115}$$

위의 식에서 k_g는 가스경계층 물질이동 계수, D_e는 유효확산 계수, k는 반응속도 상수, ψ는 형상계수 [$=4\pi r_{\circ}^2/a$](a : 실제 표면적)를 나타낸다. 식(2.113)~(2.115)의 c_s 및 c_i는 일반적으로 미지의 값이다. 따라서 각 식들을 등치하여 c_s 및 c_i를 소거하면 다음의 총괄 반응 속도식이 얻어진다.

$$R^* = \frac{4\pi r_{\circ}^2 c_{\circ}/\psi}{\dfrac{1}{k_g} + \dfrac{r_{\circ}(r_{\circ}-r_i)}{r_i D_e} + \dfrac{r_{\circ}^2}{r_i^2 k}} \tag{2.116}$$

여기서 이 식 분모의 각 항은 다음과 같다.

경계층 물질이동 저항: $\lambda_1 = \dfrac{1}{k_g}$

생성물층 내 확산 저항: $\lambda_2 = \dfrac{r_{\circ}(r_{\circ}-r_i)}{r_i D_e}$

계면반응 저항: $\lambda_3 = \dfrac{r_{\circ}^2}{r_i^2 k}$

따라서 각 저항의 백분율은 다음 식으로 구하며, η_i를 비교하면 어느 단계의 저항이 지배적인가를 알 수 있다.

$$\eta_i = \frac{100\lambda_i}{\lambda_1 + \lambda_2 + \lambda_3} \quad (i = 1,\ 2,\ 3) \tag{2.117}$$

한편 생성물층 내의 가스 확산 저항과 계면에서의 화학반응 저항이 매우 적어 사실상 총괄반응 속도가 가스 경계층 물질이동에 의해 율속된다면 식(2.116)은 다음 식과 같이 나타낼 수 있다.(단 $\psi = 1$로 가정)

$$R^* = 4\pi r_{\circ}^2 k_g c_{\circ} \tag{2.118}$$

또 반응률 x와 계면반경 r_i는 다음 식과 같이 나타낸다.

$$x = 1 - \left(\frac{r_i}{r_{\circ}}\right)^3 \tag{2.119}$$

따라서 식(2.112)와 식(2.118)을 등치하고 식(2.119)를 이용하면 반응률 x는 다음과 같이 나타낼 수 있고, 반응률은 시간 t와 함께 직선적으로 상승한다.

$$x = \frac{3M_A k_g c_\circ}{b\rho_A r_\circ} t \tag{2.120}$$

생성물층 내 가스 확산이 율속단계이면 다음과 같다.

$$1-3(1-x)^{2/3}+2(1-x) = \frac{6M_A D_e c_\circ}{b\,\rho_A r_\circ^2} t \tag{2.121}$$

계면에서의 화학반응 율속이라면 다음과 같다.

$$1-(1-x)^{1/3} = \frac{M_A k\, c_\circ}{b\,\rho_A r_\circ} t \tag{2.122}$$

식(2.120)~(2.122)에서 반응 생성물층의 두께 비율 $f=1-(1-x)^{1/3}$와 무차원 시간 $\tau = t/t_f$(t_f는 반응 완료 시간)의 관계를 나타내면 그림 2.20과 같다.

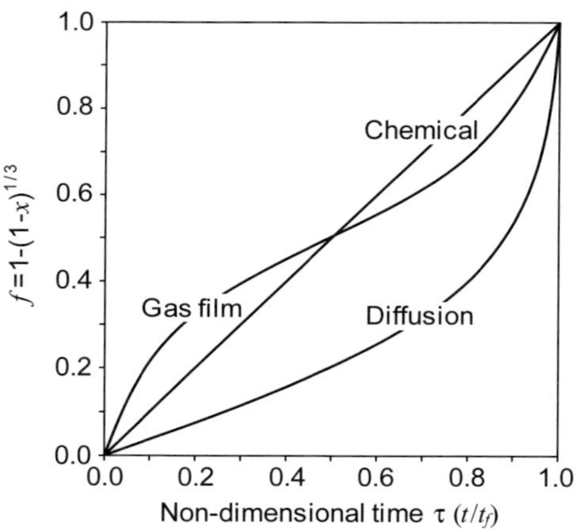

그림 2.20. 무차원 시간과 $f=1-(1-x)^{1/3}$의 관계

2.9.5 기-액 반응의 2중 경계층 모델

기상 및 액상 양쪽의 이동 저항을 무시할 수 없을 때 Lewis와 Whiteman은 2중 경계층설(two films theory)을 제안하였다.[21] 단, 기상 측이 순수한 단일 성분 가스이면 기상 측 물질이동 저항은 고려할 필요가 없다. 지금 그림 2.21에 나타낸 기-액 계면의 기상 및 액상 측의 단위 면적당의 물질이동을 다음과 같이 나타낸다.

$$N_g = k_g(p_\circ - p_i) \tag{2.123}$$

$$N_l = k_l(c_i - c_\circ) \tag{2.124}$$

단, 가스 측 물질이동 계수 k_g는 [mol/(cm^2 · s · atm)]의 단위를 갖는다.

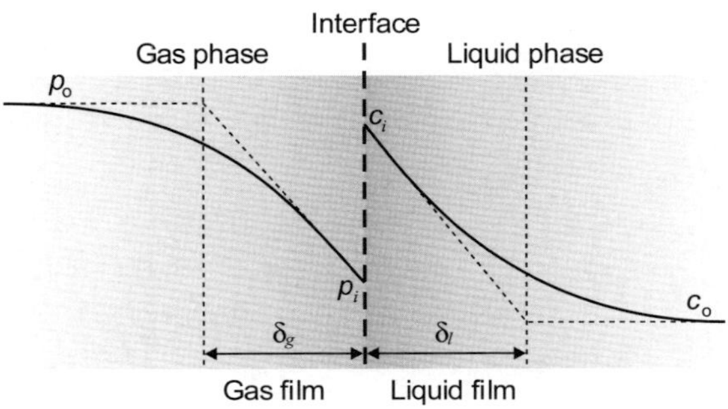

그림 2.21. 2중 경계층에서 농도분포의 모식도

여기서 기-액 계면에서의 기상 측 농도 p_i와 액상 측 농도 c_i 사이에 $c_i = K \cdot p_i$의 평형 관계가 성립하고, 정상상태인 $N = N_g = N_l$을 가정하면 다음과 같다.

$$N = \frac{1}{\dfrac{1}{k_g} + \dfrac{1}{K \cdot k_l}}\left(p_\circ - \frac{c_\circ}{K}\right) \tag{2.125}$$

여기서 총괄 물질이동 계수 k_t를 다음과 같이 나타내면

$$\frac{1}{k_t} = \frac{1}{k_g} + \frac{1}{Kk_l} \tag{2.126}$$

식(2.125)는 다음과 같이 쓸 수 있다.

$$N = k_t \left(p_\circ - \frac{c_\circ}{K} \right) \tag{2.127}$$

이 식에 의해 기상 및 액상 본체의 분압 및 농도를 이용하여 물질이동 속도를 나타낼 수 있다.

[참고문헌]

1 Michael L. Free, 2013: Hydrometallugy Fundamentals and Applications, p.414, John Wiley & Sons, Inc.

2 大谷正康, 1971: 鉄冶金熱力学, p.14, 日刊工業新聞社, 東京.

3 大谷正康, 水渡英昭, 早稲田嘉夫, 1975: 冶金物理化学演習, p.14, 丸善株式会社, 東京.

4 Hae-Geon Lee, 1999: Chemical Thermodynamics for Metals and Materials, p.14, Imperial College Press.

5 G. S. Upadhyaya and R. K. Dube, 1977: Problems in Metallurgical Thermodynamics and Kinetics, p.35, Pergamon Press, Oxford, U.K.

6 G. S. Upadhyaya and R. K. Dube, 1977: Problems in Metallurgical Thermodynamics and Kinetics, p.65, Pergamon Press, Oxford, U.K.

7 Ho-Sang Sohn, Hyang-Jun Yi, and Jong-Il Park, 2011: Reduction Behavior of MoO_3 to MoO_2 by Ar-H_2 Gas Mixture, J. of Korean Inst. of Resources Recycling 20(4), pp.71-77.

8 손호상 역, 2017: A. Yazawa의 열역학 문제집, p.53, 경북대학교출판부.

9 G. S. Upadhyaya and R. K. Dube, 1977: Problems in Metallurgical Thermodynamics and Kinetics, p.140, Pergamon Press, Oxford, U.K.

10 손호상 역, 2017: A. Yazawa의 열역학 문제집, p.104, 경북대학교출판부.

11 JIM, 2004: Physical Chemistry of Metals, p.99, The Japan Institute of Metals.

12 大谷正康, 水渡英昭, 早稲田嘉夫, 1975: 冶金物理化学演習, p.98, 丸善株式会社, 東京.

13 손호상 역, 2017: A. Yazawa의 열역학 문제집, p.186, 경북대학교출판부.

14 S. Banya, 1996: Physical Chemistry of Metals, p. 83, The Japan Institute of Metals.

15 A. Yazawa, 1979: Thermodynamic Evaluations of Extractive Metallurgical Processes, Metall. Trans. B 10B, pp.307-321.

16 T. Rosenqvist, 1974: Principles of Extractive Metallurgy, p. 216, McGraw-Hill, New York.

17 大谷正康, 水渡英昭, 早稲田嘉夫, 1975: 冶金物理化学演習, p.144, 丸善株式会社, 東京.

18 G. S. Upadhyaya and R. K. Dube, 1977: Problems in Metallurgical Thermodynamics and Kinetics, p.206, Pergamon Press, Oxford, U.K.

19 G. S. Upadhyaya and R. K. Dube, 1977: Problems in Metallurgical

Thermodynamics and Kinetics, p.208, Pergamon Press, Oxford, U.K.

20 大谷正康, 水渡英昭, 早稲田嘉夫, 1975: 冶金物理化学演習, p.147, 丸善株式会社, 東京.

21 W.K. Lewis and W.G. Whiteman, 1924: Principal of Gas Adsorption, Ind. Eng. Chem. 16, pp.1215-1220.

Extractive Metallurgy and Recycling of Metals

제3장

원료의 예비처리

제3장 | 원료의 예비처리

Pre-treatment

3.1 서론

천연광석부터 스크랩, 제련 부산물, EoL(end of life) 제품 등 다양한 도시광물이 제련원료로 사용된다. 천연광석이든 도시광물이든 채취하거나 수집한 상태에서는 곧바로 금속추출 공정에 사용할 수 없다. 광석(ore)은 지각을 구성하는 광물 중에서 경제적으로 채굴, 선광, 제련할 수 있는 양의 유가 광물과 무가치한 맥석(gangue)의 혼합체를 일컫는다. 따라서 채굴한 천연광석을 사용하기 위해서는 먼저 파쇄, 선별(선광) 공정에서 맥석 등을 제거하여 목적금속의 품위를 높인 정광(concentrate)을 만든다. 정광은 곧바로 제련공정에 공급하거나 화학적인 예비처리(건조, 하소, 배소)를 거치기도 한다.[1,2] 도시광물도 목적금속 이외의 여러 가지 물질이 혼합되어 있으므로 수집한 후 파쇄하여 선별 공정을 거친다. 이처럼 제련이나 리사이클링 공정의 효율을 높이고 처리하기 쉽게 만드는 것을 예비처리 또는 전처리라 한다.

원료의 예비처리에는 물리적인 방법과 화학적인 방법이 있다. 물리적 예비처리에는 원료의 화학적 변화가 없는 파쇄, 분쇄, 선별, 조립, 성형 등이 있다. 특히 목적금속의 농도가 낮으면 물리적 예비처리인 파·분쇄 및 선별을 통해 품위를 높일 수 있다. 화학적 예비처리에는 원료의 화학적 조성이 바뀌는 하소(calcination)나 배소(roasting) 등이 있다.

3.2 원료의 파쇄와 분쇄

그림 3.1에는 천연광물을 채굴하여 파쇄, 분쇄하고 선별하여 정광을 만드는 공정도를 나타내었다.[3] 선광 공정은 크게 단체분리를 하는 공정(front-end operation)과 유가물과 맥석을 분리하는 공정(back-end operation)으로 구성되어 있다. 도시광물도 천연광물과 마찬가지로 목적금속의 선별 효율을 높이기 위해 파·분쇄가 필요하다.

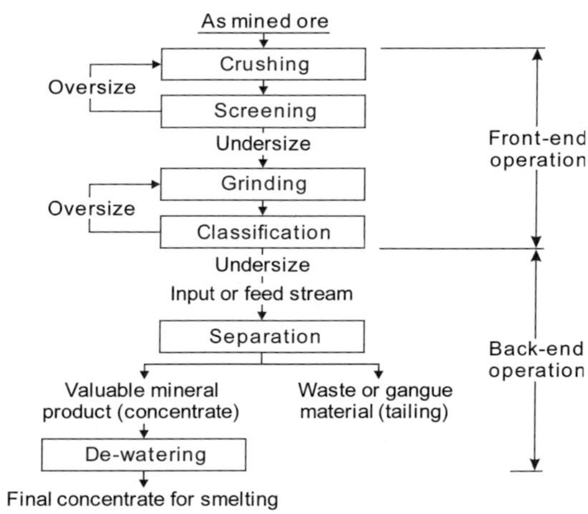

그림 3.1. 천연광석의 선광 공정도

3.2.1 분쇄 목적과 분쇄기구

분쇄(comminution)는 고체 원료에 외력을 가하여 입자 크기를 감소시키고 표면적을 증대시키는 기계적 단위조작이다. 천연광물이나 도시광물 중 목적금속의 품위를 높이는 선별을 위해 파쇄와 분쇄가 필요하다. 특히 습식제련에서 원료를 침출(leaching)시키기 위해서는 파·분쇄가 필수적이다. 건식제련에서도 원료의 장입과 용해가 쉽도록 어느 정도의 파·분쇄를 한다. 파·분쇄의 주목적은 다음과 같다.[4]

① 원료의 크기를 줄여 취급이 쉽도록 하는 것

② 원료를 정해진 입도 분포가 되도록 하는 것

③ 원료의 비표면적(표면적/중량)을 증가시켜 반응성을 높이는 것

④ 다성분으로 구성된 물질의 단체분리를 위한 것

분쇄에는 건식분쇄, 습식분쇄, 저온분쇄가 있으며, 특수한 분쇄로 건조분쇄, 가열분쇄 등이 있다. 또 분쇄는 체적분쇄와 표면분쇄로 구분하기도 한다. 표 3.1에 분쇄의 종류와 특징을 나타내었다.

표 3.1. 분쇄 방법의 종류와 특징

종류	특징
건식분쇄	• 분쇄 대상물을 공기나 불활성 가스 중에서 분쇄 • 고체에 대해 곧바로 분쇄력을 가할 수 있어서 분쇄 비용이 낮음 • 미립자가 응집되기 쉬우며, 1차 분쇄한 입자의 크기는 3 μm 이하는 곤란
습식분쇄	• 분쇄 대상물을 물이나 다른 액체 중에서 분쇄 • 분쇄물이 액체 중에 있으므로 처리량이 많고, 건식분쇄보다 분쇄 비용이 높음 • 건식분쇄보다 더 작은 미립자나 초미립자까지 만들 수 있음
저온분쇄	• 분쇄 대상물을 냉각시켜 분쇄하는 방법 • 플라스틱, 고무, 금속이 냉각되어 취성 영역이 되면 쉽게 분쇄 가능
특수분쇄	• 건조분쇄, 가열분쇄 등
체적분쇄	• 분쇄가 충격력이나 압축력에 의해 일어나는 것으로 고체에 기계적 에너지가 가해져 입자 전체가 파쇄되는 현상
표면분쇄	• 마찰력이나 전단응력(shear stress) 등에 의해 분쇄되는 것으로 고체에 기계적 에너지가 가해져 고체의 표면부터 떨어져 나가는 현상

표 3.2에는 분쇄기구와 원리를 나타내었으며, 실제 분쇄는 이러한 것들의 복합작용에 의해 일어난다.

3.2.2 분쇄 이론

광석을 분쇄하면 작은 입자가 생성되므로 분쇄 이론은 생성 입자에 관해 검토한다. 그러나 분쇄 과정 중 생성되는 입자 1개에 작용하는 응력은 측정할 수 없다. 따라서 분쇄 이론은 다음 식과 같이 재료 전체에 가해지는 일량(분쇄 에너지, E)과 분쇄량의 관계를 구한 것이다.

$$E = \frac{\text{동력(HP)}}{\text{단위 시간당 생산량(t/h)}} \tag{3.1}$$

표 3.2. 분쇄기구와 원리

분쇄기구		원리
압축 (compacting)	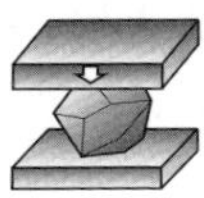	• 입자가 힘을 받아 짓눌러져 파괴되는 것
충격 (impacting)	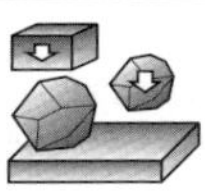	• 볼 밀 등과 같이 고체 입자와 볼이 부딪혀서 분쇄되는 것 • 제트 밀 등과 같이 입자가 어떤 속도를 가지고 벽이나 물체에 부딪힐 때의 충격력에 의해 깨트려지는 것
마찰 (rubbing)	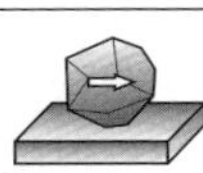	• 미분쇄에 매우 유효한 분쇄 작용 • 입자가 벽이나 물체의 표면을 활주하면서 발생하는 마찰력에 의해 마모되어 입자 표면이 떨어져 나가는 것
전단 (shearing)	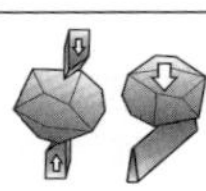	• 에지(edge)와 같은 것으로 입자의 양 끝을 누를 때 생기는 전단력에 의한 분쇄
충돌 (collision)	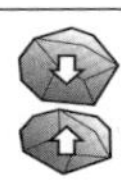	• 분쇄 대상 입자끼리의 충돌에 의한 분쇄

분쇄에 필요한 에너지는 고체의 변형과 새로운 표면적 생성 등에 소비되지만 대부분 열로 손실된다. 따라서 분쇄기는 기계적 손실을 포함하여 실제 표면적 생성에 필요한 에너지의 100~1,000배가 필요하므로 분쇄 효율이 매우 낮다. Lewis는 x_1 크기의 입자를 x_2까지 분쇄하는 데 필요한 에너지 E에 관해 다음과 같은 일반식을 제안하였다.

$$dE = -C\frac{dx}{x^n} \tag{3.2}$$

여기서 E는 단위 입자에 대한 순수 분쇄 에너지, x는 생성물의 특정 크기값, n은 지수, C는 상수이다.[5]

분쇄기 설계에는 Bond 식을 많이 적용하고 있다. Bond는 모든 파쇄를 무한히 큰 고체 입자가 직경이 제로인 무한 개의 입자로 파쇄되는 도중의 현상으로 간주하여 식(3.2)의 n을 1.5로 두고 적분한 것으로 다음과 같다.[6]

$$E = K_B\left(\frac{1}{\sqrt{x_p}} - \frac{1}{\sqrt{x_f}}\right) \tag{3.3}$$

또 Bond는 위의 식을 시료의 파쇄 저항을 나타내는 work index인 W_i(kWh/t)*를 이용하여 실용성 있는 다음 식으로 제안하였다.

$$E = W_i\left(\frac{10}{\sqrt{P_{80}}} - \frac{10}{\sqrt{F_{80}}}\right) \tag{3.4}$$

여기서 F_{80}(μm), P_{80}(μm)은 각각 분쇄 전후 80 % 통과 입자의 크기이다. 즉, 분쇄에서 얻은 분체 입자의 직경 분포가 넓어 대표 입자 직경(80 % 통과 입자 직경)을 사용한다. 식(3.4)는 많은 시료의 W_i를 측

* Work index: 무한대의 입자 직경을 갖는 입자의 80 %가 100 μm까지 분쇄하는 데 필요한 에너지의 양.

정하여 얻은 실험식으로 널리 이용되고 있다. 특히 볼 밀이나 로드 밀에서 양호한 결과를 얻을 수 있는 것으로 알려져 있다.[7] 다만 천연광석에 관한 W_i는 구해져 있으나 아직 도시광물에 관한 것은 구해져 있지 않다.

[예제 3.1] 어떤 분쇄기에서 입도가 16 mm인 철광석을 파쇄하여 4 mm의 입도로 만들 때와, 4 mm에서 1 mm로 만들 때 소요되는 일량을 Bond의 이론으로부터 구하라. 단, 철광석의 W_i는 12.84 kWh/ton이다.

[풀이] 분쇄 에너지 E는 다음 식과 같이 나타낼 수 있다.

$$E_{16\to4} = W_i\left(\frac{10}{\sqrt{P_{80}}} - \frac{10}{\sqrt{F_{80}}}\right) = 12.84\left(\frac{10}{\sqrt{4}} - \frac{10}{\sqrt{16}}\right) = 32.1\ \text{kWh/ton} \quad (1)$$

$$E_{4\to1} = W_i\left(\frac{10}{\sqrt{P_{80}}} - \frac{10}{\sqrt{F_{80}}}\right) = 12.84\left(\frac{10}{\sqrt{1}} - \frac{10}{\sqrt{4}}\right) = 64.2\ \text{kWh/ton} \quad (2)$$

따라서 동일한 축소비(1/4)에서도 소요되는 일량은 다르다.

3.2.3 분쇄기

파·분쇄기의 선택이나 설계를 위해서는 다음 조건들을 파악해야 한다.

① 어떤 재료를 파쇄할 것인가?

② 시간당 얼마만큼 파쇄할 것인가?

③ 어떤 분쇄비(원료입도/제품입도)로 파쇄할 것인가?

④ 어떤 입도분포로 만들 것인가?

이러한 정성·정량 평가에 따라 기종, 크기, 조작 조건을 설계하고 마지막으로 필요한 동력까지 결정하여야 한다. 표 3.3에는 폐기물 처리에

이용되는 대표적인 분쇄기구와 분쇄기, 주요 대상물 그리고 생성물의 입도를 나타내었다.[8]

표 3.3. 고형물 파·분쇄에 이용되는 분쇄기와 대상물

분쇄기구	주요 분쇄기	주 대상 폐기물	생성물 입도
압축	조 크러셔 롤 크러셔	경질의 대형 물질 폐콘크리트 등	10 cm~100 μm
충격	해머 밀 임팩트 밀	유리, 기와, 대형 목제품	1 mm~10 μm
전단	기요틴 커터 밀	대형 폐기물, 목재, 전선, PCB 등	10 cm~1 cm
압축전단	롤 밀	광물, 복합 재료	1 mm~10 μm
충격전단	슈레더	다양한 고형 폐기물, 자동차 차체, 대형 가전 등	10 cm~1 mm
저온파쇄	해머 밀	플라스틱, 고무, 금속	1 mm~10 μm
기타	박리분쇄	복합 재료, 케이블(전선) 등	

분쇄는 분쇄된 입자의 입도에 따라 조분쇄(수 cm), 중분쇄(수 mm~수백 μm), 미분쇄(100 μm~수십 μm), 초미분쇄(수 μm~ μm 이하)로 분류한다. 큰 덩어리를 잘게 부수는 조작을 파쇄 또는 조분쇄, 미분을 만드는 조작을 분쇄로 구별하여 사용하기도 한다.[9] 일반적으로 큰 원료를 미분말로 만들 때 어떤 특정한 분쇄기 단 한 대로 분쇄의 목적을 달성할 수는 없다. 설사 가능하더라도 매우 비경제적인 방법이므로 단계적 분쇄를 반복해야 한다. 따라서 일반적으로는 표 3.4와 같이 조파쇄기(1차 파쇄), 중분쇄기(2차 파쇄), 미분쇄기(3차 파쇄) 순으로 사용하고 있다.[10]

표 3.4. 파쇄 순서와 파쇄기의 예

파쇄 순서	파·분쇄기의 예
조파쇄기 (1차 파쇄)	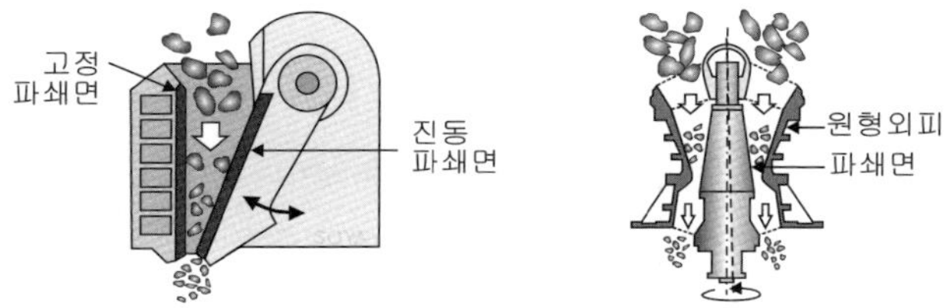 (a) Jaw crusher (b) Gyratory crusher • 수십 cm의 원료를 십 수 cm 단위의 크기로 파쇄할 때 사용 • 조 크러셔 등은 주조한 합금철 등을 파쇄할 때도 사용
중분쇄기 (2차 파쇄)	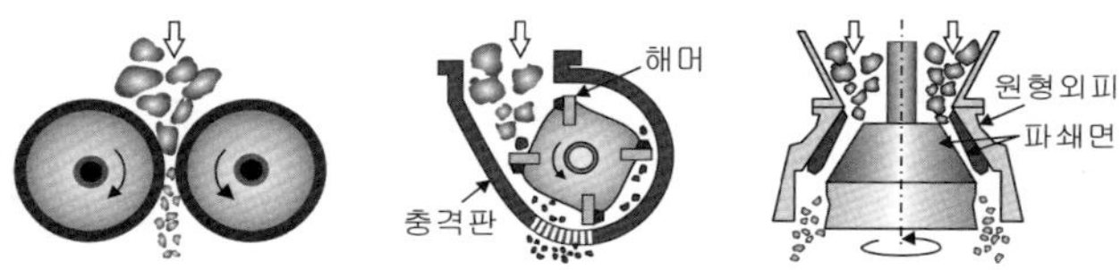 (c) Rolls crusher (d) Impact crusher (e) Cone crusher • 1차 파쇄기에서 나온 것을 더 작게 분쇄할 때 사용 • 주먹만 한 크기를 모래알 정도의 mm 단위 크기로 파쇄
미분쇄기 (3차 파쇄)	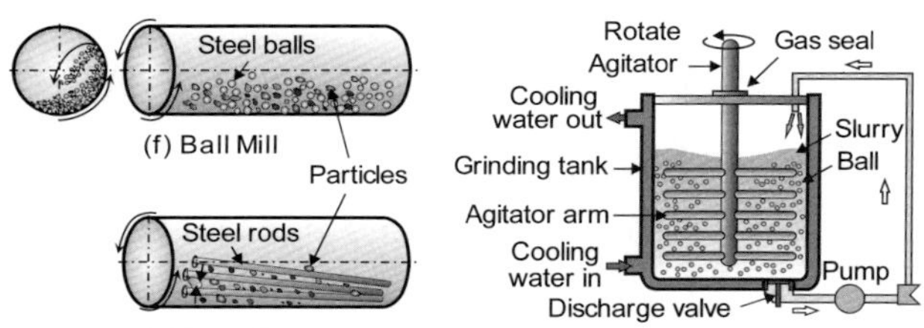 (g) Rod Mill (h) Attritor • 1, 2차 파쇄기에서 분쇄된 것을 더 잘게 분쇄할 때 사용 • 투입 입자는 밤톨 크기에서 모래알 크기 정도까지이며, 분쇄된 입자 크기는 메시 단위(밀가루 정도)이다. • 해머 밀, 로드 밀, 볼 밀, 레이몬드 밀, 버티칼 롤 밀, 핀 밀, 슈퍼 밀, 제트 밀, 코니칼 볼 밀, 진동 밀 등과 교반형 볼 밀인 아트라이터(마모 분쇄기, attritor)도 사용한다.[11]

3.2.4 스크랩 가공기

도시광물의 파·분쇄에도 천연광석이나 암석 등의 파·분쇄기를 사용하지만, 도시광물에 특화된 분쇄기로 슈레더(shredder), 절단 및 압축 가공기 등이 사용되고 있다.

(1) 슈레더(Shredder)

그림 3.2에는 폐차를 슈레더로 처리하고 선별하는 장치의 예를 나타내었다.[12] 슈레더는 금속 박판 등이 포함된 대형 폐기물을 고속으로 회전하는 원통형 드럼에 설치된 여러 개의 해머(날의 일종)를 이용하여 주먹만 한 크기로 파쇄한다. 파쇄물은 별도로 설치된 선별기(자력, 중력, 와전류 등)에서 철, 비철금속, 분진 등으로 분리하여 회수한다. 특히 철스크랩은 발생한 형태 그대로 제강에 사용되는 경우는 거의 없으며 대부분 구입 회사의 규격에 맞게 선별하고 가공하여야 하므로 자동차나 대형 가전제품은 일정 수준까지 분해한 후 슈레더에서 처리한다.

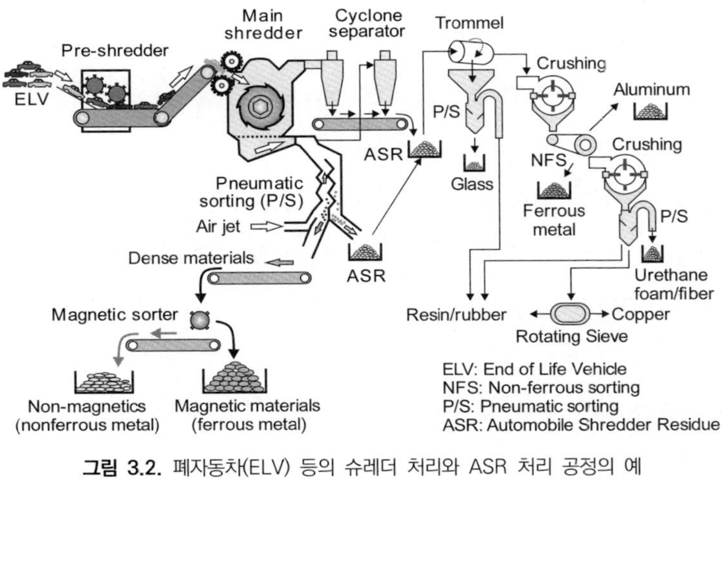

그림 3.2. 폐자동차(ELV) 등의 슈레더 처리와 ASR 처리 공정의 예

슈레더는 금속이나 비금속(플라스틱, 고무 등 금속 이외의 것)이 혼용되어 있는 폐자동차와 대형 폐가전제품 등의 처리에 유용하게 사용되고 있다. 그러나 슈레더는 설치 비용이나 처리 과정에서 발생하는 더스트인 ASR(Automobile Shredder Residue) 처리 등이 문제점으로 남아있다.

(2) 절단 가공기(Sharing Machine)

그림 3.3에 절단 가공기(a)와 압축 가공기(b)의 모식도를 나타내었다. 절단 가공기는 파이프나 건축 자재 등 어느 정도 두께가 있으면서 길이가 긴 재료를 취급하기 편하게 일정한 길이로 절단하는 장치다. 절단 가공은 처리량이 가장 많은 가공법으로 철스크랩 균일화에 의한 제강 능력 향상에 기여하고 있다.

특히 기요틴(guillotine)이라 불리는 압축 절단기(프레스 셰어링)는 압축 및 절단 효과를 가지면서 부착물에 의한 2차 공해 방지에도 효과가 있어서 절단 가공기의 대부분은 이러한 압축 절단 방식을 적용하고 있다. 한편 기계류이거나 재료의 크기가 매우 커서 크기나 두께의 한계 때문에 슈레딩이나 절단 가공이 곤란할 때는 수작업으로 분해한 후 아세틸렌 가스 버너를 이용하여 절단하기도 한다.

(3) 압축 가공기(Press Machine)

압축 가공기는 폐캔이나 박판의 가공 스크랩(박판을 가공하는 공정에서 발생하는 스크랩) 등과 같이 얇고 공간이 많은 형태의 금속 스크랩을 운반이나 전기로 등에 장입하기 편리한 형태로 만들기 위해 형틀에 넣고 유압 실린더로 압축하여 상자 모양으로 만드는 장치이다. 필요에 따라 폐자동차와 같은 대형 재료를 프레스 가공하기도 한다. 압축 가공은 스크랩의 겉보기 비중이 높아져서 취급이 쉬워지지만, 불순물 혼입이 쉽고 실수율이 나쁘며 전기로에서 용해하는 데 시간이 걸리는 단점도 있다.

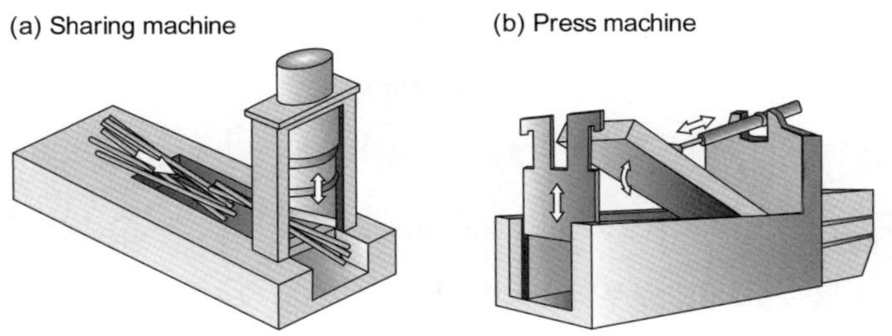

그림 3.3. 절단 가공기(a)와 압축 가공기(b)의 모식도

3.3 입자 분류와 선별

3.3.1 입자의 크기별 분류

분립은 파·분쇄한 고체 입자를 두 가지 이상의 크기로 분리하는 것으로, 체질(screening)과 분급(classification)이 있다. 체질이 분급보다 간단하고 정확하여 편리하지만 입자 크기가 작아지면 공업적인 체질이 힘들다. 일반적으로 거친 체질에서 입자 크기는 10~20메시(1 mm 정도)이며, 그 이하가 되면 분급을 한다.

체질의 목적은 다음과 같다.

① 파쇄물 최대 크기의 엄격한 관리로 파쇄 능률을 올리기 위해 중분쇄기와 연결하여 폐회로(closed circuit) 파쇄를 하기 위함

② 과분쇄를 줄이고 처리량을 늘리기 위하여 파쇄기의 전 단계에서 미리 작은 입자를 분리해 냄(by-passing)

③ 분쇄 회로에서 분쇄물을 분립하는 분급기의 역할

④ 원료를 적당한 크기의 여러 단계로 나누어 좁은 범위의 크기로 공급하여 선별 효율을 높이기 위함

⑤ 후속 공정에 알맞은 크기로 공급하기 위함

체의 처리 능력은 ① 체의 종류와 운동 방법, ② 체면의 넓이와 경사, ③ 구멍의 크기, ④ 원료의 비중, ⑤ 입자 크기의 비율, ⑥ 수분과 원료의 함유율 및 온도 등으로부터 결정한다.

체 형상은 일반적으로 균일한 지름을 가진 강선으로 정방형 구멍을 가지도록 만든 그물형의 것을 가장 많이 사용한다. 체구멍이 큰 것은 inch나 mm 등의 단위를 사용하지만 작은 것은 메시(mesh)를 사용한다. 메시는 1인치 길이에 있는 사각형의 개수를 의미하며 표 3.5에는 메시와 체 구멍 크기의 관계를 나타내었다.

표 3.5. 표준체의 메시와 체 구멍 크기의 관계(Tyler Standard Sieve)

mesh	micron(μm)	mesh	micron(μm)	mesh	micron(μm)
$2^{1/2}$	8,000	14	1,180	80	180
3	6,700	16	1,000	100	150
$3^{1/2}$	5,600	20	850	115	125
4	4,750	24	710	150	106
5	4,000	28	600	170	90
6	3,350	32	500	200	75
7	2,800	35	425	250	63
8	2,360	42	355	270	53
9	2,000	48	300	325	45
10	1,700	60	250	400	38
12	1,400	65	212	500	25

분급은 약 200메시 이하의 입자를 성질별로 분류하는 것으로 유압이나 공기에 의한 분리(hydraulic and air separation)이지만, 일반적으로는 액체 매체 중을 이동하는 입자 속도에 따라 크기별로 분리하는 것이다. 분급기에는 입자를 크기별로 나누는 것과 밀도에 따라 분리하는 비중 선별이 있으나 기본적으로 같은 구조를 갖는 장치이다.[13]

3.3.2 선별 기술의 종류

천연광석은 유가물과 맥석이 혼합되어 있으며, 리사이클링 원료도 대부분 여러 종류의 금속이나 비금속 물질이 혼합되어 있다. 따라서 이러한 원료 중 목적금속의 품위를 높이기 위해 원료를 파쇄하거나 분쇄한 후 종류별로 선별한다. 선별 방법은 원료의 물리적, 물리화학적 성질인 밀도, 경도, 자성, 도전율, 표면 습윤성 등의 차이를 이용한다. 대표적인 선별 기술을 분류하면 표 3.6과 같다.

표 3.6. 대표적인 선별 기술의 분류

분류 1	분류 2	적용 예
(1) 수 선별(hand picking)		
(2) 부유 선별(flotation)		
(3) 중력 선별	건식 중력 선별	풍력 선별, 지그재그 선별 유동층 선별, 사이클론 선별
	습식 중력 선별	수력 선별, 지그(jig) 선별, 테이블 선별
	중액 선별	
	자성유체 선별	
(4) 자력 선별	건식 자력 선별	
	습식 자력 선별	
	고자력 선별	
	습식 고자력·고구배 선별	
(5) 전기적 선별	와전류 선별	리니어모터방식, 영구자석방식, 드럼방식
	정전 선별	정전기, 코로나 방전형, 혼합형, 마찰 대전형
(6) 광학적 선별		
(7) X선 이용 선별		

한편 전체 입도 범위에서 적용할 수 있는 선별법은 없으며 이용하는 물성이나 장치, 대상물에 따라 그 범위가 결정된다. 따라서 공장을 설계할 때, 입도 분포가 넓은 분쇄물을 그대로 선별 공정에 제공하지 않도록 미리 분포가 좁은 분쇄물을 얻기 위한 분쇄 조건을 설정하거나 분쇄물의 입도 조정이 필요하다.

3.3.3 주요 선별 기술

(1) 수 선별(hand picking)

수 선별은 선별 대상물을 파쇄한 것이나 슈레더로 잘게 부순 것의 색상, 외관, 광택 등의 차이를 육안으로 관찰하여 사람의 손으로 분류하는 작업이다. 원시적인 방법이지만 리사이클링에서 유용하게 이용되고 있다. 다만 중량물에는 적용할 수 없고 처리능력이 낮다. 그림 3.4는 실제 리사이클링 공정에서 수 선별하는 모습이다. 슈레더 등으로 파쇄한 고형물을 컨베이어 벨트에 올려서 수송하는 도중에 작업자들이 종류별로 선별하여 배출하고 있다. 최근에는 색도 인식 장치 등을 이용하여 자동으로 선별하는 방법이 실용화되어 있다.

그림 3.4. 일본 아오모리 Seinan Syouji(靑南商事)에서의 수 선별

(2) 부유 선별(flotation)

부유 선별은 천연광석의 선광에서 많이 사용하는 방법이지만, 자원 리사이클링에서 공정 부산물 중 유가물 분리에 활용하기도 한다. 그림 3.5에는 부유 선별기의 모식도와 함께 실제 광산에서의 조업 장면을 나타내었다. 부산물 중에 함유되어 있는 유가물 사이에 습윤성(wettability) 차이가 크거나 적당한 처리로 차이를 줄 수 있으면 특정한 성분이나 물질만 기포에 부착시켜 부상·분리할 수 있다.

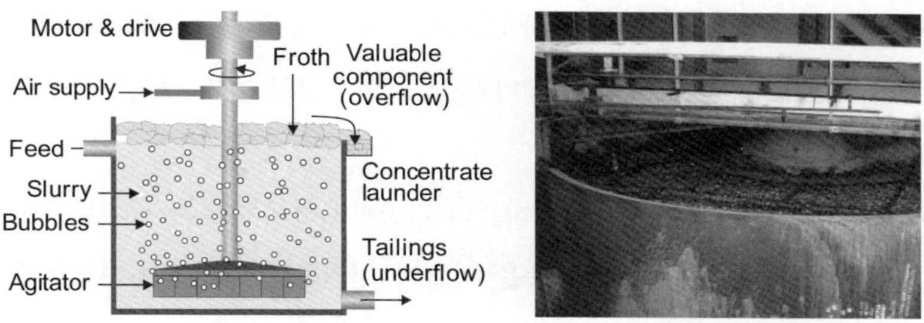

그림 3.5. 부유 선광기의 구조(좌)와 조업 장면(우: 몽골 에르데넷 광산)

(3) 중력 선별(gravity separation)

중력 선별은 유체 중에서 밀도가 다른 입자에 중력과 같은 외력을 작용시키면 밀도 차이가 있는 입자들이 서로 다른 운동을 하는 원리를 이용하여 물질별로 선별하는 것이다. 선별할 물질(입자) 사이에 다음 식과 같이 충분한 밀도(ρ) 차이가 있으면 이에 따른 대상물의 낙하 속도 차이를 이용하여 선별할 수 있다.

$$\mathrm{Gr} = \left| \frac{\rho_{\text{heavy}} - \rho_{\text{fluid}}}{\rho_{\text{light}} - \rho_{\text{fluid}}} \right| > 2.5 \tag{3.5}$$

다만 효과적인 중력 선별을 위해서는 입도 분포의 제어가 필요하다. 중력 선별의 적용 입도는, 조립은 2~20 mm, 세립은 200메시(mesh)정도이고, 중액 선별에서는 8~50 mm 정도이다. 그리고 물을 유체로 사용할 때는 밀도 차이가 1 이상이어야 중력 선별이 가능하다.

풍력 선별은 측면이나 하부에서 바람을 불어 가벼운 물질을 날려 보내는 방법으로, 그림 3.6(a)에 관성 중력 선별기(inertia gravity)의 원리를 나타내었다.[14] 회전 로터(rotor)로 고형 폐기물을 날려 거리에 따라 종류별로 선별하는 방법이다. 그림 3.6(b)에는 지그재그(zigzag) 선별기를 나타내었다.[15] 물을 사용하지 않으므로 폐수 처리와 건조가 필요 없는 장점이 있으나, 송풍기 등의 에너지 소비량이 크고 선별 정밀도가 낮은 단점이 있다.

유동층 선별은 원통형 용기 하부의 다공판에서 상승하는 공기류나 진동에 의해 유동화된 분립체 층을 만들어 선별하는 방법이며, 원심력을 이용한 사이클론 분급기 등도 있다.

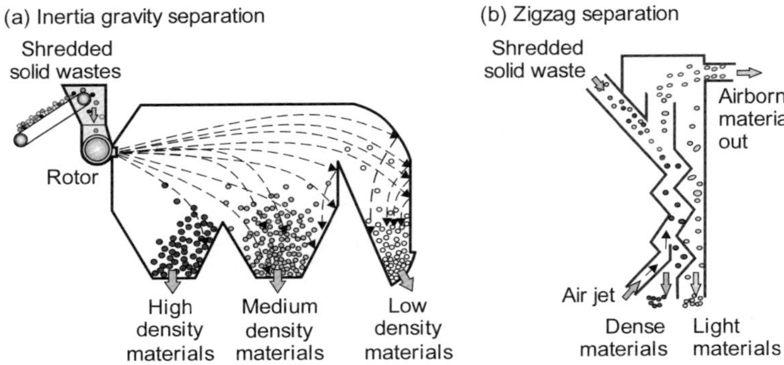

그림 3.6. 관성 중력 선별기와 지그재그(zigzag) 선별기의 원리

그림 3.7에는 테이블 선별기의 작동원리를 나타내었다. 테이블 선별은 약간 경사진 평판에 원료를 공급하고 길이 방향으로 판을 진동시키면서 위쪽에서 세정수를 균등하게 흘려 무거운 입자는 길이 방향으로 움직이고 가벼운 입자는 경사의 아래쪽으로 흘러가게 하여 선별하는 방법이다. 선별 목적이나 입도 등에 따라 여러 가지 종류의 선별기가 있으며 고품위 원료를 높은 실수율로 선별할 수 있다.

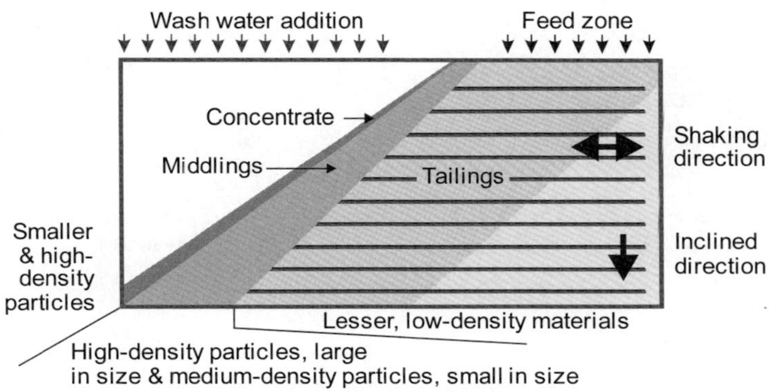

그림 3.7. 테이블(table) 선별기의 작동 원리

(4) 자력 선별(magnetic separation)

자력 선별은 물질의 자성 차이를 이용하는 분리 기술이다. 자기장 내의 입자는 고유 특성에 따라 자석과 인력이나 척력이 작용하며 자기장의 영향을 받아 자화된다. 물질에 따라 자화율이 다르며, 자화율에 따라 강자성(ferromagnetism), 상자성(paramagnetism) 및 반자성(diamagnetism)체로 구분한다. 자화율이 매우 작은 수치(보통 1 이하)로 음의 값을 보이면 반자성체이다.[16] 따라서 자력 선별은 이러한 자화율 차이를 이용한다.

자력 선별기에는 여러 가지 금속이 혼합된 것에서 철스크랩을 분리하는 조립자용과, 크기가 3 mm 이하인 미립의 강자성체를 농축하는 미립자용이 있다. 또 표 3.6에 나타낸 것처럼 자력 세기에 따라 저자력과 고자력 선별기, 사용하는 매질에 따라 건식과 습식 선별기로 구분하고 있다. 그림 3.8에는 리사이클링에서 많이 사용하는 자력 선별기의 원리와 구조를 나타내었다.[17, 18]

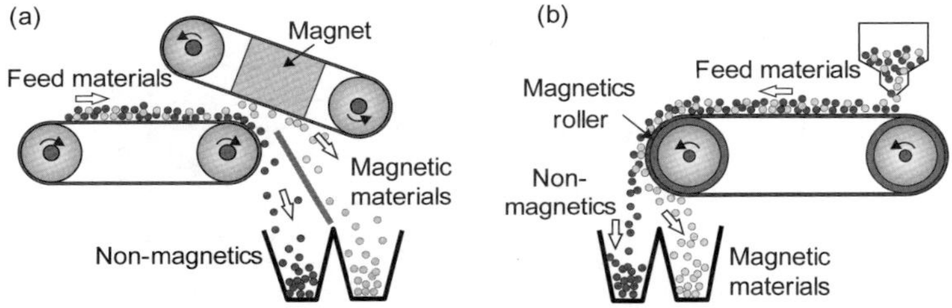

그림 3.8. 자력 선별기의 원리와 구조

(5) 와전류 선별(eddy current separation)

와전류 선별은 전기적 선별법으로 물질의 고유 특성인 전기 전도성을 이용하는 방법이다. 도체에 변화자계를 작용시키면 전자유도에 의해 그 물질 중에 와전류가 발생하여 작용시킨 변화 자계 사이에 반발력이 발생한다. 이 반발력(F)의 크기는 물질 고유의 성질로 다음 식과 같이 σ/ρ(전기전도도/밀도)에 비례한다.

$$F=\frac{1}{2}m\frac{\sigma}{\rho}S\left(\frac{I}{h}\right)^2 Q\cdot v_x \qquad (3.6)$$

여기서 m은 입자 질량, σ는 전기전도도, ρ는 밀도, S는 입자 형상계수, I는 자기장 강도, h는 자석과의 거리, v_x는 입자와 자석 사이의 상대속

도, 그리고 Q는 장치계수(상수)를 나타낸다.[19]

표 3.7. 금속과 비금속의 전기전도도(σ)와 밀도(ρ) 및 σ/ρ

Material	Conductivity σ(S/m)/10^6	Density ρ(g/cm^3)	σ/ρ
Lithium	10.8	0.535	20.19
Aluminium	37.7	2.7	13.96
Copper	59.6	8.94	6.67
Silver	63	10.5	6.00
Zinc	16.9	7	2.41
Gold	41	19.32	2.12
Nickel	14.3	8.9	1.61
Iron	10	7.87	1.27
Tin	9.17	7.31	1.25
Gallium	7.1	5.91	1.20
Tungsten	17.9	19.3	0.93
Carbon steel	6.99	7.6	0.92
Titanium	2.38	4.54	0.52
Platinum	9.43	21.45	0.44
Lead	4.55	11.34	0.40
Grain oriented electrical steel	2.17	7.65	0.28
Nichrome	0.67	8.4	0.08
STS(18Cr-8Ni)	1.45	8	0.18
Germanium	2.17×10^{-6}	5.323	4.08×10^{-7}
Silicon	1.56×10^{-9}	2.33	6.70×10^{-10}
Carbon(amorphous)	0.00125~0.002	2.26	5.53×10^{-4}
Glass	10^{-21}~10^{-17}		
Fused quartz	1.30×10^{-24}		
PET	10^{-27}	1.38	
Teflon	10^{-31}~10^{-29}	2.20	

표 3.7에는 주요 금속의 전기전도도, 밀도 및 σ/ρ를 나타내었다. 와전류의 크기는 물질의 전기 전도성에 의해 결정되므로 전기전도도($\Omega^{-1}\cdot m^{-1}$)가 다른 물질을 분리할 수 있다. 특히 비자성 금속의 종류에 따라 와전류의 반발력이 다르므로 낙하 위치도 각각 미묘하게 달라 강력한 자석을 이용하면 Cu, Al, Zn 등의 비자성 금속을 종류별로 선별할 수 있다. 다만 와전류 선별에서는 강자성체가 혼입되면 장치에 부착될 뿐만 아니라 자계 변화가 큰 장치에서는 고열이 발생하므로 이러한 물질을 자력 선별 등으로 미리 제거하여야 한다.

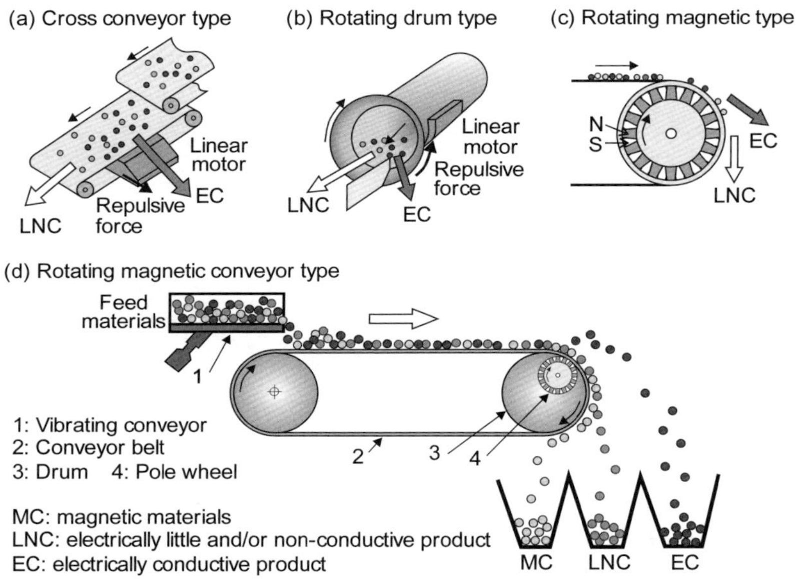

그림 3.9. 와전류 선별기의 종류별 원리와 구조

와전류 선별기에는 최초에 고안된 경사판식 선별기를 비롯하여 직교형 벨트 컨베이어식, 회전원통식, 회전자석식 등이 있다. 그림 3.9에는 와전류 선별기의 원리와 구조를 나타내었다.[19]

(6) 정전 선별(electrostatic separation)

정전 선별은 입자의 표면 물성인 전기 전도성을 이용하는 것으로, 선별 대상 입자를 수만 볼트의 높은 전기장(electric field) 내에서 하전(electric charge)시켜 방전 특성 차이로 물질을 분리하는 방법이다. 입자를 정전기장 내에 두면 그 입자에 작용하는 전기적 힘은 입자의 하전량과 전기장 강도의 곱으로 주어진다. 정전 선별은 이 힘의 차이를 이용하는 것이다.

실용화되어 있는 정전 선별기는 입자의 하전 방법에 따라 정전·코로나 방전 병용식과 마찰 하전식이 있으며, 그림 3.10에 원리를 나타내었다.[19] 그림 3.10(a)의 정전·코로나 방전 병용식은 실린더 모양의 회전하는 접지 롤(접지전극, 회전드럼전극, grounded rotating roll electrode), 봉상의 정전전극(static electrode)과 침상의 코로나 전극이 세트로 되어 있다.[20] 이 두 전극 사이에 정전기장과 코로나 방전장이 형성된다. 양도체 입자는 접지전극 롤에서 정전전극 측으로 튀어 나가고, 불량도체 입자는 접지 롤에 부착되었다가 브러시에 의해 낙하한다.

그림 3.10(b)는 입자의 마찰로 하전시키는 방식이다. 공급된 입자는 부도체인 마찰 롤을 통과할 때 물질에 따라 다른 부호로 하전되며 아래쪽의 전기장 내에서 각각 다른 부호의 전극에 흡착되어 분리된다. 이 방법은 목적으로 하는 성분을 얼마만큼 선택적으로 충분히 하전시키는가가 중요하다.

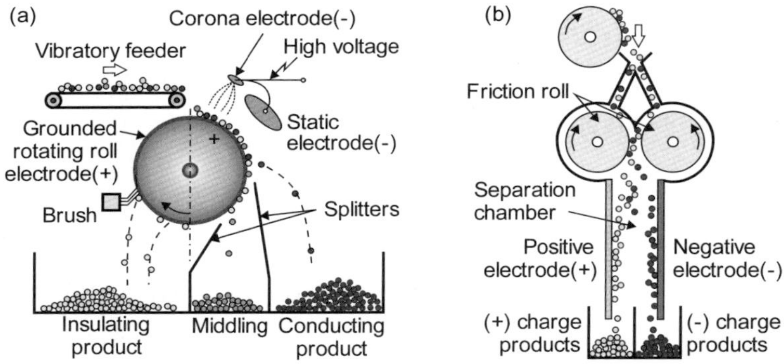

그림 3.10. 정전 선별기의 원리와 구조
(a) 정전·코로나 방전 병용식 (b) 마찰 하전식

(7) 광학 선별

광학적 선별법은 사람의 육안으로 식별하여 수 선별하는 작업을 광학적 수단에 의해 자동적으로 판단하는 방법이다. 물체로부터 가시광(visible light, 400~700 nm)의 반사광이나 투과광을 CCD(charge coupled device)* 등의 이미지 센서로 검지하여 물체의 명도, 채도, 색상, 크기, 기하학적 형상 등의 차이를 식별하여 선별한다. 색채의 차이를 검지하는 color sorter는 폐자동차나 폐가전을 파쇄 처리한 원료 중 Cu 합금과 기타 금속(Pb, Zn 등의 회색 금속)의 선별이나 색채가 다른 광물의 선별에도 이용된다.

(8) 형광 X선 및 투과 X선 선별

X선(0.001~80 nm)을 물체에 조사할 때의 투과율(X-ray transmittance)은 물질의 밀도에 따라 다르므로, X선 투과율의 차이를 검지하면 물체의

---

* CCD(Charge coupled device): 렌즈에 들어온 빛을 전하로 변환시켜 이미지를 얻어 내는 장치.

두께나 내부 구조 등을 분석할 수 있다. 따라서 투과 X선 선별법은 물체 표면의 오염이나 도장의 영향을 받지 않고 선별할 수 있다. 특히 단체로 분리되어 있지 않은 물체의 검지가 가능하지만, 부정형 물체에 대해서는 별도의 처리가 필요하다.[21]

한편 X-선을 물체에 조사할 때 발생하는 형광 X-선(X-ray fluorescence)을 분광하여 물체 표면 근방에 존재하는 원소를 정성·정량하는 것이 형광 X선 분석이다. 원소분석에 기초한 식별이므로 혼합금속의 선별이 가능하다. 특히 미량으로 함유된 첨가 원소의 함유량을 검지할 수 있으므로 Cu 합금이나 Al 합금별로 선별할 수 있다. 다만 투과 X선보다 사용하는 X-선 원의 출력이 작아 장치의 동력은 작으나 측정하는 데 시간이 걸려 처리 속도가 느리므로 1 m/s 정도의 벨트 스피드로 처리한다. 또 표면 분석이므로 선별 대상물의 오염이나 도장의 영향을 받을 수 있다.

[예제 3.2] 1.5 %의 Cu가 포함되어 있는 Cu 광석을 선광하여 광석 100 kg에서 30 %Cu가 함유된 4.5 kg의 정광을 얻었다. 이때 ① 광석의 농축비, ② 회수율, ③ 버려진 맥석(광미)의 무게와 Cu % 함량을 구하라.[22]

[풀이]

① $\text{[Concentraion ratio]} = \dfrac{\text{[Ore]}}{\text{[Concentrate]}} = \dfrac{100}{4.5} = 22.22$

② $Cu_{total} = 100 \times 0.015 = 1.5\ \text{kg} - Cu$

$Cu_{conc.} = 4.5 \times 0.30 = 1.35\ \text{kg} - Cu$

$\therefore\ \text{Recovery} = \dfrac{Cu_{conc.}}{Cu_{total}} \times 100 = \dfrac{1.35}{1.5} \times 100 = 90\ \%$

③ $W_{\text{gangue}} = W_{\text{Ore}} - W_{\text{Conc.}} = 100 - 4.5 = 95.5 \text{ kg}$

$W_{\text{Cu in gangue}} = W_{\text{Cu in Ore}} - W_{\text{Cu in Conc.}} = 1.5 - 1.35 = 0.15 \text{ kg}$

$$[\text{wt\%Cu}]_{\text{in gangue}} = \frac{W_{\text{Cu in gangue}}}{W_{\text{gangue}}} \times 100 = \frac{0.15}{95.5} \times 100 = 0.157 \text{ wt\%}$$

3.4 분말의 성형과 조립

원료의 선별을 위해 분쇄한 경우 취급이 쉽도록 성형·조립(granulation)을 한다. 특히 성형·조립을 하면 취급이 곤란한 미분말의 유동 특성 개선, 배출 특성 개선, 편석 방지, 친수성이나 분산성 향상, 용해성 제어, 겉보기 밀도 개선, 작업환경 개선, 분진 폭발 방지 등을 할 수 있다. 분말의 성형·조립법에는 단광(briquetting), 펠레타이징(pelletizing), 소결(sintering) 등이 있다.

단광법은 분말 원료에 적당한 수분과 점결제를 첨가하여 압축·성형하는 것으로, 그림 3.11(a)에 단광 장치의 작동 원리를 모식적으로 나타내었다. 그림에서와 같이 요(凹) 면을 가진 2개의 롤(roll)을 반대 방향으로 회전시키는 롤 프레스(roll press)가 많이 이용된다. 점결제로는 소석회, 벤토나이트(bentonite), 시멘트, 아황산 폐액, 황산염 수용액, 당밀, 전분 등 공정에 적합하면서도 얻기 쉬운 것을 이용한다. 1,000 K 가까운 고온의 분말 원료를 롤 프레스에서 단광으로 만드는 hot briquetting법도 실시하고 있다.

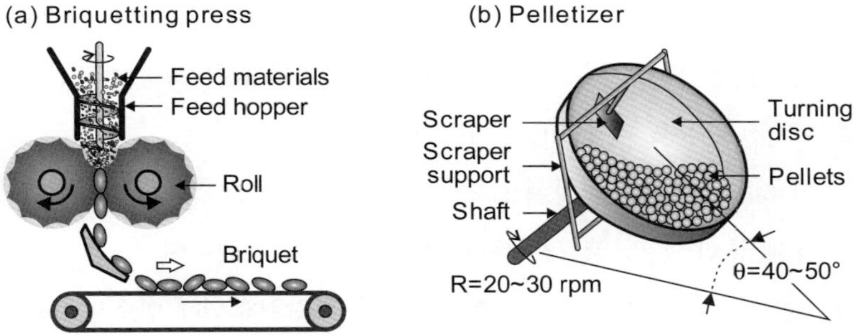

그림 3.11. 브리켓팅기(a)와 펠레타이저(b)의 모식도

펠레타이징은 미분의 원료에 적당한 수분이나 점결제를 첨가하여 펠레타이저(pelletizer) 중에서 운동시켜 성형·조립하는 방법이다. 펠레타이저 중 운동하는 입자 사이에 있는 수분의 모세관 현상으로 생기는 수막의 표면장력에 의해 분말 입자가 서로 부착·응집하고, 진동에 의해 서서히 성장하여 단단한 구형이 된다.

펠레타이저는 회전 원통형과 원반형이 있다. 전자는 회전로와 유사하게 약간 경사져서 회전하는 긴 원통의 한쪽 끝에서 원료를 공급하면 원통 내를 구르면서 떨어져 성장하고, 다른 한쪽 끝으로 배출된다. 이 방법은 조작이 간단하지만 펠릿이 일정하지 않아서 강도가 약한 경향이 있다. 원반형 펠레타이저는 그림 3.11(b)처럼 경사진 얕은 회전 원판에서 장입된 원료가 원판의 회전에 따라 낙하 운동에 의한 와상(spiral, 소용돌이처럼 빙빙 도는 형태) 운동을 반복하면서 서서히 성장한다. 성장한 펠릿은 움직이기 쉬워 상층으로 옮겨 가고 급광량에 상당하는 양만 원반의 가장자리에서 넘쳐서 배출된다. 이와 같이 원판형은 분급 효과가 있으므로 회전 원통형보다도 일정한 크기의 펠릿이 얻어진다. 수분, 급광량, 원판 각도, 회전수 등을 변화시켜 펠릿의 크기를 일정 범위 내에서 선택할 수 있다. 소성은 연속식의 DL식 소결기와 같은 평형로나 견형로 혹은 회전로 등을 이용하고 있다.

소결(sintering)은 분말 원료의 조성에 따라서 CaO, SiO_2 등의 적당한 용제(flux), 분말 코크스 등의 연료와 수분을 첨가하여 잘 혼합하고, 화격자(fire grate)상에서 원료층에 점화하고 통풍에 의해 연소시켜 단단하게 하는 방법이다. 그림 3.12에는 소결기와 소결 진행 과정을 모식적으로 나타내었다. 연소는 착화한 원료층의 상단에서 아래쪽을 향하여 진행하고, 미연소 부분은 고온의 가스에 의해 건조 예열되며, 일부 용융한 연소 완료 부분은 통풍에 의해 냉각된다. 소결기에는 그리나월트 소결기(Greenawalt sintering machine)와 연속식의 DL식 소결기(Dwight-Lloyd sintering machine, traveling grate라고도 함) 등이 있다.

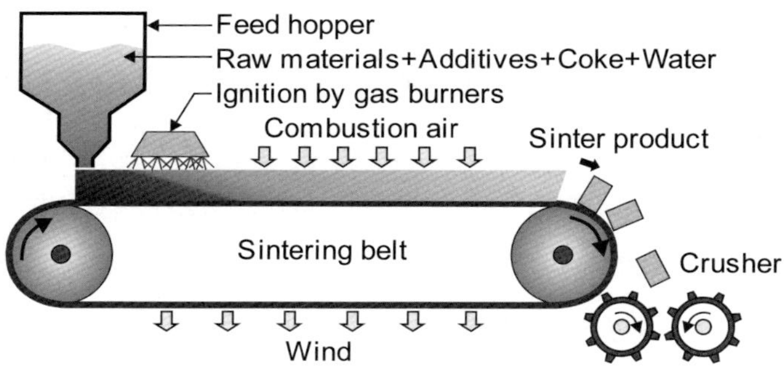

그림 3.12. 소결기와 소결 진행 과정의 모식도

3.5 건조와 하소

3.5.1 건조

제련원료를 습식으로 파·분쇄하거나 부유선광 등 습식으로 선광하면 수분을 함유한다. 이러한 원료는 건식 처리 공정의 열에너지를 절감하고 운반이나 취급이 쉽도록 건조(drying)한다. 또 수분에 의한 원료의 반응성 저하를 방지하기 위해서도 건조한다. 특히 제조 공정에서 발생하는 더스트 등을 습식으로 집진하면 오니상으로 발생하므로 다량 함유된 수분은 필터프레스 등으로 제거한 후 필요에 따라 건조하기도 한다.

한편 Cu나 Ni 제련의 자용로(flash smelting furnace)에서 매트 용련을 할 때 정광 중에 수분이 남아 있으면 반응 개시가 늦어지므로 정광 중 수분을 0.1~0.3 %까지 완전히 건조하여 순간적인 착화가 일어날 수 있도록 한다. 이를 위해 회전 건조기(rotary dryer)에서 어느 정도까지 수분을 제거한 후 분쇄기와 송풍기를 겸비한 케이지 밀(cage mill)에서 분쇄와 동시에 기송관을 통해 자용로 상부의 원료 저장고로 올려 보낸다.[23]

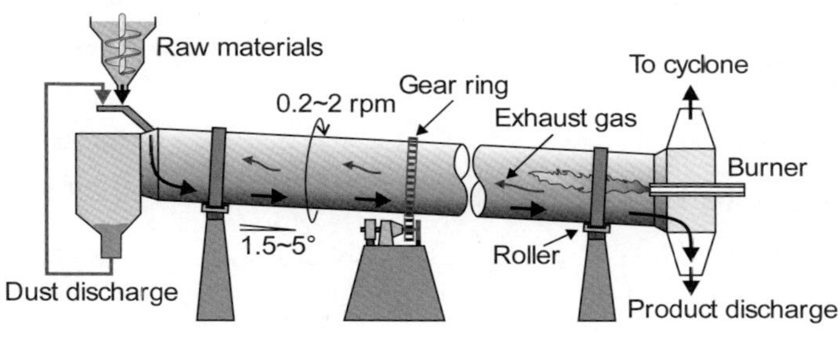

그림 3.13. 회전 건조기 모식도

그림 3.13에는 로터리 킬른과 같은 형태인 회전 건조기 모식도를 나타내었지만, 그 외에 유동층 건조기 등도 있다. 만능 건조기는 존재하지 않으므로 원료의 특성이나 건조 목적에 적합한 건조기를 선택하여야 한다.

[예제 3.3] Ag_2CO_3를 아래 반응식과 같은 분해 없이 110 ℃의 공기를 흘리면서 수분을 제거할 때 공기 중 CO_2의 최소 분압을 구하라.[24]

$$Ag_2CO_3 = Ag_2O + CO_2,\ \varDelta G^{\circ}_{(1),383} = 14.69\ \mathrm{kJ} \quad (1)$$

[풀이] 식(1)의 평형 p_{CO_2}값보다 높은 CO_2 분압을 유지하면 분해반응이 일어나지 않으며, 식(1)의 평형상수는 다음과 같다.

$$K_{(1)} = \frac{a_{Ag_2O} \cdot p_{CO_2}}{a_{Ag_2CO_3}} = \exp\left(-\frac{\varDelta G^{\circ}_{(1),383}}{RT}\right) \quad (2)$$

Ag_2CO_3와 Ag_2O는 각각 순수한 단일상이어서 각각의 활동도가 1이므로 식(1)의 평형상수는 p_{CO_2}와 동일하다.

$$\therefore\ K_{(1)} = p_{CO_2} = \exp\left(-\frac{14,690}{8.314 \times 383}\right) = 0.0099\ \mathrm{atm} \quad (3)$$

따라서 공기 중에 0.0099 atm 이상의 CO_2 분압을 유지하여야 한다.

3.5.2 하소

하소(calcination)는 건조보다 높은 온도에서 수화물이나 결정수처럼 화학적으로 결합된 수분 제거나, 수산화물이나 황산염, 탄산염 등을 가열 분해하여 화학적으로 결합된 가스 성분을 제거하는 조작이다. 하소는 원료 중 불필요한 성분을 미리 제거하여 에너지를 절감하고 후속 공정에 적합한 특성을 부여함과 동시에 발생하는 가스에 의한 불필요한 희석을 피해 반응 효율을 높이기 위하여 실시한다. 또 하소는 최종 생성물을 얻기 위한 후처리로 실시하기도 한다.

원료의 부착 수분은 약 200 ℃ 이하에서 제거되지만, 탄산염은 600~800 ℃, 황산염 등은 600~1,000 ℃에서 하소하여야 가스 성분이 제거된다. 하소 반응의 예로 결정수의 탈수 반응은 다음과 같다.

$$FeSO_4 \cdot 7H_2O = FeSO_4 \cdot H_2O + 6H_2O \tag{3.7}$$

$$Al_2O_3 \cdot 3H_2O \xrightarrow{225\ ℃} Al_2O_3 \cdot H_2O \xrightarrow{500\ ℃} \gamma - Al_2O_3 \xrightarrow{950 \sim 1,200\ ℃} \alpha - Al_2O_3 \tag{3.8}$$

또 Ni 산화광으로 페로니켈(FeNi)을 제조할 때 로터리 킬른에서 다음 식과 같이 하소하여 결정수를 미리 제거한 후 환원시킨다.

$$Ni_3Mg_3Si_4O_{10}(OH)_8 = 3NiO(s) + 4SiO_2(s) + 3MgO(s) + 4H_2O(g) \quad \text{at } 700\ ℃ \tag{3.9}$$

$$2FeOOH(s) = Fe_2O_3(s) + H_2O(g) \quad \text{at } 700\ ℃ \tag{3.10}$$

한편 탄산염의 하소 반응은 다음과 같다.

$$MeCO_3 = MeO + CO_2 \tag{3.11}$$

이 반응은 평형론적으로 CO_2(g)의 해리압이 대기 중 CO_2압(3×10^{-4} atm)보다 커야 공업적으로 충분한 속도로 진행되지만, 실제로는 해리압이 대기압의 1/10 정도에서도 느리게 진행한다. 대기압에서 탄산염의 분해 온도는 해리되어 나온 CO_2 가스 압력이 대기압(1 atm)이 되는 온도를 의미하며, 몇 가지 탄산염의 분해 온도를 표 3.8에 나타내었다.

표 3.8. 몇 가지 탄산염의 분해 온도(p_{CO_2}=1 atm, ℃)

$ZnCO_3$	$FeCO_3$	$MnCO_3$	$PbCO_3$	$MgCO_3$	$CaCO_3$
135	158	210	300	410	903

Li 제련이나 리사이클링에서 Li을 Li_2CO_3로 회수하여 정제할 때 lithium bicarbonate($LiHCO_3$)로 만들어 다음 식과 같이 다시 하소하면 고순도 Li_2CO_3를 얻을 수 있다.[25]

$$2LiHCO_3(aq) = Li_2CO_3(s) + H_2O(g) + CO_2(g) \qquad (3.12)$$

그 외에 다음과 같은 탄산염의 하소 반응이 있다.

Siderite: $FeCO_3 = FeO + CO_2$

Cerrussite: $PbCO_3 = PbO + CO_2$

Calcite: $CaCO_3 = CaO + 2CO_2$

Dolomite: $MgCO_3 \cdot CaCO_3(s) = MgO + CaO + 2CO_2$

Malachite: $CuCO_3 \cdot Cu(OH)_2 = 2CuO + H_2O + CO_2$

하소 반응에 사용되는 노는 건조로와 유사하며, 직접 가열식 회전로, 간접 가열식 회전로, 수직형 킬른, 유동층 하소로 등이 있다.

[예제 3.4] 대기압(1 atm)에서의 $CaCO_3$ 분해 온도와 분위기 중 CO_2 분압이 10^{-2} atm일 때 $CaCO_3$ 분해 온도를 구하라.

$$CaCO_3(s) = CaO(s) + CO_2(g), \quad \Delta G^\circ_{(1)} = 161{,}300 - 137.2T \text{ J} \qquad (1)$$

[풀이] $a_{CaO} = a_{CaCO_3} = 1$이므로 식(1)의 자유에너지변화 $\Delta G_{(1)}$은 다음과 같다.

$$\Delta G_{(1)} = \Delta G^\circ_{(1)} + RT\ln\left(\frac{a_{CaO} \cdot p_{CO_2}}{a_{CaCO_3}}\right) = \Delta G^\circ_{(1)} + RT\ln p_{CO_2} \quad (2)$$

우선 대기압(1 atm)에서 $CaCO_3$ 분해 온도는 식(2)에서 $p_{CO_2} = 1$ atm 이므로 $\Delta G = \Delta G^\circ = 0$이 되는 온도이며 다음과 같다.

$$\Delta G_{(1)} = \Delta G^\circ_{(1)} = 161{,}300 - 137.2T = 0 \quad \therefore T = 1{,}176 \text{ K} \quad (3)$$

다음은 식(2)에 $p_{CO_2} = 10^{-2}$ atm과 $\Delta G^\circ_{(1)}$을 대입하면

$$\Delta G_{(1)} = 161{,}300 - 137.2T + 8.314T\ln(10^{-2})$$

$$\therefore \Delta G_{(1)} = 161{,}300 - 175.49T \quad (4)$$

분해반응이 진행되기 위한 조건은 $\Delta G < 0$이므로

$$\Delta G = 161{,}300 - 175.49T < 0, \quad \therefore T > 919.1 \text{ K} \quad (5)$$

따라서 919.1 K(646.1 ℃) 이상으로 온도를 높이면 평형 p_{CO_2}가 10^{-2} atm 이상이 되어 $CaCO_3$의 분해가 일어난다.

[예제 3.5] 황산철은 다음 식과 같이 열분해 반응을 일으키며, 656 ℃에서 전체 압력은 0.9 atm이다. 이 온도에서 SO_2 0.6 atm을 유지하고 있는 플라스크에 과잉의 황산철이 담겨 있을 때 평형하는 전체 압력을 구하라.

$$2FeSO_4(s) = Fe_2O_3(s) + SO_2(g) + SO_3(g) \quad (1)$$

[풀이] 식(1)에서 SO_2와 SO_3가 동일한 양이 생성되며 전체 압력이 0.9 atm이므로 각각의 분압은 0.45 atm이다. 따라서 평형상수 K는 다음과 같다.

$$K_{(1)} = \frac{a_{Fe_2O_3} \cdot p_{SO_2} \cdot p_{SO_3}}{a^2_{FeSO_4}} = p_{SO_2} \cdot p_{SO_3} = (0.45)^2 = 0.2025 \qquad (2)$$

플라스크 중에 0.6 atm의 SO_2 가스가 유지되고 있으며 분해반응으로 SO_3와 동일한 압력의 SO_2 가스가 발생하므로 전체 SO_2 가스 분압은

$$p_{SO_2,tot} = p_{SO_3} + 0.6 \qquad (3)$$

$$\therefore\ K_{(1)} = p_{SO_3} \cdot p_{SO_2,tot} = p_{SO_3} \cdot (p_{SO_3} + 0.6) = 0.2025$$

$$p^2_{SO_3} + 0.6p_{SO_3} - 0.2025 = 0 \qquad (4)$$

따라서 2차방정식 근의 공식으로 p_{SO_3}를 구하면 p_{SO_3}와 $p_{SO_2,tot}$는 다음과 같다.

$$p_{SO_3} = 0.241 \qquad \therefore\ p_{SO_2,tot} = p_{SO_3} + 0.6 = 0.241 + 0.6 = 0.841$$

$$\therefore\ P_{tot} = p_{SO_3} + p_{SO_2,tot} = 1.082\ \text{atm} \qquad (5)$$

3.6 배소

배소(roasting)는 원료가 후속하는 제련 공정에 적합한 화학적, 물리적 특성을 가지도록 목적으로 하는 가스 분위기 중에서 용융되지 않을 정도의 온도로 가열하는 조작이다. 따라서 배소에서는 건조나 하소와 달리 원료의 화학 조성이 바뀐다. 그리고 배소는 고체 원료와 분위기 가스 사이의 불균일 반응이다.

배소 반응에는 노의 분위기 가스에 따라 산화 배소, 황산화 배소, 염화 배소, 환원배소, 할로겐화 배소, 알칼리 배소 등이 있다. 그리고 특정 성분의 분리나 불순물 제거를 위해 기화(휘발) 배소를 하기도 한다. 배소

방법의 선택은 후속 공정의 요구 특성에 의해 결정된다.

3.6.1 배소 반응의 진행 과정

황화물의 산화 배소로부터 배소 반응의 진행 과정을 알아본다. 황화물의 산화 배소는 발열반응이므로 반응은 열의 공급과 무관하게 충분히 빠른 속도로 진행된다. 황화물 입자가 산화를 시작하는 초기에는 화학반응 율속이지만, 어느 정도 반응이 진행되면 입자 표면에 산화물(생성물)층이 생성되며, 이 산화물층을 통한 반응 기체의 확산이 율속 단계가 된다. 따라서 배소 반응은 입자 표면에서 중심부를 향하여 층상으로 진행하는 미반응 핵(unreacted core) 모델을 이용하여 설명한다. 그림 3.14에 황화물 입자 주변의 기체 농도를 모델적으로 나타내었으며, 배소 반응은 다음과 같은 경로를 통해 진행되는 것으로 생각한다.*

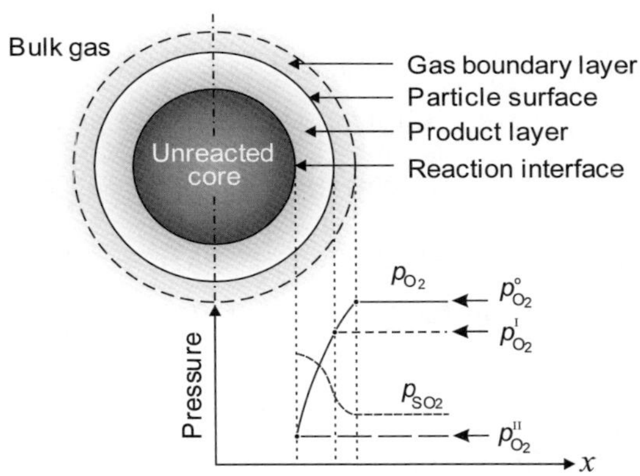

그림 3.14. 황화물 입자의 산화 배소 반응모델

* 2.9.4 미반응 핵 모델 참조.

① 입자 주위의 가스 경계층을 통해 산소(O_2)가 입자 표면으로 확산
② 산소가 입자 표면의 산화물 생성물층을 통해 반응 계면으로 확산
③ 반응 계면에서 황화물과 산소의 화학반응
④ 반응 생성가스(SO_2)와 산소의 역방향 확산

3.6.2 산화 배소

비철금속 원료에는 황화물이 많으며, 원료 중 S 농도가 높아 곧바로 제련에 사용하기 곤란한 Zn, Pb 등의 황화물은 산화 배소(oxidizing roasting)하여 유황의 일부나 전부를 제거한다. 따라서 황화물의 산화 배소에서 S는 다음 식과 같이 산소와 반응하여 $SO_2(g)$로 제거되며 금속은 산소와 결합하여 산화물이 된다.

$$\frac{2}{3}MS + O_2 = \frac{2}{3}MO + \frac{2}{3}SO_2 \tag{3.13}$$

이러한 황화물의 산화 배소는 항상 발열반응이므로 연료를 필요로 하지 않는다. 그림 3.15에는 황화물의 산화 배소 온도에 따른 표준 자유에너지변화를 나타내었으며, 그림의 아래쪽 황화물일수록 쉽게 산화된다.

아연(Zn)의 습식이나 건식제련에서는 다음 식과 같이 ZnS를 산화 배소시켜 침출이나 탄소 환원의 원료로 공급하며,[26] 납(Pb)의 용광로 제련에서도 같은 반응으로 PbS를 PbO로 만들어 용광로의 탄소 환원 원료로 공급한다.[27]

$$\frac{2}{3}ZnS(s) + O_2(g) = \frac{2}{3}ZnO(s) + \frac{2}{3}SO_2(g) \tag{3.14}$$

$$\Delta G^\circ = -295,787 - 51.07\,T \text{ J}$$

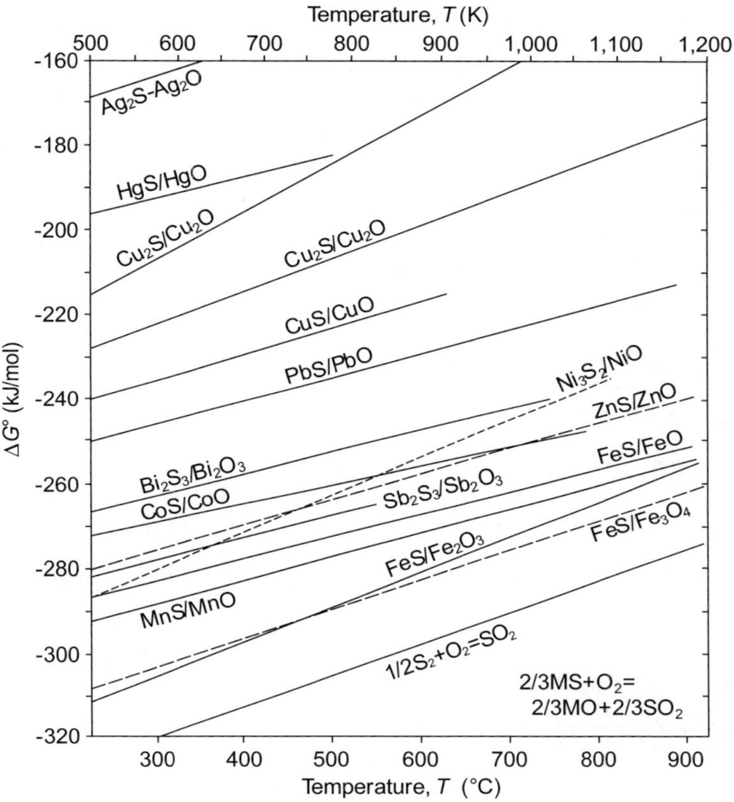

그림 3.15. 황화물 산화의 표준 자유에너지변화(O_2 1 mol당)

$$\frac{2}{3}\mathrm{PbS(s)} + \mathrm{O_2} = \frac{2}{3}\mathrm{PbO(s)} + \frac{2}{3}\mathrm{SO_2(g)} \tag{3.15}$$

$$\Delta G^\circ = -279{,}480 + 56.87\,T\ \mathrm{J}$$

또 산화 배소 과정에서 $As \rightarrow As_2O_3$, $Sb \rightarrow Sb_2O_3$와 같이 휘발성 생성물이 만들어져 제거되기도 한다.

몰리브데넘 정광(MoS_2)은 금속 Mo을 만들기 위해 다음 식과 같이 산화 배소하지만, $MoO_3(s)$가 700 ℃ 부근에서 승화하므로 다단 배소로 등에서 공기를 계속 주입하여 과열되지 않도록 한다.*[28]

$$MoS_2(s) + \frac{7}{2}O_2(g) = MoO_3(s) + 2SO_2(g) \tag{3.16}$$

V 광석이나 V 슬래그는 산화 배소로 V 스피넬 주위의 Fe을 분해하여 V을 산으로 침출 가능한 CaV_2O_7과 Mg_2VO_7으로 생성시키며, CaO와 MgO 함유량이 높은 V 슬래그를 처리할 때 사용한다.[29]

Ag_2S나 HgS는 산화물보다 금속 상태가 안정하므로 다음 식과 같이 직접 금속이 생성되는 반응이 일어나기도 한다.

$$MS + O_2 = M + SO_2 \tag{3.17}$$

한편 석유화학 탈황 폐촉매 중의 Mo, V, Ni, Co 등을 습식으로 회수할 때 폐촉매를 800~850 ℃에서 산화 배소하여 S나 C을 제거한 후 침출하기도 한다. 다만 이러한 배소에서는 가열을 위한 별도의 연료가 필요하다. 또 NdFeB계 영구자석 스크랩에서 Nd을 분리·회수하기 위해 산화 배소한 후 황산 등으로 침출한다.[30]

[예제 3.6] 주어진 자료로부터 680 ℃에서 ZnS를 산화 배소할 때 $\log p_{S_2} - \log p_{O_2}$를 축으로 하는 퍼텐셜도를 그리고, 각 성분의 안정 영역을 나타내라.[31]

$$2Zn(l) + O_2(g) = 2ZnO(s): \ \ \Delta G^\circ = -706,260 + 213.96T \text{ J} \tag{1}$$

$$2Zn(l) + S_2(g) = 2ZnS(s): \ \ \Delta G^\circ = -502,920 + 183.26T \text{ J} \tag{2}$$

$$\frac{3}{2}ZnO(s) + SO_3(g) = \frac{1}{2}(ZnO \cdot 2ZnSO_4)(s): \tag{3}$$

---

* 그림 3.23 다단 배소로 참조.

$$\Delta G^\circ = -239,280 - 31.80\,T\log T + 274.60\,T \text{ J}$$

$$ZnO \cdot 2ZnSO_4 + SO_3(g) = 3ZnSO_4(\alpha): \qquad (4)$$

$$\Delta G^\circ = -224,810 + 189.16\,T \text{ J}$$

$$\frac{1}{3}S_2(g) + O_2(g) = \frac{2}{3}SO_3(g): \ \Delta G^\circ = -304,650 + 107.86\,T \text{ J} \qquad (5)$$

[풀이] 953 K에서 식(1), (2)의 ΔG°, K, $\log p_{O_2}$는 다음과 같다.

$$\Delta G^\circ_{(1)} = -502,360 \text{ J}, \ \log K_{(1)} = -\log p_{O_2} = 27.54 \qquad (1)$$

$$\Delta G^\circ_{(2)} = -328,270 \text{ J}, \ \log K_{(2)} = -\log p_{S_2} = 18.0 \qquad (2)$$

ZnS/ZnO 평형은 식(1)-(2)에 의해 다음 식과 같이 계산한다.

$$2ZnS(s) + O_2(g) = 2ZnO(s) + S_2(g): \ \Delta G^\circ = -203,340 + 30.7\,T \text{ J} \qquad (6)$$

$$\Delta G^\circ_{(6)} = -174,080 \text{ J}, \ \log K_{(6)} = \log p_{S_2} - \log p_{O_2} = 9.5$$

$ZnO/ZnO \cdot 2ZnSO_4$ 평형: 식(3)×2+식(5)×3

$$3ZnO(s) + S_2(g) + 3O_2(g) = ZnO \cdot 2ZnSO_4 \qquad (7)$$

$$\Delta G^\circ_{(7)} = -1,392,510 - 63.6\,T\log T + 872.78\,T \text{ J}$$

$$\Delta G^\circ_{(7)} = -741,320 \text{ J}, \ \log K_{(7)} = -\log p_{S_2} - 3\log p_{O_2} = 40.6$$

$ZnO \cdot 2ZnSO_4/ZnSO_4$ 평형: 식(4)×2+식(5)×3

$$2(ZnO \cdot 2ZnSO_4) + S_2(g) + 3O_2(g) = 6ZnSO_4(s) \qquad (8)$$

$$\Delta G^\circ_{(8)} = -1,363,570 + 701.90\,T \text{ J}$$

$$\Delta G^\circ_{(8)} = -694,660 \text{ J}, \ \log K_{(8)} = -\log p_{S_2} - 3\log p_{O_2} = 38.1$$

$ZnS/ZnSO_4$ 평형: 식(3)×2/3+식(4)/3+식(5)×3/2+식(6)/2

$$ZnS(s) + 2O_2(g) = ZnSO_4(s) \qquad (9)$$

$$\Delta G^\circ_{(9)} = -793,102 - 21.2\,T\log T + 423.26\,T \text{ J}$$

$$\Delta G^{\circ}_{(9)} = -449{,}920\ \mathrm{J},\ \log K_{(9)} = -2\log p_{O_2} = 24.7$$

ZnS/ZnO · 2ZnSO4 평형: 식(9)×6-식(8)

$$6ZnS(s) + 9O_2(g) = 2(ZnO \cdot 2ZnSO_4) + S_2(g) \tag{10}$$

$$\Delta G^{\circ}_{(10)} = -3{,}395{,}042 - 127.2\,T\log T + 1{,}837.66\,T\ \mathrm{J}$$

$$\Delta G^{\circ}_{(10)} = -2{,}004{,}880\ \mathrm{J},\ \log K_{(10)} = \log p_{S_2} - 9\log p_{O_2} = 109.9,$$

이러한 계산 결과를 그림 3.16에 나타내었다.

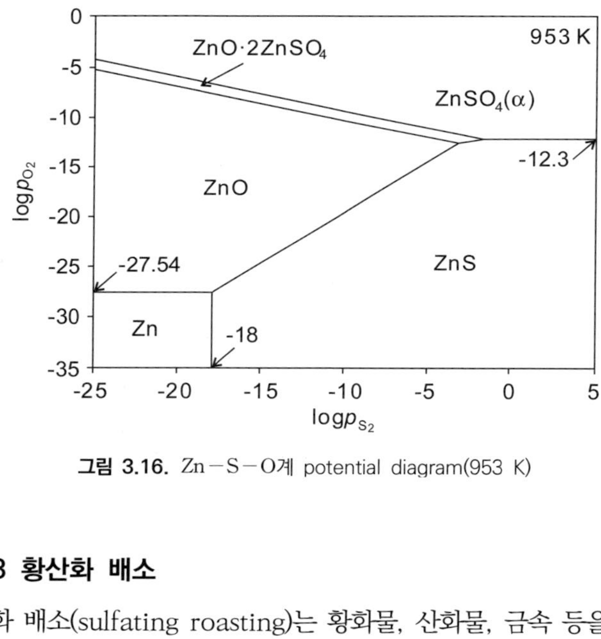

그림 3.16. Zn－S－O계 potential diagram(953 K)

3.6.3 황산화 배소

황산화 배소(sulfating roasting)는 황화물, 산화물, 금속 등을 물이나 묽은 산에 쉽게 용해되는 황산염으로 바꾸는 것으로, 주로 원료의 습식 처리를 위한 전처리로 실시한다. 황산화 배소는 황산염 생성에 적합한 온도, 가스 분위기 등의 조건이 맞아야 일어난다. 황산화 반응은 황화물을 산화 배소할 때 부수적으로 일어나기도 하며, 황산염 생성반응은 다음과 같다.

$$MS + 3/2O_2 = MO + SO_2 \tag{3.18}$$

$$SO_2 + 1/2O_2 = SO_3 \tag{3.19}$$

$$MO + SO_3 = MSO_4 \tag{3.20}$$

식(3.20)의 산화물과 황산염 사이의 평형 관계는 다음 식으로 나타낸다.

$$K = \frac{a_{MSO_4}}{a_{MO} \cdot p_{SO_3}} \tag{3.21}$$

여기서 p_{SO_3}는 황산염의 해리압이다. 황산염이 만들어지기 위해서는 분위기 중의 p_{SO_3}가 이 해리압보다 높아야 한다. 그리고 반응 조건에 따라 다음 식과 같이 물에 용해되기 어려운 염기성 황산염(mMO·MSO_4)이 생성되므로 주의하여야 한다.

$$(m+1)MO + SO_3 = mMO \cdot MSO_4 \tag{3.22}$$

[예제 3.7] 953 K에서 $\log p_{SO_2}$를 횡축, $\log p_{O_2}$를 종축으로 하는 그림에 아래 각 산화물의 황산염 평형을 나타내는 선을 그려서 나타내라. 그리고 $p_{\Sigma O} = p_{O_2} + p_{SO_2} + p_{SO_3}$가 0.1과 0.2 atm일 때 평형 가스 조성의 선을 같은 그림 중에 그리고, 선택 황산화 배소의 가능성에 관하여 알아보자.[32]

$$\frac{1}{2}S_2(g) + O_2(g) = SO_2(g) : \ \Delta G^\circ = -361{,}660 + 72.48\,T \text{ J} \tag{1}$$

$$\frac{1}{3}S_2(g) + O_2(g) = \frac{2}{3}SO_3(g) : \ \Delta G^\circ = -306{,}080 + 108.96\,T \text{ J} \tag{2}$$

$$\frac{1}{3}Fe_2O_3(s) + SO_3(g) = \frac{1}{3}Fe_2(SO_4)_3(s) : \tag{3}$$

$$\Delta G^\circ = -203{,}300 - 34.10\,T\log T + 297.19\,T \text{ J}$$

$$2CuO(s) + SO_3(g) = CuO \cdot CuSO_4(s): \tag{4}$$

$$\Delta G^\circ = -217,690 - 21.59\,T\log T + 240.96\,T \text{ J}$$

$$CuO \cdot CuSO_4(s) + SO_3(g) = 2CuSO_4(s): \tag{5}$$

$$\Delta G^\circ = -216,650 - 21.59\,T\log T + 253.55\,T \text{ J}$$

$$\frac{3}{2}ZnO(s) + SO_3(g) = \frac{1}{2}(ZnO \cdot 2ZnSO_4)(s): \tag{6}$$

$$\Delta G^\circ = -239,280 - 31.80\,T\log T + 274.60\,T \text{ J}$$

$$ZnO \cdot 2ZnSO_4(s) + SO_3(g) = 3ZnSO_4(s, \alpha): \tag{7}$$

$$\Delta G^\circ = -224,810 + 189.16\,T \text{ J}$$

$$NiO(s) + SO_3(g) = NiSO_4(s): \ \Delta G^\circ = -248,070 + 198.82\,T \text{ J} \tag{8}$$

$$CoO(s) + SO_3(g) = CoSO_4(s): \tag{9}$$

$$\Delta G^\circ = -289,660 - 115.60\,T\log T + 573.96\,T \text{ J}$$

[풀이] 식(2)×3/2-(1)에 의해

$$\frac{1}{2}O_2(g) + SO_2(g) = SO_3(g): \ \Delta G^\circ = -97,460 + 90.96\,T \text{ J} \tag{10}$$

$$K_{(10)} = \left(\frac{p_{SO_3}}{p_{SO_2} \cdot p_{O_2}^{1/2}}\right) = \exp\left(-\frac{\Delta G^\circ_{(10)}}{RT}\right) = 3.896 \ (\text{at } 953 \text{ K}) \tag{11}$$

위의 식과 $p_{SO_3} = p_{\Sigma O} - p_{O_2} - p_{SO_2}$를 조합하면 다음과 같다.

$$K_{(10)} = \frac{p_{\Sigma O} - p_{O_2} - p_{SO_2}}{p_{SO_2} \cdot p_{O_2}^{1/2}} \qquad \therefore p_{SO_2} = \frac{p_{\Sigma O} - p_{O_2}}{1 + K_{(10)}\,p_{O_2}^{1/2}} \tag{12}$$

T=953 K에서 $K_{(10)}$=3.896이므로 식(12)에 대입하면 다음과 같으며, $p_{\Sigma O}$에 0.1과 0.2 atm를 대입하여 계산한 결과(점선)를 그림 3.17에 나타내었다.

$$p_{SO_2} = \frac{p_{\Sigma O} - p_{O_2}}{1 + 3.896 \cdot p_{O_2}^{1/2}}$$

Cu의 황산화 반응은 식(4)+(10)에 의해

$$2CuO(s) + \frac{1}{2}O_2 + SO_2(g) = CuO \cdot CuSO_4(s) \tag{13}$$

$$\Delta G^\circ_{(13)} = -315,150 - 21.59\,T\log T + 331.92\,T \text{ J}$$

$$\therefore \log p_{O_2} = -2\log K_{(13)} - 2\log p_{SO_2}$$

식(5)+(10)에 의해

$$CuO \cdot CuSO_4(s) + \frac{1}{2}O_2(g) + SO_2(g) = 2CuSO_4(s) \tag{14}$$

$$\Delta G^\circ_{(14)} = -314,110 - 21.59\,T\log T + 344.51\,T \text{ J}$$

$$\therefore \log p_{O_2} = -2\log K_{(14)} - 2\log p_{SO_2}$$

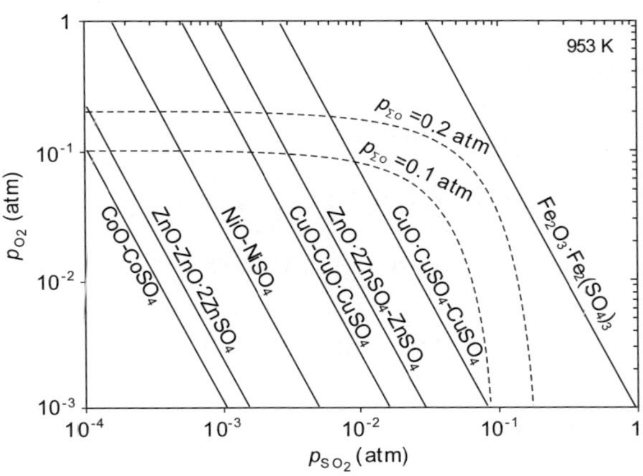

그림 3.17. 953 K에서의 potential diagram

Fe, Co, Zn, Ni에 대해서도 동일한 계산을 하여 그림 3.17에 나타내었다. 그림으로부터 953 K의 $p_{\Sigma O}$=0.1~0.2 atm에서 황산화 반응을 일으키고자 하면, Fe_2O_3는 황산염이 되지 않는 것을 알 수 있다. 따라서 953 K에서 Fe, Cu, Zn, Ni, Co 등을 함유하는 것에서 Fe만 산화물로 두고 나머지 원소를 선택적으로 황산화시킬 수 있다.

[예제 3.8] 방연광(galena)을 10 %의 SO_2와 5 %의 O_2가 포함된 배소로 가스에서 750 ℃, 1기압으로 배소할 때 $PbSO_4$가 안정한 상인지 검토해 보자. 그리고 750 ℃에서 $PbSO_4 \cdot 4PbO$를 형성하지 않고 Pb와 PbO가 공존할 수 있는 SO_2의 최대 분압을 구하라.[33]

$$SO_2(g) + \frac{1}{2}O_2(g) = SO_3(g): \quad \Delta G^\circ_{(1)} = -94{,}558 + 89.37\,T \text{ J} \tag{1}$$

$$2PbSO_4(s) = PbSO_4 \cdot PbO(s) + SO_2(g) + \frac{1}{2}O_2(g) \tag{2}$$

$$\Delta G^\circ_{(2)} = 405{,}593 + 70.33\,T\log T - 496.89\,T \text{ J}$$

$$2PbO(s) = 2Pb(l) + O_2(g): \quad \Delta G^\circ_{(3)} = 446{,}014 - 215.06\,T \text{ J} \tag{3}$$

$$PbSO_4 \cdot 4PbO(s) = 5PbO(s) + SO_2(g) + \frac{1}{2}O_2(g) \tag{4}$$

$$\Delta G^\circ_{(4)} = 339{,}447 - 217.99\,T \text{ J}$$

[풀이] 750 ℃에서 식(1)의 $\Delta G^\circ_{(1)} = -3{,}132.49$ J이므로

$$K_{(1)} = \frac{p_{SO_3}}{p_{SO_2} \cdot p_{O_2}^{1/2}} = \exp\left(-\frac{\Delta G^\circ_{(1)}}{RT}\right) = 1.445 \tag{5}$$

여기서 $p_{SO_2} = 0.1$ atm, $p_{O_2} = 0.05$ atm이므로 식(5)에 대입하면

$$p_{SO_3} = K_{(1)} \cdot p_{SO_2} \cdot p_{O_2}^{1/2} = 1.445 \times 0.1 \times 0.05^{1/2} = 0.0323 \text{ atm}$$

한편 $PbSO_4$의 안정성은 식(1)과 식(2)로부터 다음 식의 평형 $p^{eq}_{SO_3}$로 평가한다.

$$2PbSO_4(s) = PbSO_4 \cdot PbO(s) + SO_3(g) \tag{6}$$

$$\Delta G^\circ_{(6)} = \Delta G^\circ_{(1)} + \Delta G^\circ_{(2)} = 311{,}035 + 70.33\,T\log T - 407.52\,T$$

$$= 110{,}695 \text{ J at } 1{,}023 \text{ K}$$

$$K_{(6)} = p^{eq}_{SO_3} = \exp\left(-\frac{\Delta G^\circ_{(6)}}{RT}\right) = 2.23 \times 10^{-6} \text{ atm} \tag{7}$$

식(1)의 배소로 가스 중 p_{SO_3}가 $p^{eq}_{SO_3}$보다 훨씬 높은 값이므로 이러한 조건에서는 열역학적으로 $PbSO_4$가 안정상이다.

다음은 식(3)으로부터 Pb와 PbO가 공존하는 p_{O_2}를 구한다.

$$\Delta G^\circ_{(3)} = 446{,}014 - 215.06 \times 1{,}023 = 226{,}008 \text{ J}$$

$$K_{(3)} = p_{O_2} = \exp\left(-\frac{\Delta G^\circ}{RT}\right) = \exp\left(-\frac{226{,}008}{8.314 \times 1{,}023}\right) = 2.88 \times 10^{-12} \tag{8}$$

그리고 식(4)로부터

$$\Delta G^\circ_{(4)} = 399{,}447 - 217.99\,T = 176{,}443 \text{ J}$$

$$K_{(4)} = p_{SO_2} \cdot p^{1/2}_{O_2} = \exp\left(-\frac{\Delta G^\circ_{(4)}}{RT}\right) = 9.78 \times 10^{-10} \tag{9}$$

따라서 식(8)의 p_{O_2}를 식(9)에 대입하여 p_{SO_2}를 구한다.

$$p_{SO_2} = \frac{K_{(4)}}{p^{1/2}_{O_2}} = \frac{9.78 \times 10^{-10}}{(2.88 \times 10^{-12})^{1/2}} = 5.76 \times 10^{-4} \text{ atm} \tag{10}$$

따라서 p_{SO_2}의 최댓값은 5.76×10^{-4} atm이며, 이 값보다 p_{SO_2}가 높으면 PbO는 $PbSO_4 \cdot 4PbO$로 된다.

3.6.4 할로겐화 배소

금속은 O나 S보다 할로겐 원소와의 친화력이 높으며, 할로겐 화합물은 저융점이고 증기압이 크다. 따라서 환원이 힘든 산화물 등을 처리할 때 할로겐화 배소를 이용한다. 금속에 대한 할로겐 원소의 친화력은 F>Cl>Br>I의 순이며, 금속과 산화물의 할로겐(X) 화합물 생성반응은 다음과 같다.

$$\frac{2}{y}\mathrm{M} + \mathrm{X}_2 = \frac{2}{y}\mathrm{MX}_y \tag{3.23}$$

$$\frac{2}{y}\mathrm{MO} + \mathrm{X}_2 = \frac{2}{y}\mathrm{MX}_y + \frac{1}{y}\mathrm{O}_2 \tag{3.24}$$

일반적으로 $Cl_2(g)$, NaCl, $CaCl_2$, $MgCl_2$ 등을 염화제로 사용하는 염화 배소(chloridizing roasting)가 많이 이용되고 있다. 그림 3.18과 3.19에 금속과 산화물의 $Cl_2(g)$ 1몰당 표준 자유에너지변화를 나타내었다. 그림 중 아래쪽에 있는 것일수록 염화되기 쉽고, 위에 위치하는 것은 염화되기 어렵다. 그림 3.18로부터 대부분의 금속은 염화되기 쉬운 것을 알 수 있다. 그리고 그림 3.19로부터 Al_2O_3, TiO_2, Fe_2O_3, SnO_2 등은 염화되기 어렵지만, 주요한 비철금속의 산화물은 비교적 쉽게 염화되는 것을 알 수 있다.

Ti, Zr, Hf 등은 산소 친화력이 높아 직접 환원할 수 없으므로 염화물을 경유하여 Na이나 Mg으로 환원한다. 특히 이러한 염화물은 증기압이 높아 분별 증류로 정제할 수 있어서 고순도 금속을 만들 수 있다. 그러나 산소를 제거하기 위한 탄소질 환원제(C, CO)가 필요하며, 각각의 염화반응은 다음과 같다.

$$\mathrm{TiO_2(s) + 2Cl_2 + 2C(CO) = TiCl_4(l,g) + 2CO(CO_2)(g)} \tag{3.25}$$

$$\mathrm{ZrO_2(s) + 2Cl_2 + 2C(CO) = ZrCl_4(l,g) + 2CO(CO_2)(g)} \tag{3.26}$$

$$\mathrm{HfO_2(s) + 2Cl_2 + 2C(CO) = HfCl_4(l,g) + 2CO(CO_2)(g)} \tag{3.27}$$

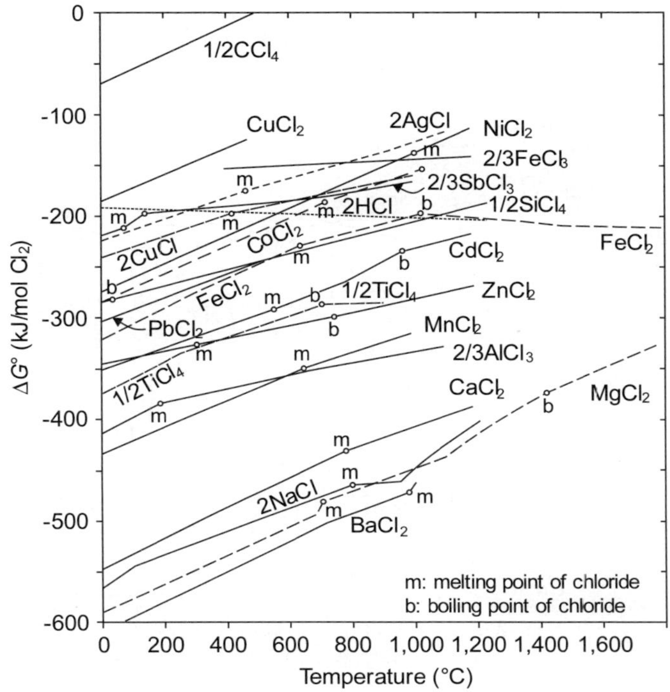

그림 3.18. $Cl_2(g)$ 1몰당 금속 염화의 표준 자유에너지변화

희토류 산화물의 염화 반응은 다음과 같다.[34]

$$RE_2O_3 + 3C + 3Cl_2 = 2RECl_3 + 3CO \tag{3.28}$$

금속 Mg은 $MgCl_2$를 함유한 용융염 중의 $MgCl_2$를 전해하여 만든다. 용융염 전해를 위한 $MgCl_2$는 해수에서 직접 추출하거나, MgO를 염화시켜 만든다. 우선 MgO 분말과 환원제인 석탄, 이탄(泥炭, peat)*을 혼합

* 이탄(泥炭, peat): 토탄(土炭)이라고도 하며, 땅속에 묻힌 시간이 오래되지 아니하여 완전히 탄화하지 못한 석탄. 이끼나 벼 따위의 식물이 습한 땅에 쌓여 분해된 것으로, 광택이 없고 검은 갈색을 띠며 해면 모양이나 실 모양 또는 흙덩이 모양을 하고 있다.

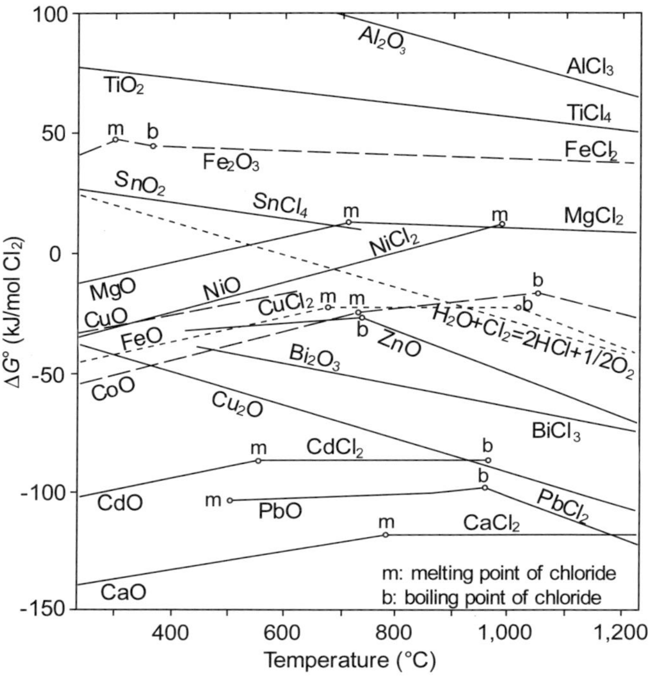

그림 3.19. $Cl_2(g)$ 1몰당 산화물 염화의 표준 자유에너지변화

한 후, 점결제로 $MgCl_2$를 첨가하여 펠릿이나 단광(briquette)을 만든다. 이것을 건조시켜 코크스화한 후 염화시킨다. 약 1,000 ℃로 가열한 염화로의 하부에서 $Cl_2(g)$를 불어넣어 다음 식과 같이 염화시킨다.[35]

$$MgO(s) + Cl_2(g) + C(s) = MgCl_2(l) + CO(g) \quad (3.29)$$

$$2MgO(s) + 2Cl_2(g) + C(s) = 2MgCl_2(l) + CO_2(g) \quad (3.30)$$

한편 반도체나 태양전지용 고순도 Si을 만들기 위해 250~300 ℃의 유동층 반응기(fluidized bed reactor)에서 건조한 금속급 Si(MG-Si) 분말을 다음 식과 같이 무수 염산으로 염화 배소한다.

$$Si(s) + 3HCl(g) = SiHCl_3(g) + H_2(g) \quad (3.31)$$

생성된 삼염화실란(trichlorosilane, TCS, $SiHCl_3$)을 정제한 고순도 TCS를 고온에서 H_2와 반응시켜 고순도 Si을 만든다.*[36]

불화배소(fluoridizing roasting)는 금속이나 산화물, 그 외의 화합물들을 불화물로 만들어, 금속 열환원 반응이나 습식제련으로 처리하기 위해 실시한다. 그리고 생성된 불화물은 휘발성이 강하므로 금속을 정제하거나 합금으로부터 특정 금속을 분리할 때도 사용한다. 금속의 불화 반응은 F_2를 사용하고, 산화물이나 염화물은 HF를 불화제로 사용하며 반응식은 다음과 같다.

$$Me + F_2 = MeF_2 \quad (3.32)$$

$$MeO_2 + 4HF = MeF_4 + 2H_2O \quad (3.33)$$

$$MeCl_4 + 4HF = MeF_4 + 4HCl \quad (3.34)$$

지르콘에 K_2SiF_6(potassium hexafluorosilicate)와 KCl을 혼합하여 650~700 ℃에서 반응시키면 다음 식과 같이 K_2ZrF_6(potassium hexafluorozirconate)가 생성된다.[37]

$$ZrSiO_4 + K_2SiF_6 = K_2ZrF_6 + 2SiO_2 \quad (3.35)$$

생성물을 잘게 파쇄하여 85 ℃의 1 % 염산 등 산 용액으로 침출한다. 가열된 상태의 용액을 여과하여 불용성의 실리카(SiO_2)를 제거하고, 냉각하면 K_2ZrF_6가 정출(crystallization)된다. 정출 후 남은 모액은 암모니아를 첨가하여 지르코늄 수산화물로 침전시켜 회수한 후 하소 공정으로 되돌린다.

---

*그림 5.14 참조.

[예제 3.9] 지르코니아(ZrO_2)의 염화 반응은 다음의 반응식과 같다.

$$ZrO_2 + 2Cl_2 + C = ZrCl_4 + CO_2 \tag{1}$$

	ΔH°_{298}[kJ/mol]	C_P[J·K^{-1}·mol^{-1}]
$ZrCl_4$	-981.98	$133.55-12.18\times10^5\,T^{-2}$
CO_2	-393.50	$44.14+9.04\times10^{-3}T-8.58\times10^5\,T^{-2}$
ZrO_2	-1,085.75	$69.62+7.53\times10^{-3}T-14.06\times10^5\,T^{-2}$
Cl_2	-	$36.90-0.25\times10^{-3}T-2.85\times10^5\,T^{-2}$
C	-	$17.15+4.27\times10^{-3}T-8.97\times10^5\,T^{-2}$

위의 자료를 이용하여 777 ℃에서의 반응열을 계산하라.

[풀이] 777 ℃에서의 반응열은 다음과 같다.

$$\Delta H^\circ_{1,050} = \Delta H^\circ_{298} + \int_{298}^{1,050} \Delta C_P\, dT \tag{2}$$

우선 25 ℃에서의 반응열을 다음과 같이 구한다.

$$\Delta H^\circ_{298} = \sum \Delta H^\circ_{298}(\text{product}) - \sum \Delta H^\circ_{298}(\text{reactant}) \tag{3}$$

$$= \Delta H^\circ_{298(ZrCl_4)} + \Delta H^\circ_{298(CO_2)} - \Delta H^\circ_{298(ZrO_2)} - 2\Delta H^\circ_{298(Cl_2)} - \Delta H^\circ_{298(C)}$$

$$= (-981.98) + (-393.50) - (-1,085.75) - (0) - (0)$$

$$= -289.73\ \text{kJ/mol}$$

식(2)의 ΔC_P는 다음과 같다.

$$\Delta C_P = \sum C_P(\text{product}) - \sum C_P(\text{reactant}) \tag{4}$$

$$= C_{P,ZrCl_4} + C_{P,CO_2} - C_{P,ZrO_2} - 2C_{P,Cl_2} - C_{P,C}$$

$$= 17.113 - 2.26\times10^{-3}T + 7.782\times10^5\,T^{-2}$$

따라서 777 ℃에서의 반응열은 다음과 같다.

$$\Delta H^\circ_{1,050} = \Delta H^\circ_{298} + \int_{298}^{1,050} (17.113 - 2.26 \times 10^{-3}T + 7.782 \times 10^5 T^{-2})dT$$

$$= -276.144 \ \text{kJ/mol}$$

25 ℃와 777 ℃에서의 반응열은 각각 −289.73과 273.144 kJ/mol로 큰 차이가 없다. 따라서 열용량을 모를 때는 오차를 포함하지만 25 ℃에서의 값을 그대로 사용해도 무방하다.

[예제 3.10] 1,000 K의 유동 염화 배소로에서 순수 Cl_2(g)를 염화제로 사용하여 NiO를 $NiCl_2$로 염화시키고자 한다. NiO 100 kg을 염화시키는데 필요한 Cl_2(g)의 부피를 표준상태(1 atm, 0 ℃)에서 구하라. 단 1,000 K에서 $NiCl_2$와 NiO의 ΔG°는 각각 -155,226 및 -149,285 J이다.

[풀이] Ni의 염화 및 산화 반응은 다음과 같다.

$$< \text{Ni} > + (\text{Cl}_2) = (\text{NiCl}_2), \ \Delta G^\circ_{(1)} = -155,226 \ \text{J} \quad (1)$$

$$< \text{Ni} > + \frac{1}{2}(\text{O}_2) = < \text{NiO} >, \ \Delta G^\circ_{(2)} = -149,285 \ \text{J} \quad (2)$$

따라서 NiO의 염화 반응의 반응식과 자유에너지변화는 다음과 같다.

$$< \text{NiO} > + (\text{Cl}_2) = < \text{NiCl}_2 > + \frac{1}{2}(\text{O}_2) \quad (3)$$

$$\Delta G^\circ_{(3)} = \Delta G^\circ_{(1)} - \Delta G^\circ_{(2)} = -155,226 - (-149,285) = -5,941 \ \text{J}$$

식(3)의 NiO와 $NiCl_2$가 순수 물질이면 평형상수는 다음과 같다.

$$K_{(3)} = \frac{a_{\text{NiCl}_2} \cdot p_{\text{O}_2}^{1/2}}{a_{\text{NiO}} \cdot p_{\text{Cl}_2}} = \frac{p_{\text{O}_2}^{1/2}}{p_{\text{Cl}_2}} = \exp\left(-\frac{\Delta G^\circ_{(3)}}{RT}\right) = 2.04 \quad (4)$$

따라서 $p_{\text{O}_2}^{1/2} = 2.04 p_{\text{Cl}_2}$이며, 대기압의 표준상태에서 계 내의 전체 압력은 1 atm이므로

$$p_{Cl_2} + p_{O_2} = 1 \text{ atm} \quad \therefore\ 4.162 p_{Cl_2}^2 + p_{Cl_2} - 1 = 0$$

$$p_{Cl_2} = 0.385 \text{ atm},\ p_{O_2} = 0.615 \text{ atm}$$

따라서 배소로에서 나오는 가스 비율은 $n_{Cl_2}/n_{O_2} = 0.385/0.615 = 0.626$이다. Cl_2는 NiO의 염화에 1 mol이 소비되고 미반응한 상태로 $n_{Cl_2} = 0.626 \cdot n_{O_2}$만큼 배출되며 NiO 1몰에 대해 1/2몰의 O_2가 생성되므로 반응에 필요한 Cl_2의 몰 수는 $1 + 0.626/2 = 1.313$ mol이다.

100 kg NiO의 염화에 필요한 Cl_2의 부피(0 ℃, 1 atm 기준)는 다음과 같다.

$$n_{NiO} \times n_{Cl_2} \times 22.414 = \frac{100}{58.7+16} \times 1.313 \times 22.414 = 39.4 \text{ L}$$

[예제 3.11] TiO_2(s) 염화로의 내화물로 SiO_2를 사용할 수 있는지를 아래 식으로부터 검토하라.

$$SiO_2(s) + 2Cl_2(g) = SiCl_4(g) + O_2(g),\ \Delta G^\circ_{(1)} = 238{,}580 - 37.9T \text{ J} \quad (1)$$

$$TiO_2(s) + 2Cl_2(g) = TiCl_4(g) + O_2(g),\ \Delta G^\circ_{(2)} = 174{,}450 - 53.73T \text{ J} \quad (2)$$

$$2C(s) + O_2(g) = 2CO(g),\ \Delta G^\circ_{(3)} = -221{,}840 - 178.01T \text{ J} \quad (3)$$

[풀이] 실제 TiO_2의 염화로에서는 산화물 중의 산소를 제거하기 위해 코크스(C)를 공급한다. 따라서 식(3)을 각각 식(1), 식(2)에 더한 다음 식을 검토하여야 한다.

$$SiO_2(s) + 2Cl_2(g) + 2C(s) = SiCl_4(g) + 2CO(g) \quad (4)$$

$$\Delta G^\circ_{(4)} = 16{,}740 - 215.91T \text{ J}$$

$$TiO_2(s) + 2Cl_2(g) + 2C(s) = TiCl_4(g) + 2CO(g) \quad (5)$$

$$\Delta G^{\circ}_{(5)} = -47,390 - 231.74T \text{ J}$$

$TiCl_4$ 증기에 의한 SiO_2의 침식 반응은 식(4)-(5)에 의해 다음 식과 같다.

$$SiO_2(s) + TiCl_4(g) = SiCl_4(g) + TiO_2(g) \tag{6}$$

$$\Delta G^{\circ}_{(6)} = \Delta G^{\circ}_{(4)} - \Delta G^{\circ}_{(5)} = 64,130 + 15.83T \text{ J}$$

$\Delta G^{\circ}_{(6)}$는 항상 양(+)의 값을 가지므로 TiO_2의 염화 공정에서 생성된 $TiCl_4(g)$에 의한 SiO_2 내화물의 침식은 일어나지 않는다. 이러한 계산에서 Hess의 법칙을 적용하면 $\Delta G^{\circ}_{(6)} = \Delta G^{\circ}_{(1)} - \Delta G^{\circ}_{(2)}$이며 계산 결과는 동일하다. 그리고 식(1)의 $\Delta G^{\circ}_{(1)}$은 공업적인 온도에서는 항상 양(+)의 값으로 염화반응이 일어나지 않는다. 그러나 $\Delta G^{\circ}_{(4)}$는 반응 온도에서 음(-)의 값이므로 SiO_2 내화물과 $Cl_2(g)$, C이 직접 닿지 않도록 해야 한다.

3.6.5 알칼리 배소

산에 잘 용해되지 않는 산화물을 침출하기 위해 소다회(Na_2CO_3) 등을 첨가하여 수용성으로 만드는 소다 배소를 한다. W 제련에서는 철망간중석이나 회중석($CaWO_4$) 정광을 분쇄하여 다음 식과 같이 NaOH, Na_2CO_3 등에 의한 알칼리 가압 추출법이나 알칼리 용융법으로 분해하고 수침출하여 텅스텐산 나트륨(Na_2WO_4) 용액으로 만든다. 철망간중석과 회중석은 다음 식과 같이 분해 및 침출시킨다.[38]

$$(Fe,Mn)WO_4 + 2NaOH = (Fe,Mn)(OH)_2\downarrow + Na_2WO_4 \tag{3.36}$$

$$CaWO_4 + Na_2CO_3 = CaCO_3 + Na_2WO_4 \tag{3.37}$$

$$CaWO_4 + 2HCl = H_2WO_4 + CaCl_2 \tag{3.38}$$

초경합금 스크랩에서 화학적 처리로 W을 회수할 때 용융염 용해법

(alkaline fusion)은 초경합금을 고온의 $NaNO_3$ 등으로 산화와 동시에 용해하는 방법이다.[39] 용융염 용해법에서 WC의 용해 반응은 다음과 같다.[40]

$$WC(s) + 3NaNO_3(l) + 1/4O_2(g) = \quad (3.39)$$
$$Na_2WO_4(l) + 1/2Na_2O(l) + 3NO(g) + CO_2(g)$$

$$WO_3(powder) + Na_2O(l) = Na_2WO_4(l) \quad (3.40)$$

특히 $NaNO_3$의 산화력이 강하여 Co, Ta, Ti, V, Cr, Ni 등의 불순물도 산화된다. 또 V과 Cr은 수용성인 $NaVO_3$, Na_2CrO_4가 되므로 WC 분말에 의해 다음 식과 같은 치환반응으로 Cr_2O_3가 만들어진다.

$$WC(powder) + Na_2CrO_4 + 5/4O_2 = Na_2WO_4 + 1/2Cr_2O_3 + CO \quad (3.41)$$

V 제련원료인 V 슬래그는 NaCl, Na_2SO_4, Na_2CO_3 등과 함께 배소하여 V을 $NaVO_3$(sodium vanadate)로 만들어 수 침출한다.

$$V_2O_5 + Na_2CO_3 = 2NaVO_3 + CO_2(g) \text{ at } 900 \sim 1{,}200 \text{ ℃} \quad (3.42)$$

그리고 배소 공정에서 Ca 등과 결합하여 생성된 calcium vanadate (바나듐산 칼슘) 등에 Na_2CO_3를 첨가하여 배소하면 다음 식과 같이 물에 용해될 수 있는 $NaVO_3$가 만들어진다.[41]

$$2Ca \cdot 3V_2O_5 + Na_2CO_3 = 2CaCO_3 + 3NaVO_3 \quad (3.43)$$

한편 Zr과 Hf은 지르콘 샌드(zircon sand)에서 추출하지만, 지르콘이 내열성이 있는 안정한 화합물이어서 고온 화학처리로 분해한다. 지르콘의 소다 용해법은 ZrO_2를 얻는 가장 일반적인 방법으로 그림 3.20에 Hf 분리법과 함께 공정도를 나타내었다.[42] 지르콘과 약간 과잉(1.1배)의 NaOH를 혼합하고 약 650 ℃에서 용해시켜 지르코늄산나트륨(sodium zirconate, Na_2ZrO_3)으로 만들어 처리하는 방법이며, 반응식은 다음과 같다.[43, 44]

$$ZrO_2 \cdot SiO_2 + 4NaOH = Na_2ZrO_3 + Na_2SiO_3 + 2H_2O \quad (3.44)$$

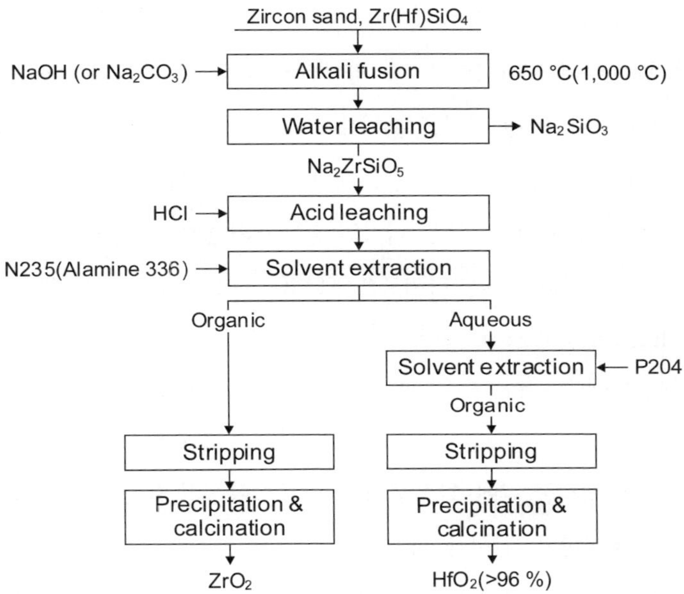

그림 3.20. 소다 용해법과 N235에 의한 용매추출 공정도

NaOH 대신에 Na_2CO_3를 첨가하면 NaOH보다 높은 약 1,000 ℃에서 다음 식과 같이 지르콘이 분해된다.

$$ZrO_2 \cdot SiO_2 + Na_2CO_3 = Na_2ZrSiO_5 + CO_2 \tag{3.45}$$

$$ZrO_2 \cdot SiO_2 + 2Na_2CO_3 = Na_2ZrO_3 + Na_2SiO_3 + 2CO_2 \tag{3.46}$$

반응 생성물인 규산나트륨(sodium silicate)은 물로 침출하여 제거하며, Na_2ZrSiO_5는 다음 식과 같이 염산 등의 강산으로 Zr 염과 실리카로 분리한다.

$$Na_2ZrSiO_5 + 4HCl = ZrOCl_2 + 2NaCl + SiO_2 + 2H_2O \tag{3.47}$$

한편 Na_2ZrO_3를 염산으로 용해한 다음 농축시켜 $ZrOCl_2 \cdot 8H_2O$를 얻고 이를 이용하여 산화물, 수산화물, 불화물, 질산염 등 지르코늄 화합

물을 제조한다.[45]

Nb과 Ta은 컬럼바이트와 탄탈라이트에 공존하므로 Nb_2O_5와 Ta_2O_5로 분리하기 위해서는 광석을 분해하여야 한다. 그림 3.21에 컬럼바이트와 탄탈라이트의 알칼리 용융법에 의한 정광의 분해 공정도를 나타내었다.[46] NaOH나 Na_2CO_3 또는 각각의 혼합물과 함께 정광을 용융하여 다음 식과 같이 Nb과 Ta을 나이오븀산소다(sodium niobate)와 탄탈산소다(sodium tantalate)로 만든다.[47]

$$Fe(NbO_3)_2 + 6NaOH = 2Na_3NbO_4 + FeO + 3H_2O \quad (3.48)$$

$$Fe(TaO_3)_2 + 6NaOH = 2Na_3TaO_4 + FeO + 3H_2O \quad (3.49)$$

용융물을 냉각한 후에 수 침출하여 물에 가용성인 Si, Sn, W, Al 등의 불순물을 제거하고, 잔사를 회수한다.

$$12Na_3NbO_4 + 43H_2O = 7Na_2O{\cdot}6Nb_2O_5{\cdot}32H_2O(s) + 22NaOH \quad (3.50)$$

$$Na_3TaO_4 + 30H_2O = 4Na_2O{\cdot}3Ta_2O_5{\cdot}25H_2O(s) + 10NaOH \quad (3.51)$$

잔사를 가열하면서 다음 식과 같이 20 % HCl로 침출하면 Nb과 Ta은 각각 나이오븀산과 탄탈산으로 침전되고, 산에 가용성인 나머지 불순물들이 제거된다.[48]

$$7Na_2O \cdot 6Nb_2O_5 + 14HCl + (x-7)H_2O = 6Nb_2O_5 \cdot xH_2O(s) + 14NaCl \quad (3.52)$$

$$4Na_2O \cdot 3Ta_2O_5 + 8HCl + (x-4)H_2O = 3Ta_2O_5 \cdot xH_2O(s) + 8NaCl \quad (3.53)$$

침출 후 산화물은 불산으로 용해하여 분별 결정법(Marignac process)이나 용매추출로 정제하고 Nb과 Ta으로 분리한다.

한편 폐촉매 중에 함유되어 있는 V_2O_5나 MoO_3, WO_3 등은 일반적인 산 침출로는 추출하기 어려우므로 다음 식과 같이 소다회를 첨가하여 수용성 화합물을 만드는 소다 배소를 한다.[49]

$$WO_3 + Na_2CO_3 = Na_2WO_4 + CO_2 \quad (3.54)$$

$$MoO_3 + Na_2CO_3 = Na_2MO_4 + CO_2 \quad (3.55)$$

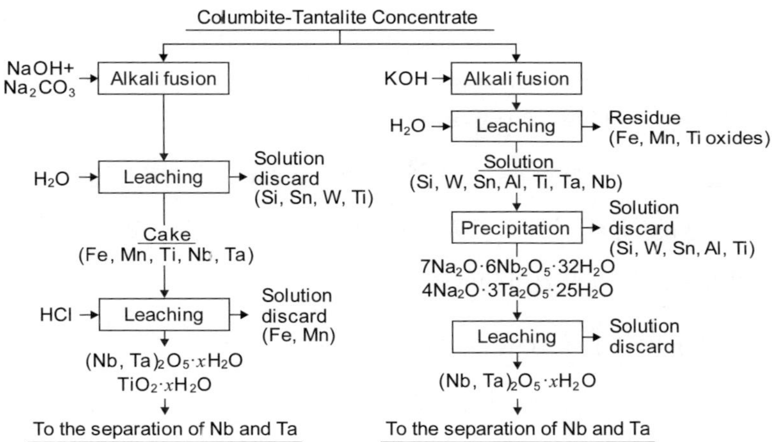

그림 3.21. 컬럼바이트와 탄탈라이트의 알칼리 용융법에 의한 분해 공정도

3.6.6 기타 배소

(1) 황화 배소

저품위 산화 주석광은 다음 식과 같이 FeS_2로 황화 배소하여 증기압이 큰 SnS로 휘발·농축시키며, 이것을 산화시킨 후 다시 환원하여 금속 Sn을 만든다.

$$SnO + FeS = SnS + FeO \quad (3.56)$$

Ni 산화광의 대부분은 FeNi 제조에 사용되지만, 일부는 Ni-Fe-S 매트로 만들어 금속 Ni 제조용 원료로 사용하고 있다. Ni 매트는 페로니켈 제조와 유사한 공정으로 만들지만, 하소 및 환원용 킬른에 첨가한 S가 기화되어 다음 식과 같이 산화광 중 Ni, Fe과 반응하여 Ni_3S_2-FeS계 매트가 만들어진다.

$$3Ni(s) + 2S(g) = Ni_3S_2(s) \tag{3.57}$$

$$Fe(s) + S(g) = FeS(s) \tag{3.58}$$

(2) 탄산화 배소

폐LiB의 양극재를 탄산화 배소하여 Li을 탄산염(Li_2CO_3)으로 만들어 수침출하면 Li을 회수할 수 있다.[50] 우선 NCM계 양극재를 고온으로 가열하면 다음 식과 같이 Li_2O와 O_2, MO로 분해되며, Li_2O와 CO_2가 반응하여 Li_2CO_3가 만들어진다.

$$2LiMO_2(s) = Li_2O(s) + 2MO(s) + \frac{1}{2}O_2 \tag{3.59}$$

$$Li_2O(s) + CO_2(g) = Li_2CO_3(s) \tag{3.60}$$

따라서 CO_2 가스에 의한 LMO 중 Li 탄산화 배소의 총괄 반응은 다음과 같다.

$$2LiMO_2(s) + CO_2(g) = Li_2CO_3(s) + 2MO(s) + \frac{1}{2}O_2 \tag{3.61}$$

(3) 환원배소

환원배소는 산화물 원료를 C, CO, H_2, CH_4 등으로 환원하여 산화 정도를 낮추거나(부분 환원) 금속 상태까지 환원하는 처리이다. 복합 산화물 원료에서 각 산화물의 환원력이 다르므로 특정 산화물만 선택적으로 환원시킬 수 있다. 이러한 선택적 환원배소는 원료의 선택적 침출이나 자력 선별을 위한 전처리로도 활용된다.

Ni 산화광의 Caron(or Nicaro) Process는 산화광을 환원배소하여 탄산암모늄 침출로 Ni을 추출하는 방법이다. Ni 산화광을 로터리 건조기에서 건조하고 75 μm 이하로 분쇄한 후 다단 배소로에서 CO+H_2 혼합 가스로 다음 식과 같이 환원하면 Ni과 Co는 금속상으로 되며, Fe은 불용성의 산화물이나 규산염이 된다.

$$2NiOOH(s) + 3H_2(g) = 2Ni(s) + 4H_2O(g) \quad (3.62)$$

$$2CoOOH(s) + H_2(g) + 2CO(g) = 2Co(s) + 2H_2O(g) + 2CO_2(g) \quad (3.63)$$

한편 Li이온 배터리 양극재를 수소로 환원하면 Ni, Co 등은 환원되지만 Li, Mn 등은 산화물로 잔류하므로 수침출하여 Li을 회수할 수 있다. Ni, Co 산화물의 수소 환원반응은 다음과 같다.

$$H_2(g) + NiO(s) = H_2O(g) + Ni(s) \quad (3.64)$$

$$\Delta G^\circ = -12{,}245 - 29.8\,T \text{ J/mol} \; (298 \sim 1{,}728 \text{ K})$$

$$H_2(g) + CoO(s) = H_2O(g) + Co(s) \quad (3.65)$$

$$\Delta G^\circ = -12{,}435 - 15.6\,T \text{ J/mol} \; (298 \sim 1{,}768 \text{ K})$$

(4) 석회 용해법(Lime fusion)

지르콘과 생석회(CaO)를 혼합하여 고온에서 처리하면 온도에 따라 다음과 같은 반응이 일어난다.[44]

$$1{,}100\ ℃:\ ZrO_2 \cdot SiO_2 + CaO = CaZrSiO_5 \quad (3.66)$$

$$1{,}600\ ℃:\ ZrO_2 \cdot SiO_2 + 2CaO = ZrO_2 + Ca_2SiO_4 \quad (3.67)$$

$CaCO_3$와는 다음과 같이 반응한다.

$$2(ZrO_2 \cdot SiO_2) + 5CaCO_3 = 2CaZrO_3 + (CaO)_3(SiO_2)_2 + CO_2 \quad (3.68)$$

특히 1,600 ℃에서 CaO와 반응시키고, 생성물인 Ca_2SiO_4를 염산으로 침출시켜 제거하면 ZrO_2를 얻을 수 있다. 한편 석회와 지르콘에 알칼리금속이나 알칼리토금속 염화물을 첨가하면 반응 온도가 1,000~1,100 ℃로 낮아진다.

Li 광석인 스포듀민 정광을 석회석이나 소다회와 혼합하여 용융(825~1,050 ℃)한 후 수침출에 의해 Li을 추출하기도 한다. 우선 리튬실리케이트를 수용성으로 만들기 위해 다음 식과 같이 용융한다.[51]

$$Li_2O \cdot Al_2O_3 \cdot 4SiO_2(s) + CaCO_3(s) \tag{3.69}$$

$$= CaO \cdot Al_2O_3 \cdot 4SiO_2(s) + Li_2O(s) + CO_2(g)$$

$$Li_2O \cdot Al_2O_3 \cdot 4SiO_2(s) + 8CaO(s) = Li_2O \cdot Al_2O_3 + 4(2CaO \cdot SiO_2) \tag{3.70}$$

용융물에 생석회(CaO)를 첨가하여 다음 식과 같이 수침출하면 LiOH만 용액 중으로 용해시킬 수 있다.[52]

$$Li_2O \cdot Al_2O_3(s) + Ca(OH)_2(aq.) = 2LiOH(aq.) + CaO \cdot Al_2O_3(s) \tag{3.71}$$

Cr 함유량이 많은 V 슬래그는 석회 배소법으로 다음 식과 같이 침출 가능한 CaV_2O_6, $Ca_3V_2O_8$, $CaCrO_4$ 생성물을 얻을 수 있다.

$$4/5FeV_2O_4 + 4/5CaO + O_2 = 4/5CaV_2O_6 + 2/5Fe_2O_3 \tag{3.72}$$

$$\Delta G^\circ = -439.86 + 0.21T \text{ kJ/mol } O_2$$

$$4/5FeV_2O_4 + 12/5CaO + O_2 = 4/5Ca_3V_2O_8 + 2/5Fe_2O_3 \tag{3.73}$$

$$\Delta G^\circ = -655.92 + 0.44T \text{ kJ/mol } O_2$$

$$4/7FeCr_2O_4 + 8/7CaO + O_2 = 8/7CaCrO_4 + 2/7Fe_2O_3 \tag{3.74}$$

$$\Delta G^\circ = -255.77 + 0.15T \text{ kJ/mol } O_2$$

이러한 반응 생성물인 CaV_2O_6, $Ca_3V_2O_8$는 수 침출할 수 없으므로 황산이나 알칼리 용액으로 침출하여야 한다. 또 $CaCrO_4$는 산에 잘 용해되지 않아 V만 선택적으로 침출할 수 있으나, V의 침출률과 침출 속도가 낮다.

3.6.7 배소로

배소로에서는 모든 장입물이 배소 가스와 완벽하게 접촉할 수 있도록 하여야 한다. 이러한 배소 반응을 위한 노에는 회전로(rotary kiln), 유동 배소로(fluidized bed roaster), 다단 배소로(multiple hearth or rack roaster) 등이 있다.

(1) 회전로

회전로(rotary kiln)는 그림 3.13과 같이 약간 경사져서 회전하는 원통형의 노이다. 내부는 내화물로 내장되어 있고 한쪽 끝에서 장입물을 공급하면 반대쪽으로 이동한다. 회전로는 약 1.5~5도의 각도를 가지고 0.2~2 rpm의 속도로 회전하며, 고체 장입물의 체류 시간을 제어하기 위해 회전 속도를 조절한다. 배출구 쪽에 버너로 열을 공급하여 장입물과 열이 향류(counter-current)하는 방식과 장입물과 열이 장입구에서 배출구 쪽으로 같이 흐르는 co-current 방식이 있다.

(2) 유동 배소로

그림 3.22에 유동 배소로(fluidized bed roaster)의 모식도를 나타내었다. 유동 배소로는 바닥에 일정한 간격으로 작은 구멍을 만들어 놓은 노이며, 노 하부에서 불어넣은 기체에 의해 장입된 분체 원료가 유동층을 형성하여 배소된다. 노 하부에서 공급된 기체는 분체층을 통과하여 노의 상부로 상승하면서 기체-분체 사이에 기-고 반응을 일으킨 후, 노 상부의 출구로 배출된다. 이러한 과정에서 분체는 흡사 액체와 같은 거동을 보이고, 격렬한 혼합 및 교반으로 열 및 물질의 이동이 쉬워 분체층 내부가 균일하게 유지된다.

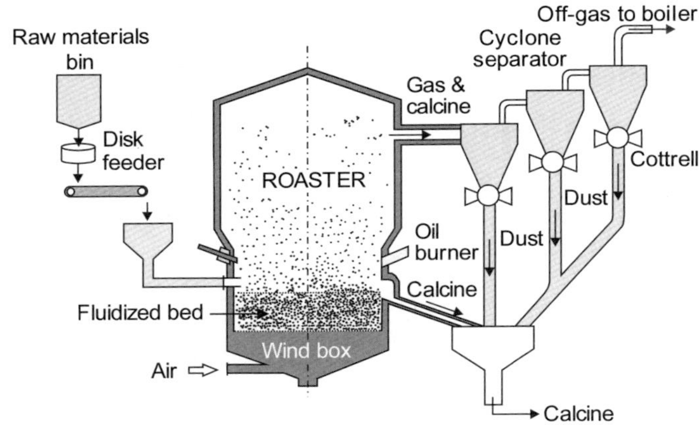

그림 3.22. 유동 배소로의 모식도

(3) 다단 배소로

그림 3.23에는 몰리브데나이트의 다단 배소로와 조업 시 노 내 온도 분포 및 황화물, 산화물의 농도 분포를 나타내었다.[53] 다단 배소로(multiple hearth roaster)는 직립 원통형 노이며 내화물이 내장된 내부는 여러 개의 단으로 구분되어 있다. 중심의 회전축이 0.2~5 rpm 정도로 회전하며 필요에 따라 속도를 조절한다. 회전축에는 여러 개의 교반용 arm이 부착되어 있다. 노 내부가 고온이므로 회전축과 교반용 arm은 공냉(air cooling)을 한다. 원료는 최상단에서 공급되며 교반 arm에 의해 중심에서 가장자리 쪽으로 이동한다. 그리고 원료는 지그재그로 서서히 아래쪽 단으로 이동되면서 배소되어 최하단으로 배출된다.

황화광(황화철, 황동광, 아연황화광 등)의 산화 배소는 대부분 유동로로 대체되었으나, MoS_2는 다단 배소로를 이용하고 있다. MoO_3는 약 700 ℃ 근처에서 승화하는 특징이 있고 산화 배소가 발열 반응이므로 노

의 측벽에서 공기를 불어넣어 공냉하면서 배소를 한다.[28]

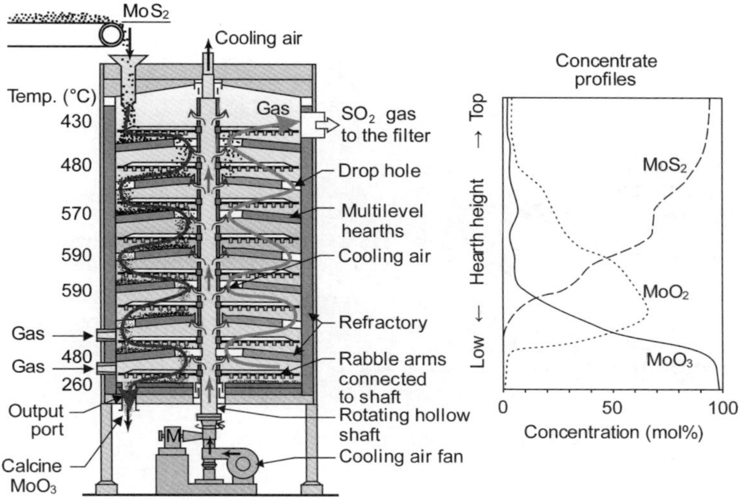

그림 3.23. MoS_2의 다단 배소로와 노 높이에 따른 온도 및 황화물과 산화물 농도 분포

(4) 염화로

그림 3.24에는 Mg 용융염 전해법인 IG법에서 사용하는 염화로를 나타내었다.[54] 염화로는 약 1,000 ℃로 가열하고, 노의 하부에서 Cl_2 가스를 불어넣어 식(3.29), (3.30)과 같이 염화시킨다. 단광 중의 C이 환원제로 작용하며, MgO가 염화되어 생성된 용융 상태의 무수 $MgCl_2$는 노 바닥에 모인다. 이 $MgCl_2$를 레이들(ladle)로 운반하여 용융염 전해로에 공급한다. 염화로에서 배출되는 배기가스는 염산으로 회수하고 MgO와 반응시켜 $MgCl_2$ 용액으로 만든 다음 단광을 만들 때 점결제로 사용한다.[55]

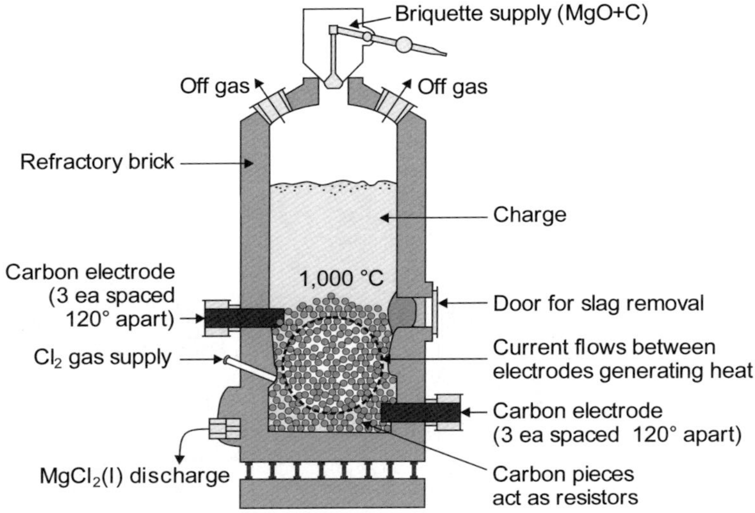

그림 3.24. IG Farben법의 $MgCl_2$ 제조 염화로

[참고문헌]

1 손호상, 2019: 자원리사이클링공학, p.67, 경북대학교출판부.

2 손호상, 2019: 자원리사이클링공학, p.107, 경북대학교출판부.

3 Chiranjib Kumar Gupta, 2003: Chemical Metallurgy Principles and Practice, p.120, Wiley-VCH Verlag GmbH & Co. KGaA, Weinheim, Germany.

4 H. Sakamoto, 1997: Comminution, Shigen-to-Sozai 113(12), pp.899-903.

5 Yoshiteru Kanda, 2006: Estimation of Fine Grinding Energy, Bull. Yamagata Univ. (Eng.) 29(1), pp.7-15.

6 F.C. Bond, 1952: The Third Theory of Comminution, Trans. AIME, Min. Eng. 193, pp.484-494.

7 A. Jankovic, H. Dundar, and R. Mehta, 2010: Relationships between comminution energy and product size for a magnetite ore, The J. Southern African Inst. Mining and Metallurgy 110(3), pp.141-146.

8 S. Endoh, H. Ohya, S. Koyanaka, 1999: Key Technology to Create a Recycling Oriented System-Powder Processing, Mineral Processing and Environmental Impact Assessment, J. Soc. Powder Technol., Japan 36, pp.772-779.

9 Tatsuo Tanaka, 1979: Recent Techniques and Theories of Comminution, Journal of JSCM 52(9), pp.486-493.

10 Metso Mining and Construction, 2015: Basics in Minerals Processing, Metso Corporation, www.metso.com

11 손호상, 2021: 범용금속의 리사이클링, p.37, 경북대학교출판부.

12 Toyota, 2014: Vehicle Recycling, Brochure of Toyota Motor Corporation.

13 손호상, 2019: 자원리사이클링공학, p.84, 경북대학교출판부.

14 http://mytutorial.srtcube.com/waste-processing-techniques/environment-science/693-451 #7477

15 https://www.globalspec.com/reference/34921/203279/z-zeolite-zymosis

16 이상훈, 양인재, 최승진, 박제현, 2018: 자력선별 장비의 유형과 활용, 자원리싸이클링 27(6), pp.11-22.

17 https://www.mineralsed.ca/learning-resources/student-resources/mining/

18 http://www.mstworkbooks.co.za/natural-sciences/gr7/gr7-mm-02.html

19 大和田秀二, 1997: 電気的選別, Shigen-to-Sozai 113(12), pp.920-923.

20 K. Medles, et al., 2007: Experimental Modeling of the Electrostatic Separation of Granular Materials, Particulate Science and Technology, 25, pp.163-171.

21 S. Koyanaka, 2013: Recent Trends of Sensor Based Sorting Technology in Resources Recycling, J. MMIJ 129, pp.615-625.

22 Nosa O. Egiebor, Principles of Extractive Metallurgy, Instructor's Lecture Notes, Tuskegee University.

23 安座上竹四, 粟倉泰弘, 1995: 金属製錬工学(Extractive Metallurgy), p.23, 日本金属学会, 仙台.

24 G. S. Upadhyaya and R. K. Dube, 1977: Problems in Metallurgical Thermodynamics and Kinetics, p.113, Pergamon Press, Oxford, U.K.

25 J. Hu, J. Zhang, H. Li, et al., 2017: A promising approach for the recovery of high value-added metals from spent lithium-ion batteries, Journal of Power Sources 351, pp.192-199.

26 손호상, 2020: 범용금속의 리사이클링, p.227, 경북대학교출판부.

27 손호상, 2020: 범용금속의 리사이클링, p.269, 경북대학교출판부.

28 손호상, 박종일, 최승덕, 2010: 고순도 몰리브덴 제조기술 현황, 재료마당 23(3), pp.15-23.

29 M. Li, S. Zheng, B. Liu, et al., 2017: A Clean and Efficient Method for Recovery of Vanadium from Vanadium Slag: Nonsalt Roasting and Ammonium Carbonate Leaching Processes, Mineral Processing and Extractive Metallurgy Review 38(4), pp.228-237.

30 윤성호 등, 2003: NdFeB계 영구자석 스크랩으로부터 네오디뮴의 분리회수, 자원리싸이클링 12(6), pp.57-63.

31 손호상 역, 2017: A. Yazawa의 열역학 문제집, p.136, 경북대학교출판부.

32 손호상 역, 2017: A. Yazawa의 열역학 문제집, p.142, 경북대학교출판부.

33 M. Shamsuddin, 2016: Physical chemistry of metallurgical processes, p.64, John Wiley & Sons, Inc.

34 Manseung Lee and Hoseok Jeon, 2010: Extractive Metallurgy and Separation of Rare Earth Ores, J. of Korean Inst. of Resources Recycling 19(6), pp.27-35.

35 손호상, 2023: 희소금속의 제련과 리사이클링, p.295, 경북대학교출판부.

36 손호상, 2022: 실리콘의 제련과 정제, 자원리싸이클링 31(1), pp.3-11.

37 남철우, 박경호, 2008: 지르코늄 제련기술 현황, 재료마당 21(5), pp.1-14.

38 Ho-Sang Sohn, 2021: Current Status of Smelting and Recycling Technologies

of Tungsten, J. Korean Powder Metall. Inst. 28(4), pp.342-351.

39 손호상, 2023: 희소금속의 제련과 리사이클링, p.462, 경북대학교출판부.

40 T. Ishida, T. Itakura, H. Moriguchi, and A. Ikegaya, 2012: Development of Technologies for Recycling Cemented Carbide Scrap and Reducing Tungsten Use in Cemented Carbide Tools, SEI TECHNICAL REVIEW 75, pp.38-46.

41 X. C. Goso, H. Lagendijk, M. Erwee. and G. Khosa, 2016: Indicative Vanadium Deportment in the Processing of Titaniferous Magnetite by the Roast-Leach and Electric Furnace Smelting Processes, Procd. of Hydrometallurgy Conference 2016: Sustainable Hydrometallurgical Extraction of Metals, pp.69-80, Cape Town, 1-3 August 2016, The Southern African Institute of Mining and Metallurgy.

42 K.-T. Park, S.-H. Kim, S.-I. Hong, et al., 2012: Overview of Zirconium Production and Recycling Technology, J. of Korean Inst. of Resources Recycling 21(5), pp.18-30.

43 P. Blanchart, 2018: 4 Extraction, Properties and Applications of Zirconia, p.168, Industrial Chemistry of Oxides for Emerging Applications, First Edition. Ed. by L. Pawłowski and P. Blanchart. JohnWiley & Sons Ltd.

44 C. Yamagata, J. B. Andrade, V. Ussui, et al., 2007: High Purity Zirconia and Silica Powders via Wet Process: Alkali Fusion of Zircon Sand, Procd. of Sixth International Latin-American Conference on Powder Technology, pp.1279-1284, Nov. 07-10, Búzios, Rio de Janeiro, Brazil.

45 남철우, 박경호, 2008: 지르코늄 제련기술 현황, 재료마당 21(5), pp.1-14.

46 F. Bourgeois, E. Andreiadis, and J. M. Lambert, 2017: Tantalum and Niobium production, REFRAM - Final Conference Brussels, 9-10 March 2017.

47 A. N. Zelikman, O.E. Krein, and G.V. Samsonov, 1964: Ch. III Tantalum and Niobium, Metallurgy of Rare Metals, pp.110-111, Second Edition, Revised and Enlarged Edited by L. V. Belyaevskaya, NASA TT F-359.

48 박평주 등, 1980: 비철금속제련, p.606, 대한금속학회, 탑출판사.

49 김혜림, 이진영, 김준수, 2012: 소다배소 및 수침출법에 의한 탈질용 폐SCR 촉매로부터 바나듐과 텅스텐 침출, 자원리싸이클링 21(6), pp.65-73.

50 J. J. Pyo and J. P. Wang, 2019: Recoverty of Lithium Carbonate and Nickel from Cathode Active Material LNO(Li_2NiO_2) of Precursor Process Byproducts, J. of Korean Inst. of Resources Recycling 28(4), pp.30-36.

51 P. Braga, S. França, R. Neumann, et al., 2019: Alkaline Process for Extracting Lithium from Spodumene, Hydroprocess 2019 (11th International Seminar on Process Hydrometallurgy) 6/19/2019 - 6/21/2019, Sheraton Santiago,

Santiago, Chile.

52 Ho-Sang Sohn, 2022: Extractive Metallurgy of Lithium, Resources Recycling 31(3), pp.3-15.

53 P. C. H. Mitchell, T. Outteridge, K. Kloska, et al., 2020: Molybdenum and Molybdenum compounds, p.8, Ullmann's Encyclopedia of Industrial Chemistry, Wiley-VCH Verlag GmbH & Co. KGaA, Weinheim.

54 C. J. P. Ball, 1957: The History of Magnesium, J. INST. OF METALS 69(1), pp.81-94.

55 R. Komatsu, 1968: Smelting of Magnesium, Keikinzoku 18(2), pp.114-123.

Extractive Metallurgy and Recycling of Metals

제4장

건식제련

제4장 | # 건식제련

Pyro-metallurgy

4.1 건식제련의 개요

건식제련은 고온에서 반응을 촉진하고 목적금속과 맥석을 포함한 불순물들을 분리하는 방법으로 세분하면 표 4.1과 같다.[1] 건식제련은 조금속을 만드는 환원 제련과 조금속(crude metal) 중 불순물을 제거하는 건식정제로 구분하지만, 원료의 예비처리 공정인 건조, 하소(calcination), 배소(roasting) 등도 원료가 용융되지 않을 정도의 온도로 가열하여 처리하는 것이므로 건식제련의 범주에 포함하기도 한다.[*2] 또 고체 환원제, 기체 환원제, 금속 환원제 등 사용하는 환원제에 따라 분류하기도 한다. 환원 제련에서 얻어진 조금속은 그 상태로 사용하기도 하지만 대부분 정제공정을 거쳐서 고순도화시키며, 건식정제는 다음 장(제5장)에서 다룬다.

한편 리사이클링 원료인 도시광물(urban ore)은 천연광물과 달리 금속 상태인 것이 많으나, 산화물이나 황화물로도 존재한다. 또 황화물을 산화 배소하여 산화물로 만든 것도 있다. 금속상인 경우에도 그 표면이

---

* 제3장 원료의 예비처리 참조.

표 4.1. 건식제련의 상세한 구분

<table>
<tr><td rowspan="18">건식
제련</td><td rowspan="3">예비
처리</td><td>건조</td><td>정광 등 원료에 부착된 수분을 제거하는 공정</td></tr>
<tr><td>하소</td><td>건조보다 높은 온도에서 정광 등 원료 중의 결정수나 기체 성분을 미리 제거하는 공정</td></tr>
<tr><td>배소</td><td>정광 등의 원료가 용융되지 않는 온도에서 화학반응에 의해 조성을 변화시키는 공정</td></tr>
<tr><td rowspan="5">환원
제련</td><td>산화물 환원 용련</td><td>광석을 환원하여 금속을 액체로 얻는 방법으로, 금속/슬래그 분배를 활용하여 미환원 잔류물이나 유해 성분의 분리가 용이(예: Fe, Sn, Si, 합금철 등)</td></tr>
<tr><td>황화물 용련</td><td>Cu, Ni 등은 매트(황화물)의 특성을 기본으로 하여 산소에 의한 열환원으로 제련</td></tr>
<tr><td rowspan="2">고체 금속을 만드는 환원 제련</td><td>광석을 환원하여 순금속 고체를 얻는 경우
(예: 고융점 금속인 W, Mo, Ni 등의 수소환원)</td></tr>
<tr><td>환원된 금속이 불순물인 경우
(융점이 높고, 그 산화물이 안정하여 환원되기 어려우며, 또 안정한 탄화물을 만들어서 탄소질 환원제를 사용할 수 없는 것, 예: Ti, Zr의 제조)</td></tr>
<tr><td>휘발제련</td><td>증기압이 비교적 큰 금속(예: Zn, Mg, Hg, Cd, 알칼리, 알칼리토류금속 등)을 기상으로 환원하는 것</td></tr>
<tr><td rowspan="10">건식
정제</td><td>휘발정제</td><td>진공용해(예: Nb-Al 중 Al 제거 등)</td></tr>
<tr><td rowspan="2">상태도 성질을 이용한 정제</td><td>용리법(예: Sn 중 Fe 제거 등)</td></tr>
<tr><td>대용정제(zone-refining, 예: 고순도 Si 제조)</td></tr>
<tr><td rowspan="7">화학반응을 이용한 정제</td><td>산화에 의한 정제</td></tr>
<tr><td>환원에 의한 정제</td></tr>
<tr><td>황화물로 제거하는 정제</td></tr>
<tr><td>할로겐화 정제</td></tr>
<tr><td>열해리에 의한 정제(예: Ni carbonyl, iodin법 등)</td></tr>
<tr><td>금속간화합물로 제거하는 정제</td></tr>
<tr><td>기타 방법</td></tr>
</table>

산화되어 있거나 다른 불순물과 혼합된 경우가 많아 단순 용융만으로 목적금속을 얻기 힘들다. 따라서 도시광물을 금속으로 재자원화하는 것도 기본적으로는 천연광물의 처리 방법을 활용하고 있다.

4.2 용융제련의 생성상

용융제련(smelting, 줄여서 용련이라고도 함)은 목적금속을 함유한 제련원료(정광, 배소광, 소결광, 제련 부산물, 스크랩 등)를 플럭스와 함께 고온의 노 내에 장입하고, 융점보다 높은 온도에서 용융시켜 목적금속과 불순물을 분리하는 조작이다. 이때 목적금속을 조금속으로 만들거나 중간 화합물(인공적인 황화물인 매트나 조금속에 As, Sb 등이 녹아 들어간 스파이스 등)을 만들어 농축한다. 철강을 비롯한 산화물 용련에서는 그림 4.1(a)와 같이 용융금속/슬래그가 생성되지만, 비철금속 중 황화물 용련에서는 그림 4.1(b)와 같이 용융금속/(스파이스)/매트/슬래그가 생성된다. 중간 화합물인 매트(matte)나 스파이스(speiss, 비화물 등)는 전로에서의 산화 용련 등으로 목적금속을 농축하거나 조금속까지 만든다.

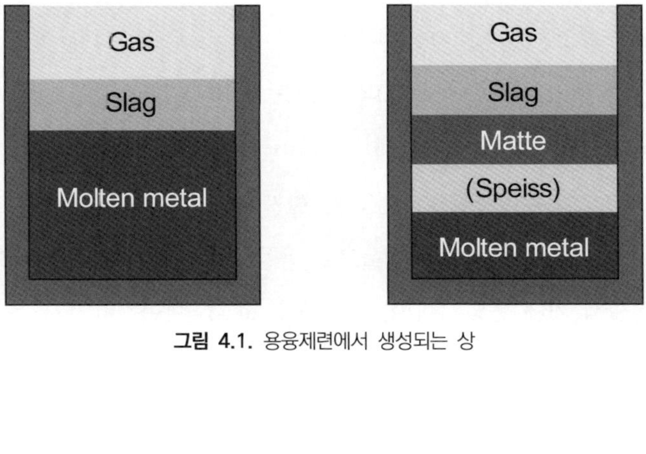

그림 4.1. 용융제련에서 생성되는 상

용융제련은 목적금속을 분리하여 추출하는 것이므로 각 액상 간의 원활한 분리가 필요하다. 따라서 액상 간에 적당한 밀도 차이가 있어야 하며, 각 상의 유동성도 적어야 하고, 서로 다른 상 성분의 용해도가 적어야 한다. 용융제련은 기본적으로 고온에서 용융 처리하는 것이므로 용련 과정에서 생성되는 이러한 상들의 성질에 관하여 알아본다.

4.2.1 용융금속

용융제련에서 생성된 액체상의 조금속이나 순금속은 유동성이 양호하여 슬래그와 쉽게 분리할 수 있고 물과 같이 쉽게 흘릴 수 있어 원하는 형상으로 주조할 수 있다. 또 저융점 금속(Pb, Sn 등)은 펌프로 이송할 수도 있으며, 일반 금속에서도 기계적인 교반이 가능하다. 점도는 그다지 크지 않으며 동점도(kinematic viscosity, 점도/밀도)는 물보다도 작거나 비슷한 수준이다. 액체 금속의 밀도(ρ_t)는 다음 식과 같이 온도의 함수로 나타낼 수 있으며, 계산을 위한 주요 용융금속의 계수 k를 표 4.2에 나타내었다.[3]

$$\rho_t = \rho_m - k(t - t_m) \quad (\mathrm{g/cm^3}) \tag{4.1}$$

예를 들어 1,250 ℃에서 Cu의 밀도는 다음과 같다.

$$\rho_{\mathrm{Cu},\,1,250} = 7.997 - 0.000819 \times (1{,}250 - 1{,}085) = 7.862 \ \mathrm{g/cm^3}$$

액체 금속의 표면장력은 물보다도 훨씬 커서 다공질 내화재와 접촉하여도 젖기 어려워 침투하기 힘들므로 용융로 바닥에서 다공성 내화물을 통한 불활성 기체 등의 취입이 가능하다. 표 4.3에는 몇 가지 용융금속의 물성을 나타내었다.[4]

표 4.2. 주요 용융금속의 밀도 계산을 위한 계수

Element	t_m(℃)	ρ_m	k	Element	t_m(℃)	ρ_m	k
Al	660.323	2.377	0.000311	Mg	650	1.584	0.000234
Co	1,495	7.75	0.00165	Ni	1,455	7.81	0.000726
Cu	1,084.62	7.997	0.000819	Fe	1,538	7.035	0.000926
Pb	327.462	10.66	0.00122	Zn	419.53	6.57	0.0011

t_m: melting point, ρ_m: density at melting point, k : derivative of density

표 4.3. 용융금속의 주요 물성

원소	온도 (℃)	밀도 ρ g/cm^3	열전도도 k W/(m · K)	도전율 x 10^4 S/m	비열 C_P kJ/(kg · K)	점도 η 10^{-3} Pa · s	표면장력 γ 10^{-3} N/m
Cu	1,100	7.99	166.1	495	0.495	4.4	1,283
Pb	400	10.58	16.6	101	0.144	2.32	463
Zn	500	6.59	54.1	272	0.481	3.67	798
Ag	1,000	9.31	176.5	568	0.283	3.89	923
Sb	700	6.45	21.3	87	0.258	1.30	383
Bi	300	10.03	15.5	78	0.143	1.63	376
Sn	300	6.92	31.4	204	0.242	1.66	560
H_2O	20	1	0.60	0.00	4.182	1.002	73

그림 4.2에는 대표적 공정 합금(eutectic alloy)인 Ag-Cu계 상태도와 1,127 ℃에서의 활동도를 나타내었다.[5] 액체 상태에서의 활동도는 라울의 법칙에서 양(+)으로 치우쳐 있다. 따라서 고체 상태가 되면 Ag-Ag와 Cu-Cu의 인력이 Ag-Cu보다 커서 서로 융합하지 않고 분리되는 경향을 보인다. 그러나 상태도에서처럼 액체 상태에서는 서로 융합되어 있다. 그리고 용융금속은 많은 금속, 비금속 원소를 용해하는 성질이 있어서 용융제련에서 생성되는 용융금속은 많은 불순물을 함유하므로 조금속이라 부른다.

일반적으로 제련에서 얻어진 조금속은 불순물이 적은 것이 바람직하지만 Cu와 같이 전해정제를 하는 금속에서는 정제 과정에서 Au, Ag, Pt, Pd 등을 분리하여 회수할 수 있으므로 100 % 조금속에 함유되는 것이 바람직하다. 특히 리사이클링 공정에서 원료 중의 귀금속을 회수하기 위해 Cu, Fe 등을 포집 금속으로 사용하여 포집하고, 귀금속은 습식 정련 등으로 회수하기도 한다.

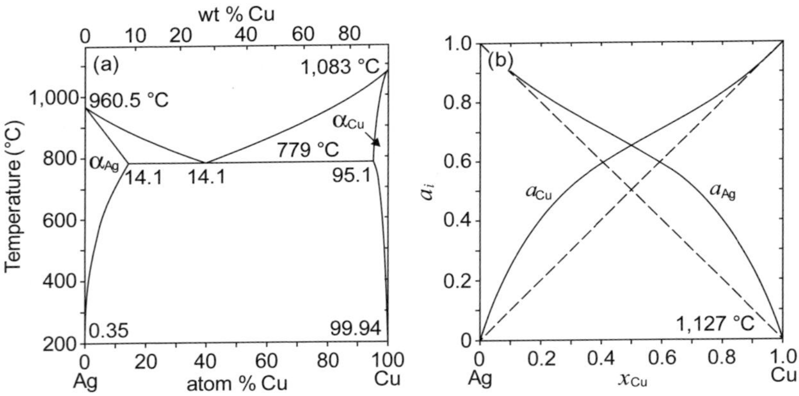

그림 4.2. Ag-Cu계 상태도(a)와 1,127 ℃에서의 활동도(b)

용융금속 중 불순물에는 다음과 같은 종류가 있다.

① 목적금속 이외의 금속

② 비금속(개재물) 또는 아금속(C, S, Te, Se 등)

③ 가스(O_2, H_2, N_2, CO, H_2O, SO_2 등)

한편 조금속은 다성분계이지만, 목적금속과 불순물의 2성분계로 가정하여 열역학적 검토를 하기도 하며, 이를 위해서는 활동도(activity) 등이

필요하다. 이에 관한 값들이 많은 문헌에 종합되어 있다.[6]

물에는 기체가 분자 상태로도 용해되지만, 2원자 분자 기체인 H_2, N_2는 용융금속에 $H_2 \rightarrow 2\underline{H}$, $N_2 \rightarrow 2\underline{N}$과 같이 원자로 해리되어 용해된다. 또 고온일수록 기체의 흡수량이 증가하며 용점에서는 급격하게 증가한다. 용융금속이나 슬래그 중 2원자 분자 기체의 포화 용해도는 Sievert의 법칙에 따라 다음 식과 같이 그 기체 분압의 평방근에 비례한다.

$$S_g = K_g\sqrt{p_g} \quad (S_g\text{: 포화 용해도, } p_g\text{: 압력, } K_g\text{: 비례상수}) \tag{4.2}$$

그림 4.3에는 수소분압이 1 atm일 때 온도에 따른 순 Al과 순 Cu 및 각 합금의 수소(H_2) 용해도를 나타내었다.[7] 용융 상태에서는 온도의 상승과 함께 수소 용해도가 증가하지만, 합금은 순 Al보다 수소 용해도가 낮은 경우도 있다. Al(합금) 용탕의 수소 용해도 S_{H_2}(cm^3/100 g-Al)는 수소분압의 제곱근에 비례하지만 다음과 같이 온도의 함수로 나타내기도 한다.[8]

$$\log S_{H_2} = A - \frac{B}{T} + \frac{1}{2}\log p_{H_2} \tag{4.3}$$

여기서 p_{H_2}는 분위기 중의 수소분압(mmHg), A와 B는 합금 조성에 따른 상수로 순 용융 Al의 경우 A=1.356, B=2,760이다. 한편 온도가 높아지면 수소 용해도가 커지는 용융금속에는 Ni, Te, Co, Cr, Cu, Al, Ag, Mn, W 등이 있으며, 작아지는 금속에는 Ti, V, Zr, Nb, La, Ce, Ta 등이 있다.[9]

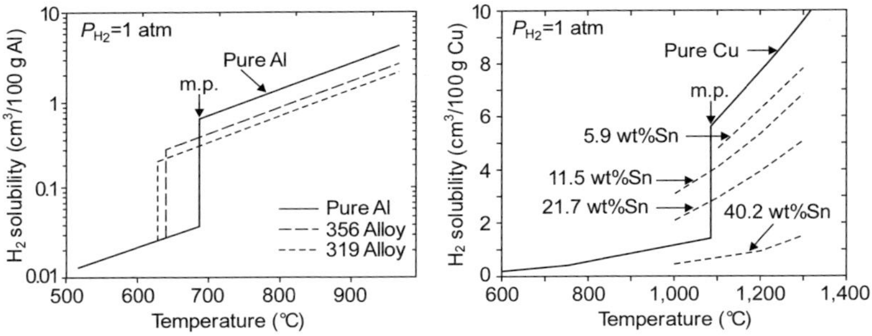

그림 4.3. 순 Al 및 Cu와 각 합금의 온도에 따른 수소 용해도

[예제 4.1] 1,077 ℃, 1기압(760 mmHg)의 산소 분위기에서 100 g의 Ag는 194 cm^3의 산소를 용해할 수 있다. 이 온도에서 산소분압이 10 mmHg일 때 Ag 중 산소 용해도를 구하라. 또 1,077 ℃의 대기 중(산소 농도 21 vol.%)에서 100 g의 Ag가 흡수할 수 있는 산소량(cm^3)을 구하라.

[풀이] 산소는 2원자 분자 기체이므로 시버트 법칙에 따라 시버트 상수 K'을 구한다.

$$S_{O_2} = K'\sqrt{p_{O_2}} \qquad \therefore K' = \frac{S_{O_2}}{\sqrt{p_{O_2}}} = \frac{194}{\sqrt{760}} = 7.037 \tag{1}$$

① 산소분압이 10 mmHg일 때 Ag 중 산소 용해도 S_{O_2}는 다음과 같다.

$$S_{O_2} = K'\sqrt{p_{O_2}} = 7.037 \times \sqrt{10} = 22.25 \ \ cm^3 \tag{2}$$

② 대기 중 산소 용해도는 산소분압이 0.21 atm이므로 다음과 같다.

$$S_{O_2} = K'\sqrt{p_{O_2}} = 7.037 \times \sqrt{760 \times 0.21} = 88.90 \ \ cm^3 \tag{3}$$

4.2.2 매트(Matte)

매트는 황화물 제련에서 인공적으로 만들어지는 혼합 황화물이다. Cu나 Ni 황화광은 Fe과 S가 다량 함유되어 있으므로 곧바로 조금속을 만들 수 없다. 따라서 Cu나 Ni이 농축된 매트를 만들며, 다음과 같은 것들이 있다.

- Cu 매트: Cu-Fe-S계(Cu_2S-FeS)
- Cu-Ni 매트: Ni-Cu-Fe-S계(Ni_3S_2-Cu_2S-FeS)
- Ni 매트: Ni-Fe-S계(Ni_3S_2-FeS)
- Pb 매트: PbS-Cu_2S-FeS
- Sn 매트: SnS-FeS

그림 4.4에는 매트의 공통 성분인 FeS와 몇 가지 2원계 황화물의 액상선을 나타내었다.[10] 매트는 금속보다 밀도가 낮으며, 융점은 950~1,100 ℃, 매트 중 S 농도는 20~25 wt% 정도이다. FeS-ZnS계를 제외하면 일반 슬래그보다 액상선 온도가 낮아 용융이 쉬우며 단순 공정계가 많고 이상용액에 가깝다.

용융 매트의 비중은 5 g/cm^3 정도이며 점도는 용융금속이나 용융염과 같은 수준으로 슬래그보다 훨씬 작은 10 cP 이하이다. 그리고 용융 매트의 비전도도(specific conductance)는 150~1,500 ohm^{-1}·cm^{-1}로 용융염(NaCl: 4 ohm^{-1}·cm^{-1})이나 슬래그(0.5 ohm^{-1}·cm^{-1})보다 훨씬 높은 값이다.[11] 또 FeS-Ni_3S_2계, FeS-Cu_2S계 융체와 2FeO·SiO_2 용융 슬래그 사이의 계면장력은 20~60(10^{-3} N/m) 정도로 매우 작아 매트가 슬래그 중에 섞여 있기 쉽다.

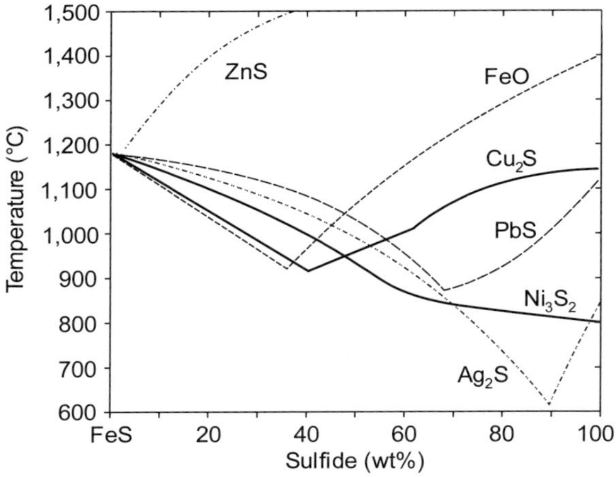

그림 4.4. FeS-MS 2원계의 액상선

매트에는 유황과의 친화력이 좋은 FeS, Cu_2S, Ni_3S_2, PbS 등과 귀금속(Au, Ag 등) 그리고 그 외에 공존 원소가 소량 함유되어 있다. 특히 매트는 귀금속을 잘 흡수하므로 Au, Ag 등을 쉽게 부산물로 회수할 수 있다. 따라서 귀금속을 함유하는 황화물을 리사이클링할 때 귀금속은 매트상에 농축시켜 회수하기도 한다. 최근에는 Ni 산화광이나 FeNi을 황화시켜 황화물 매트로 만들고 산소 정련으로 Fe을 제거한 고품위 Ni 매트를 만들기도 한다.[12]

[예제 4.2] Cu-Fe-S 3원계 용융 매트 중 Fe 농도가 10 wt%인 용융물을 Cu_2S-FeS의 2원계 매트로 가정하여 FeS의 몰 분율을 구하라. 단, Fe, Cu, S의 원자량은 각각 55.85, 63.54, 32.06 g/mol이다.

[풀이] Cu-Fe-S 3원계 매트를 100 g이라 하면 Fe는 10 g이다. Fe과

FeS의 몰 수는 동일하며 다음과 같다.

$$n_{Fe} = n_{FeS} = 10/55.85 = 0.179 \text{ mol} \tag{1}$$

따라서 FeS의 중량은 다음과 같다.

$$w_{FeS} = M_{FeS} \times n_{FeS} = 87.91 \times 0.179 = 15.736 \text{ g} \tag{2}$$

매트가 Cu_2S-FeS의 2원계이므로 Cu_2S의 몰 수는 다음과 같이 구한다.

$$n_{Cu_2S} = \frac{100 - w_{FeS}}{M_{Cu_2S}} = \frac{84.264}{159.14} = 0.530 \tag{3}$$

따라서 Cu_2S-FeS 2원계 매트 중 FeS의 몰 분율은 다음과 같다.

$$\therefore\ x_{FeS} = \frac{n_{FeS}}{n_{FeS} + n_{Cu_2S}} = \frac{0.179}{0.179 + 0.530} = 0.253 \tag{4}$$

4.2.3 스파이스(Speiss)

스파이스는 As, Sb가 Co, Cu, Fe, Ni 등의 중금속에 녹아 들어가 만들어진 인공적인 화합물이다. 특히 As, Sb 농도가 높은 Ni-Co 광석의 용련이나 샤프트로에서 Pb를 용련할 때 중간 화합물인 Fe_3As_2, Fe_2As, Fe_5As, Ni_5As, NiAs 등의 비소 화합물이 만들어진다. 스파이스의 융점은 898~1,160 ℃ 정도이며 밀도는 약 5.8~8.3 g/cm^{3}으로 매트보다 높고 금속보다는 낮다.

스파이스는 매트보다 금속적 성질이 강하고 밀도는 매트와 조금속의 중간이다. 따라서 Pb 제련에서 슬래그, 매트, 스파이스, 조Pb의 4가지 상이 생성되면 각 상의 상호분리가 힘들다. 또 스파이스는 As를 함유하고 귀금속이나 백금족 원소는 매트와 스파이스 양쪽으로 분배되어 그 처리가 힘들고 비용이 높아 생성되지 않도록 하는 것이 바람직하다.

4.2.4 슬래그(Slag)

슬래그는 용융제련에서 원료 중 목적금속 이외의 산화물(SiO_2, Al_2O_3 등)이나 불순물의 산화물이 용제로 첨가한 플럭스와 혼합된 균일한 용체이다. 슬래그에는 철강 슬래그, 비철금속 슬래그 등이 있다. 슬래그는 경제적인 가치가 거의 없으나 용융제련에서 필연적으로 생성되는 상이다. 따라서 제련기술상 매우 중요한 위치를 차지한다. 또 발생량이 조금속의 5~20 % 수준이므로 그 처리가 많은 관심을 받고 있다.

한편 Ti 제련원료인 일메나이트(ilmenite, $FeTiO_3$)는 전기로에서 환원하여 Fe을 선철로 만들어 회수·제거한 후의 슬래그를 Ti 원료로 사용한다. 또 V 함유 티탄철광석(vanadium titano-magnetite, VTM)을 원료로 제조된 철강 슬래그에는 6~24 % 정도의 V이 함유되어 있으므로 V 제련의 주원료로 사용한다.

철광석에는 산화철 외에 소량의 SiO_2와 Al_2O_3가 함유되어 있다. 따라서 이러한 것만으로 양호한 슬래그를 만들 수 없으므로 생석회, 규사 등의 플럭스를 적당히 첨가하여 조성을 조정한다. 그리고 동제련에서도 황동광 중의 Fe을 fayalite($2FeO \cdot SiO_2$) 슬래그로 만들어 제거하므로 규사를 첨가한다. 슬래그의 주성분은 편의상 $CaO-SiO_2-Al_2O_3$ 등 3성분계로 간주하며, 그림 4.5에 슬래그 상태도의 예를 나타내었다. 이러한 슬래그의 각종 물성은 『Slag Atlas』[13]를 참고할 수 있다.

한편 슬래그를 구성하는 산화물은 그 특성에 따라 아래와 같이 산성, 염기성, 중성으로 구분한다.

① 산성 산화물(acid oxide): 다음 식과 같이 O^{2-}를 받아들여 착이온을 생성하는 것으로 SiO_2, P_2O_5, B_2O_3 등이 있다.

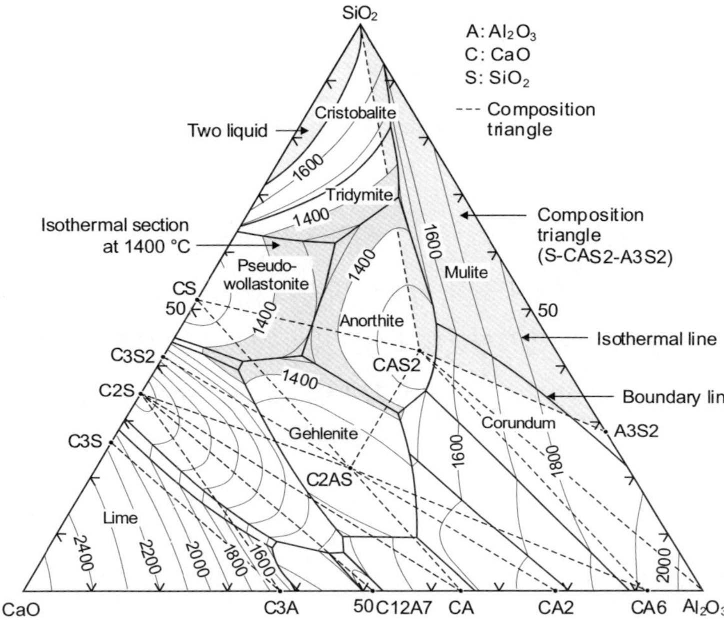

그림 4.5. CaO-Al2O3-SiO2계 상평형 상태도와 조성 삼각형

$$SiO_2 + 2O^{2-} = SiO_4^{4-},\ \ P_2O_5 + 3O^{2-} = 2(PO_4^{3-}) \tag{4.4}$$

② 염기성 산화물(basic oxide): 다음 식과 같이 O^{2-} 이온을 공급하는 것으로 Na_2O, CaO, FeO, MgO, MnO 등이 있다.

$$CaO = Ca^{2+} + O^{2-},\ \ MnO = Mn^{2+} + O^{2-} \tag{4.5}$$

③ 중성 산화물(neutral oxide): Cr_2O_3, Fe_2O_3, Al_2O_3, TiO_2 등으로 슬래그 조성에 따라 염기성 혹은 산성 산화물의 성질을 나타내는 것으로 다음 식과 같이 반응한다.

$$\text{Amphoteric oxide: } Al_2O_3 + O^{2-} = 2(AlO_2^{-}) \text{ or } (Al_2O_2^{2-}) \tag{4.6}$$

$$Al_2O_3 = 2(Al^{3+}) + 3(O^{2-})$$

염기성 산화물은 망상 구조인 산성 산화물의 큰 음이온에 산소 이온을 공급하여 결합을 절단하는 작용이 있으므로(예: $Si_2O_7^{6-}+O^{2-}=2SiO_4^{4-}$) 네트워크 모디파이어라 불리며, 산성 산화물은 네트워크 포머라 불린다.

철강제련에서는 다성분계 슬래그의 화학적 기능을 평가하는 척도로 슬래그 중 염기성 성분과 산성 성분의 비율인 염기도(basicity)를 사용하며, 실용상 아래와 같은 간단한 표시를 많이 사용한다. 산화물의 염기성 및 산성으로서의 강도를 고려하여 농도에 적당한 계수를 곱하는 경우도 있다.

$$[\text{Basicity}]=\frac{(\%CaO)}{(\%SiO_2)}\ \text{or}\ \frac{(\%CaO)+(\%MgO)}{(\%SiO_2)+(\%Al_2O_3)} \tag{4.7}$$

비철제련에서는 규산도(silicate degree)로서 다음 표현을 사용하여 왔다.

$$[\text{Silicate degree}]=\frac{\text{moles of acid oxygen from } SiO_2}{\text{moles of basic oxygen}} \tag{4.8}$$

염기성 산화물을 MO라 하면 $2MO \cdot SiO_2$이면 규산도 1, $MO \cdot SiO_2$이면 2가 된다. 일반적으로 비철제련에서는 규산도 1~2의 슬래그를 사용한다. 규산도<1이면 염기성 슬래그, 규산도>1이면 산성 슬래그, 규산도=1이면 중성 슬래그이다.[14]

[예제 4.3] SiO_2 45 wt%, FeO 40 wt%, CaO 9 wt%, Al_2O_3 4 wt%, MgO 2 wt%로 구성되어 있는 슬래그의 염기도와 규산도를 구하라.

[풀이] ① 슬래그 염기도는 식(4.7)로부터 다음과 같다.

$$\text{Basicity} = \frac{(\%CaO)}{(\%SiO_2)} = \frac{9}{45} = 0.2 \quad (1)$$

$$\text{Basicity} = \frac{(\%CaO) + (\%MgO)}{(\%SiO_2) + (\%Al_2O_3)} = \frac{9+2}{45+4} = 0.225 \quad (2)$$

② 슬래그 규산도는 식(4.8)로부터 계산한다. 슬래그 100 g에 대해 SiO_2를 제외하고는 전부 염기성 산화물로 간주하여 계산한다.

SiO_2 중의 O: $45 \times 2 \times (16/60) = 24\ g$ (3)

염기성 슬래그 중의 산소 질량

FeO: $40 \times (16/72) = 8.88\ g$, CaO: $9 \times (16/56) = 2.57\ g$

Al_2O_3: $4 \times 3 \times (16/102) = 1.88\ g$, MgO: $2 \times (16/40) = 0.80\ g$

$$\therefore\ 8.88 + 2.57 + 1.88 + 0.80 = 14.13\ g \quad (4)$$

$$\therefore\ \text{Silicate degree} = \frac{24}{14.13} = 1.70 \quad (5)$$

4.3 산화물의 환원

Fe, Si, Sn, Mn, Cr 등 많은 금속은 산화광을 환원하여 얻는다. 방연광(galena)이나 섬아연광(sphalerite) 같은 황화광은 산화 배소하여 산화물로 만든 후 금속으로 환원한다. 또 금속이라도 스크랩과 같이 표면이 산화되어 있거나 산화물이 혼합되어 있으면 순금속을 얻기 위해 환원이 필요하다. 산화물 환원제로는 C(s), CO(g), H_2(g), CH_4(g), 금속, CaC_2 등이 있으나, 고체 탄소(코크스, coke)를 가장 많이 사용하여 탄소 중립의 걸림돌이 되고 있다.

4.3.1 산화물의 용융환원 원리

산화물의 용융환원은 원료와 플럭스, 환원제를 첨가한 용융 상태에서 산화물을 환원시켜 용융금속과 슬래그로 분리하는 것이다. 플럭스는 조금속과 슬래그의 원활한 분리와 불순물 제거를 위해 첨가한다. 환원제 R을 사용하여 산화물(M_mO_n)을 환원하는 기본 반응식은 다음과 같다.

$$M_mO_n + rR = mM + R_rO_n \tag{4.9}$$

우선 금속 M의 산화반응은 다음과 같이 나타낼 수 있다.

$$\frac{2m}{n}M + O_2 = \frac{2}{n}M_mO_n, \quad \Delta G = \Delta G^\circ + RT\ln\left(\frac{a_{M_mO_n}^{2/n}}{a_M^{2m/n} \cdot p_{O_2}}\right) \tag{4.10}$$

평형상태에서는 $\Delta G = 0$ 이므로 표준 자유에너지변화 ΔG°는 평형상수 K를 이용하여 다음 식과 같이 나타낼 수 있다.

$$\Delta G^\circ = -RT\ln\left(\frac{a_{M_mO_n}^{2/n}}{a_M^{2m/n} \cdot p_{O_2}}\right) = -RT\ln K \tag{4.11}$$

여기서 금속과 산화물이 순물질이라면 $a_M = a_{M_mO_n} = 1$이 되므로 ΔG°는 다음 식과 같이 나타낼 수 있다.

$$\Delta G^\circ = RT\ln p_{O_2} = \Delta H^\circ - T\Delta S^\circ \tag{4.12}$$

$$\therefore \ln p_{O_2} = \frac{\Delta H^\circ}{RT} - \frac{\Delta S^\circ}{R} \quad \text{or} \quad \log p_{O_2} = \frac{\Delta H^\circ}{19.147\,T} - \frac{\Delta S^\circ}{19.147} \tag{4.13}$$

그림 4.6에는 식(4.13)으로부터 몇 가지 금속-산화물의 $\log p_{O_2}$와 $1/T$의 관계를 나타내었다. 그림 2.9의 엘링감도와 마찬가지로 그림 중 위쪽 금속일수록 산소 친화력이 약하고 아래쪽의 것일수록 강하므로 아래쪽 금속으로 위쪽 산화물을 환원할 수 있다.

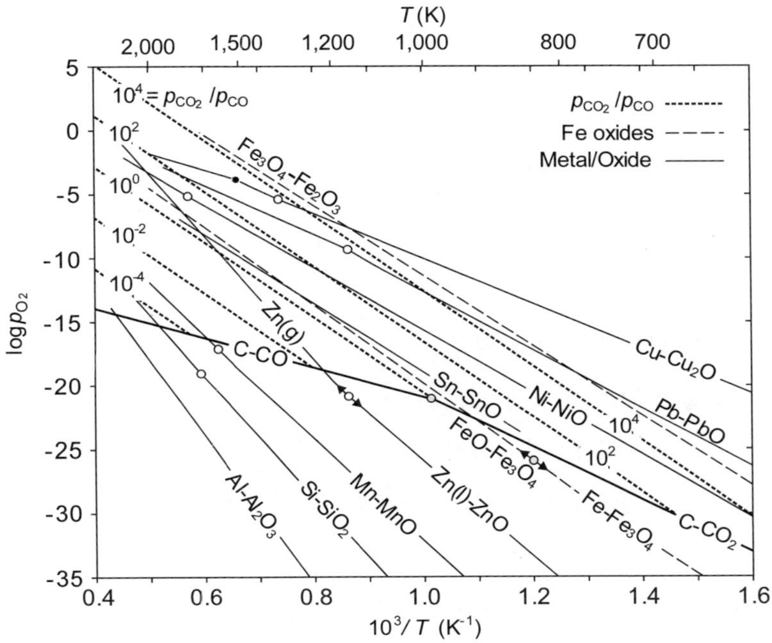

그림 4.6. 각종 산화물에 관한 $\log p_{O_2} - 1/T$도

[예제 4.4] 산화물 환원제로 많이 사용되는 탄소와 관련하여 다음 식에 나타낸 반응에서 p_{CO_2}/p_{CO}에 따른 $\log p_{O_2}$와 $1/T$의 관계를 구하라.[15]

$$2CO(g) + O_2(g) = 2CO_2, \ \varDelta G^\circ = -565,160 + 172.03\,T \text{ J} \tag{1}$$

[풀이]

$$\varDelta G^\circ_{(1)} = -RT\ln K = -RT\ln\left(\frac{p^2_{CO_2}}{p^2_{CO} \cdot p_{O_2}}\right) \tag{2}$$

식(2)를 식(4.13)과 같이 정리하면 다음과 같다.

$$\log p_{O_2} - 2\log\left(\frac{p_{CO_2}}{p_{CO}}\right) = \frac{-565,160}{19.147\,T} + \frac{172.03\,T}{19.147\,T} \tag{3}$$

$$\therefore\ \log p_{O_2} - 2\log\left(\frac{p_{CO_2}}{p_{CO}}\right) = -\frac{29{,}517}{T} + 8.985 \quad (4)$$

그림 4.6에 식(4)의 p_{CO_2}/p_{CO}에 따른 $\log p_{O_2}$와 $1/T$의 관계를 CO-CO_2의 선(점선)으로 나타내었다. 그림에서와 같이 이 선은 $p_{CO_2}/p_{CO}=1$을 기준으로 $p_{CO_2} > p_{CO}$이면 위쪽으로, $p_{CO_2} < p_{CO}$이면 아래쪽으로 이동한다.

4.3.2 산화물의 탄소 열환원

산화물의 탄소 열환원(carbo-thermic reduction)은 탄소질 환원제(C, CO 등)를 사용하여 고융점이나 난환원성 산화물을 환원하는 것이다. 이때 탄소질 환원제는 산화물의 환원과 반응에 필요한 에너지원으로 작용한다. 탄소질 환원제에 의한 산화물 용융환원의 기본 원리는 산소에 대한 친화력 차이를 이용하는 것으로 부도아(Boudouard) 반응을 이해하는 것이 중요하다. 우선 고체 탄소-산소계의 평형 관계는 다음과 같다.

$$C(s) + O_2(g) = CO_2(g),\ \Delta G^\circ = -393{,}500 - 2.99T\ \text{J} \quad (4.14)$$

계 내에 과잉의 탄소가 존재하면 다음 식의 반응이 일어난다.

$$C(s) + CO_2(g) = 2CO(g),\ \Delta G^\circ = 171{,}660 - 175.02T\ \text{J} \quad (4.15)$$

따라서 C(코크스)는 다음과 같이 연소되어 O_2(g) 1몰당 221.8 kJ의 열이 발생하고, 고온의 환원 가스인 CO(g)를 2몰 생성한다.

$$2C(s) + O_2(g) = 2CO(g),\ \Delta G^\circ = -221{,}840 - 178.0T\ \text{J} \quad (4.16)$$

한편 식(4.15)를 부도아 반응이라 하며, 코크스의 연소로 발생하는 CO/CO_2 비율은 이 식의 평형으로 결정된다. 이것을 부도아 평형이라 하며, 평형 관계는 다음 식과 같다.

$$\log K_{15} = \log\left(\frac{p_{CO}^2}{a_C \cdot p_{CO_2}}\right) = \log\left(\frac{p_{CO}^2}{p_{CO_2}}\right) \quad (\because a_C = 1) \tag{4.17}$$

$$= -\frac{8{,}965}{T} + 9.14$$

식(4.15)를 상률에 의해 고찰하면 성분의 수 3(C, CO, CO_2), 상의 수 2(기체상과 고체 C), 평형 관계식 1(식(4.15))이므로 자유도 $F=(c-r)-p+2=2$이다. 따라서 온도와 압력의 2가지 변수가 정해지면 평형이 결정된다. 즉, 압력이 일정하면 CO/CO_2비는 온도에 의해 결정된다. 이 계는 흡열반응이므로 고온일수록 반응이 우측으로 진행되어 CO(g)가 많아지는 carbon solution loss 반응이 일어나며, 저온일수록 반응이 좌측으로 진행되어 CO_2가 많아지는 carbon deposition 반응이 일어난다. 이 반응은 부피가 증가하는 반응이므로 온도가 일정할 때 압력을 높이면 CO_2가 많아지고, 압력을 감소시키면 CO가 많아진다.[16]

[예제 4.5] 다음 식의 CO-CO_2 평형으로부터 온도-p_{CO}/p_{tot}의 관계를 구하라.

$$2CO(g) = C(s) + CO_2(g), \ \Delta G^\circ_{(1)} = -171{,}660 + 175.02\,T \text{ J} \tag{1}$$

[풀이] 식(1)의 평형상수는 다음과 같다.

$$K_{(1)} = \frac{a_C \cdot p_{CO_2}}{p_{CO}^2} = \frac{p_{CO_2}}{p_{CO}^2} \quad (\because a_C = 1) \tag{2}$$

여기서 $p_{tot} = p_{CO_2} + p_{CO}$이며, 식(2)로부터 $p_{CO_2} = K_{(1)} \cdot p_{CO}^2$이므로

$$K_{(1)} \cdot p_{CO}^2 + p_{CO} - p_{tot} = 0 \tag{3}$$

따라서 2차방정식 근의 공식으로부터 p_{CO}는 다음과 같다.

$$p_{CO} = \frac{-1 + \sqrt{1 + 4K_{(1)} \cdot p_{tot}}}{2K_{(1)}} \tag{4}$$

평형상수는 온도의 함수이므로 온도에 따른 $K_{(1)}$을 구하여 식(4)에 대입하면 온도에 따른 p_{CO}/p_{tot}를 구할 수 있다. 그림 4.7에 온도와 p_{tot}에 따른 p_{CO}/p_{tot}의 변화를 나타내었다.

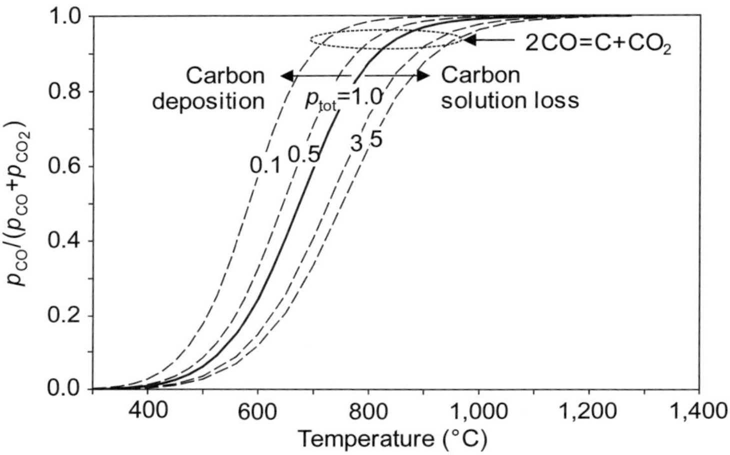

그림 4.7. 온도와 p_{tot}에 따른 p_{CO}/p_{tot}의 변화

[예제 4.6] 다음 식의 부도아 반응에서 1,000 K, 전체 압력 1 및 2 atm에서 p_{CO}와 p_{CO_2}를 구하라.

$$C(s)+CO_2(g)=2CO(g),\ \Delta G^\circ=171{,}660-175.02T\ \text{J} \tag{1}$$

[풀이] 우선 1,000 K에서 $\Delta G^\circ_{(1)}=-3{,}360$ J이므로 평형상수는 다음과 같다.

$$K_{(1)}=\frac{p_{CO}^2}{a_C\cdot p_{CO_2}}=\frac{p_{CO}^2}{p_{CO_2}}=\exp\left(-\frac{\Delta G^\circ_{(1)}}{RT}\right)=1.498\quad(\because\ a_C=1) \tag{2}$$

$$\therefore\ p_{CO}^2=K_{(1)}\cdot p_{CO_2}=1.498\,p_{CO_2} \tag{3}$$

전체 압력이 1 atm일 때는 다음과 같다.

$$p_{CO} + p_{CO_2} = 1 \quad \therefore p_{CO_2} = 1 - p_{CO} \tag{4}$$

식(4)를 식(3)에 대입하여 정리하면 다음과 같다.

$$p_{CO}^2 + 1.498\,p_{CO} - 1.498 = 0 \tag{5}$$

$$\therefore p_{CO} = 0.686 \text{ atm}, \; p_{CO_2} = 0.314 \text{ atm}$$

전체 압력이 2 atm일 때는 다음과 같다.

$$p_{CO} + p_{CO_2} = 2 \quad \therefore p_{CO_2} = 2 - p_{CO} \tag{6}$$

식(6)을 식(3)에 대입하여 정리하면 다음과 같다.

$$p_{CO}^2 + 1.498\,p_{CO} - 2.996 = 0 \quad \therefore p_{CO} = 1.137 \text{ atm}, \; p_{CO_2} = 0.863 \text{ atm}$$

4.3.3 산화물의 탄소 열환원 예

(1) Si 제련

Si 반도체나 태양광 전지 등에 쓰이는 고순도 Si의 원료인 금속급 Si(MG-Si*)은 2,000 K 이상의 전기로 중에서 다음 식과 같이 SiO_2를 C으로 환원하여 만든다.

$$SiO_2(l) + 2C(s) = Si(l) + 2CO(g), \; \Delta G^\circ = 167,400 - 86.40\,T \text{ J} \tag{4.18}$$

실제 Si 제조 공정에서는 전기로 내부의 위치에 따라 온도가 다르다. SiO_2는 온도가 낮으면 SiC가 되며 온도가 높으면 C에 의해 환원되지 못하고 SiO(g)를 생성한다. 따라서 노 내에서는 다음 식과 같은 여러 종류의 반응이 일어난다.[17]

$$SiO_2(l) + C(s) = SiO(g) + CO(g), \; \Delta G^\circ = 159,600 - 77.94\,T \text{ J} \tag{4.19}$$

$$SiO_2(l) + 3C(s) = SiC(s) + 2CO(g), \; \Delta G^\circ = 67,035 - 43.89\,T \text{ J} \tag{4.20}$$

---

* MG-Si: Metallurgical grade silicon.

$$2SiO_2(l) + SiC(s) = 3SiO(g) + CO(g),\ \Delta G^\circ = 411{,}765 - 189.93\,T\ \text{J} \quad (4.21)$$

$$SiO_2(s) + Si(l) = 2SiO(g),\ \Delta G^\circ = -920 + 1.58\,T\ \text{J} \quad (4.22)$$

$$SiO(g) + 2C(s) = SiC(s) + CO(g),\ \Delta G^\circ = -92{,}565 + 34.05\,T\ \text{J} \quad (4.23)$$

$$SiO_2(l) + 2SiC(s) = 3Si(l) + 2CO(g),\ \Delta G^\circ = 97{,}380 - 47.6\,T\ \text{J} \quad (4.24)$$

$$SiO(g) + SiC(s) = 2Si(l) + CO(g),\ \Delta G^\circ = 49{,}150 - 24.59\,T\ \text{J} \quad (4.25)$$

그림 4.8에는 상기한 반응식으로부터 Si-O-C계에서 SiO(g) 분압과 온도에 따른 안정상을 나타내었다.[18] 이 그림으로부터 Si이 환원될 수 있는 조건은 1,800 ℃ 이상에서 SiO(g) 분압이 높은 상태(그림 중 우상 영역, ■)라는 것을 알 수 있다. 즉, Si 생성의 구동력은 고온이고 SiO(g) 분압이 높을수록 증가한다. C은 SiO(g) 분압이 낮은 저온(그림 중 아래쪽 영역, ■)에서만 안정하고, SiO(g) 분압이 증가하면 SiC를 생성한다. 따라서 1,000 ℃가 훨씬 넘는 노 내에서도 SiC가 안정하게 존재한다.

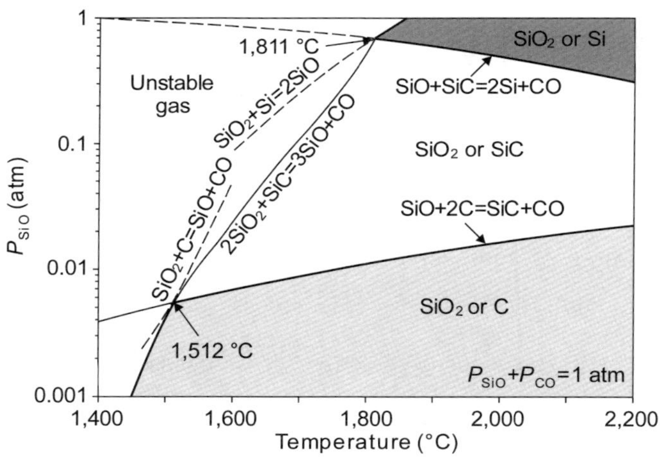

그림 4.8. Si-O-C계 상태도에서 SiO(g) 분압과 온도에 따른 안정상

한편 Fe이 존재하면 다음 식과 같이 페로실리콘(FeSi)이 만들어진다.

$$Fe + Si = FeSi,\ \Delta G^\circ = -25{,}500 - 0.64\,T\ \text{J} \tag{4.26}$$

SiC가 있으면 다음 식과 같이 반응하여 FeSi이 만들어진다.

$$Fe + SiC = FeSi + C,\ \Delta G^\circ = 9{,}900 - 9.14\,T\ \text{J} \tag{4.27}$$

[예제 4.7] 아래 식으로부터 1,000 ℃에서 SiO_2가 SiC를 생성하지 않고 C(s)에 의해 Si으로 환원되는 조건을 구하라.[19]

$$SiO_2(s) = Si(s) + O_2(g),\ \Delta G^\circ_{(1)} = 904{,}180 - 172.37\,T\ \text{J} \tag{1}$$

$$Si(s) + C(s) = SiC(s),\ \Delta G^\circ_{(2)} = -72{,}760 + 7.04\,T\ \text{J} \tag{2}$$

[풀이] SiO_2와 Si을 순수 고체라 가정하면 1,273 K에서 $\Delta G^\circ_{(1)}$은 다음과 같다.

$$\Delta G^\circ_{(1)} = -RT\ln p_{O_2} = 904{,}180 - 172.37 \times 1{,}273 = 684{,}753\ \text{J} \tag{3}$$

$$\therefore\ p_{O_2} = \exp\left(-\frac{\Delta G^\circ_{(1)}}{RT}\right) = \exp\left(-\frac{684{,}753}{8.314 \times 1{,}273}\right) = 7.97 \times 10^{-29}\ \text{atm} \tag{4}$$

따라서 Si과 SiO_2가 평형하는 p_{O_2}는 7.97×10^{-29} atm이다.

SiO_2에서 SiC가 생성되는 반응은 식(1)+(2)로부터 다음과 같다.

$$SiO_2(s) + C(s) = SiC(s) + O_2(g),\ \Delta G^\circ_{(5)} = 831{,}420 - 165.33\,T\ \text{J} \tag{5}$$

$$\Delta G^\circ_{(5)} = -RT\ln p_{O_2} = 831{,}420 - 165.33 \times 1{,}273 = 620{,}955\ \text{J} \tag{6}$$

$$\therefore\ p_{O_2} = \exp\left(-\frac{\Delta G^\circ_{(5)}}{RT}\right) = \exp\left(-\frac{620{,}955}{8.314 \times 1{,}273}\right) = 3.31 \times 10^{-26}\ \text{atm} \tag{7}$$

SiO_2가 C에 의해 환원되어 SiC로 될 때의 평형 p_{O_2}(3.31×10^{-26} atm)는 SiO_2가 Si으로 환원되는 데 필요한 p_{O_2}보다 높은 것을 알 수 있다. 따라서 1,000 ℃에서

$p_{O_2} > 3.31 \times 10^{-26}$: SiO_2가 안정

$7.97 \times 10^{-29} < p_{O_2} < 3.31 \times 10^{-26}$: SiC가 안정

$p_{O_2} < 7.97 \times 10^{-29}$: Si이 안정

한편 고체 C이 존재할 때는 다음 식을 고려하여 평형 조건을 구해야 한다.

$$2CO(g) + O_2(g) = 2CO_2, \ \Delta G° = -565,160 + 172.03T \text{ J} \quad (8)$$

$$2CO(g) = C(s) + CO_2(g), \ \Delta G° = -171,660 + 175.02T \text{ J} \quad (9)$$

(2) Sn 제련

Sn은 무연 합금 솔더로 많이 사용되고 있다. Sn 광석의 대부분은 석석(SnO_2)이므로 Sn은 다음 식과 같이 SnO_2를 탄소 열환원하여 만든다.

$$SnO_2 + 2C = Sn + 2CO \quad (4.28)$$

다만 다음 식들과 같이 $SnO_2 \rightarrow SnO \rightarrow Sn$으로 환원된다.[20]

$$SnO_2(s) + CO(g) = SnO(s) + CO_2(g) \quad (4.29)$$

$$\Delta G° = 15,776.6 - 28.68T \text{ J/mol}$$

$$SnO(s) + CO(g) = Sn(l) + CO_2 \quad (4.30)$$

$$\Delta G° = 8,252.5 - 19.95T \text{ J/mol}$$

그러나 SnO_2의 환원은 광석 중 산화철의 환원 거동에 큰 영향을 받는다.[21] 그림 4.9에는 CO-CO_2 조성에 따른 Sn 및 Fe 산화물과 CO/CO_2의 평형 관계를 계산하여 나타내었다. 상기한 바와 같이 SnO_2는 SnO를 거쳐서 Sn으로 환원되며 동시에 산화철도 $Fe_2O_3 \rightarrow Fe_3O_4 \rightarrow (FeO) \rightarrow Fe$의 순으로 환원된다. 따라서 Sn은 그림의 (I) 영역에서 조업하여야 한다. 그

리고 1,100 ℃에서 SnO의 포화 증기압이 2.07 kPa로 비교적 높아 용련 과정에서 더스트로 배출되기도 한다.

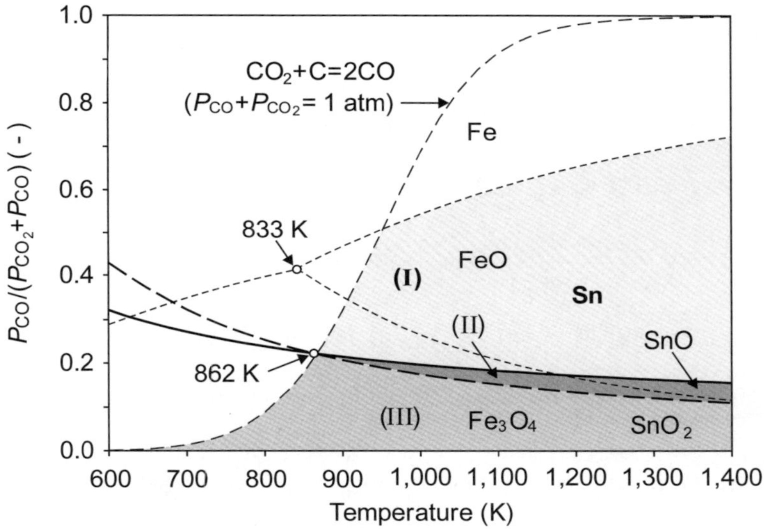

그림 4.9. CO 조성에 따른 Sn 산화물 및 Fe 산화물과 CO/CO_2 평형 관계

[예제 4.8] 주석의 건식제련을 단순화하여 SnO_2(s)와 FeO(l)의 선택 환원으로 생각하여 아래 식으로부터 1,200 ℃에서 Fe의 활동도가 각각 0.1과 0.8일 때 SnO_2의 활동도를 구하고 결과를 실제 Sn 제련 과정과 연계하여 설명하라. 단, FeO의 활동도는 항상 0.4로 가정하고, a_{Fe}=0.1일 때 a_{Sn}=0.98, a_{Fe}=0.8일 때 a_{Sn}=0.71이다.[22]

$$Sn(l) + O_2(g) = SnO_2(s): \ \Delta G^\circ_{(1)} = -584,090 + 212.55\,T \text{ J} \qquad (1)$$

$$2Fe(s) + O_2(g) = 2FeO(l): \ \Delta G^\circ_{(2)} = -477,560 + 97.06\,T \text{ J} \qquad (2)$$

[풀이] 식(1)-(2)에 의해 다음 식이 얻어진다.

$$\mathrm{Sn(l)+2FeO(l)=SnO_2(s)+2Fe(s)}:$$

$$\Delta G^\circ_{(3)} = -106{,}530 + 115.49\,T\ \mathrm{J} \tag{3}$$

1,200 ℃에서 평형상수는 다음과 같다.($\Delta G^\circ_{(3)} = 63{,}587$ J at 1,473 K)

$$K_{(3)} = \frac{a_{\mathrm{Fe}}^2 \cdot a_{\mathrm{SnO_2}}}{a_{\mathrm{Sn}} \cdot a_{\mathrm{FeO}}^2} = \exp\left(-\frac{\Delta G^\circ_{(3)}}{RT}\right) = 5.56 \times 10^{-3} \tag{4}$$

① a_{Fe}=0.1일 때 a_{Sn}=0.98, a_{FeO}=0.4이므로 식(4)로부터

$$a_{\mathrm{SnO_2}} = \frac{K_{(3)} \times a_{\mathrm{Sn}} \cdot a_{\mathrm{FeO}}^2}{a_{\mathrm{Fe}}^2} = \frac{5.56 \times 10^{-3} \times 0.98 \times (0.4)^2}{(0.1)^2} = 0.087 \tag{5}$$

② a_{Fe}=0.8일 때 a_{Sn}=0.71, a_{FeO}=0.4이므로 식(4)로부터

$$a_{\mathrm{SnO_2}} = \frac{K_{(3)} \times a_{\mathrm{Sn}} \cdot a_{\mathrm{FeO}}^2}{a_{\mathrm{Fe}}^2} = \frac{5.56 \times 10^{-3} \times 0.71 \times (0.4)^2}{(0.8)^2} = 0.00099 \tag{6}$$

따라서 Sn 제련의 제1단계에서는 슬래그 중의 Sn 손실이 크고, 제2단계 취련에서 Fe도 환원될 정도의 강환원으로 하면 Sn의 슬래그 손실이 적게 되는 것을 알 수 있다.

(3) Pb 제련

Pb 소광(cinder)은 물론 폐납축전지 격자부와 페이스트부(PbO_2, $PbSO_4$)는 그림 4.10에 나타낸 용광로나 큐폴라 등에서 연료와 환원제를 겸하는 코크스(C)로 환원시켜 조연을 만든다. 따라서 PbS를 산화 배소하여 만든 PbO의 환원반응은 다음 식과 같다.*

* 우리나라의 고려아연에서는 PbS의 직접 환원법인 QSL법을 적용하고 있다.

$$PbO(l) + CO = Pb(l) + CO_2,\ \Delta G^\circ = -98{,}140 + 16.23T\ J \qquad (4.31)$$

한편, 용융환원 원료 중에 Fe이 존재하고 목적금속과 산소 친화력이 유사하면 Fe의 거동에도 주의하여야 한다. 납의 용융환원에서 환원 강도에 따른 Pb와 Fe의 환원 거동에 관해 다음 예제를 통해 알아본다.

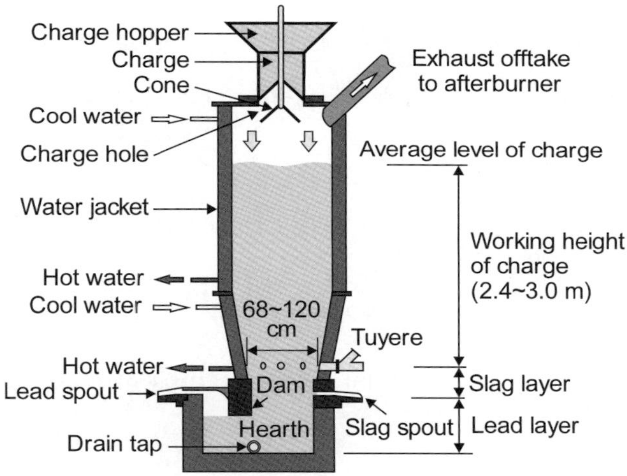

그림 4.10. 납제련용 용광로의 모식도

[예제 4.9] 1,473 K에서 CO 가스로 PbO를 환원할 때 p_{CO_2}/p_{CO}에 따른 산화물로서 슬래그 중으로 손실되는 Pb 양을 구하라. 또 같은 조건에서 FeO의 환원 거동을 비교하여 검토해 보자. 단, 슬래그 중 γ_{PbO}=0.3, a_{FeO}=0.4로 가정한다.

[풀이] PbO의 환원반응은 식(4.31)과 같으며, 1,473 K에서 평형상수는 다음과 같다.

$$K_{(1)} = \frac{a_{Pb} \cdot p_{CO_2}}{a_{PbO} \cdot p_{CO}} = \frac{a_{Pb}}{\gamma_{PbO} \cdot x_{PbO}} \cdot \frac{p_{CO_2}}{p_{CO}} \qquad (1)$$

$$= \exp\left(-\frac{\Delta G^\circ_{(1)}}{RT}\right) = \exp\left(-\frac{-74{,}233}{8.314 \times 1{,}473}\right) = 429$$

금속상은 순 Pb에 가까우므로 a_{Pb}=1이다. Pb 용련 슬래그는 FeO-SiO_2-CaO계이며, PbO는 강한 염기성 산화물로서 규산염 슬래그 중에서의 활동도계수는 1보다 상당히 적으며 γ_{PbO}=0.3으로 가정할 수 있다. 따라서 식(2)로부터 p_{CO_2}/p_{CO}에 따른 슬래그 중의 PbO 농도(x_{PbO})를 계산할 수 있다.

$$x_{PbO} = \left(\frac{a_{Pb}}{K_{(1)} \cdot \gamma_{PbO}}\right)\left(\frac{p_{CO_2}}{p_{CO}}\right) \qquad (2)$$

$$= \left(\frac{1}{429 \times 0.3}\right)\left(\frac{p_{CO_2}}{p_{CO}}\right) = 0.0078\left(\frac{p_{CO_2}}{p_{CO}}\right)$$

한편 CO에 의한 FeO의 환원반응과 1,473 K에서의 평형상수는 다음과 같다.

$$FeO(l) + CO = Fe(\gamma) + CO_2, \quad \Delta G^\circ_{(3)} = -22{,}800 + 24.26\,T \text{ J} \qquad (3)$$

$$K_{(3)} = \frac{a_{Fe}}{a_{FeO}} \cdot \frac{p_{CO_2}}{p_{CO}} = \exp\left(-\frac{\Delta G^\circ_{(3)}}{RT}\right) = 0.348$$

철규산염 슬래그 중 FeO의 활동도는 이상용액으로 가정하여 $a_{FeO} \fallingdotseq x_{FeO} = 0.4$로 둘 수 있다. 따라서 식(4)로부터 p_{CO_2}/p_{CO}에 따른 a_{Fe}를 계산할 수 있다.

$$\therefore \; a_{Fe} = K_{(3)} \cdot a_{FeO} \cdot \left(\frac{p_{CO}}{p_{CO_2}}\right) = 0.348 \times 0.4 \times \left(\frac{p_{CO}}{p_{CO_2}}\right) = 0.139\left(\frac{p_{CO}}{p_{CO_2}}\right) \qquad (4)$$

산화물 슬래그 100 g의 전체 몰 수는 1.5(MO_x형으로 생각하면 평균 분자량 67 g) 수준이므로 p_{CO_2}/p_{CO}에 따른 슬래그로의 Pb 손실량(x_{PbO})

과 금속 Pb 중 a_{Fe}를 계산할 수 있으며, 그 결과를 그림 4.11에 나타내었다. 슬래그로의 Pb 손실은 p_{CO_2}/p_{CO}가 낮은 강환원성 분위기일수록 적은 것을 알 수 있다. 그러나 p_{CO_2}/p_{CO}=0.139와 같이 강환원성 분위기에서는 고체 철이 별도의 상으로 석출하여 원활한 용융제련을 방해하게 된다.* 따라서 어느 정도 슬래그로의 Pb 손실을 감수하고 Fe의 석출을 방지할 수 있는 조건인 $p_{CO_2}/p_{CO} = 1$ 정도에서 환원하는 것이 에너지 면에서도 유리한 방법이다.

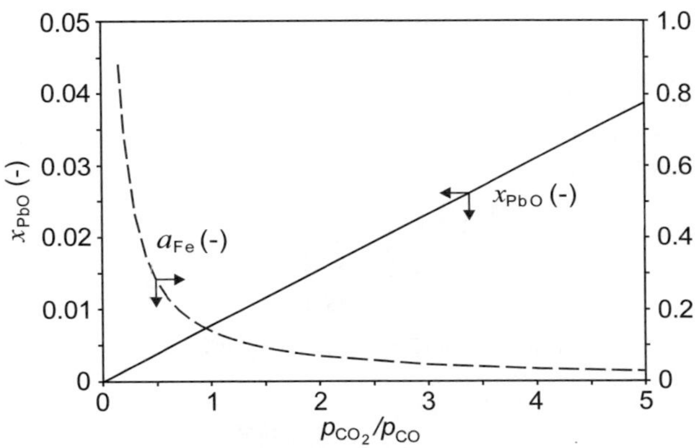

p_{CO_2}/p_{CO}	10	4	1.5	1	0.3	0.139
x_{PbO}	0.078	0.031	0.012	0.0078	0.0023	0.0011
w_{Pb}(wt%)	24.15	9.66	3.62	2.42	0.724	0.336
a_{Fe}	0.014	0.035	0.093	0.139	0.464	1

그림 4.11. p_{CO_2}/p_{CO}에 따른 x_{PbO}와 a_{Fe}의 변화

* Pb 제련에서는 Pb-Fe계가 전혀 융합되지 않으므로 Pb 중 Fe는 항상 0.

(4) 페로니켈(FeNi) 제조

FeNi은 Ni 산화광 중 Ni(약 2 wt%Ni)과 산화철을 탄소로 환원시켜 만든다. 그림 4.12에는 Ni 산화광으로부터 스테인리스강의 원료인 FeNi을 제조하는 공정의 예를 나타내었다.[23] 우리나라의 SNNC(광양)에서도 유사한 공정으로 FeNi을 생산하고 있다.[24]

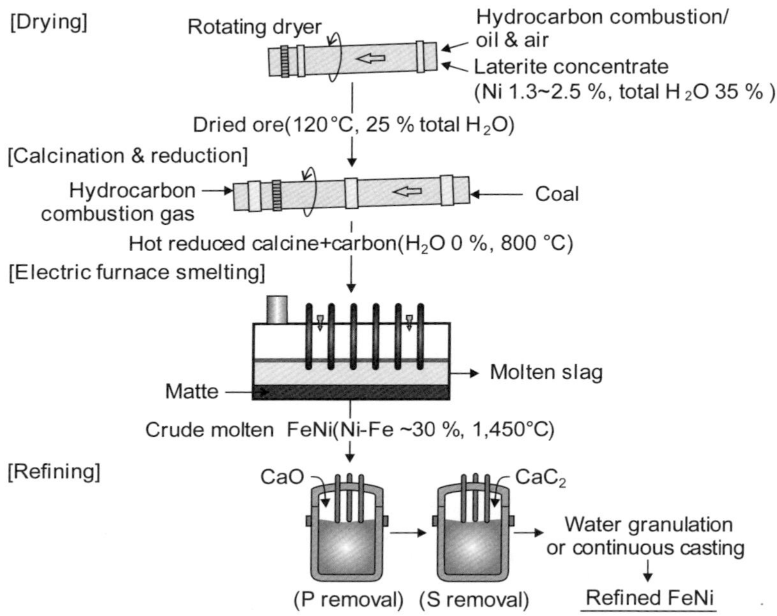

그림 4.12. Ni 산화광에서 FeNi을 제조하는 공정의 예

우선 로터리 킬른(L 30 m, ϕ 4 m 정도)에서 Ni 산화광을 가열하여 광석 표면의 부착 수분을 제거한다. 이어서 하소(calcination)용 킬른(L 100 m, ϕ 5 m 정도)에서 다음 식과 같이 화학적으로 결합한 결정수 등

을 제거하면서 부분 환원까지만 한다.

$$Ni_3Mg_3Si_4O_{10}(OH)_8 = \quad (4.32)$$

$$3NiO(s) + 4SiO_2(s) + 3MgO(s) + 4H_2O(g) \quad \text{at } 700\ ℃$$

$$2FeOOH(s) = Fe_2O_3(s) + H_2O(g) \quad \text{at } 700\ ℃ \quad (4.33)$$

하소 반응 생성물인 산화물은 약 800 ℃에서 다음 식과 같이 환원제인 석탄으로 환원한다.

$$NiO(s) + C = Ni(s) + CO(g) \quad (4.34)$$

$$NiO(s) + CO(g) = Ni(s) + CO_2(g) \quad (4.35)$$

$$Fe_2O_3(s) + CO(g) = 2FeO(s) + CO_2(g) \quad (4.36)$$

이때 반응 생성물인 CO_2는 식(4.15)의 Boudouard 반응으로 CO가 된다.

전기로(electric furnace, EF)에서는 다음 반응으로 페로니켈이 만들어진다.

$$NiO(s) + C = Ni(l) + CO(g) \quad (4.37)$$

$$FeO(s) + C = Fe(s) + CO(g) \quad (4.38)$$

$$Fe(s) + Ni(l) = (FeNi)(l) \quad \text{at } 1{,}450\ ℃ \quad (4.39)$$

EF에서 만들어진 조FeNi을 레이들로 출탕시켜 다음 식과 같이 P, S 등을 제거한다.

$$2[P] + 5[O] + 4CaO = 4CaO \cdot P_2O_5(l) \quad (4.40)$$

$$[S] + CaC_2(s) = 2[C] + CaS(l) \quad (4.41)$$

한편 전기로에서 발생하는 슬래그(54 %SiO_2, 36 %MgO 등)는 공냉하거나 수쇄하여 아스팔트용 골재, 노반재 등으로 사용한다.

[예제 4.10] Ni 산화광으로 1,600 ℃에서 약 20 wt% Ni의 페로니켈

(FeNi)을 만드는 것이 유리한 이유를 열역학적으로 설명하라. 단 Fe-Ni, FeO-NiO계는 이상용액으로 가정한다.

$$\mathrm{NiO(s)+Fe(l)=Ni(l)+FeO(l)},\ \Delta G^{\circ}=10{,}620-44.31T\ \mathrm{J} \quad (1)$$

[풀이] 식(1)을 이상용액으로 가정하였으므로 1,600 ℃에서 평형상수는 다음과 같다.

$$K_{(1)}=\frac{a_{\mathrm{Ni}}\cdot a_{\mathrm{FeO}}}{a_{\mathrm{Fe}}\cdot a_{\mathrm{NiO}}}=\left(\frac{x_{\mathrm{Ni}}}{x_{\mathrm{Fe}}}\right)\cdot\left(\frac{x_{\mathrm{FeO}}}{x_{\mathrm{NiO}}}\right) \quad (2)$$

$$=\exp\left(-\frac{\Delta G^{\circ}_{(1)}}{RT}\right)=\exp\left(-\frac{-72{,}373}{8.314\times 1{,}873}\right)\fallingdotseq 100$$

만약 $x_{\mathrm{Ni}}/x_{\mathrm{Fe}}$=100이 되도록 Ni을 우선 환원하여 Ni이 많은 금속을 얻으려면 $x_{\mathrm{FeO}}/x_{\mathrm{NiO}}$=1이 되어 다량의 NiO가 슬래그에 남게 된다. 그러나 $x_{\mathrm{Ni}}/x_{\mathrm{Fe}}$=1/4 정도의 페로니켈을 만들면 $x_{\mathrm{FeO}}/x_{\mathrm{NiO}}$=400 정도가 되어 슬래그 중 NiO 형태의 Ni 손실은 소량이다. 따라서 약 20 wt% Ni의 페로니켈을 만들면 대부분의 Ni을 금속상으로 환원시킬 수 있다.

[예제 4.11] 페로망가니즈(FeMn)는 Fe이 공존하는 전기로에서 MnO_2를 C으로 환원하여 만든다. MnO_2는 노 내에서 MnO까지 열분해된 후 C에 의해 Mn으로 환원된다. 1기압하에서 탄소에 의한 MnO의 환원이 가능한 온도를 구하라.

$$2<\mathrm{C}>+(\mathrm{O_2})=2(\mathrm{CO}):\ \Delta G^{\circ}=-223{,}426-175.3T\ \mathrm{J} \quad (1)$$

$$2<\mathrm{Mn}>+(\mathrm{O_2})=2<\mathrm{MnO}>:\ \Delta G^{\circ}=-798{,}307+164.2\,T\ \mathrm{J} \quad (2)$$

[풀이] C에 의한 MnO의 환원반응은 [식(1)-식(2)]/2에 의해

$$<\mathrm{MnO}>+<\mathrm{C}>\ =\ <\mathrm{Mn}>+(\mathrm{CO}) \quad (3)$$

$$\therefore \Delta G^\circ_{(3)} = (\Delta G^\circ_{(1)} - \Delta G^\circ_{(2)})/2 = 287,441 - 169.8\,T \text{ J}$$

응축상의 활동도가 1이고 $p_{CO} = 1$ atm이라면 다음과 같다.

$$\Delta G_{(3)} = \Delta G^\circ_{(3)} + RT\ln\left(\frac{a_{Mn} \cdot p_{CO}}{a_{MnO} \cdot a_C}\right) = \Delta G^\circ_{(3)} \tag{4}$$

평형이 되는 온도는 $\Delta G_{(3)} = 0$이므로

$$\Delta G_{(3)} = \Delta G^\circ_{(3)} = 287,441 - 169.8\,T = 0 \quad \therefore T = 1,692.6 \text{ K} \tag{5}$$

따라서 1,473.6 ℃ 이상이 되면 $\Delta G_{(3)} < 0$이 되어 환원반응이 일어난다.

(5) 기타

V 산화물의 탄소 열환원은 1,700 ℃ 이상에서 일어나지만, C이 고온에서 V 중에 용해되어 VC나 VC_2가 생성될 수 있다. V_2O_5는 V_2O_4, V_2O_3, VO, V(O)s를 거쳐서 최종적으로 V이 된다. 그리고 VC는 VC_2와 V(C)s를 거쳐서 단계적으로 V까지 환원된다. 우선 1,000 ℃ 이하에서는 다음과 같은 반응이 일어난다.[25]

$$V_2O_5 + CO = 2VO_2 + CO_2 \tag{4.42}$$

$$2VO_2 + CO = V_2O_3 + CO_2 \tag{4.43}$$

그리고 1,000 ℃ 이상에서는 다음과 같은 반응이 일어난다.

$$V_2O_3 + 5C = 2VC + 3CO \tag{4.44}$$

$$2V_2O_3 + VC = 5VO + CO \tag{4.45}$$

$$VO + 3VC = 2V_2C + CO \tag{4.46}$$

$$VO + V_2C = 3V + CO \tag{4.47}$$

금속 Nb은 Nb_2O_5를 탄소 열환원하여 만들 수 있다. C과 Nb_2O_5를 혼합하여 단광으로 만들고, 약 1,950 ℃의 진공로에서 2단계에 걸쳐서

환원하며, 각각의 반응식은 다음과 같다.[26, 27]

$$Nb_2O_5(s) + 7C(s) = 2NbC(s) + 5CO(g) \quad (4.48)$$

$$5NbC(s) + Nb_2O_5(s) = 7Nb(s) + 5CO(g) \quad (4.49)$$

탄소 열환원으로 만들어진 Nb 중에는 반응 중에 생성된 NbC, Nb_2C, NbO_2, NbO 등이 포함되어 있으므로 [O], [C] 등을 제거하기 위한 전자빔 용해 등 고온에서의 정련이 필요하다. 전자빔 용해 후 [C], [O], [N]은 각각 80, 100, 90 ppm 수준을 나타낸다.[28]

[예제 4.12] 1,500 ℃, 1기압에서 Nb_2O_5로 NbC를 분해할 수 있는지 알아보자.

$$\Delta G^\circ_{<Nb_2O_5>} = -1,125.5\ \text{kJ/mol},\ \Delta G^\circ_{<NbC>} = -128.87\ \text{kJ/mol}$$

$$\Delta G^\circ_{(CO)} = -267.77\ \text{kJ/mol}$$

[풀이] Nb_2O_5로 NbC를 분해하는 반응은 다음과 같이 나타낼 수 있다.

$$Nb_2O_5 + 5NbC = 7Nb + 5CO \quad (1)$$

따라서 분해 반응식의 자유에너지변화는 다음과 같다.

$$\Delta G^\circ_{(1)} = \left(7\Delta G^\circ_{Nb} + 5\Delta G^\circ_{CO}\right) - \left(5\Delta G^\circ_{NbC} + \Delta G^\circ_{Nb_2O_5}\right) = 431\ \text{kJ}$$

자유에너지 변화값이 '0'보다 크므로 1,500 ℃, 1기압에서 Nb_2O_5로 NbC를 분해할 수 없다.

4.3.4 산화물의 금속 열환원

금속 열환원은 목적금속과 환원제 금속의 산소 친화력 차이를 이용하는 것으로, 테르밋법(Thermit process, 금속 열환원법)이라 한다.* 환원제로는 산화물 엘링감도의 아래쪽에 있는 Mg, Al, Si, Na 등의 활성

금속을 사용한다.* 금속 환원제가 목적금속 산화물과 반응하여 산화될 때의 반응열에 의해 고융점 금속까지도 단시간에 용융환원할 수 있다. 환원제인 금속 종류에 따라 다음과 같은 것이 있으며 고융점 금속의 합금철 제조법으로도 사용되고 있다.

① Al: aluminothermic reduction process

② Mg: magnesiothermic reduction process

③ Si: silicothermic reduction process

④ Ca: calciothermic reduction process

⑤ Na: sodium-thermic reduction process

금속 열환원 반응의 기본 반응식은 식(4.9)와 같으며, 이하에 금속 열환원 반응의 예를 나타내었다.

(1) 금속 V의 제조

V은 융점이 1,910 ℃인 고융점 금속이며, 탄소, 산소, 질소 등과의 친화력이 높아 고순도화가 곤란한 금속이다. 따라서 오산화바나듐을 Al 금속 열환원법으로 조금속을 만든 후, 3회에 걸친 전자빔 용해 정제로 고순도 V을 제조한다.

V_2O_5의 Al 열환원 반응은 다음과 같다.

$$\frac{2}{5}V_2O_5 + \frac{4}{3}Al = \frac{4}{5}V + \frac{2}{3}Al_2O_3,\quad \Delta G^\circ = -540,097 + 24.8\,T \text{ J} \quad (4.50)$$

Al 열환원 반응에서 Al 소비량을 줄이기 위해 V_2O_5를 V_2O_3로 예비환원하여 사용하기도 한다.

---

* 피전법에 의한 Mg 제련은 MgO를 Si(FeSi)으로 환원하지만, 증류제련에서 설명한다.

* 그림 2.9 산화물의 표준 생성 자유에너지변화-온도도 참조.

$$\frac{2}{3}V_2O_3 + \frac{4}{3}Al = \frac{4}{3}V + \frac{2}{3}Al_2O_3,\ \Delta G^\circ = -319,453 + 63.93T\ \text{J} \quad (4.51)$$

이러한 Al 열환원 반응은 발열을 수반하는 자발적 반응으로, V_2O_5(또는 V_2O_3) 분말과 Al 분말을 혼합하여 점화시키면 환원반응의 진행과 동시에 발열반응으로 온도가 급격하게 상승하여 단시간에 환원반응이 진행된다. 반응 도중에는 액상 V 화합물이 생성되고 반응 종료 후에는 Al이 고용된 조금속 V이 얻어진다.

한편 Al 열환원 반응에서는 V의 실수율을 높이기 위해 과잉의 Al 환원제를 사용하므로 조금속 V에는 15~25 wt%Al이 함유된다. 따라서 조금속의 반복적인 전자빔 용해로 V 중 Al을 휘발 제거시켜 정제한다.[29] 이 과정에서 V 중 산소는 Al의 저급 산화물이 되어 함께 제거되지만, N, Si 등은 제거되지 않으며, V의 순도는 99.93 wt% 정도이다.[30]

(2) 금속 Nb의 제조

대표적인 고융점 금속인 Nb(m.p. 2,477 ℃)은 광석에서 Nb_2O_5를 추출하여 Al이나 Ca으로 환원할 수 있으나, 90 % 이상은 Al 열환원 반응으로 만든다. 그림 4.13에 Nb_2O_5의 Al 열환원 공정도를 나타내었으며,[31] 총괄반응식은 다음과 같다.[32]

$$3Nb_2O_5 + 10Al = 6Nb + 5Al_2O_3 \quad (4.52)$$
$$\Delta G^\circ = -925,300 + 136.2T\ \text{J/mol} - Nb_2O_5$$

다만 다음과 같은 여러 단계의 저급 산화물을 거쳐서 금속 Nb으로 환원된다.

$$2Nb_2O_5 + 2Al = 6NbO_2 + Al_2O_3$$
$$3NbO_2 + 2Al = 3NbO + Al_2O_3$$
$$3NbO + 2Al = 3Nb + Al_2O_3$$

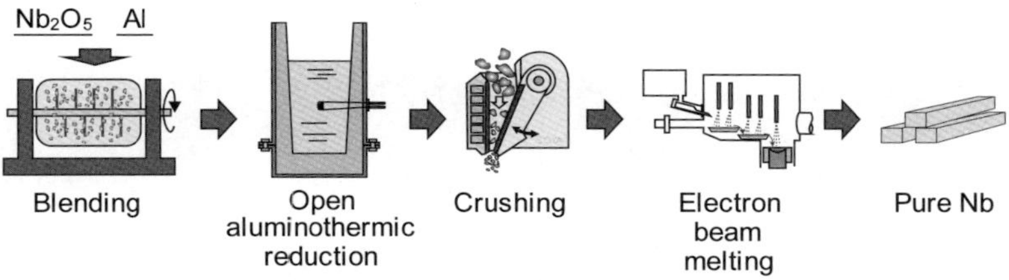

그림 4.13. Nb_2O_5의 Al 열환원 공정도

Al 열환원법인 ATR(Alumino Thermic Reduction)법에서는 Al을 과잉으로 사용하여 Nb-Al 합금을 만들고, 이것을 진공 중에서 전자빔 용해 등으로 Al을 증발 제거하여 저산소의 C-free Nb을 만든다.[33, 34]

(3) 금속 Ta의 제조

고융점 금속인 Ta(m.p. 3,017 ℃)도 Nb과 마찬가지로 Al, Ca 등으로 환원할 수 있으며, Al에 의한 열환원 반응은 다음과 같다.

$$3Ta_2O_5(s) + 10Al(l) = 6Ta(s) + 5Al_2O_3(s) \tag{4.53}$$

다만 이 반응은 Ca 열환원보다 발열량이 부족하여 S를 첨가한다. S를 첨가하면 Al과 반응하여 Al_2S_3가 생성되면서 부족한 열량을 보충할 수 있으며 슬래그의 융점을 낮추는 효과도 있다.[35]

Ta_2O_5의 Ca 열환원 반응은 다음과 같다.[36]

$$Ta_2O_5(s) + 5Ca(l) = 2Ta(s) + 5CaO(s) \tag{4.54}$$

$$\Delta G^\circ = -1187,200 + 144.275\,T \text{ J/mol}$$

(4) 희토류 원소의 금속 열환원 확산법

희토류 원소 산화물을 Ca으로 열환원시켜 직접 희토류 합금을 제조한다. 미국(RD법, Reduction-Diffusion)과 독일(Co-Reduction)에서 거의 같은 시기인 1973년에 환원 확산법이라는 명칭으로 $SmCo_5$ 합금분말 제조법이 개발되었지만, 기본적으로는 동일한 환원법이다. NdFeB 합금에도 적용하고 있으며, Ca에 의한 환원 반응의 예는 다음과 같다.[37]

$$\frac{15}{2}Nd_2O_3 + 72Fe + \frac{4}{30}Fe_{40}B_{60} + \frac{45}{2}Ca \xrightarrow[\text{vac.}]{1,200\ ℃} Nd_{15}Fe_{77}B_8 + \frac{45}{2}CaO \tag{4.55}$$

$$Sm_2O_3 + 10Co + 3Ca \xrightarrow[\text{vac.}]{1,150\ ℃} 2SmCo_5 + 3CaO \tag{4.56}$$

$$Sm_2O_3 + 10Co + 3CaH_2 \xrightarrow[H_2]{1,150\ ℃} 2SmCo_5 + 3CaO + 3H_2\uparrow \tag{4.57}$$

초기의 RD법은 산화 희토류 분말(Sm_2O_3+Co_3O_4)을 혼합하여 Co를 수소로 환원시킨 후 Ca을 혼합하여 열환원, 파쇄, 수세 및 진공 건조를 거쳐서 RD 분말을 제조하였다. 이후 Sm_2O_3와 금속 Co, CaH_2를 혼합하여 열환원하는 방식으로 개선되었다. 반응이 완료되면 냉각, 분쇄 후 물이나 묽은 산으로 Ca, CaO를 제거하고 건조하면 합금 분말이 얻어진다.

한편 Co-Reduction법은 독일의 Goldschmidt에서 공업화한 방법으로 산화물 상태인 Sm_2O_3, Co_3O_4, Fe_2O_3 등을 금속 Ca과 반응시켜 합금을 제조하는 방법(1,100~1,200 ℃, 진공 분위기)으로 반응식은 다음과 같다.

$$Sm_2O_3 + Co_3O_4 + 7Co + 7Ca = 2SmCo_5 + 7CaO \tag{4.58}$$

$$\frac{15}{2}Nd_2O_3 + 10Fe_2O_3 + 57Fe + 8B + 52.5Ca = Nd_{15}Fe_{77}B_8 + 52.5CaO \tag{4.59}$$

(5) 고융점 금속의 합금철 제조

FeNb, FeMo, FeV 등의 합금철은 금속 열환원 반응을 이용하여 만든다. 특히 Nb 제품의 90 % 이상은 페로나이오븀(FeNb, Nb 40~70 wt%)으로 만들어져 철강의 합금용으로 사용되고 있다. 일반적으로 FeNb은 Nb 산화물을 Al으로 열환원하여 만들며, 철분이 부족하면 산화철을 혼합하여 제조하기도 한다. Nb의 출발원료는 컬럼바이트와 파이로크로아(pyrochlore) 정광을 사용한다. Nb_2O_5의 Al에 의한 열환원 반응은 식(4.52)와 같으며, 산화철의 Al 열환원 반응은 다음과 같다.[38]

$$Fe_2O_3 + 2Al = 2Fe + Al_2O_3, \quad \Delta H^\circ_{298} = -438.7 \ \text{kJ/mol Al} \qquad (4.60)$$

페로몰리브데넘(FeMo)도 MoO_3와 산화철, FeSi, Al 및 플럭스를 혼합하여 열환원 반응으로 제조한다.

[예제 4.13] 1기압하에서 Al과 Si에 의한 MoO_3의 환원이 가능한 온도를 구하라.

$$4/3Al(l) + O_2(g) = 2/3Al_2O_3(s), \quad \Delta G^\circ = -1{,}126{,}890 + 218.81T \ \text{J} \ (1)$$

$$Si(s) + O_2(g) = SiO_2(s), \quad \Delta G^\circ = -904{,}180 + 172.37T \ \text{J} \qquad (2)$$

$$2/3Mo(s) + O_2(g) = 2/3MoO_3, \quad \Delta G^\circ = -494{,}660 + 165.71T \ \text{J} \qquad (3)$$

[풀이] Al에 의한 MoO_3의 환원 반응은 식(1)-식(3)에 의해 다음과 같다.

$$\frac{4}{3}Al + \frac{2}{3}MoO_3 = \frac{2}{3}Al_2O_3 + \frac{2}{3}Mo, \quad \Delta G^\circ_{(4)} = -632{,}230 + 53.1T \ \text{J} (4)$$

따라서 $\Delta G^\circ_{(4)} = 0$이 되는 온도가 11,906 K이며, 이보다 낮은 온도에서는 $\Delta G^\circ_{(4)}$가 '0'보다 작아지므로 Al으로 MoO_3를 환원할 수 있다.

Si에 의한 MoO_3의 환원 반응은 식(2)-식(3)하여 다음과 같다.

$$Si + \frac{2}{3}MoO_3 = SiO_2 + \frac{2}{3}Mo, \quad \Delta G^\circ_{(5)} = -409{,}520 + 6.66T \ \text{J} \qquad (5)$$

따라서 $\Delta G^\circ_{(5)} = 0$이 되는 온도가 61,490 K이며, 이보다 낮은 온도에서

는 $\Delta G^{\circ}_{(5)}$가 '0'보다 작아지므로 Si으로 MoO_3를 환원할 수 있다. 실제로 FeMo은 MoO_3를 Al과 FeSi으로 환원하여 만든다.

4.3.5 산화물의 기체 환원

일반적인 용융 온도보다 융점이 높은 고융점 금속은 기체 환원제를 이용하여 고체 상태의 조금속을 얻을 수 있다. 특히 기체 환원제로 H_2나 CO, CH_4, 금속 증기 등을 이용하며 다음 식과 같이 산화물을 고체 상태의 조금속으로 환원한다.

$$MeO(s) + RO(g) \rightarrow Me(s) + RO_2 \quad (RO: H_2, CO, CH_4 \text{ etc.})$$

$$MeO(s) + R(g) \rightarrow Me(s) + RO \quad (R: \text{metal})$$

(1) W 산화물의 수소환원

WO_3 분말을 700~1,000 ℃의 수소 기류 중에서 약 3시간 동안 가열하여 환원하면 W 분말이 얻어지며, 총괄 반응식은 다음과 같다.

$$WO_3 + 3H_2 = W + 3H_2O \tag{4.61}$$

그림 4.14에는 $H_2(g)$에 의한 $WO_3 \rightarrow \alpha$-W의 환원 경로를 나타내었다.[39] 환원반응은 다음 세 가지 경로를 거쳐 일어나며, 각각의 반응 경로와 대략적인 온도 범위는 다음과 같다.

$$WO_3 \rightarrow WO_{2.9} \rightarrow [\beta - W] \rightarrow [\alpha - W] \quad (500\text{~}575\ ℃)$$

$$WO_3 \rightarrow WO_{2.9} \rightarrow WO_2 \rightarrow [\alpha - W] \quad (575\text{~}900\ ℃)$$

$$WO_3 \rightarrow WO_{2.9} \rightarrow WO_{2.72} \rightarrow WO_2 \rightarrow [\alpha - W] \quad (775\text{~}900\ ℃)$$

한편 그림 4.14 중의 번호는 다음과 같다.[40]

① 고온의 수소 분위기에서 WO_3가 환원되어 최초로 생성되는 것은 $WO_{2.9}$이며, 반응온도에 따라 ②, ④, ⑤의 경로를 거쳐 환원된다.

② 550 ℃ 이하에서 환원반응이 지속되면 β-W으로 된다.

③ 525 ℃ 이상에서는 β-W이 α-W으로 상변태된다.

④ 575~800 ℃ 구간에서 환원시키면 $WO_{2.9} \rightarrow WO_2$로 환원된다.

⑤ 775 ℃ 이하에서는 $WO_{2.9} \rightarrow WO_{2.72}$로 환원된다.

⑥ 775~900 ℃ 구간에서는 $WO_{2.72} \rightarrow WO_2$로 환원된다.

⑦ 575~800 ℃ 구간에서는 $WO_2 \rightarrow \alpha$-W으로 환원되며, $WO_3 \rightarrow \alpha$-W 반응의 율속단계이다.

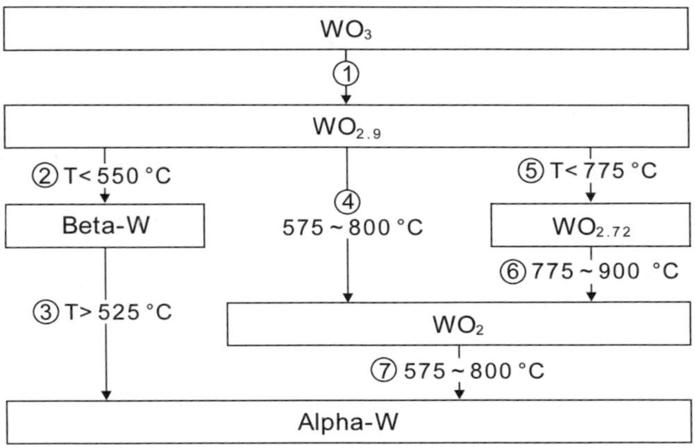

그림 4.14. H_2에 의한 WO_3에서 α-W으로의 환원반응 경로

(2) Mo 산화물의 수소환원

고융점 금속인 Mo(m.p. 2,623 ℃)도 MoO_3를 $H_2(g)$로 환원하면 W과 비슷하게 2단계에 걸쳐서 환원이 일어난다. Mo 광석은 MoS_2이지만 산화 배소하여 산화물(MoO_3)로 만든다. Mo 산화물의 환원반응은 다음과 같다.[41]

$$MoO_3 + H_2 = MoO_2 + H_2O,\ \Delta G^\circ = -74,775 - 28.685T \text{ J/mol} \quad (4.62)$$

$$\frac{1}{2}MoO_2 + H_2 = \frac{1}{2}Mo + H_2O,\ \Delta G^\circ = 38,580 - 27.53T \text{ J/mol} \quad (4.63)$$

다만 MoO_3는 약 700 ℃ 이상에서 승화하므로 MoO_2까지 환원시킨 후 금속 Mo까지 환원한다.(예제 4.14 참조)

(3) V 산화물의 수소환원

V 산화물을 수소로 환원하여 금속 V을 만들 수 있다. V의 수소환원은 W이나 Mo과 마찬가지로 V의 고급 산화물에서 저급 산화물로 환원된 후 다시 금속으로 환원된다. V_2O_5를 600 ℃의 수소 분위에서 약 3시간 동안 유지한 후 다시 900~1,000 ℃에서 5시간 동안 유지하면 금속 V이 얻어지며, 각각의 반응식은 다음과 같다.[42]

$$V_2O_5 + H_2 = 2VO_2 + H_2O,\ \Delta G^\circ = -91,630 - 68.20T \text{ J} \quad (4.64)$$

$$V_2O_5 + 2H_2 = V_2O_3 + 2H_2O,\ \Delta G^\circ = -166,732 - 76.15T \text{ J} \quad (4.65)$$

$$V_2O_5 + 3H_2 = 2VO + 3H_2O,\ \Delta G^\circ = -14,244 - 111.0T \text{ J} \quad (4.66)$$

[예제 4.14] 아래의 자료로부터 700 ℃에서 MoO_3를 수소로 환원할 때 $MoO_3 \rightarrow MoO_2$, $MoO_2 \rightarrow Mo$의 각 단계별 p_{H_2O}/p_{H_2}를 구하고 결과에 대해 설명하라.

$$\frac{2}{3}Mo(s) + O_2(g) = \frac{2}{3}MoO_3(s),\ \Delta G^\circ_{(1)} = -494,660 + 165.71T \text{ J} \quad (1)$$

$$Mo(s) + O_2(g) = MoO_2(s),\ \Delta G^\circ_{(2)} = -570,230 + 164.94T \text{ J} \quad (2)$$

$$2H_2(g) + O_2(g) = 2H_2O(g),\ \Delta G^\circ_{(3)} = -493,070 + 109.88T \text{ J} \quad (3)$$

[풀이] 우선 수소에 의한 $MoO_3 \rightarrow MoO_2$의 1단계 환원 반응은 식(1)~(3)으로부터 다음과 같다.

$$MoO_3 + H_2 = MoO_2 + H_2O, \ \Delta G^{\circ}_{(4)} = -74,775 - 28.685\,T \text{ J/mol} \quad (4)$$

700 ℃에서 $\Delta G^{\circ}_{(4)} = -102,686$ J이므로 평형상수는 다음과 같다.

$$K_{(4)} = \frac{p_{H_2O}}{p_{H_2}} = \exp\left(-\frac{\Delta G^{\circ}_{(4)}}{8.314 \times 973}\right) = 4.94 \times 10^{12} \quad (5)$$

수소에 의한 2단계의 MoO_2→Mo 환원 반응은 식(2), (3)으로부터 다음과 같다.

$$\frac{1}{2}MoO_2 + H_2 = \frac{1}{2}Mo + H_2O, \ \Delta G^{\circ}_{(6)} = 38,580 - 27.53\,T \text{ J/mol} \quad (6)$$

700 ℃에서 $\Delta G^{\circ}_{(6)} = 11,793$ J이므로 평형상수는 다음과 같다.

$$K_{(6)} = \frac{p_{H_2O}}{p_{H_2}} = \exp\left(-\frac{\Delta G^{\circ}_{(6)}}{8.314 \times 973}\right) = 0.233 \quad (7)$$

따라서 MoO_3에서 MoO_2까지는 쉽게 환원되지만, MoO_2에서 Mo를 얻기 위해서는 온도를 높이고, H_2(g)를 과잉으로 공급하여 생성된 H_2O(g)를 제거하여야 한다.

4.4 황화물의 용융제련

Cu와 Ni은 황화물 용융제련을 하는 대표적인 금속이다. 그러나 Cu는 산소에 의해 조금속까지 환원되지만, Ni은 매트까지만 환원한 후 습식으로 처리하거나 산화물로 만들어 수소환원으로 금속 Ni을 만든다. 리사이클링 원료 중 황화물은 그다지 많지 않으며, 설사 황화물 상태로 배출되어도 전처리 공정에서 산화 배소하여 산화물로 만들어 환원하기도 한다. 그러나 원료에 따라서는 1차적으로 복합 황화물을 만들어 목적금속을 농축하거나 분리·회수하는 경우도 있다.

4.4.1 황화물 용융제련의 원리

황화물 용융제련은 산소에 의한 열환원 반응을 이용하는 것으로 다음과 같은 방법이 있다.

① 직접 산화에 의해 금속을 얻는 방법: $MS+O_2 \rightarrow M+SO_2$

황화물을 산화시켜 직접 금속을 얻는 방법으로 $CuFeS_2 \rightarrow Cu_2S \rightarrow Cu$의 전환이 대표적인 예이다.

② 산화-환원으로 금속을 얻는 방법: $MS+3/2O_2=MO+SO_2$

황화물 중의 S를 제거하는 수단으로 공기 중의 O_2를 이용하여 황화물을 산화물로 변화시킨 후 환원시키는 방법이며, Fe, Zn, Ni 등에 해당한다.

③ 황화물을 S 친화력이 높은 금속으로 치환 환원하여 금속으로 환원

대표적으로 PbS를 철스크랩과 반응시켜 치환반응에 의해 조연을 얻을 수 있으며, 납축전지의 리사이클링에 적용하고 있다.

[예제 4.15] 1,000 ℃, 1기압 조건에서 산화물을 이용하여 황화물을 환원할 때 어느 금속이 생성될 수 있는가?

$$Cu_2S+2Cu_2O=6Cu+SO_2,$$

$$\Delta G^\circ=119,370+58.83\,T\log T-294.68\,T\ \text{J}$$

$$PbS+2PbO=3Pb+SO_2,$$

$$\Delta G^\circ=411,873+67.36\,T\log T-506.85\,T\ \text{J}$$

$$Ni_3S_2+4NiO=7Ni+2SO_2,\ \ \Delta G^\circ=584,923-412.5\,T\ \text{J}$$

[풀이] 1,000 ℃에서 각 반응식의 자유에너지 변화값을 계산하여 비교한다.

$$\text{Cu: } \Delta G^\circ=119,370+58.83\times 1,273\log(1,273)-294.68\times 1,273$$

$$=-23,235\ \text{J}$$

$$\text{Pb: } \Delta G^\circ = 411{,}873 + 67.36 \times 1{,}273\log(1{,}273) - 506.85 \times 1{,}273$$
$$= 32{,}890 \text{ J}$$

$$\text{Ni: } \Delta G^\circ = 584{,}923 - 412.5 \times 1{,}273 = 59{,}811 \text{ J}$$

1,000 ℃, 1기압 조건에서 Cu만 자유에너지 변화값이 '0'보다 작으므로 Cu 산화물을 이용하여 Cu 황화물을 환원할 수 있다.

4.4.2 Cu, Ni 황화광의 용융제련

동제련에서는 황동광($CuFeS_2$)을 플럭스와 함께 노 내에 장입하고 산소에 의한 열환원 용융제련으로 목적금속인 Cu를 매트에 농축시킨다. 이때 Fe은 산화되어 FeO가 되므로 첨가한 플럭스 및 나머지 불순물과 슬래그가 되어 분리된다. 이어서 매트를 전로에서 산화 용련하여 Fe을 슬래그로서 제거하고, 남은 Cu_2S를 다시 산화시켜 조동(crude Cu)을 얻는다.

(1) Cu의 매트 용련

그림 4.15에는 자용로 공법의 공정도(LS MnM 온산 제련소)를 나타내

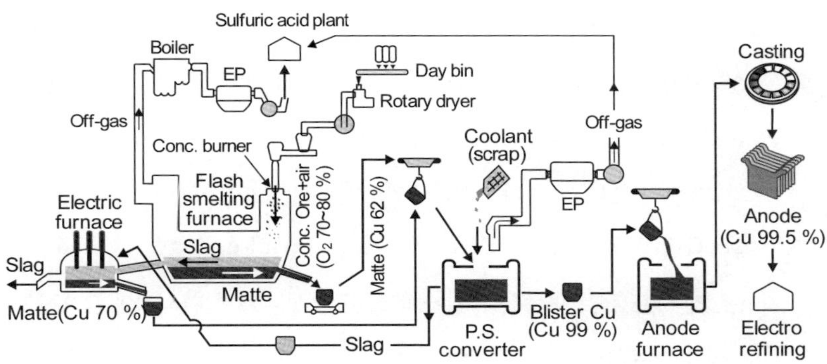

그림 4.15. LS MnM 온산 동제련소의 자용로 공법 공정도

었다. 우선 Cu 1 % 전후의 광석을 부유선광(flotation)하여 Cu 20~30 %의 정광을 만든다. Cu가 농축된 정광을 산화 용련하여 매트(Cu_2S-FeS)를 만드는 매트 용련(matte smelting)과 매트를 다시 산화시켜 조동(blister copper)을 얻는 제동(converting), 조동을 정제하는 전해정제(electro refining)의 3가지 공정으로 구성되어 있다.

Cu 제련의 1단계인 매트 용련에는 자용로, MI법의 S로를 비롯하여 여러 가지 방법이 사용되고 있다.[43] 그림 4.16에는 Outokumpu형 자용로의 형상을 대략적인 크기와 함께 나타내었다. 자용로는 탈황률을 제어하기 쉽고, SO_2 가스 농도가 높아 황산 제조에 적합한 특징을 가지고 있다. 또 생성된 매트의 품위가 60 % 정도여서 PS 전로에서의 정련 부담을 낮출 수 있다.

매트 용련에서는 동정광이 산소부화 공기에 의해 착화되면 유황분이 연소하여 발열하므로 별도의 연료는 사용하지 않는다. 매트 용련의 주요 반응은 다음과 같다.[44]

$$2CuFeS_2 = Cu_2S + 2FeS + 1/2S_2 \tag{4.67}$$

$$S_2 + 2O_2 = 2SO_2 \tag{4.68}$$

$$2CuFeS_2(s) + O_2(g) = Cu_2S(l) + 2FeS(l) + SO_2(g) \tag{4.69}$$

$$FeS_2(s) + O_2(g) = FeS(l) + SO_2(g) \tag{4.70}$$

$$2FeS(l) + 3O_2(g) = 2FeO(l) + 2SO_2(g) \tag{4.71}$$

$$2FeO(l) + SiO_2(g) = 2FeO \cdot SiO_2(l) : \text{ fayalite slag} \tag{4.72}$$

자용로의 샤프트부에서 정광 입자의 온도는 상온에서 단시간에 2,000 K까지도 상승하는 것으로 보고되었다.[45] 그리고 이러한 비등온 산화반응 중에 As, Sb, Bi 등의 일부가 증발되어 기상으로 제거되기도 하며, 일부는 슬

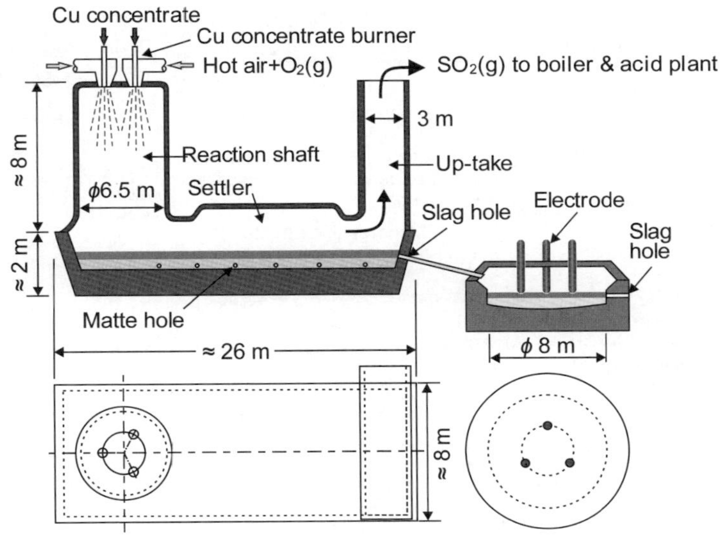

그림 4.16. Outokumpu형 자용로의 모식도와 대략적인 제원

래그로 분배되어 제거되고 나머지는 매트상으로 분배된다. 그러나 귀금속들은 전부 매트상으로 분배되고, 전로에서의 제동 공정에서는 금속상으로 분배된 후, 최종적으로는 전해정련 공정에서 anode slime으로 회수한다.

(2) Ni의 매트 용련

Ni 황화광 제련은 매트 중으로 Ni을 농축하는 매트 용련에서 출발한다. 그림 4.17에는 Ni 황화광을 매트 용련하여 Fe이 적은 고품위 매트를 만드는 자용로법과 전기로(electric furnace)법의 예를 나타내었다.[46] 우선 직경 50 μm 이하로 파쇄한 황화광을 부유선광하여 Ni이 농축된 정광을 얻고, 건조한 정광 분말을 자용로나 전기로에서 용련하여 Ni보다 산소 친화력이 높은 철(Fe)의 일부를 산화시켜 슬래그로 분리한다.[47]

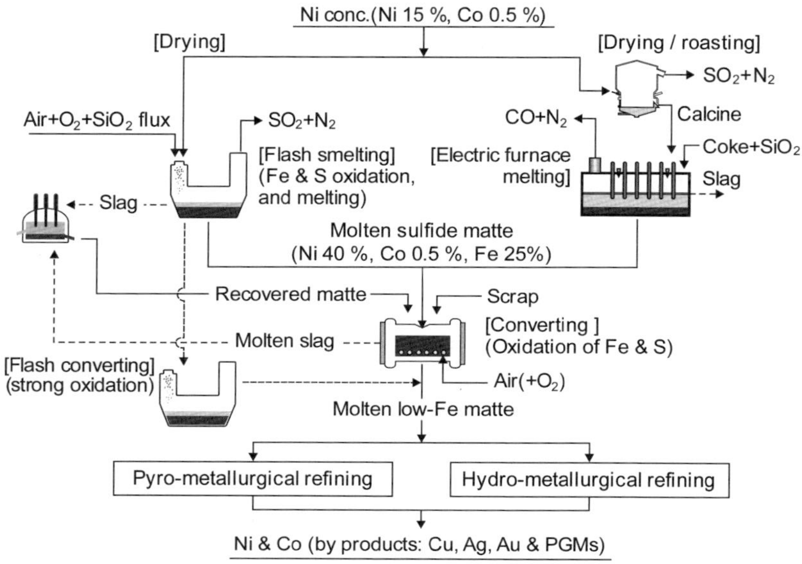

그림 4.17. 니켈 황화광의 용련에 의한 고품위 매트 제조 공정

Ni 황화광은 자용로 샤프트부를 낙하하면서 다음과 같은 산화반응이 일어난다.[12]

$$Ni_{4.5}Fe_{4.5}S_8(s) + 5.7O_2(g) = 4.5NiS(l) + 4.5FeO(l) + 3.5SO_2(g) \quad (4.73)$$

$$Fe_8S_9(s) + 13O_2(g) = 8FeO(l) + 9SO_2(g) \quad (4.74)$$

완전히 산화된 NiO의 작은 입자들은 슬래그층을 통과하면서 다음 식과 같은 황화반응이 일어나기도 하며, 자용로 슬래그는 Cu의 매트 용련과 마찬가지로 매트 회수용 전기로에 보내어 처리한다.

$$NiO(l) + FeS(l) = NiS(l) + FeO(l) \quad (4.75)$$

자용로에서 약 40 %Ni까지 농축된 매트를 전로(converter)에 보내어 공기(산소)로 Fe과 S를 산화 제거하여 Ni이 약 70 %인 고품위 매트를 얻는다. 또 건조시킨 정광을 그림에서와 같이 전기로에서 용련하여 매트를 만들기도 한다.

[예제 4.16] 니켈 매트의 전로 반응은 Ni 농축 매트까지만 정련하고 금속 Ni은 제조하지 않는다. 아래 식으로부터 1,200 ℃에서 전로 정련을 할 때 그 이유를 열역학적으로 설명하라.[48]

$$2Ni(s) + O_2(g) = 2NiO(s): \ \Delta G^\circ = -469,800 + 169.36T \text{ J} \qquad (1)$$

$$3Ni(s) + S_2(g) = Ni_3S_2(l): \ \Delta G^\circ = -242,300 + 66.48T \text{ J} \qquad (2)$$

$$\frac{1}{2}S_2(g) + O_2(g) = SO_2(g): \ \Delta G^\circ = -362,070 + 73.41T \text{ J} \qquad (3)$$

[풀이] 황화물의 산화제련은 O_2 분압을 올리고 S_2 분압을 낮추어 황화물을 금속으로 전환하는 제련법으로 산화물이 석출되지 않아야 한다. 따라서 허용 최대 산소분압은 금속/산화물 평형에 의해 결정되며, 황화물 원료에서 S_2 분압은 금속/황화물 평형으로 결정된다. 따라서 금속/산화물/황화물의 3상 평형에서의 분압을 검토하여야 한다.

실제 제련 공정에서 산소는 공기나 유사한 조성의 산소 함유 가스를 사용한다. 예를 들면 대량의 황화물이 존재할 때 공기를 공급하면 평형론적으로 결정된 산소분압까지 공기 중 산소가 소비되면서 공급한 공기 중 산소와 같은 분압인 0.2 atm 정도의 SO_2가 생성된다. 이 SO_2 분압이 상기한 3상 평형에서 계산한 SO_2 분압보다 크면 황화물과 산화물의 2상 평형에서만 이러한 큰 SO_2 분압을 달성할 수 있고, 금속은 제조할 수 없게 된다. 즉, 황화물과 금속의 2상 평형은 물론 3상 평형도 성립할 수 없다. 낮은 산소 농도에서는 열역학적으로는 반응이 가능할 수 있으나, 극단적으로 작은 산소분압에서는 생산성이나 전로의 열수지도 문제가 된다. 따라서 금속/산화물/황화물의 3상 평형에서 SO_2 분압을 계산하여 평가해야 한다.

Ni의 전로 정련에서 3상이 평형되는 식은 식(1)~(3)으로부터 다음과 같이 나타낼 수 있다.

$$Ni_3S_2(l) + 4NiO(s) = 7Ni(s) + 2SO_2: \ \Delta G^\circ = 457{,}760 - 258.38T \text{ J} \quad (4)$$

$$\therefore \ \Delta G^\circ_{(4)} = 77{,}166 \text{ J at } 1{,}473\text{K}$$

평형상수 $K_{(4)}$ 는 다음과 같다.

$$K_{(4)} = \frac{a^7_{Ni} \cdot p^2_{SO_2}}{a_{Ni_3S_2} \cdot a^4_{NiO}} = \exp\left(-\frac{\Delta G^\circ_{(4)}}{RT}\right) = 1.834 \times 10^{-3} \quad (5)$$

만일 응축상이 순수하다면, SO_2 분압은 다음과 같다.

$$p_{SO_2} = \sqrt{K_{(4)}} = 4.283 \times 10^{-2} \text{ atm} \quad (6)$$

또 이때의 산소분압은 식(1)로부터 구하며, 1,473 K에서 $\Delta G^\circ_{(1)} = -220{,}333$ J이므로 평형상수 $K_{(1)}$은 다음과 같다.

$$K_{(1)} = \frac{a^2_{NiO}}{a^2_{Ni} \cdot p_{O_2}} = \exp\left(-\frac{\Delta G^\circ_{(1)}}{RT}\right) = 6.510 \times 10^7 \quad (7)$$

따라서 산소분압은 다음과 같다.

$$p_{O_2} = 1/K_{(1)} = 1.536 \times 10^{-8} \text{ (atm)} \quad (8)$$

이상으로부터 공기 정도의 산소분압에서 생성되는 SO_2 분압은 대략 0.2 atm 정도이며, 1,473 K에서 금속 Ni을 얻기 위한 SO_2 분압은 4.283×10^{-2} atm 이하여야 하며, 이보다 높은 SO_2 분압에서는 산화니켈이 생성된다. 따라서 Ni 황화광의 건식제련에서는 농축 매트까지만 만들고 있다.

(3) 전기로 매트 용련

그림 4.18에는 선광하여 얻은 Cu나 Ni 정광을 매트로 만드는 전기로 제련의 반응로 부분을 모식적으로 나타내었다.[49] 전기로 제련에서는 황화

물 정광을 그림과 같이 복수 전극의 침지 아크 전기로(폭 8 m, 길이 26 m, 출력 30~40 MW)에 투입하여 용해한다. 용해된 광석은 산화물(슬래그)과 황화물(매트)의 2상으로 분리되며, 밀도가 큰 황화물 매트는 노 바닥에 모이고, 맥석 성분을 포함한 밀도가 낮은 산화물은 부상하여 전기로 슬래그로 배출된다.[50]

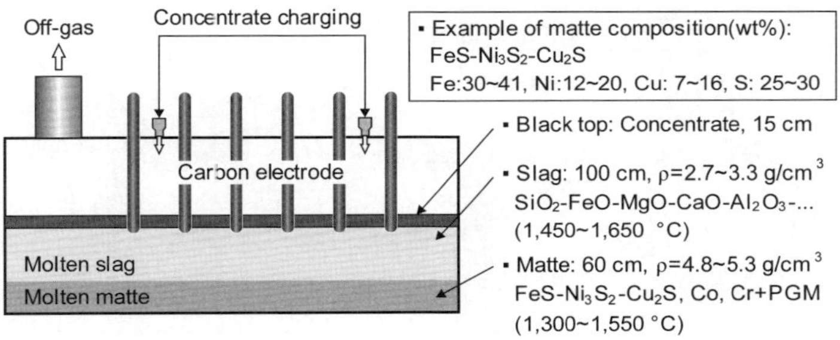

그림 4.18. 전기로 용련의 반응로와 슬래그 및 매트의 수직 단면 모식도

특히 백금족 금속이 함유된 황화광의 매트 용련에서 백금족 금속이 농축된 전기로 매트는 전로 공정(PS converter, TSL* 등)으로 옮겨 매트 중의 Fe과 S를 산화시켜 산화철과 SO_x로 제거한다. 이때 백금족 금속이 농축된 Ni_3S_2-Cu_2S-FeS의 전로 매트(~50 wt% Ni, ~30 wt% Cu, ~20 wt% S)가 만들어진다. 전로 매트는 습식공정으로 보내어 백금족 금속과 Ni이나 Cu를 회수한다.[46]

(4) 매트 산화에 의한 Fe 제거와 조금속 제조

자용로나 전기로에서 만들어진 매트(약 60 wt%Cu 등)는 그림 4.19에

---

* PS converter: Peirce-Smith converter, TSL: Top Submerged Lance.

나타낸 원통 횡형의 PS 전로에서 산화정련을 한다. 전로의 측면 아래에서 산소 부화 공기(air+O_2)를 불어넣으면 식(4.71)과 같이 FeS의 우선 산화반응이 일어나 Fe과 S의 제거가 진행된다. 이 과정을 slag making stage라 부르며, 생성된 FeO는 자용로에서와 마찬가지로 식(4.72) 반응으로 fayalite($2FeO{\cdot}SiO_2$) 슬래그가 되어 Cu_2S와 분리된다.

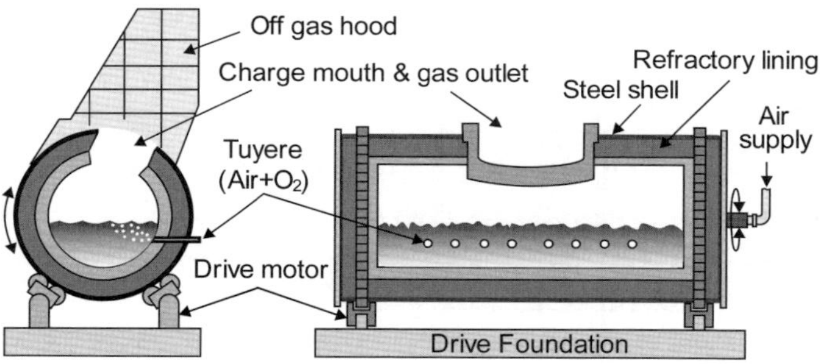

그림 4.19. PS 전로(Pierce Smith converter)의 모식도

산화에 의한 탈철이 진행되어 FeS 농도가 낮아지면 보다 강력한 산화로 산소 퍼텐셜이 상승하여 다음 식과 같이 FeO가 Fe_3O_4까지 산화된다.

$$3FeO(l) + \frac{1}{2}O_2(g) = Fe_3O_4(s) \tag{4.76}$$

$$2FeS(l) + 3O_2(g) = 2FeO(l) + 2SO_2(g) \tag{4.77}$$

$$3Fe_3O_4(s) + FeS(l) = 10FeO(l) + SO_2(g) \tag{4.78}$$

전로를 경동하여 슬래그를 제거한 후 다시 공기를 불어넣으면 Cu_2S의 산화반응이 진행되어 다음 식과 같이 Cu가 만들어지며, 이 시기를 copper making stage라 부른다.[51]

$$Cu_2S(l) + O_2(g) = 2Cu(l) + SO_2(g) \qquad (4.79)$$

이러한 전로 공정에서는 S와 Fe의 산화반응에 의한 발열로 매트 중 불순물이 기상으로 제거되기도 한다.[52] 또 이러한 산화 반응열을 이용하여 Cu 스크랩이나 black copper 등을 용해하기도 한다. 제동 공정에서 만들어진 Cu의 순도는 약 99 %이므로 조동이라 부른다. 이러한 과정에서 광석 중 불순물은 매트 용련에서와 마찬가지로 기상, 슬래그, 조동으로 분배된다. 그리고 Au, Ag, Pd, Pt 등의 귀금속은 전부 매트상으로 분배된 후, Cu_2S상을 거쳐서 조동으로 분배된다. 따라서 E-waste scrap을 전로 공정에 투입하여 귀금속을 회수하기도 한다.

그림 4.20에는 1,573 K, p_{SO_2}=0.1 조건에서 용융 Cu 매트, 용융 Cu 중 Cu, Fe, S, O 농도와 산소 퍼텐셜($\log p_{O_2}$)의 관계를 나타내었다.[53] 그림의 상단부에는 Cu 제련 공정을 산소 퍼텐셜과 대응시켜서 나타내었다. 매트 중 산소(O)는 산화철로 존재한다. 조동기 이후는 Cu_2O로 생각해도 무방하지만, 대부분 Cu 중 용존 산소인 것으로 생각된다. 또 굵은 점선은 슬래그 중 Cu 농도를 나타낸다. 이러한 농도는 조건에 따라 약간의 차이는 있으나, 매트 용련 단계에서는 산소 퍼텐셜의 변화가 작으며, 슬래그 생성기에서는 약간 커지고, 조동기에 대폭 변하는 것을 알 수 있다.

한편 Ni 매트는 탈철 반응만 일어나며 조금속 Ni이 만들어지지 않고 곧바로 Ni 산화물이 되므로 대부분의 Fe을 제거한 Ni 농축 매트까지만 반응시킨다.

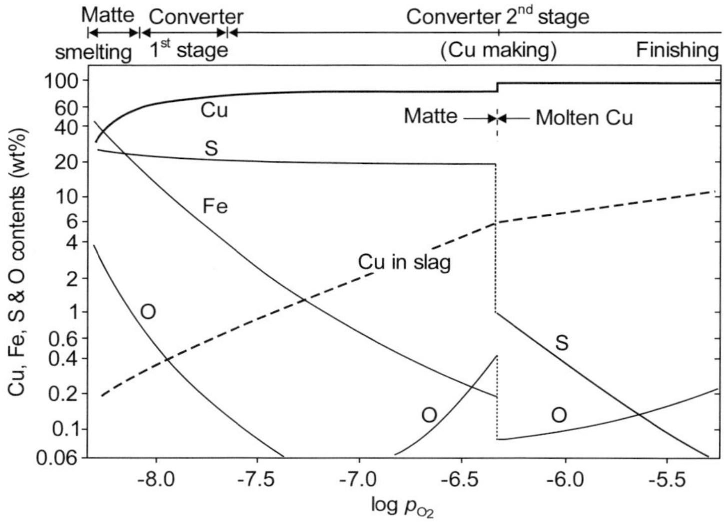

그림 4.20. Cu 용련 시 융체 중 주요 원소의 조성 변화와 산소 퍼텐셜의 관계 (1,573 K, p_{SO2}=0.1 atm)

[예제 4.17] PS 전로에 공기를 불어넣어 Cu 매트(60 wt%Cu_2S, 40 wt%FeS) 중의 Fe와 S를 산화시켜서 최초로 나온 가스 중 SO_2는 20 vol%($p_{SO_2}=0.2$ atm)였다. 온도가 1,573 K일 때 욕 중 p_{S_2}와 p_{O_2}를 구하라. 단, 슬래그 중 FeO의 활동도는 0.4이고, 매트는 Cu_2S-FeS 2원계의 이상용액으로 가정하며, Fe, Cu, S의 원자량은 각각 55.85, 63.54, 32.06 g/mol이다.

$$1/2S_2+O_2=SO_2,\ \Delta G^\circ=-362{,}070+73.41T\text{ J} \quad (1)$$

$$FeS(l)+1/2O_2=FeO(l)+1/2S_2,\ \Delta G^\circ=-121{,}170+14.89T\text{ J} \quad (2)$$

[풀이] 우선 1,573 K에서 $\Delta G^\circ_{(1)}=-246{,}596$ J이므로

$$K_{(1)} = \frac{p_{SO_2}}{p_{S_2}^{1/2} \cdot p_{O_2}} = \exp\left(-\frac{\Delta G^\circ_{(1)}}{RT}\right) = 1.55 \times 10^8 \tag{3}$$

$p_{SO_2} = 0.2$ atm이므로

$$p_{O_2} = \frac{p_{SO_2}}{K_{(1)} \cdot p_{S_2}^{1/2}} = \frac{0.2}{1.55 \times 10^8 \cdot p_{S_2}^{1/2}} = \frac{1.29 \times 10^{-9}}{p_{S_2}^{1/2}} \tag{4}$$

1,573 K에서 $\Delta G^\circ_{(2)} = -97,748.03$ J이므로

$$K_{(2)} = \frac{a_{FeO} \cdot p_{S_2}^{1/2}}{a_{FeS} \cdot p_{O_2}^{1/2}} = \exp\left(-\frac{\Delta G^\circ_{(2)}}{RT}\right) = 1,762 \tag{5}$$

$a_{FeO} = 0.4$이며, 매트는 이상용액이므로 $a_{FeS} = x_{FeS}$이며, 매트 조성으로부터 $x_{FeS} = 0.547$이므로 각각을 대입하여 정리하면 다음과 같다.

$$p_{S_2} = 5,808,100\ p_{O_2} \tag{6}$$

식(4)의 p_{O_2}를 식(5)에 대입하면 p_{S_2}는 다음과 같다.

$$p_{S_2} = (5,808,100 \times 1.29 \times 10^{-9})^{2/3} = 0.0383 \text{ atm} \tag{7}$$

식(7)의 p_{S_2}를 식(4)에 대입하면 p_{O_2}는 다음과 같다.

$$p_{O_2} = 1.29 \times 10^{-9} \times 0.0383^{-1/2} = 6.59 \times 10^{-9} \text{ atm} \tag{8}$$

[예제 4.18] 조동기 중의 용융 Cu 중 Cu, S, O %의 변화를 제련 시간의 경과를 횡축으로 하여 반 정량적으로 나타내 보자. 단, 일반적으로 전로에서는 0.05 wt%S 이하, 0.3 wt%O 이상의 조성에서 종점이 된다.

$$4Cu(l) + O_2(g) = 2Cu_2O(l): \ \Delta G^\circ = -235,200 + 78.20T \text{ J} \tag{1}$$

$$4Cu(l) + S_2(g) = 2Cu_2S(l): \ \Delta G^\circ = -282,000 + 74.52T \text{ J} \tag{2}$$

$$\frac{1}{2}S_2(g) + O_2(g) = SO_2(g): \ \Delta G^\circ = -362,070 + 73.41T \text{ J} \tag{3}$$

$$\frac{1}{2}O_2 = \underline{O}(\text{in Cu}), \quad \log K = \frac{3,950}{T} - 0.584, \tag{4}$$

$$\log f_O^{(O)} = -\frac{311.3}{T}[\%O] \tag{5}$$

[풀이] 조동기는 Cu_2S-Cu 공존기와 Cu_2S가 산화되어 소실한 후의 마무리기로 나눌 수 있다. 조동기 반응이 $p_{SO_2} = 0.1$ atm에서 진행되면 2상 공존기에는 식(3)-(2)/2에 의해

$$Cu_2S(l) + O_2(g) = 2Cu(l) + SO_2(g), \ \Delta G^\circ_{(6)} = -221,070 + 36.15T \text{ J} \tag{6}$$

$$K_{(6)} = \frac{a_{Cu}^2 \cdot p_{SO_2}}{a_{Cu_2S} \cdot p_{O_2}} = \exp\left(-\frac{\Delta G^\circ_{(6)}}{RT}\right) = 8.94 \times 10^5 \text{ at } 1,473 \text{ K}$$

따라서 1,473 K에서 $a_{Cu} = 1$, $a_{Cu_2S} = 1$, $p_{SO_2} = 0.1$이라 하면 p_{O_2}는 다음과 같다.

$$p_{O_2} = p_{SO_2} \times \frac{1}{K_{(6)}} = 1.12 \times 10^{-7} \text{ atm} \quad (\log p_{O_2} = -6.95) \tag{7}$$

한편 산소를 0.5 wt% 함유하고 있으므로 S와의 상호작용을 무시할 수 있다. 따라서 식(4), (5)로부터 다음과 같이 나타낼 수 있다.

$$\log K_{(4)} = \log\left(\frac{a_{\underline{O}}}{p_{O_2}^{1/2}}\right) = \log a_{\underline{O}} - \frac{1}{2}\log p_{O_2} = \frac{3,950}{T} - 0.584 \tag{8}$$

$$\log a_{\underline{O}} = \log(f_O^{(O)} \cdot [\%O]) = \frac{1}{2}\log p_{O_2} + \frac{3,950}{T} - 0.584 \tag{9}$$

$$\therefore \log p_{O_2} = -\frac{7,900}{T} + 1.168 - \frac{622.6}{T}[\%O] + 2\log[\%O] \tag{10}$$

$$= -4.195 - 0.423[\%O] + 2\log[\%O]$$

$\log p_{O_2} = -6.95$이므로 $[\%O] = 0.043$이며, 2상 공존 시 용융 Cu 중 S는 대략 1.1 wt%이다.

한편 Cu_2S가 산화되어 소실되면 산소 퍼텐셜이 상승하여 용융 Cu 중 S가 감소하고 O가 증가하는 마무리기가 된다. 일반적으로 PS 전로에서는 0.05 wt%S 이하, 0.3 wt%O 이상의 조성에서 종점이 되므로 정성적으로는 그림 4.21과 같다.

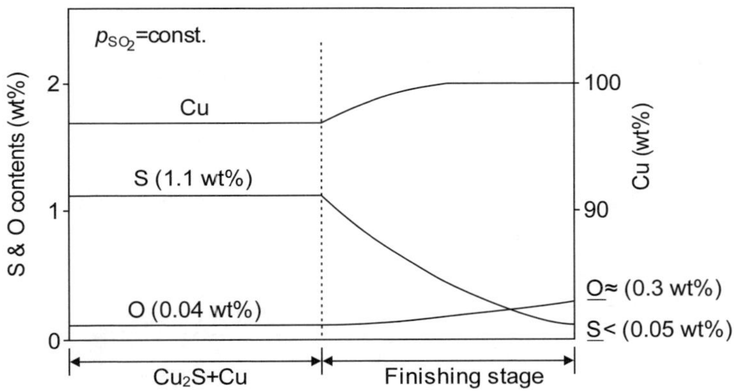

그림 4.21. 전로 조동기 중 Cu, S, O의 농도(2상 공존기의 O는 S의 상호작용을 무시한 값이며, 상호작용이 있는 경우는 약 0.06~0.07 wt% 정도임)

(5) 연속 제동법

그림 4.22에는 연속 제동법인 MI법의 공정도를 나타내었다.[54] MI법은 자용로에 해당하는 S로(smelting furnace, 내경 약 10 m)와 자용로의 전기로에 해당하는 CL로(slag cleaning furnace), 그리고 PS 전로에 해당하는 C로(converting furnace)가 탕도로 연결되어 있다. 내경이 101 mm인 9개의 랜스를 통해 Cu 정광과 플럭스인 실리카를 S로에 공급한다. 공급된 Cu 정광이 용융되면 탕도를 통해 연속적으로 CL로로 이송되어 비중 차이에 의해 슬래그와 매트로 분리된다. 매트는 사이펀 원리에

의해 배출되어 탕도를 통하여 C로로 이송된다. C로는 S로와 유사한 크기이며, 동일한 9개의 랜스를 통해 석회석과 산소를 공급하여 조동을 만든다. C로 슬래그는 S로나 C로의 냉각재 등으로 사용되며, 조동은 사이펀 원리에 의해 배출되어 정제로로 이송된다. 이후의 공정은 자용로 공법과 동일하다.

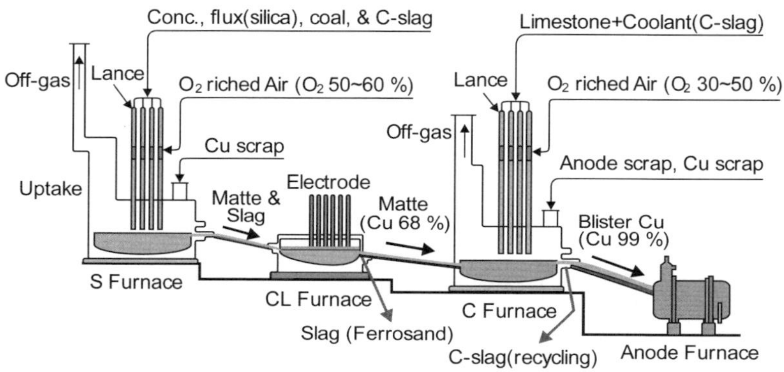

그림 4.22. LS-MnM의 MI법에 의한 연속 동제련 공정도

[예제 4.19] SiO_2 포화의 규산염 슬래그와 Cu 매트(Cu-Fe-S)의 평형실험에서 다음 결과를 얻었다. 슬래그 중 $a_{FeO} = 0.39$이고, 매트를 Cu_2S-FeS계의 이상용액이라 가정했을 때 매트 중 Cu 농도가 40 wt%일 때의 슬래그 중 Cu 농도를 구하라. 단, Fe, Cu, S의 원자량은 각각 55.85, 63.54, 32.06 g/mol이다.

$$\text{wt\%Cu (in slag)} = 30\sqrt{a_{Cu_2O}} \quad \text{at} \quad 1{,}573 \text{ K} \tag{1}$$

$$Cu_2O(l) + FeS(l) = FeO(l) + Cu_2S(l), \quad K = 6.6 \times 10^3 \tag{2}$$

[풀이] 이 문제는 식(2)로부터 a_{Cu_2O}를 구하여 식(1)로부터 Cu의 슬래그

손실량을 구하는 것이다. 식(2)의 평형상수는 다음과 같다.

$$K_{(2)} = \frac{a_{FeO} \cdot a_{Cu_2S}}{a_{Cu_2O} \cdot a_{FeS}} = 6.6 \times 10^3 \tag{3}$$

$$\therefore a_{Cu_2O} = \frac{a_{FeO} \cdot a_{Cu_2S}}{K_{(2)} \cdot a_{FeS}} = \frac{0.39 \cdot a_{Cu_2S}}{6.6 \times 10^3 \cdot a_{FeS}} \tag{4}$$

Cu_2S-FeS계를 이상용액이라 가정하였으므로 각각의 몰 분율을 구한다. 우선 100 g 매트 중 Cu가 40 g이므로

$$n_{Cu} = \frac{40}{63.54} = 0.630 \quad \therefore n_{Cu_2S} = \frac{n_{Cu}}{2} = 0.315$$

$$w_{Cu_2S} = 0.315 \times 159.14 = 50.13 \text{ g}, \ w_{FeS} = 100 - 50.13 = 49.87 \text{ g} \tag{5}$$

$$n_{FeS} = \frac{w_{FeS}}{M_{FeS}} = \frac{49.87}{87.91} = 0.567 \text{ mol} \tag{6}$$

$$\therefore x_{Cu_2S} = \frac{n_{Cu_2S}}{n_{Cu_2S} + n_{FeS}} = \frac{0.315}{0.315 + 0.567} = 0.357 \tag{7}$$

$$x_{FeS} = 1 - 0.357 = 0.643 \tag{8}$$

따라서 식(7), (8)의 몰 분율을 식(4)에 대입하면

$$\therefore a_{Cu_2O} = \frac{0.39 \times 0.357}{6.6 \times 10^3 \times 0.643} = 3.28 \times 10^{-5} \tag{9}$$

a_{Cu_2O}를 식(1)에 대입하면 슬래그 중 Cu 농도는 다음과 같다.

$$\text{wt\%Cu(in slag)} = 30\sqrt{a_{Cu_2O}} = 30\sqrt{3.258 \times 10^{-5}} = 0.172 \text{ wt\%}$$

[예제 4.20] 1,200 ℃에서 Cu의 PS 전로 정련을 종료하였을 때 조동 중 산소 농도는 1 wt%였다. 용탕 중 $SO_2(g)$ 분압이 0.1 atm일 때 잔류 S 농도를 구하라.[55]

$$\frac{1}{2}S_2(g) + O_2(g) = SO_2(g),\ \Delta G^\circ_{(1)} = -254{,}897\ \text{J} \quad (1)$$

$$O_2(g) = 2[\%O]_{Cu},\ \Delta G^\circ_{(2)} = -116{,}022\ \text{J} \quad (2)$$

$$\frac{1}{2}S_2(g) = [\%S]_{Cu},\ \Delta G^\circ_{(3)} = -82{,}509\ \text{J} \quad (3)$$

[풀이] Cu 중 S-O-SO_2 평형 관계는 식(1)-식(2)-식(3)에 의해 다음과 같다.

$$[\%S]_{Cu} + 2[\%O]_{Cu} = SO_2(g) \quad (4)$$

$$\Delta G^\circ_{(4)} = \Delta G^\circ_{(1)} - \Delta G^\circ_{(2)} - \Delta G^\circ_{(3)} = -56{,}366\ \text{J at } 1{,}200\ ℃$$

따라서 1,200 ℃에서 평형상수는 다음과 같다.

$$K_{(4)} = \frac{p_{SO_2}}{[\text{wt}\%S]\cdot[\text{wt}\%O]^2} = \exp\left(-\frac{\Delta G^\circ_{(4)}}{RT}\right) = 99.75 \quad (5)$$

용탕 중 SO_2(g) 분압이 0.1 atm이고 [O]=1 wt%이므로 [wt%S]는 다음과 같다.

$$[\text{wt}\%S] = \frac{p_{SO_2}}{K_{(4)}\cdot[\%O]^2} = \frac{0.1}{99.75\times(1)^2} = 0.0010\ \text{wt}\% \quad (6)$$

4.4.3 Pb 황화물의 용융제련

Pb 황화물도 직접 용련의 가능성이 있고, 예전부터 고품위 납 황화물의 상호반응을 이용하는 배소반응법(roast-reaction process) 혹은 상취법(ore-hearth process)이라 불리는 방법을 적용하여 왔다. 현재 Pb 정광(PbS)에서 직접 납을 얻는 제련법으로 QSL(Queunean Schumann Lurgi)법, TSL(Top Submerged Lance)법, Kivcet법, SKS(Shui Kou Shan)법, LOFS(Lead Oxygen-enriched Flash Smelting)법 등이 있다.

그림 4.23에는 고려아연에서 가동 중인 QSL(Queunean Schumann

Lurgi) 노의 모식도를 나타내었다.[56] QSL은 90°까지 회전할 수 있는 원통형의 수평로이며, 내부는 산화반응과 환원반응이 같은 노 내에서 일어날 수 있도록 격벽으로 분리되어 있다. 또 조연의 출탕구 쪽으로 0.5 % 정도 경사져 있다. 장입 원료로는 정광을 비롯하여 축전지의 페이스트와 같은 2차 원료도 사용할 수 있으며, 정광과 2차 원료의 비율은 2:1 정도이다.[57]

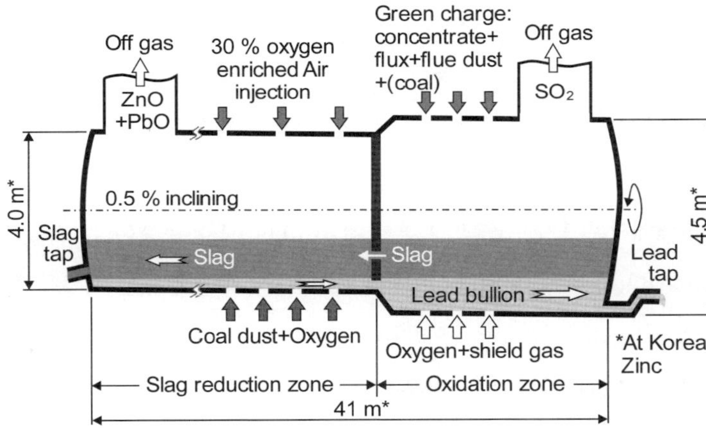

그림 4.23. 고려아연 온산제련소의 QSL(Queunean Schumann Lurgi)법 모식도

노 내의 산화대(oxidation zone)에 연속적으로 공급된 원료는 취입된 산소에 의해 산화되면서 조연, SO_2 가스, 슬래그를 생성하며, 노 내의 총괄 반응은 다음과 같다.

$$PbS + O_2 = Pb + SO_2 \tag{4.80}$$

Pb정광 등의 원료는 산화대 상부에서 용융 슬래그-조연층에 연속적으로 취입되고, 원료 중 황화물은 노 바닥에서 공급되는 산소에 의해 산화되어 Pb, Fe, Zn의 산화물을 만들어 슬래그를 형성한다. PbS의 산화반응은 아래와 같다.

$$\frac{2}{3}PbS + O_2 = \frac{2}{3}PbO + \frac{2}{3}SO_2 \tag{4.81}$$

$$PbS + 2O_2 = PbSO_4 \tag{4.82}$$

이러한 반응에 의해 생성된 PbO와 $PbSO_4$ 등은 슬래그층에 넓게 분포되어 아래 반응식과 같이 PbS를 탈황한다.

$$2PbO + PbS = 3Pb + SO_2 \tag{4.83}$$

$$PbSO_4 + PbS = 2Pb + 2SO_2 \tag{4.84}$$

한편 PbO와 PbS는 증기압이 비교적 높으므로 온도에 따라 증발되어 배가스를 통해 흄(fume)으로 배출되기도 한다.

산화대에서는 1차 조연과 1차 슬래그(30~40 %Pb), SO_2 가스, 분진이 생성된다. 1차 슬래그(PbO-ZnO-Fe_3O_4)는 격벽에 있는 통로를 통해 환원대(reduction zone)로 흘러가서 산소에 의한 미분탄 연소로 생성된 CO 가스에 의해 환원되며, 반응식은 다음과 같다.

$$2C + O_2 = 2CO \tag{4.85}$$

$$PbO + CO = Pb + CO_2 \tag{4.86}$$

환원대에서 환원된 2차 조연은 다시 격벽 아래를 통해 산화대로 흘러가 1차 조연과 합쳐져 사이펀에 의해 출탕된다. 그리고 원료 중 Zn는 흄 형태로 배가스와 함께 배출되며, 슬래그 중 Fe_3O_4는 FeO로 환원되어 나머지 슬래그와 함께 환원대의 배출구를 통해 배출된다.

4.4.4 금속에 의한 황화물의 환원

황화물을 S 친화력이 높은 금속으로 치환 환원하여 금속으로 환원할 수 있다. 대표적으로 다음 식과 같이 PbS를 철스크랩과 반응시켜 치환반응에 의해 조연을 얻을 수 있으며, 납축전지의 리사이클링에서 적용하고 있다.[58]

$$PbS(l)+Fe(s)=Pb(l)+FeS(l),\quad \Delta G^\circ=18{,}190-35.45T\ \text{J} \tag{4.87}$$

이 환원법은 철 환원법(iron-reduction process) 혹은 침전법(precipitation process)으로도 불린다. 그림 2.13의 M-S-O계 유황-산소 퍼텐셜도에서 보면 Fe은 산소는 물론 유황과의 친화력이 Pb보다 큰 것을 알 수 있다. 이러한 원리를 이용하여 전기로에서 1,450 K 정도로 유지하면서 PbS 외에 Pb를 함유한 더스트 등도 철스크랩 등의 철원에 의해 용융환원된다.

Pb 외에도 Sb이나 Bi의 황화물을 철스크랩으로 치환 환원하고 있다.

$$Sb_2S_3(l)+3Fe(s)=2Sb(l)+3FeS(l) \tag{4.88}$$

$$\Delta G^\circ=-37{,}782-136.19T\ \text{J}$$

$$Bi_2S_3(l)+3Fe(s)=2Bi(l)+3FeS(l) \tag{4.89}$$

$$\Delta G^\circ=104{,}056-335.14T\ \text{J}$$

[예제 4.21] 800 g의 Sb_2S_3를 식(1)과 같이 300 g의 Fe과 반응시켜 250 g의 Sb를 얻었다. 이 과정에서 ① 과잉으로 존재하는 반응물질의 비율, ② Fe이 FeS로 된 전환율, ③ Sb의 실수율을 구하라. 단, Sb, S, Fe의 원자량은 각각 121.75, 32.06, 55.85 g/mol이다.

$$Sb_2S_3(l)+3Fe(s)=2Sb(l)+3FeS(l),\quad \Delta G^\circ=-37{,}782-136.19T\ \text{J} \tag{1}$$

[풀이]

Sb_2S_3 800 g: $n_{Sb_2S_3}=\dfrac{800}{(121.75\times 2)+(32.06\times 3)}=2.355\ \text{mol}$

$$\text{Fe 300 g: } n_{Fe} = \frac{300}{55.85} = 5.372 \text{ mol}$$

$$\text{Sb 250 g: } n_{Sb} = \frac{250}{121.75} = 2.053 \text{ mol}$$

① 식(1)의 반응에 필요한 Fe은 Sb_2S_3의 3배이므로 다음과 같다.

$$w_{Fe} = 2.355 \times 3 \times 55.85 = 394.58 \text{ g}$$

따라서 Sb_2S_3가 과잉으로 존재한다. Fe 5.372 mol은 Sb_2S_3 1.791 mol과 반응하므로 과잉으로 존재하는 Sb_2S_3는 다음과 같다.

$$Ex_{Sb_2S_3} = \frac{n_{Sb_2S_3} - n_{Sb_2S_3}^{react}}{n_{Sb_2S_3}} = \frac{2.355 - 1.791}{2.355} \times 100 = 23.95 \ \%$$

② 식(1)의 반응으로 생성된 Sb는 2.053 mol이므로 반응한 Fe은 다음과 같다.

$$n_{Fe}^{react.} = 2.053 \times 3/2 = 3.080 \text{ mol}$$

$$\therefore \text{Conversion} = \frac{\text{moles of FeS}}{\text{moles of Fe supplied}} = \frac{3.080}{5.372} \times 100 = 57.34 \ \%$$

③ Sb의 실수율은 다음과 같다.

$$\text{Yield} = \frac{\text{Sb produced}}{\text{Sb supplied}} \times 100 = \frac{250}{2.355 \times 2 \times 121.75} \times 100 = 43.60 \ \%$$

4.5 할로겐화물의 금속 열환원

Ti이나 희토류 산화물은 산소와의 친화력이 강하여 탄소나 수소 등으로 환원할 수 없다. 다만 이러한 산화물도 할로겐 원소(Cl, F 등)와의 친화력이 크므로 염화물이나 불화물을 만들면 금속 환원제로 환원할 수 있다. 다만 할로겐화물의 환원제가 되는 금속은 목적금속과 상호 용해도가 없어야 한다. 또 환원된 목적금속은 정제가 곤란한 것이 많아 화학 프로세스에서 얻어진 각종 금속 할로겐화물(염화물이나 불화물 등)은 고순도로 정제하여야 하는데, 환원제로 사용되는 금속의 제조에 많은 에너지가 소비되는 문제점이 있다. 예를 들면, Ti의 할로겐화물인 $TiCl_4$의 환원제인 Mg은 환원 생성물인 $MgCl_2$를 전기 에너지를 소비하는 용융염 전해에 의해 재생하여 Ti 제련공정으로 순환하고 있다.

할로겐화물의 환원은 활성 금속을 환원제로 사용하며 다음의 것들이 있다.

Ti: $TiCl_4(g) + 2Mg(l) = Ti(s) + 2MgCl_2(l)$

Zr: $ZrCl_4(g) + 2Mg(l) = Zr(s) + 2MgCl_2(l)$

Nb: $2NbCl_5(l,g) + 5Mg(l) = 2Nb(s) + 5MgCl_2(l)$

$NbCl_5(l,g) + 5Na(l) = Nb(s) + 5MgCl(l)$

Ta: $K_2TaF_7(s) + 2Na(g) = Ta(s) + Na_2K_2F_7(l)$

V: $VCl_3(g) + (3/2)Mg(l) = V(s) + (3/2)MgCl_2(l)$

U: $UF_4(l) + 2Mg(l) = U(s) + 2MgF_2(l)$

Th: $ThF_4(l) + 2Ca(l) = Th(s) + 2CaF_2(l)$

희토류: $2RF_3(l) + 3Ca(l) = 2R(l,s) + 3CaF_2(l)$

$Sm_2O_3(s) + 2MM(l) = 2Sm(g) + MM_2O_3(s)$*

4.5.1 할로겐화물의 제조

Ti 산화물인 TiO_2의 염화반응은 다음 식으로 나타낼 수 있다.

$$TiO_2(s) + 2Cl_2(g) = TiCl_4(g) + O_2(g) \tag{4.90}$$

* MM: Ce, La, Nd 등의 염화물의 용융염 전해에 의해 석출시킨 합금(미쉬메탈).

$$\Delta G^\circ = 174,450 - 53.73T \text{ J/mol}$$

이 식의 표준 자유에너지변화 ΔG°는 2,973 ℃ 이상에서 음(-)의 값이 되므로 실질적으로는 일어나지 않는다. 그러나 TiO_2 중 산소 제거를 위해 다음 식과 같이 탄소질 환원제(C, CO 등)와 함께 반응시키면 항상 $\Delta G^\circ < 0$이 되어 $TiCl_4$를 만들 수 있다.[59]

$$\frac{1}{2}TiO_2(s) + Cl_2(g) + C(s) = \frac{1}{2}TiCl_4(g) + CO(g) \tag{4.91}$$

$$\Delta G^\circ = -23,695 - 115.87T \text{ J/mol}$$

Nb과 Ta 산화물의 염화반응도 Ti 산화물과 마찬가지로 산소를 제거하기 위한 C이 필요하다. Nb과 Ta의 천연광석이나 정광에 코크스와 피치를 혼합하여 만든 단광을 건조시킨 후 약 900 ℃에서 염소 가스와 반응시켜 다음 식과 같이 염화시킨다.

$$1/5Nb_2O_5(s) + C + Cl_2(g) = 2/5NbCl_5(g) + CO(g) \tag{4.92}$$

$$1/5Ta_2O_5(s) + C + Cl_2(g) = 2/5TaCl_5(g) + CO(g) \tag{4.93}$$

Nb과 Ta은 합금철을 만들어 염화하기도 한다. 우선 Al 열환원법이나 전기열 환원법으로 Nb과 Ta의 합금철을 만들어 NaCl과 함께 NaCl-$FeCl_3$ 용탕에 공급하여 염화한다. 이러한 반응에서 $NaFeCl_4$가 염화제로 작용하므로, 용탕에 염소 가스를 공급하여 $NaFeCl_4$를 지속적으로 생성시켜야 하며, 반응식은 다음과 같다.

$$FeTaNb + NaCl + 7NaFeCl_4 = Ta/NbCl_5 + 8NaFeCl_3 \tag{4.94}$$

$$8NaFeCl_3 + 4Cl_2(g) = 8NaFeCl_4 \tag{4.95}$$

특히 합금철(FeNb, FeTa)로부터 만들어진 $NbCl_5$와 $TaCl_5$는 순도가 매우 높으며, $NbCl_5$는 고순도 Nb_2O_5 제조나 Nb의 화학증착(CVD)에 사용한다.

4.5.2 할로겐화물의 금속 열환원 예

(1) Ti 제련

금속 Ti은 $TiCl_4$를 Na이나 Mg으로 환원하여 만든다. 특히 Ti은 산소 친화력이 크기 때문에 산화물로부터 곧바로 금속 Ti으로 환원할 수 없다. 따라서 TiO_2를 $TiCl_4$로 염화시켜 정제한 후에 Mg이나 Na 등으로 환원하고, 얻어진 스펀지 상 금속을 진공 중에서 아크 용융(VAR, Vacuum Arc Remelting)하여 잉곳(ingot)으로 만든다. 그림 4.24에는 Kroll법에 의한 Ti 제조 공정도를 나타내었다.[60]

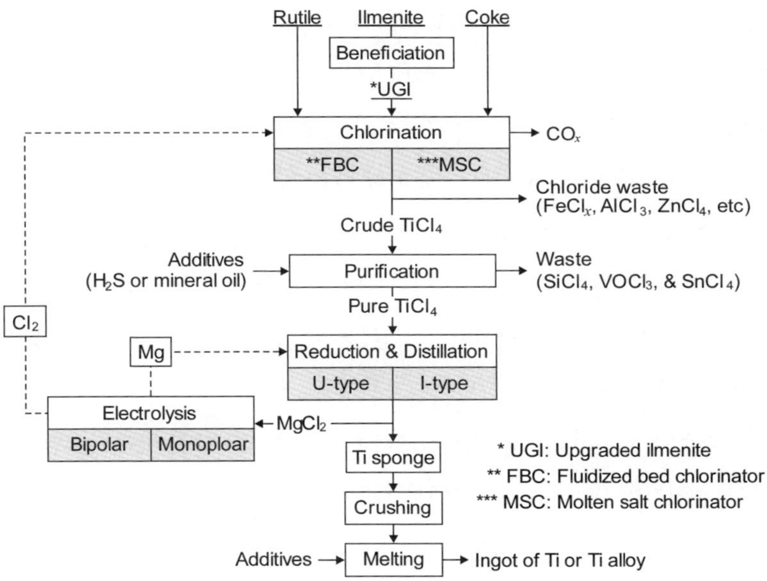

그림 4.24. Kroll법에 의한 Ti 제조 공정도

Kroll법에서는 Ar 분위기의 용융 Mg 위에 $TiCl_4$를 떨어뜨려 스펀지

상의 Ti을 얻는다.

$$TiCl_4(g) + 2Mg(l) = Ti(s) + 2MgCl_2(l),\ K_{1073} = 3.9 \times 10^{15} \quad (4.96)$$

Mg과 Ti은 상호 용해도가 매우 작고 혼합되기 어려우므로 순수한 Ti을 만들 수 있다. Mg을 사용하는 이 환원법을 크롤법이라 하고, Zr도 이 방법으로 만들고 있다. 환원제로 Mg 대신에 Na을 사용하는 방법은 헌터법(Hunter process)이라 부르며, Hunter법을 개량한 Armstrong법도 제안되어 있다.

(2) Nb 할로겐화물의 환원

파이로크로어(pyrochlore) 정광을 Al 열환원하여 얻은 페로나이오븀을 염화시키고, 염화물을 증류·분리하면 순$NbCl_5$를 얻을 수 있다. $NbCl_5$를 Ti 제련에서와 같이 Mg(Kroll법)이나 Na(Hunter법)으로 환원하여 금속 Nb을 얻을 수 있으며, 각각의 반응식은 다음과 같다.

$$2NbCl_5(l,g) + 5Mg(l) = 2Nb(s) + 5MgCl_2(l) \quad (4.97)$$

$$NbCl_5(l,g) + 5Na(l) = Nb(s) + 5NaCl(l) \quad (4.98)$$

이러한 반응은 열역학적으로 산화물의 탄소 열환원이나 염화물의 수소 환원에 비해 쉽게 일어나지만, 염화물은 흡습성이 강하므로 취급 등에 주의하여야 한다.

불화물인 K_2NbF_7을 용융염 전해하여 금속 Nb을 만들기도 하지만, 불활성 분위기의 900~1,000 ℃에서 다음 식과 같이 Na으로 환원하여 금속 Nb 분말을 얻을 수 있다.

$$K_2NbF_7(l) + 5Na(l) = Nb(s) + 2KF(s) + 5NaF(s) \quad (4.99)$$

다만 K_2NbOF_5에 의해 K_2NbF_7이 오염되면서 금속 Nb의 산소 함유량이 높아지므로 주의하여야 한다.

(3) Ta 할로겐화물의 환원

Ta도 $TaCl_5$를 금속 Mg으로 환원할 수 있으며 반응식은 다음과 같다.

$$2TaCl_5 + 5Mg = 2Ta + 5MgCl_2 \qquad (4.100)$$

공업적인 금속 Ta의 제조는 다음 식과 같이 고체상태의 K_2TaF_7을 약 800 ℃의 액체 Na으로 환원하는 Hunter법을 사용하며,[61] 그림 4.25에 공정도[62]와 환원반응기의 모식도[63]를 나타내었다.

$$K_2TaF_7(s) + 5Na(l) = Ta(s) + 2KF(l) + 5NaF(l) \qquad (4.101)$$

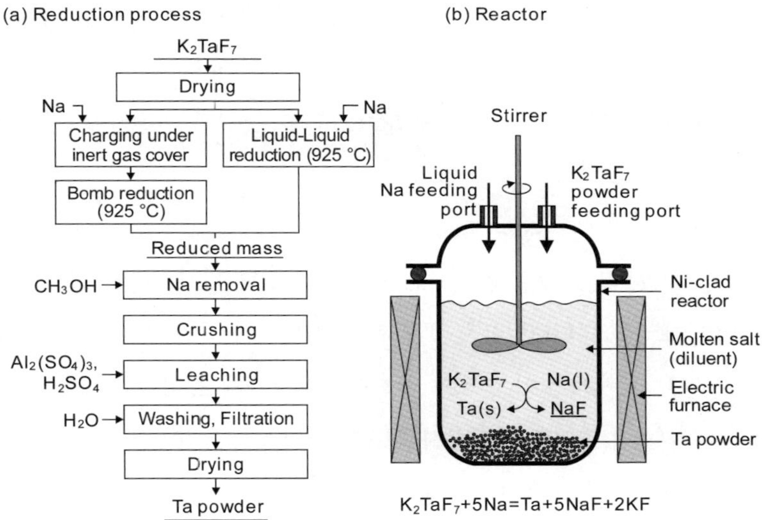

그림 4.25. K2TaF7의 Na 환원 공정도(a)와 환원 반응기의 모식도(b)

Na에 의한 환원반응은 격렬한 발열반응이므로 KCl, NaCl, KF, NaF 등을 희석제로 첨가하며, 환원반응에 의해 생성된 NaF와 KF는 이러한 희석제(diluent) 중으로 용해된다. 반응이 완료된 후 용융염을 냉각하여 알콜이나 온수로 침출, 제거하고 분말상의 조금속 Ta을 얻는다. 조금속 Ta은 산세하고 진공 열처리하여 탈수소를 하거나, 전자빔 용해로 Ta 잉곳을 얻기도 한다. Ta 분말은 조금속을 분쇄하거나 전자빔 용해한 잉곳을 수소화하여 분쇄한 후 진공 열처리로 탈수소하는 HDH(hydriding dehydriding)법으로 만든다.

(4) 희토류 할로겐화물의 환원

금속을 환원제로 사용하는 금속 열환원법은 열역학적 치환 환원반응이지만, 일반적으로 희토류 화합물은 표준 자유에너지의 음의 값이 매우 큰 난환원성이므로 출발원료에 따른 환원제의 선택이 중요하다. 희토류 염화물을 Ca으로 환원하는 방법도 있으나, 공업적으로는 Eu, Sm, Tm, Yb를 제외한 대부분의 희토류 불화물(REF)을 Ca으로 환원하며, 반응식은 다음과 같다.[64]

$$REF_3 + 1.5Ca = RE + 1.5CaF_2 \tag{4.102}$$

그림 4.26에는 Ca을 환원제로 사용하여 희토류 불화물을 환원하는 장치의 예(a)를 나타내었다.[65] 반응 원료의 밀도가 낮아 반응 용기가 커야 하지만, 그림과 같이 원료를 상부의 파이렉스제 호퍼에 장입하고 장입 밸브 제어용 튜브를 승강하여 필요한 양의 원료를 Ta제 반응 도가니에 장입한다. 장입된 원료가 반응하여 용융하면 부피가 줄어들므로 원료를 다시 장입하고 생성물이 도가니를 채울 때까지 이러한 작업을 반복한다.

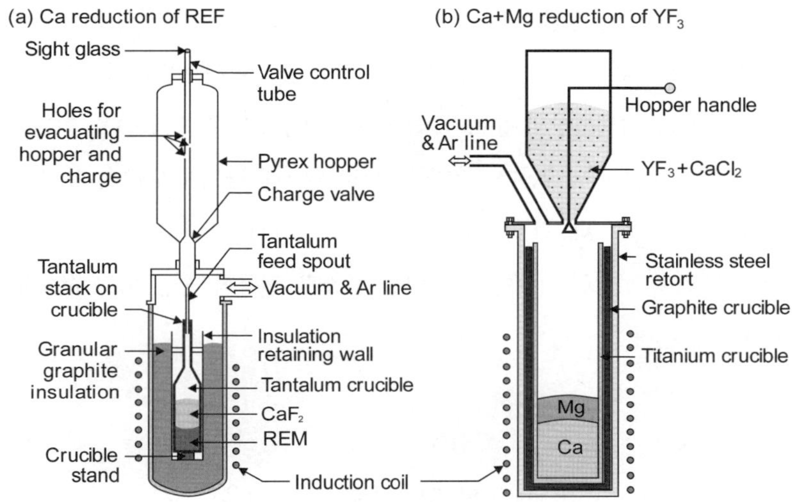

그림 4.26. 칼슘에 의한 불화 희토류의 환원 장치

희토류 불화물 분말과 위 식의 이론량보다 약간 많은 입상의 금속 Ca을 혼합하여 장치 내의 Ta제 용기에 투입하고, 진공으로 배기한 후 Ar 분위기에서 온도를 올려 반응을 진행한다. 환원반응은 800~1,000 ℃에서 시작하며 발열반응이다. 생성된 희토류 금속과 슬래그인 CaF_2의 양호한 분리를 위해 양쪽이 모두 용융되도록 최종 온도를 1,450 ℃ 이상까지 올린다. 환원 후 냉각된 희토류 금속과 슬래그를 분리하고, 얻어진 희토류 금속은 진공용해하여 소량 함유되어 있는 Ca 등을 제거한다.

한편 고융점인 이트륨(Y)은 환원 시에 Mg(약 30 %)을 공존시켜 융점이 낮은 Y-Mg 모합금(약 900 ℃)으로 만들고 Mg을 증류하여 분리하는 방법도 있으며, 그림 4.26(b)에 장치의 모식도를 나타내었다. 우선 Mg과 Ca을 Ti제 도가니에 넣고 진공 중에서 750 ℃로 가열시켜 불순물, 가스 등을 제거하고, 불활성 분위기 중에서 900 ℃로 가열한 후, 상부의 호퍼에서 YF_3와 $CaCl_2$를 서서히 첨가한다. 첨가 종료 후에 950 ℃로 승온시켜 금속상과 슬래그상의 분리가 쉽도록 하고, 냉각 후에 금속을 회수하여 적절한 크기로 파쇄한다. 환원반응으로 얻어진 금속은 950 ℃의 진공 중에서 증류하여 Mg, Ca을 제거하고 금속상의 Y 스펀지를 얻는다. 스펀지를 압축 성형하여 봉상으로 만들어 소모 전극식 진공 아크 용해로 빌릿을 만든다.[66]

[예제 4.22] 타이타늄 스크랩을 $TiCl_4$와 반응시키면 저급 염화물인 $TiCl_2$가 생성되며, 이 $TiCl_2$와 $TiCl_4$ 사이에는 다음과 같은 평형반응이 있다. $p_{TiCl_4(g)}=1$ atm일 때 정반응이 일어나기 위한 온도를 구하라.

$$2TiCl_2(s)=Ti(s)+TiCl_4(g):\ \Delta G^\circ=121{,}336-91.21T\ \text{J}$$

[풀이]

$$\Delta G=\Delta G^\circ+RT\ln K$$
$$=121{,}336-91.21T+RT\ln\left(\frac{a_{Ti(s)}\cdot p_{TiCl_4(g)}}{a^2_{TiCl_2(s)}}\right)$$
$$\Delta G=\Delta G^\circ \text{ at } a_{Ti(s)}=a_{TiCl_2(s)}=1 \text{ and } p_{TiCl_4(g)}=1 \text{ atm}$$

$\Delta G=0$으로 두면 $T=1{,}330.3$ K 이상에서 정반응이 일어난다.

4.6 휘발제련

4.6.1 금속과 화합물의 증기압

금속(화합물 포함)은 일정한 온도에서 고체나 액체에서도 그 온도에 맞는 증기압을 나타낸다. 그림 4.27에는 온도에 따른 금속의 포화증기압을 $\log p^{\circ} - 1/T$ 관계로 나타내었다.

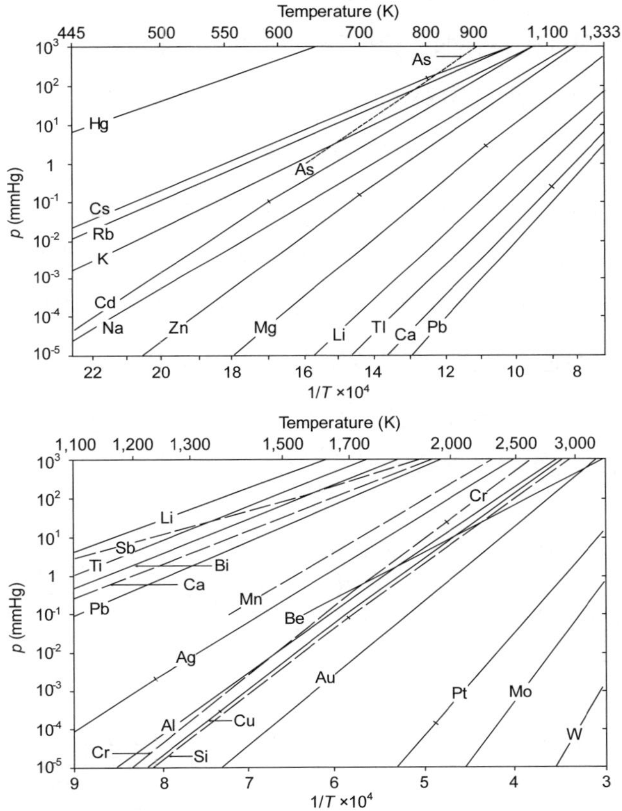

그림 4.27. 온도에 따른 금속의 포화증기압 변화

금속은 대부분 단원자 상태의 증기 분자를 형성하고, 이러한 금속의 포화증기압은 온도에 따라 직선적으로 증가하며 거의 평행하다. 일부 금속은 증발할 때 복잡한 분자를 형성하지만, 온도가 상승하면 보다 간단

한 형태로 분해한다. Hg, Cd, Zn, Mg 등과 같이 증기압이 비교적 큰 금속은 증기압 차이를 이용하여 분리나 정제를 하며, 이러한 제련법을 휘발제련(vaporization metallurgy) 또는 증류제련이라 한다. 고융점 금속은 기화시켜 포집하는 것이 곤란하지만 증기압이 큰 금속은 기화하여 포집하기 쉬워 고온에서의 환원반응이나 분해반응으로 생성된 금속 증기를 응축·포집하여 목적금속을 얻는다.

금속 화합물은 비교적 낮은 온도에서도 증기압이 높은 것이 있다. 그림 4.28, 4.29에는 금속 염화물과 황화물의 온도에 따른 증기압을 나타내었다. 할로겐화물은 일반적으로 매우 휘발하기 쉬우나, 경제적 이유에서 주로 염화물을 사용한다. 또 Zn, Cd, Hg, Sn, Pb, As, Sb 등의 황화물은 분자상태로 기화하기 쉽다. 따라서 저품위 주석광에서 증기압이 큰 SnS를 휘발시켜 분리 농축을 하기도 한다.

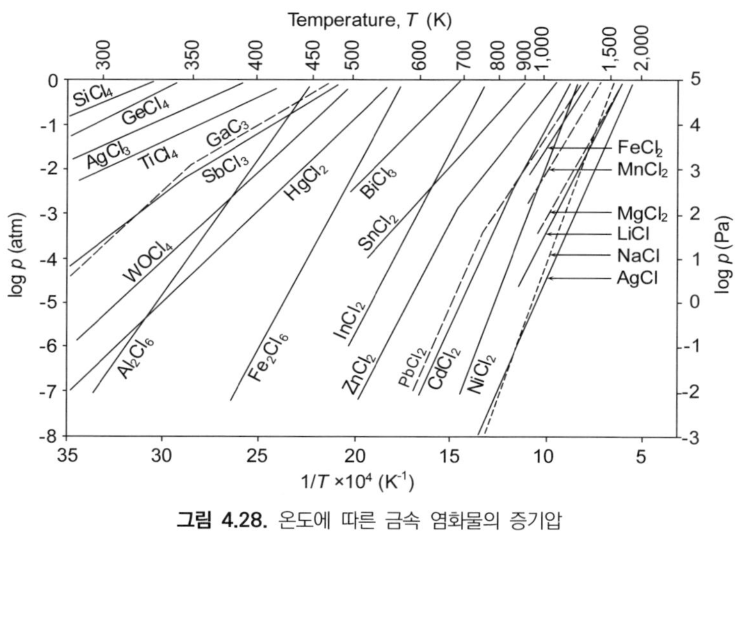

그림 4.28. 온도에 따른 금속 염화물의 증기압

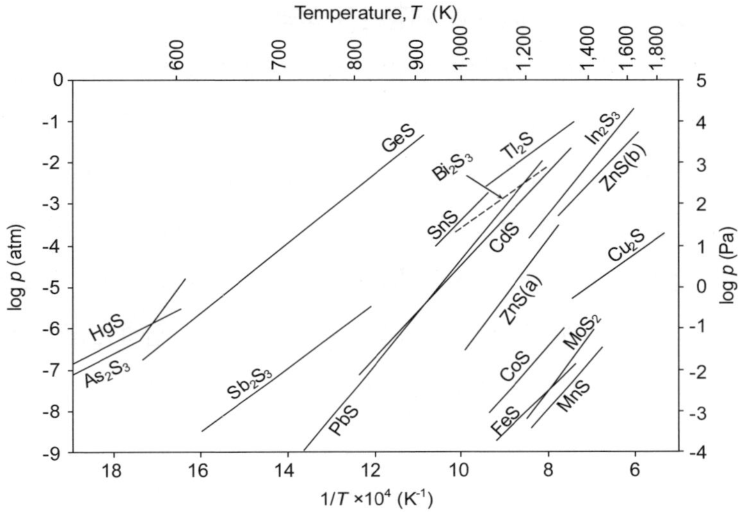

그림 4.29. 온도에 따른 금속 황화물의 증기압

산화물에서도 Sb_2O_3, As_2O_3, SeO_2, GeO 및 SnO 등은 휘발하기 쉽다. 동제련의 전해정제 과정에서 산출되는 anode slime 중 Se은 산화배소하여 SeO_2(끓는점 350 ℃) 상태로 회수한다. 그리고 납제련 등의 부산물을 전기로 등에서 환원하면 Sb, Bi, Pb, Au, Ag 등의 합금이 만들어지는 경우가 있다. 이러한 합금을 산소와 반응시키면 Sb가 우선적으로 산화되고, Sb_4O_6의 증기압이 높아 휘발 제거된다.[67]

한편 휘발제련을 위해서는 가능한 한 목적성분과 기타 성분의 증기압 차이가 커야 하며, 또한 화합물로 만들어 제거하거나 회수하고자 할 때는 열역학적 검토에 의해 선택적 반응이 일어나는지와 증기압 차이가 있는지에 대해 검토할 필요가 있다. 특히 화합물 생성반응의 평형을 좌우하는 인자인 온도, 분위기, 성분의 활동도 등에 대한 검토가 필요하다.

4.6.2 아연의 건식제련과 제강분진 처리

현재 아연 생산에 사용되는 광석의 90 % 이상은 황화광인 섬아연광이다. 섬아연광은 이론적으로는 67 %의 아연을 함유하고 있으나, 광석 중 아연 품위는 4~5 % 정도이다. 이 광석을 부유선광법 등으로 Zn가 50~60 % 함유된 정광으로 만든다. 열역학적으로 ZnS를 산화시켜 직접 Zn를 얻을 수 없으므로 대부분 산화 배소에 의해 산화물로 만든 후 습식법(황산 침출-전해채취)이나 건식법(탄소 열환원)으로 금속 Zn를 얻고 있다. 그림 4.30에는 아연의 건식제련 공정도를 나타내었다.

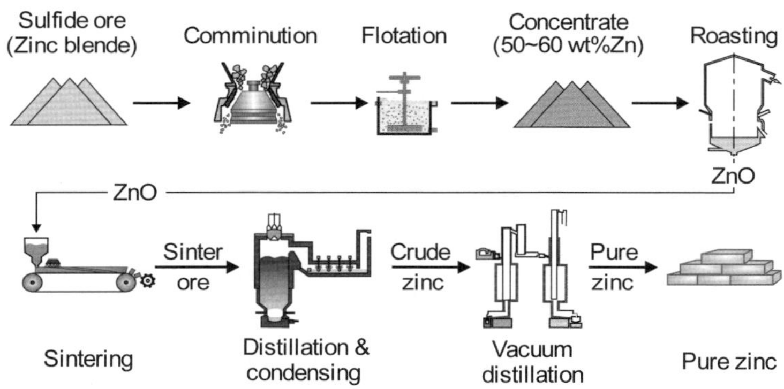

그림 4.30. 아연 건식제련 공정도

(1) Zn 증류제련 원리

Zn와 같이 증기압이 큰 금속은 산화물을 탄소질 환원제(C, CO 등)로 환원하고 생성되는 금속 증기를 포집하는 방법을 적용하고 있다. 또 제강분진(EAF dust) 중 Zn도 노 형상에 관계없이 탄소(CO)를 환원제로 사용하여 Zn 증기를 발생시키고 다시 ZnO로 산화시켜 조산화 아연으로

만들어 회수하고 있다.[68]

ZnO는 C에 의해 환원되지만 실제로는 CO에 의한 환원이 일어난다.

$$ZnO(s) + CO(g) = Zn(g) + CO_2(g) \tag{4.103}$$

$$\Delta G^\circ = 182{,}170 - 113.96T \text{ J}, \quad K = (p_{Zn} \cdot p_{CO_2})/(a_{ZnO} \cdot p_{CO})$$

이 반응의 평형가스 조성은 곧바로 구할 수 없으므로 가스 중 CO_2와 CO 분압 비인 p_{CO_2}/p_{CO}와 온도 T의 관계를 여러 가지 a_{ZnO}, p_{Zn}에 대해 계산하여 검토하여야 한다. 한편 반응 생성물인 CO_2는 식(4.15)에 나타낸 부도아 반응의 carbon solution loss 반응에 의해 CO가 되어 다시 환원에 소비된다.

한편 Zn의 건식제련이나 제강분진 중 Zn 회수에서 철(Fe)은 반응에 큰 영향을 미치는 공존 원소이다. 그림 4.31에는 Zn와 Fe의 탄소에 의한 환원 평형도를 비교하여 나타내었다.[69] 그림 중의 곡선 A와 B는 식(4.15)의 부도아 반응을 각각 $p_{CO_2} + p_{CO}$가 0.2 및 0.55 atm에서 계산한 결과이다. 그리고 산화철의 환원 평형을 나타내는 곡선 a~d는 다음과 같다.

$$\text{a: } Fe_3O_4(s) + 4CO(g) = 3Fe(\gamma) + 4CO_2(g) \tag{4.104}$$

$$\Delta G^\circ = -43{,}840 + 46.06T \text{ J}$$

$$\text{b: } Fe_3O_4(\alpha) + CO(g) = 3FeO(s) + CO_2(g) \tag{4.105}$$

$$\Delta G^\circ = -98{,}290 + 109.93T \text{ J}$$

$$\text{c: } FeO(s) + CO(g) = Fe(\gamma) + CO_2(g) \tag{4.106}$$

$$\Delta G^\circ = 18{,}150 - 21.29T \text{ J}$$

$$\text{d: } FeO(l)(a_{FeO} = 0.4) + CO(g) = Fe(\gamma) + CO_2(g) \tag{4.107}$$

FeO는 용광로 하부에서 용융 슬래그로 존재하므로 그림에서 Fe의 환원 평형곡선은 FeO를 FeO(l)로 두고, a_{FeO}=0.4의 조건을 대입하여 나타내었다. 또한 Zn(l)의 안정 범위를 나타내는 (i), (ii)는 다음과 같다.

$$\text{(i)}\ ZnO(s)+CO(g)=Zn(l)+CO_2(g) \tag{4.108}$$

$$\text{(ii)}\ Zn(l)=Zn(g)\ \ (p_{Zn}=1) \tag{4.109}$$

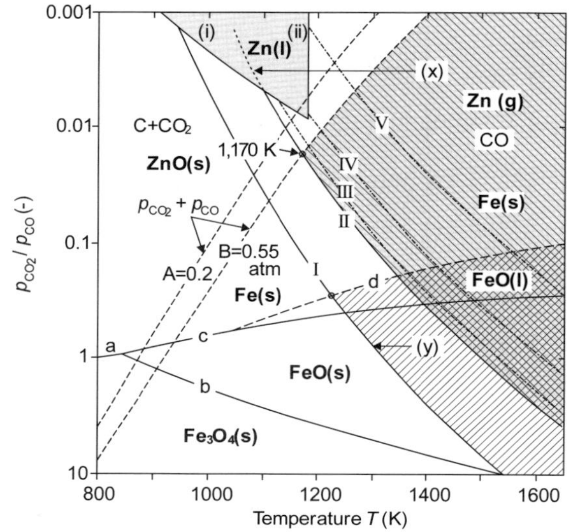

곡선	I	II	III	IV	V
a_{ZnO}	1.0	1.0	0.1	0.05	0.01
p_{Zn}	0.06	0.45	0.06	0.06	0.06

그림 4.31. ZnO와 Fe_xO의 C에 의한 환원 평형도

즉, 그림 4.31은 식(4.103), (4.15)에 여러 가지 조건을 대입하여 나타낸 것이다. 그림에서 a_{ZnO}=1.0, p_{Zn}=0.45, $p_{CO_2}+p_{CO}$=0.55로 두면, 그림 중의 곡선 II와 곡선 B의 우측에 ▧+▩로 나타낸 범위가 ZnO를 C으로 환원하는 조업 조건을 나타낸다. 따라서 고온일수록 환원성이 약한

p_{CO_2}/p_{CO}가 큰 조건에서도 ZnO의 환원이 진행하는 것을 알 수 있다. 또, ZnO를 대기압에서 환원하기 위해서는 곡선 II와 B의 교차점 위치로부터 적어도 1,170 K 이상의 온도가 필요한 것을 알 수 있다.

한편 Zn의 건식제련에서는 용융 슬래그에서 FeO를 환원시키지 않고 ZnO만 환원되도록 한다. 그러나 그림으로부터 ZnO가 환원되는 범위의 대부분에서 Fe도 안정하다. 따라서 Zn 제련에서는 Fe 산화물도 동시에 환원되므로 1,500 K 전후의 환원 온도에서는 잔재 중에 고체 상태의 Fe이 남게 된다.

아연의 용광로 제련(ISP)에서는 용융제련을 하므로 Fe은 가능한 한 FeO 형태로 슬래그에 들어가도록 한다. 따라서 분위기 가스는 약 환원성이 되도록 p_{CO_2}/p_{CO}가 커야 한다. 실제로 FeO는 용융 슬래그의 한 성분으로서 존재하며 활동도가 1보다 작으므로 FeO(s)를 FeO(l)로서 a_{FeO}=0.4로 두면 그림 중의 곡선 c는 점선 d로 이동하여 FeO(l)-Fe(s)의 환원 평형을 나타내는 곡선이 된다. 따라서 ISP법에서 허용되는 가스 조성은 그림 중의 곡선 I(p_{Zn}=0.06)과 점선 d로 둘러싸인 빗금 친 영역(▨+▩)이 된다. 또 1,450 K에서 a_{FeO}가 0.4인 슬래그에 대해 Fe 생성 없이 환원될 수 있는 슬래그 중 Zn 함유량의 하한은 그림으로부터 대략 a_{ZnO}=0.04로 추측된다. ZnO의 활동도계수를 2로 하면 x_{ZnO}=0.02에 상당하는 Zn 양은 약 2 %로 계산된다. 이 값에 대한 온도의 영향이 커서 1,400 K에서는 4 % 정도가 된다. 따라서 실제 조업에서는 6~7 % 정도의 Zn가 슬래그에 남도록 조업하는 것이 보통이다.[70]

한편 아연의 건식제련에서 기술적으로 가장 어려운 점은 탄소 환원에 의해 얻어진 기체상의 Zn(g)를 액상의 용융 Zn로 응축(condensation)

하는 것이다. Zn(g)는 응축기(condenser)를 이용하여 응축하지만, 프로세스에 따라 서로 다른 특징을 가지고 있다. 그림 4.31에서 밀폐형 제련의 조성이 (x)인 가스가 냉각될 때 곡선 II와 교차하는 온도는 약 1,070 K이며, 용융 Zn의 안정범위에 있으므로 비교적 쉽게 응축할 수 있다. 그러나 용광로 제련의 경우 조성 (y)의 가스를 냉각하면 p_{Zn}가 낮은데도 불구하고 고온에서 평형곡선 I을 넘어가게 되어 식(4.103)의 역반응인 Zn의 재산화 영역에 들어간다. 특히 재산화 반응은 기체-기체의 반응으로 반응속도가 빠르므로, 이것을 방지하기 위해 냉각 속도를 현저히 높이거나 다른 금속과 합금을 생성시켜 a_{Zn}를 낮추는 것이 효과적인 방법이다. ISP법의 컨덴서에서는 비교적 저온의 용융 납을 대량으로 순환시켜 컨덴서에서 나오는 기상 중의 포화 Zn 양을 낮추고 있다.

(2) ISP법에 의한 Zn 증류제련

Zn의 공업적 건식제련 프로세스에는 수직형 증류법(vertical retort process, New Jersey Zinc법), 전기열 증류법(electrothermic process, St. Joseph Lead법) 등이 있으나 영국에서 개발된 용광로법인 ISP법(Imperial Smelting Process)이 널리 사용되고 있다. 그림 4.32에는 대표적인 Zn 건식제련법인 ISP로의 모식도를 나타내었다.

Zn 건식제련의 첫 공정은 다음 식과 같이 ZnS를 산화 배소하여 ZnO로 만들지만, 소결하여 괴상으로 만든다.

$$ZnS(s) + \frac{3}{2}O_2(g) = ZnO(s) + SO_2(g) \tag{4.110}$$

$$\Delta G^\circ = -443{,}680 + 76.60\,T \text{ J}$$

이것을 코크스와 함께 용광로에 장입하여 탄소 열환원으로 Zn 증기를

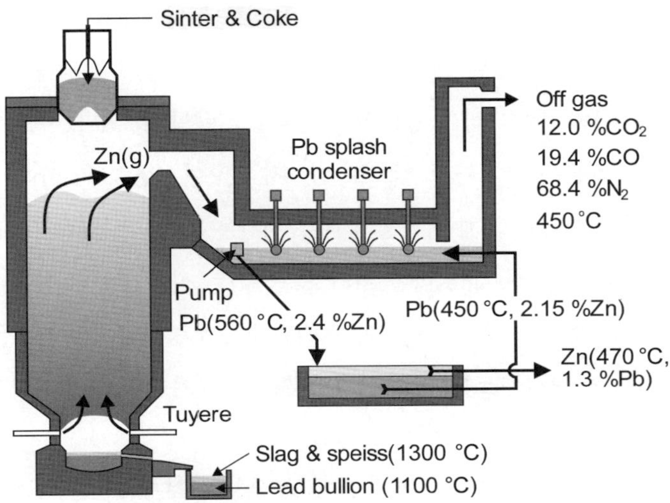

그림 4.32. 아연 건식제련법(ISP법)의 모식도

만든 후, 이를 응축시켜 액상 Zn를 얻는다. ISP법의 컨덴서에서는 비교적 저온의 용융 납을 대량으로 순환시켜 컨덴서에서 나오는 기상 중의 포화 Zn 양을 낮추고 있다.

(3) 제강분진 중 Zn의 건식 회수

Zn 품위가 낮은 제강분진 등의 원료는 Waelz 킬른법, 퓨밍법, 샤프트 용련 등의 방법으로 Zn(g)을 휘발시킨 후 재산화하여 조산화아연으로 판매하거나, 아연 제련소로 보내서 금속으로 환원하고 있다. 제강분진의 건식처리법은 사용하는 노의 형상에 따라 로터리 킬른형, 샤프트형, 회전노상형, 용융환원형 등으로 구분할 수 있다. 현재 로터리 킬른형인 Waelz Kiln Process(WKP)가 전 세계 전기로 제강분진의 85 % 이상을 처리하고 있다.

그림 4.33(a)에 Waelz Kiln 장치의 모식도를 나타내었다.[71] WKP는 간단한 설비구조와 높은 에너지 효율성 및 가동률 등의 특징을 가지고 있다. 특히 WKP는 다양한 농도의 장입물을 사용할 수 있다. 주요 설비인 로터리 킬른은 약 2~3도 각도로 경사져 있으며, 약 1.0 rpm의 속도로 회전하기 때문에 고체 장입물의 체류 시간은 8~10시간 정도이다. 장입물이 배출구 근처에 도달하면 거의 모든 Zn는 식(4.103)의 반응에 의해 증류되고 철분이 많은 슬래그만 배출된다. Zn 증기와 CO 가스를 함유한 배가스는 연소대로 흘러 들어가서 흡입된 공기에 의해 완전히 산화·냉각되며, ZnO는 백필터에서 포집된다.

그림 4.33(b)에는 킬른 내에서 일어나는 반응을 모식적으로 나타내었다.[72] 킬른 내부는 고체 원료가 있는 부분(bed)과 가스상이 있는 부분(freeboard)으로 구분된다. 베드 부분에서는 탄소가 산화되어 부도아 반응에 의해 CO 가스가 생성되고 ZnO 등의 금속 산화물을 환원시킨다. 환원된 금속상은 증발되어 프리보드에서 재산화된다. 그리고 제강분진 중의 할로겐 화합물은 휘발되어 배가스와 함께 배출된다. 킬른 내에서는 다음과 같은 반응이 일어난다.

① 탄소의 연소반응

$2C + O_2 = 2CO$, $C + O_2 = CO_2$, $C + CO_2 = 2CO$

② 환원반응

$Fe_3O_4 + CO = 3FeO + CO_2$, $ZnO + CO = Zn + CO_2$,

$CdO + CO = Cd + CO_2$

③ 산화반응

$2CO + O_2 = 2CO_2$, $2Zn + O_2 = 2ZnO$, $2Cd + O_2 = 2CdO$,

$PbS + 2O_2 = PbSO_4$

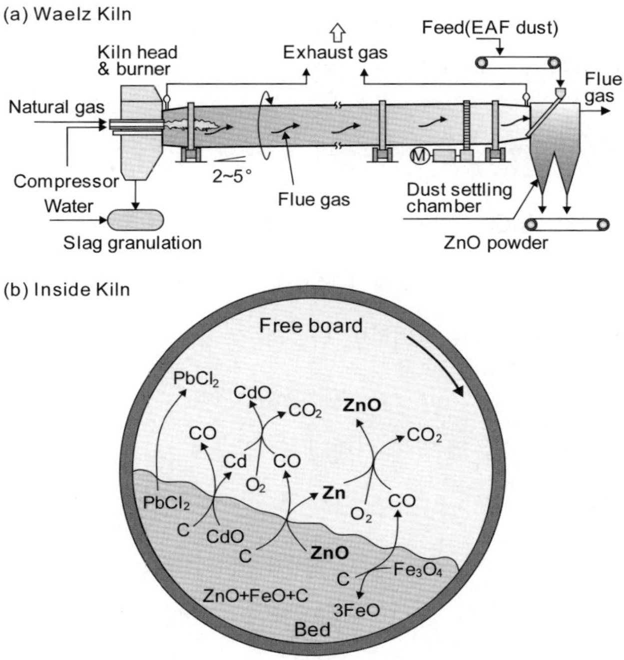

그림 4.33. Waelz kiln법의 모식도와 kiln 내 제강 더스트의 반응

[예제 4.23] ZnO가 1,000 ℃의 밀페 반응기 중에서 과잉의 고체 탄소 (C)에 의해 환원될 때, Zn의 평형 증기압과 전체 압력을 구하라. 단, 최초의 반응기 내에 있는 공기는 무시한다.

$$ZnO(s) + CO(g) = Zn(g) + CO_2(g), \quad \Delta G^\circ = 178{,}020 - 111.67\,T \text{ J} \quad (1)$$

$$C(s) + CO_2(g) = 2CO(g), \quad \Delta G^\circ = 170{,}460 - 174.43\,T \text{ J} \quad (2)$$

[풀이] ZnO가 C에 의해서 환원되는 반응은 식(1)+식(2)에 의해 다음과 같다.

$$ZnO(s) + C(s) = Zn(g) + CO(g) \quad (3)$$

그러나 실제로는 식(1), (2)의 반응을 동시에 고려해야 한다. 1,273 K 에서 식(1), (2)의 평형상수는 각각 다음과 같다.

$$K_{(1)} = \frac{p_{Zn} \cdot p_{CO_2}}{a_{ZnO} \cdot p_{CO}} = 3.376 \times 10^{-2}, \quad K_{(2)} = \frac{p_{CO}^2}{a_C \cdot p_{CO_2}} = 130.9$$

n_{ZnO} mol의 ZnO가 환원되어 기상 중 Zn, CO, CO_2의 몰 수를 각각 n_{Zn}, n_{CO}, n_{CO_2}라 하면, 밀폐계에서 초기 반응기 중 공기를 무시하므로 산소(O)의 물질수지를 고려하면 다음과 같다.

$$n_{ZnO} = n_{CO} + 2n_{CO_2} \qquad \therefore\ p_{Zn} = p_{CO} + 2p_{CO_2} \tag{4}$$

전체 압력은 다음과 같이 나타낼 수 있다.

$$P_T = p_{Zn} + p_{CO} + p_{CO_2} \tag{5}$$

$a_C = 1$, $a_{ZnO} = 1$이라 하면 식(1), (2)의 평형상수는 다음과 같다.

$$K_{(1)} = \frac{p_{Zn} \cdot p_{CO_2}}{p_{CO}} = 3.376 \times 10^{-2}, \quad K_{(2)} = \frac{p_{CO}^2}{p_{CO_2}} = 130.9 \tag{6}$$

따라서 위의 식들로부터 다음과 같이 나타낼 수 있다.

$$K_{(1)} = \frac{(p_{CO} + 2p_{CO_2}) \cdot p_{CO_2}}{p_{CO}} = \frac{(p_{CO} + 2p_{CO}^2/K_{(2)}) \cdot (p_{CO}^2/K_{(2)})}{p_{CO}} \tag{7}$$

p_{CO}에 대하여 정리하면 다음과 같다.

$$2p_{CO}^3 + K_{(2)} \cdot p_{CO}^2 - K_{(1)}K_{(2)}^2 = 0 \tag{8}$$

따라서 $K_{(1)}$과 $K_{(2)}$를 위의 식에 대입하면 $p_{CO} = 2.069$ atm이 구해진다. 이 값을 $K_{(2)}$에 대입하면 $p_{CO_2} = 3.27 \times 10^{-2}$ atm이므로 각각의 값을 $K_{(1)}$에 대입하면 $p_{Zn} = 2.1344$ atm이 구해진다.

$$P_T = p_{Zn} + p_{CO} + p_{CO_2} = 4.236 \text{ atm} \tag{9}$$

4.6.3 Mg과 Li의 휘발제련

(1) Mg의 Si 열환원과 Pidgeon법

Mg의 건식제련은 MgO를 Si으로 환원하는 방법을 사용하고 있다.

$$2MgO(s) + Si(s) = 2Mg(g) + SiO_2(s), \ K_{1373} = 1.8 \times 10^{-9} \quad (4.111)$$

열역학적으로는 이 반응의 평형상수 K가 작아 환원반응이 일어나기 힘들지만, 진공 분위기에서는 생성된 Mg 증기가 계 외로 연속적으로 배출되어 이 반응이 가능하게 된다.[73] 그림 4.34에는 온도에 따른 상압 및 진공(1 mbar) 분위기에서 Si과 Mg 산화반응의 표준 자유에너지를 비교하여 나타내었다.[74] 대기압(점선)에서는 2,000 ℃ 이상이 되어야 MgO를 Si으로 환원할 수 있으나, 진공(1 mbar, 실선)에서는 1,300 ℃ 이상이 되면 환원이 가능하다.

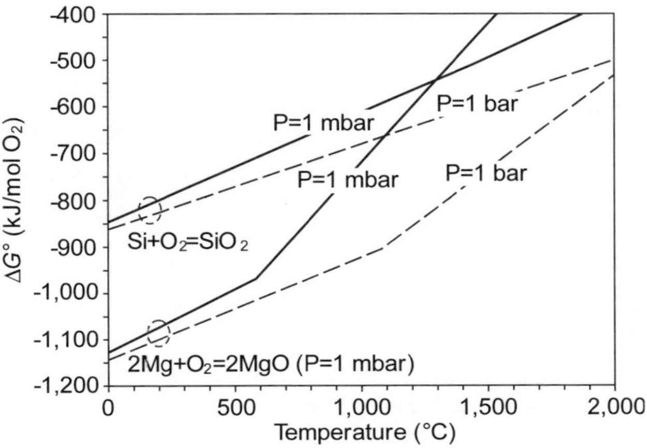

그림 4.34. 온도와 압력에 따른 Si과 Mg 산화반응의 표준 자유에너지 비교

한편 75 %Si인 페로실리콘(FeSi)을 환원제로 사용하면 약 1,098 ℃부터 환원반응이 시작된다. 1937년에 피전(L. M. Pidgeon)이 이러한 원리로 Mg을 제조하는 방법을 개발하여 Pidgeon법이라 부른다. 그림 4.35에는 Pidgeon법의 공정도와 수평 레토르트의 단면을 나타내었다.

Pidgeon법에서 MgO를 출발원료로 사용하면 $MgO \cdot SiO_2$가 생성되어 MgO의 대략 반 정도밖에 환원할 수 없다. 그러나 돌로마이트(dolomite; $MgCO_3 \cdot CaCO_3$)를 출발원료로 사용하면 $CaO \cdot SiO_2$가 생성되면서 환원이 양호하게 진행된다. 따라서 돌로마이트를 하소한 후 특수강제의 반응기에서 페로실리콘으로 환원하며, 각각의 반응식은 다음과 같다.

$$MgCO_3 \cdot CaCO_3(s) = MgO \cdot CaO(s) + 2CO_2(g) \tag{4.112}$$

$$2(MgO \cdot CaO) + (Si \cdot xFe) = 2Mg(g) + 2CaO \cdot SiO_2 + xFe \tag{4.113}$$

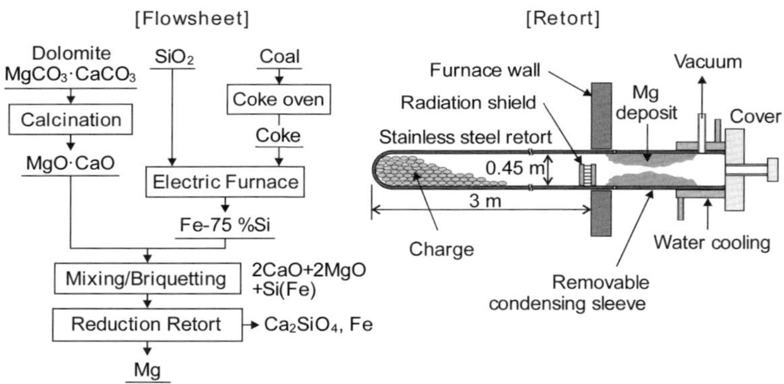

그림 4.35. Pidgeon법의 공정도와 반응기의 모식도

(2) Mg의 Mintek process

Mintek법(MTMP, Mintek Thermal Magnesium Process)은

Magnetherm법을 개량한 것으로 대기압에서 Al-Si 열환원으로 Mg을 제조하는 방법이다.[75] MTMP는 하소한 돌로마이트를 대기 분위기의 1,700~1,750 ℃에서 Al과 FeSi을 환원제로 사용하여 Mg을 제조한다. 고온에서 환원이 일어나므로 Mg의 증기압은 약 0.85 atm이며, 피전법보다 생산성이 높다. 다만 환원반응이 고온에서 일어나므로 불순물 농도가 높아 별도의 정련 공정이 필요하다.

[예제 4.24] 1,400 K에서 Si의 활동도가 0.5인 페로실리콘으로 아래 반응이 진행될 때 Mg의 증기압을 구하라. 단 1,400 K에서 $\Delta G^\circ_{1400} = 101{,}600$ J이다.

$$2(\mathrm{MgO \cdot CaO}) + (\mathrm{Si} \cdot x\mathrm{Fe}) = 2\mathrm{Mg(g)} + 2\mathrm{CaO \cdot SiO_2} + x\mathrm{Fe} \qquad (1)$$

[풀이] 1,400 K에서 식(1)의 평형상수는 다음과 같다.

$$K_{(1)} = \frac{a^2_{\mathrm{CaO \cdot SiO_2}} \cdot p^2_{\mathrm{Mg}}}{a^2_{\mathrm{MgO \cdot CaO}} \cdot a_{\mathrm{Si}}} = \frac{p^2_{\mathrm{Mg}}}{a_{\mathrm{Si}}} = \exp\left(-\frac{\Delta G^\circ_{(1)}}{RT}\right) = 1.62 \times 10^{-4} \qquad (2)$$

$$\therefore\ p^2_{\mathrm{Mg}} = a_{\mathrm{Si}} \times K_{(1)} = 0.5 \times 1.62 \times 10^{-4} = 8.09 \times 10^{-5} \qquad (3)$$

$$\therefore\ p_{\mathrm{Mg}} = 8.996 \times 10^{-3}\ \mathrm{atm}$$

따라서 실제의 Mg 제련에서는 반응 용기 내를 10^{-6} atm 이하의 진공으로 하고, 생성된 Mg 증기를 응축시켜 계 외로 배출하면 반응은 양호하게 진행된다.

[예제 4.25] 아래 식으로부터 1,200 ℃에서 Mg 증기의 분압을 구하라.

$$2\mathrm{MgO(s)} + 2\mathrm{CaO(s)} + \mathrm{Si(s)} = 2\mathrm{Mg(g)} + 2\mathrm{CaO \cdot SiO_2(s)} \qquad (1)$$

단, $2\mathrm{MgO(s)} + \mathrm{Si(s)} = 2\mathrm{Mg(g)} + \mathrm{SiO_2(s)} \qquad (2)$

$$\Delta G^\circ = 638{,}478 + 47.57\,T\log T - 414.97\,T \ \text{J}$$

$$2\text{CaO(s)} + \text{SiO}_2\text{(s)} = 2\text{CaO}\cdot\text{SiO}_2\text{(s)} \tag{3}$$

$$\Delta G^\circ = -126{,}357 - 5.02\,T \ \text{J}$$

[풀이] 식(1)의 반응은 식(2)+식(3)이므로

$$\Delta G^\circ_{(1)} = \Delta G^\circ_{(2)} + \Delta G^\circ_{(3)} = 512{,}121 + 47.57\,T\log T - 419.99\,T \tag{4}$$

$$\therefore\ \Delta G^\circ_{(1),1473} = 115{,}474 \ \text{J}$$

한편 식(1)에서 가스상은 Mg뿐이고, 나머지는 고체상으로 $a=1$이므로

$$K_{(1)} = p^2_{\text{Mg}} = \exp\left(-\frac{\Delta G^\circ_{(1)}}{RT}\right) = 8.035\times 10^{-5} \tag{5}$$

$$\therefore p_{\text{Mg}} = \sqrt{K_{(1)}} = 8.96\times 10^{-3}\ \text{atm}$$

(3) 금속 Li의 열환원 증류법

Li 제련의 한 방법으로 Mg의 피전법과 유사한 건식 환원법이 있다. 원료인 Li_2CO_3를 하소하여 Li_2O로 만들고, 이것을 다음 식과 같이 금속 환원제 M과 혼합하여 가열한다.

$$\text{Li}_2\text{O(s)} + \text{M(s)} = \text{MO(s)} + 2\text{Li(g)} \tag{4.114}$$

$$K = \exp\left(-\frac{\Delta G^\circ}{RT}\right) = \frac{a_{\text{MO}}\cdot p^2_{\text{Li}}}{a_{\text{Li}_2\text{O}}\cdot a_{\text{M}}}$$

식(4.114)의 반응을 우측으로 진행시키기 위해서는 세 가지 방법이 있다. 우선 K를 크게 하기 위해 ΔG°를 음의 값으로 크게 한다. 즉, 환원제 M의 산소 친화력이 높은 것이 바람직하다. Ca, Ti, Mg, Si 등을 고려할 수 있으나, 증기압이 낮은 Si이 최적이다. 그리고 가능한 조건 중에서 K가 가장 크게 되는 온도에서 환원한다.

또 a_M, a_{Li_2O}를 크게 하여 a_{MO}를 작게 한다. 예를 들면 MO를 플럭스와 혼합하여 슬래그화시키면 a_{MO}를 낮출 수 있다. 또, M으로서 페로실리콘을 이용하는 경우 순수 Si과 평형 관계에 있는 75 wt%Si 정도의 고 Si 페로실리콘을 이용한다. Si을 환원제로 사용할 때 CaO를 공존시켜 SiO_2의 활동도를 낮추는 것도 효과적이며, 후자는 Mg의 피전법과 같은 방법이다. 그리고 Mg의 피전법과 같이 감압하면 반응속도가 빨라진다.

[예제 4.26] 페로실리콘(75 wt%Si)으로 1,100 ℃에서 Li_2O를 환원할 때 얻어지는 Li의 최대 압력을 구하라.[76]

$$2Li(g)+\frac{1}{2}O_2(g)=Li_2O(s):\ \Delta G^\circ=-876{,}715+300.4T\ J \qquad (1)$$

$$Si(s)+O_2(g)=SiO_2(s):\ \Delta G^\circ=-901{,}640+171.46T\ J \qquad (2)$$

[풀이] 식(1), (2)로부터

$$2Li_2O(s)+Si(s)=4Li(g)+SiO_2(s):\ \Delta G^\circ=851{,}790-429.34T\ J \quad (3)$$

$$K_{(3)}=\frac{a_{SiO_2}\cdot p_{Li}^4}{a_{Li_2O}^2\cdot a_{Si}}=1.048\times10^{-10}$$

Li의 최대압력은 a_{Li_2O}=1이며 a_{SiO_2}가 최소일 때 얻어진다.

$a_{SiO_2}=1$일 때 $\qquad p_{Li}=3.200\times10^{-3}$ (atm)

$a_{SiO_2}=0.1$일 때 $\qquad p_{Li}=5.690\times10^{-3}$ (atm)

$a_{SiO_2}=0.01$일 때 $\qquad p_{Li}=1.012\times10^{-2}$ (atm)

a_{SiO_2}는 10^{-2} 정도가 한계일 것이다. 현재 Li제련은 LiCl을 용융염 전해하여 만들고 있으나 새로운 제련법에 관한 연구도 진행되고 있다.

4.6.4 희토류 원소의 금속 열환원 증류법

Sm, Eu, Tm, Yb은 안정한 2가의 화합물이 존재하여 일반적인 금속 열환원법이나 용융염 전해법에서는 환원이 진행되지 않는다. 특히 Sm은 Sm^{3+}에서 Sm^{2+}로 환원되면 오히려 분해전압이 높아져 전해법으로 제조하기 곤란하다. 그러나 이러한 원소는 다른 희토류보다 증기압이 높으므로 열환원 증류법으로 만들 수 있다. 그림 4.36에 온도에 따른 희토류의 증기압을 나타내었다.[77] 환원제는 같은 족의 란타넘(La)이나 미쉬메탈(MM)을 사용하고, 산화물을 환원하면서 생성된 금속을 계 외로 증발시키고 응축부에서 냉각시켜 회수한다. Sm의 경우 반응식은 다음과 같다.

$$Sm_2O_3 + 2MM = 2Sm\uparrow + MM_2O_3 \quad (MM: \text{mischmetal}) \tag{4.115}$$

$$Sm_2O_3 + 2La = 2Sm\uparrow + La_2O_3 \tag{4.116}$$

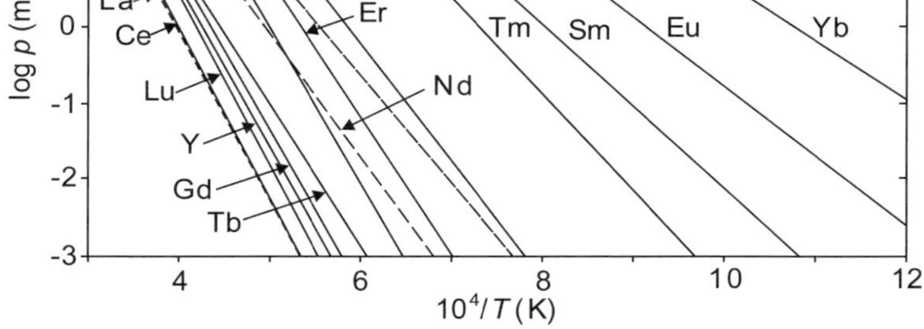

그림 4.36. 희토류 원소의 온도에 따른 증기압(mmHg)

그림 4.37에는 사마륨(Sm)의 환원 증류 장치를 나타내었다.[77] 산화사마륨과 미쉬메탈칩을 혼합하고, 압축성형하여 Ta제 도가니에 장입한다. 반응조 내부를 10^{-3}~10^{-5} torr의 분위기로 만든 후 1,300~1,400 ℃로 가열하면 미쉬메탈의 환원 작용으로 금속 Sm이 생성되어 증기가 된다. Sm 증기는 상부의 수냉부에 층상으로 증착하며, 증류하여 만들었으므로 순도가 높은 금속을 얻을 수 있다. Eu과 Yb도 이 방법으로 제조할 수 있으며, 반응온도는 1,150~1,200 ℃ 정도이다.

산화물 용융염 전해법으로 미쉬메탈을 제조하는 곳에서는 상기 반응 후 남은 산화물 희토류를 원료로 사용하여 다시 미쉬메탈을 만들므로 폐기물이 나오지 않는 친환경적인 제조법이 될 수 있다.

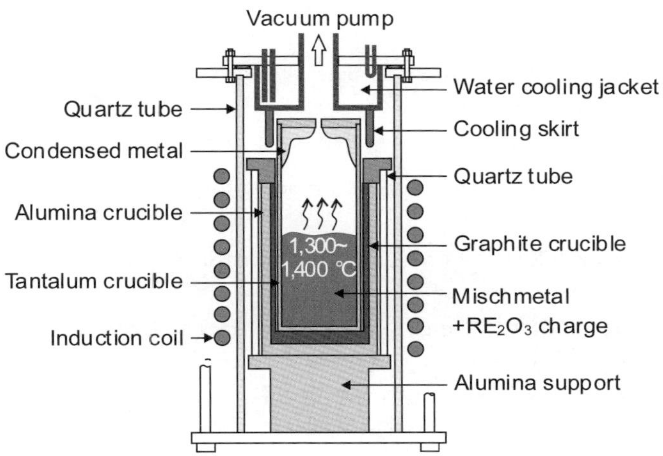

그림 4.37. Sm 환원 증류 장치의 예

[참고문헌]

1 손호상, 2021: 범용금속의 리사이클링, p.69, 경북대학교출판부.

2 大谷正康, 1971: 鉄冶金熱力学, p.2, 日刊工業新聞社, 東京.

3 W. M. Haynes, D. R. Lide and T. J. Bruno, 2017: Sec. 4 Properties of the Elements and Inorganic Compounds, CRC Handbook of Chemistry and Physics 97th Edition (2016-2017), pp.4-124, CRC Press.

4 T. Azakami and Y. Awakura, 1999: Extractive Metallurgy, p.47, JIM, Sendai, Japan.

5 Alain Vignes, Extractive Metallurgy 1, Basic Thermodynamics and Kinetics, p.74, John Wiley & Sons, Inc., USA.

6 - 철강: The Japan Society for the Promotion of Science, The 19th Committee on Steelmaking, 1988: Steelmaking Data Source Book, Gorden and Breach Science Publishers, Tokyo.
- 비철금속(Cu): 大石敏雄, 小野勝敏, 1986: 溶銅中の微量成分の活量係数および相互作用係数, 日本金属学会会報 25(4), pp.291-299.

7 David V. Neff, 2002: Understanding Aluminum Degassing, Modern Casting 92(5), pp.24-26.

8 T. Ohnishi, 1989: Hydrogen in pure aluminum and in aluminum alloys, Keikinzoku 43(3), pp.235-573.

9 손호상 역, 2017: A. Yazawa의 열역학 문제집, p.88, 경북대학교출판부.

10 T. Azakami and Y. Awakura, 1999: Extractive Metallurgy, p.51, JIM, Sendai, Japan.

11 Alain Vignes, 2011: Extractive Metallurgy 1, p.94, ISTE Ltd. and John Wiley & Sons, Inc.

12 Ho-Sang Sohn, 2021: Current Status of Nickel Smelting Technology, Resources Recycling 30(2), pp.3-13.

13 D. Springorum, 1995: SLAG ATLAS 2nd Edition, Verein Deutscher Eisenhuttenleute (VDEh), Verlag Stahleisen GmbH, Germany.

14 George C. Wang, 2016: 3 - Nonferrous metal extraction and nonferrous slags, p.37, The Utilization of Slag in Civil Infrastructure Construction, Elsevier.

15 K. Yamaguchi, 2009: Utilization of Thermodynamics in Extractive Metallurgy, Netsu Sokutei 365, pp.255-262.

16 JIM, 2000, Ferrous Process Metallurgy, p.35, The Japan Institute of Metals,

Sendai, Japan.

17 Y. Sakaguchi, et al., 1992: Production of High Purity Silicon by Carbothermic Reduction of Silica Using AC-arc Furnace with Heated Shaft, ISIJ Inter. 32(5), pp.643-649.

18 M. Tangstad, 2013: Ferrosilicon and Silicon Technology, p.185, Handbook of Ferroalloys, Ed. by Michael Gasik, Elsevier Ltd.

19 大谷正康, 水渡英昭, 早稲田嘉夫, 1975: 冶金物理化学演習, p.120, 丸善株式会社, 東京.

20 Y. B. Zhang, G. H. Li, T. Jiang, et al., 2012: Reduction behavior of tin-bearing iron concentrate pellets using diverse coals as reducers, Inter. J. Mineral Processing 110-111, pp.109-116.

21 A. Ghosh and A. Chatterjee, 2008: Ironmaking and Steelmaking: Theory and Practice, p.87, PHI Learning Private Limited, New Delhi, India.

22 손호상 역, 2017: A. Yazawa의 열역학 문제집, p.389, 경북대학교출판부.

23 손호상, 2023: 희소금속의 제련과 리사이클링, p.146, 경북대학교출판부.

24 Kawasaki, 2015: Ferronickel Smelting Plant-Electric Furnace Off-Gas Utilization to Save EnergyKawasaki Technical Review 176, pp.42-43.

25 B. Yang, J. He, G. Zhang, and J. Guo, 2021: Ch 12 Vanadium metal, Vanadium - Extraction, Manufacturing, and Applications, Metallurgical Industry Press, Published by Elsevier Ltd.

26 S. Albrecht, C. Cymorek, and J. Eckert, 2000: Niobium and Niobium Compounds, p.141, Ullmann's Encyclopedia of Industrial Chemistry. Wiley-VCH Verlag GmbH & Co. KGaA.

27 A. N. Zelikman, O. E. Krein, and G. V. Samsonov, 1964: Ch. III Tantalum and Niobium, Metallurgy of Rare Metals, pp.142-144, Second Edition, Revised and Enlarged Edited by L. V. Belyaevskaya, NASA TT F-359.

28 D. K. Bose, 1992: Pyrometallurgy of Niobium, Tantalum and Vanadium-Development Work at Bhabha Atomic Research Centre, Mineral Processing and Extractive Metallurgy Review 10, pp.217-237.

29 A. Miyauchi and T. H. Okabe, 2010: Development of New Manufacturing Technology for Vanadium Metal and Alloys, J. Japan Inst. Metals 74(11), pp.701-711.

30 G. Bauer et al., 2016: Vanadium and Vanadium Compounds, Ullmann's Encyclopedia of Industrial Chemistry, Wiley-VCH Verlag GmbH & Co. KGaA, Weinheim.

31 손호상, 2023: 희소금속의 제련과 리사이클링, p.575, 경북대학교출판부.

32 S. Sattelberger and G. Löber, 2001: Production of High Purity Niobium Masteralloys, Niobium Science & Technology, Proceedings of the International Symposium Niobium 2001, pp.97-104.

33 H. A. Wilhelm, F. A. Schmidt, and T. G. Ellis, 1966: Columbium metal by the aluminothermic reduction of Cb_2O_5. JOM 18, pp.1303-1308.

34 J. Eckert, 1997: 28 Nibium, p.1411, Handbook of Extractive Metallurgy, Vol. III: Precious Metals, Refractory Metals, Scattered Metals, Radioactive Metals, Rare Earth Metals, Ed. by Fathi Habashi, WILEY-VCH.

35 D. K. Bose and C. K. Gupta, 2002: Extractive Metallurgy of Tantalum, Mineral Processing and Extractive Metallurgy Review: An International Journal, 22, pp.389-412.

36 Jung-Woo Ha, Ho-Sang Sohn, and Jae-Young Jung, 2012: Tantalum Powder Preparation from Ta_2O_5 by Calciothermic Reduction, Korean J. Met. Mater. 50(11), pp.823-828.

37 J. D. Shim, 1989: Metallurgy of the Rare-earths and Application to New frunctional materials. Bull. of the Korean Inst. of Metals 2(3), pp.219-228.

38 Clóvis Antonio de Faria Sousa, 2001: The Evolution of FeNb Manufacturing, Niobium Science & Technology, Proceedings of the International Symposium Niobium 2001, Orlando, pp.89-96.

39 T. R. Wilken, W. R. Morcom, C. A. Wert, and J. B. Woodhouse, 1976: Reduction of Tungsten Oxide to Tungsten Metal, Metall. Trans. B 7B, pp.589-597.

40 R. Haubner, W. D. Schubert, E. Lassner, et al., 1983: Mechanism of Technical Reduction of Tungsten: Part 1 Literature Review, International Journal of Refractory Metals and Hard Materials 2(3), pp.108-115.

41 손호상, 이향준, 박종일, 2011: Ar+H_2 혼합가스에 의한 MoO_3의 MoO_2로의 환원거동, 자원리싸이클링 20(4), pp.71-77.

42 B. Yang, J. He, G. Zhang, and J. Guo, 2021: Ch 12 Vanadium metal, Vanadium - Extraction, Manufacturing, and Applications, Metallurgical Industry Press, Published by Elsevier Ltd.

43 손호상, 2020: 범용금속의 리사이클링 p.187, 경북대학교출판부.

44 Hosang Sohn, H. Kumazawa, Y. Fukunaka and Z. Asaki, 1991: Non-isothermal Oxidation of Copper Concentrate Particles Falling in a Vertical Tube — Effect of composition on the interfacial reaction rate of copper concentrate, MMIJ 107(8), pp.531-536.

45 손호상, 2002: 동정광 입자의 비등온 산화반응에 관한 속도론적 연구, 대한금속·재료학회지 40(5), pp.575-583.

46 F. K. Crundwell, et. al., 2011: Extractive Metallurgy of Nickel, Cobalt and Platinum-Group Metals, p.9, Elsevier Ltd. UK.

47 손호상, 2020: 범용금속의 리사이클링, p.83, 경북대학교출판부.

48 손호상 역, 2017: A. Yazawa의 열역학 문제집, p.297, 경북대학교출판부.

49 T. H. Okabe, 2007: Current Status of Platinum Group Metals and Recycling Technologies, Materia Japan 46(8), pp.522-529.

50 Injoon Son and Ho-Sang Sohn, 2021: Smelting of Platinum Group Metals and Recycling of Spent Catalyst, Resources Recycling 30(3), pp.18-29.

51 Ho-Sang Sohn and Yasuhiro Fukunaka, 2003: Desufurization Kinetics of Molten Copper Matte by Gas Bubbling, J. Kor. Inst. Met. & Mater 41(1), pp.64-70.

52 H.S. Sohn, Y. Fukunaka, T. Oishi, Z. Asaki, and H.Y. Sohn, 2004: Kinetics of As, Sb, Bi and Pb Volatilization from Industrial Copper Matte during Ar O_2 Bubbling, Metall. Trans. B 35B, pp.651-661.

53 T. Azakami and Y. Awakura, 1999: Extractive Metallurgy, p.71, JIM, Sendai, Japan.

54 Z. Asaki, T. Taniguchi, and M. Hayashi, 2001: Kinetics of the Reactions in the Smelting Furnace of the Mitsubishi Process, JOM 53, pp.25-27.

55 M. Shamsuddin, 2016: Physical Chemistry of Metallurgical Processes, p.410, TMS, John Wiley & Sons, Inc., Hoboken, New Jersey.

56 이용학, 최창영, 1995: QSL 연 제련에서 납과 불순물의 거동, 대한금속학회지 33(11), pp.1438-1444.

57 A. Siegmund, 2003: Modern applied technologies for primary lead smelting at the beginning of the 21st century, Yazawa International Symposium: Metallurgical and Materials Processing: Principles and Techologies; High-Temperature Metal Production, pp.43-62, TMS, San Diego, California.

58 손호상, 2020: 범용금속의 리사이클링, p.288, 경북대학교출판부.

59 손호상, 2019: 자원리사이클링공학, p.118, 경북대학교출판부.

60 손호상, 2020: Kroll법에 의한 타이타늄 제조기술, 자원리싸이클링 29(4), pp.3-14.

61 S. W. Cho, et al., 2006: Making of Tantalum Powder Using the Hunter Process, METALS AND MATERIALS International 12(1), pp.51-56.

62 D. K. Bose, 1992: Pyrometallurgy of Niobium, Tantalum and Vanadium-Development Work at Bhabha Atomic Research Centre, Mineral Processing and Extractive Metallurgy Review 10, pp.217-237.

63 B. Yuan and T. H. Okabe, 2007: Production of fine tantalum powder by

preform reduction process using Mg-Ag alloy reductant, J. of Alloys and Compounds 443, pp.71-80.

64 Hyungkyu Park, et al., 2012: Overview on the Technologies for Extraction of Rare Earth Metals, J. of Korean Inst. of Resources Recycling 21(3), pp.74-83.

65 N. Krishnamurthy and C. K. Gupta, 2016: Extractive Metallurgy of Rare Earths 2nd Ed., p.374, 377, CRC Press.

66 金屬鑛業事業團資源情報センター, 1995: 發電機用超傳導材料開發狀況調査報告書-レアアースの製造技術, p.120. 金屬鑛業事業團.

67 김세종, 손인준, 손호상, 2012: 용융 Bi-Pb-Sb계 합금의 산화에 의한 Sb과 Pb 제거, 자원리싸이클링 21(4), pp.53-59.

68 손호상, 2018: 제강분진의 건식 처리기술 현황, 자원리싸이클링 27(2), pp.68-76.

69 T. Azakami and Y. Awakura, 1999: Extractive Metallurgy, p.83, JIM, Sendai, Japan.

70 T. Azakami, 1997: Physical Chemistry of Zinc Pyrometallurgy; Materia Japan 36(4), pp.317-332.

71 A. Moezzi, A. M. McDonagh, and M. B. Cortie, 2012: Zinc oxide particles: Synthesis, properties and applications, Chemical Engineering Journal 185-186(3), pp.1-22.

72 S. E. James: Recycling Lead and Cadmium, as well as Zinc, from EAF Dust, in Mackey, T. S. and Prengaman, R. D. eds.: Lead-Zinc '90, pp.477-495, TMS.

73 손호상, 2019: 자원리사이클링공학, p.167, 경북대학교출판부.

74 M. Bugdayci, A. Turan, M. Alkan, and O. Yücel, 2019: Ch. 3 Magnesium Production from Calcined Dolomite via the Pidgeon Process, Magnesium and Its Alloys: Technology and Applications (1st ed.), Ed. by Leszek A. Dobrzański, George E. Totten, and Menachem Bamberger, CRC Press.

75 A. F. S. Schoukens, M. Abdellatif, and M. J. Freeman, 2006: Technological breakthrough of the Mintek thermal magnesium process, The Journal of The South African Institute of Mining and Metallurgy 106(1), pp.25-29.

76 손호상 역, 2017: A. Yazawa의 열역학 문제집, p.218, 경북대학교출판부.

77 R. Ohmachi and T. Goto, 1991: Production of Rare Earth Metals and Their Recycling, Resource Processing 38(3), pp.138-143.

Extractive Metallurgy and Recycling of Metals

제5장

건식정제

제5장 | # 건식정제

Fire Refining

5.1 건식정제의 개요

환원 제련에서 얻어진 조금속은 그 상태로 사용하기도 하지만 대부분은 정제(정련)하여 사용한다. 조금속의 정제는 순금속 제조는 물론 미량 함유되어 있는 귀금속 회수와 철강과 같이 강종에 맞는 화학조성으로 만드는 것까지 포함한다. 특히 Si 제련에서 얻어진 금속급 Si은 합금용으로 사용할 때는 별도의 정제가 필요 없으나 태양전지용(>7N)이나 반도체용(>11N)으로 사용하기 위해서는 초고순도 Si이 필요하다. 조금속의 정제는 건식정제와 전해정제로 분류하며, 전해정제는 전해제련에서 다루도록 한다.

건식정제(fire refining)는 목적금속과 불순물의 물리적, 화학적 또는 물리화학적 성질의 차이를 이용하여 조금속을 실용 재료로 사용할 수 있는 수준까지 정제하는 것이다. 특히 건식정제는 목적금속과 불순물의 화학적 상호작용을 고려하면서 열에너지 제어에 의한 온도 차이를 이용하는 것이다. 또 고온 상태를 유지하면 반응속도의 증대, 물질의 이동속도 촉진, 제품의 균질화 등의 효과가 있다. 표 5.1에는 이러한 건식정제의 구분과 예를 나타내었다.

표 5.1. 건식정제의 구분

구분	원리와 예
화학적 친화력 차이를 이용한 정제	• 산화에 의한 정제 • 황화에 의한 정제 • 할로겐화에 의한 정제 • 환원에 의한 정제
상태도 성질을 이용한 정제	• 용리법(Sn 중 Fe 제거 등) • 대용정제(zone-refining) (고순도 Si 제조) • 일방향 응고 정제
휘발정제	• 증기압 차이 이용(Nb-Al 중 Al의 제거 등)
열해리에 의한 정제	• Ni carbonyl법, Iodin법
기타	• 용융금속 중 수소 제거 등

건식정제는 조금속을 만드는 제련공정과 달리 불순물인 공존 원소의 분배평형을 이용하는 것이다. 이때 그림 5.1과 같이 조금속과 불순물을 받아들이는 쪽의 양 측면에서 생각해야 한다. 우선 조금속 측에서 보면 공존하는 불순물 원소를 별도의 상으로 분배시키기 위해 불순물 원소의 상대적 화학퍼텐셜(μ_i)을 높이는 방법을 찾는다. 휘발정제나 상태도 성질을 이용하는 정제에서는 이러한 목적으로 열에너지를 이용한다. 즉, 상태도 성질을 이용하는 정제에서는 액체 및 고체 상태에서 불순물의 용해도가 현저하게 다른 원소를 함유할 때, 그리고 휘발정제에서는 증기압과 그 온도 의존성 차이가 큰 원소가 함유되어 있을 때 온도를 적절하게 제어하여 불순물 원소를 별도의 상으로 보낸다. 또 이때 목적금속 중 불순물 원소의 활동도계수(γ_i)를 높이는 상호작용 원소를 공존시키면 불순물 원소의 제거량이 늘어나 순도를 더 높일 수 있다.[1]

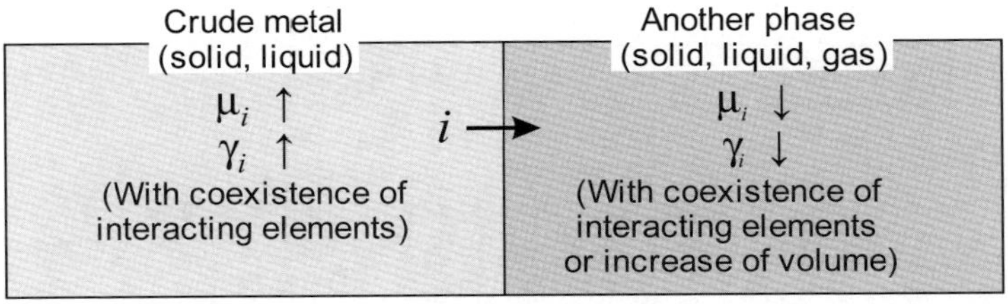

(i : impurity elements, μ_i : chemical potential, γ_i : activity coefficient)

그림 5.1. 건식정련의 기본 원리

불순물을 받아들이는 상에서는 불순물의 상대적 화학퍼텐셜을 낮추는 방법을 찾는다. 기본적으로 불순물을 받아들이는 상의 절대량을 늘리는 희석 효과와 활동도계수를 낮추는 원소를 공존시키는 것이다.

한편 건식정제는 목적금속과 별도의 액상, 고상, 기상 등 새로운 상을 만들어 그 중에 불순물을 농축시키거나 목적금속을 전부 새로운 상으로 옮겨 불순물과 분리하는 것이다. 따라서 건식정제에서는 이러한 새로운 상을 만들기 위해 온도와 압력을 변화시키거나 별도의 첨가제를 첨가하는 등의 방법을 적용하고 있다.

실제로 이용되고 있는 건식 정제법을 제거되는 불순물 상태(기체, 액체, 고체)에 따라 몇 가지로 분류하면 표 5.2와 같다.[2]

실제 조금속 중에는 다양한 불순물이 함유되어 있으므로 한 가지 방법으로 모든 불순물을 제거할 수 없다. 예로서 그림 5.2에 납과 주석의 건식정련 공정도를 나타내었다.[3] 이처럼 불순물의 종류에 따라 여러 가지 방법을 단계적으로 적용한다.

표 5.2. 제거되는 불순물의 상태와 제거 예

제거 상태	제거 예
고체	• Pb 중 Cu를 온도를 내려서 고체 Cu로 석출시켜 제거 • Pb 중 Cu를 S를 첨가하여 Cu_2S를 석출시켜 제거 • Sn 중 Fe, Zn 중 Pb와 Fe을 용리(liquation)에 의해 제거 • Pb 중 Zn를 첨가하여 Ag, Au를 금속간화합물로 만들어 제거(회수) • Ge 중 불순물을 zone refining으로 석출시켜 제거
액체	• 산화성 슬래그에 의한 Si 제거, 환원성 슬래그에 의한 S 제거 • 용강 중 산소를 Al, Si 등 탈산제를 첨가하여 산화물 슬래그로 제거
기체	• Pb 중 Zn의 진공용해에 의한 증발 제거 • 용강이나 용융 Al, Mg 중에 불활성가스를 취입하여 수소 제거 • 용융 Cu에 산화제 첨가에 의한 S 제거 • 용융 Cu에 환원제 첨가에 의한 산소 제거 • Pb 중에 염소(Cl_2)를 불어넣어 Sn을 휘발성 염화물로 제거 • Nb 중 Al을 전자빔 용해 등 고온 정제로 휘발시켜 제거

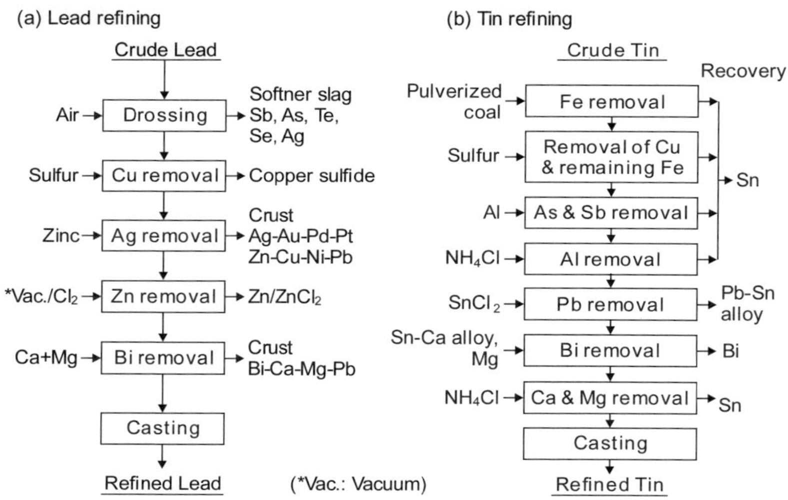

그림 5.2. 납과 주석의 건식정련 공정도

5.2 화학적 친화력 차이에 의한 정제

목적금속과 불순물 사이에 O, S, Cl 등과의 친화력 차이가 있으면 이를 이용하여 정제할 수 있다. 예를 들면 어떤 불순물을 함유한 목적금속 융체에 O_2를 취입하여 불순물을 산화물로 만들어 목적금속 융체의 표면에 부유시키거나 슬래그상으로 보내어 제거할 수 있다. 또 Cl과 친화력이 강한 불순물은 염소를 첨가하여 염화물로 만들어 제거할 수 있다.

5.2.1 산화에 의한 불순물 제거

(1) 불순물의 산화 제거

Bi-Pb 합금 중 Pb의 산화 제거 예로부터 알아본다. Bi와 Pb의 산화 반응은 각각 다음 식과 같다.[4]

$$\frac{4}{3}\mathrm{Bi(l)} + \mathrm{O_2(g)} = \frac{2}{3}\mathrm{Bi_2O_3(s,l)} \tag{5.1}$$

$$\Delta G^\circ = -390{,}740 + 193.99\,T \ \mathrm{J/mol} \ (545 \sim 1{,}098\ \mathrm{K})$$

$$\mathrm{2Pb(l)} + \mathrm{O_2(g)} = \mathrm{2PbO(s,l)} \tag{5.2}$$

$$\Delta G^\circ = -439{,}340 + 200.40\,T \ \mathrm{J/mol} \ (601 \sim 1{,}159\ \mathrm{K})$$

상기한 반응이 p_{O_2}가 동일한 조건에서 일어나면 다음과 같이 나타낼 수 있다.

$$\frac{2}{3}\mathrm{Bi(l)} + \mathrm{PbO(s)} = \frac{1}{3}\mathrm{Bi_2O_3(s)} + \mathrm{Pb(l)} \tag{5.3}$$

$$\Delta G^\circ = 24{,}300 - 3.21\,T \ \ \mathrm{J/mol}$$

여기서 Bi와 Pb의 활동도를 a_{Bi}, a_{Pb}라 하면 Bi는 목적금속으로 100 %에 가깝고($a_{Bi} \cong 1$) Pb가 소량 함유되어 있는 불순물이므로 식(5.3)의 평형 관계는 다음과 같이 된다.

$$K_3 = \frac{(a_{Bi_2O_3})^{1/3} \cdot [a_{Pb}]}{[a_{Bi}]^{2/3} \cdot (a_{PbO})} = \frac{(\gamma_{Bi_2O_3} \cdot x_{Bi_2O_3})^{1/3} \cdot [\gamma_{Pb} \cdot x_{Pb}]}{(\gamma_{PbO} \cdot x_{PbO})} \tag{5.4}$$

여기서 ( )는 슬래그상, [ ]는 금속상 중의 성분을 나타낸다. 위의 식을 Pb의 몰 분율인 x_{Pb}에 관하여 정리하면 다음과 같다.

$$[x_{Pb}] = K_3 \cdot \frac{(\gamma_{PbO} \cdot x_{PbO})}{(\gamma_{Bi_2O_3} \cdot x_{Bi_2O_3})^{1/3} \cdot [\gamma_{Pb}]} \tag{5.5}$$

K는 온도만의 함수이므로, Bi 중 Pb를 최소로 하기 위해서는 우선 K 값이 작아야 하며 800 ℃에서 9.65×10^{-2}이므로 유리한 조건이다. 그러나 온도가 상승할수록 K값이 증가하므로 액상 슬래그를 생성할 수 있는 최저 온도를 택하는 것이 유리하다. Bi 중 Pb를 충분히 제거하기 위해서는, 즉 a_{Pb}나 x_{Pb}를 작게 하기 위해서는 다음과 같은 조건이 유리하다.

① K가 작을 것

② γ_{Pb}가 클 것, 즉 용융 Bi 중에서의 Pb의 활동도계수가 클 것

③ $a_{Bi_2O_3}$가 크고, 극한으로서 Bi_2O_3가 순 산화물로서 석출하는 상태에 있으면 $a_{Bi_2O_3}$=1에서 가장 유리

④ a_{PbO}가 작을 것. 이를 위해서는 γ_{PbO}, x_{PbO}가 작은 것이 필요하며, 산화물 상(슬래그) 중에 PbO와 화합물을 만드는 물질을 첨가하면 γ_{PbO}가 작게 되고, 또 슬래그상을 제거하고 새로 만드는 것을 반복하면 x_{PbO}가 작게 되어 유리하게 된다.

[예제 5.1] Cu 중 Ni을 산화물로 제거할 때 1,100 ℃에서 Ni의 제거 한계를 구하라. 단, Cu 중 Ni의 무한희박 기준 액체 표준의 활동도계수

(γ°_{Ni})는 2이며, Cu의 활동도는 Raoult의 법칙을 따르는 것으로 한다. 또, NiO와 Cu_2O는 1,100 ℃에서 모두 고체이며 서로 고용하지 않고, 용융 Cu 중 용해되어 있는 산소는 무시한다.(Ni의 융점은 1,728 K, 용융열은 17.66 kJ/mol이다.)

$$Ni(s) + 1/2O_2 = NiO(s),\ \Delta G^\circ_{(1)} = -235{,}300 + 86.11T\ \text{J} \tag{1}$$

$$2Cu(l) + 1/2O_2 = Cu_2O(s),\ \Delta G^\circ_{(2)} = -208{,}200 + 101.67T\ \text{J} \tag{2}$$

[풀이] 식(1)은 고체 Ni에 관한 것이며, γ°_{Ni} 는 액체 표준이므로 Ni의 용융에 관한 자유에너지가 필요하다. 고체와 액체의 비열 차이를 무시하면 Ni의 용융 자유에너지변화는 다음과 같다.

$$Ni(s) = Ni(l),\quad \Delta G^\circ_{m,(3)} = \Delta H^\circ_m - T\Delta S^\circ_m \tag{3}$$

Richard의 법칙에 따라 용융 엔트로피 ΔS_m은 용융열 ΔH_m과 융점 T_m으로부터 다음과 같이 계산한다.*

$$\Delta S^\circ_m = \frac{\Delta H^\circ_m}{T_m} = \frac{17{,}660}{1{,}728} = 10.22\ \text{J/(mol}\cdot\text{K)} \tag{4}$$

따라서 식(3)의 Ni 용융에 관한 자유에너지변화는 다음과 같다.

$$\Delta G^\circ_{m,(3)} = 17{,}660 - 10.22T\ \text{J} \tag{5}$$

문제의 반응식은 식(1)-(2)-(3)에 의해 다음과 같이 나타낼 수 있다.

$$Ni(l) + Cu_2O(s) = NiO(s) + 2Cu(l) \tag{6}$$

$$\Delta G^\circ_{(6)} = \Delta G^\circ_{(1)} - \Delta G^\circ_{(2)} - \Delta G^\circ_{m,(3)} = -44{,}760 - 5.34T\ \text{J}$$

$$\therefore K_{(6)} = \frac{a_{NiO}\cdot a^2_{Cu}}{a_{Cu_2O}\cdot a_{Ni}} = \exp\left(-\frac{\Delta G^\circ_{(6)}}{RT}\right) = 95.91\ (\text{at } 1{,}373\ \text{K}) \tag{7}$$

---

* 2.4.4 엔트로피 참조.

여기서 $a_{NiO} = a_{Cu_2O} = 1$이며, Cu는 100 %에 가까워 $a_{Cu} = 1$로 둘 수 있다. 그리고 $a_{Ni} = \gamma^{\circ}_{Ni} \cdot x_{Ni}$이며, $\gamma^{\circ}_{Ni} = 2$이므로 Ni의 제거 한계는 다음과 같다.

$$x_{Ni} = \frac{1}{\gamma^{\circ}_{Ni} \cdot K_{1373}} = \frac{1}{2 \times 95.91} = 5.21 \times 10^{-3}$$

(2) 유연법(softening process)

납의 불순물 중 Zn, Fe, Sn, As, Sb 등은 납보다 쉽게 산화된다. 단 Sb가 이 중에서 가장 산화되기 어렵다. 또 Pb의 일부는 불순물인 산화물과 함께 슬래그로 들어가 손실된다. 이때 얻어지는 Pb가 무르기 때문에 유연(softened lead)이라 하며, 이 산화 정련법을 유연법이라 한다.

유연법은 약 350 ℃의 조연에 공기나 litharge(PbO)를 첨가하여 다음 식과 같이 Pb에 용해되지 않는 산화물을 형성시켜 제거하는 것이다.

$$Zn + 2PbO = PbO \cdot ZnO + Pb \tag{5.6}$$

$$2As + 6PbO = 3PbO \cdot As_2O_3 + 3Pb \tag{5.7}$$

$$2Sb + 4PbO = PbO \cdot Sb_2O_3 + 3Pb \tag{5.8}$$

$$Sn + 3PbO = PbO \cdot SnO_2 + 2Pb \tag{5.9}$$

[예제 5.2] 납의 건식정제에서 유연법으로 납 중 불순물인 Zn와 Sb 등을 제거할 때 600 ℃에서 Zn와 Sb의 평형론적 제거 한계를 구하라. 단, Pb 중 Zn의 활동도계수 $\gamma^{\circ}_{Zn} = 8.4$이며, Pb-Sb계는 이상용액이며 또 PbO와 ZnO는 873 K에서 상호 고용도가 없는 고체이며, 각각 Pb와 2원계 용액으로 가정한다.[5]

$$2Pb(l) + O_2(g) = 2PbO(s),\ \Delta G^\circ = -439{,}340 + 200.40\,T\ \text{J} \tag{1}$$

$$2Zn(l) + O_2(g) = 2ZnO(s),\ \Delta G^\circ = -712{,}540 + 215.91\,T\ \text{J} \tag{2}$$

$$\frac{4}{3}Sb(l) + O_2(g) = \frac{2}{3}Sb_2O_3(s),\ \Delta G^\circ = -467{,}350 + 174.47\,T\ \text{J} \tag{3}$$

[풀이] ① Zn의 제거 한계

우선 식[(2)-(1)]/2에 의해 다음 식이 얻어진다.

$$PbO(s) + Zn(l) = ZnO(s) + Pb(l),\ \Delta G^\circ_{(4)} = -136{,}600 + 7.76\,T\ \text{J} \tag{4}$$

$$K_{(4)} = \frac{a_{ZnO} \cdot a_{Pb}}{a_{PbO} \cdot a_{Zn}} = \exp\left(-\frac{\Delta G^\circ_{(4)}}{RT}\right) = 58{,}644{,}017 \tag{5}$$

용액의 대부분이 용융 Pb이므로 $a_{Pb} \cong 1$이며, PbO-ZnO계 상태도로부터 PbO와 ZnO는 873 K에서 상호 고용도가 거의 없는 고체이므로 $a_{PbO} \cong 1$, $a_{ZnO} \cong 1$로 둘 수 있다. 또 Zn의 활동도 $a_{Zn} = \gamma^\circ_{Zn} \cdot x_{Zn}$이므로

$$K_{(4)} = \frac{1}{a_{Zn}} \quad \therefore\ a_{Zn} = x_{Zn}\gamma^\circ_{Zn} = \frac{1}{K_{(4)}} = 1.71 \times 10^{-8} \tag{6}$$

γ°_{Zn}=8.4로 주어져 있으므로 Zn의 제거 한계 농도는 다음과 같다.

$$\therefore\ x_{Zn} = \frac{1.71 \times 10^{-8}}{8.4} = 2.04 \times 10^{-9}$$

따라서 유연법으로 대부분의 Zn를 제거할 수 있다.

② Sb의 제거 한계

식[(3)-(1)]/2에 의해 다음 식이 얻어진다.

$$PbO(s) + \frac{2}{3}Sb(l) = \frac{1}{3}Sb_2O_3(s) + Pb(l) \tag{7}$$

$$\Delta G^\circ_{(7)} = -14{,}005 - 12.97\,T\ \text{J}$$

$$K_{(7)} = \frac{a_{Sb_2O_3}^{1/3} \cdot a_{Pb}}{a_{PbO} \cdot a_{Sb}^{2/3}} = \exp\left(-\frac{\Delta G^\circ_{(7)}}{RT}\right) = 32.77 \tag{8}$$

Sb가 매우 미량이므로 $a_{Pb} \cong 1$, 또 Pb-Sb 융체는 이상용액으로 가정하였으므로 $a_{Sb} = x_{Sb}$이다. 따라서 x_{Sb}는 다음과 같다.

$$x_{Sb} = \left(\frac{a_{Sb_2O_3}^{1/3}}{K_{(7)} \cdot a_{PbO}} \right)^{3/2} = (5.33 \times 10^{-3}) \frac{a_{Sb_2O_3}^{1/2}}{a_{PbO}^{3/2}} \tag{9}$$

여기서 Sb_2O_3를 함유하는 PbO 융체의 평형을 고려하면 a_{PbO}는 1에 가깝고, Sb_2O_3는 산성이므로 염기성인 PbO 융체 중에서 $a_{Sb_2O_3}$는 이상 상태와 비교하여 음으로 편기하며 매우 작은 값이다. 따라서 $a_{Sb_2O_3}^{1/2}/a_{PbO}^{3/2}$ =1/10인 경우를 검토해 보면 식(9)에 의해 $x_{Sb} = 5.33 \times 10^{-4}$이므로 [%Sb] =0.0313 wt%이다. 실제로는 슬래그 제거 작업을 반복하여 약 0.003 wt%Sb까지 낮출 수 있다.

(3) Harris법

Harris법은 알칼리나 알칼리토류 금속으로 목적금속 중 불순물을 안정한 복합 산화물로 만들어 제거하는 정제법이다. 이 방법은 목적금속과 불순물의 산소 친화력 차이가 적어 불순물을 충분히 제거할 수 없을 때 적용한다. 예로서 800~900 K에서 알칼리 혼합염(NaOH, $NaNO_3$ 및 NaCl)으로 용융 조연 중 As, Sn, Sb 등을 산화시켜 Na_3AsO_4, Na_2SnO_3, $NaSbO_3$ 등의 안정한 산화물로 만들어 분리·제거하며, 조연 중 As 제거 반응은 다음과 같다.

$$3Na(l) + As(s) + 2O_2 = Na_3AsO_4 \tag{5.10}$$

$$\Delta G^\circ_{800K} = -1,226.62 \text{ kJ}, \quad \Delta G^\circ_{900K} = -1,187.38 \text{ kJ}$$

$$K = \frac{a_{Na_3AsO_4}}{a_{Na}^3 \cdot a_{As} \cdot p_{O_2}^2} = 1.24 \times 10^{80} \ (800 \text{ K}),\ 8.25 \times 10^{68} \ (900 \text{ K})$$

여기서 Na_3AsO_4와 다른 산화물의 반응을 무시하고 $a_{Na_3AsO_4}=1$, a_{As}는 순액체 As을 표준상태로 두면

$$a_{Na}^{3} \cdot a_{As} \cdot p_{O_2}^{2} = 3.1 \times 10^{-81} \text{ at } 800 \text{ K} \tag{5.11}$$

$$= 7.0 \times 10^{-70} \text{ at } 900 \text{ K}$$

이러한 매우 낮은 값은 복합 산화물인 Na_3AsO_4가 열역학적으로 매우 안정한 것을 의미한다. 여기서 산소분압이 높을수록 Pb 중 Na과 As을 보다 낮은 농도까지 제거할 수 있다는 것을 의미하며, Pb 중 Na과 As의 무한희박 활동도계수는 각각 다음과 같다.[6]

$$\gamma^{\circ}_{Na(l)} = 0.00318\,(700 \text{ K}), \quad \gamma^{\circ}_{As(l)} \fallingdotseq 1 \tag{5.12}$$

한편 Na_3AsO_4가 다른 산화물과 결합하면 더욱더 낮은 농도까지 제거 가능하며, Pb 중 Sn, Sb도 다음 식과 같이 제거된다.

$$5Sn + 6NaOH + 4NaNO_3 = 5Na_2SnO_3 + 3H_2O + 2N_2 \tag{5.13}$$

$$2Sb + 4NaOH + 2NaNO_3 = 2Na_3SbO_4 + 2H_2O + 2N_2 \tag{5.14}$$

(4) 회취법(灰吹法, cupellation process)*

회취법은 대표적인 산화정제 방식으로 Au, Ag 등이 함유된 Pb 합금을 산화시켜 Pb를 litharge slag(스컴, PbO를 주체로 하는 슬래그)로 제거하고 Au, Ag를 회수하는 고전적인 방법이다. 특히 조동, 조연의 전해정제에서 발생하는 anode slime(Au, Ag 함유)을 용융하여 귀연(lead bullion)을 만들고, 귀연 중 Pb는 산화되기 쉽지만 Au, Ag는 산화되기 어렵기 때문에 Pb를 산화 제거하여 Au, Ag를 회수한다.

---

* 회취법(灰吹法, cupellation process)은 광석이나 합금을 고온에서 용해하여 금이나 은과 같은 귀금속을 분리해 내는 정제 방법이다. 광석 속에 존재하는 납, 구리, 아연, 비소, 안티모니나 비스무트 등의 비한(base) 금속을 이용한다.

또 Parkes법에서 만들어진 Zn crust(70 %Pb, 1 %Cu, 0.1 %Sb, 5 %Ag, 0.03 %Au)를 가열하여 Zn를 증류시켜 분리하면 귀금속이 많은 Pb(귀연)가 얻어지므로, 이것을 산화시켜 Au, Ag를 회수한다.

5.2.2 황화에 의한 불순물 제거

황화에 의한 정제는 목적금속과 불순물의 S에 대한 친화력의 차이를 이용하는 것이다. 대표적인 예로 조연 중 Cu는 용리법과 함께 황화 정제로 제거한다. 그림 2.13에 나타낸 M-S-O계 유황-산소 퍼텐셜도로부터 Pb보다 Cu의 S 친화력이 큰 것을 알 수 있다. 따라서 조연 중에 유황(S)이나 PbS를 첨가하여 아래와 같은 반응으로 Cu를 제거할 수 있으며, Parkes법의 전단계로 활용하기도 한다.

$$2Cu(s) + PbS(s) = Pb(l) + Cu_2S(s) \qquad (5.15)$$

$$\Delta G^\circ = 30{,}910 - 56.88\,T \text{ J}$$

실제 Pb 용광로에서 나온 조연 중에는 약 0.8 wt%의 Cu가 함유되어 있으나, 용리 탈동에 의해 약 0.1 wt%까지 감소하고, 가황 탈동까지 하면 약 0.01 wt%까지 감소한다. 또 탈Ag 및 탈Zn 공정까지 거친 후의 Cu는 0.001 wt%를 나타내었다. 그러나 열역학적 계산(예제 5.3 참조)에서는 실 조업 결과보다 훨씬 높은 값을 나타내어 용리법과 비교하면 S 첨가가 탈Cu에 미치는 영향은 그다지 크지 않다. 이러한 원인에 대해서 다음과 같은 설명이 있다. Cu-S계의 중간 화합물인 Cu_2S상의 S 농도가 화학양론 조성과 미소량만큼 달라 Cu 활동도에 현저한 영향을 미친다. 또 첨가한 S는 속도론적으로 Pb보다 Cu와 결합하기 쉬워 우선 S 존재하에서 a_{Cu}가 현저하게 낮은(평형론적으로 10^{-4} 정도) 황화구리를 생성하여 Pb상 중 Cu 농도가 일시적으로 급격히 낮아진다. 그러나 Pb-S 사이의 결합이 늦어져서 S가 없어지면 a_{Cu} 는 시간의 경과와 함께 점증하여 Pb 중 Cu는 다시 증가하게 된다. 또 S 첨가에 의한 탈Cu는 Ag, Sn 등이 공존할 때 현저하게 촉진되는 것으로 알려져 있다.[6]

한편 S를 첨가하면 일부가 연소되어 SOx가 발생되는 환경문제가 있으며 실수율도 낮아 NaOH와 FeS_2를 첨가하여 다음 식과 같이 $CuFeS_2$의 안정상을 만들어 탈동한 예도 있다.[7]

$$Cu + FeS_2 = CuFeS_2 \tag{5.16}$$

그림 5.2의 조주석 정련에서도 용리에 의해 Fe을 제거한 후, 250~300 ℃에서 S(2~5 kg/t-Sn)를 첨가하여 교반하면 다음 식에 의해 Sn 중 Cu가 0.01→0.001 wt%까지 제거된다.

$$2Cu(s) + SnS(s) = Sn(l) + Cu_2S(s) \tag{5.17}$$

[예제 5.3] 820 ℃의 용융 Pb 중에 PbS를 첨가하여 불순물인 Cu를 제거할 때 Cu의 제거 한계를 구하라. 단, Pb는 고체 Cu에 용해되지 않으며, 2개의 고체 황화물은 상호 용해도가 없다. 820 ℃에서 용융 Pb 중 Cu 용해도는 x_{Cu}=0.12이며, 용융 Pb 중 Cu가 Henry의 법칙을 따른다. 그리고 PbS에 의한 Pb 중 Cu의 제거 반응은 다음과 같다.[8]

$$2Cu(s) + PbS(s) = Pb(l) + Cu_2S(s),\ \ \Delta G^\circ = 30{,}910 - 56.88\,T\ \text{J} \tag{1}$$

[풀이] 820 ℃에서 식(1)의 $\Delta G^\circ_{(1)}$는 -31,260 J이므로 평형상수는 다음과 같다.

$$K_{(1)} = \frac{a_{Cu_2S(s)} \cdot a_{Pb(l)}}{a^2_{Cu(s)} \cdot a_{PbS(s)}} = \exp\left(-\frac{\Delta G^\circ_{(1)}}{RT}\right) = 31.19 \tag{2}$$

2개의 고체 황화물은 상호 용해도가 없으므로 $a_{Cu_2S} = a_{PbS} = 1$이다. 따라서

$$K_{(1)} = \frac{a_{Pb(l)}}{a_{Cu(s)}^2} = 31.19 \qquad (3)$$

여기서 $a_{Cu(s)} = \gamma_{Cu}^{\circ} \cdot x_{Cu}$이므로 우선 γ_{Cu}°를 구한다. 820 ℃에서 Pb 중 Cu 용해도 $x_{Cu} = 0.12$이므로, $0.12 < x_{Cu} < 1$에서 순고체 Cu를 표준상태로 한 Cu의 활동도 $a_{Cu(s)} = 1$이다. Cu는 Henry의 법칙을 따르므로

$$a_{Cu(s)} = \gamma_{Cu}^{\circ} \cdot x_{Cu} = \gamma_{Cu}^{\circ} \cdot 0.12 = 1 \quad \therefore \ \gamma_{Cu}^{\circ} = 8.33 \qquad (4)$$

또, Cu가 Henry의 법칙을 따른다면 용매인 Pb는 Raoult의 법칙을 따른다. 따라서 $a_{Pb} = 1 - x_{Cu}$이므로 식(3)에 각각을 대입하면 다음과 같다.

$$\frac{a_{Pb(l)}}{a_{Cu(s)}^2} = \frac{1 - x_{Cu}}{(8.33 \times x_{Cu})^2} = 31.19 \qquad (5)$$

$$2164 x_{Cu}^2 + x_{Cu} - 1 = 0 \qquad \therefore x_{Cu} = 0.0213$$

$$\text{wt\%Cu} = \left[\frac{(\text{at\%Cu} \times M_{Cu})}{(\text{at\%Cu} \times M_{Cu}) + (\text{at\%Pb} \times M_{Pb})} \right] \times 100$$

$$= \left[\frac{2.13 \times 63.54}{(2.13 \times 63.54) + (97.87 \times 207.19)} \right] \times 100 = 0.66 \ \text{wt\%}$$

이 결과로부터 Cu는 0.66 wt%까지 제거 가능하여 용리법에 의한 제거와 비교하면 제거 효과가 그다지 크지 않은 것을 알 수 있다. 다만 온도를 더욱 낮추면 제거 한계는 낮아진다.

5.2.3 염화에 의한 불순물 제거

염화에 의한 정제는 목적금속과 불순물의 염소에 대한 친화력 차이를 이용하는 방법이다. 그림 3.18에 나타낸 금속의 $Cl_2(g)$ 1몰당 염화 반응의 표준 자유에너지변화에서 아래쪽에 있는 것일수록 염소에 대한 친화

력이 크다. 특히 금속 염화물은 융점과 비등점이 낮고 생성된 염화물은 산화 정제 슬래그와 같이 별도의 상으로 존재하며 혼합물이 되는 예가 많다.

염화 정제도 산화 정제와 동일한 열역학적 검토로 불순물의 제거 한계 등을 구할 수 있다. 예를 들어 염화 정제로 A-B 2원계 용융 합금 중 불순물 B를 제거하는 반응과 평형 관계는 다음과 같다.

$$ACl_2(l) + B(l) = BCl_2(l) + A(l), \quad K = \frac{a_{BCl_2} \cdot a_A}{a_{ACl_2} \cdot a_B} \tag{5.18}$$

따라서 불순물 B의 제거 한계(x_B)는 다음 식으로 구할 수 있다.

$$x_B = \frac{a_{BCl_2}}{a_{ACl_2} \cdot \gamma_B \cdot K} \quad (\because a_A \cong 1,\ a_B = \gamma_B \cdot x_B) \tag{5.19}$$

염화제로는 Cl_2(g)를 비롯하여 고체 염화물($MgCl_2$, $CaCl_2$ 등)과 PVC(HCl) 등이 있다. 이러한 염화 정제법은 조연 중 Zn 제거, Al 스크랩 중 Mg과 Zn 제거 등에 적용하고 있다. 특히 Al 용탕 중에 염소 가스를 취입하면 Al보다 염소와의 친화력이 강한 Na, Ca, Mg 등이 염화되어 비금속 개재물과 함께 슬래그가 되어 제거된다.

한편 Sn 중 Al은 다음 식과 같이 염화암모늄(NH_4Cl)을 첨가하여 제거한다.

$$Al + 3NH_4Cl = AlCl_3 + 3NH_3 + \frac{3}{2}H_2 \tag{5.20}$$

그리고 Sn 중 Pb는 Sn 융점보다 높은 240~260 ℃ 범위에서 다음 식과 같이 $SnCl_2$를 첨가하여 제거한다. 이때 $PbCl_2$와 $SnCl_2$의 생성 자유에너지가 유사하지만, $SnCl_2$ 플럭스가 $PbCl_2$를 흡수하여 Pb를 제거할 수 있다.[9]

$$Pb_{(in\ Sn)} + SnCl_2(l) = PbCl_{2,(flux)} + Sn(l) \tag{5.21}$$

또 Pb를 흡수한 $SnCl_2$-$PbCl_2$ 혼합물에 다음 식과 같이 Zn를 첨가하면 Sn-Pb 합금을 회수할 수 있다.

$$SnCl_2 + PbCl_2 + 2Zn = 2ZnCl_2 + [Sn - Pb]_{alloy} \qquad (5.22)$$

그리고 Ca-Mg으로 Sn 중 Bi를 제거한 후 잔류하는 Ca이나 Mg도 NH_4Cl을 첨가하여 다음 식과 같이 $CaCl_2$나 $MgCl_2$로 제거한다.

$$Ca(Mg) + 2NH_4Cl = Ca(Mg)Cl_2 + 2NH_3 + H_2 \qquad (5.23)$$

이러한 염화 정제의 장점은 염화 반응 속도가 매우 빠르고, 생성된 염화물이 저융점이기 때문에 저온 처리가 가능한 것 등이다. 그러나 염소는 부식성(침식성)이 매우 강하고 유독하므로 특별히 주의하여야 한다.

한편 서로 다른 원자가를 포함하는 반응을 '불균형 반응(disproportionate reaction)'이라 한다. 이 반응은 초순수 금속을 제조할 때 매우 효과적으로 사용될 수 있다. Al, Be, Ti, Zr, Nb 등 활성 금속은 불균형 반응을 이용하여 정제할 수 있다. 온도에 따라 서로 다른 원자가를 가지는 동일한 금속의 할로겐화물 형성과 분해를 이용하는 것이다. 예를 들어 다음 식과 같이 1,000 ℃의 순도가 낮은 Al 용탕에 $AlCl_3(g)$를 통과시키면 Al은 순수한 AlCl(g)로 기화된다.

$$2Al(l, impure) + AlCl_3(g) \xrightarrow{1,000\ ℃} 3AlCl(g) \qquad (5.24)$$

AlCl(g)는 온도가 낮아지면 다음 식과 같이 역반응에 의해 다시 Al(s,l)이 된다.

$$3AlCl(g) \xrightarrow[600 \sim 700\ ℃]{cooling} 2Al(s,l,pure) + AlCl_3(g) \qquad (5.25)$$

[예제 5.4] 용융 Al 중 Mg을 $MgCl_2$로 제거하고자 한다. 800 ℃에서

Al-Mg 용액과 H_2-HCl 혼합가스를 평형시켜 $MgCl_2(l)$를 생성시킬 때, $p_{H_2}=1$, $p_{HCl}=10^{-5}$ atm에서 Al-Mg 용액 중 Mg의 활동도를 구하라.

$$Mg(l)+Cl_2(g)=MgCl_2(l),\ \Delta G^\circ_{(1)}=-599{,}670+114.21T\ \text{J} \quad (1)$$

$$H_2(g)+Cl_2(g)=2HCl(g),\ \Delta G^\circ_{(2)}=-188{,}270-12.10T\ \text{J} \quad (2)$$

[풀이] 식(1)-(2)를 하면 Mg-$MgCl_2$-H_2-HCl 평형에 관한 다음 식이 얻어진다.

$$Mg(l)+2HCl(g)=MgCl_2(l)+H_2(g), \quad (3)$$

$$\Delta G^\circ_{(3)}=-411{,}400+126.31T\ \text{J}$$

800 ℃(1,073 K)에서 $\Delta G^\circ_{(3)}=-275{,}869$ J이므로

$$K_{(3)}=\frac{a_{MgCl_2}}{a_{Mg}}\cdot\frac{p_{H_2}}{p^2_{HCl}}=\exp\left(-\frac{\Delta G^\circ_{(3)}}{RT}\right)=2.69\times10^{13} \quad (4)$$

생성된 $MgCl_2(l)$의 활동도는 1이므로 $p_{H_2}=1$, $p_{HCl}=10^{-5}$ atm을 대입하면

$$a_{Mg}=\frac{a_{MgCl_2}}{K_{(3)}}\cdot\frac{p_{H_2}}{p^2_{HCl}}=\frac{1}{2.69\times10^{13}}\frac{1}{(1\times10^{-5})^2}=3.72\times10^{-4} \quad (5)$$

$a_{Mg}\ll 1$이므로 Al-Mg 용액 중의 Mg만 $MgCl_2$로 만들어 제거할 수 있다.

[예제 5.5] 불순물로 Zn만 함유한 납(Pb)에 390 ℃의 염소 가스를 통과시키면 다음 반응에 의해 Zn가 제거된다.(Betterton Process)

$$[Zn]+(PbCl_2)=[Pb]+(ZnCl_2),\ \Delta G^\circ_{(1),663}=-63{,}137\ \text{J} \quad (1)$$

정련 반응 종료 후 염화물 슬래그 내 $ZnCl_2$의 몰 분율은 0.983이다. 이 온도에서 조연 중 Zn 활동도는 Zn 함유량이 적을 때 $a_{Zn}=29x_{Zn}$으로 나타낼 수 있다. $PbCl_2$-$ZnCl_2$계를 이상용액으로 가정하고 Zn의 제거 한계를 wt%로 구하라. Pb와 Zn의 원자량은 각각 207.2 및 65.38

g/mol이다.

[풀이] $PbCl_2$-$ZnCl_2$계가 이상용액이며, 663 K에서 $\Delta G^\circ_{(1)} = -63,137$ J이므로 식(1)의 정련 반응에 대한 평형상수는 다음과 같다.

$$K_{(1)} = \frac{[a_{Pb}] \cdot (x_{ZnCl_2})}{[a_{Zn}] \cdot (x_{PbCl_2})} = \exp\left(-\frac{-63,137}{8.314 \times 663}\right) = 94,286 \quad (2)$$

여기서 $a_{Zn} = 29x_{Zn}$, 조연 중 Zn는 아주 소량이므로 $a_{Pb} \cong 1$이며, 염화물 슬래그 내 $ZnCl_2$의 몰 분율은 0.983이므로

$$x_{PbCl_2} = 1 - x_{ZnCl_2} = 1 - 0.983 = 0.017 \quad (3)$$

390 ℃에서의 해당 값을 식(3)에 대입하면 x_{Zn}는 다음과 같다.

$$x_{Zn} = \frac{[a_{Pb}] \cdot (x_{ZnCl_2})}{29 \cdot K_{(1)} \cdot (x_{PbCl_2})} = \frac{1 \times 0.983}{29 \times 94,286 \times 0.017} = 2.115 \times 10^{-5} \quad (4)$$

따라서 Zn의 원자 백분율이 2.115×10^{-3}이므로 식(2.3)을 이용하여 wt%로 바꾸면 다음과 같다.

$$\text{wt\%Zn} = \frac{(2.115 \times 10^{-3}) \times 65.38 \times 100}{[(2.115 \times 10^{-3}) \times 65.38] + [(100 - 2.115 \times 10^{-3}) \times 207.2]} \quad (5)$$

2.115×10^{-3}은 매우 작은 값이므로 다음과 같이 계산할 수도 있다.

$$\text{wt\%Zn} = \frac{0.1383}{0.1383 + 100 \times 207.20} \times 100 = 0.00067 \quad (6)$$

따라서 조연 중 아연 함유량은 0.00067 wt%까지 낮출 수 있다.

5.2.4 환원에 의한 불순물 제거

(1) 용융 구리의 탈황과 탈산

구리 제련의 정제로(anode furnace)에서는 전로 공정에서 잔류하는 [S] 제거를 위해 산소를 취입하며, 용동 중 S와 O는 각각 다음과 같다.[10]

$$\frac{1}{2}S_2(g) = [S]_{\text{in Cu}}, \quad \log K_{26} = \frac{5,440}{T} - 0.815 \tag{5.26}$$

$$K_{26} = \exp\left(-\frac{\Delta G^{\circ}_{26}}{RT}\right) = \frac{a_S}{p_{S_2}^{1/2}}, \quad a_S = f_S[\%S] = f_S^{(S)} \cdot f_S^{(O)} \cdot [\%S]$$

$$\frac{1}{2}O_2(g) = [O]_{\text{in Cu}}, \quad \log K_{27} = \frac{3,950}{T} - 0.584 \tag{5.27}$$

$$K_{27} = \exp\left(-\frac{\Delta G^{\circ}_{27}}{RT}\right) = \frac{a_O}{p_{O_2}^{1/2}}, \quad a_O = f_O[\%O] = f_O^{(O)} \cdot f_O^{(S)} \cdot [\%O]$$

계산을 위한 상호작용계수는 다음과 같다.

$$\log f_S^{(S)} = -\frac{281.6}{T}[\%S], \quad \log f_S^{(O)} = -\frac{485.2}{T}[\%O]$$

$$\log f_O^{(O)} = -\frac{311.3}{T}[\%O], \quad \log f_O^{(S)} = -\frac{242.6}{T}[\%O]$$

이러한 식들을 종합하면 다음과 같이 나타낼 수 있다.

$$\log K_{26} = -\frac{281.6}{T}[\%S] - \frac{485.2}{T}[\%O] + \log[\%S] - \frac{1}{2}\log p_{S_2} = \frac{5,440}{T} - 0.815 \tag{5.28}$$

$$\log K_{27} = -\frac{311.3}{T}[\%O] - \frac{242.6}{T}[\%S] + \log[\%O] - \frac{1}{2}\log p_{O_2} = \frac{3,950}{T} - 0.584 \tag{5.29}$$

따라서 1,200 ℃에서 상기한 식을 계산하면 등 [%S], [%O] 곡선을 그릴 수 있으며, 그림 5.3에 계산 결과를 나타내었다.[11] 전로의 조동 반응은 $p_{SO_2} = 0.2$ atm 정도에서 진행되는 것으로 생각할 수 있으므로 반응 경로는 그림의 A→B→C로 나타낼 수 있다. 매트상이 거의 없어지면 용동 중 [O]가 증가하여 C점이 전로 공정의 종점으로 된다. 정제로에서는 [O], [S]가 감소하는 C→D 경로로 반응이 진행한다. 따라서 전로 정련 말기와 정제 공정에서 용융 Cu 중 O는 Cu_2O가 아니며 용존 산소로 존재하는 것을 알 수 있다.

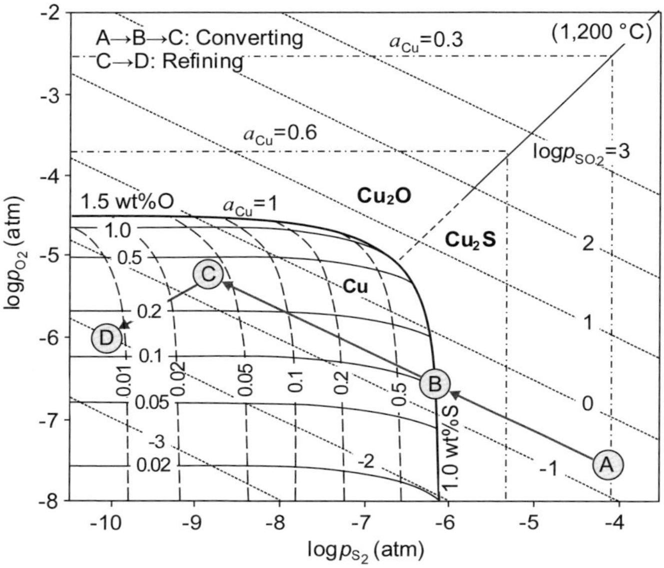

그림 5.3. 1,200 ℃에서 Cu-S-O계의 퍼텐셜도

Cu 정제로(anode furnace)에서 산화 정제를 하면 다음 식에 따라 [S]가 감소하면서 [O]가 증가하여 용융 Cu 중에 0.4~0.7 wt%O가 남는다.

$$SO_2(g) = [S] + 2[O], \ \Delta G^\circ = 128{,}450 - 53.58\,T \text{ J} \tag{5.30}$$

$$K = \frac{[\%S] \cdot [\%O]^2}{p_{SO_2}} = \exp\left(-\frac{\Delta G^\circ}{RT}\right)$$

환원이 종료된 후의 용융 Cu 중 용존 산소의 제거 반응은 다음과 같이 나타낼 수 있다.

$$x[O]_{\text{in Cu}} + y\text{R} = \text{R}_y\text{O}_x \ \ (\text{R} : \text{reductant}) \tag{5.31}$$

일반적인 동제련소의 정제로에서는 아래와 같은 환원제를 사용하고 있다.

• hardwood(rarely used at the moment) • ammonia • propane • butane • reformed gases • natural gas • heavy oils • light oils

이러한 환원제에 의한 탈산은 주로 CO(g)와 H_2(g)에 의한 것이며, 1,113 ℃에서 다음 식의 CO 가스에 의한 용융 Cu의 탈산 실험에서 평형론적으로는 대부분의 CO가 CO_2로 된다.[12]

$$CO(g) + [O] = CO_2(g), \qquad (5.32)$$

$$K_{1,386} = \frac{p_{CO_2}}{p_{CO} \cdot f_O \cdot [wt\%O]} = 6.58 \times 10^3$$

Goyal 등은 수소에 의한 용융 Cu의 탈산 반응을 다음과 같이 나타내었으며, [wt%O]는 식(5.27)로부터 구한다.

$$H_2(g) + [O] = H_2O(g), \quad \log\left(\frac{p_{H_2O}}{p_{H_2}}\right) - \log[wt\%O] = 4.234 \qquad (5.33)$$

[예제 5.6] 식(5.30)으로부터 1,100, 1,200, 1,300 ℃에서 Cu 중 [S]-[O] 관계를 구하여 그림으로 나타내고 결과에 대해 고찰해 보자.(단 $p_{SO_2} = 0.2$ atm으로 가정)

[풀이] 그림 5.4에 온도에 따른 Cu 중 [S]-[O] 관계를 나타내었다. 동일한 [S] 농도에서 온도가 낮을수록 용융 Cu 중 [O]는 낮아지지만 원하는 수준까지 산소 농도를 낮추기 위해 별도의 탈산제(환원제)를 투입하고 있다. 용융 Cu를 탈산하지 않고 전해정제용 양극으로 주조하면 식(5.30)의 역반응에 의해 SO_2 가스가 발생하여 기포가 많은 조동(blister copper)이 되므로 정제로에서 산화 후 환원 정제하여 S, O가 낮은 양극판으로 주조한다.

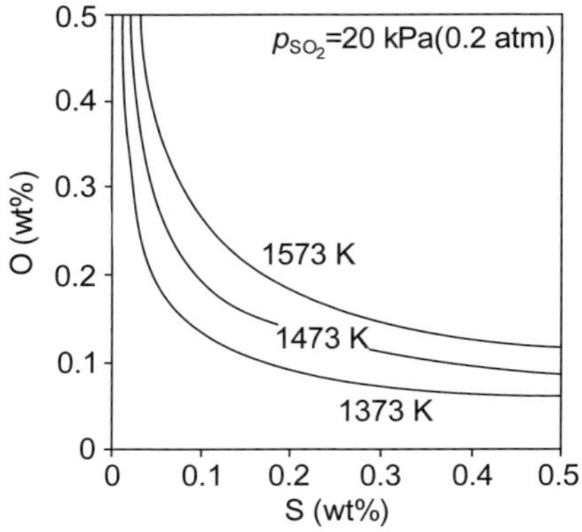

그림 5.4. Cu 중 S와 O의 평형 관계

[예제 5.7] 1,200 ℃에서 Cu의 PS 전로 정련을 종료하였을 때 조동 중 산소 농도는 1 wt%였다. 용탕 중 $SO_2(g)$ 분압이 0.2 atm일 때 잔류 S 농도를 구하라.[13]

$$\frac{1}{2}S_2(g)+O_2(g)=SO_2(g),\quad \Delta G^\circ_{(1)}=-254{,}897\ \text{J} \tag{1}$$

$$O_2(g)=2[O]_{\%Cu},\quad \Delta G^\circ_{(2)}=-116{,}022\ \text{J} \tag{2}$$

$$\frac{1}{2}S_2(g)=[S]_{\%Cu},\quad \Delta G^\circ_{(3)}=-82{,}509\ \text{J} \tag{3}$$

[풀이] Cu 중 S-O-SO_2 평형 관계는 식(1)-(2)-(3)에 의해 다음과 같다.

$$[\%S]_{Cu}+2[\%O]_{Cu}=SO_2(g) \tag{4}$$

$$\Delta G^\circ_{(4)}=\Delta G^\circ_{(1)}-\Delta G^\circ_{(2)}-\Delta G^\circ_{(3)}=-56{,}366\ \text{J at } 1{,}200\ ℃$$

$$\therefore K_{(4)}=\frac{p_{SO_2}}{[\text{wt}\%S]\cdot[\text{wt}\%O]^2}=\exp\left(-\frac{\Delta G^\circ_{(4)}}{RT}\right)=99.75 \tag{5}$$

용탕 중 $SO_2(g)$ 분압이 0.2 atm이고 [O]=1 wt%이므로 [wt%S]는 다음과 같다.

$$[wt\%S] = \frac{p_{SO_2}}{K \cdot [\%O]^2} = \frac{0.2}{99.75 \times (1)^2} = 0.0020 \text{ wt\%}$$

(2) 고체 타이타늄의 탈산

고체 Ti의 탈산제는 산소 친화력이 Ti보다 크고, Ti 중에 고용되지 않는 것이어야 한다. 또 반응 생성물인 산화물은 쉽게 제거할 수 있어야 한다. 산화물의 표준 생성 자유에너지-온도도로부터 Ti의 탈산제로 사용할 수 있는 금속은 Mg, Ca, Y 등이다.

그림 5.5에는 고체 Ti에서 직접 산소를 제거하는 원리를 나타내었다.[14] 이론적으로는 고체 Ti을 탈산하여 산소 농도를 500 ppm 이하까지도 제거할 수 있으나, 현실적으로는 여러 가지 한계가 있어서 상용화되지 못하고 있다. 예를 들어 그림 5.5(a)의 고체 상태의 전자 수송법(solid-state electrotransport, SSE)은 시료 형상에 제한이 있으며, 초기 시료도 고순도여야 한다. 또 그림 5.5(b)에 나타낸 금속/금속산화물의 평형반응을 이용하는 방법도 산소 농도가 높으면 적용하기 곤란하며, 적용 가능한 금속도 많지 않다. 실제로 Ca/CaO 평형을 이용하여 탈산하기도 하였으나 상용화되지는 못하였다.[15]

그림 5.5(c)는 탈산 생성물인 CaO를 플럭스 중으로 용해시켜 탈산하는 방법으로 Ti 중 산소를 50 ppm까지 낮출 수 있지만, 많은 양의 산소는 제거가 곤란하다. 그림 5.5(d)는 전기화학적인 탈산법으로 Ti 중의 산소를 탄소제 양극에 의해 COx로 제거하는 방법이지만, 전력 소모가 많고 탈산에 많은 시간이 소요된다.

한편 희토류 원소는 산소 친화력이 매우 높아 강력한 탈산제로 작용할 수 있다. 예를 들어 Y/Y_2O_3 평형을 이용한 탈산에서는 927 ℃에서 약 100 ppm의 산소 농도를 달성하기도 하였다. 최근에는 이러한 희토류 원소를 이용한 Ti의 탈산에 대해 많은 연구가 진행되고 있다.[16]

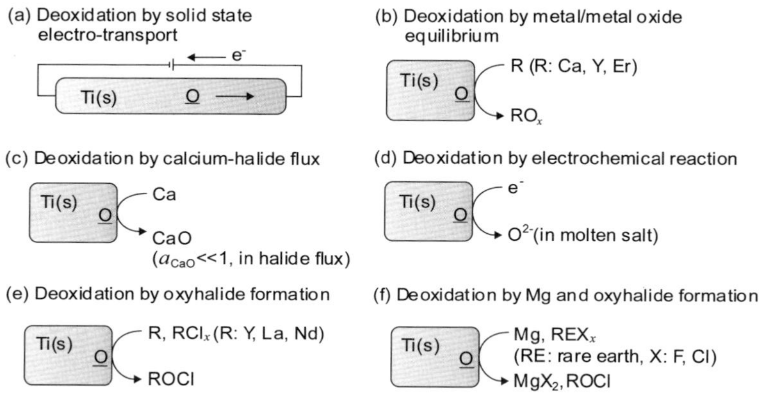

그림 5.5. 고체 타이타늄의 탈산 원리 비교

Ca에 의한 Ti의 탈산에서, Ti 중 [O]의 용해 반응과 Ca의 산화반응은 다음과 같다.[17]

$$\frac{1}{2}O_2(g) = [wt\%O]_{in\ Ti} \tag{5.34}$$

$$\Delta G^\circ = -583{,}000 + 88.5T \text{ J/mol} \quad (1{,}115 \sim 1{,}373\ K)$$

$$\frac{1}{2}O_2(g) + Ca(l) = CaO(s), \tag{5.35}$$

$$\Delta G^\circ = -642{,}680 + 111.1T \text{ J/mol} \quad (1{,}115 \sim 1{,}774\ K)$$

따라서 Ti의 Ca에 의한 탈산반응은 다음 식과 같이 나타낼 수 있다.

$$[wt\%O]_{in\ Ti} + Ca(l) = CaO(s) \tag{5.36}$$

$$\Delta G^\circ = -59{,}680 + 22.6T \text{ J/mol} \quad (1{,}115 \sim 1{,}373\ K)$$

$$=-RT\ln\left(\frac{a_{CaO}}{a_{Ca}\cdot f_O\cdot[\mathrm{wt}\,\%\,O]_{in\ Ti}}\right)$$

여기서 a_i는 성분 i의 활동도이며, f_O는 Ti 중으로 용해된 [O]의 Henry 형 활동도계수이다. Ti 중 산소의 용해 상태가 Henry 법칙을 만족하는 것으로 가정하면 f_O=1이 되므로, 식(5.36)에서 $a_{Ca}=a_{CaO}=1$로 두면 Ca, CaO와 평형하는 Ti 중 [wt%O]는 다음 식과 같다.

$$\ln[\mathrm{wt}\%O]_{in\ Ti}=-\frac{7{,}178}{T}+2.72\ \ (1{,}115\sim1{,}373\ \ K) \qquad (5.37)$$

이 식으로부터 온도가 올라가면 Ti 중 [wt%O]도 증가하며, Ca에 의한 탈산으로 Ti 중 산소를 500 ppm 이하까지 제거하기도 하였으나,[18] 반응 부산물인 CaO가 잔류하면 식(5.37)의 평형 산소값보다 높아진다.

한편 Mg으로도 탈산할 수 있으며, Mg의 산화반응은 다음 식과 같다.

$$\mathrm{Mg(l)}+\frac{1}{2}O_2(g)=\mathrm{MgO(s)}, \qquad (5.38)$$

$$\Delta G^\circ=-608{,}640+115.04\,T\ \mathrm{J/mol}\ \ (923\sim1{,}366\ \ \mathrm{K})$$

식(5.34)와 (5.38)로부터 Mg에 의한 Ti의 탈산 반응은 다음 식과 같다.

$$\mathrm{Mg(l)}+[O]_{in\ Ti}=\mathrm{MgO(s)} \qquad (5.39)$$

$$\Delta G^\circ=-28{,}300+31.8\,T\ \mathrm{J/mol}\ \ (923\sim1{,}366\ \ \mathrm{K})$$

$$=-RT\ln\left(\frac{a_{MgO}}{a_{Mg}\cdot f_O\cdot[\mathrm{wt}\,\%\,O]_{in\ Ti}}\right)$$

여기서 a_{Mg}가 1이고, Ti 중 산소의 용해 상태가 Henry 법칙을 만족하는 것으로 가정하면 f_O=1이 되므로 Mg 및 MgO와 평형하는 Ti 중 [wt%O]는 다음 식과 같이 a_{MgO}와 T의 함수가 된다.

$$\ln[\mathrm{wt}\,\%\,O]_{in\ Ti}=\ln a_{MgO}-\frac{3{,}403}{T}+3.82 \qquad (5.40)$$

따라서 MgO의 활동도(a_{MgO})와 온도가 낮을수록 [wt%O]가 낮아지므로, 이론적으로는 가능한 한 낮은 온도에서 a_{MgO}를 낮추면 Ti의 탈산이 가능하다.

최근에는 희토류를 이용한 Ti 스크랩의 탈산에 대해서도 검토되고 있다. 특히 Y/YOCl/YCl_3 평형반응을 이용하여 Y으로 1,300 K에서 탈산하면 3.4 ppm까지 산소 농도를 낮출 수 있으며, 탈산 반응식은 다음과 같다.[19]

$$\frac{2}{3}Y(s) + \frac{1}{3}YCl_3(l) + [wt\%O]_{in\ Ti} = YOCl(s) \tag{5.41}$$

$$\Delta G^\circ = -180{,}000 + 72.0\,T\ \text{J/mol}\ \ (1{,}173 \sim 1{,}373\ \text{K})$$

5.3 상태도 성질을 이용한 정제

단순히 목적금속과 불순물의 융점 차이를 이용하는 방법(용리법, liquation)과 불순물과 화합물을 생성하는 처리제를 첨가하여 정련하는 방법이 있다.

5.3.1 용리에 의한 불순물 제거

용매 금속의 융점이 용질(불순물) 금속보다 매우 낮거나 두 금속이 액상에서 서로 혼합되지 않으면 용매 금속의 융점에 가깝게 액상의 온도를 낮출 때 용질의 용해도가 매우 낮은 값으로 감소한다. 용리법은 이러한 현상을 이용하여 균일한 용융금속의 응고가 시작될 때 용융금속과 다른 조성의 고체를 석출시켜 제거하는 방법이다. 석출하는 고체는 용매 금속과 불순물의 2원계 평형상태도로부터 파악할 수 있으며, 그림 5.6에 몇 가지 상태도의 예를 나타내었다.[20]

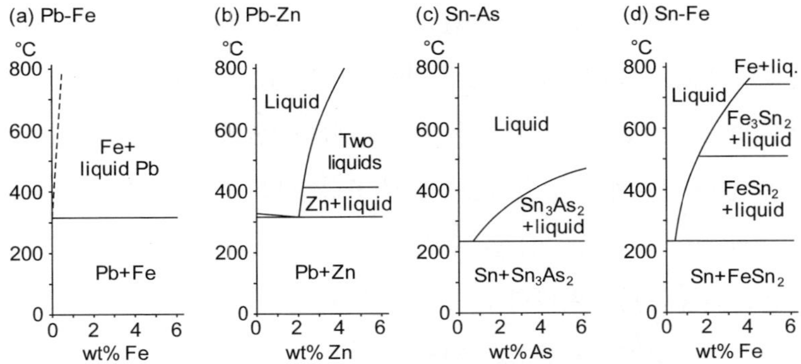

그림 5.6. 2원계 금속 상태도에서 용질 용해도의 예

일반적으로 다음과 같은 경우 용리법을 적용할 수 있으며, 별도의 첨가물 없이 불순물을 고체로 제거할 수 있고, 표 5.3에는 적용 예를 나타내었다.

① 불순물과 목적금속의 2원계 상태도에서 공정점(eutectic point)이 최대한 목적금속에 가까운 조성일 것

② 불순물의 융점이 목적금속보다 훨씬 높고, 액상선(liquidus)이 급경사일 것

③ 불순물이 목적금속에 고용하기 힘든 것

표 5.3. 용리법을 적용할 수 있는 금속의 예

목적금속	불순물	목적금속	불순물
Ag	Si	Pb	As, Ag, Bi, Cr, Cu, Ge, Zn
Al	Be, Fe		
Bi	Cu, Ti	Sn	Fe, Si

실제 조금속은 다성분계이지만, 정련공정을 이해하기 위해서는 2원계에서도 충분한 경우가 많다. 공정 반응을 나타내는 2원계에서는 공정 조성의 합금을 응고시켜도 같은 조성의 고체가 석출되므로 용리법을 적용할 수 없다. 2원계 합금의 조성이 공정 조성을 벗어난 아공정 합금, 과공정 합금이면 용리법을 이용할 수 있다.

한편 과공정 합금은 용리에 의해 목적금속을 회수하는 것은 이론상 불가능하고, 공정조성이 불순물 제거의 한계이다. 그러나 공정조성이 극단적으로 목적금속 측에 가까우면 용리법을 적용할 수 있다.

(1) Pb 중 Cu 제거

그림 5.7에는 Pb-Cu 2원계 상태도와 Pb 측 확대 상태도를 나타내었다.[21] Cu를 0.06 wt% 이상 함유한 Pb-Cu계 용탕의 온도를 서서히 내려 공정 온도인 326 ℃ 직상에서 유지하면 Pb 중 Cu를 0.06 wt% 가까이까지 낮출 수 있으며 Cu는 드로스(dross)로 분리된다. 조연 중 Cu를

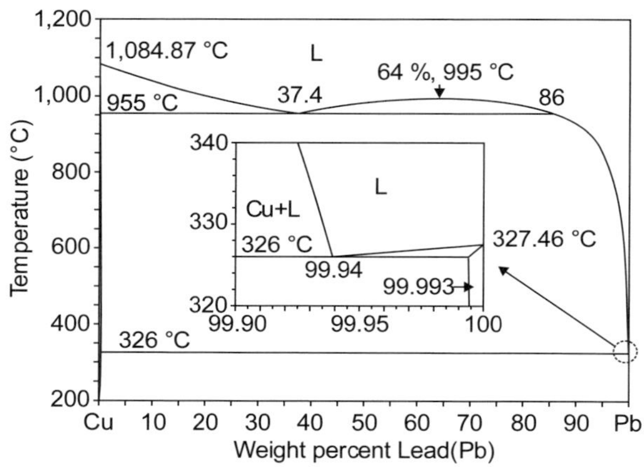

그림 5.7. Pb-Cu계 이원계 상태도

제거하는 이 방법은 실제 공정에서 적용하고 있다. 또 편정반응, 포정반응을 나타내는 계에 대해서도 용리법을 적용할 수 있으며, 제거원리는 공정 조성의 것과 동일하다.

(2) Sn 중 Fe 제거

그림 5.2(b)와 같이 조주석 중 Fe을 용리에 의해 우선적으로 제거한다. Sn 중 Fe 용해도가 250 ℃에서 약 0.0058 wt%이므로 Sn 중 Fe을 온도에 따른 용해도 차이를 이용하여 제거한다.[22] 용융 Sn을 냉각하는 과정에서 Fe은 α-Fe, γ-Fe, FeSn, $FeSn_2$가 되어 연속 석출된다. 그러나 이러한 Fe 석출물들의 밀도가 용융 Sn과 유사하므로 용탕 중에 공기를 불어넣어 집합체로 만들어 부상·분리한다. Sn의 융점(231.93 ℃)~260 ℃에서 Fe을 용리 처리하면 Fe 농도는 0.003~0.01 wt%까지 낮출 수 있다. 그리고 이 과정에서 As, Ni, Co, Cu, As, Sb 등의 일부도 금속간화합물이 되어 제거되기도 하지만, 용리 과정에서 Sn 손실도 크므로 회수 공정이 필요하다.

[예제 5.8] Fe을 0.1 wt% 함유하고 있는 50 kg의 Sn을 용융한 후 공정 온도 근처까지 냉각하면 Fe이 불순물(앙금)로 석출되므로 skimming하여 철을 제거할 수 있다. 그림 5.8에 나타낸 Sn-Fe 2원계 상태도에서 공정 온도는 231.96 ℃이며 공정점은 0.003 wt% Fe이다. Fe 측의 액상선은 공정점에서 급경사를 나타낸다. 공정점에서 석출하는 화합물($FeSn_2$)은 19 wt% Fe을 함유한다. 고체가 된 불순물인 앙금을 제거할 때 같은 양의 액체도 제거되는 경우

① 앙금과 얻어진 금속의 중량과 화학조성을 구하라.

② 건져낸 앙금 중으로 손실되는 Sn의 양을 구하라.

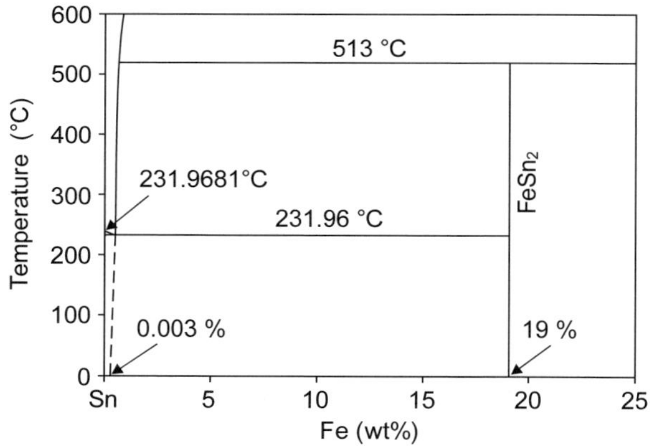

그림 5.8. Sn-Fe계 2원계 상태도

[풀이] ① 앙금을 제거할 때 같은 양의 액체도 제거되므로 앙금+액체 중 50 %에는 19 wt% Fe, 나머지 50 %에는 0.003 wt% Fe이 있다. 따라서 전체 Fe 농도는 다음과 같다.

$$(\text{wt\%Fe}) = \frac{19 + 0.003}{2} \cong 9.5 \text{ wt\%} \tag{1}$$

조주석이 50 kg이므로 앙금의 양을 x kg이라 하면 물질 수지는 다음과 같다.

$$\begin{aligned} \frac{0.1}{100} \times 50 &= [\text{removed Fe}] + [\text{remain Fe}] \\ &= \frac{9.5x}{100} + \frac{(50 - x)}{100} \times 0.003 \end{aligned} \tag{2}$$

$\therefore\ x = 0.51$ kg (9.5 wt% Fe을 함유)

따라서 앙금의 중량은 0.51 kg이고 Fe을 9.5 wt% 함유하며, 0.003 wt%Fe을 함유하는 Sn은 49.49 kg이 얻어진다.

② Sn의 손실량은 다음과 같다.

$$0.51 \times \frac{(100-9.5)}{100} = 0.462 \text{ kg}, \quad \therefore \frac{0.462}{50} \times 100 = 0.924 \text{ \%} \qquad (3)$$

따라서 조주석의 0.924 %가 손실된다. Sn의 건식정련에서 조주석은 Fe 이외에도 Cu, As 등의 불순물을 함유하므로 Sn의 일부와 함께 하드헤드(hard head)로 노 내에 남아 Sn이 유출된다.

5.3.2 Zone refining

그림 5.9(a)의 상태도와 같이 고용체(solid solution) 범위가 넓은 합금은 용리 정련이 곤란하다. 특히 온도 범위가 좁고 액상선(liquidus)과 고상선(solidus)이 수평에 가까운 경사를 가질수록 정련이 곤란하다. 그러나 그림과 같이 용리를 반복하면 순금속과 공정 합금으로 분리할 수 있다. 이와 같이 조금속을 부분적으로 용융하는 정련법을 zone refining법이라 한다. 이 원리를 이용하여 Pfann은 봉상시료의 한쪽 끝을 고주파로 가열하여 용융시키고 가열 코일을 천천히 이동시켜 조금속을 정제하였다.

Zone refining에서는 그림 5.9(b)와 같이 봉상 시료의 일부분만 용융시키고, 용융된 부분을 시료의 한쪽 끝에서 다른 쪽 끝으로 천천히 이동시키는 조작을 여러 번 반복하여 불순물을 한쪽 끝으로 농축시킨다. 불순물이 농축된 부분을 잘라내고 zone melting을 반복하면 초 고순도 금속이 얻어진다. 이러한 zone refining법은 단결정 제조, 성분의 미량 조정, 조성의 균일화 처리에도 이용되고 있다. 이 정제법의 개발로 반도체 재료인 초 고순도 Ge이나 Si이 처음으로 만들어지게 되었으며 희토류 원소를 비롯한 여러 금속의 정제에 사용되고 있다.

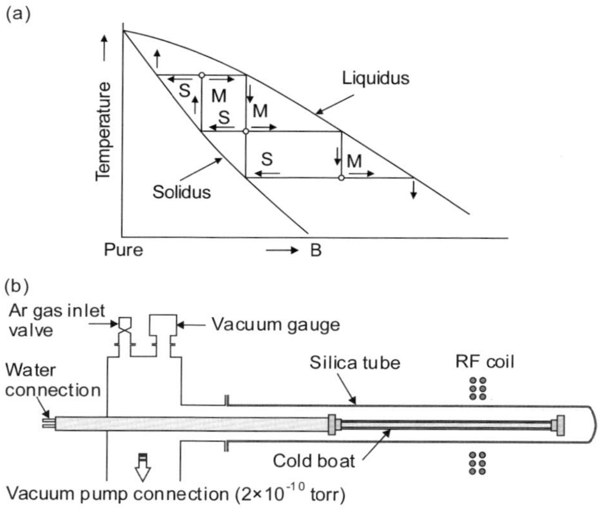

그림 5.9. 공정합금의 단계적 용리(a)와 대용융 정제장치의 예(b)

5.3.3 일방향 응고 정제

고체 상태에서 목적금속 중 용해도가 낮은 불순물은 일방향 응고로 제거할 수 있다. 시료가 용융, 응고될 때 고상/액상 사이에서 용질 성분의 편석이 일어나는 것을 이용한 방법이다. 일방향 응고에 의한 불순물 제거의 지표는 다음 식에 나타낸 용질 성분의 편석계수($k_\circ$)를 사용한다.

$$k_\circ = C_s^*/C_l^* \tag{5.42}$$

C_s^*, C_l^*는 고-액 계면에서 각각 고체, 액체 중의 용질 농도(ppm)이며, 2원계 상태도에서 고상선과 액상선의 농도와 같다. 다만 실제 상태도에서는 고상선과 액상선이 완만한 곡선이지만, 이 식에서는 각각이 직선이며 그 비율도 일정한 것으로 가정한다. 정제 대상 금속 중 초기 불순물 농도와 응고 후 불순물 농도를 각각 C_x°, C_x, 고체와 액체에서 불순물 x

의 평형 농도를 각각 C_s, C_l이라 하면 $k_\circ$와의 관계는 다음 식으로 나타낼 수 있으며, 그림 5.10에 $k_\circ > 1$과 $k_\circ < 1$의 경우 응고에 따른 고-액 평형도를 나타내었다.[23]

$$k_\circ = C_i^\circ / C_x, \quad k_\circ = C_s / C_l \tag{5.43}$$

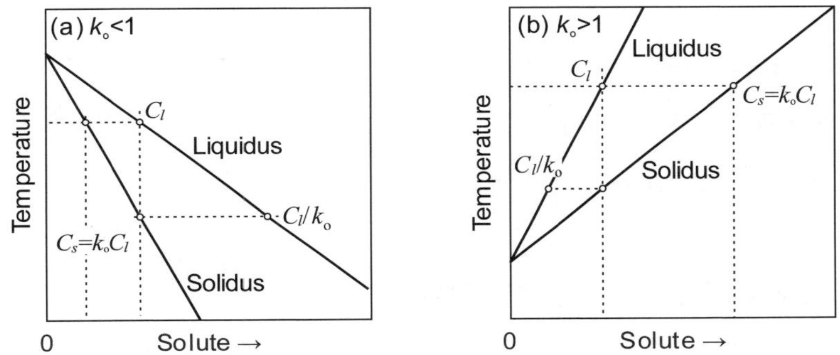

그림 5.10. 응고에 따른 고-액 평형도

고체에서는 확산이 없고, 액상의 농도가 균일하면 Scheil식을 적용하여 고상 비율 f_s와 고상에서의 용질(불순물) 농도 C_s^*를 다음 식으로 나타낼 수 있다.[24]

$$C_s^* = k_\circ C_x^\circ (1 - f_s)^{(k_\circ - 1)} \tag{5.44}$$

그러나 실제 응고가 일어날 때, 고-액 계면 앞쪽의 액상에 농도 경계층이 존재하여 농도 구배가 있으면 다음 식의 유효 편석계수인 k_{eff}를 사용하여야 한다.[25]

$$k_{eff} = \frac{k_\circ}{k_\circ + (1 - k_\circ)\exp\left(-\frac{v \cdot \delta}{D}\right)} \tag{5.45}$$

여기서 v는 결정 성장 속도(m/s), δ는 용질 경계층의 두께(m), D는 액상에서의 불순물 확산계수(m^2/s)이다. 이 식으로부터 $(v \cdot \delta)/D \rightarrow \infty$이면 k_{eff}=1이 되고, $(v \cdot \delta)/D \rightarrow 0$이면 $k_{eff} = k_{\circ}$로 된다. 따라서 액상이 교반 등으로 혼합되어 δ가 매우 작거나, 고-액 계면의 이동 속도(v)가 매우 느려 액상 내에서의 충분한 확산으로 액상이 균일하게 되면 유효 편석계수 k_{eff}는 평형 편석계수 $k_{\circ}$와 같은 값이 되어 고상의 고순도화가 촉진된다. 그러나 액상의 혼합이 불완전하거나, 고-액 계면의 이동 속도가 매우 빨라 균일한 액상이 형성되지 못하면 k_{eff}는 1에 가깝게 되어 일방향 응고에 의한 고순도화는 기대할 수 없다.[26]

5.3.4 금속 첨가제에 의한 정제

정제 대상 용융금속에 별도의 금속을 첨가하여 불순물을 제거할 수 있다. 이 방법은 다음의 3가지 원리에 기초하고 있다.

① 목적금속과 혼합되기 어려운 금속 첨가제를 첨가하고, 첨가제 중에 불순물을 용해시켜 제거하는 방법

② 목적금속이나 불순물의 어느 한쪽과는 잘 용해되지만, 다른 쪽과는 혼합되기 어려운 금속 첨가제를 첨가하여 목적금속으로의 불순물 용해도를 감소시키는 방법

③ 불순물과 고융점 금속간화합물을 만드는 금속 첨가제를 첨가하여 분리제거하는 방법

(1) Parkes법-Pb 중 Ag 제거(회수)

Parkes법은 용융 Pb 중에 Zn를 첨가하여 Pb 중의 Ag를 Zn 상으로 분배시켜 제거하고 회수하는 방법으로 Pb와 Zn 사이의 Ag 분배율 차이

를 이용한 정제법이다. 이때 첨가제는 목적금속과 상호 용해도가 없고 밀도 차이가 있어야 한다. 또 첨가한 금속 중에 불순물을 많이 분배시킬 수 있어야 한다.

납제련에서 얻어진 조연 중에는 미량의 Au, Ag와 약 0.2~0.8 wt%의 Cu 등이 불순물로 함유되어 있다. 이러한 용융 조연 중에 Zn를 첨가하면 Au, Ag, Cu를 함유하는 Zn 크러스트(crust)가 생성되어 부상한다. 특히 Pb-Zn 합금은 700 ℃ 이상에서 2액상으로 분리되며, Pb 중 Ag는 Zn 중에 용해되어 들어간다.(Zn 중 Ag의 용해도는 Pb의 약 3,000배인 것으로 알려져 있다.) 용탕 온도를 320 ℃ 정도까지 낮추면 Ag를 함유한 Zn가 고상으로 석출되어 Pb 중의 Ag를 제거할 수 있다. Ag-Zn 합금을 재가열하여 Zn를 휘발시키면 고순도 Ag를 회수할 수 있다. Au가 Pb 중에 함유되어 있을 때도 동일하다.

한편 Parkes법으로 Ag를 제거할 때 Zn의 소모를 줄이기 위해 S를 첨가하여 조연 중의 Cu를 Cu_2S로 미리 제거해 두는 것이 필요하다.(5.2.2 황화에 의한 정제 참조) 실제 조업에서는 630 ℃ 정도부터 Zn를 첨가하고 온도를 낮추어 Ag를 함유한 드로스를 만들어 제거하는 조작을 반복한다. 최초의 드로스 중에는 Ag가 20 % 정도이지만 Ag 양이 적어지면 수 % 정도가 된다. 이 방법에 의해 조연 중 Cu, Ag는 수 ppm 이하까지 낮아진다. 또 이 방법은 리사이클링 원료 중에 함유되어 있는 미량의 귀금속 회수에도 활용할 수 있으나, 첨가금속의 선택에 주의하여야 한다.

Parkes법은 아니지만 유사한 원리로 불순물을 함유한 목적금속 용체에 잘 용해되는 별도의 금속 첨가제를 첨가하여 목적금속 중 불순물 용해도를 감소시키는 성질을 이용하기도 한다. 특히 Sn 제련에서 얻은

hard head(Sn-Fe합금)에 규석, 코크스를 첨가하여 전기로에서 강환원을 하면 SiO_2가 환원되어 하드헤드 중의 Fe과 페로실리콘 융체를 만들므로 조Sn이 얻어진다. 이것을 실리콘 취련이라 한다.

[예제 5.9] Zn가 함유되지 않은 1톤의 조연(Pb) 중에 8 kg의 Ag가 함유되어 있다. 800 K에서 Zn를 이용해 Ag를 Ag_2Zn_3로 만들어 회수하고자 한다. Ag의 97 %를 회수하는 데 필요한 Zn 첨가량을 구하라. Pb, Zn, Ag의 원자량은 각각 207.21, 65.37, 107.91 g/mol이며, $(\gamma^{\circ}_{Zn})_{Pb}=15$, $(\gamma^{\circ}_{Ag})_{Pb}=2$이다.[27]

$$\frac{2}{3}\mathrm{Ag}(1)+\mathrm{Zn}(1)=\frac{1}{3}\mathrm{Ag_2Zn_3}(s),\ \Delta G^{\circ}_{(1)}=-41.84\ \mathrm{kJ/mol} \tag{1}$$

[풀이] 이 문제에서는 Ag와 반응한 Zn 양과 반응 후 Pb 중에 잔류하는 Zn 양을 각각 구해야 한다. 우선 조연(Pb) 1톤 중 Ag가 8 kg이므로 Pb는 992 kg이며, 각각의 몰 수는 다음과 같다.

$$n_{Pb}=\frac{992}{207.21}=4.78741\ \mathrm{kmol/(ton\ bullion)} \tag{2}$$

$$n_{Ag}=\frac{8}{107.91}=0.07414\ \mathrm{kmol/(ton\ bullion)} \tag{3}$$

정제 후 Pb 중 잔류하는 Ag는 (1−0.97)×0.07414=0.0022242 kmol이다. 정제 후 잔류하는 Ag가 매우 적은 양이므로 몰 분율은 다음과 같이 나타낼 수 있다.

$$x_{Ag,f}=\frac{0.0022242}{4.78741}=4.646\times10^{-4} \tag{4}$$

식(1)의 평형상수는 다음과 같다.

$$K_{(1)}=\frac{a^{1/3}_{Ag_2Zn_3}}{a^{2/3}_{Ag}\cdot a_{Zn}}=\frac{1}{a^{2/3}_{Ag}\cdot a_{Zn}}=\exp\left(-\frac{\Delta G^{\circ}_{(1),800}}{RT}\right)=539.5 \tag{5}$$

$$\therefore a_{\mathrm{Ag}}^{2/3} \cdot a_{\mathrm{Zn}} = (x_{\mathrm{Ag}})^{2/3}(\gamma_{\mathrm{Ag}}^{\circ})^{2/3} \cdot x_{\mathrm{Zn}}\gamma_{\mathrm{Zn}}^{\circ} = \frac{1}{K_{(1)}} = \frac{1}{539.5} = 1.85\times 10^{-3}$$

$$\therefore x_{\mathrm{Zn}} = \frac{1.85\times 10^{-3}}{(x_{\mathrm{Ag}})^{2/3}(\gamma_{\mathrm{Ag}}^{\circ})^{2/3} \cdot \gamma_{\mathrm{Zn}}^{\circ}} \tag{6}$$

$$= \frac{1.85\times 10^{-3}}{(4.646\times 10^{-4})^{2/3}(2)^{2/3} \cdot 15} = 0.01295$$

따라서 Pb 중에 잔류하는 Zn는 다음과 같다.

$$w_{\mathrm{Zn,in\ Pb}} = 0.01295\times 4.78741\times 65.37 = 4.053\ \mathrm{kg} \tag{7}$$

한편 Ag와 반응한 Zn는 다음과 같다.

$$w_{\mathrm{Zn\,(in\ Ag)}} = 0.97\,n_{\mathrm{Ag}}\times M_{\mathrm{Zn}}\times y \quad (y = 1.5) \tag{8}$$

$$= 0.97\times 0.07414\times 65.37\times 1.5 = 7.051\ \mathrm{kg}$$

따라서 Pb 중 잔류하는 Ag와 크러스트 중 Zn를 무시하면 전체 소요 Zn는 11.104 kg이다.

(2) 목적금속에 용해되는 첨가제에 의한 불순물 제거

Parkes법과는 반대로 첨가제 금속이 목적금속 용체와 잘 융합하여 합금 융체를 만들고, 이 합금 융체 중 불순물 용해도가 감소하는 것을 이용한다. 다만 목적금속이 첨가 금속과 합금이 되므로 상호 분리가 용이한 경우에만 적용할 수 있다. 예를 들면 Si을 함유하는 Al 융체에 Zn를 첨가하면 Si이 적은 Al-Zn 융체가 얻어지고, 진공 증류로 Zn를 제거하여 순도 높은 Al을 얻는다. 또 Al 중 Fe 제거를 위해 Mg을 첨가하여 Fe을 전혀 함유하지 않는 Al-Mg 융체를 만들면 진공 증류로 Mg을 제거하여 고순도 Al을 얻을 수 있다. 이러한 방법은 Al이나 Al합금 스크랩의 정련에 많이 이용되고 있다.

(3) 금속간화합물에 의한 불순물 제거

목적금속 중의 불순물과 화학적 결합력이 강하고, 고융점의 금속간화합물을 생성시키는 금속 첨가제를 사용하는 Kroll-Betterton(KB)법이 잘 알려져 있다. KB법은 조연(Pb)에 Ca을 첨가하여 Bi를 금속간화합물로 만들어 제거하는 방법이다. 소량의 Bi(0.2~0.3 wt%)가 함유된 용융 Pb 중에 금속 Ca(2 wt%Ca-Pb 합금)을 첨가하면 고융점 금속간화합물인 Bi_2Ca_3(융점 928 ℃)가 만들어지므로 용탕을 냉각할 때 표면으로 부상시켜 제거한다. 또 Ca 단독보다는 Mg과 함께 첨가하면 고융점의 Bi_2CaMg_2(융점 1,060 ℃)를 생성하여 Bi 제거에 효과적이다.

원리적으로는 Parkes법도 조연 중에 Zn를 첨가하여 Pb 중 Ag를 Zn상으로 옮기고, Zn 중 Ag 농도가 높게 되면 Zn crust라 불리는 고융점의 Ag_2Zn_5 화합물 고용체(ε상) 형태로 Ag를 Pb상에서 분리하는 것이다.

Sn 중의 Bi도 KB법과 마찬가지로 Ca-Mg을 첨가하여 Bi_2CaMg_2의 금속간화합물을 만들어 제거한다. 일반적으로 (Ca/Mg)=2 정도일 때 제거 효율이 가장 높은 것으로 알려져 있다. 실제 공정에서는 Sn-Ca 모합금과 Mg 스크랩을 첨가하며, 처리 후 Bi는 0.06~0.003 wt%가 된다.

목적금속과 저융점 화합물을 생성시켜 정제한 예도 있다. 용융 Si 중에 Ca을 첨가하면 상태도로부터 Ca_2Si, CaSi, $CaSi_2$ 등의 합금상이 석출된다. 이러한 Ca-Si계 합금상은 융점(1,100~1,324 ℃)이 실리콘보다 낮아 응고 과정에서 결정립계에 편석되며, 여기에 $FeSi_2$상을 편석시켜 Fe을 제거한다.[28] Ca-Si계 합금이 산에 쉽게 용해되므로 이때 편석된 Fe도 침출시켜 제거한다.

한편 합금화 용융 아연(Fe-Zn) 도금욕에는 Al이 1,500 ppm 이하로 첨가되어 있기 때문에 피도금재인 강판에서 용출한 철이 아연 중의 포화 용해도(약 300 ppm)를 초과하면 $FeZn_7$이 석출되고 하부 드로스(bottom dross)가 되어 용탕의 바닥 부분에 누적된다. 이러한 하부 드로스는 Al 농도가 높아지면 소멸된다.[29] 이러한 원리를 이용하여 다음 식과 같이 용융 Al으로 드로스 중 아연을 회수한다.

$$2FeZn_{13}(s) + 5Al(l) = Fe_2Al_5(s) + 26Zn(l) \tag{5.46}$$

$$2FeZn_7(s) + 5Al(l) = Fe_2Al_5(s) + 14Zn(l) \tag{5.47}$$

Mg 중 Fe은 Mg과 반응하지 않으면서 Fe과 금속간화합물을 만드는 제3의 원소를 첨가하여 제거한다. C을 첨가하면 Fe과 반응하여 Fe_3C를 만들며, Mg보다 밀도가 크므로 침강시켜 제거할 수 있다. Ca을 C과 동시에 첨가하면 탄화물인 Fe_3C의 집합체가 만들어져 쉽게 침강한다. 또 Mn를 첨가하면 Al-Fe-Mn 화합물이 만들어지므로 Fe을 침전시켜 제거할 수 있다.[30]

Mg 중 Cu는 Cu_2Mg, $CuMg_2$ 등의 금속간화합물을 잘 만들므로 Fe과 같이 화합물로 제거하기는 힘들다. 그러나 Cu가 혼입된 용융 Mg 중에 Mg과는 반응하지 않으나 Cu와 반응하여 Ti_2Cu 등을 만드는 Ti을 침지시키고 고체 상태의 Ti 중으로 Cu를 확산시켜 제거한 예도 있다.[31]

5.4 증류 정제

5.4.1 증류 정제의 원리

고체 또는 액체의 증기압은 그 물질 특유의 성질이며, 온도 상승과 함께 증가한다. 그림 4.27~4.29에 나타낸 바와 같이 금속이나 그 화합물의 증기압($\log p^\circ$)-$1/T$은 선형관계에 있으며, 조금속과 불순물의 증기압 차이가 크면 목적금속이나 불순물을 증류하여 회수하거나 제거할 수 있다. 그리고 증기압이 크면 대기압에서 증류할 수 있으나, 상대적으로 증기압이 작으면 진공 증류를 하여야 한다.

증류에 의한 정제 한계는 열역학적으로 검토할 수 있다. A-B 2원계에서 불순물인 B의 증기압은 다음과 같이 나타낼 수 있다.

$$p_B = a_B \cdot p_B^\circ, \quad a_B = \gamma_B \cdot x_B \qquad \therefore\ p_B = p_B^\circ \cdot \gamma_B \cdot x_B \tag{5.48}$$

따라서 불순물 B의 증기압 검토에는 순수상태의 증기압 p_B°, 조금속 중 활동도 a_B, 활동도계수 γ_B가 필요하다. 이러한 자료를 바탕으로 조금속 중에 소량 함유되어 있는 B의 제거 한계를 구할 수 있다.

한편 평형상태의 용융금속 표면에서 불순물 금속 B의 증발속도(r_B)는 기체분자 운동론에 의한 다음의 Langmuir식으로 나타낸다.[32]

$$r_B = p_B\left(\frac{M_B}{2\pi RT}\right)^{1/2} \quad (M_B:\ \text{molecular weight of B}) \tag{5.49}$$

그러나 대부분의 증발 제거는 증발속도에 의해 율속되는 것은 아니며, 오히려 액체 금속 표면에서의 불순물 기체의 물질이동에 의해 율속된다.

상기한 식을 B의 활동도로 나타내면 다음과 같다.

$$r_B = a_B \cdot p_B^\circ \cdot \left(\frac{M_B}{2\pi RT}\right)^{1/2} \qquad (\because a_B = p_B/p_B^\circ) \tag{5.50}$$

그리고 평형상태에서는 증발과 응축 속도가 같으므로 이 식은 용탕에서 가스상으로의 원자나 분자의 이동 속도를 나타낸다. 임의의 온도에서 용매 A 중 용질 B의 상대적인 증발속도는 다음과 같다.

$$\frac{r_B}{r_A} = \frac{a_B \cdot p_B^\circ}{a_A \cdot p_A^\circ}\left(\frac{M_B}{M_A}\right)^{1/2} \tag{5.51}$$

따라서 증발속도 비율인 r_B/r_A가 높을수록 용매 금속 A의 손실을 줄이고 용질 B의 증발량을 증가시킬 수 있다.

증류에 의한 정련법은 Pb 중 Zn 제거, Zn 중 Pb, Cd의 분리나 Mg의 감압 증류 등에 응용되고 있다. 특히 Kroll법에 의해 만들진 Ti 스펀지 중 미반응 Mg과 반응 생성물인 $MgCl_2$는 진공 증류로 제거하여 순수 Ti 스펀지를 얻는다.

5.4.2 증류 정제의 예

(1) 납과 아연의 분리

Parkes법으로 Ag를 제거한 Pb에는 약 0.7 %의 Zn가 함유되어 있다. Zn는 상대적으로 증기압이 높아 쉽게 제거할 수 있다. 그러나 Pb 중 소량(<1 wt%) 함유되어 있는 Zn의 증기압은 10^{-3} atm 수준이어서 대기압하에서는 증류 제거할 수 없고, 진공 증류에 의해 제거한다.

한편 건식법으로 얻어진 Zn 중에 소량 함유되어 있는 Pb는 순금속 상태에서도 증기압이 낮아(1,180 K에서 $p^\circ_{Pb} = 4.66 \times 10^{-4}$ atm) 증류에 의해 Pb를 제거할 수 없다. 따라서 이 경우에는 Zn를 증류하여 회수하는 방법을 적용하고 있다. 이러한 각각의 증류 정제법에 대해서 예제를 통하여 알아본다.

[예제 5.10] 용융 Pb 중 0.6 wt% 함유되어 있는 Zn를 873 K에서 증류 제거하고자 한다. 이때 Pb와 Zn의 증기압을 계산하고 그 결과에 대하여 고찰하라. 단, γ_{Zn}=8.9이며, 순수한 Pb와 Zn의 증기압은 다음과 같다.

$$\log p^\circ_{Pb} = -10,130\,T^{-1} - 0.985\log T + 11.16 \quad \text{mmHg} \qquad (1)$$

$$\log p^\circ_{Zn} = -6{,}620\,T^{-1} - 1.255\log T + 12.34 \quad \text{mmHg} \tag{2}$$

[풀이] 873 K에서 순수 Pb의 증기압은 식(1)로부터 다음과 같다.

$$\log p^\circ_{Pb} = -\frac{10{,}130}{873} - 0.985\log 873 + 11.16 = -3.341 \tag{3}$$

$$\therefore\ p^\circ_{Pb} = 4.56\times10^{-4}\ \text{mmHg} \ \text{ or } \ p^\circ_{Pb} = 6.0\times10^{-7}\ \text{atm}$$

Pb-Zn 중 Pb의 증기압은 다음과 같으며, Zn가 0.6 wt%이므로 a_{Pb}는 1로 가정할 수 있다.

$$p_{Pb} = a_{Pb}\cdot p^\circ_{Pb} = 1\times6.0\times10^{-7} = 6\times10^{-7}\ \text{atm}$$

873 K에서 순수한 Zn의 증기압은 식(2)로부터 다음과 같다.

$$\log p^\circ_{Zn} = -\frac{6{,}620}{873} - 1.255\log 873 + 12.34 = 1.066 \tag{4}$$

$$\therefore p^\circ_{Zn} = 11.641\ \text{mmHg} \ \text{ or } \ p^\circ_{Zn} = 0.0153\ \text{atm}$$

Pb-Zn 중 Zn의 증기압 계산에는 Zn의 몰 분율(x_{Zn})이 필요하며 다음과 같다.

$$x_{Zn} = \frac{n_{Zn}}{n_{Pb}+n_{Zn}} = \frac{0.6/65.4}{99.4/207.2+0.6/65.4} = 0.019 \tag{5}$$

따라서 Pb-Zn 중 Zn의 증기압은 다음과 같다.

$$p_{Zn} = a_{Zn}\cdot p^\circ_{Zn} = \gamma_{Zn}\cdot x_{Zn}\cdot p^\circ_{Zn} \tag{6}$$

$$= 8.9\times0.019\times0.0153 = 2.6\times10^{-3}\ \text{atm}$$

$p_{Zn} \gg p_{Pb}$이므로 Zn의 우선 휘발제거가 가능하지만, 상압에서는 휘발물질의 분압이 0.1 atm 이상이어야 유효한 휘발을 기대할 수 있으므로 진공에서 처리한다. 7 Pa 정도의 진공하에서 처리하면 Zn을 0.6 %에서 0.06 %까지 제거할 수 있다.

[예제 5.11] 증류 제련에서 얻은 Zn는 용리 정제 후에도 1.2 wt% 정도의 Pb를 함유한다. 1,180 K(Zn의 비등점)에서 이 합금상 중 Pb의 증기압을 계산하고 그 결과에 대하여 고찰하라. 단, 순수 Pb의 증기압은 다음과 같으며, Zn 중 Pb의 무한희박 활동도계수(γ_{Pb})는 16, Zn와 Pb의 원자량은 각각 65.4, 207.2 g/mol이다.

$$\log p^{\circ}_{Pb} = -10,130\,T^{-1} - 0.985\log T + 11.16\ \text{(mmHg)} \tag{1}$$

[풀이] Zn의 비등점에서 이 합금 중 Zn의 증기압은 대략 다음과 같다.

$$p_{Zn} = a_{Zn} \cdot p^{\circ}_{Zn} = 1 \times 1 = 1\ \text{atm} \tag{2}$$

1,180 K에서 순수한 Pb의 증기압은 다음과 같다.

$$\log p^{\circ}_{Pb} = -\frac{10,130}{1,180} - 0.985\log 1,180 + 11.16 = -0.451$$

$$\therefore\ p^{\circ}_{Pb} = 0.354\ \text{mmHg or}\ \ p^{\circ}_{Pb} = 4.66 \times 10^{-4}\ \text{atm} \tag{3}$$

1,180 K에서 Zn-Pb 중 Pb의 증기압은 다음과 같이 구한다.

$$p_{Pb} = a_{Pb} \cdot p^{\circ}_{Pb} = \gamma_{Pb} \cdot x_{Pb} \cdot p^{\circ}_{Pb} \tag{4}$$

$$x_{Pb} = \frac{n_{Pb}}{n_{Pb} + n_{Zn}} = \frac{1.2/207.2}{1.2/207.2 + 98.8/65.4} = 0.00382$$

$$\therefore\ p_{Pb} = 16 \times 0.00382 \times 4.66 \times 10^{-4} = 2.85 \times 10^{-5}\ \text{atm} \tag{5}$$

$p_{Zn} \gg p_{Pb}$이므로 Zn가 우선적으로 증발하고 Pb는 용체에 남는다.

(2) 전자빔 용융정제(electron beam melting refining)

그림 5.11에 전자빔 용해장치의 모식도를 나타내었다. 고융점 조금속을 진공 용해하면 증기압이 낮은 불순물 원소들을 제거할 수 있다. 다만 W, Mo, Ta 등의 고융점 금속은 제거할 수 없다. 그림 4.27에는 몇 가지 순금속의 온도에 따른 증기압을 나타내었다.[33]

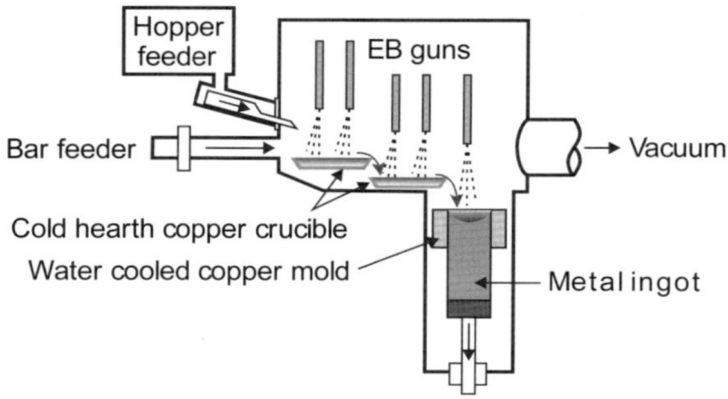

그림 5.11. 전자빔 용해(EBM) 장치의 모식도

완전 진공 상태에서 불순물 B가 응축상에서 기체상으로 변하는 최대 몰 플럭스는 식(5.49), (5.50)으로 나타낸다. 완전 진공이 아닐 때는 응축상에서 증기상으로 불순물 B의 순 플럭스는 다음과 같이 나타낸다.[34]

$$r_B = \frac{p_B - p_{ch}}{\sqrt{2\pi M_B RT}} \tag{5.52}$$

여기서 p_{ch}는 응축상 위의 압력으로 챔버의 압력에 해당한다.

Al 열환원 반응으로 제조한 고용점 금속인 V(m.p. 1,910 ℃)에는 비교적 높은 농도의 Al이 함유되어 있으나 증발 속도가 높아 저농도까지 제거할 수 있다. Nb(융점 2,477 ℃)은 Al을 과잉으로 사용하는 Al 열환원법(Alumino Thermic Reduction, ATR)으로 Nb-Al 합금을 만들고, 이것을 진공 중에서 아크로나 전자빔 용해하여 Al을 증발 제거하고 저산소의 C-free Nb을 만들고 있다.[35, 36]

한편 Hf(융점 2,233 ℃)도 증기압이 매우 낮아 진공 분위기에서 전자빔(electron beam)으로 용융시키면 고용점 금속인 Nb, Ta을 제외한 Al, Cr, Cu, Sn, Mn, V 등의 금속 불순물을 제거할 수 있다. 다만 질소

는 제거되지 않으며 산소는 용융 속도를 낮추면 400 ppm 이하까지 제거할 수 있다.[37]

(3) 분별증류

건식제련으로 얻어진 Zn 중에는 Pb, Cd 등이 불순물로 함유되어 있다. 그림 4.27에 나타낸 바와 같이 증기압은 Cd>Zn>Pb의 순으로 높다. Cd, Zn, Pb의 끓는점도 각각 765 ℃, 907 ℃, 1,740 ℃의 순이다. 따라서 조아연을 가열하면 증기압이 큰 Cd이 우선 증류된다. 이어서 Zn가 증류되며 Pb는 남게 된다. 이러한 방법을 분별증류(fractional distillation)라 한다.

5.5 열해리에 의한 정제

목적금속만 금속화합물로 만든 후 다시 열해리시켜 정제하기도 한다. 반응 온도에 따라 목적금속의 화합물을 생성하기도 하고 반대로 해리되기도 하는 현상을 이용하는 것으로 Ni carbonyl법(Mond법)과 아이오딘법(Van Arkel법)이 있다.

(1) Mond법에 의한 니켈 정제

Mond법은 1890년 Ludwig Mond가 발명한 Ni 정제법으로, 조금속 Ni을 CO 가스와 반응시켜서 Ni carbonyl인 $Ni(CO)_4$로 만들어 휘발시키고 불순물은 고체에 남겨서 정제하는 방법이다. 그림 5.12에 고순도 Ni 분말 제조 공정*과 Mond법의 정제 공정도를 나타내었다.[38] $Ni(CO)_4$의

* Vale Clydach refinery: 연간 40,000톤의 고순도 Ni 제조.

융점은 -25 ℃이며 끓는점은 42.5 ℃이므로 가스상의 Ni 카보닐이 생성되고, 다시 180 ℃로 가열하면 분해되어 금속 Ni이 얻어지며 CO는 리사이클한다. Ni(s)은 열역학적으로 약 122 ℃ 이하에서 CO(g)와 반응하여 $Ni(CO)_4$가 생성되고, 그 이상의 온도에서는 $Ni(CO)_4$가 분해되는 역반응이 일어나며, 반응식은 다음과 같다.[39]

$$Ni(s) + 4CO(g) \underset{> 180\ ℃}{\overset{50 \sim 60\ ℃}{\rightleftharpoons}} Ni(CO)_4(g), \quad (5.53)$$

$$\Delta G^\circ = -159{,}580 + 414.9T \ \text{J}$$

그러나 맹독성의 Ni 카보닐과 CO 가스가 대기 중으로 유출되지 않도록 주의가 필요하다.

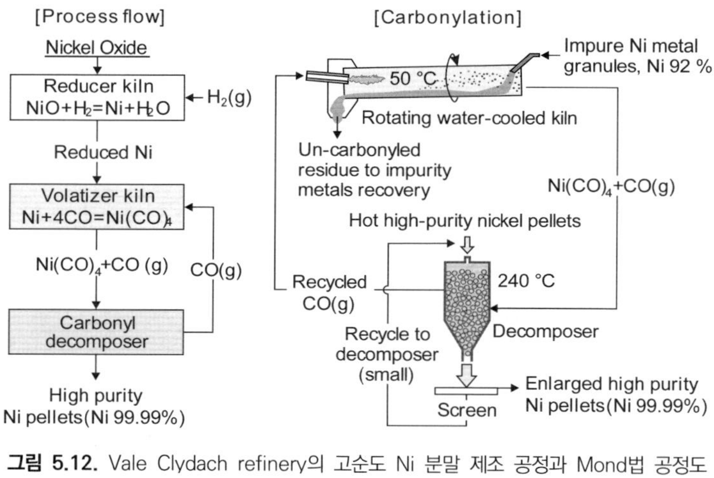

그림 5.12. Vale Clydach refinery의 고순도 Ni 분말 제조 공정과 Mond법 공정도

[예제 5.12] Mond법 니켈은 다음 반응을 이용하여 제조한다.

$$Ni(s) + 4CO(g) = Ni(CO)_4(g), \ \Delta G^\circ = -159{,}580 + 414.9T \ \text{J} \quad (1)$$

우선 약 340 K에서 CO 가스를 조 Ni과 반응시켜 $Ni(CO)_4$를 만든 후 약 470 K에서 Ni(s)와 CO로 분해한다. 전체 압력이 1 atm일 때 340 K와 470 K에서 p_{CO}와 $p_{Ni(CO)_4}$를 구하고, 그 결과에 대하여 고찰하라.

[풀이] 우선 340 K에서 자유에너지와 평형상수는 다음과 같다.

$$\Delta G^\circ_{(1),340} = -18{,}514 \ \text{J}, \quad K_{(1),340} = \frac{p_{Ni(CO)_4}}{a_{Ni} \cdot p_{CO}^4} = \frac{p_{Ni(CO)_4}}{p_{CO}^4} = 699 \qquad (2)$$

전체 압력이 1 atm이므로 식(1)의 가스상 $p_{CO} + p_{Ni(CO)_4}$은 1 atm이다. 따라서 $K_{(1),340}$와 연립하면 340 K에서 p_{CO}와 $p_{Ni(CO)_4}$는 다음과 같다.

$$\therefore \ p_{CO} = 0.1848 \ \text{atm}, \ p_{Ni(CO)_4} = 0.8152 \ \text{atm}$$

470 K에서는 다음과 같다.

$$\Delta G^\circ_{470} = 35{,}423 \ (\text{J}), \quad K_{470} = \frac{p_{Ni(CO)_4}}{a_{Ni} \cdot p_{CO}^4} = \frac{p_{Ni(CO)_4}}{p_{CO}^4} = 1.156 \times 10^{-4} \qquad (3)$$

$p_{CO} + p_{Ni(CO)_4}$=1 atm이므로

$$\therefore \ p_{CO} = 0.99988 \ \text{atm}, \quad p_{Ni(CO)_4} = 1.1555 \times 10^{-4} \ \text{atm} \qquad (4)$$

따라서 식(1)은 340 K에서는 $Ni(CO)_4$가 생성되는 정반응이 일어나며, 470 K에서는 $Ni(CO)_4$가 100 % 분해되어 남지 않는다.

(2) 아이오딘법(Van Arkel법)

아이오딘법은 1925년 Van Arkel 등[40]이 개발한 것으로 CVD(chemical vapor deposition)법을 이용한 정제법이며, Ti, Zr, Hf, B 등의 정제법으로 알려져 있다. 아이오딘법은 고체 금속(Me)과 아이오딘(I) 사이의 가역반응을 이용한 것으로 다음 식과 같다.[41–43]

$$\text{Me(crude)} + 2I_2(g) = \text{MeI}_4(g) \qquad (5.54)$$

$$MeI_4(g) = Me(pure) + 2I_2(g) \tag{5.55}$$

그림 5.13에는 아이오딘에 의한 조Zr 정제 장치의 모식도를 나타내었다. 아이오딘에 의한 조금속 Zr 정제의 기본 원리는 다음 식과 같다.

$$2I_2 + Zr \xrightarrow{300\ ℃} ZrI_4 \xrightarrow{1,400\ ℃} Zr + 2I_2 \tag{5.56}$$

즉, 조금속 Zr과 아이오딘을 밀폐용기에 넣고 진공 상태(약 40 Pa)에서 300~500 ℃로 가열하면 아이오딘이 Zr과 반응하여 ZrI_4를 생성하며, ZrI_4의 증기압은 다음과 같다.[44]

$$\log p_{ZrI_4}(atm) = -\frac{9,308}{T} + 8.84 \tag{5.57}$$

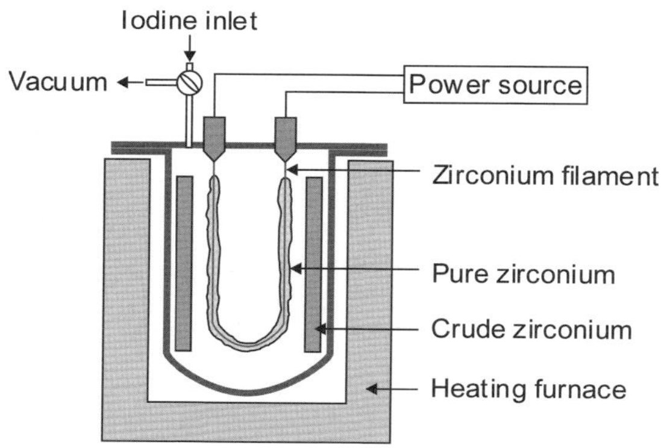

그림 5.13. 아이오딘법에 의한 조Zr의 정제 장치

ZrI_4는 431 ℃에서 승화[45]하므로 쉽게 증발하여 열분해 부분으로 확산한다. 생성된 ZrI_4 증기는 1,400 ℃로 통전 가열된 Zr 필라멘트에 접촉되어 열분해된다. ZrI_4의 열분해는 필라멘트 표면에서 일어나 순도가 99.96 % 정도인 정제된 Zr 결정이 석출되므로 필라멘트의 직경이 증대

하는 형태로 성장한다. 열분해 반응 생성물인 아이오딘은 다시 밀폐 용기 내의 반응 부분으로 되돌려져 새로운 ZrI_4를 생성하고 이 순환반응이 반복되어 효율적으로 고순도 Zr이 생성된다.

한편 조Hf도 200~300 ℃의 비교적 낮은 온도에서 I_2(g)와 반응시켜 HfI_4를 만들고 1,300~1,600 ℃로 가열된 필라멘트에서 열분해시키면 순수한 Hf 결정을 얻을 수 있으며, 반응식은 다음과 같다.

$$\mathrm{Hf(s) + 2I_2(g) \xrightarrow{300\ ^\circ C} HfI_4(g) \xrightarrow{1,400\ ^\circ C} Hf(s) + 2I_2(g)} \qquad (5.58)$$

아이오딘법에서 산소와 질소가 50 ppm 이하인 고순도의 Hf을 얻을 수 있으나, Ti, Zr 등과 마찬가지로 일정 수준 이하의 Fe은 제거할 수 없으므로 미리 제거해 두어야 한다.

아이오딘법에 의한 Ti의 정제 반응은 다음과 같다.

$$\mathrm{TiI_4(g) \rightleftarrows Ti(s) + 2I_2(g)} \qquad (5.59)$$

아이오딘 정제법으로 제조한 금속들은 다른 방법에 의한 것보다 고순도이지만 반응 속도가 느리고 제조 단가가 높은 문제점이 있다.

(3) 불균형 반응(disproportionate reaction)에 의한 정제

동일한 금속에서 서로 다른 원자가를 포함하는 반응을 '불균형 반응'이라 한다. 이 반응은 초순수 금속을 제조할 때 매우 효과적으로 사용될 수 있다. Al, Be, Ti, Zr, Nb 등 활성 금속은 불균형 반응을 이용하여 정제할 수 있다. 온도에 따라 서로 다른 원자가를 가지는 동일한 금속의 할로겐화물 형성과 분해를 이용하는 것이다. 예를 들어 다음 식과 같이 1,000 ℃의 순도가 낮은 Al 용탕에 $AlCl_3$(g)를 통과시키면 Al은 순수한 AlCl(g)로 기화된다.[46]

$$2Al(l, impure) + AlCl_3(g) \xrightarrow{1,000\ ℃} 3AlCl(g) \tag{5.60}$$

AlCl(g)는 온도가 낮아지면 다음 식과 같이 역반응에 의해 다시 Al(s,l)이 된다.

$$3AlCl(g) \xrightarrow[600 \sim 700\ ℃]{cooling} 2Al(s,l,pure) + AlCl_3(g) \tag{5.61}$$

저순도 Be도 다음 식과 같이 정제할 수 있다.

$$Be(s, impure) + 2NaCl(g) \xrightarrow{1,200\ ℃} BeCl_2(g) + 2Na(g) \tag{5.62}$$

$$BeCl_2(g) + 2Na(g) \xrightarrow[900\ ℃]{cooling} Be(s, pure) + 2NaCl(l) \tag{5.63}$$

(4) Si의 정제

그림 5.14에는 고순도의 다결정 Si을 제조하는 Simens법과 FBR (fluidized bed reactor)법의 반응기를 비교하여 나타내었다. Mond법과 유사한 반응으로, 반도체용 실리콘을 제조할 때 무수 HCl 가스와 충

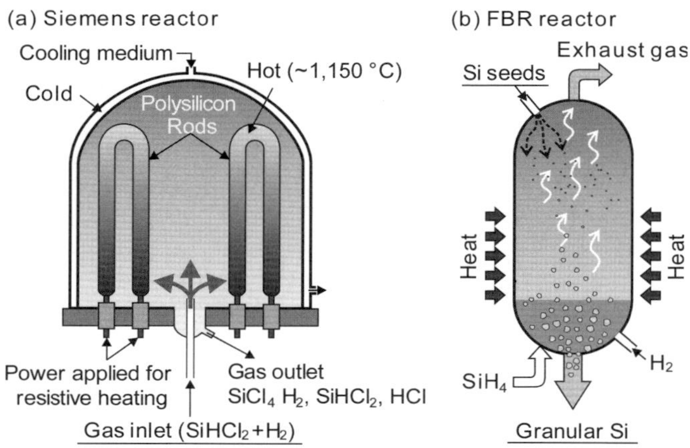

그림 5.14. 고순도 다결정 Si 제조 반응기의 예

분히 건조한 MG-Si 분말을 250~300 ℃의 유동층 반응기(FBR)에 주입하여 다음 식과 같은 반응으로 삼염화실란(TCS, trichlorosilane, $SiHCl_3$)을 만든다.

$$Si(s) + 3HCl(g) = SiHCl_3(g) + H_2(g) \tag{5.64}$$

Siemens법에서는 TCS를 정제한 수소와 혼합시켜 반응기에 공급하면 표면 온도가 1,000 ℃ 이상으로 가열된 다결정 Si 봉(Si seed)의 표면에서 다음 식과 같이 반응하여 고순도 Si이 석출한다.

$$SiHCl_3(g) + H_2(g) = Si(s) + 3HCl(g) \tag{5.65}$$

한편 실란가스(SiH_4)를 출발원료로 사용하는 FBR법에서는 반응기 하부에서 가열된 SiH_4와 H_2를 분사하여 상부에서 공급한 Si seed 분말을 유동화시킨다. 이때 다음 식과 같이 H_2에 의해 SiH_4가 분해되므로 Si seed에 증착되어 고순도 Si이 얻어진다.[47]

$$SiH_4(g) + H_2(g) = Si(s) + 3H_2(g) \tag{5.66}$$

[예제 5.13] Si(s)와 HCl(g)로부터 $SiHCl_3(g)$를 생성하는 아래 반응의 540 K에서의 표준 생성 자유에너지 ΔG°_{540}=-147,290 J이다. 전체 압력 1 atm에서 1 mol의 HCl과 반응시켰을 때 생성하는 $SiHCl_3(g)$의 몰 수를 구하라. 또 평형 후의 p_{HCl}, p_{SiHCl_3}, p_{H_2}를 구하라. 단, 상기한 것 이외의 화학종은 고려하지 않는다.

$$Si(s) + 3HCl(g) = SiHCl_3(g) + H_2(g), \quad \Delta G^\circ_{540} = -147{,}290 \text{ J} \tag{1}$$

[풀이] 이 반응은 3몰의 HCl(g)이 1몰의 $SiHCl_3(g)$가 되는 부피 감소 반응으로 1/3몰의 $SiHCl_3(g)$가 생성된다.

이 반응식의 평형상수는 다음과 같다.

$$K_{(1)} = \frac{p_{SiHCl_3} \cdot p_{H_2}}{p_{HCl}^3} = \exp\left(-\frac{\Delta G_{540}^\circ}{RT}\right) = 1.77 \times 10^{14} \qquad (2)$$

식(1)로부터 $p_{SiHCl_3} = p_{H_2}$이며, 전체 압력이 1 atm이므로 각각은 약 0.5 atm이 된다. 따라서 이 값을 위의 식에 대입하면 잔류하는 HCl(g)의 분압은 다음과 같다.

$$p_{HCl} = \left(\frac{p_{SiHCl_3} \cdot p_{H_2}}{K}\right)^{1/3} = \left(\frac{0.5 \times 0.5}{1.77 \times 10^{14}}\right)^{1/3} = 1.122 \times 10^{-5}\ \text{atm} \qquad (3)$$

따라서 HCl(g)의 전부가 반응하고 잔류하는 것은 제로에 가깝다.

[예제 5.14] 위 예제에서 생성된 $SiHCl_3$(g)를 충분히 정제한 후 15배(mol수)의 H_2(g)와 함께 1,400 K로 가열된 Si 봉(seed)이 있는 반응기에 도입하여 전체 압력 1 atm에서 Si을 석출시켰다. 반응이 완전히 평형에 도달한 것으로 가정하여 1 mol의 $SiHCl_3$(g)를 반응시켰을 때 석출되는 Si(s)의 mol수를 구하라. 단, 상기한 가스 외에는 존재하지 않는 것으로 가정하며 반응식은 다음과 같다.

$$SiHCl_3(g) + H_2(g) = Si(s) + 3HCl(g),\ \Delta G_{1400}^\circ = 42{,}988\ \text{J} \qquad (1)$$

[풀이] 우선 1,400 K에서 식(1)의 평형상수는 다음과 같다.($a_{Si} = 1$)

$$K_{1400} = \frac{a_{Si} \cdot p_{HCl}^3}{p_{SiHCl_3} \cdot p_{H_2}} = \frac{p_{HCl}^3}{p_{SiHCl_3} \cdot p_{H_2}} = \exp\left(-\frac{\Delta G_{1400}^\circ}{RT}\right) = 0.025 \qquad (2)$$

1 mol의 $SiHCl_3$(g)와 15 mol의 H_2(g)가 반응하여 n_{SiHCl_3}, n_{H_2}, n_{Si}, n_{HCl}몰을 얻는다. 각각의 물질수지는 다음과 같다.

$$\text{Si:}\ n_{SiHCl_3} + n_{Si} = 1 \qquad (3)$$

$$\text{Cl: } 3n_{SiHCl_3} + n_{HCl} = 3 \tag{4}$$

$$\text{H: } n_{SiHCl_3} + 2n_{H_2} + n_{HCl} = 1 + (15 \times 2) = 31 \tag{5}$$

따라서 식(2)의 분압을 평형 반응이 종료한 후의 Si 몰 수로 변환하면 다음과 같다.

$$n_{SiHCl_3} = 1 - n_{Si} \tag{6}$$

$$n_{HCl} = 3 - 3n_{SiHCl_3} = 3 - 3(1 - n_{Si}) = 3n_{Si} \tag{7}$$

$$n_{H_2} = (31 - n_{SiHCl_3} - n_{HCl})/2 = 15 - n_{Si} \tag{8}$$

$$\therefore\ n_{tot(g)} = n_{SiHCl_3} + n_{HCl} + n_{H_2} = 16 + n_{Si} \tag{9}$$

각 가스 성분의 분압은 $p_i = n_i / n_{tot(g)}$이므로 평형상수는 다음과 같다.

$$K_{1400} = \frac{27n_{HCl}^3}{n_{tot} \cdot n_{SiHCl_3} \cdot n_{H_2}} = \frac{27n_{Si}^3}{n_{tot} \cdot (1 - n_{Si}) \cdot (15 - n_{Si})} = 0.025 \tag{10}$$

이 식을 정리하면 다음과 같다.

$$26.975n_{Si}^3 + 6.025n_{Si} - 6 = 0 \quad \therefore\ n_{Si} = 0.485\ \text{mol} \tag{11}$$

따라서 1 mol의 $SiHCl_3$(g)와 15 mol의 H_2(g)가 반응하여 평형에 도달했을 때 석출 Si의 실수율은 48.5 %이다.

5.6 용융금속 중 수소 제거

2원자 분자 기체인 H_2, N_2는 용융금속에 $H_2 \rightarrow 2\underline{H}$, $N_2 \rightarrow 2\underline{N}$과 같이 원자로 해리되어 용해된다. 고온일수록 이러한 기체의 흡수량은 증가하며 용점에서는 급격하게 증가한다. 용융금속이나 슬래그 중 2원자 분자 기체의 포화 용해도는 Sievert의 법칙에 따라 그 기체 분압의 평방근에 비례하므로 분위기 중 해당 기체의 분압을 낮추면 제거할 수 있다.*

5.6.1 용융 Al 중 수소 제거

용융 Al 중의 산소나 질소는 산화물이나 질화물을 만들기 때문에 Al(합금) 용탕 중의 기체 성분에는 수소만 존재한다. Al(합금) 용탕 중 수소는 대기 중 수분, 연소 가스 중 수분, 내화물 중 수분이나 용탕 부근에 존재하는 수분이 다음 식과 같이 Al과 반응하여 생성된 수소가 용탕 중으로 용해된 것이다.

$$2Al + 3H_2O = Al_2O_3 + 6\underline{H} \tag{5.67}$$

수소분압이 1 atm일 때, 온도에 따른 순수한 Al과 합금의 수소 용해도를 그림 4.3에 나타내었다.[48] 용탕 중 수소는 분위기 중 수소분압(p_{H_2})을 낮추어 대기 중으로 확산시켜 제거한다. 이러한 방법에는 진공 탈가스, 불활성 가스 취입, 부분응고, 염소 가스 처리 등이 있다. 우선 염소 가스 처리의 반응식은 다음과 같다.

$$2Al(l) + 3Cl_2(g) = 2AlCl_3(g) \tag{5.68}$$

염소 가스 처리에 의해 생성된 $AlCl_3$는 Al의 용융 온도에서 기체 상태이므로 용탕 내를 상승하면서 수소를 포집하여 대기 중으로 배출된다. 충분한 탈가스를 위해서는 용탕 무게의 약 0.6 %의 염소 가스가 필요하며, 이 과정에서 Al의 손실량은 약 0.15 %이다. 그러나 용탕 중에 취입된 염소 가스의 처리 효율이 낮아 미반응한 염소 가스가 대기 중의 수분과 반응하여 HCl 가스가 되므로 환경 문제를 야기한다. 따라서 현재는

---

* 4.2.1 용융금속 참조.

불활성 기체의 의한 탈수소법을 적용하고 있다.

불활성 기체 취입에 의한 용탕의 탈가스는 랜스, 튜브, 다공성 플러그(porous plug), 임펠러 등을 이용하고 있다. 그림 5.15에는 랜스를 이용한 가스 취입과 GBF(Gas Bubbling Filtration)를 이용한 탈가스법의 원리를 나타내었다.[49] Ar, N_2 등의 불활성 가스를 탈가스에 사용하며, Cl_2에 의한 탈가스 및 개재물 제거는 효율은 높으나 환경 문제를 일으키고 있다.[50]

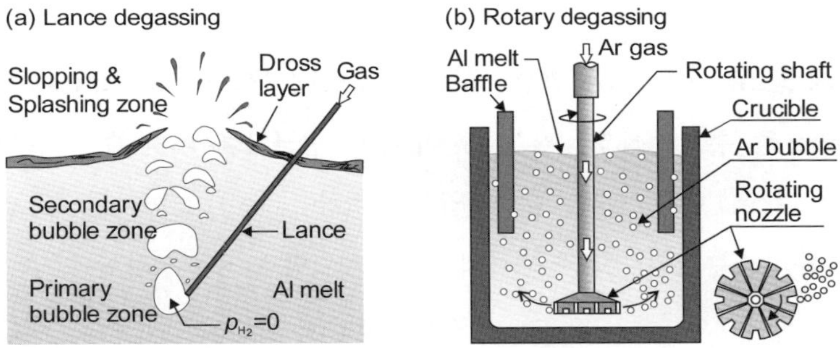

그림 5.15. 랜스 탈가스(a)와 로터리 탈가스(b)의 모식도

그림 5.16에 불활성 가스 취입에 의한 탈수소 과정을 모식적으로 나타내었으며, 다음의 세 단계를 거쳐 제거된다.

① 원자 상태의 수소가 확산과 대류를 통해 불활성 기체의 기포 표면으로 이동

② 불활성 기체의 기포와 용탕 중 수소의 분압 차이에 의해 수소가 기포 내로 흡수되고 분자 상태로 결합되어 불활성 기체 안으로 포집

③ 버블이 용탕 표면으로 부상하여 수소 제거

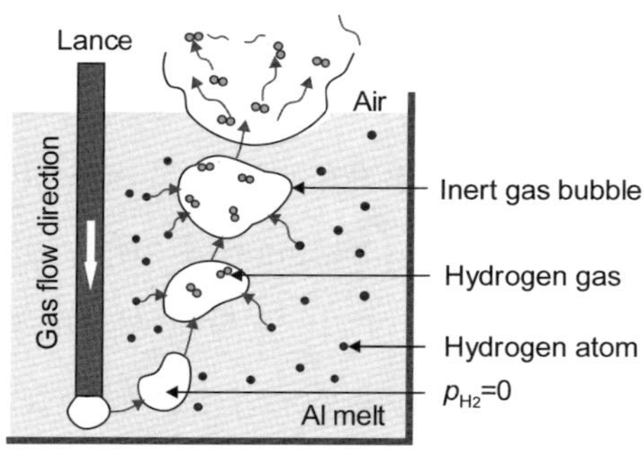

그림 5.16. 가스 취입에 의한 수소 제거

[예제 5.15] 720 ℃에서 700 mmHg의 수소와 평형하는 Al-10%Si 합금 100 g 중 수소 용해도는 0.7 cm^3이다. 이 합금 100 g 중 수소 용해도가 0.1 cm^3 이하가 되는 수소분압을 구하라.

[풀이] 수소는 2원자 분자 기체이므로 시버트의 법칙을 이용한다.

$$S_{H_2} = 0.7 \text{ cm}^3 = K'\sqrt{700} \quad \therefore K' = 0.0265 \tag{1}$$

수소의 용해도가 0.1 cm^3 이하가 되기 위한 수소분압은

$$p_{H_2} = \left(S_{H_2}/K'\right)^2 \tag{2}$$

$$= \left(\frac{0.1}{0.0265}\right)^2 = 14.24 \text{ mmHg or } \frac{14.24}{760} = 0.0187 \text{ atm}$$

따라서 수소의 분압을 14.24 mmHg(0.0187 atm) 이하로 유지하여야 한다.

5.6.2 용융 Mg 중 수소 제거

Mg 용탕 중 가스는 대부분이 수소이며, Mg 합금 주조품에 수소가 잔류하면 결함이 되므로 제거하여야 한다. Mg 중 수소는 합금 잉곳 표면의 부식 생성물인 수산화마그네슘이나 대기 중의 수분에서 혼입된다. 특

히 알칼리토류 금속이 첨가된 합금은 수소 가스 흡수량이 증대한다. Mg의 수소 용해도 S(cm^3 H_2/(100 g Mg))는 수소분압에 따라 다음 식과 같으며,[51] 그림 5.17(a)에 분위기 수소 압력과 온도에 따른 수소 용해도를 나타내었다.

$$\text{Solid}: \ \log S = -\frac{1.10\times10^3}{T} + 2.69 + 0.5\log p_{H_2} \tag{5.69}$$

$$\text{Liquid}: \ \log S = -\frac{1.36\times10^3}{T} + 3.21 + 0.5\log p_{H_2} \tag{5.70}$$

Mg 용탕의 수소 용해도는 그림에서와 같이 용탕 온도의 영향이 크므로 용탕 온도를 낮게 유지할 필요가 있다. 그림 5.17(b)에는 합금원소의 영향을 나타내었다. Sr이 함유되면 수소 용해도가 증가하지만, 나머지 합금원소는 수소 용해도를 감소시키는 것을 알 수 있다. 동일한 온도에서 Sn, Cu, Zn, Ag 등의 함유량이 증가하면 수소 용해도는 감소하지만, Sr은 큰 차이가 없다.

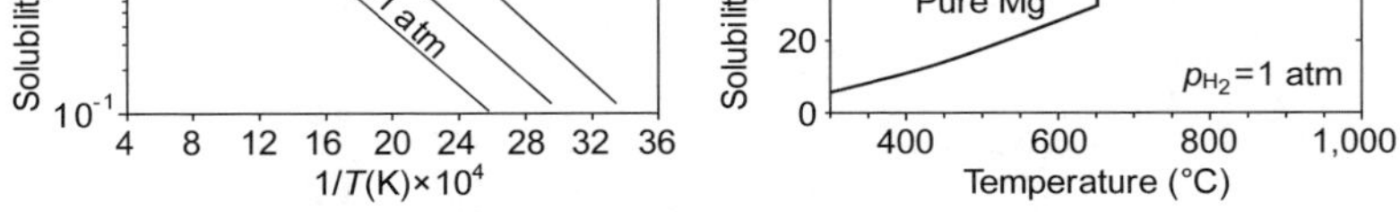

그림 5.17. Mg의 온도와 압력(a) 및 첨가 원소(b)에 따른 수소 용해도

Mg도 Al의 용탕 처리와 마찬가지로 용탕 중에 불활성 기체를 불어넣

어 수소 등을 방출시키는 탈가스를 하여 건전한 잉곳을 만든다. Mg 스크랩과 1차 지금을 용해하여 Fe 등의 불순물을 침강시켜 제거하고, 용탕 처리실에서 Ar 등의 불활성 가스를 불어넣어 탈수소를 하면서 개재물도 부상시켜 제거한다. 정제 효과는 기포의 안정도와 크기에 의존하며, 작은 기포가 균일하게 분산될수록 정제 효과가 우수하다. 따라서 Al 용탕의 정련과 마찬가지로 미세기포를 만들 수 있는 로터리 탈가스 장치를 이용하기도 한다. 불활성 가스 취입에 의한 용탕 중의 수소 제거 원리는 Al과 동일하다.

그림 5.18에 Mg 스크랩을 용융하여 플럭스를 첨가하지 않고 용탕 처리를 하는 장치의 모식도를 나타내었다.[52] 다이캐스팅 공장에서 일부 실용화되어 있는 방법으로 비용 저감을 위해 플럭스를 사용하지 않는 용탕 처리법이다. 용해실(melting chamber)에서는 자가 스크랩과 신지금을

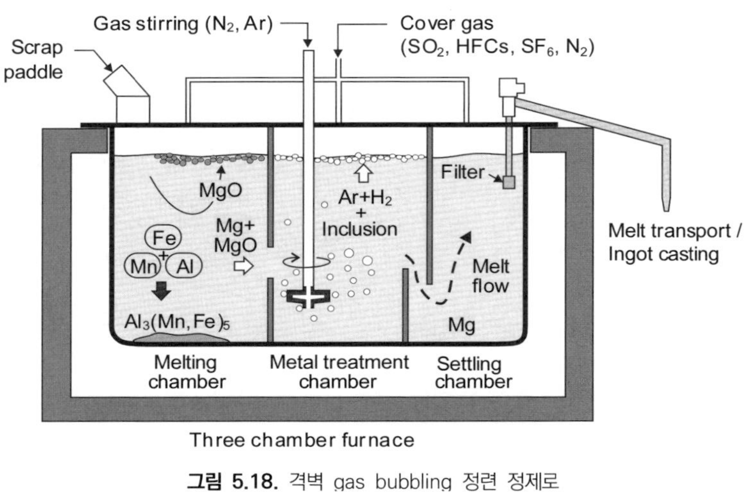

그림 5.18. 격벽 gas bubbling 정련 정제로

용해하여 Fe 등의 불순물을 침강 제거하며, 용탕 처리실에서는 Ar 가스를 취입하여 수소나 개재물을 부상시켜 제거한다. 유지로(settling chamber)에서는 청정한 용탕을 사이펀이나 펌핑으로 다이캐스트 공정 등에 공급한다. 한편 유지로에서 용탕을 펌핑하여 주조기로 이송시킬 때, 세라믹 필터를 설치하여 개재물 등을 제거하기도 한다.[53]

[참고문헌]

1 大谷正康, 1975: 鉄冶金熱力学, p. 4, 日刊工業新聞社, 東京.

2 松下幸雄 et al., 1970: 冶金物理化学, p.146, 丸善株式会社.

3 D. K. Mishra, Non – Ferrous Extractive Metallurgy p.71, Veer Surendra Sai University of Technology, Burla, Sambalpur, Odisha.

4 김세종, 김응진, 손호상, 2012: 용융 $PbO-SiO_2$계 슬래그와 Bi 사이의 Bi와 Pb의 분배거동, 자원리싸이클링 21(5), pp.65-71.

5 손호상 역, 2017: A. Yazawa의 열역학 문제집, p.235, 경북대학교출판부.

6 Toshio Oishi, 1996: Processes for Recovering Lead, Materia Japan 35(12), pp.1303-1306.

7 Y. E. Lebedeff et al., 1972: Process for de-copperizing lead, US Patent 3,694,191.

8 大谷正康, 水渡英昭, 早稲田嘉夫, 1975: 冶金物理化学演習, p.123, 丸善株式会社, 東京.

9 A. Vignes, 2011: Extractive Metallurgy 2: Metallurgical Reaction Processes, p.318, John Wiley & Sons, Inc.

10 P. Goyal, N. J. Themelis, and W. A. Zanchuk, Gaseous Refining of Anode Copper, JOM 34(12), 1982, pp.22-28.

11 A. Yazawa and T. Azakami, 1969: Thermodynamics of removing impurities during copper smelting, Canadian Metallurgical Quarterly 8(3), pp.257-261.

12 R. J. Andreini, J. S. Foster, and R. B. Phillips, Copper Deoxidation Kinetics Utilizing Carbon Monoxide, Metall. Trns. 8B, 1977, pp.633-638.

13 M. Shamsuddin, 2016: Physical Chemistry of Metallurgical Processes, p.410, TMS, John Wiley & Sons, Inc., Hoboken, New Jersey.

14 L. Kong, T. Ouchi, and T. H. Okabe, 2019: Direct Deoxidation of Ti by Mg in $MgCl_2$-$HoCl_3$ Flux, Materials Transactions 60(9), pp.2059-2068.

15 T. H. Okabe, C. Zheng, C. and Y. Taninouchi, 2018: Thermodynamic Considerations of Direct Oxygen Removal from Titanium by Utilizing the Deoxidation Capability of Rare Earth Metals, Metall. Mater. Trans. B, 49B, pp.1056-1066.

16 L. Kong, T. Ouchi, and T. H. Okabe, 2019: Direct Deoxidation of Ti by Mg in $MgCl_2$-$HoCl_3$ Flux, Materials Transactions 60(9), pp.2059-2068.

17 Moo-Won Yoon and Ho-Sang Sohn, 2013: Deoxidation of Titanium Scrap

by Calciothermic Reduction, J. of Korean Inst. of Resources Recycling 22(6), pp.41-47.

18 T. Oishi, T. H. Okabe, and K. Ono, 1993: Technology of deoxidation of titanium, Kekinzoku 43(7), pp.392-400.

19 A. Iizuka, T. Ouchi, T. and T. H. Okabe, 2020: Ultimate Deoxidation Method of Titanium-New Technology Using Rare Earth Oxyhalides, Titanium Japan 68(3), pp.220-225.

20 C. Bodsworth, 1990: The Extraction and Refining of Metals, p.219, CRC Press, Boca Raton.

21 H. Baker, et al., eds. ASM Handbook Volume 03: Alloy Phase Diagrams. 1992, ASM International, Materials Park, OH.

22 M. Hansen, K. Anderko: Constitution of Binary Allays, McGraw-Hill New York 1958.

23 矢沢彬, 1980: 非鉄金属製錬, p.120, 日本金属学会.

24 D. H. Kirkwood, 1984: Microsegregation, Materials Science and Engineering 65, pp.101-109.

25 M. A. Martorano, J. B. Neto Ferreira, T. S. Oliveira, et al., 2011: Macrosegregation of Impurities in Directionally Solidified Silicon, Metall. & Mater. Trans. A 42A, pp.1870-1886.

26 S. D. Sakong, I. Son, and H. S. Sohn, 2021: Removal of Fe from Metallurgical Grade Si by Directional Solidification, Resources Recycling 30(4), pp.20-26.

27 M. Shamsuddin, 2016: Physical Chemistry of Metallurgical Processes, p.413, TMS, John Wiley & Sons, Inc., Hoboken, New Jersey.

28 사공성대, 손호상, 2011: 칼슘 첨가-용융금속급 실리콘의 왕수 침출에 의한 철과 인의 제거, 자원리싸이클링 20(5), pp.34-39.

29 남궁성, 허보영, 2001: 용융아연도금욕 중 드로스의 특성 및 거동연구, 한국표면공학회지 34(4), pp.313-320.

30 G. Hanko, H. Antrekowitsch, and P. Ebner, 2002: Recycling Automotive Magnesium Scrap, JOM 54(2), pp.51-54.

31 H. E. Friedrich and B. L. Mordike, 2006: Magnesium Technology- Metallurgy, Design Data, Applications, Ch. 9 Recycling, p.652, Springer-Verlag Berlin Heidelberg, Germany.

32 C. Bodsworth, 1990: The Extraction and Refining of Metals, p.229, CRC Press, Boca Raton.

33 D. Rappleye and R. Haun, 2021: Production of Pure Vanadium: Industry

Review and Feasibility Study of Electron Beam Melt Refining of V–Al Alloys, Journal of Sustainable Metallurgy 7, pp.755–766.

34 J. Safarian and T. A. Engh, 2013: Vacuum Evaporation of Pure Metals, Metall. Mater. Trans. A 44A, pp.747-753.

35 H. A. Wilhelm, F. A. Schmidt, and T. G. Ellis, 1966: Columbium metal by the aluminothermic reduction of Cb_2O_5. JOM 18, pp.1303-1308.

36 J. Eckert, 1997: 28 Niobium, p.1411, Handbook of Extractive Metallurgy, Vol. III: Precious Metals, Refractory Metals, Scattered Metalls, Radioactive Metals, Rare Earth Metal, Ed. by Fathi Habashi, WILEY-VCH.

37 R. Tricot, 1992: The metallurgy and functional properties of hafnium, Journal of Nuclear Materials 189, pp.277-288.

38 L. Koehler, 2015: Powder Metallurgy Nickel and Nickel Alloys, ASM Handbook, Volume 7, Powder Metallurgy, p.674, Ed. by P. Samal and J. Newkirk, ASM International.

39 손호상, 2019: 자원리사이클링공학, p.189, 경북대학교출판부.

40 A. E. van Arkel and J. H. de Boer, 1925: Darstellung von reinem Titanium-, Zirkonium-, Hafniumund Thoriummetall, Z. anorg. u. allgem. Chem. 148, pp.345-350.

41 M. Shamsuddin, 2016: Physical Chemistry of Metallurgical Processes, p.404, TMS, John Wiley & Sons, Inc., Hoboken, New Jersey.

42 O. Takeda, T. Uda and T. H. Okabe, 2014: Ch. 2.9 Rare Earth, Titanium Group Metals, and Reactive Metals Production, p.1030, Treatise on Process Metallurgy, Volume 3, Elsevier.

43 L. S. Tian, Y. X. Yin, Z. F. Hu, et al., 2014: Deposition rate of hafnium crystal bar by iodide process, Rare Metals 33(2), pp.161–165.

44 D. Cubicciotti and K. H. Lau, 1979: Thermodynamics of Vaporization of ZrI_4 from Substoichiometric Solid Zirconium Iodides, J. Electrochem. Soc. 126 pp.771-774.

45 W. M. Haynes, David R. Lide, and Thomas J. Bruno, 2014: Section 6 Fluid Properties, pp.6–85, CRC Handbook of Chemistry and Physics 95th Ed., CRC Press.

46 M. Shamsuddin, 2016: Physical Chemistry of Metallurgical Processes, p.369, TMS, John Wiley & Sons, Inc., Hoboken, New Jersey.

47 G. Fisher, M. R. Seactrist, and R. W. Standley, 2012: Silicon Crystal Growth and Wafer Technologies, Proceedings of the IEEE 100, pp.1454-1474, May

13th, 2012.

48 David V. Neff, 2002: Understanding Aluminum Degassing, Modern Casting 92(5), pp.24-26.

49 Ryotatsu Otsuka, 1994: Melting and melt treatment of aluminum, Keikinzoku 44(8), pp.461-471.

50 손호상, 2020: 범용금속의 리사이클링, p.162, 경북대학교출판부.

51 T. Watanabe, Y. C. Huang, and R. Komatsu, 1975: Solubility of hydrogen in magnesium, Keikinzoku 26(2), pp.76-81.

52 H. Miyashita, et al., 2009: In-line Recycling Technology for AZ91D Magnesium Alloy, Honda R&D Technical Review 21(2), pp.108-113.

53 H. Cao, et al., 2019: Research status and prospects of melt refining and purification technology of magnesium alloys, Journal of Magnesium and Alloys 7, pp.370-380.

Extractive Metallurgy and Recycling of Metals

제6장

습식제련

제6장 I

습식제련

Hydro-metallurgy

6.1 습식제련의 개요

습식제련은 고체 원료(광석, 정광, 도시광물 등) 중 목적금속을 적당한 용매로 용해하여 얻어진 수용액이나 액체 원료(도금 폐액 등)에 정제 등의 적당한 처리를 한 후, 화학적 또는 전기화학적인 방법으로 목적금속 이온을 환원하여 금속이나 순수한 화합물로 채취하는 제련법이다. 습식제련의 대부분은 20~80 ℃에서 처리하지만, 오토클레이브(autoclave)를 이용하여 300 ℃까지의 온도에서도 물의 휘발이 억제되는 고온·고압 처리도 적용하고 있다. 이러한 습식제련은 분석화학의 용해와 침전 반응을 공업적 규모로 재현한 것이라 할 수 있다.

특히 습식제련은 수백 도 이상의 고온에서 제련하는 건식법에 비해 정밀한 분리가 가능하고 대량 생산은 물론 소규모 조업에도 적합하다. 따라서 습식제련은 오래전부터 금, 은, 구리 등의 제조에 응용되어 왔으며, 최근에는 다양한 도시광물에서 유가금속을 회수하는 공정에도 효과적으로 적용하고 있다.

그림 6.1에는 습식제련의 기본 조작을 나타내었으며, 아래와 같은 다섯 가지 단계로 이루어져 있다.

① 고체 원료의 용해(침출)를 위한 물리적, 화학적 예비처리

② 예비처리한 원료 중 유가 금속 이온을 용매 중으로 용해시키는 침출

③ 침출액의 미용해 잔사 등을 고형물로 남기고 수용액을 회수하는 고액 분리

④ 고액 분리한 수용액의 불순물 제거와 농축

⑤ 정제한 수용액에서 목적금속이나 순수한 화합물 채취

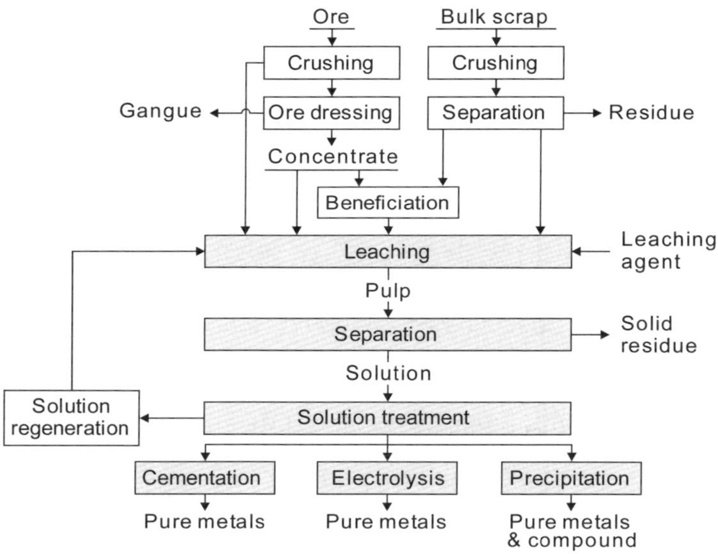

그림 6.1. 일반적인 습식제련 흐름도

6.2 습식제련의 물리화학

6.2.1 수용액의 화학퍼텐셜(chemical potential)

화학퍼텐셜은 용매와 용질의 혼합물인 용액 내 성분 i의 부분몰 자유

에너지이다. 즉, 용액의 온도와 압력이 일정할 때 용액 내 모든 성분의 양을 일정하게 유지하면서 용질 성분 i 의 미소량을 용액(계)에 첨가했을 때의 자유에너지 변화율($\partial G/\partial n_i$) 이다. 성분 i 의 화학퍼텐셜 μ_i 는 다음과 같이 나타낸다.

$$\mu_i = \mu_i^\circ + RT\ln a_i \tag{6.1}$$

여기서 μ_i° 는 표준상태에서의 화학퍼텐셜이며 a_i 는 활동도로 다음과 같다.

이상용액: $a_i = x_i$, 비이상용액: $a_i = k_i \cdot x_i$

x_i 는 몰 분율, k_i 는 보정 인자이다. 용매가 용해되어 있는 용액 중 용질 i 의 몰 분율은 다음과 같이 나타내며 n 은 몰 수를 나타낸다.

$$x_i = \frac{n_i}{n_{solvent} + \sum n_{solutes}} \tag{6.2}$$

수용액에서는 1 kg H_2O의 몰 수가 55.56 mol로 전체 용질의 몰 수보다 훨씬 크므로 다음과 같이 나타내기도 한다.[1]

$$x_i \approx \frac{n_i}{n_{solvent}} \tag{6.3}$$

한편 농도에는 여러 가지 종류가 있으나, 몰랄 농도(molality, mol/kg-solvent)*가 몰 분율 x 와 가장 유사하여 대부분의 열역학적 데이터에 대한 기준 농도로 사용한다. 따라서 이상용액이면 식(6.1)은 몰랄 농도 m_i 를 사용하여 다음과 같이 나타낼 수 있다.

$$\mu_i = \mu_i^\circ + RT\ln\left(\gamma_{i(\mathrm{aq})} \cdot \frac{m_i}{m^\circ}\right) \tag{6.4}$$

여기서 $\gamma_{i(\mathrm{aq})}$ 는 수용액 중 성분 i 의 활동도계수, m° 는 대수항을 무차원화하기 위한 기준 농도이다.

---

* 2.2 용액의 농도 참조.

한편 자유에너지변화와 화학퍼텐셜은 다음의 관계가 있다.

$$dG = VdP - SdT + \mu_i dn_i + \mu_j dn_j + \cdots$$

온도와 압력이 일정한 조건에서는 다음과 같다.

$$dG = \mu_i dn_i + \mu_j dn_j + \cdots$$

이 식을 적분하면 다음과 같다.

$$G_{\text{final}} - G_{\text{init.}} = \mu_i (n_{i,\text{final}} - n_{i,\text{init.}}) + \mu_j (n_{j,\text{final}} - n_{j,\text{init.}}) + \cdots \quad (6.5)$$

예를 들어 x 몰의 순수한 B가 반응하여 y 몰의 순수한 C가 생성되는 $x\text{B} \rightarrow y\text{C}$ 반응의 자유에너지변화는 다음과 같다.

$$\Delta G = y \cdot \mu_{\text{C}} - x \cdot \mu_{\text{B}} \quad (6.6)$$

여기서 $\mu_i = \mu_i^\circ + RT\ln a_i$ 이므로 다음과 같이 나타낼 수 있다.

$$\Delta G = y(\mu_{\text{C}}^\circ + RT\ln a_{\text{C}}) - x(\mu_{\text{B}}^\circ + RT\ln a_{\text{B}})$$

이 식을 정리하면 다음과 같다.

$$\Delta G = y\mu_{\text{C}}^\circ - x\mu_{\text{B}}^\circ + RT\ln\left(\frac{a_{\text{C}}^y}{a_{\text{B}}^x}\right) = \Delta G^\circ + RT\ln\left(\frac{a_{\text{C}}^y}{a_{\text{B}}^x}\right) \quad (6.7)$$

여기서 ΔG°는 표준상태에서의 자유에너지변화이며, 평형상태에서 $\Delta G = 0$ 이므로

$$\Delta G^\circ = -RT\ln\left(\frac{a_{\text{C}}^y}{a_{\text{B}}^x}\right) = -RT\ln K \quad (6.8)$$

[예제 6.1] 표준상태(298 K, 1 bar)에서 아래 반응식의 표준 자유에너지 변화 ΔG°를 구하라. 그리고 Fe^{3+}와 SO_4^{2-}의 활동도가 1일 때의 ΔG와 0.6일 때의 ΔG를 구하라. 단 $Fe_2(SO_4)_3$의 활동도는 1로 가정한다.[2]

$$2Fe^{3+} + 3SO_4^{2-} = Fe_2(SO_4)_3 \quad (1)$$

	$Fe_2(SO_4)_3$	Fe^{3+}	SO_4^{2-}
$\Delta\mu_{i,298}^\circ$ (J/mol)	-2,249,555	-4,600	-744,630

[풀이] 식(1)의 표준 자유에너지변화 $\Delta G^{\circ}_{(1)}$ 은 다음과 같다.

$$\Delta G^{\circ}_{(1)} = \Delta\mu^{\circ}_{Fe_2(SO_4)_3} - [2\Delta\mu^{\circ}_{Fe^{3+}} + 3\Delta\mu^{\circ}_{SO_4^{2-}}] \quad (2)$$

$$\therefore \Delta G^{\circ}_{(1)} = [-2{,}249{,}555] - [2(-4{,}600) + 3(-744{,}630)]$$

$$= -6{,}465 \text{ J/mol}$$

자유에너지변화 $\Delta G_{(1)}$ 은 다음과 같다.

$$\Delta G_{(1)} = \Delta G^{\circ}_{(1)} + RT\ln\left(\frac{a_{Fe_2(SO_4)_3}}{a^2_{Fe^{3+}} \cdot a^3_{SO_4^{2-}}}\right) \quad (3)$$

여기서 각각의 활동도가 1일 때는 다음과 같다.

$$\Delta G_{(1)} = \Delta G^{\circ}_{(1)} + RT\ln\left(\frac{1}{1^2 \cdot 1^3}\right) = \Delta G^{\circ}_{(1)} = -6{,}465 \text{ J/mol} \quad (4)$$

따라서 각 화학종의 활동도가 1일 때는 $\Delta G_{(1)} = \Delta G^{\circ}_{(1)}$이 된다. 그리고 Fe^{3+}와 SO_4^{2-}의 활동도가 각각 0.6일 때의 자유에너지 $\Delta G_{(1)}$ 은 다음과 같다.

$$\Delta G_{(1)} = -6{,}465 + 8.314 \times 298 \times \ln\left(\frac{1}{0.6^2 \times 0.6^3}\right) = -137 \text{ J/mol} \quad (5)$$

[예제 6.2] 위의 예제에서 SO_4^{2-}의 활동도가 0.8일 때 Fe^{3+}이온의 평형 활동도를 구하라.

[풀이] 평형상태에서 예제 6.1의 $\Delta G^{\circ}_{(1)}$은 -6,465 J/mol이며, $a_{Fe_2(SO_4)_3} = 1$ 이므로

$$K_{(1)} = \left(\frac{1}{a^2_{Fe^{3+}} \cdot (0.8)^3}\right) = \exp\left(-\frac{\Delta G^{\circ}_{(1)}}{RT}\right) \quad (1)$$

$$= \exp\left(-\frac{-6{,}465}{8.314 \times 298}\right) = 13.591$$

$$\therefore\ a_{Fe^{3+}} = \left(\frac{1}{K_{(1)} \cdot (0.8)^3}\right)^{1/2} = \sqrt{\frac{1}{13.591 \times 0.512}} = 0.379 \quad (2)$$

6.2.2 용해도곱(solubility product constant)

수용액 중 금속 이온의 용해도는 용해도곱(K_{sp})으로 평가할 수 있으며, M_mX_n(s)의 용해 반응과 자유에너지 변화는 다음과 같다.

$$M_mX_n(s) = mM^{+} + nX^{-},\ \ \Delta G_9^\circ = m\Delta G_{M^+}^\circ + n\Delta G_{X^-}^\circ - \Delta G_{M_mX_n}^\circ \quad (6.9)$$

식(6.9)의 평형상수 K_9는 다음 식과 같고, 용해도곱 K_{sp}로 정의하며 열역학적으로 계산하여 구할 수 있다.

$$K_9 = [M^+]^m[X^-]^n = \exp\left(-\frac{\Delta G_9^\circ}{RT}\right) \equiv K_{sp} \ \text{(solubility product)} \quad (6.10)$$

여기서 용액 중 이온의 활동도곱이 용해도곱보다 크면 M_mX_n의 석출이 일어난다. 표 6.1에는 Li 제련과 관련된 몇 가지 염들의 용해도곱을 나타내었다.[3,4] Li 제련에서 염호의 간수 중 Mg, K, Na 등 제거해야 할 불순물 이온들이 수분의 천일 증발 때문에 용해도곱보다 많아지면 과포화 상태가 되어 $MgCl_2$, KCl, NaCl 등으로 석출된다. 또 탄산리튬이나 수산화리튬의 결정화도 수용액 중 용해도를 이용한다.

표 6.1. 25 ℃에서 간수 중 생성물의 용해도곱 K_{sp}

Compound	K_{sp}	Compound	K_{sp}
$CaCO_3$	3.36×10^{-9}	$MgCO_3$	6.82×10^{-6}
$CaCl_2\cdot6H_2O$	1.23×10^{4}	$MgCO_3\cdot3H_2O$	$2.38\ 10^{-6}$
KCl	7.08	$MgCO_3\cdot5H_2O$	3.79×10^{-6}
Li_2CO_3	8.15×10^{-4}	$Mg(OH)_2$	5.61×10^{-12}
Li_3PO_3	2.37×10^{-11}	$MgCl_2\cdot6H_2O$	2.46×10^{4}
LiF	1.84×10^{-3}	NaCl	3.82×10^{1}

[예제 6.3] 다음 식으로부터 표준상태에서 Li_2CO_3의 용해도곱을 구하라.

$$Li_2CO_3(s) = 2Li^+(aq) + CO_3^{2-}(aq), \quad \Delta G^\circ_{298} = 17.28 \text{ kJ} \tag{1}$$

[풀이]

$$K_{sp} = K_{(1)} = [Li^+]^2[CO_3^{2-}] = \exp\left(-\frac{\Delta G^\circ_{298}}{RT}\right) \tag{2}$$

$$= \exp\left(-\frac{17{,}280}{8.314 \times 298}\right) = 9.35 \times 10^{-4}$$

다만 용해도곱의 계산값은 실측값과 약간의 차이가 있다.

[예제 6.4] 표준상태에서 다음 반응식의 용해도곱을 구하고 Fe^{3+}와 SO_4^{2-}의 활동도가 각각 0.7 및 0.3일 때 $Fe_2(SO_4)_3$의 석출 여부에 대해 알아보자.[5]

$$2Fe^{3+} + 3SO_4^{2-} = Fe_2(SO_4)_3, \quad \Delta G^\circ_{298} = -6{,}465 \text{ J/mol} \tag{1}$$

[풀이] 우선 식(1)의 평형상수를 구한다.

$$K_{(1)} = \exp\left(-\frac{\Delta G^\circ_{298}}{RT}\right) = \exp\left(-\frac{-6{,}465}{8.314 \times 298}\right) = 13.591 \tag{2}$$

식(1)은 $Fe_2(SO_4)_3$의 석출반응이므로 용해도곱은 평형상수의 역수가 된다.

$$\therefore K_{sp} = [Fe^{3+}]^2[SO_4^{2-}]^3 = \frac{1}{K_{(1)}} = \frac{1}{13.65} = 0.0736 \tag{3}$$

한편 식(1)에서 좌변의 Fe^{3+}와 SO_4^{2-}의 활동도곱은 다음과 같다.

$$[a_{Fe^{3+}}]^2 \cdot [a_{SO_4^{2-}}]^3 = 0.7^3 \times 0.3^3 = 0.0132 \tag{4}$$

활동도곱이 용해도곱보다 작으므로 $Fe_2(SO_4)_3$의 석출은 일어나지 않는다.

6.2.3 전위(E)-pH도

전위(E)-pH도는 종축에 산화-환원반응을 지배하는 전위(E, potential)를, 횡축에 산-염기반응을 지배하는 pH를 두어 각 화학종의 안정 영역을 나타낸 일종의 상태도이다. 특히 M(금속)-H_2O(물)의 $E-$pH도는 금속이나 산화물의 산화반응과 환원반응이 동시에 일어나는 수용액 중 용해 반응의 열역학적 검토에 유용하다. 즉 전자의 주고받음을 포함한 반응에서 수용액 중 평형은 수소 이온 농도(pH)나 OH^-에 크게 좌우되므로 평형상태에서 각 상의 관계를 $E-$pH도로 표시하면 편리하다. 특히 해당 수용액계에서 일어날 수 있는 산-염기 반응이나 산화-환원 반응의 예측에 유용하다. 이러한 $E-$pH도는 1945년 Pourbaix에 의해 처음으로 발표[6]되어 Pourbaix diagram이라 부르기도 한다.

(1) $E-$pH도의 이해

수용액 중 금속이나 금속 이온이 관계하는 반응은 다음의 네 가지 형태로 구분할 수 있다.[7]

① 금속과 전자의 주고받음은 있으나, 용액 중 H^+ 이온은 관여하지 않는 반응

② 금속과 전자의 주고받음은 없으며, 용액 중 H^+ 이온만 관여하는 반응

③ 금속과 전자의 주고받음이 있으면서, 용액 중 H^+ 이온도 관여하는 반응

④ 금속과 전자의 주고받음도 없으며, 용액 중 H^+ 이온도 관여하지 않는 반응

①~③ 반응의 평형 관계는 평형전위나 평형상수를 pH의 함수로 계산하여 $E-$pH 평면에 나타낼 수 있으나, ④형 반응은 $E-$pH도에 나타낼

수 없다. 또 반응에 관여하는 물질의 열역학적 안정 영역을 $E-\mathrm{pH}$ 도에서 알 수 있으며, 각각의 상세는 다음과 같다.

①형 반응: 전위(E)만 관계하고, pH와 무관한 금속의 산화-환원 반응

$$\mathrm{M}^{z+} + z\mathrm{e}^- = \mathrm{M} \tag{6.11}$$

이 반응의 전극전위 E(평형전위, electrode potential)는 다음과 같다.

$$E = E^\circ - \frac{RT}{zF}\ln\left(\frac{a_\mathrm{M}}{a_{\mathrm{M}^{z+}}}\right) \tag{6.12}$$

여기서 E°는 표준 전극전위(표준 산화환원전위, standard electrode potential), R은 기체상수(8.314 J/(mol·K)), F는 패러데이 상수(96,485 coulomb, C)이다. 따라서 25 ℃에서의 전극전위 E는 다음과 같다.

$$\begin{aligned} E_{298} &= E^\circ_{298} - \frac{8.314\times 298\times 2.303}{z\times 96{,}485}\log\left(\frac{a_\mathrm{M}}{a_{\mathrm{M}^{z+}}}\right) \\ &= E^\circ_{298} - \frac{0.0591}{z}\log\left(\frac{a_\mathrm{M}}{a_{\mathrm{M}^{z+}}}\right) \end{aligned} \tag{6.13}$$

식(6.13)의 관계를 그림으로 나타내면 그림 6.2(a)의 수평선이 되며, $a_{\mathrm{M}^{z+}}<1$일 때는 수평선이 아래쪽으로 이동한다. 25 ℃에서 $a_\mathrm{M}=1$일 때 식(6.13)은 다음과 같이 된다.

$$E = E^\circ + \frac{0.0591}{z}\log a_{\mathrm{M}^{z+}} \tag{6.14}$$

여기서 표준 전극전위 E°는 다음과 같이 구한다.

$$E^\circ = -\frac{\Delta G^\circ}{zF} = \frac{RT}{zF}\ln K, \quad \Delta G^\circ = \mu^\circ_\mathrm{M} - \mu^\circ_{\mathrm{M}^{z+}}$$

②형 반응: 전위와 무관하며, pH만 관계하는 산-염기 반응

$$\mathrm{M(OH)}_z + z\mathrm{H}^+ = \mathrm{M}^{z+} + z\mathrm{H_2O} \tag{6.15}$$

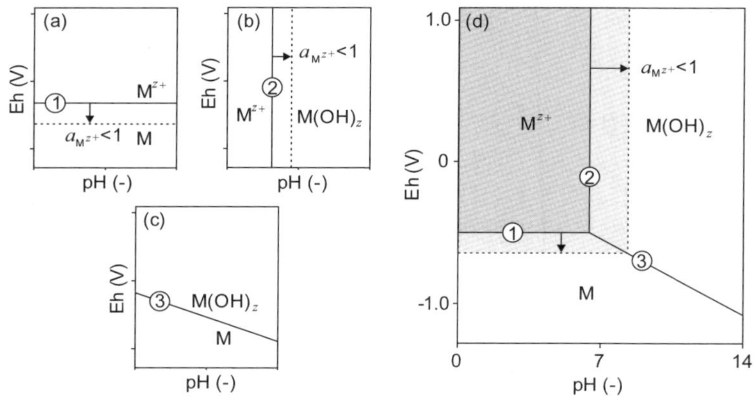

그림 6.2. $E-\mathrm{pH}$ 평면에 나타낸 평형 관계

이 반응의 평형상수는 다음과 같다.

$$K=\exp\left(-\frac{\Delta G^\circ}{RT}\right)=\frac{a_{M^{z+}}\cdot a_{H_2O}^z}{a_{M(OH)_z}\cdot a_{H^+}^z}=\frac{a_{M^{z+}}}{a_{H^+}^z}\quad(\because\ a_{M(OH)_z}=a_{H_2O}=1)$$

양변에 상용대수를 취하고, $\mathrm{pH}=-\log a_{H^+}$를 대입하면 다음 식과 같이 온도와 압력이 일정할 때 pH는 $a_{M^{z+}}$의 함수가 된다.

$$\log K=\log a_{M^{z+}}-z\log a_{H^+}=\log a_{M^{z+}}+z\mathrm{pH}$$

$$\therefore\ \mathrm{pH}=\frac{1}{z}(\log K-\log a_{M^{z+}})\tag{6.16}$$

이러한 관계를 그림으로 나타내면 그림 6.2(b)의 수직선이 되며, $a_{M^{z+}}<1$일 때는 pH가 증가하는 오른쪽으로 이동한다.

③형 반응: 전위와 pH가 모두 관여하는 산화-환원 반응

$$M(OH)_z+zH^++ze=M+zH_2O\tag{6.17}$$

이 반응의 평형전위는 다음과 같다.

$$E=E^\circ-\frac{0.0591}{z}\log\left(\frac{a_M\cdot a_{H_2O}^z}{a_{M(OH)_z}\cdot a_{H^+}^z}\right)$$

여기서 $a_{M} = a_{M(OH)_2} = a_{H_2O} = 1$이므로 다음과 같이 나타낼 수 있다.

$$E = E^{\circ} - \frac{0.0591}{z}(z\text{pH}) = \frac{0.0591}{z}(\log K - z\text{pH}) \tag{6.18}$$

따라서 이러한 관계를 그림으로 나타내면 그림 6.2(c)와 같이 사선이 된다.

그림 6.2(d)에는 ①~③의 관계를 종합하여 나타내었다. 이러한 각 상의 안정 영역은 일반적으로 100 ℃ 정도라면 25 ℃의 그림으로부터 고찰하여도 충분한 경우가 많다. 그러나 200 ℃ 정도가 되면 상온과의 차이를 무시할 수 없을 정도로 되고, 고온에서는 침전물의 형태가 변하는 것도 있으므로 미리 검토하여야 한다.

(2) $E-\text{pH}$도에서 물의 안정 영역

수용액계의 $E-\text{pH}$도에는 물의 안정 영역을 나타낸다. 우선 물의 분해반응은 다음과 같다.

$$H_2O(l) = H^{+} + OH^{-} \tag{6.19}$$

$$\Delta G^{\circ}_{298} = \mu^{\circ}_{H^{+}} + \mu^{\circ}_{OH^{-}} - \mu^{\circ}_{H_2O} = -RT\ln K$$

$$= 0 - 157{,}298 + 237.178 = 79{,}880 \ \text{J/mol}$$

여기서 평형상수는 다음과 같다.

$$K = \frac{a_{H^{+}} \cdot a_{OH^{-}}}{a_{H_2O}} = a_{H^{+}} \cdot a_{OH^{-}} \quad (\because a_{H_2O} = 1)$$

양변에 상용대수를 취하면 다음과 같다.

$$\log K = \log a_{H^{+}} + \log a_{OH^{-}} = -\frac{\Delta G^{\circ}_{298}}{2.303RT} = -\frac{79{,}880}{2.303 \times 8.314 \times 298} = -14$$

$$\therefore \log a_{H^{+}} + \log a_{OH^{-}} = -14 \tag{6.20}$$

여기서 $\text{pH} = -\log a_{H^{+}}$이므로 $a_{H^{+}} = a_{OH^{-}}$일 때 pH=7이 되며 물은 중성이다. pH<7이면 $a_{H^{+}} > a_{OH^{-}}$로 산성이고, pH>7이면 $a_{H^{+}} < a_{OH^{-}}$로 알칼리성이 된다.

한편 수용액 중에 산화제나 환원제가 있으면 산소나 수소가 발생한다.

Oxidation: $O_2(g) + 4H^+ + 4e = 2H_2O$, $\Delta G^\circ_{298} = -474{,}356$ J (6.21)

Reduction: $2H^+ + 2e = H_2(g)$, $\Delta G^\circ_{298} = 0$ J (6.22)

우선 산소 발생 평형전위는 식(6.21)로부터 다음과 같다.

$$E^\circ = -\frac{\Delta G^\circ_{298}}{zF} = \frac{474{,}356}{4 \times 96{,}485} = 1.229 \text{ V}$$

$$\therefore E = E^\circ - \frac{RT}{4F}\ln\left(\frac{a^2_{H_2O}}{a^4_{H^+} \cdot p_{O_2}}\right) = E^\circ + \frac{2.303RT}{4F}\log(a^4_{H^+} \cdot p_{O_2})$$

$$= 1.229 + 0.0591\log a_{H^+} + 0.0148\log p_{O_2}$$

여기서 $p_{O_2} = 1$ atm이라면 다음과 같다.

$$E = 1.229 + 0.0591\log a_{H^+} = 1.229 - 0.0591\,\text{pH} \tag{6.23}$$

한편 수소 발생 평형전위는 $E^\circ = 0$ V이므로 다음과 같다.

$$\therefore E = E^\circ - \frac{RT}{2F}\ln\left(\frac{p_{H_2}}{a^2_{H^+}}\right) = 0 + \frac{2.303RT}{2F}(2\log a_{H^+} - \log p_{H_2})$$

$$= 0.0591\log a_{H^+} - 0.0296\log p_{H_2}$$

여기서 $p_{H_2} = 1$ atm이라면 다음과 같다.

$$E = 0.0591\log a_{H^+} = -0.0591\text{pH} \tag{6.24}$$

그림 6.3에는 25 ℃에서의 $E-$pH 도에 식(6.23)과 식(6.24)로 나타낸 물의 안정 영역을 나타내었다. 일반적으로 전위-pH도에는 그림과 같이 p_{H_2}와 p_{O_2}가 1 atm인 선이 그려져 있다. 그림 6.3의 선(a)보다 위쪽 영역은 $p_{O_2} > 1$ atm이므로 물이 분해되어 산소가 발생한다. 그리고 선(b)보다 아래쪽 영역은 $p_{H_2} > 1$ atm이므로 물이 분해되어 수소가 발생한다.

선(a)와 (b) 사이는 물이 분해되지 않는 안정 영역이다. 수용액에서 금속을 전해채취할 때 금속의 안정 영역이 (b)선보다 위쪽에 있어야 한다. 그렇지 않으면 기본적으로는 수용액 전해채취가 불가능하여 비수용매나 용융염 전해 등을 하여야 한다. 그러나 Zn 등과 같이 수소 과전압이 높아 수용액 전해채취가 가능한 경우도 있다.

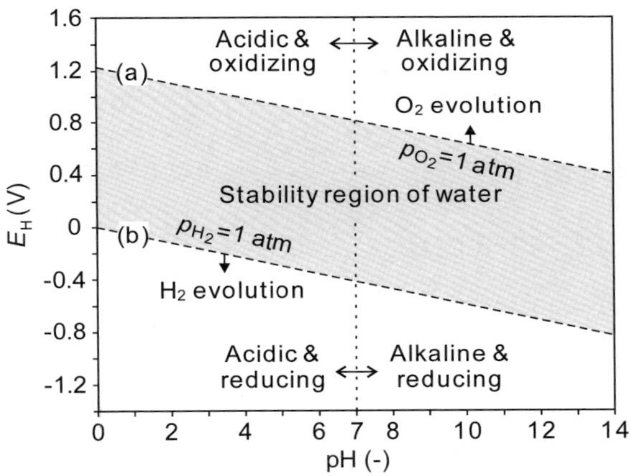

그림 6.3. 25 ℃에서 물의 안정 영역

[예제 6.5] $H_2|HCl|AgCl|Ag$로 구성되어 있는 전지의 표준 전극전위(E°)는 25 ℃에서 0.2225 V이다. 전지의 기전력이 0.394 V로 측정되었을 때 HCl 용액의 pH를 구하라. 단, 기전력 측정에서 p_{H_2}=1 atm으로 둔다.[8]

[풀이] 셀 중의 전극반응은 다음과 같다.

$$\frac{1}{2}H_2(g) = H^+ + e^- \qquad (1)$$

$$AgCl(s) + e^- = Ag(s) + Cl^- \qquad (2)$$

따라서 Ag에 대해 1 mol의 전자가 흐를 때 아래 반응이 진행한다.

$$AgCl(s) + \frac{1}{2}H_2(g) = Ag(s) + H^+ + Cl^- \quad (3)$$

이 반응에 의한 기전력 E는

$$E = E^\circ - \frac{RT}{F}\ln\left(\frac{a_{H^+} \cdot a_{Cl^-} \cdot a_{Ag}}{a_{AgCl} \cdot p_{H_2}^{1/2}}\right) \quad (4)$$

여기서 $a_{Ag} = 1$, $a_{AgCl} = 1$, $p_{H_2} = 1$, $a_{H^+} = [H^+]$, $a_{Cl^-} = [Cl^-]$이므로

$$E = E^\circ - \frac{RT}{F}\ln([H^+] \cdot [Cl^-]) \quad (5)$$

문제로부터 $E = 0.394$ V, $E^\circ = 0.2225$ V, $T = 298$ K이므로

$$\log([H^+]\cdot[Cl^-]) = -\frac{1}{2.303} \times \frac{96,485}{8.314 \times 298}(0.394 - 0.2225) = -2.90$$

식(3)에서 $[H^+] = [Cl^-]$이므로

$$\log[H^+] = -1.45 \quad \therefore \ pH = -\log[H^+] = 1.45$$

(3) $E-$pH도의 예

그림 6.4에는 Au, Ag와 H_2O계에서 모든 화학종의 농도가 10^{-4} M일 때의 전위(E)-pH도를 나타내었으며, Au의 몇 가지 산화-환원 반응의 전위는 다음과 같다.

$$Au = Au^+ + e$$

$$E = E^\circ + 2.303\frac{RT}{F}\log\left(\frac{[Au^+]}{[Au]}\right) = 1.692 + 0.0591\log[Au^+] \ V$$

$$Au = Au^{3+} + 3e, \ E = 1.498 + 0.0197\log[Au^{3+}] \ V$$

$$Au + 3H_2O = Au(OH)_3 + 3H^+ + 3e, \ E = 1.457 - 0.0591pH \ V$$

$$Au(OH)_3 = AuO_2 + H_2O + H^+ + e, \ E = 2.63 - 0.0591pH \ V$$

Ag의 몇 가지 산화-환원 반응의 전위는 다음과 같다.

$Ag = Ag^{+} + e$, $E = 0.799 + 0.0591\log[Ag^{+}]$ V

$2Ag + H_2O = Ag_2O + 2H^{+} + 2e$, $E = 1.173 - 0.0591pH$ V

$Ag + H_2O = AgO^{-} + 2H^{+} + e$

$E = 2.220 - 0.1182pH + 0.0591\log[AgO^{-}]$ V

$2Ag^{+} + 3H_2O = Ag_2O_3 + 6H^{+} + 4e$

$E = 1.670 - 0.0886pH - 0.0295\log[Ag^{+}]$ V

실제 $E-$pH 도를 그리는 방법은 예제를 통해 알아본다.

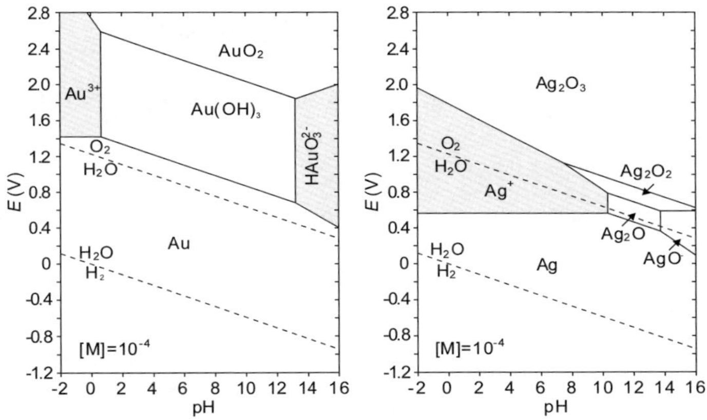

그림 6.4. Au-H_2O, Ag-H_2O계의 $E-$pH 도

[예제 6.6] 아래의 데이터를 이용하여 25 ℃와 200 ℃에서 Zn-H_2O계에서 모든 화학종의 활동도는 1로 두고 $E-$pH 도를 그려 보자.[9]

$Zn^{2+} + 2e = Zn$, $\Delta G^{\circ}_{298} = 147.03$ kJ, $\Delta G^{\circ}_{473} = 144.6$ kJ (1)

$Zn^{2+} + 2H_2O = Zn(OH)_2 + 2H^{+}$, $\Delta G^{\circ}_{298} = 67.80$ kJ (2)

$Zn(OH)_2 + 2H^{+} + 2e = Zn + 2H_2O$, $\Delta G^{\circ}_{298} = 79.22$ kJ (3)

$$Zn^{2+}+H_2O=ZnO+2H^+,\ \varDelta G^\circ_{473}=53.7\ \text{kJ} \tag{4}$$

$$ZnO+2H^++2e=Zn+H_2O,\ \varDelta G^\circ_{473}=90.9\ \text{kJ} \tag{5}$$

[풀이] 우선 25 ℃에서는 다음과 같다.

(1) $Zn^{2+}+2e=Zn,\ \varDelta G^\circ_{298}=147.03\ \text{kJ}$

$$E=E^\circ-\frac{RT}{zF}\ln\left(\frac{a_{Zn}}{a_{Zn^{2+}}}\right)=-\frac{\varDelta G^\circ_{298,(1)}}{zF}+\frac{RT}{zF}\ln\left(\frac{a_{Zn^{2+}}}{a_{Zn}}\right)$$

$$=-\frac{147{,}030}{2\times96{,}485}+\frac{0.0591}{2}\log a_{Zn^{2+}}=-0.762+0.0296\log a_{Zn^{2+}}$$

$E=-0.7619\ \text{V at } a_{Zn^{2+}}=1 \text{ and } 298\ \text{K}$

(2) $Zn^{2+}+2H_2O=Zn(OH)_2+2H^+,\ \varDelta G^\circ_{298}=67.80\ \text{kJ}$

$$\log K=-\frac{\varDelta G^\circ_{298,(2)}}{2.303RT}=\log\left(\frac{a^2_{H^+}}{a_{Zn^{2+}}}\right)=2\log a_{H^+}-\log a_{Zn^{2+}}=-11.88$$

$\therefore\ pH=5.94-0.5\log a_{Zn^{2+}},$

$pH=5.94\ \text{at } a_{Zn^{2+}}=1 \text{ and } 298\ \text{K}$

(3) $Zn(OH)_2+2H^++2e=Zn+2H_2O,\ \varDelta G^\circ_{298}=79.22\ \text{kJ}$

$$E=E^\circ-\frac{RT}{zF}\ln\left(\frac{a_{Zn}}{a^2_{H^+}}\right)=-\frac{79{,}220}{2\times96{,}485}+\frac{0.0591}{2}\log a^2_{H^+}$$

$$=-0.411-0.0591\text{pH}\ \text{V}$$

200 ℃에서는 다음과 같다.

(1)' $Zn^{2+}+2e=Zn,\ \varDelta G^\circ_{473}=144.6\ \text{kJ}$

$$E=E^\circ-\frac{RT}{zF}\ln\left(\frac{a_{Zn}}{a_{Zn^{2+}}}\right)=-\frac{\varDelta G^\circ_{473,(1)'}}{zF}+\frac{RT}{zF}\ln\left(\frac{a_{Zn^{2+}}}{a_{Zn}}\right)$$

$$=-\frac{144{,}600}{2\times96{,}485}+\frac{8.314\times473}{2\times96{,}485}\times2.303\log a_{Zn^{2+}}$$

$$=-0.749+0.047\log a_{Zn^{2+}}$$

$E = -0.749$ (V) at $a_{Zn^{2+}} = 1$ and 473 K

(4) $Zn^{2+} + H_2O = ZnO + 2H^+$, $\Delta G^\circ_{473} = 53.7$ kJ

$$\log K = -\frac{\Delta G^\circ_{473,(4)}}{2.303RT} = \log\left(\frac{a^2_{H^+}}{a_{Zn^{2+}}}\right) = 2\log a_{H^+} - \log a_{Zn^{2+}} = -5.930$$

$\therefore$ $pH = 2.965 - 0.5 \log a_{Zn^{2+}}$,

$pH = 2.965$ at $a_{Zn^{2+}} = 1$ and 473 K

(5) $ZnO + 2H^+ + 2e = Zn + H_2O$, $\Delta G^\circ_{473} = 90.9$ kJ

$$E = E^\circ - \frac{RT}{zF}\ln\left(\frac{a_{Zn}}{a^2_{H^+}}\right) = -\frac{90{,}900}{2 \times 96{,}485} + \frac{8.314 \times 473}{2 \times 96{,}485} \times 2.303\log a^2_{H^+}$$

$$= -0.471 - 0.094pH \text{ V at 473 K}$$

그림 6.5에 온도에 따른 안정상을 비교하여 나타내었다.

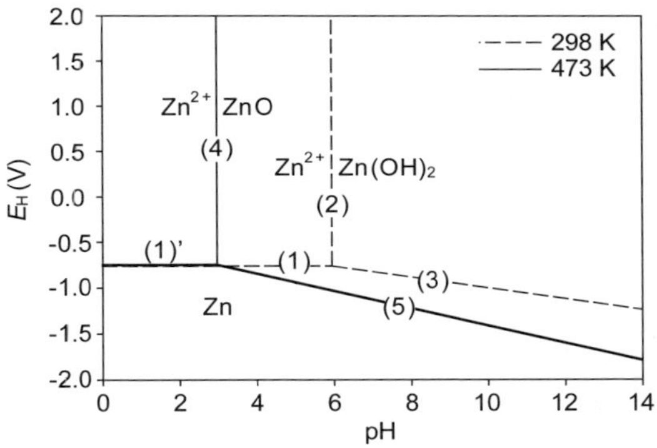

그림 6.5. 25 ℃와 200 ℃에서 $Zn-H_2O$계 $E-pH$도 비교

6.2.4 수용액 중 원료의 용해 평형

수용액에서 용매인 물은 극성이 큰 분자(유전율 약 80)이므로 금속이나 산화물이 수용액 중에 용해되면 금속은 안정한 수화이온(aqua ion)

이나 착이온(complex ion) 등으로 존재할 수 있다. 금속(M)과 산화물(MO) 중 목적금속이 수용액으로 용해(침출)되는 반응은 다음과 같다.

$$M = M^{2+} + 2e^- \tag{6.25}$$

$$MO + 2H^+ = M^{2+} + H_2O \tag{6.26}$$

금속 M의 용해 반응은 금속에서 전자를 받아 수용액 중에 금속을 이온으로 용출시키기 위한 산화제가 필요하다. 그러나 산화물의 산침출 반응에서는 산소를 처리하기 위한 수소 이온이 필요하다. 즉, 산화물 중의 금속이 이온으로 용해될 때 산화물 중 산소는 수소 이온과 반응하여 물(H_2O)이 된다. 이와 같이 금속과 산화물이 수용액 중으로 용해되는 반응은 기본적으로 서로 다른 화학반응이다.

(1) 금속의 용해 반응

금속 M(환원체, reductant)이 수용액 중 대응하는 금속 이온 M^{z+}(산화체, oxidant)와 평형하는 산화-환원 반응에서 자유에너지변화는 다음과 같다.

$$M^{z+} + ze^- = M, \quad \Delta G = \Delta G^\circ + RT\ln\left(\frac{a_M}{a_{M^{z+}}}\right) \tag{6.27}$$

표준 자유에너지변화(ΔG°)는 표준 화학퍼텐셜 $\mu^\circ(G^\circ)$ 값을 이용하여 $\Delta G^\circ = \mu^\circ_M - \mu^{2+}_M$로 구하지만 $\mu^\circ_M = 0$이다. 그리고 $\Delta G = -zFE$이므로 자유에너지식의 양변을 $-zF$로 나누면 다음과 같다.

$$\begin{aligned} E &= E^\circ - \frac{RT}{zF}\ln\left(\frac{a_M}{a_{M^{z+}}}\right) \\ &= E^\circ - \frac{0.0591}{z}\log\left(\frac{a_M}{a_{M^{z+}}}\right) \quad (\text{at } 298\ \text{K}) \end{aligned} \tag{6.28}$$

$a_{M^{z+}}$는 용액 중 금속 이온의 활동도로 수용액에서는 무한희박 기준을 채용하며 농도는 질량 몰 농도인 몰랄 농도(mol/kg-H_2O)를 사용한다. 따라서 전극전위 E는 금속 이온의 활동도인 $a_{M^{z+}}$에 의존한다. 다만 a_M은 금속 M이 순수할 때는 1이지만, 합금이나 금속간화합물일 때는 $a_M < 1$이 된다. 표 2.2에 표준 수소전극을 기준으로 한 몇 가지 주요 금속의 표준 전극전위 $E°$를 나타내었다. $E°$가 상대적으로 높은 Au, Pt, Ag, Cu 등은 귀한 금속(noble metal), 상대적으로 낮은 Zn, Mn 등은 비한 금속(base metal)이라 부른다.

[예제 6.7] 아래 반응식의 표준 전극전위 $E°$와 각 이온의 활동도가 1일 때의 평형전위 E를 구하라. 단,

$$\mu^\circ_{Fe^{2+}} = -78.87 \text{ kJ/mol}, \quad \mu^\circ_{Fe^{3+}} = -4.6 \text{ kJ/mol}$$

$$Fe^{3+} + e = Fe^{2+} \tag{1}$$

[풀이] 식(1)의 $\Delta G°$를 구한다.

$$\Delta G^\circ_{(1)} = \mu^\circ_{Fe^{2+}} - \mu^\circ_{Fe^{3+}} = -78{,}870 + 4{,}600 = -74{,}270 \text{ J/mol} \tag{2}$$

$\Delta G° = -zFE°$이므로 $E°$는 다음과 같다.

$$E^\circ_{(1)} = -\frac{\Delta G^\circ_{(1)}}{zF} = -\frac{-74{,}270}{1 \times 96{,}485} = 0.770 \text{ V} \tag{3}$$

한편 각 이온의 활동도가 1일 때의 평형전위 E는 다음과 같이 $E°$와 같다.

$$E_{(1)} = E^\circ_{(1)} - \frac{RT}{2F}\ln\left(\frac{a_{Fe^{2+}}}{a_{Fe^{3+}}}\right) = E^\circ_{(1)} = 0.770 \text{ V at } a_{Fe^{2+}} = a_{Fe^{3+}} = 1 \tag{4}$$

(2) 산화물의 용해 반응

식(6.26)의 산화물 용해 평형에 관한 표준 자유에너지변화($\Delta G°$)는 다

음과 같다.

$$MO + 2H^+ = M^{2+} + H_2O$$

$$\Delta G^\circ_{26} = (\mu^\circ_{M^{2+}} + \mu^\circ_{H_2O}) - (\mu^\circ_{MO} + 2\mu^\circ_{H^+}) \tag{6.29}$$

$$= -RT\ln\left(\frac{a_{M^{2+}} \cdot a_{H_2O}}{a_{MO} \cdot a^2_{H^+}}\right) = -RT\ln K_{26}$$

여기서 a_{H_2O}와 a_{MO}는 1로 둘 수 있으므로 평형상수는 다음과 같다.

$$K_{26} = \frac{a_{M^{2+}}}{a^2_{H^+}}, \ \log K_{26} = \log a_{M^{2+}} - 2\log a_{H^+}$$

수소 이온 농도는 $-\log a_{H^+} = \text{pH}$이므로 다음 식과 같이 직선이 된다.

$$\log a_{M^{2+}} = \log K_{26} - 2\,\text{pH}, \quad \text{pH} = 0.5\log K_{26} - 0.5\log a_{M^{2+}} \tag{6.30}$$

식(6.30)의 $\log a_{M^{2+}}$-pH 관계를 이온활동도-pH도라 부른다. 그림 6.6에 주요 금속 산화물의 용해 평형 관계를 나타내었다. 그림으로부터 산화물의 침출 조건을 결정하거나 목적 산화물의 선택 침출 가능성을 판단할 수 있다. $\log a_{M^{2+}}$-pH 관계를 구하는 자세한 방법은 다음 예제를 통해 알아본다.

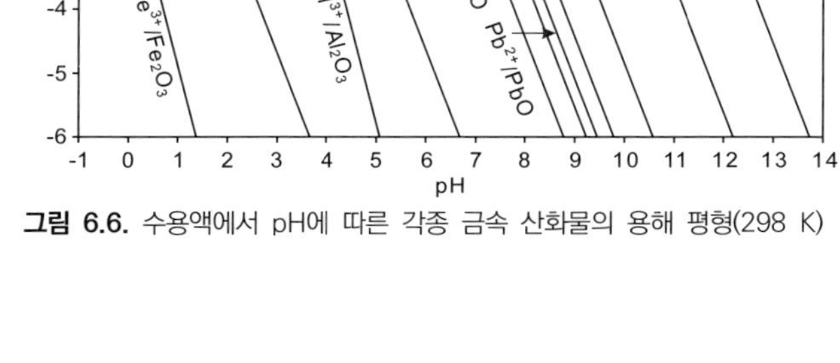

그림 6.6. 수용액에서 pH에 따른 각종 금속 산화물의 용해 평형(298 K)

[예제 6.8] 25 ℃에서 ZnO의 침출에 관한 이온활동도-pH 관계를 구하고 최종 용액의 pH가 6일 때 Zn^{2+}의 활동도를 구하라.

$$ZnO + 2H^{+} = Zn^{2+} + H_2O \tag{1}$$

	ZnO	Zn^{2+}	H_2O
$\mu^{\circ}_{i,298}$ (J/mol)	-318,320	-147,030	-237,178

[풀이] 25 ℃에서 식(1)의 ΔG°와 평형상수는 다음과 같이 구한다.

$$\Delta G^{\circ}_{(1)} = (\mu^{\circ}_{Zn^{2+}} + \mu^{\circ}_{H_2O}) - (\mu^{\circ}_{ZnO} + 2\mu^{\circ}_{H^{+}}) \tag{2}$$

$$= (-147{,}030 - 237{,}178) - (-318{,}320 + 0) = -65{,}888 \text{ J}$$

$$K_{(1)} = \frac{a_{Zn^{2+}} \cdot a_{H_2O}}{a_{ZnO} \cdot a^2_{H^{+}}} = \exp\left(-\frac{\Delta G^{\circ}_{(1)}}{RT}\right) = 3.544 \times 10^{11} \tag{3}$$

여기서 a_{ZnO}와 a_{H_2O}는 1로 둘 수 있으므로 다음과 같다.

$$K_{(1)} = \frac{a_{Zn^{2+}}}{a^2_{H^{+}}} = 3.544 \times 10^{11}$$

$$\log K_{(1)} = \log(a_{Zn^{2+}}) - 2\log(a_{H^{+}}) = 11.55 \tag{4}$$

$pH = -\log a_{H^{+}}$이므로 식(4)를 정리하면 다음과 같다.

$$\log(a_{Zn^{2+}}) = \log K_{(1)} - 2pH = 11.55 - 2pH \tag{5}$$

$$\therefore\ pH = 5.775 - 0.5\log a_{Zn^{2+}} \tag{6}$$

그림 6.6에 식(6)의 관계를 Zn^{2+}/ZnO의 선으로 나타내었다.

한편 식(5)에 pH=6을 대입하면

$$\log(a_{Zn^{2+}}) = 11.55 - 2pH = -0.45 \quad \therefore a_{Zn^{2+}} = 0.355$$

(3) 황화물의 용해 반응

표 6.2에는 20 ℃에서 몇 가지 황화물의 물에 대한 용해도곱을 나타

내었으며, 용해도가 매우 낮아 미량만 용해되는 것을 알 수 있다. 그러나 황화물이 있는 수용액에 염산 등과 같이 완전히 분해되는 강산을 첨가하면 S^{2-} 이온은 다음과 같이 반응한다.[9]

$$S^{2-}+H^{+}\rightarrow HS^{-} \text{ and } HS^{-}+H^{+}\rightarrow H_2S_{aq.}$$

표 6.2. 황화물의 용해도곱(20 ℃)

Sulfide	Ag_2S	CdS	CuS	FeS	MnS
K_{sp}	6.10^{-51}	8.10^{-27}	6.10^{-37}	6.10^{-19}	2.10^{-13}
Sulfide	NiS	CoS	PbS	SnS	ZnS
K_{sp}	3.10^{-19}	4.10^{-21}	3.10^{-29}	10^{-26}	2.10^{-25}

한편 황화물의 황화수소 발생형 용해 반응은 다음과 같다.

$$MS+2H^{+}=M^{2+}+H_2S(g),\quad K=\frac{a_{M^{2+}}\cdot p_{H_2S}}{a_{MS}\cdot a_{H^{+}}^{2}} \tag{6.31}$$

$H_2S(g)$ 압력이 1 atm일 때 K의 양변에 대수를 취하면 다음과 같다.

$$\log a_{M^{2+}}=\log K-2pH \quad (\because\ a_{MS}=1,\ p_{H_2S}=1\ \text{atm}) \tag{6.32}$$

그림 6.7에 산화물과 마찬가지로 298 K에서 각종 황화물에 관한 식 (6.32)의 평형 관계를 나타내었다. 이 그림에서 산성 수용액 중 $H_2S(g)$ 발생형 침출 반응이 가능한 황화물은 ZnS보다 오른쪽에 위치하는 것이며, 실제로 Ni 매트(황화물)를 산으로 침출하기도 한다. 그러나 CuS는 $H_2S(g)$를 발생시키면서 산성 용액으로 용해할 수 없다.* 또 침출 용액 중에 H_2S 가스나 환원제를 첨가하여 금속 이온을 황화물 침전으로 제거,

* PbS는 황산 용액에서 H_2S를 발생시키며 용해된다. 이것은 용출된 Pb^{2+}가 곧바로 $PbSO_4$로서 침전되어 침출액 중 Pb^{2+}의 활동도가 매우 낮은 값이 되기 때문이다.

회수할 수 있다. 그리고 그림 6.7로부터 일정한 pH에서 금속 이온의 제거 한계도 예측할 수 있다.

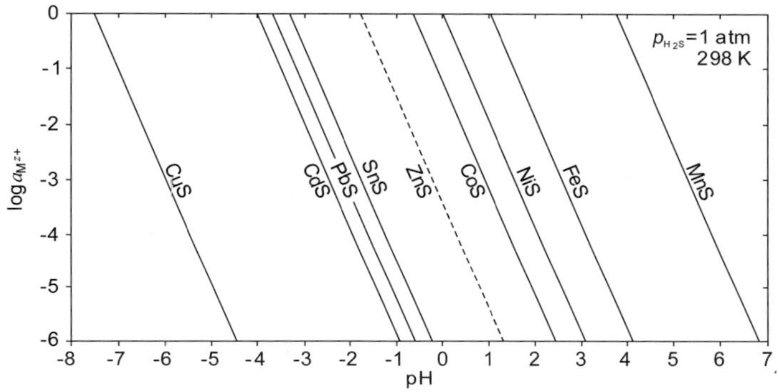

그림 6.7. 각종 금속 황화물의 황화수소 발생형 용해 평형(298 K)

[예제 6.9] CuS, CdS, ZnS, FeS로 구성된 복합 황화물을 H_2SO_4 용액에서 선택적으로 황산염을 만들어 각각 분리 회수하고자 한다. 황산염 생성반응 $MS+H_2SO_4=MSO_4+H_2S$가 평형론적으로 진행되기 위한 황산 농도를 구하라. 단, 용해도곱 K_{sp}는 아래 표와 같다. 또, 용해된 H_2S는 약 0.1 mol/L로 Henry의 법칙을 따르며, $H_2S(aq.)=2H^{+}+S^{2-}$ 반응의 평형상수 K는 10^{-20}이다.[10]

MS	CuS	CdS	ZnS	FeS
$K_{sp}=a_{M^{2+}} \cdot a_{S^{2-}}$	10^{-36}	10^{-27}	10^{-24}	10^{-18}

[풀이] H_2S의 용해 반응과 평형상수는 다음과 같다.

$$H_2S(aq.)=2H^{+}+S^{2-},\quad K_{(1)}=\frac{a_{H^+}^2 \cdot a_{S^{2-}}}{a_{H_2S}}=\frac{a_{H^+}^2 \cdot a_{S^{2-}}}{0.1}=10^{-20} \quad (1)$$

식(1)의 $K_{(1)}$으로부터 S^{2-}의 활동도를 구하면 다음과 같다.

$$a_{S^{2-}} = \frac{K_{(1)} \cdot a_{H_2S}}{a_{H^+}^2} = \frac{10^{-20} \times 0.1}{a_{H^+}^2} = \frac{10^{-21}}{a_{H^+}^2} \qquad (2)$$

용해도곱 $K_{sp} = a_{M^{2+}} \cdot a_{S^{2-}}$에 식(2)를 대입하고 상용대수를 취하면

$$a_{M^{2+}} = \frac{K_{sp}}{a_{S^{2-}}} = \frac{K_{sp} \cdot a_{H^+}^2}{10^{-21}}, \quad \log a_{M^{2+}} = \log K_{sp} + 21 - 2\text{pH} \qquad (3)$$

따라서 식(3)에 각각의 용해도곱 K_{sp}를 대입하면 다음과 같이 된다.

CuS: $\log a_{Cu^{2+}} = -15 - 2\text{pH}$, CdS: $\log a_{Cd^{2+}} = -6 - 2\text{pH}$

ZnS: $\log a_{Zn^{2+}} = -3 - 2\text{pH}$, FeS: $\log a_{Fe^{2+}} = 3 - 2\text{pH}$

이러한 관계를 그림 6.7에 나타내었다. 이처럼 황산 농도를 조절하면 목적 황화물의 분리·회수가 가능함을 알 수 있다.

6.2.5 가수분해 반응의 평형

가수분해(hydrolysis)는 반응물이 물과 반응하여 분해 생성물이 얻어지는 반응이며, 용매인 물이 $H_2O=H^++OH^-$ 반응으로 해리되어 일어난다. 일반적으로 산이나 알칼리 용액으로 침출할 때 용액이 서서히 중성화되면서 동시에 반응물은 가수분해 현상에 의해 가역적인 침전 반응이 일어나 새로운 화합물인 수산화물을 생성한다.

용액 중 특정 이온을 수산화물로 침전·제거(회수)할 수 있는 가수분해 반응은 산-염기 반응이며 평형 관계는 다음과 같다.

$$M^{z+} + zH_2O = M(OH)_z + zH^+ \qquad (6.33)$$

$$K = \frac{a_{H^+}^z}{a_{M^{z+}}} \qquad (\because\ a_{M(OH)_z} = a_{H_2O} = 1)$$

평형상수 K의 양변에 상용대수를 취하면 다음 식이 얻어진다.

$$\log a_{M^{z+}} = -\log K - z\text{pH} \quad \therefore \text{pH} = -\frac{1}{z}(\log K + \log a_{M^{z+}}) \tag{6.34}$$

따라서 온도와 압력이 일정할 때 금속 이온과 수산화물이 평형하는 pH는 금속 이온의 활동도에 의존한다. 다만 수산화물의 물에 대한 용해도는 온도에 의존한다.

그림 6.8에 298 K에서 각종 수산화물에 관한 식(6.34)의 관계를 나타내었다. 이 그림으로부터 금속 이온을 수산화물 침전으로 제거하거나 회수하는 데 필요한 pH를 알 수 있다. 또 수용액 pH에 따른 금속 이온의 제거 한계를 알 수 있다. 일반적으로 용액 중 $a_{M^{z+}}$가 10^{-6} 이하이면 금속 M이 대부분 제거된 것으로 간주한다.

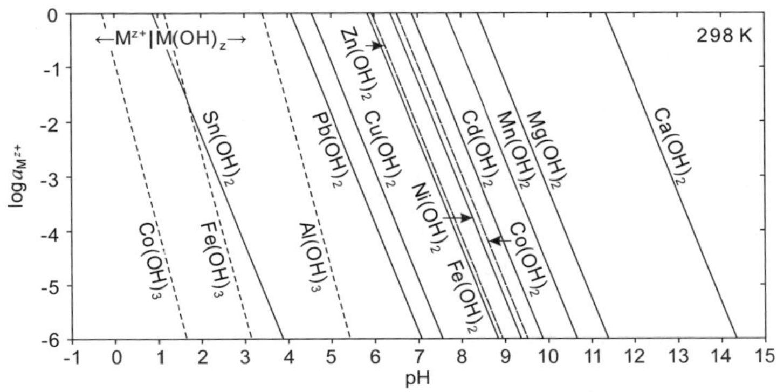

그림 6.8. 각종 금속 이온의 가수분해 평형(298 K)

[예제 6.10] 25 ℃에서 식(1)의 가수분해 반응에 따른 Ni^{2+} 이온의 활동도-pH 관계와, 최종 용액 중 $a_{Ni^{2+}} = 10^{-6}$이 되는 pH를 구하라.

$$Ni^{2+} + 2H_2O = Ni(OH)_2 + 2H^+ \tag{1}$$

	$Ni(OH)_2$	Ni^{2+}	H_2O
$\mu^{\circ}_{i,298}$ (J/mol)	-447,300	-45,600	-237,178

[풀이] 식(1)의 $\Delta G^{\circ}_{(1)}$과 평형상수 $K_{(1)}$은 다음과 같다.

$$\Delta G^{\circ}_{(1)} = (\mu^{\circ}_{Ni(OH)_2} + 2\mu^{\circ}_{H^+}) - (\mu^{\circ}_{Ni^{2+}} + 2\mu^{\circ}_{H_2O}) = 72{,}656 \text{ J} \tag{2}$$

$$K_{(1)} = \frac{a_{Ni(OH)_2} \cdot a^2_{H^+}}{a_{Ni^{2+}} \cdot a^2_{H_2O}} = \exp\left(-\frac{\Delta G^{\circ}_{(1)}}{RT}\right) = 1.837 \times 10^{-13}$$

여기서 $a_{Ni(OH)_2}$와 a_{H_2O}를 1이라 하면 $K_{(1)}$은 다음과 같다.

$$K_{(1)} = \frac{a^2_{H^+}}{a_{Ni^{2+}}} = 1.837 \times 10^{-13} \tag{3}$$

$pH = -\log a_{H^+}$이므로 양변에 대수를 취하여 정리하면 다음과 같다.

$$\log(a_{Ni^{2+}}) = -\log K_{(1)} - 2pH \quad \therefore \ pH = 6.37 - 0.5\log a_{Ni^{2+}} \tag{4}$$

식(4)에 $a_{Ni^{2+}} = 10^{-6}$을 대입하면

$$pH = 6.37 - 0.5\log a_{Ni^{2+}} = 9.37 \tag{5}$$

따라서 pH가 9.37 이상이 되면 용액 중 Ni은 대부분 수산화물이 된다. 그리고 pH가 6.37($a_{Ni^{2+}} = 1$) 이하가 되면 수산화물이 생성되지 않으며, 이 결과를 그림 6.8에 나타내었다.

6.2.6 용해 반응 기구

수용액에서 금속이나 산화물의 용해(침출) 반응은 고체와 수용액의 계면에서 진행하는 불균일 반응이다. 고체의 용해 반응이 계속 진행되기 위해서는 그림 6.9(a)와 같이 반응 물질이 반응 계면으로 공급되고 반응 생성물은 제거되어야 한다.[11]

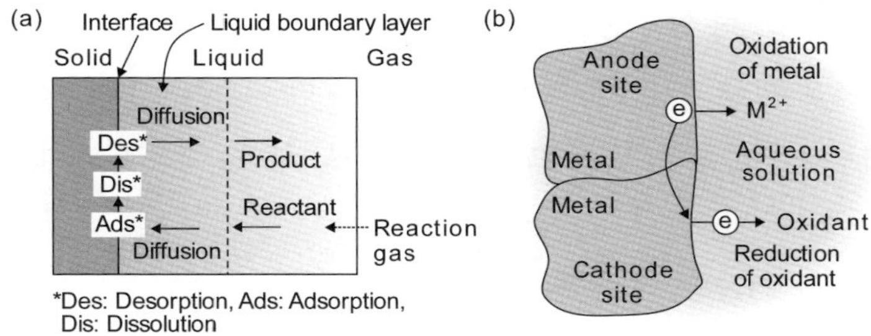

그림 6.9. 확산에 의한 고-액 간의 물질이동
(a) 고체의 침출 반응 과정 (b) 금속의 산화 용해 과정

금속이 수용액 중으로 용해되는 것은 그림 6.9(b)와 같이 산화-환원 반응으로, 금속이 이온으로 방출될 때 빠져나온 전자를 산화제(oxidant)가 처리하는 전자 수용 반응이 일어난다. 산화반응인 금속 이온의 용출은 anode 반응, 산화제의 환원반응은 cathode 반응이라 부른다. 이때 전자를 전달하는 매체만 있으면 금속의 산화 용해 반응과 산화제의 환원 반응이 반드시 같은 장소에서 진행되지 않아도 된다.

한편 산화물의 용해는 산-염기 반응이며 반응 물질에서 수소 이온의 활동도가 높아야 용해 반응이 가속된다. 따라서 산화물 표면으로 수소 이온을 보급하는 것이 필요하므로 산 수용액 중에 염을 첨가하여 수소 이온의 활동도를 높이기도 한다. 그러나 금속의 산화 용해와 산화제의 환원반응은 모두 전위(E)의 함수이며, 각각의 반응속도를 전류로 환산한 anode 전류와 cathode 전류는 같아야 한다. 즉, 금속의 산화 용해는 전기적 중성이 성립되어야 한다는 점이 산-염기 반응인 산화물 용해와 다른 점이다.

6.2.7 용해 반응 속도

수용액에서 금속이나 산화물의 침출 반응은 그림 6.10의 고체-수용액

계면에 형성되어 있는 농도 경계층(liquid boundary layer)을 가로지르는 물질의 확산 과정이다. 따라서 용해(침출) 반응 과정은 다음과 같다.

① 수용액 본체에서 고체 표면의 반응 계면으로 산, 착화제, 산화제 등의 물질이동

② 반응 계면에서의 용해 반응

③ 반응 계면에서 반응 생성물이 용액 본체로 이동

이 중 가장 느린 과정에 의해 전체 반응 속도가 지배된다.

그림 6.10에 고체 입자 표면에서 반응 물질(a)과 반응 생성물(b)의 농도 변화를 모식적으로 나타내었다. 침출 반응이 액경계층을 통한 확산에 의해 율속된다면 Fick의 제1법칙으로부터 다음 식이 성립한다.

$$\frac{dn}{dt} = D \cdot A \frac{(C_{\circ} - C_s)}{\delta} \tag{6.35}$$

여기서 D는 확산계수, A는 입자 표면적, $C_{\circ}$와 C_s는 각각 그림 6.10에 나타낸 것처럼 용액 본체와 입자 표면에서의 반응 물질 농도, δ는 액 경계층 두께이다.

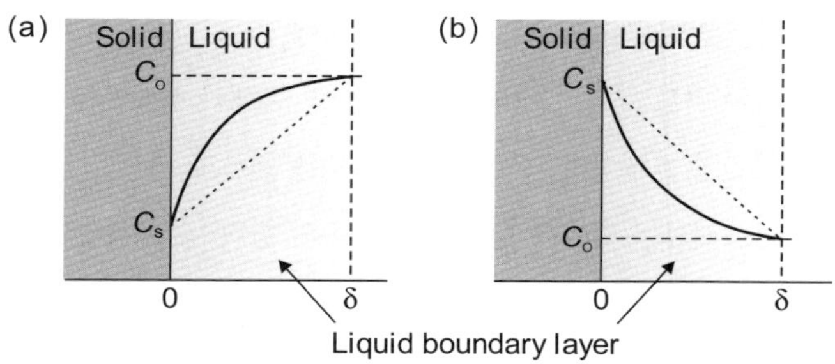

그림 6.10. 확산에 의한 고-액 간의 물질이동 모델
(a) 고체 표면으로의 반응물질 확산 (b) 고체 표면에서의 생성물질 확산

일반적으로 수용액 중 용해 반응 속도는 매우 빠른 편이므로, 반응물질의 확산이 율속단계인 경우가 많다. 따라서 식(6.35)에서 고체의 용해도를 높이기 위해서는 다음과 같은 방법이 유효하다.

① D를 높이기 위해 온도를 상승시킨다.

② A를 크게 하기 위해 원료를 미립으로 만든다.

③ 농도차를 크게 하기 위해 시약농도를 높이고, 대량의 액을 사용하여 생성물의 액중 농도를 낮춘다.

④ 액경계층 두께를 줄이기 위해 충분한 교반을 한다.

한편, 고체 입자를 구형이라 가정하면 입자 무게 W와 표면적 A는 용해 반응의 진행으로 감소하고, 입자 반경을 r, 밀도를 ρ_p라 하면 다음과 같다.

$$W = \frac{4}{3}\pi r^3 \rho_p, \quad r = \left(\frac{3W}{4\pi\rho_p}\right)^{1/3}, \quad \therefore A = 4\pi r^2 = 4\pi\left(\frac{3W}{4\pi\rho_p}\right)^{2/3}$$

반응시간 t에서의 입자 반경 r은 구형 입자의 반응률 x와 초기 반경 $r_\circ$, 초기 무게 $W_\circ$로부터 다음 식과 같이 구할 수 있다.

$$x = \frac{W_\circ - W}{W_\circ} = 1 - \frac{W}{W_\circ} = 1 - \frac{r^3}{r_\circ^3} \qquad \therefore r = r_\circ(1-x)^{1/3} \tag{6.36}$$

침출 반응의 활성화 에너지는 반응속도 상수의 온도 의존성으로부터 구하지만, 속도 상수는 반응의 율속 과정에 따라 달라진다. 고체 입자의 침출 반응은 계면에서의 화학반응, 입자 주위에서의 물질이동, 반응 생성물층을 통한 반응 물질의 확산, 그리고 이러한 것의 복합 작용에 의해 율속되는 것으로 생각할 수 있다. 침출 반응 중 반응 생성물층이 생성되는 것으로 가정한 응축핵 모델(shrinking core model)을 적용하면, 각 율속과정에 따른 반응 속도식은 다음과 같다.[12]

화학반응 율속: $1-(1-x)^{1/3} = k_r t$ (6.37)

생성물층을 통한 반응 물질의 확산: $1-\frac{2}{3}x-(1-x)^{2/3}=k_d t$ (6.38)

입자 주위 액 경계층에서의 물질이동: $1-(1-x)^{2/3}=k_f t$ (6.39)

혼합 율속: $1-2(1-x)^{1/3}+(1-x)^{2/3}=k_m t$ (6.40)

여기서 x는 반응률(-), t는 반응시간(s), 그리고 k_r, k_d, k_f, k_m은 각각 화학반응 율속, 확산 율속, 물질이동 율속, 혼합 율속의 겉보기 속도 상수(s^{-1})를 나타낸다. 따라서 반응시간에 따라 각 속도식의 좌변을 플롯했을 때 양호한 직선 관계가 성립하는 것이 율속단계가 된다. 또 직선의 기울기는 각 율속단계의 속도 상수 k_i다. 반응온도에 따른 속도 상수의 대수값 $\ln k_i$와 온도의 역수$(1/T)$는 다음과 같은 관계에 있다.

$$\ln k_i = -\frac{E}{R}\cdot\frac{1}{T} \quad \text{or} \quad \log k_i = -\frac{E}{19.147}\cdot\frac{1}{T} \tag{6.41}$$

따라서 활성화 에너지 E(J/mol)는 $\ln k_i$-$(1/T)$의 관계를 그래프로 나타내고, 그 직선의 기울기로부터 구한다. 반응 생성물층이 없으면 식(6.38)의 율속은 무시할 수 있다.

[예제 6.11] 저급 광석을 침출하여 반응시간에 따라 다음과 같은 침출률을 얻었을 때 율속단계를 구하라. 단, 경계층에서의 확산은 무시하고 생성물층에서의 확산과 화학반응 율속에 관해서 검토한다.[13]

시간(min)	15	45	75
반응률	0.14	0.39	0.6

[풀이] 식(6.37), (6.38)의 화학반응 율속과 생성물층을 통한 반응 물질의 확산 율속식 좌변은 다음 표와 같으며, 시간에 대해 플롯하면 그림 6.11과 같다. 그림으로부터 화학반응 율속의 $1-(1-x)^{1/3}$이 시간에 대해 선

형적인 관계를 나타내므로 화학반응 율속이 된다.

시간(min)	15	45	75
반응률x	0.14	0.39	0.6
$1-(1-x)^{1/3}$	0.0490	0.1519	0.2632
$1-(2/3)x-(1-x)^{2/3}$	0.0023	0.0207	0.0571

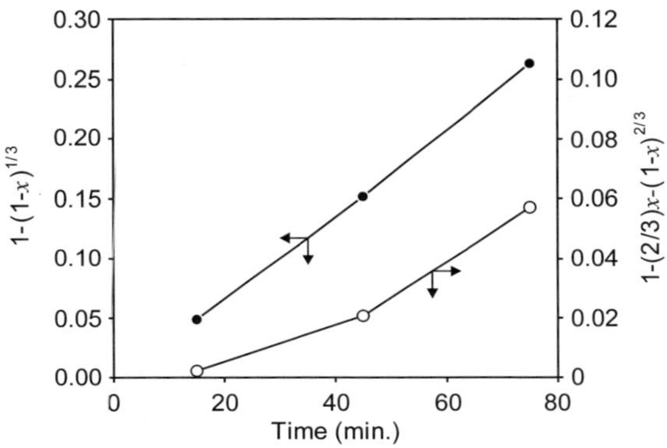

그림 6.11. 침출률로부터 반응 율속단계 검증

[예제 6.12] 광석의 침출 실험에서 반응 온도에 따라 다음의 반응속도 상수를 얻었다. 이 광석의 침출 활성화 에너지를 구하라.[14]

Temp. (℃)	24	42	62	81.5
k_i	2,620	3,150	3,900	5,330

[풀이] 반응속도 상수로부터 활성화 에너지를 구하기 위해서는 $\ln k_i$-$(1/T)$ 관계를 플롯하여야 하므로 주어진 조건에서 각각을 구하면 다음 표와 같으며, 그림 6.12에 결과를 나타내었다. 그림 6.12에서 비교적 양호한 직선 관계를 만족하며, 직선의 기울기가 $-(E/R)$을 나타내므로 활성화 에너지는 다음과 같다.

$$E = -\frac{\ln k_i}{(1/T)}R = -(-1{,}274.8)\cdot 8.314 = 10{,}599\ \text{J/mol}$$

Temp. (℃)	24	42	62	81.5
$1/T$ (K)	0.00367	0.00318	0.00299	0.00282
k_i	2,620	3,150	3,900	5,330
$\ln k_i$	7.87	8.06	8.27	8.58

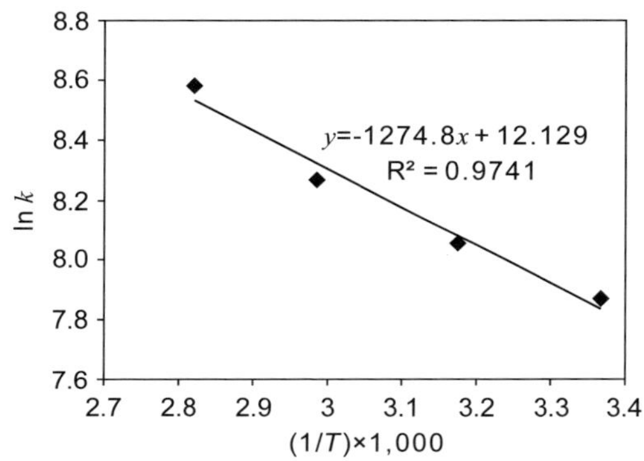

그림 6.12. 속도상수-온도 관계로부터 활성화 에너지를 구하는 예

6.3 원료의 침출

6.3.1 침출 방법의 종류

침출법에는 사용하는 용매, 조작 압력, 침출 대상물, 침출 장소나 반응 용기에 따라 표 6.3과 같이 구분한다. 침출법의 선택은 원료 중의 목적 성분 및 수반 물질의 화학적 성질이나 양, 환경문제 등의 인자를 고려하여 결정한다.

표 6.3. 침출법의 분류

구분	침출법
침출 용매	산 침출(acid leaching) 알칼리 침출(alkaline leaching) 수 침출(water leaching)
침출 압력	상압 침출(atmospheric leaching) 가압 침출(high pressure leaching)
침출 대상물	금속 침출(metal leaching) 산화물 침출(oxide leaching) 황화물 침출(sulfide leaching)
침출 장소	현장 침출(underground leaching, in-situ leaching) 야적 침출(heap leaching)
침출 장치	침투 침출(percolation leaching, vat leaching) 교반 침출(agitation leaching) 고압 침출(autoclave leaching)

(1) 현장 침출

광석 품위가 낮아 채굴하면 경제성이 없을 때 적용하는 방법이다. 광상 자체에 폭약 등으로 내부 균열을 만들고 상부에서 묽은 황산 등의 용매를 주입하여 침출한다. 품위가 낮은 구리, 우라늄, 금광 등에 많이 적용한다.

(2) 야적 침출(heap leaching)

야적 침출은 저품위 광석을 대상으로 하지만 현장 침출과 달리 평평한 장소에 광석을 6~9 m 정도의 높이로 야적하고 용매를 산포하여 침출하는 것이다. 야적 침출은 대량 처리가 가능하므로 코스트가 저렴하여 호주나 미국 등에서 저품위광 개발이 가능하게 되었다. 그러나 기후에 좌우되기 쉽고 시안 화합물이라는 맹독성 약품을 사용하는 등 환경문제를 일으키기 쉬워 이 방법을 적용할 수 있는 장소는 한정되어 있다.

그림 6.13에 금광석의 야적 침출법을 모식적으로 나타내었다. 야적 침출법은 야외에 방수가 되는 합성수지 시트를 깐 침출 밧트(bat)를 두고,

그 위에 금광석을 쌓아 올린 후 광석의 윗부분에 시안 화합물을 분무한다. 일정 시간이 지나 금이 시안 화합물에 용해되어 밧트에 모인 용액을 여과하고 아연 분말을 첨가하면 금이 석출되어 침전된다.

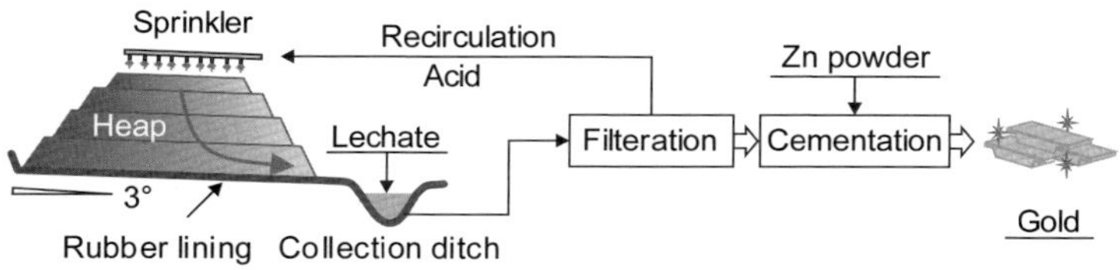

그림 6.13. 금광석의 야적 침출법

(3) 침투 침출

침투 침출은 원료의 품위가 비교적 높거나 고가의 금속을 침출할 때 사용하는 방법으로 배트(vat) 침출이라고도 한다. 장방형의 콘크리트로 만든 배트에 Pb로 라이닝하고, 바닥에는 침출액을 회수할 수 있는 홀(구멍)을 만들고, 그 위에 여과판을 둔다. 원료 중으로 용매가 쉽게 침투할 수 있도록 조립의 원료를 사용한다.

(4) 교반 침출

교반 침출은 원료의 품위가 높은 정광이나 도시광물을 침출조에서 임펠러나 압축 공기로 교반하면서 침출하는 방법이다. 높은 침출률을 얻기 위해서는 고/액비가 낮을수록 유리하며, 원료의 입도, 반응 온도, 압력, 원료와 용매의 접촉 등이 침출률에 큰 영향을 미친다. 특히 교반 침출은 연속식, 회분식 모두 가능하다.

(5) 가압 침출

고온·고압이 되면 화학반응이 촉진되므로 오토클레이브(autoclave)를 이용하여 100 ℃ 이상의 고온에서 가압하여 침출한다. Zn나 Cu 페라이트(ferrite)는 일반적인 조건의 황산에는 잘 용해되지 않지만, 온도를 160 ℃ 정도까지 올리면 쉽게 용해된다. 또 청화법으로 금을 침출할 때 산화제인 산소의 압력을 높이면 금의 침출 속도가 증가한다. 황화물을 침출할 때도 산화제 역할을 하는 산소를 가압하면 침출 속도를 높일 수 있다. 특히 가압 침출조 내부는 여러 개로 분할되어 있으며, 원료와 용매는 순류(concurrent)하도록 되어 있다.*

6.3.2 금속의 침출

금속 침출의 대상에는 귀금속 정광이나 PCB 등의 전기전자부품 중의 유가금속(Au, Ag, Pt, Cu 등)과 제련공정 부산물이나 산화물을 환원한 것들이 있다. 특히 금·은의 침출은 청화법(cyanidation process)이 잘 알려져 있고, 침출 용매로 시안화물(cyanide, KCN, NaCN 등)을 사용한다.

(1) 귀금속의 침출

귀금속의 습식 처리는 원료를 수용액 상태로 만들어 침전분리, 용매추출 등의 습식 정제법으로 처리하여 귀금속을 종류별로 회수하는 것이다. 특히 귀금속은 건식법에서 포집 금속 등에 농축시킨 후 침출 공정을 거쳐서 회수하는 것이 많다. 습식법의 첫 단계는 고체상태의 원료를 파쇄하여 미분으로 만든 후, 염산, 질산, 황산 등의 산이나 알칼리, 시안화소다 용액으로 귀금속 성분을 최대한 침출하는 것이다. 침출액의 선정은 원료 중의 귀금속 종류, 조성, 형태, 정제공정에서의 적합도 등에 의해 결정된다.

---

* 6.3.3 (2) Ni 산화광의 고압침출 참조.

표 6.4에는 침출액 종류에 따른 귀금속의 용해성을 나타내었다.[15]

표 6.4. 침출액 종류에 따른 귀금속의 용해성

Reagent	Ag	Au	Ru	Rh	Pd	Os	Ir	Pt	STS*
Conc. H_2SO_4 aq.	◉	×	×	▲	◉	◉	×	×	◉
Conc. HNO_3 aq.	◉	×	×	×	◉	×	×	▲	×
HCl(aq.)+Cl_2(g)	SL*	◉	▲	▲	◉	▲	▲	◉	◉
Aqua regia	SL*	◉	▲	▲	◉	▲	▲	◉	◉
Alkali cyanide+ oxidizing agent	◉	◉	-	-	◉	-	-	◉	×

-: No data, ◉: Dissolves at room temperature or when heated,
▲: Dissolves if the metal is fine powders or alloy,
×: No dissolution, *SL: slime(AgCl), *STS: Stainless steel

청화법에서는 공기(산소)나 기타 산화제를 이용하여 귀한(noble) 금속인 금·은을 pH=9~11의 시안이온을 함유하는 수용액 중으로 용해시킨다. 특히 암모니아나 시안이온 등의 착체 형성제가 존재하면 금속 이온이 착체를 형성하여 낮은 전위 및 중성이나 알칼리 영역에서도 가수분해되지 않고 수용액 중에 안정하게 존재한다. 대표적으로 금·은의 청화제련, 구리나 니켈 등 조금속(crude metal)의 암모니아 침출이 있다. 예를 들면 금·은은 귀한 금속으로 용해가 매우 어렵다. 그러나 용액 중에 시안이온이 있으면 금·은은 시안 착체를 생성하여 수용액 중에 안정하게 존재할 수 있으며, 산소를 산화제로 이용할 수 있다.[12] NaCN을 이용한 Au의 용해 반응은 다음 식과 같으며, Ag는 Au를 Ag로 치환하면 된다.

$$2Au + 4NaCN + 1/2O_2 + 2H_2O = 2NaAu(CN)_2 + 2NaOH + H_2O \quad (6.42)$$

$$2Ag + 4KCN + H_2O + (O) = 2KAg(CN)_2 + 2KOH \quad (6.43)$$

그림 6.14(a)에는 25 ℃에서 용액 중 시안 농도 10^{-2} mol/L, 또는 $Au(CN)_2^-$ 농도 10^{-4} 및 10^{-6} mol/L, $Ag(CN)_2^-$ 농도 10^{-4} mol/L일 때

금, 은의 청화제련에 관한 $E-\mathrm{pH}$ 도이다. 시안 착체를 형성하면 용액의 pH 상승에 따라 금·은의 용해 전위가 급격히 낮아져 쉽게 용해되며, 은보다 금이 잘 용해되는 것을 알 수 있다.

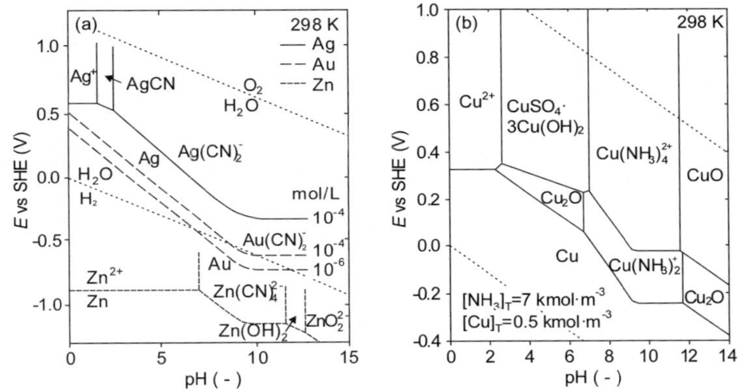

그림 6.14. 금속 침출의 $E-\mathrm{pH}$ 도 예

(a) 금, 은의 청화제련 (b) 구리의 암모니아 침출

그 외 대표적인 귀금속의 몇 가지 용해 반응의 예는 다음과 같다.

$$Au + 4HCl + HNO_3 \rightarrow HAuCl_4 + 2H_2O + NO \tag{6.44}$$

$$2Au + 2HCl + 3Cl_2 = 2HAuCl_4 \tag{6.45}$$

$$3Ag + 4HNO_3 = 3AgNO_3 + 2H_2O + NO \tag{6.46}$$

$$Pt + 8HCl + 2HNO_3 = H_2PtCl_6 + 2NOCl + 4H_2O \tag{6.47}$$

$$3Pt + 18HCl + 4HNO_3 = 3H_2PtCl_6 + 4NO + 8H_2O \tag{6.48}$$

$$Pt + 2HCl + 2Cl_2 = H_2PtCl_6 \tag{6.49}$$

$$Pd + 3HCl + HNO_3 = PdCl_2 + 2H_2O + NOCl \tag{6.50}$$

(2) Ni 산화광의 환원배소 후 침출

Mg이 많아 경제성이 낮은 Ni 산화광을 환원배소 후 탄산암모늄으로 침출하여 Ni을 추출하는 Caron Process[16]가 알려져 있다.* Ni 산화광을 로터리 건조기에서 건조하고 75 μm 이하로 분쇄하여 다단 배소로에서 $CO+H_2$ 혼합가스로 다음 식과 같이 환원하면 Ni과 Co는 금속상이 되며, Fe은 불용성 산화물이나 규산염이 된다.

$$2NiOOH(s) + 3H_2(g) = 2Ni(s) + 4H_2O(g) \quad (6.51)$$

$$2CoOOH(s) + H_2(g) + 2CO(g) = 2Co(s) + 2H_2O(g) + 2CO_2(g) \quad (6.52)$$

$$6FeOOH(s) + H_2(g) = 2Fe_3O_4(s) + 4H_2O(g) \quad (6.53)$$

$$6FeOOH(s) + CO(g) = 2Fe_3O_4(s) + CO_2(g) + 4H_2O(g) \quad (6.54)$$

환원배소한 소광을 암모니아성 탄산암모늄 용액으로 냉각하고 공기를 불어넣으면서 침출하며, 반응식은 다음과 같다.

$$Ni(s) + 6NH_3(g) + 0.5O_2(g) + CO_2(g) = Ni(NH_3)_6^{2+} + CO_3^{2-} \quad (6.55)$$

고-액 분리한 침출 여액에 황화암모늄($(NH_4)_2S$)을 첨가하여 10 % 정도 들어 있는 Ni과 Co 전부를 황화물로 침전시키고 고-액 분리한다. Co를 제거한 여액은 수증기로 가열하여 암모니아를 제거하고 염기성 탄산니켈($3Ni(OH)_2 \cdot 2NiCO_3$)로 침전시킨다. 약 900 ℃에서 이 탄산니켈을 다음 식과 같이 하소하여 약 77 %Ni인 NiO로 만든다.

$$3Ni(OH)_2 \cdot 2NiCO_3(s) = 5NiO(s) + 2CO_2(g) + 3H_2O(g) \quad (6.56)$$

NiO는 $H_2(g)$로 환원시켜 85~90 %의 NiO로 만들어 판매한다. 또 탄산니켈을 수용액으로 용해한 후, 가압 수소환원이나 전해채취로 전기 Ni을 만든다. 그리고 고액분리로 회수한 황화물은 Co 제조용 원료로 사용한다.

* 쿠바의 Nicaro Ni사에서 Caron법 조업을 시작하여 Nicaro법으로도 부른다.

(3) 기타 금속의 침출

Cu, Ni, Co 등은 산화제와 함께 NH_3+CO_2, $(NH_4)_2SO_4$, H_2SO_4를 용매로 사용하여 침출할 수 있다. Cu의 암모니아에 의한 침출 반응은 다음과 같다.

$$Cu + 4NH_3 + 1/2O_2 + H_2O = Cu(NH_3)_4^{2+} + 2OH^- \qquad (6.57)$$

그림 6.14(b)에는 [Cu]=0.5 kmol·m^{-3}, [NH_3]+ [NH_4^+]=7 kmol·m^{-3}의 조건에서 만든 $Cu-NH_3-H_2O$의 $E-$pH 도를 나타내었다.[17] 그림으로부터 Cu는 수용액 중에 $Cu(NH_3)_4^{2+}$와 $Cu(NH_3)_2^+$로 안정하게 존재하는 것을 알 수 있다. 따라서 Fe이 암모니아와 착체를 형성하지 않으므로 적당한 산화제를 사용하면 Cu만 선택적으로 침출할 수 있다.

6.3.3 산화물의 침출

산화광은 물론 아연 등의 황화물 광석이나 도시광물을 산화 배소하여 산화물로 만들어 침출하기도 한다. 이러한 산화물은 이미 금속이 산화되어 있지만 종류에 따라 산화제나 환원제가 필요할 때가 있다. 산화제나 환원제가 필요 없는 산화물은 $E-$pH 도의 산성 혹은 알칼리성 영역에서 동일 산화 상태에 있는 금속 이온의 안정 영역이 넓은 경우에 해당한다. 산화물 중 산화 상태에 있는 금속 이온의 안정 영역이 좁으면 산화제나 환원제가 필요하다. 따라서 침출은 $E-$pH 도에서 금속 이온의 안정 영역을 넓히는 산화나 환원 조건을 설정한다.

(1) 산화물 침출의 종류

① 산화제가 필요 없는 경우

$Al(OH)_3$, CuO, SnO_2, ZnO, 회중석인 $CaWO_4$ 등은 산화제가 필요 없으며, 회중석의 침출 반응은 다음과 같다.

$$CaWO_4 + 2HCl = CaCl_2 + H_2WO_4 \tag{6.58}$$

보크사이트(bauxite) 중 Al_2O_3는 다음 식과 같이 알칼리 침출을 한다.

$$Al_2O_3 + 2NaOH = 2NaAlO_2 + H_2O \tag{6.59}$$

② 산화제가 필요한 경우

저급 산화물인 U_3O_8, $UO_2 \cdot nUO_3$ 등의 산 침출이나 알칼리 침출에서는 UO_2의 용해도가 낮아 침출이 곤란하여 공기, Fe^{3+} 이온, MnO_2, $KMnO_4$ 등의 산화제를 이용하여 다음 식과 같이 침출한다.

$$U_3O_8 + O_2 + 3H_2SO_4 = 3UO_2SO_4 + 3H_2O \tag{6.60}$$

③ 환원제가 필요한 경우

고급 산화물인 MnO_2나 Zn페라이트 등은 SO_2 가스나 Fe^{2+} 이온 등의 환원제를 이용하여 다음 식과 같이 침출한다.

$$MnO_2 + 2FeSO_4 + 2H_2SO_4 = MnSO_4 + Fe_2(SO_4)_3 + 2H_2O \tag{6.61}$$

$$ZnO \cdot Fe_2O_3 + SO_2 + 2H_2SO_4 = ZnSO_4 + 2FeSO_4 + 2H_2O \tag{6.62}$$

Cu-Co 산화광은 전처리한 후 곧바로 황산으로 침출하여 Cu, Co를 용출시킨다. 그러나 3가의 Co는 용액 중에서 불안정하므로 Co를 2가로 환원시켜야 헤테로제나이트($HCoO_2$)를 황산으로 침출할 수 있다. 따라서 다음 식과 같이 SO_2(g, 10 %)를 불어넣으면서 침출한다.[18]

$$2CoOOH(s) + H_2SO_4(l) + SO_2(g) = 2CoSO_4(aq) + 2H_2O(l) \tag{6.63}$$

(2) Ni 산화광의 고압침출

Ni 산화광을 직접 산으로 처리하는 대표적인 습식제련법에는 1959년 Cuba의 Moa Bay에서 개발된 고온고압 침출법(HPAL, high pressure acid leach)이 있다. 그림 6.15에는 고압 산 침출에서 $Fe\text{-}SO_4^{2-}\text{-}H_2O$계의 $E-\mathrm{pH}$도를 나타내었다.[19] Fe^{2+}나 Fe^{3+}의 활동도는 0.01, 기타 용존

이온의 활동도와 고체의 활동도는 1로 두고 그린 것이다. 그림에서 온도가 높아지면 Fe_2O_3의 안정 영역이 낮은 pH 측으로 넓어지므로 다음 식의 Ni, Co의 침출 반응은 고온일수록 촉진된다.

$$NiO + H_2SO_4 = H_2O + Ni^{2+} + SO_4^{2-} \tag{6.64}$$

$$CoO + H_2SO_4 = H_2O + Co^{2+} + SO_4^{2-} \tag{6.65}$$

동시에 산화광의 주성분이며 불순물인 괴타이트(FeOOH)의 침출 반응도 빨라진다.

$$2FeOOH + 3H_2SO_4 = 4H_2O + 2Fe^{3+} + 3SO_4^{2-} \tag{6.66}$$

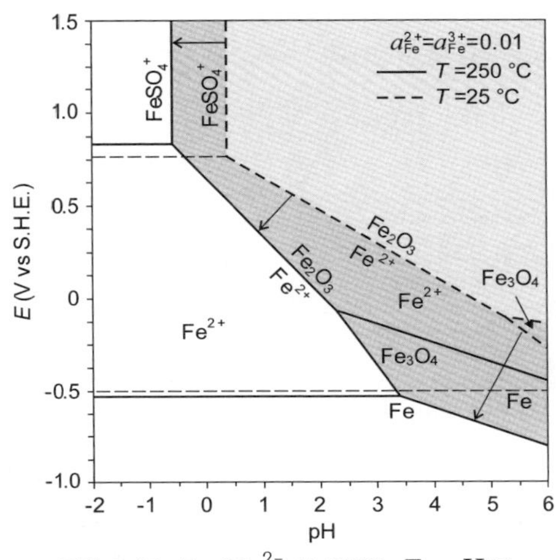

그림 6.15. $Fe\text{-}SO_4^{2-}\text{-}H_2O$계의 $E-\mathrm{pH}$도

따라서 오토클레이브를 사용한 고온(약 250 ℃)의 가압 상태에서 침출시키면 Fe_2O_3의 용해도가 현저히 낮아져 Fe을 제거할 수 있다. 그리고 이때 다음 식과 같이 Fe의 침출에 소비된 황산이 재생되며, 마찬가지로 Al도 Al_2O_3를 생성하면서 황산이 재생된다.

$$Fe_2(SO_4)_3 + 3H_2O = 3H_2SO_4 + Fe_2O_3 \downarrow \tag{6.67}$$

이처럼 HPAL법은 Fe을 헤마타이트로 분리할 수 있으면서도 황산을 소비하지 않는 경제성 높은 제련법으로 알려져 있다. 그러나 광석 중 불순물로 Fe 외에도 Mg, Al, Mn 등이 존재하며 Mg은 다음과 같은 반응으로 침출되어 황산 소비량이 많아진다.

$$MgO + H_2SO_4 = Mg^{2+} + SO_4^{2-} + H_2O \tag{6.68}$$

그림 6.16에는 HPAL 프로세스의 공정도를 모식적으로 나타내었다.[20] Ni이나 Co 등 목적금속의 산침출과 동시에 불순물인 Fe과 Al 산화물을 침전시키기 위해 고압에서 산으로 침출한다. HPAL법에는 Moa Bay, Coral Bay, Ambatovy, Murrin Murrin, Ravenshorpe, CBNC-SMM* 등의 프로세스가 있으며, 각각의 환원 공정에 따라 다양한 제품이 생산되고 있다.

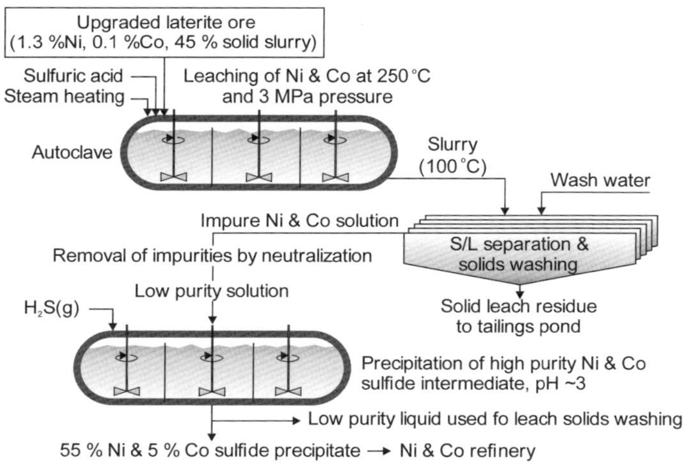

그림 6.16. Ni 산화광의 HPAL 프로세스 공정도

* CBNC-SMM: Coral Bay Nickel Corporation – Sumitomo Metal & Mining.

[예제 6.13] 200 ℃에서의 Ni-H_2O, Fe-H_2O계 전위-pH도를 그리고 이 결과로부터 Ni 산화광 중 Ni의 선택 침출 가능성을 검토해 보자.

[풀이] ① Ni-H_2O계

$$Ni^{2+} + 2e^- = Ni : \ \varDelta G^\circ_{473} = 42.47 \ \text{kJ} \tag{1}$$

$$E = E^\circ - \frac{RT}{zF}\ln\left(\frac{a_{Ni}}{a_{Ni^{2+}}}\right)$$

$$= -\frac{42,470}{2\times 96,485} + \frac{8.314\times 473}{2\times 96,485}\times 2.303\log a_{Ni^{2+}}$$

$$= -0.220 + 0.047\log a_{Ni^{2+}} \ \text{V}$$

$$E = -0.220 \ \text{V at } a_{Ni^{2+}} = 1$$

$$Ni^{2+} + H_2O = NiO + 2H^+ : \ \varDelta G^\circ_{473} = 57.27 \ \text{kJ} \tag{2}$$

$$\log K = -\frac{57,270}{2.303\times 8.314\times 473} = \log\left(\frac{a_{NiO}\cdot a^2_{H^+}}{a_{Ni^{2+}}}\right) = -6.324$$

$$\therefore \ 2pH = 6.324 - \log a_{Ni^{2+}}$$

$$pH = 3.162 \ \text{at } a_{Ni^{2+}} = 1$$

$$NiO + 2H^+ + 2e^- = Ni + H_2O : \ \varDelta G^\circ_{473} = -14.80 \ \text{kJ} \tag{3}$$

$$E = \frac{14,800}{2\times 96,485} - \frac{8.314\times 473}{2\times 96,485}\times 2.303\log\left(\frac{a_{Ni}\cdot a^2_{H_2O}}{a_{NiO}\cdot a^2_{H^+}}\right)$$

$$= 0.077 - 0.094pH \ \text{V}$$

② Fe-H_2O계

$$Fe^{2+} + 2e^- = Fe : \ \varDelta G^\circ_{473} = 83.85 \ \text{kJ} \tag{4}$$

$$E = E^\circ - \frac{RT}{zF}\ln\left(\frac{a_{Fe}}{a_{Fe^{2+}}}\right)$$

$$= -\frac{83,850}{2\times 96,485} + \frac{8.314\times 473}{2\times 96,485}\times 2.303\log a_{Fe^{2+}}$$

$$= -0.435 \ \text{V at } a_{Fe^{2+}} = 1$$

$$Fe^{3+} + e^- = Fe^{2+} : \ \Delta G^\circ_{473} = -94.77 \text{ kJ} \quad (5)$$

$$E = \frac{94,770}{1 \times 96,485} = 0.982 \text{ V at } a_{Fe^{3+}} = a_{Fe^{2+}} = 1$$

$$Fe_3O_4 + 8H^+ + 8e^- = 3Fe + 4H_2O : \ \Delta G^\circ_{473} = 117.45 \text{ kJ} \quad (6)$$

$$E = -\frac{117,450}{8 \times 96,485} + \frac{8.314 \times 473}{8 \times 96,485} \times 2.303 \log a^8_{H^+}$$

$$= -0.152 - 0.094\text{pH V}$$

$$2Fe^{3+} + 3H_2O = Fe_2O_3 + 6H^+ : \ \Delta G^\circ_{473} = -87.78 \text{ kJ} \quad (7)$$

$$\log K = \frac{87,780}{2.303 \times 8.314 \times 473} = 9.692 = \log a^6_{H^+} = -6\text{pH}$$

$$\therefore \ \text{pH} = -1.615$$

$$Fe_3O_4 + 8H^+ + 2e^- = 3Fe^{2+} + 4H_2O : \ \Delta G^\circ_{473} = -134.1 \text{ kJ} \quad (8)$$

$$E = \frac{134,100}{2 \times 96,485} + \frac{8.314 \times 473}{2 \times 96,485} \times 2.303 \log a^8_{H^+}$$

$$= 0.695 - 0.375\text{pH V}$$

$$3Fe_2O_3 + 2H^+ + 2e^- = 2Fe_3O_4 + H_2O : \ \Delta G^\circ_{473} = -37.08 \text{ kJ} \quad (9)$$

$$E = \frac{37,080}{2 \times 96,485} + \frac{8.314 \times 473}{2 \times 96,485} \times 2.303 \log a^2_{H^+}$$

$$= 0.192 - 0.094\text{pH V}$$

$$Fe_2O_3 + 6H^+ + 2e^- = 2Fe^{2+} + 3H_2O : \ \Delta G^\circ_{473} = -101.76 \text{ kJ} \quad (10)$$

$$E = \frac{101,760}{2 \times 96,485} + \frac{8.314 \times 473}{2 \times 96,485} \times 2.303 \log a^6_{H^+}$$

$$= 0.527 - 0.282\text{pH V}$$

(1)~(10)의 Ni-H_2O와 Fe-H_2O계 $E-\text{pH}$ 도를 그림 6.17에 나타내었다. 200 ℃ 정도가 되면 상온과의 차이를 무시할 수 없으며, 고온에서는 침전물의 형태가 변하는 것도 있으므로 미리 검토하여야 한다. Ni 산화

광인 라테라이트는 일반적인 침출에서는 광석의 주성분인 산화철이 다량으로 용출하여 Ni만 선택 침출할 수 없다. 200 ℃ 이상이 되면 그림 중 음영 부분과 같이 10 %H_2SO_4에서도 Ni은 Ni^{2+}로 존재하지만 Fe_2O_3는 안정하므로 Ni만 선택 침출할 수 있다. 이 원리는 고온으로 되면 산화물이나 수산화물의 용해-석출의 선이 낮은 pH 측으로 이동하기 때문이다. 특히 산화철은 200 ℃ 이상이 되면 pH가 1 이하인 강산에서도 용해되지 않지만, Cu, Ni, Zn 등의 용해-석출선은 낮은 pH 측으로 이동하여 pH 2~3 근처에서 멈추기 때문에 일반적인 침출에 이용하는 정도의 산으로도 충분히 용해 가능하다. 따라서 상온 부근에서는 선택 침출을 기대할 수 없어도, 200 ℃ 이상이 되면 라테라이트의 대부분은 용해되지 않고 Ni, Cu, Co 등만 침출할 수 있다.

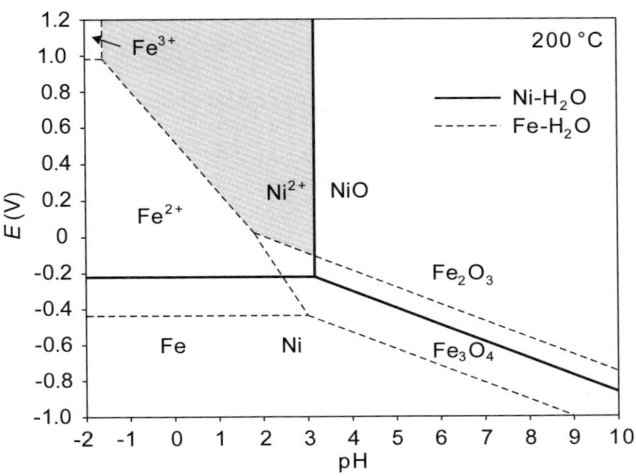

그림 6.17. 200 ℃에서 Ni-H_2O와 Fe-H_2O계 $E-\mathrm{pH}$도

6.3.4 황화물의 침출

비철금속 원료에서 차지하는 황화광 비율이 매우 크므로 황화광의 침출 반응이 중요하지만, 침출 속도가 느려 공업적 규모로 황화광을 침출하는 경우는 많지 않다. 오히려 산화 배소에 의해 산화물로 만들어 침출하는 경우가 많다. 황화물의 침출도 산화제가 필요 없는 경우와 필요한 경우로 구분할 수 있다. 또한 묽은 산이나 알칼리 용액으로 침출하기도 하며, 아래에 몇 가지 예를 나타내었다.

$$ZnS + H_2SO_4 = ZnSO_4 + H_2S \tag{6.69}$$

$$ZnS + 2O_2 = ZnSO_4 \tag{6.70}$$

$$ZnS + 4NaOH = Na_2ZnO_2 + Na_2S + 2H_2O \tag{6.71}$$

$$PbS + 4NaOH = Na_2PbO_2 + Na_2S + 2H_2O \tag{6.72}$$

한편 Ni 황화광의 습식제련법에는 침출제로 암모니아를 이용하는 Sherritt법이 있으나 황화광이 부족하여 원료로 Ni-Cu 매트 등 여러 가지 황화물을 사용한다. 따라서 Ni 황화광의 습식제련에서는 정광이나 매트 용련으로 Ni을 농축시킨 매트를 암모니아 등으로 침출하여 Ni을 추출한다.

(1) Ni 황화광의 암모니아 침출

Ni 황화광 중 Co를 함유하면서 귀금속 함유량이 적은 정광을 70~88 ℃의 오토클레이브(autoclave)에서 7~10기압의 산소와 함께 강 암모니아수로 침출한다. 이때 Ni, Co, Cu는 각각 다음 식과 같이 가용성 아민 착체인 $Ni(NH_3)_6^{2+}$, $Co(NH_3)_6^{3+}$, $Cu(NH_3)_4^{2+}$가 되어 용해된다.

$$NiS(s) + 6NH_3(l) + 2O_2(g) = Ni(NH_3)_6^{2+} + SO_4^{2+} \tag{6.73}$$

$$\begin{aligned} &2CoS(s) + 4.5O_2(g) + 10NH_3(l) + (NH_4)_2SO_4(aq.) \\ &\quad = 2Co(NH_3)_6^{3+} + 3SO_4^{2+} + H_2O(l) \end{aligned} \tag{6.74}$$

$$CuS(s) + 2O_2(g) + 4NH_3(l) = Cu(NH_3)_4^{2+} + SO_4^{2+} \quad (6.75)$$

침출액을 고-액 분리한 여액을 약 227 ℃의 오토클레이브에서 가압 공기를 불어넣어 여액 중 Cu의 대부분을 CuS로 침전시켜 제거한다. 그리고 여액 중 잔류하는 Cu는 $H_2S(g)$를 이용하여 다음 식과 같이 CuS로 침전시켜 제거한다.

$$Cu^{2+} + H_2S(g) = CuS + 2H^+ \quad (6.76)$$

이어서 촉매로 $FeSO_4$를 첨가하고 180~200 ℃의 오토클레이브에서 수소를 35 atm으로 가압하여 다음 식과 같이 환원하면 99.87 %의 Ni 분말을 얻을 수 있다.

$$Ni(NH_3)_6SO_4 + H_2(g) = Ni(s) + (NH_4)_2SO_4 + 4NH_3 \quad (6.77)$$

고-액 분리로 Ni을 회수한 후, 여액 중에 $H_2S(g)$를 불어넣으면 용액 중의 Co와 잔류하는 Ni의 혼합 황화물이 침전되므로 Co 회수 공정에 보내어 처리한다.[21]

(2) Ni 황화광의 염소 침출

그림 6.18에 염소 침출을 하는 Voisey Bay(캐나다)의 공정도를 나타내었다.[22] 미량의 귀금속과 Ni, Cu, Co 등을 함유한 Ni 황화광을 20~30 μm 정도로 분쇄하고 대기압에서 다음 식과 같이 염소로 침출한다.

$$Ni_{4.5}Fe_{4.5}S_8(s) + 9Cl_2(g) = 4.5FeCl_2(aq) + 4.5NiCl_2(aq) + 8S^\circ \quad (6.78)$$

$$Fe_7S_8(s) + 7Cl_2(g) = 7FeCl_2(aq) + 8S^\circ \quad (6.79)$$

염소 침출로 제거된 S°는 다음 식과 같이 산소 침출에서 황산이 되므로 침출 반응에 사용한다.

$$S^\circ + 1.5O_2 + H_2O = H_2SO_4 \quad (6.80)$$

이어서 다음 식과 같이 황산으로 산소 가압 침출을 하며, 황화철(pyrrhotite)도 같은 반응으로 침출된다.

$$Ni_{4.5}Fe_{4.5}S_8(s) + 9H_2SO_4 + 4.5O_2(g) = 4.5NiSO_4 + 4.5FeSO_4 + 8S + 9H_2O \tag{6.81}$$

$$Ni_{4.5}Fe_{4.5}S_8(s) + 4.5H_2SO_4 + 9HCl + 4.5O_2(g) = 4.5NiCl_2 + 4.5FeSO_4 + 8S + 9H_2O \tag{6.82}$$

$$FeCl_2 + H_2SO_4 = FeSO_4 + 2HCl \tag{6.83}$$

고액분리한 여액 중 Cu는 용매추출이나 $H_2S(g)$로 제거한다. 이어서 용매추출 등으로 Co를 회수하고, Ni은 전해채취하여 회수한다.

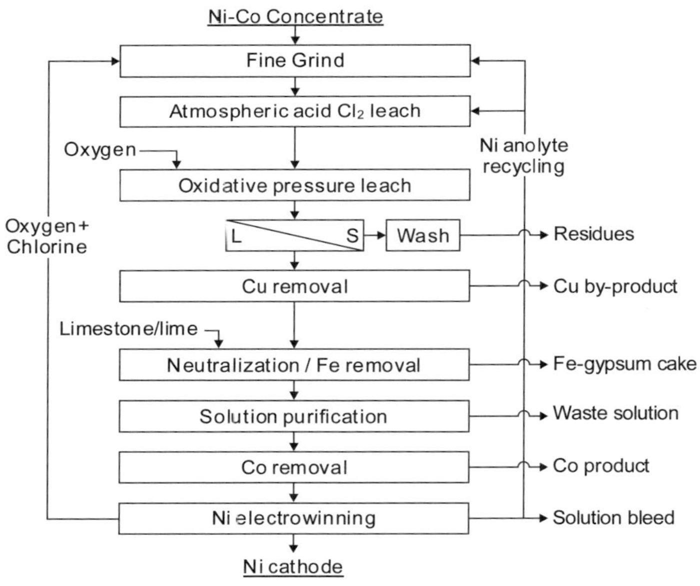

그림 6.18. Voisey Bay의 황화광 처리 공정도

(3) Ni 황화광의 황산 침출

고품위 매트 등의 황화물을 황산과 산소로 다음 식과 같이 침출하며, Co도 같은 반응으로 침출된다.

$$Ni_3S_2(s) + H_2SO_4(aq.) + 0.5O_2(g) \quad (6.84)$$

$$= 2NiS(s) + NiSO_4(aq.) + H_2O$$

$$NiS(s) + 2O_2(g) = NiSO_4(aq.) \quad (6.85)$$

$$CoS(s) + 2O_2(g) = CoSO_4(aq.) \quad (6.86)$$

Fe을 비롯한 불순물은 중화시켜 제거하고, Ni과 Co는 용매추출로 분리한다. 정제한 용액을 수소 가스로 환원하여 고순도 Ni이나 Co를 얻는다. 광석 등의 황화물 원료 중 Cu 농도가 높으면 Ni과 Cu의 상호반응에 대한 검토가 필요하다.

한편, 황산+산소를 이용한 황화물 원료의 침출은 저가의 용매를 사용하면서 부식성 가스가 발생하지 않는 장점이 있다. 특히 산화광 등의 고압침출(HPAL)법 등에서 후속의 Ni 회수공정이 잘 정립되어 있으므로 이를 활용할 수 있다.

6.3.5 바이오 침출

바이오 침출(bioleaching)은 일반적으로 정광은 물론 야적 침출(heap leaching)에 적용하고 있다. 특히 황화광 등에 대해 바이오 침출을 적용하기 위한 노력을 기울이고 있다. 그리고 도시광물에도 다양한 희소금속 원소들이 미량으로 함유되어 있으므로 이들을 효율적으로 추출하여 산업원료로 공급하기 위해 여러 나라에서 경쟁적으로 기술개발에 나서고 있다.

예를 들어 동제련소에서 발생하는 전로 슬래그 등에 함유되어 있는 미량의 Cu, Ni, Co 등을 추출하기 위해 균류나 세균을 이용한 미생물 침출에 관한 연구를 수행한 바 있다. 금속 침출에 이용되는 균류로 잘 알려져 있는 Aspergillus niger에 의한 슬래그로부터 금속의 침출률은 구리 47 %, 니켈 50 % 그리고 코발트 23 %였으며, 배양 여과액(culture filtrate)에서의 침출률은 구리 46.5 % 그리고 니켈 28 %로 배양액을 이용할 때보다 낮은 효율을 보였다. Aspergillus niger의 대사 활동은 균류에 의한 미생물 침출 동안 착화합물을 형성하여 금속을 용해하는 구연산(citric acid), 호박산(succinic acid) 그리고 글루콘산(gluconic acid) 등과 같은 카르복시산(carboxylic acid)을 분비하여 금속을 침출한다.[23]

6.4 고-액 분리

산성 수용액 중에서 원료 중 목적금속만 선택적으로 용해시키는 것은 거의 불가능하며 용매에 용해되지 않은 물질이 고상으로 남는다. 또 침전 석출을 했을 때 용액 중 고형분을 제거하기 위해 고-액 분리(solid-liquid separation)를 하고 있다. 기본적인 고-액 분리 방법에는 침강법(sedimentation), 여과법(filtration), 원심분리법(centrifugation) 등이 있다.

6.4.1 농축과 침강·분리

용액(물) 중에 고형분말이 분산, 현탁되어 있는 것을 슬러리(slurry)라 하며, 다량의 수분을 함유할 뿐만 아니라 농도도 일정하지 않다. 이 상태에서 여과나 탈수를 하면 비경제적이며 충분한 효과도 얻을 수 없다. 따라서 여과나 탈수의 전처리로 가능한 한 물을 제거하여야 한다. 이러한 것을 농축이라 하며 슬러리를 농축기나 농축조에서 처리하고 있다.

슬러리의 기본적인 농축 원리는 고형 분말이 현탁되어 있는 슬러리를 중력장에 일정 시간 방치하면 고체 입자가 침강하여 상징액과 침전물로 분리되는 침강·분리이다. 이것은 유체 중 입자의 운동에 관한 식(6.87)의 Stokes의 법칙으로 설명할 수 있다.

$$u_t = \frac{g(\rho_p - \rho_f)d_p^2}{18\mu} \tag{6.87}$$

여기서 u_t는 종단속도(m/s), d_p는 입자 직경(m), ρ_p는 입자 밀도(kg/m^3), ρ_f는 유체 밀도(kg/m^3), μ는 유체 점도(Pa · s), g는 중력가속도(m/s^2)이다. 이 식으로부터 종단속도 u_t를 구하면 고체 입자의 침강 소요 시간을 계산할 수 있다. 이 식으로부터 입자가 크고 밀도가 높을수록 침강 속도가 빠른 것을 알 수 있다. 따라서 침강 속도를 높이기 위해 응집제를 첨가하여 겉보기 입자 직경을 크게 하거나, 침강 거리를 짧게 하기도 한다. 또한 중력장이 아닌 원심력장을 이용하는 방법도 있다.

그림 6.19에는 침강·분리에 사용하는 Dorr 침강기인 농축기(thickener)를 나타내었다. 침강기는 직경이 약 20~24 m 정도이며, 중심축 구동형의 갈퀴(rake)가 장착되어 있다. 슬러리를 농축기에 연속적으로 공급하면서 갈퀴로 경사진 바닥에 침강된 침전물을 중심으로 모아 간헐적 또는 연속적으로 배출하며, 약 35~60 %의 수분을 함유하고 있다. 상징액(supernatant)은 위로 넘쳐서 론더(launder)에 모여 회수된다.

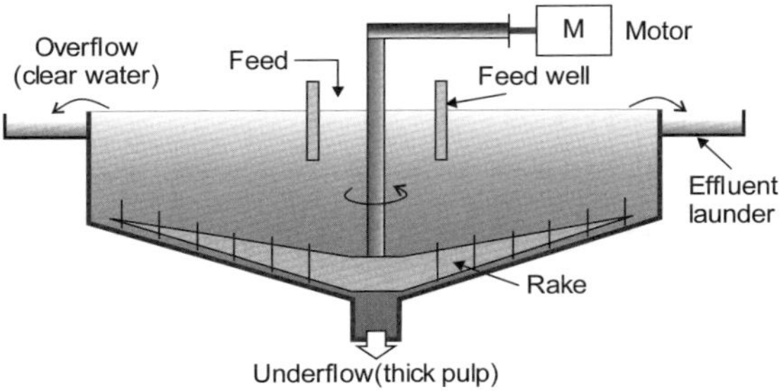

그림 6.19. 전형적인 Dorr 침강기의 기본 구조

[예제 6.14] 고체 원료를 산 침출한 후 직경이 100 μm인 미용해 입자가 1.5 m(L) 깊이의 침강조 용액 표면에서 바닥까지 침강하는 데 걸리는 시간을 구하라. 단, 용액의 밀도는 1,200 kg/m^3, 미용해 입자의 밀도는 3,500 kg/m^{3}이며, 용강의 점도는 0.01 Pa · s이며, 용액은 정지해 있는 것으로 가정한다.

[풀이] Stokes 법칙으로부터 종단속도를 구하면 다음과 같다.

$$u_t = \frac{g(\rho_p - \rho_f)d_p^2}{18\mu} \tag{1}$$

$$= \frac{9.8 \times (3{,}500 - 1{,}200) \times (1 \times 10^{-4})^2}{18 \times 0.01} = 0.00125 \text{ m/s}$$

$$\therefore \ \text{time} = \frac{L}{u_t} = \frac{1.5}{0.00125} = 1{,}200 \text{ sec} = 20 \text{ min} \tag{2}$$

따라서 정지한 용액 중에서 직경이 100 μm인 미용해 입자가 침강조 바닥까지 침강되는 데 소요되는 시간은 20분이다.

6.4.2 여과(filtration)

여과는 미세한 구멍이 있는 여과재(filtration medium)에 고형물이 있는 용액을 통과시켜 여과재의 표면이나 내부에 고체입자를 남기는 조작이다. 이때 여과재의 표면이나 내부에 잔류하는 고형물을 필터 케이크(cake)라 하며, 여과에 의해 얻어진 청징액을 여액(filtrate)이라 한다. 상기한 농축기에서 일부의 수분이 제거된 침전물 중에도 약 35~60 %의 수분이 함유되어 있으므로, 이것을 더욱 탈수하여 90 % 이상의 고형물을 함유하는 케이크와 여액으로 분리한다. 목적에 따라 케이크가 필요한 경우와 여액이 필요한 경우, 양자 모두가 필요한 경우가 있다.

자연적인 중력을 이용하여 여과하면 여과속도가 느리므로 감압(진공) 여과나 가압 여과를 하며, 원심력을 이용하는 여과도 있다. 일반적으로 연속 감압식의 올리버 여과기(Oliver filter)와 회분 가압식의 필터 프레스(filter press)를 이용한다.

그림 6.20에는 올리버 여과기의 모식도를 나타내었다. 그림에서와 같이 회전통의 내부는 감압하고 외부 표면은 여과재로 감싸져 있다. 따라

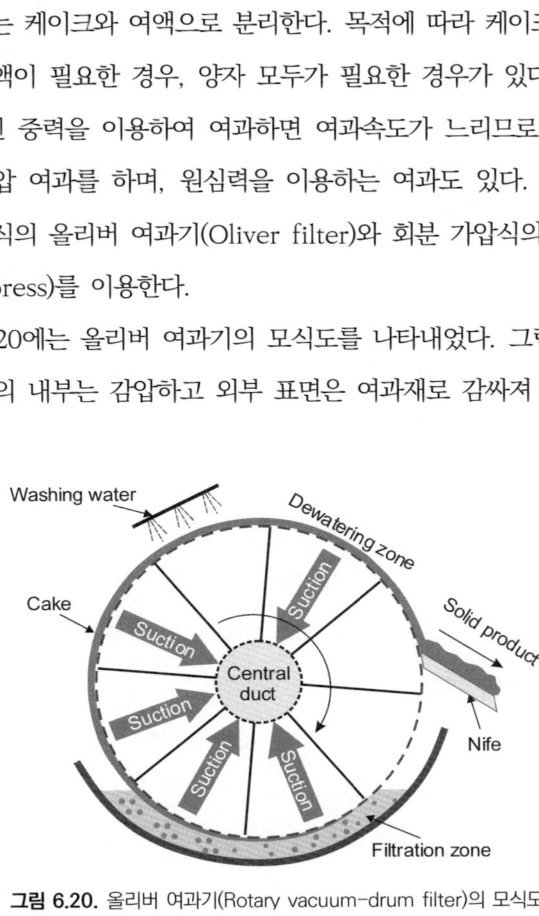

그림 6.20. 올리버 여과기(Rotary vacuum-drum filter)의 모식도

서 케이크는 회전통 외부의 여과재 표면에 축적된다. 또 그림에서와 같이 회전통이 구획되어 있어서 '탈수-세정-탈수-케이크 박리'가 연속적으로 이루어지도록 되어 있다. 이 외에도 가압식 필터 프레스, 롤 프레스 여과 탈수기와 원심분리 여과기 등이 있다.

6.5 침출액의 정제

원료를 파쇄·분쇄하고 침출, 고액 분리 등을 거쳐서 나온 여액 중에 함유되어 있는 유가금속 이온은 금속이나 화합물 상태로 회수한다. 침출 공정에서 목적으로 하는 유가금속만 선택적으로 용해시키는 것은 불가능에 가깝다. 따라서 용액 중에 원하지 않는 금속 이온이 공존하거나, 목적금속 이온의 농도가 낮아 회수공정에 적합하지 않을 때가 있다. 습식처리에서 이러한 불순물 이온을 제거하는 조작을 정액(solution purification)이라 한다.

예를 들어 용액 중의 금속을 전해채취하여 회수할 때 목적금속보다 산화환원 전위가 높은 귀한(noble) 이온은 전기화학적으로 환원되기 쉬워 목적금속과 함께 석출되므로 미리 제거해야 한다. 특히 Zn나 Mn은 산화전위가 낮은 비한(base) 금속이므로 전해채취 전 제거해야 할 불순물이 많아 정액 공정에 세심한 주의가 필요하다. 그리고 목적금속보다 산화전위가 낮은 금속이라도 전해채취 등의 효율에 악영향을 미치는 이온은 미리 제거해야 한다. 또 용액 중 목적금속 이온의 농도가 낮아 회수공정에 적합하지 않을 때는 농축해야 한다.

일반적으로 불순물은 침전시켜 분리하는 것이 많으며, 침전 제거법을 원리 면에서 분류하면 다음과 같다.

① 중화에 의한 수산화물 생성(가수분해)

② 산화·환원에 의한 금속이나 화합물 생성

③ 특수한 침전제 첨가에 의한 화합물 생성

④ 이온교환이나 용매추출 등의 이온 분리

목적금속 이온의 종류, 불순물 원소의 종류에 따라 상기한 방법들을 적절한 순서로 적용하여 침출액을 정제한다.

예를 들어 Co 침출액에는 유가금속인 Cu, Ni은 물론 Fe, Al, Mg, Mn, Ca, Zn, U 등도 함유되어 있으므로 침전분리, 용매추출 등으로 분리하여 제거하거나 회수한다. 그림 6.21에는 침전분리에 의한 Co 용액의 정제 공정도를 나타내었다.[24] 그림과 같이 다단계로 불순물을 제거한 용액에서 Co를 중화시켜 석출시킬 때, MgO를 첨가하여 석고가 생성되는 것을 방지하며, 약 ~40 %Co의 수산화물이 석출된다. 그리고 2단계에서 석회석을 첨가하면 약 ~18 %Co의 수산화물이 석출된다.

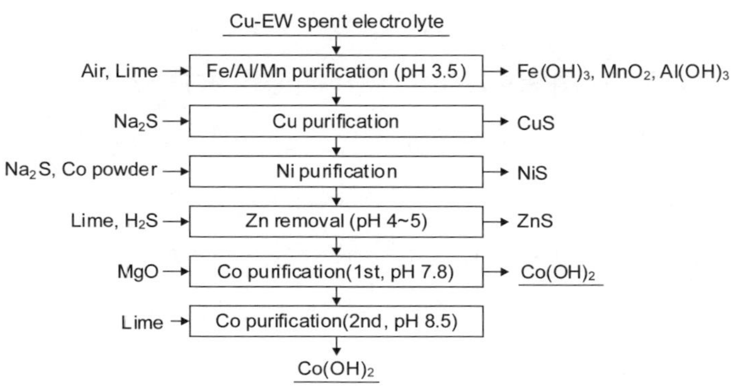

그림 6.21. Co 용액의 침전분리에 의한 정제법

용매추출에서는 한 번 만에 높은 효율로 Co를 분리할 수 없으므로 침전분리나 이온 교환법 등을 조합하여 침출액을 정제한다. 그리고 Ni 제련에서 부산물로 얻은 Ni-Co 혼합 케이크를 침출과 용매 추출법으로 분리하는 방법도 있다.

또 아연 침출액은 중화에 의해 용액 중의 Fe^{3+}을 우선적으로 제거한 후, 아연분말을 첨가하여 Cu를 제거(회수)하고 이어서 침전제를 첨가하여 Co를 제거한다. 이와 같이 불순물의 종류에 따라 상기한 방법들을 적절한 순서에 따라 적용하여야 한다.

6.5.1 가수분해(중화)

산성 수용액에서는 금속염이 안정하지만 염기성으로 갈수록 불안정하여 수산화물로 침전된다. 이러한 원리를 이용하여 용액의 pH를 적절히 조절하면 불순물이나 목적금속이 가수분해되어 수산화물 침전이 만들어진다. 이러한 가수분해는 정액공정에서 가장 많이 사용하는 방법이다. 상온에서 각종 금속 이온의 가수분해 반응의 평형은 그림 6.8에 나타내었으며, Fe^{3+}, Pb^{2+}, Cu^{2+}, Fe^{2+}, Zn^{2+}, Ni^{2+}, Co^{2+}, Cd^{2+}의 순으로 수산화물이 생성되는 pH가 높아진다. 비철금속의 습식처리에서 항상 문제되는 것은 철이지만, Fe^{3+} 이온은 비교적 낮은 pH에서 $Fe(OH)_3$로 침전되어 쉽게 제거할 수 있다. 그러나 가수분해에 pH 7 이상이 필요한 Fe^{2+} 이온은 MnO_2나 $KMnO_4$와 같은 산화제를 이용하여 다음 식과 같이 Fe^{3+} 이온으로 산화시킨 후 가수분해하여 침전 제거한다.

$$2Fe^{2+} + MnO_2 + 4H^+ = 2Fe^{3+} + Mn^{2+} + 2H_2O \tag{6.88}$$

$$5Fe^{2+} + MnO_4^- + 8H^+ = 5Fe^{3+} + Mn^{2+} + 4H_2O \tag{6.89}$$

한편 이러한 가수분해 반응은 폐수 중 중금속 제거에도 이용된다. 그리고 중화에 의해 생성된 침전물이 콜로이드성 입자가 되면 수중에서 안정한 상태로 분산되어 여과에 의한 분리가 곤란할 때가 있으므로 입자를 조대화시키기 위한 응집제를 첨가하기도 한다.

[예제 6.15] 298 K에서 Zn 수용액 중의 Fe^{3+} 이온을 가수분해하여 제거하고자 한다. 주어진 자료로부터 이온활동도-pH의 관계를 계산하여 나타내고, 제거 방법을 설명하라.($a_{Fe^{3+}}$가 1 및 10^{-6}일 때의 pH값을 구하라.)

i	Zn^{2+}	$Zn(OH)_2$	H_2O	Fe^{3+}	$Fe(OH)_3$
$\mu^{\circ}_{i,298}$(kJ)	-147.03	-553.58	-237.178	-4.6	-696.6

[풀이] 우선 Fe^{3+} 이온의 가수분해 반응으로부터 $a_{Fe^{3+}}$-pH 관계를 구한다.

$$Fe^{3+} + 3H_2O = Fe(OH)_3 + 3H^+ \tag{1}$$

$$\Delta G^{\circ}_{(1)} = (\mu^{\circ}_{Fe(OH)_3} + 3\mu^{\circ}_{H^+}) - (\mu^{\circ}_{Fe^{3+}} + 3\mu^{\circ}_{H_2O}) \tag{2}$$

$$= -2.303RT\log K_{(1)} = 19{,}534\ \text{J}$$

$$\log K_{(1)} = \log\left(\frac{a_{Fe(OH)_3}\cdot a^3_{H^+}}{a_{Fe^{3+}}\cdot a^3_{H_2O}}\right) = -\frac{\Delta G^{\circ}_{(1)}}{2.303RT} \tag{3}$$

$$= -\frac{19{,}534}{2.303\times 8.314\times 298} = -3.424$$

$$\therefore\ \log a_{Fe^{3+}} = -\log K_{(1)} - 3\text{pH} = 3.424 - 3\text{pH} \tag{4}$$

$$\therefore\ \text{pH} = 3.424/3 = 1.141\ \text{ at }\ a_{Fe^{3+}} = 1,$$

$$\text{pH} = (6 + 3.424)/3 = 3.141\ \text{ at }\ a_{Fe^{3+}} = 10^{-6}$$

다음은 Zn^{2+} 이온의 가수분해 반응으로부터 $a_{Zn^{2+}}$-pH 관계를 구한다.

$$Zn^{2+} + 2H_2O = Zn(OH)_2 + 2H^+ \tag{5}$$

$$\Delta G^\circ_{(5)} = (\mu^\circ_{Zn(OH)_2} + 2\mu^\circ_{H^+}) - (\mu^\circ_{Zn^{2+}} + 2\mu^\circ_{H_2O}) \tag{6}$$

$$= -2.303RT\log K = 67,806 \text{ J}$$

$$\log K_{(5)} = -11.88, \quad \log a_{Zn^{2+}} = -\log K_{(5)} - 2\text{pH} \tag{7}$$

$$\therefore \text{ pH} = 11.88/2 = 5.94 \text{ at } a_{Zn^{2+}} = 1$$

이러한 관계는 그림 6.8에 나타내었으며, 그림으로부터 pH는 $a_{Fe^{3+}} = 10^{-6}$ 이하가 되는 3.141 이상, $Zn(OH)_2$가 석출하지 않는 5.94 이하가 되어야 한다.

6.5.2 산화·환원에 의한 불순물의 침전 제거

(1) 산화에 의한 불순물의 침전 제거

산화에 의한 불순물의 침전 제거는 가수분해 반응과의 조합에 의한 것으로, $Fe^{2+} \rightarrow Fe^{3+} \rightarrow Fe(OH)_3$가 널리 이용되고 있다. 특히 아연의 전해채취를 위한 정액 공정에서 Zn^{2+}는 pH 5.94 이상에서 $Zn(OH)_2$의 침전이 시작되므로 Zn^{2+}가 안정한 pH 영역에서는 대부분의 2가 금속 이온은 수산화물로 침전시킬 수 없다. 따라서 몇 가지의 이온가를 갖는 원소(예: Fe, Ni, Co)는 이온가가 높을수록 낮은 pH에서 수산화물이나 산화물로 침전되기 쉬우므로 산화에 의해 침전시키고 있다.

예를 들어 폐리튬 이온 배터리의 침출액과 같이 Ni^{2+}와 Co^{2+}가 공존할 때, 염소산소다($NaClO_3$), 오존(O_3), 염소(Cl_2) 등으로 산화시켜 다음 식과 같이 $Co(OH)_3$로 침전 분리하는 방법을 공업적으로 적용하고 있다.

$$2Co^{2+} + O_3 + 5H_2O = 2Co(OH)_3 + O_2 + 4H^+ \quad (6.90)$$

$$2Co^{2+} + Cl_2 + 3NiCO_3 + 3H_2O \quad (6.91)$$

$$= 2Co(OH)_3 + 3Ni^{2+} + 2Cl^- + 3CO_2$$

코발트보다 $Ni^{2+} \rightarrow Ni^{3+}$의 산화반응이 힘들므로 $Co(OH)_3$의 우선 침전이 가능하여 수용액 중 Ni과 Co 분리에 이용하기도 한다.

(2) 환원에 의한 불순물의 침전 제거

용액 중 목적금속과 수산화물의 용해도에 차이가 없는 금속 원소는 가수분해에 의한 분리가 곤란하므로 이온화 경향 차이를 이용하는 치환 환원법을 많이 이용하고 있다. 즉, 수용액 중에 비한(base) 금속을 투입하여 귀한(noble) 금속 이온을 금속으로 치환 환원하는 것으로, 치환침전 혹은 시멘테이션(cementation)이라 부른다. 비한 금속으로는 Zn, Fe, Ni 등의 분말을 사용한다. 치환에 사용되는 금속은 후속 공정에 영향을 미치지 않거나 회수 가능한 것을 선택한다. 같은 Cu 이온의 제거가 목적이라도 아연 채취에서는 Zn분말을, 코발트 채취에서는 Co분말을, 광산 폐수 처리에서는 철스크랩을 사용한다.

예를 들어 아연 침출액의 정제에서 중화 제거가 불가능한 Cu^{2+}, Ni^{2+}, Co^{2+}, Cd^{2+} 등을 Zn분말을 첨가하여 치환 환원하면 다음 식과 같이 Zn는 용액 중으로 용해되고, 귀한 불순물은 석출되어 분리된다.

$$M^{2+} + Zn = M + Zn^{2+}, \ K = a_{Zn^{2+}}/a_{M^{2+}} \quad (6.92)$$

위의 식에서 $a_{Zn^{2+}}$=0.1로 두고 각 금속 이온의 제거 한계를 구하면 표 6.5와 같고, 평형론적으로는 완전히 제거할 수 있음을 알 수 있다.[25] 그러나 속도론적으로 여러 가지 문제가 있어서 실질적인 제거 한계는 좀 더 높은 값이 된다.

표 6.5. 각종 이온의 아연분말에 의한 평형 제거 한계

ion	$a_{Cu^{2+}}$	$a_{Ni^{2+}}$	$a_{Co^{2+}}$	$a_{Cd^{2+}}$
제거 한계 농도	6.9×10^{-39}	1.6×10^{-19}	9.1×10^{-18}	6.8×10^{-14}

[예제 6.16] 25 ℃에서 아래 반응식으로부터 Cu 이온이 함유된 용액에 Fe을 첨가하여 Cu를 치환 환원하는 반응의 자발성을 검토하라.

$$Cu = Cu^{2+} + 2e,\ E^{\circ}_{Cu} = -0.3419\ \text{V} \tag{1}$$

$$Fe = Fe^{2+} + 2e,\ E^{\circ}_{Fe} = 0.447\ \text{V} \tag{2}$$

[풀이] 식(2)-(1)을 하면 다음과 같다.

$$Cu^{2+} + Fe = Cu + Fe^{2+},\ \Delta E^{\circ} = 0.7889\ \text{V}$$

$$\Delta G^{\circ}_{298} = -zF\Delta E^{\circ} = -2\times 96,485\times 0.7889 = -152,234\ \text{J/mol}$$

$\Delta G^{\circ}_{298} < 0$이므로 상기한 반응은 자발적으로 일어난다.

6.5.3 침전제 및 공침에 의한 불순물 제거

중화, 산화, 환원 등의 일반적인 방법으로는 쉽게 침전되지 않는 금속 이온이라도 특수 첨가제를 첨가하면 쉽게 침전 제거되는 경우가 있다. 금속 이온을 황화물로 침전시키거나, Pb^{2+} 이온을 황산납으로서 침전시키는 방법 등이다. 또 특수한 유기시약을 첨가하여 용해도가 매우 작은 침전을 만들어 제거하기도 한다. 일반적으로 실시하고 있는 제거 방법의 예를 표 6.6에 나타내었다.[26]

표 6.6. 침전제에 의한 불순물 제거 방법

침출액	불순물	제거방법
Zn침출액	Co	α-니트로소 β-나프톨($C_{10}H_5OHNO$)을 첨가하여 적색 침전인 $[C_{10}H_6O(NO)]_3Co$를 만들어 제거
Cd침출액	As	10배의 $CuSO_4$를 첨가하여 비산동($5CuO \cdot 2As_2O_5$)으로 침전시킴
	Tl	$Na_2Cr_2O_7$을 첨가하여 $TlCrO_4$(크롬산제1탈륨)으로 침전시킴
Cu침출액	Cl^-	침전동을 첨가하고 교반시켜 CuCl로 침전시킴
Mn침출액	Fe, Pb, Zn, Cu, Mo	황화칼슘(Ca_x, x=2~5)을 첨가하고, MnS와 H_2S를 생성시키고, H_2S에 의해 불순물을 황화물로 침전시킴
Co침출액	Cu	음극에 전해석출시켜 제거하거나, Na_2CO_3를 첨가하여 $CuCO_3 \cdot Cu(OH)_2$로 침전시킴
	기타	H_2S를 가압, 포화시켜 황화물로 제거
Cr침출액	Al, Mg, Fe	감압냉각하여 불순물을 명반으로 침전시켜 제거. 이때 Cr은 명반을 형성하지 않는 녹색 착화합물이 됨

가수분해 등으로 금속 이온이 침전될 때 액 중의 다른 물질이 함께 침전되는 현상을 공침(co-precipitation)이라 하며, 정액 공정에서 유해 불순물을 동시에 제거할 수 있는 매우 유용한 방법이다. 일반적으로 수용액 중의 침전물은 표면전하를 가지므로 다른 이온의 흡착 현상에 의해 공침이 일어나는 것으로 생각하고 있다. 예를 들어 Zn, Co, Mn 등의 침출액을 중화하여 Fe^{3+}를 $Fe(OH)_3$로 침전 제거할 때, 전해채취에 악영향을 미치는 As, Sb, Ge 등은 아래 식과 같이 $Fe(OH)_3$에 흡착되어 공침되므로 완전히 제거할 수 있다. 이때 Fe^{3+}는 불순물의 10배 이상이 필요하므로 용액 중에 철이 적으면 첨가하기도 한다.

$$4Fe(OH)_3 + H_3AsO_3 = Fe_4O_5(OH)_5As + 5H_2O \tag{6.93}$$

6.6 용매추출

용매추출(solvent extraction)은 액-액 추출(liquid-liquid extraction)이라고도 하며, 서로 섞이지 않는 2액상(유기상과 수상) 사이의 물질분배를 이용한 분리기술이다. 분리 대상에는 유기화합물, 금속 이온, 무기산, 기타 무기화합물 등 여러 가지가 있지만, 습식제련에서는 침출액의 정제나 농축을 목적으로 많이 사용한다. 용매 추출법의 공업적 이용은 1940년대에 우라늄 정제에서 시작되었으나, 현재는 일반 금속과 희토류 등 희소금속의 제련이나 리사이클링에 널리 이용되고 있다.

6.6.1 용매추출의 원리

금속의 추출반응은 산성 용액을 이용하는 경우가 많으며, 대표적인 산성 용액에서의 추출반응은 다음과 같다.

$$Me^{n+} + nRH = MeR_n + nH^+, \quad K = \frac{a_{MeR_n} \cdot a^n_{H^+}}{a_{Me^{n+}} \cdot a^n_{RH}} \tag{6.94}$$

여기서 RH는 추출제 분자를 나타내며, 평형상수 K를 활동도 a_i 대신에 농도 C(mol/L)의 곱으로 나타내어 열역학적 평형상수와 달리 농도에 관한 평형상수 $K_{conc.}$로 나타낸다. 그리고 $K_{conc.}$는 분배계수 D_{Me}(distribution coefficient)를 이용하여 다음 식과 같이 나타낼 수 있다.

$$K_{conc.} = \frac{C_{MeR_n} \cdot C^n_{H^+}}{C_{Me^{n+}} \cdot C^n_{RH}} = D_{Me} \cdot \frac{C^n_{H^+}}{C^n_{RH}} \tag{6.95}$$

따라서 분배계수 D_{Me}는 다음과 같다.

$$D_{Me} = \frac{C_{MeR_n}}{C_{Me^{n+}}} \tag{6.96}$$

금속 원소 Me가 들어 있는 수용액을 유기상과 잘 혼합하여 가만히 두면 유기상에도 Me가 존재한다. 이때 수상(aqueous)과 유기상(organic)에서 금속 원소 Me의 비율을 분배계수라 부르며 다음 식과 같이 나타내기도 한다.

$$D_{Me} = \frac{[Me]_O}{[Me]_A} \tag{6.97}$$

여기서 $[Me]_O$, $[Me]_A$는 각각 유기상과 수상 중 Me의 농도를 나타낸다.

분배계수 D_i는 금속 이온 간에 차이가 나며, 분배계수의 크기 순서인 추출 용이도 순으로 원소를 나열한 것을 추출 서열이라 부른다. 두 종류의 금속 원소 X, Y의 혼합물에서 X와 Y의 분배계수 차이를 X와 Y의 분리계수(separation factor)라 부르며 다음과 같다.

$$\beta_X^Y = \frac{D_Y}{D_X} = \frac{[Y]_O/[Y]_A}{[X]_O/[X]_A} \tag{6.98}$$

분리계수가 1이면 수상 중의 $[X]_A/[Y]_A$비와 유기상 중의 $[X]_O/[Y]_O$비가 같으며, X와 Y는 분리할 수 없다. 분리계수가 1보다 크면 유기상 중에 Y가 좀 더 농축되어 있어 어느 정도 분리가 가능하다.

[예제 6.17] Cu와 Fe이 pH=2인 용액 중에 용해되어 있을 때 Fe에 대한 Cu의 분리계수 β_{Fe}^{Cu}를 구하라. 단, Cu와 Fe의 분배계수는 각각 36, 4이다.

[풀이]

$$D_{Cu} = 36,\ D_{Fe} = 9 \tag{1}$$

$$\therefore\ \beta_{Fe}^{Cu} = \frac{D_{Cu}}{D_{Fe}} = \frac{36}{4} = 9 \tag{2}$$

[예제 6.18] pH 2의 0.5 M MeCl 완충액 50 cm^3를 리터당 1몰의 반응 부위가 있는 순수 유기상(추출제+희석제) 100 cm^3과 혼합했을 때 수상과 유기상의 금속 평형 농도를 구하라. 단, 활동도계수는 1이고, $K_{conc.} = 6$으로 가정한다.[27]

[풀이] 문제의 추출식과 농도로 나타낸 평형상수는 다음과 같다.

$$\mathrm{Me}^+ + \mathrm{RH} = \mathrm{MeR} + \mathrm{H}^+,\quad K_{(1)} = \frac{C_{\mathrm{MeR}} \cdot C_{\mathrm{H}^+}}{C_{\mathrm{Me}^+} \cdot C_{\mathrm{RH}}} = 6 \tag{1}$$

우선 금속 Me의 전체 몰 수는 물질수지로부터 다음과 같다.

$$n_{tot} = \frac{50 \times 0.5}{1,000}\,[\mathrm{cm}^3]\left[\frac{\mathrm{mol}}{\mathrm{L}}\right]\left[\frac{\mathrm{L}}{\mathrm{cm}^3}\right] = 0.025\ \mathrm{mol} \tag{2}$$

$$= C_{\mathrm{Me}^+} V_{\mathrm{A}} + C_{\mathrm{MeR}} V_{\mathrm{O}}$$

$$\therefore C_{\mathrm{Me}^+} = \frac{n_{tot} - C_{\mathrm{MeR}} V_{\mathrm{O}}}{V_{\mathrm{A}}} \tag{3}$$

한편 유기상 중 금속 이온과 결합한 C_{MeR}과 잔류하는 유기상을 C_{RH}라 하면 유기상 전체의 물질수지는 다음과 같다.

$$C_{\mathrm{RH},tot} = C_{\mathrm{MeR}} + C_{\mathrm{RH}} \tag{4}$$

$$= C_{\mathrm{MeR}} + \frac{C_{\mathrm{MeR}} \cdot C_{\mathrm{H}^+}}{K_{(1)} \cdot C_{\mathrm{Me}^+}} = C_{\mathrm{MeR}}\left(1 + \frac{C_{\mathrm{H}^+}}{K_{(1)} \cdot C_{\mathrm{Me}^+}}\right)$$

C_{MeR}에 관해 정리하고 식(3)의 C_{Me^+}를 식(4)에 대입하면 다음과 같다.

$$\therefore C_{\mathrm{MeR}} = \frac{C_{\mathrm{RH},tot}}{1 + \left(\dfrac{C_{\mathrm{H}^+}}{K_{(1)} \cdot C_{\mathrm{Me}^+}}\right)} = \frac{C_{\mathrm{RH},tot}}{1 + \left(\dfrac{C_{\mathrm{H}^+}}{K_{(1)} \cdot \dfrac{n_{tot} - C_{\mathrm{MeR}} V_{\mathrm{O}}}{V_{\mathrm{A}}}}\right)} \tag{5}$$

여기서 $C_{\mathrm{RH},tot} = 0.1$, $C_{\mathrm{H}^+} = 0.01$(pH=2), $n_{tot} = 0.025$, $V_{\mathrm{O}} = 0.1$(100 cm^3), $V_{\mathrm{A}} = 0.05$(50 cm^3), $K_{conc.} = 6$을 대입하면 다음과 같다.

$$C_{\text{MeR}} = \cfrac{0.1}{1+\left(\cfrac{0.01}{6\times\cfrac{0.025-0.1C_{\text{MeR}}}{0.05}}\right)}$$

$$\therefore\ 12C_{\text{MeR}}^2 - 4.21\text{C}_{\text{MeR}} + 0.3 = 0 \tag{6}$$

유기상 중 금속의 평형 농도는 이차방정식 근의 공식으로 풀면 다음과 같다.

$$C_{\text{MeR}} = \frac{4.21-\sqrt{4.21^2-4\times 12\times 0.3}}{2\times 12} = 0.0995\ \text{mol/L} \tag{7}$$

식(7)의 C_{MeR}을 식(3)에 대입하면 수상 중 금속의 평형 농도는 다음과 같다.

$$\therefore C_{\text{Me}^+} = \frac{0.025 - C_{\text{MeR}}V_{\text{O}}}{V_{\text{A}}} = \frac{0.025-0.0995\times 0.1}{0.05} = 0.301\ \text{mol/L} \tag{8}$$

6.6.2 용매추출의 기본 프로세스

그림 6.22에는 용매 추출법의 기본 프로세스를 나타내었다. 용매추출은 기본적으로는 추출-세정-역추출로 구성되어 있다.

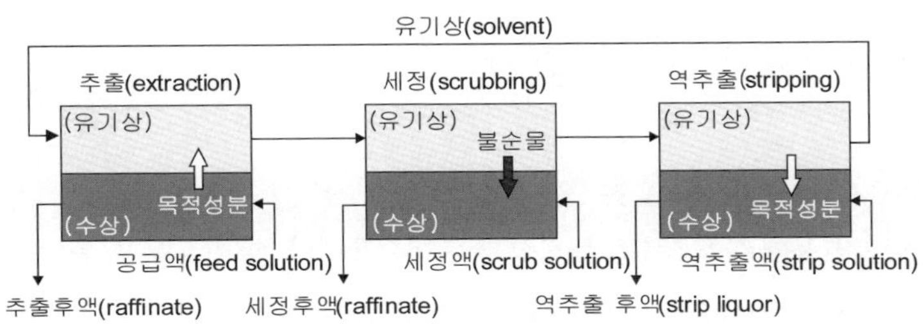

그림 6.22. 용매추출의 기본 공정도

(1) 추출(extraction) 공정

목적성분을 함유하는 공급액과 유기상을 접촉시켜 목적성분을 유기상으로 옮긴다. 유기상은 추출제를 희석제(케로신 등의 유기용제)에 용해시킨 것이다. 또 제3상의 생성(유기상이 2상으로 분리하는 것)이나 에멀션(emulsion)의 생성을 억제하고, 유기상의 추출 능력을 조절하기 위해 개질제(고급 알코올이나 고급 페놀 등)를 첨가하기도 한다. 공업적으로 이용되는 추출제는 대부분 분자 내에 긴 사슬(long chain)의 알킬기를 가지고 있으며, 분자 전체로서는 소수성*이다. 따라서 수상에는 거의 용해되지 않으나 유기용매에는 용해된다.

(2) 세정(scrubbing) 공정

추출 공정에서 생성된 유기상을 세정액과 접촉시켜 유기상 중의 불순물을 수상으로 옮긴다. 세정액은 추출제와 불순물 종류에 따라 다르다.

(3) 역추출(stripping, back-extraction) 공정

세정 공정을 거친 유기상을 역추출액과 접촉시켜 목적성분을 다시 수상으로 되돌린다. 추출반응이 가역적이므로 역추출액은 목적성분의 추출이 일어나기 어려운 조성의 수용액을 선택한다. 금속을 전해채취할 때는 전해 미액을 역추출액으로 사용한다. 역추출 후의 유기상은 다시 추출 공정으로 되돌린다.

6.6.3 다단 추출

공업적 용매추출에서는 목적성분의 회수율이나 분리 효율을 높이기 위해 대부분 다단 향류 조작을 한다. 일반적으로 분리계수 β_{X}^{Y}가 1,000보다 크면 1단 조작으로도 충분한 분리가 가능하지만, 분리계수가 그 이하

---

* 소수성(hydrophobicity): 물과의 친화력이 적은 성질. 소수성 물질은 물과 친화력이 적어 물에 넣으면 균일하게 혼합되지 않고 자기들끼리 응집된다. 응집체의 비중이 1보다 크면 침전이 된다.

이면 다단 조작이 필요하다. 예를 들면 인접하는 희토류원소 사이의 분리계수는 1.5~2.5 정도여서 분리가 어려워 30~60단 정도로 처리하여 분리한다.[28] 실제로 향류 다단 추출을 하면 분리계수에 관계없이 분리할 수 있으며, 추출 단수의 증가나 세정 공정을 설치하면 목적으로 하는 분리를 달성할 수 있다.

그림 6.23(a)의 다단 향류 추출 공정에서 Q_{A}와 Q_{O}는 각각 수상과 유기상의 유량이다. 또 A_n과 O_n은 각각 n번째 조에서 나온 수상과 유기상 중 목적성분의 농도를 나타낸다. 금속 이온의 추출에 영향을 미치는 온도, 추출제 농도, pH(또는 음이온 농도) 등 모든 조건을 일정하게 유지하면서 금속 이온의 농도를 변화시켜 추출 실험을 하면 추출 등온선을 그릴 수 있다. 추출 등온선은 그림 6.23(b)와 같이 종축에 유기상 중 금속 이온 농도, 횡축에 수상 중 금속 이온 농도를 나타낸 것으로 포물선이 되며, 용매추출에 관한 많은 유익한 정보를 제공한다.

다단 추출 공정의 정상상태에서 제1~n조의 목적성분 물질수지를 [단위 시간당 제1~n조에 들어오는 목적성분 양]=[단위 시간당 제1~n조에서 나가는 목적성분 양]으로 두면 다음과 같이 나타낼 수 있다.

$$\mathrm{O}_n - \mathrm{O}_{in} = \frac{Q_{\mathrm{A}}}{Q_{\mathrm{O}}}(\mathrm{A}_{n+1} - \mathrm{A}_1) \tag{6.99}$$

이 식은 그림 6.23(b)의 점1(A_{n+1}, O_n)이 점2(A_1, O_{in})를 통과하여 기울기가 $Q_{\mathrm{A}}/Q_{\mathrm{O}}$인 직선상에 놓이는 것을 의미한다. 이 직선을 조작선(organic line)이라 부르며, 조작선과 추출 등온선(equilibrium line)을 조합하여 다단 향류 추출 조작에 필요한 단수를 구한다.

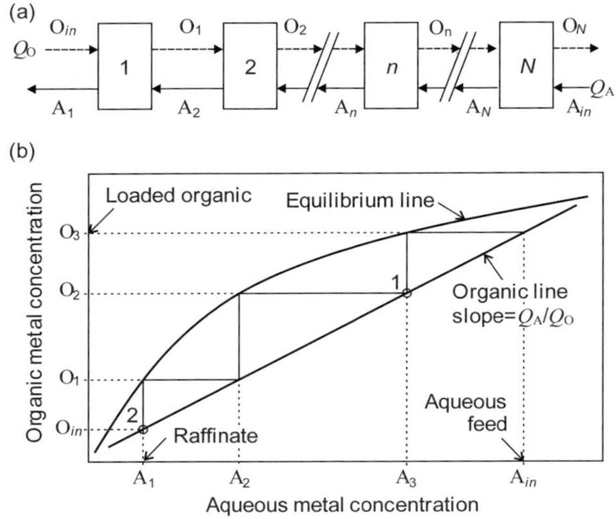

그림 6.23. 다단 향류 추출 공정(a)과 McCabe-Thiele도(b)의 예

금속 이온 농도를 증가시켜 가면 추출 등온선은 유기상 중 일정한 금속 농도에 도달한다. 이 값을 최대 추출량이라 부르며, 이 조건에서의 최대 추출량을 나타낸다. 또 이 값으로부터 유기상 중 금속 원자 한 개에 결합하고 있는 추출제의 분자수(화학양론적 결합비)가 주어진다. 추출 등온선 상에 공급액 농도, 회수율, 출구 유기상의 금속 농도 등을 나타내어 McCabe-Thiele 해석을 하면 향류 다단 추출에서 이론 소요 단수, 상비율 등을 결정할 수 있다.[29]

[예제 6.19] 구리의 농도가 3 g/L인 구리 침출액을 등유에 희석시킨 LIX84로 용매추출하였을 때 추출반응 후 유기상과 수상의 구리 농도는 각각 10과 1 g/L이었다. 용매추출 시 유기상과 수상의 부피가 각각 1 L

와 5 L일 때 ① 분배계수, ② 추출 백분율, ③ 99.5 %의 추출률을 얻기 위해 필요한 추출 단수를 구하라.

[풀이] ① 분배계수

$$D=\frac{\text{유기상 중 목적성분 농도}}{\text{수상 중의 목적성분 농도}}=\frac{10\ \text{g/L}}{1\ \text{g/L}}=10 \tag{1}$$

② 추출 백분율은 다음과 같이 나타낸다.

$$Ex\%=\frac{\text{추출 후 유기상 중 목적성분 질량}}{\text{추출 전 수상 중의 목적성분 질량}}\times 100 \tag{2}$$

$$\therefore\ Ex\%=\frac{C_{\text{O}}\times V_{\text{O}}}{C_{\text{A},ini}\times V_{\text{A}}}=\frac{10\ \text{g/L}\times 1\ \text{L}}{3\ \text{g/L}\times 5\ \text{L}}\times 100=66.7\ \% \tag{3}$$

③ 추출 단수

추출 백분율 정의식으로부터 n단 추출 후 $Ex\%$가 99.5 %인 경우 수상에서 구리이온의 질량은 다음과 같다.(초기 수상 중 Cu는 $3(\text{g/L})\times 5(\text{L})=15\ g$)

$$99.5=\left(\frac{w_i-w_n}{w_i}\right)\times 100=\left(\frac{15-w_n}{15}\right)\times 100=\left(1-\frac{w_n}{15}\right)\times 100 \tag{4}$$

따라서 n단 추출 후 Cu 질량은 다음과 같다.

$$w_n=15\times\left(1-\frac{99.5}{100}\right)=0.075\ \text{g} \tag{5}$$

n단 추출 후의 수상 중 질량(0.075 g)을 다음 식에 대입하여 단수 n을 구한다.

$$w_n=w_i\left(\frac{1}{1+D(V_{\text{O}}/\text{V}_{\text{A}})}\right)^n\quad\therefore\ \ln\left(\frac{w_n}{w_i}\right)=n\ln\left[\frac{1}{1+D(V_{\text{O}}/\text{V}_{\text{A}})}\right] \tag{6}$$

$$\therefore\ n=\frac{\ln(0.075/15)}{\ln\left[\frac{1}{1+10\times(1/5)}\right]}=4.82\cong 5 \tag{7}$$

즉, 5단 추출 시 상기한 추출조건에서 Cu를 99.5 % 유기상으로 추출할 수 있다.

6.6.4 용매와 추출제

용매추출의 유기상은 기본적으로 목적성분을 추출하는 추출제와 희석제로 구성되어 있으며, 필요에 따라 개질제를 첨가하기도 한다.

(1) 용매 추출제

용매 추출제는 물에 용해되지 않아야 하며, 목적성분에 대한 선택성, 불연성, 무해성, 취급의 용이성 등이 필요하다. 이런 조건을 만족하는 추출제로는 수용액과 혼합하기 힘든 알킬기(alkyl group)*를 함유하는 화합물이 이용되지만, 이러한 유기물은 점성이 커서 케로신(kerosine), 톨루엔 등의 희석제(diluent)로 희석한다. 공업적으로 사용하는 용매 추출제는 편의상 산성, 중성, 염기성 추출제로 분류할 수 있다.

(2) 희석제(용매)

희석제는 유기상의 점도, 비중 등의 물리적 성질을 개선하고, 추출제를 적절한 농도로 조절하기 위해 사용한다. 일반적으로 희석제는 방향족, 지방족, 지환식의 탄화수소나 이러한 것의 혼합물을 사용한다. 희석제의 종류나 조성비에 따라 금속 이온의 추출 평형이나 추출 속도에 큰 영향을 미치는 것으로 알려져 있다.

이러한 희석제에 필요한 성질은 다음과 같다.[30]

① 수용성이 낮을 것

② 액적 동반에 의한 손실이 적을 것(유기상과 수상의 계면장력 관계)

③ 인화점이 높을 것(장치의 최고 운전온도보다도 25 ℃ 정도 높을 것)

④ 분산성이 좋을 것(세틀러 면적과 관련하여 중요한 요소)

---

* 알킬기(alkyl group): 지방족포화 탄화수소RH에서 수소원자 한 개를 제외하고 남은 탄화수소기 전체를 나타냄.

⑤ 용해력이 높고, 독성이 없을 것

6.6.5 용매추출 장치

공업적으로 이용되는 용매추출 장치에는 믹서 세틀러, 로터리 디스크 컬럼, 펄스 컬럼(pulse-column), 원심추출기 등이 있다. 믹스 세틀러(mixer-settler)는 그림 6.24(a)와 같이 수상과 유기상의 혼합기(mixer)와 정치 분리기(settler)로 구성되어 있다. 혼합기에서는 수상과 유기상을 임펠러, 펌프, 제트 등으로 교반하여 혼합한다. 정치 분리기에서는 2상을 분리한다. 믹스 세틀러는 2상의 접촉이 충분하여 이론 단수에 가까운 거

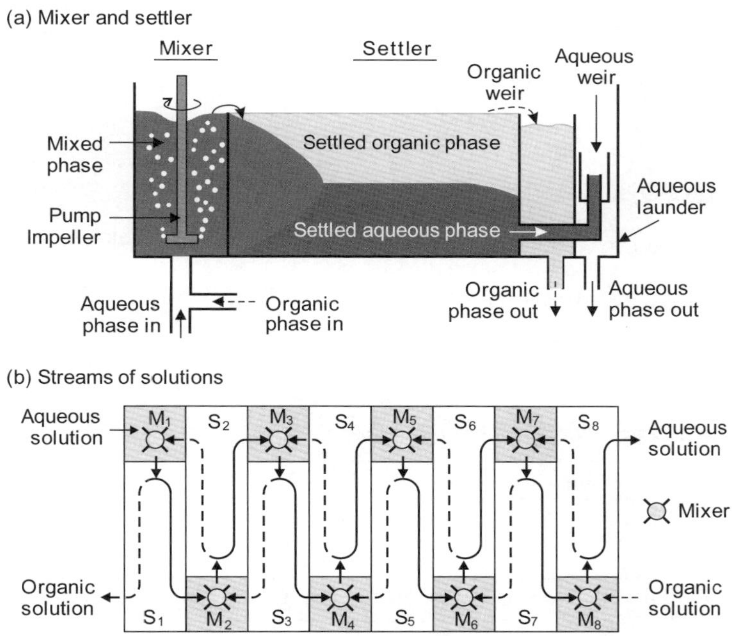

그림 6.24. 용매추출 장치인 믹서 세틀러의 모식도(a)와 수상과 유기상의 흐름(b)

동을 하며 스케일업이 용이하다. 그림 6.24(b)에는 다단 추출에서 수상과 유기상의 흐름을 나타내었다.[31]

6.7 이온 교환법

6.7.1 이온 교환법의 원리

이온 교환법(ion exchange)은 액상-고상 사이의 2상평형을 이용하지만, 용액 중의 화학종, 특히 이온종을 높은 효율로 분리하는 방법이다. 특히 다량의 물질을 경제적이면서 높은 효율로 처리하는 데 적합한 방법이다. 이온 교환에 사용하는 수지는 용액 중 이온을 교환하는 능력이 있는 합성수지(합성유기화합물)이며, 일반적으로 직경 0.5 mm 정도의 구형 입자이다.

이온교환 수지를 기능 면에서 분류하면 양이온을 교환하는 양이온교환 수지(Cation exchange resin)와 음이온을 교환하는 음이온교환 수지(Anion exchange resin)로 나눌 수 있으며 표 6.7과 같다. 그리고 제조방법에 따라서 겔(gel)형 수지와 다공형 수지로 구분한다.

표 6.7. 이온교환 수지의 종류

양/음 이온 구분	산성/염기성 구분	예
양이온교환 수지	강산성 양이온교환 수지	$-SO_3H$
	약산성 양이온교환 수지	-COOH
음이온교환 수지	강염기성 음이온교환 수지	R_3N^-
	약염기성 음이온교환 수지	R_2N^-, RNH^-

이온교환 수지는 실용상 상대 이온을 교환하는 능력의 크기가 중요하며, 이온교환 수지 중에 함유되어 있는 고정 이온의 수에 따라 결정된다. 일반적으로는 단위 부피당 고정 이온의 당량수(meq/mL-수지)로 나타내며, 이것을 이온교환 수지의 교환 용량(exchange capacity)이라 부른다. 보통의 이온교환 수지는 1~4 meq/mL-수지의 교환 용량을 갖고 있으며, 이것은 1 L의 이온교환 수지로 100 ppm 정도의 NaCl를 함유하는 일반 수도수를 처리하여 탈염수(순수)를 얻는 경우 수지가 전부 반응하면 약 500~2,000 L의 물을 처리할 수 있는 정도이다.[32] 실험적으로 얻어진 강산성 양이온교환 수지에 대한 음이온의 흡착성 순서는 대략 다음과 같다.

1가 이온: $Ag > K > Na > H > Li$

2가 이온: $Ba > Sr > Ca > Ni, Cd, Cu, Co, Zn > Mg$

3가 이온: $La > Ce > Pr > Nd > \cdots > Sc > Al$

음이온교환 수지 중 대이온은 외부 용액 중 음이온과 이온 교환을 한다. 예를 들면 수산화물 이온형의 음이온교환 수지를 X^-가 함유된 용액에 담그면 다음 식과 같은 이온교환 반응이 일어난다.

$$(R-OH)+X^- = OH^- + (R-X) \tag{6.100}$$

1가 음이온의 강염기성 음이온교환 수지에 대한 흡착성 순서는 다음과 같다.

$SCN^- > ClO_4^- > NO_3^- > Br^- > Cl^- > CH_3COO^- > OH^-, F^-$

6.7.2 이온교환 수지의 적용 예

공업용 금도금 용액에는 시안계와 비시안계가 있다. 시안계는(pH 3~6, $KAu(CN)_4$, 유기산 포함) 알칼리성(pH 9~13, $KAu(CN)_4$, K_2CO_3, K_2PO_4 등 포함)과 중성(pH 6.5~7.5, $KAu(CN)_4$, K_2HPO_4, KH_2PO_4)

으로 나뉜다. 비시안계에는 아황산 용액이 있다. 금도금 후 수세한 폐액 중에는 다량의 금이 포함되어 있으며, 이 폐액 중 금을 강염기성 음이온 교환 수지로 흡착한 후 수지를 소각하여 금을 회수한다.[33]

강염기성 이온교환 수지는 용액 중의 금속 이온은 흡착하지 않고, 위와 같이 금이 착이온을 형성하였을 때 음이온교환 수지에 흡착된다. Au, Ag, Pt, Pd 등은 선택성에 따라 흡착하여 각각의 흡착대를 이루므로 필요금속을 선택적으로 회수할 수 있다.

Ni^{2+}와 Co^{2+}는 양이온교환 수지에 대한 흡착력의 차이가 작다. 따라서 양이온교환 수지를 충진한 칼럼에서 용액 중의 이러한 이온을 분리하는 것은 어렵다. 그러나 염산 용액 중에서는 염화물 착음이온을 형성하는 능력의 차이를 이용하면 Ni^{2+}와 Co^{2+}를 음이온교환 수지를 충진한 칼럼으로 분리할 수 있다. Fe^{3+}, Ni^{2+}, Co^{2+}의 염화물 착음이온의 안정도는 Fe^{3+}, Co^{2+}, Ni^{2+}의 순서로 감소한다. Co^{2+}는 9 mol/L의 염산 용액 중에서 염화물 착음이온의 형태로 음이온교환 수지에 흡착되지만, 4 mol/L보다 묽은 염산 용액 중에서는 음이온교환 수지에 흡착되지 않는다. Ni^{2+}는 9 mol/L의 염산 용액 중에서도 음이온교환 수지에 흡착되지 않는다. Fe^{3+}는 염산농도가 1 mol/L 이하에서도 염화물 착음이온의 형태로 음이온교환 수지에 흡착된다.

6.8 금속 및 화합물의 회수

습식처리에 의해 정제한 침출액에서 얻어지는 최종물질은 금속이나 산화물, 수산화물, 그 외 여러 종류의 염류 등이 있다. 이러한 금속이나 화합물을 회수하는 방법은 화학적 채취법과 전해채취법으로 나눌 수 있다. 화학적 채취법에는 가스 환원법, 침전법 등이 있으며, 전해채취에 대해서는 다음 장에서 설명한다.

6.8.1 금속 이온의 가스 환원법

금속 이온의 가스 환원법은 수용액 중에 H_2나 SO_2, CO 등의 가스를 불어넣어 금속 이온(Ni, Co, Cu, Ag 등)이나 난용성의 저급 산화물(V, U, Mo, W 등)을 환원석출 또는 침전시키는 방법이다. 금속염 수용액의 가스 환원은 반응속도가 느리므로 고온(373~473 K) 고압(가스 압력 5,000 kPa 이하)의 압력용기(autoclave)를 이용하고 있다. CO 가스에 의한 환원은 다른 가스에 비하여 반응속도가 느리고, SO_2 가스에 의한 환원은 양호하지만 액화되기 쉬워 고압이 얻어지지 않으므로 적용하기가 쉽지 않다. 따라서 반응속도 등의 면에서 H_2를 가장 많이 사용하고 있으며, H_2에 의한 금속 이온의 환원반응은 다음과 같다.

$$\mathrm{M}^{z+} + \frac{z}{2}\mathrm{H}_2 = \mathrm{M} + z\mathrm{H}^+ \tag{6.101}$$

이 반응의 가능성은 수용액에서의 환원전위를 검토하여야 한다. 이 반응식의 반쪽 전지반응은 다음과 같다.

$$\mathrm{M}^{z+} + z\mathrm{e} = \mathrm{M}, \quad E_{\mathrm{M}^{n+}/\mathrm{M}} = E^{\circ}_{\mathrm{M}^{n+}/\mathrm{M}} + \frac{RT}{zF}\ln(a_{\mathrm{M}^{z+}}) \tag{6.102}$$

$$z\mathrm{H}^+ + z\mathrm{e} = \frac{z}{2}\mathrm{H}_2, \quad E_{\mathrm{H}^+/\mathrm{H}} = E^{\circ}_{\mathrm{H}^+/\mathrm{H}} - \frac{RT}{zF}\ln\left(\frac{p_{\mathrm{H}_2}^{z/2}}{a_{\mathrm{H}^+}^{z}}\right) \tag{6.103}$$

여기서 목적금속의 전위가 수소보다 귀한(noble) $E_{\mathrm{M}^{z+}} > E_{\mathrm{H}^+}$로 되면 수소 환원반응이 진행된다. 따라서 식(6.101)은 식(6.102)-(6.103)이므로 다음과 같이 나타낼 수 있다.

$$E_{101} = [E^\circ_{102} - E^\circ_{103}] - \frac{RT}{zF}\log\left(\frac{a_M \cdot a^z_{H^+}}{p^{z/2}_{H_2} \cdot a_{M^{z+}}}\right)$$

$$\therefore\ E_{101} = E^\circ_{101} - \frac{RT}{zF}\left(\log a_M + z\log a_{H^+} - \frac{z}{2}\log p_{H_2} - \log a_{M^{z+}}\right) \quad (6.104)$$

여기서 $\log a_M = 1$이므로 다음과 같이 나타낼 수 있다.

$$\therefore\ E_{101} = E^\circ_{101} + \frac{RT}{zF}\left(z\text{pH} + \frac{z}{2}\log p_{H_2} + \log a_{M^{z+}}\right) \quad (6.105)$$

따라서 식(6.101) 반응의 전위는 금속 이온의 활동도와 pH, 수소분압에 의존하며, '0'보다 크면 환원반응이 진행한다.

Ni, Co 습식제련에서 수용액 중 Ni^{2+}, Co^{2+} 이온의 $H_2(g)$에 의한 환원반응은 다음 식과 같다.

$$Ni^{2+} + H_2(g) = Ni(s) + 2H^+ \quad (6.106)$$

$$Co^{2+} + H_2(g) = Co(s) + 2H^+ \quad (6.107)$$

[예제 6.20] 25 ℃에서 Zn^{2+}, Fe^{2+}, Cu^{2+}을 각각 10^{-2} M씩 함유하는 각각의 용액에 1 atm의 수소 가스를 불어넣어 각 금속이 석출될 수 있는 최저 pH를 구하라. 단,[34]

$$E^\circ_{Zn^{2+}/Zn} = -0.762\ \text{V},\ E^\circ_{Fe^{2+}/Fe} = -0.447\ \text{V},\ E^\circ_{Cu^{2+}/Cu} = 0.342\ \text{V}$$

[풀이] 수용액 중에 수소를 불어넣어 금속이 석출되기 위해서는 $E_M = E_H$여야 한다.

$$E_H = -0.059\text{pH}\ \ (\text{at}\ p_{H_2} = 1\ \text{atm}) \quad (1)$$

$$E_M = E^\circ_M - \frac{2.303RT}{zF}\log\left(\frac{a_M \cdot a^2_{H^+}}{p_{H_2} \cdot a_{M^{z+}}}\right) = E^\circ_M + \frac{2.303RT}{zF}\log a_{M^{z+}} \quad (2)$$

$$= E^\circ_M + \frac{2.303 \times 8.314 \times 298}{2 \times 96{,}485}\log(10^{-2}) = E^\circ_M - 0.0591$$

① Zn

$$E_{Zn} = E^{\circ}_{Zn} - 0.0591 = -0.762 - 0.0591 = -0.0591\text{pH}(= E_H) \quad (3)$$

$\therefore$ pH = 0.8211/0.0591 = 13.89

② Fe

$$E_{Fe} = E^{\circ}_{Fe} - 0.0591 = -0.447 - 0.0591 = -0.0591\text{pH} \quad \therefore \text{pH} = 8.56 \quad (4)$$

③ Cu

$$E_{Cu} = E^{\circ}_{Cu} - 0.0591 = 0.342 - 0.0591 = -0.0591\text{pH} \quad \therefore \text{pH} = -4.79 \quad (5)$$

여기서 Zn와 Fe가 석출되기 위해서는 pH가 각각 13.89 및 8.56 이상이어야 하지만, Cu는 pH가 (-)이므로 모든 pH에서 석출이 가능하다.

[예제 6.21] $NiSO_4$를 0.1 M 함유하는 용액을 25 ℃에서 1 atm의 수소 가스로 Ni 이온을 환원하여 용액 중 $NiSO_4$ 농도를 0.01 M까지 낮추고자 한다. 이때 Ni 이온이 환원 가능한 pH를 구하라. 단 용액 중 Ni 이온의 활동도계수는 1로 가정하며, Ni의 표준 전극전위는 -0.257 V이다.

$$Ni^{2+} + 2e = Ni, \quad E^{\circ} = -0.257 \text{ V} \quad (1)$$

$$H_2 = 2H^{+} + 2e, \quad E^{\circ} = 0 \text{ V} \quad (2)$$

[풀이] 식(1)+(2)에 의해 다음 식이 얻어진다.

$$Ni^{2+} + H_2(g) = Ni(s) + 2H^{+}, \quad E^{\circ} = -0.257 \text{ V} \quad (3)$$

따라서 식(3)의 전극전위는 잔류하는 용액 중 Ni^{2+}가 미량이므로 $a_{Ni} \cong [Ni^{2+}]$로 둘 수 있고, $p_{H_2} = 1$ atm, $a_{Ni} = 1$이므로 다음과 같다.

$$E_{(3)} = E^{\circ}_{(3)} - \frac{RT}{zF}\log\left(\frac{a_{Ni} \cdot a^2_{H^+}}{p_{H_2} \cdot a_{Ni^{2+}}}\right) \quad (4)$$

$$= E^{\circ}_{(3)} + 0.0591\text{pH} + \frac{0.0591}{2}\log[\text{Ni}^{2+}]$$

$$= -0.257 + 0.0591\text{pH} + \frac{0.0591}{2}\log(0.01)$$

여기서 $E_{(3)} > 0$이어야 하므로 Ni 이온이 환원 가능한 pH는 다음과 같다.

$$\text{pH} = \frac{0.257 + 0.0591}{0.0591} = 5.35 \tag{5}$$

따라서 용액의 pH를 5.35 이상으로 유지하여야 Ni 이온의 농도를 0.01 mol까지 낮출 수 있다. 이와 같이 수소환원은 pH가 높을수록 유리하지만, 알칼리성 용액에서는 수화물 생성에 주의하여야 한다.

[예제 6.22] 황산니켈 수용액을 가압 수소로 환원하여 다음 식과 같이 금속 Ni 분말을 얻고자 한다.[35]

$$\text{Ni}^{2+} + \text{H}_2 = \text{Ni} + 2\text{H}^+, \quad \log K_{(1)} = -\frac{3,340}{T} + 3.07 \tag{1}$$

100 ℃, 200 ℃, p_{H_2}=10 atm, 100 atm, 최종 Ni의 활동도를 $a_{Ni^{2+}}=10^{-2}$, 10^{-3}으로 하였을 때, 환원 가능한 pH를 구하고, 이 반응에 미치는 제 인자의 영향에 관해 알아보자.

[풀이] 주어진 반응식의 평형상수는 다음 식과 같다.

$$K_{(1)} = \frac{a_{\text{Ni}} \cdot a^2_{\text{H}^+}}{a_{\text{Ni}^{2+}} \cdot p_{\text{H}_2}} \tag{2}$$

주어진 조건으로부터 각 온도에서의 평형상수는 다음과 같다.

$$\log K_{373} = -5.88, \quad \log K_{473} = -3.99 \tag{3}$$

지금 금속 Ni 분말을 얻고자 하므로 식(2)의 a_{Ni}=1로 두면

$$a^2_{\text{H}^+} = K_{(1)} \cdot a_{\text{Ni}^{2+}} \cdot p_{\text{H}_2} \tag{4}$$

식(4)의 양변에 대수를 취하면 다음 식과 같다.

$$\log a_{H^+} = \frac{1}{2}(\log K_1 + \log a_{Ni^{2+}} + \log p_{H_2}) \tag{5}$$

여기서 $pH = -\log a_{H^+}$ 이므로, 식(5)는 다음과 같이 된다.

$$pH = -\frac{1}{2}(\log K_1 + \log a_{Ni^{2+}} + \log p_{H_2}) \tag{6}$$

각 조건을 식(6)에 대입하여 pH를 구하여 결과를 다음 표에 나타내었다.

온도(K)	373	373	373	373	473	473	473	473
p_{H2}	10	10	100	100	10	10	100	100
$a_{Ni^{2+}}$	10^{-2}	10^{-3}	10^{-2}	10^{-3}	10^{-2}	10^{-3}	10^{-2}	10^{-3}
pH	3.44	3.94	2.94	3.44	2.50	3.00	2.00	2.50

이상의 결과로부터 환원반응을 진행하기 위해서는 표의 pH보다 높은 값을 유지하여야 한다. 또 환원반응이 진행함에 따라 H^+ 생성에 의해 pH가 낮아지므로 환원 속도가 낮아진다. 따라서 환원 가능한 pH가 낮을수록 유리하다. 이러한 관점에서 표의 계산 결과로부터 온도와 p_{H_2}는 높을수록 유리하다고 할 수 있다.

6.8.2 침전에 의한 금속 이온의 회수

용액 중 유가금속 이온을 불용성 화합물 형태로 침전시켜 회수하는 것은 분석화학에서 많이 사용하는 방법으로, 앞에서 설명한 수산화물 침전이나 치환 환원 등이 있다. 치환 환원 침전은 앞에서도 설명한 시멘테이션(cementation)법이며, 청화법으로 용해한 Au, Ag 이온을 아연분말 등으로 침전시켜 회수한다. 그림 6.25에는 이러한 치환반응으로 Au(or Ag)가 석출되는 것을 모식적으로 나타내었다.[36]

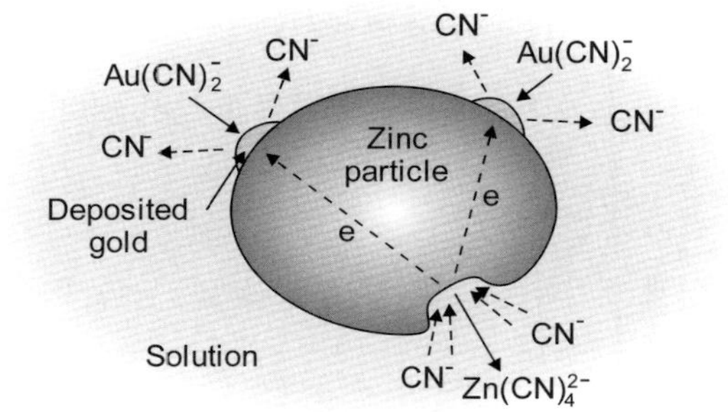

그림 6.25. Au가 Zn 분말 표면에 석출되는 기구의 모식도

Zn 분말에 의한 Au, Ag의 치환반응(cementation)은 국부적인 anode 및 cathode 반응에 의한 전기화학적 반응으로 진행된다. Zn의 용해 반응은 다음과 같다.

$$Zn + 4CN^- + 1/2O_2 + H_2O = Zn(CN)_4^{2-} + 2OH^- \quad (6.108)$$

$$Zn + 2Au(CN)_2^- = 2Au + Zn(CN)_4^{2-} \quad (6.109)$$

$$Zn + H_2O + 2Au(CN)_2^- = 2Au + HZnO_2 + 3H^+ + 4CN^- \quad (6.110)$$

묽은 황산구리 용액 중 Cu^{2+} 이온을 다음 식과 같이 철스크랩 등으로 환원 침전하는 방법도 널리 이용되고 있다.

$$Cu^{2+} + Fe = Cu + Fe^{2+} \quad (6.111)$$

금이 없는 은광석을 처리한 경우 다음 식과 같이 황화소다를 침전제로 사용할 수 있다.[37]

$$2NaAg(CN)_2 + Na_2S = Ag_2S + 4NaCN \quad (6.112)$$

이 반응은 청화소다를 재생할 수 있는 장점이 있으나 금의 침전은 전혀 일어나지 않는다. 그리고 Al에 의한 침전반응은 다음과 같다.

$$2NaAg(CN)_2 + 4NaOH + 2Al$$
$$= 2Ag + Na_2Al_2O_4 + 4NaCN + 4H \quad (6.113)$$

회수한 금·은을 세척 및 건조, 배소 후 플럭스로 소다회, 규사, 붕사 등을 첨가하여 도가니 중에서 용융하여 불순물을 슬래그로 만들고, 금·은은 합금 양극으로 주조하고 전해정제에 의해 Ag와 Au를 분리한다. Au, Ag의 리사이클링에서도 침출한 후 Zn 분말로 침전시키고 전해정제로 분리하기도 한다.

[예제 6.23] 25 ℃에서 묽은 황산 용액 중 Cu 이온을 Fe로 치환한 후 용액 중 Fe(II) 농도가 0.6 g/L일 때 배출액 중 평형 Cu^{2+}의 농도를 구하라. 단, 용액 중 Fe^{2+}의 활동도계수는 0.2로 가정하며, Fe와 Cu의 원자량은 각각 55.85, 63.54 g/mol이다. 그리고 Fe과 Cu의 표준 전극전위는 각각 −0.447 및 0.342 V이다.

[풀이]

$$Cu^{2+} + 2e = Cu : \ E^\circ_{Cu} = 0.342 \ \text{V} \quad (1)$$

$$Fe^{2+} + 2e = Fe : \ E^\circ_{Fe} = -0.447 \ \text{V} \quad (2)$$

따라서 문제의 치환반응은 식(1)-(2)에 의해 다음과 같다.

$$Fe + Cu^{2+} = Fe^{2+} + Cu, \ K = \frac{a_{Cu} \cdot a_{Fe^{2+}}}{a_{Fe} \cdot a_{Cu^{2+}}} \quad (3)$$

여기서 a_{Cu}와 a_{Fe}는 1로 둘 수 있고, 묽은 용액이어서 $a_{Cu^{2+}} \cong [Cu^{2+}]$로 둘 수 있으며, 평형에 도달한 후 $E_{(3)} = 0$이므로 다음과 같다.

$$E_{(3)} = E^\circ_{Cu} - E^\circ_{Fe} - \frac{RT}{2F}\ln\left(\frac{a_{Fe^{2+}}}{[Cu^{2+}]}\right) = 0$$

$$a_{Fe^{2+}} = 0.2 \times \frac{0.6}{55.85} = 0.0021$$

$$\therefore E_{(3)} = (0.342 + 0.447) - \frac{0.0591}{2}\log\left(\frac{0.0021}{[Cu^{2+}]}\right) = 0$$

$$\therefore \log[Cu^{2+}] = -29.38$$

$$\therefore [Cu^{2+}] = 4.17 \times 10^{-30} \text{ mol/L}$$

$$= 4.17 \times 10^{-30} \times 63.54 = 2.65 \times 10^{-28} \text{ g/L}$$

[예제 6.24] 25 ℃에서 0.1 M $AgNO_3$ 용액에 구리 조각을 넣었을 때 용액 중 Cu^{2+}와 Ag^+ 이온의 농도를 구하라. 단, Cu와 Ag의 표준 전극전위는 각각 −0.34 및 −0.80 V이다.

[풀이] 용액 내에서 일어나는 반응은 다음과 같다.

$$2Ag^+ + Cu = 2Ag + Cu^{2+} \quad (1)$$

식(1)의 반응으로 발생하는 표준 기전력은 다음과 같다.

$$E^\circ_{(1)} = E^\circ_{Cu/Cu^{2+}} - E^\circ_{Ag/Ag^+} = -0.34 - (-0.80) = 0.46 \text{ V} \quad (2)$$

$E^\circ_{(1)} = (RT/zF)\ln K$이므로 평형상수는 다음과 같다.($z = 2$)

$$\log K_{(1)} = E^\circ_{(1)} \frac{zF}{2.303RT} = 0.46 \times \frac{2}{0.0591} = 15.57$$

$$\therefore K_{(1)} = \frac{[Cu^{2+}]}{[Ag^+]^2} = 3.72 \times 10^{15} \quad (3)$$

여기서 각 이온의 초기 농도는 $[Ag^+]$=0.1 mol/L, $[Cu^{2+}]$=0이므로 평형에서는

$$[Ag^+] = x \text{ mol/L}, \ [Cu^{2+}] = (0.1 - x)/2 \approx 0.05 \ (\because x \ll 0.1) \quad (4)$$

따라서 각각의 값을 식(3)에 대입하면 다음과 같다.

$$x^2 = \frac{0.05}{3.72 \times 10^{15}} = 1.34 \times 10^{-17} \qquad (5)$$

$$\therefore x = [Ag^+] = 3.66 \times 10^{-9} \text{ mol/L}$$

따라서 용액 중에 Ag^+ 이온은 거의 남지 않는다.

[참고문헌]

1 Michael L. Free, 2013: Hydrometallugy Fundamentals and Applications, p.24, John Wiley & Sons, Inc.

2 Michael L. Free, 2013: Hydrometallugy Fundamentals and Applications, p.27, John Wiley & Sons, Inc.

3 W. M. Haynes, David R. Lide, and Thomas J. Bruno, 2014: Section 5 Thermochemistry, Electrochemistry, and Solution Chemistry, pp.5,201-202, CRC Handbook of Chemistry and Physics 95th Ed., CRC Press.

4 L. H. Lalasari, M. K. Widowati, N. C. Natasha, et al., 2017: The Synthesis of Calcium Salt from Brine Water by Partial Evaporation and Chemical Precipitation, IOP Conf. Ser.: Mater. Sci. Eng. 176, 012040, pp.1-10.

5 Michael L. Free, 2013: Hydrometallugy Fundamentals and Applications, p.34, John Wiley & Sons, Inc.

6 M. Pourbaix, 1945: Thermodynamics of Dilute Aqueous Solutions, Edward Arnold & Co.

7 日本金属学会, 2003: 材料電子化學, p.91, 日本金属学会, 丸善.

8 손호상 역, 2017: A. Yazawa의 열역학 문제집, p.191, 경북대학교출판부.

9 Alain Vignes, 2011: Extractive Metallurgy - Basic Thermodynamics and Kinetics, p.169, John Wiley & Sons, Inc.

10 손호상 역, 2017: A. Yazawa의 열역학 문제집, p.319, 경북대학교출판부.

11 粟倉泰弘, 1994: 湿式による浸出·回収, 資源と素材 113(12), pp.932-935.

12 박수지, 손인준, 손호상, 2015: 황산 용액에 의한 전기로 제강분진으로부터 Zn의 침출, 대한금속·재료학회지 53(11), pp.793-800.

13 Michael L. Free, 2013: Hydrometallugy Fundamentals and Applications, p.122, John Wiley & Sons, Inc.

14 Michael L. Free, 2013: Hydrometallugy Fundamentals and Applications, p.91, John Wiley & Sons, Inc.

15 Sibata and A. Okuda, 2002: Recycling Technology of Precious Metals, Sigen-to- Sozai 118(1), pp.1-8.

16 M. H. Caron, 1924: Process of Recovering Values from Nickel and Cobalt-Nickel Ores, U. S. Patent 1,487,145.

17 H. Majima et al., 1993: Dissolution of Copper with Aqueous Cupric Ammine

Solution —Studies on the selective recovery of copper and iron from motor scrap (1st Report)—, Shigen-to-Sozai 109(3), pp.191-194.

18 Ho-Sang Sohn, 2022: Extractive Metallurgy and Recycling of Cobalt, J. Kor. Powd. Met. Inst. 29, pp.252-261.

19 白山 栄(Shirayama S.), 2015: 湿式製錬におけるニッケルとコバルトの新しい相互分離法, p.11, Docotrial Thesis, Kyoto University, Japan.

20 F. K. Crundwell et al., 2011: Extractive Metallurgy of Nickel, Cobalt and Platinum-Group Metals, p.118, Elsevier Ltd. UK.

21 A. Yazawa, 1980: Extractive Metallurgy of Non-Ferrous Metals, p.279, JIM, Sendai, Japan.

22 D. G. Eagland Kerfoot, E. Krause, B. J. Love et. al., 2002: Hydrometallurgical Process for the Recovery of Nickel and Cobalt Values from a Sulfidic Flotation Concentrate, US Patent 6,428,604.

23 이재천 등, 2011: 도시광산 금속자원의 순환활용을 위한 바이오 습식제련, 한국지구시스템공학회지 48(3), pp.383-395.

24 赤堀道弘, 2019: コバルト生産技術動向, 金属資源レポート(JOGMEC) 49, pp.1-27.

25 A. Yazawa, 1980: Extractive Metallurgy, p.192, JIM, Sendai, Japan.

26 이승이, 1976: 非鐵製錬工學, p.131, 文運堂.

27 Michael L. Free, 2013: Hydrometallugy Fundamentals and Applications, p.189, John Wiley & Sons, Inc.

28 田中幹也, 1997: 溶媒抽出, 資源と素材(Shigen-to-Sozai) 113, pp.940-944.

29 J. Shibata, 2002: Solvent Extraction of Precious Metals, Surface Technology 53(10), pp.641-646.

30 J. Shibata and S. Nishimura, 1990: The Role of Diluent in Metal Extraction Process, Bulletin of the Japan Institute of Metals 29(6), pp.453-456.

31 S. Mukai, 1985: Mineral Processing and Refining of Rare Earth Elements, Tetsu-to-Hagane 71(6), pp.633-644.

32 草野裕志, 2014: イオン交換樹脂技術の系統化調査, p.9.

33 이온텍주식회사 기술자료: '이온교환수지를 이용한 금회수', www.iontec.co.kr

34 M. Shamsuddin, 2016: Physical Chemistry of Metallurgical Processes, p.518, The Minerals, Metals & Materials Society, John Wiley & Sons, Inc., Hoboken, New Jersey.

35 손호상 역, 2017: A. Yazawa의 열역학 문제집, p.316, 경북대학교출판부.

36 G. Chi, M. C. Fuerstenau, and J. O. Marsden, 1997: Study of Merrill-Crowe processing. Part I: Solubility of zinc in alkaline cyanide solution, Int. J. Miner. Process 49, pp.171-183.

37 박평주, 이승이, 김수식, 백영현, 1980: 비철제련공학, p.288, 대한금속학회, 탑출판사.

Extractive Metallurgy and Recycling of Metals

제7장

전해제련

제7장 | # 전해제련

Electro-metallurgy

7.1 전해제련의 개요

전해제련(electro-metallurgy)법은 전해질 수용액이나 용융염 등 이온 전도체에 전류를 흘렸을 때의 화학변화를 이용하여 물질을 분리하거나 제조하는 것이다. 전해제련에는 전해채취(electro-winning)와 전해정제(electro-refining)가 있다. 또 수용액 전해제련과 용융염 전해제련이 있다.

그림 7.1에 전해채취와 전해정제의 원리를 나타내었다. 전해채취는 그림 7.1(a)와 같이 이온을 함유하는 전해질 수용액 중에 2개의 전극(cathode와 anode)을 침지하고 외부의 직류전원에서 전압을 인가하여 음극(cathode)에 금속을 환원 석출시켜 회수하는 방법이다. 이때 양극(anode)에서는 필수적으로 산화반응이 진행하지만, 불용성 양극을 사용하며 전원에서 나온 전류가 전해조를 통과하여 다시 전원으로 돌아가기 위한 것이다. 그리고 전해 후 재생되는 산(acid)은 침출 공정이나 용매추출 공정의 역추출제 등으로 순환 사용한다. 전해채취에 의한 금속 회수법은 건식제련의 조금속과 같은 중간 단계 없이 한 번 만에 고순도 금속

을 얻을 수 있다. 그러나 전해에 악영향을 미치는 불순물들은 용액 정제 공정에서 미리 제거하여야 한다.

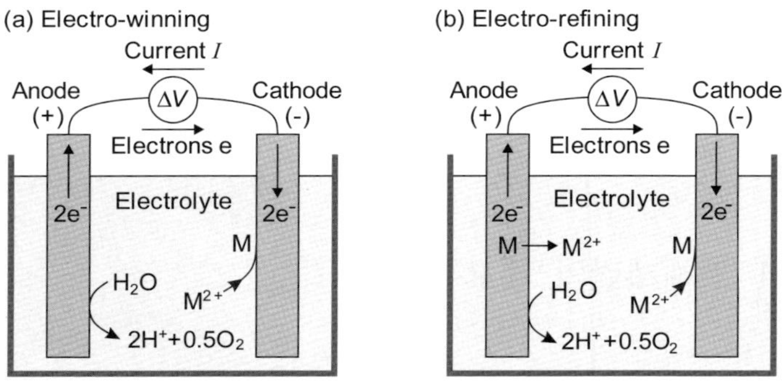

그림 7.1. 전해채취(a)와 전해정제(b)의 원리

전해정제는 전해채취와 마찬가지로 그림 7.1(b)와 같이 전해질 중에 2개의 전극이 있으나, 목적금속의 조금속이 양극이므로 anode 반응은 목적금속의 용해 반응이다. 목적금속보다 귀한 원소는 양극 용해 때 anode slime으로 남아 분리되고, 용해되어 나온 비한 금속은 목적금속을 음극에 석출시킬 때 용액 중에 남아 목적금속만 석출시켜 정제한다.

한편 용융염 전해는 금속의 안정 영역이 물의 안정 영역을 벗어나 있으면서* 수소 과전압이 작아 수용액 전해를 할 수 없을 때 금속염을 용융하여 이온 전도성 액체로 만들어 전해채취하는 것이다. 예를 들면 Al, Be, Ca, Li, Mg, Na, 희토류 원소 등 반응성이 풍부하고 비한(base) 금속들은 용융염 전해로 제조하고 있으며, 수용액 전해정제와 마찬가지로 용융염 전해정제도 적용하고 있다.

* 그림 6.3 25 ℃에서 물의 안정 영역 참조.

7.2 전해제련의 화학

7.2.1 패러데이 법칙

패러데이 법칙(Faraday's Law)이란 이상적인 조건에서 다음과 같다.[1]

① 전기분해에서 전기화학적으로 석출, 용해 또는 반응하는 물질의 양은 흘려 준 전기량에 비례한다.

② 동일한 전기량에 의해 전기화학적으로 석출, 용해 또는 반응하는 물질의 양은 그 화학당량에 비례한다.

따라서 전해질 용액의 전기분해에 의해 일어난 화학 반응량은 패러데이 법칙으로 계산한다. 1 g 당량(몰질량을 이온 전하수로 나눈 값)의 물질이 전기화학적으로 석출, 용해 또는 반응하는 데 필요한 전기량은 물질의 성질과 무관하게 일정하며, 다음과 같다.

$$Q = z \cdot F \cdot n \quad [\mathrm{A \cdot h}] \tag{7.1}$$

여기서 Q는 흘린 전기량(전류×시간), z는 반응에 관계하는 물질의 이온가수, n은 생성 또는 소비된 이온의 몰 수이다. 그리고 F는 패러데이 상수로 96,485 C/mol(26.80 A·h/mol)이다. 따라서 전해에 의한 이론적인 금속 석출량 w_{M}(g)은 다음과 같다.

$$w_{\mathrm{M}}(\mathrm{g}) = \frac{\text{몰질량}(\mathrm{g/mol})/\text{이온가}}{26.8(\mathrm{A \cdot h})} \times \text{전류}(\mathrm{A}) \times \text{시간}(\mathrm{h}) \tag{7.2}$$

$$= \frac{M}{zF} \cdot I \cdot t \tag{7.3}$$

여기서 $M/(zF)$는 물질의 전기화학 당량이라 부르는 값으로 물질 고유의 상수이다. 표 7.1에 전해제련을 하는 주요 금속과 이론 전기량을 나타내었다.[2]

표 7.1. 전해제련을 하는 주요 금속과 이론 전기량

금속	몰량# (g/mol)	이 론 전기량 (kA · h/t)	반 응 전자수 (eq/mol)	종류*	전 해 욕 성분 · 조건	주 반 응 식
Ag	107.868	248	1	aq	$AgNO_3 + Cu(NO_3)_2$	$Ag = Ag$
Au	196.967	408	3	aq	$HAuCl_4 + HCl$	$Au = Au$
Bi	208.980	385	3	aq	$BiCl_3 + HCl$	$Bi = Bi$
Co	58.933	910	2	aq	$CoSO_4 + H_2SO_4$	$2CoSO_4 + 2H_2O = 2Co + 2H_2SO_4 + O_2$
Cr	51.996	1,546	3	aq	$Cr_2(SO_4)_3 \cdot (NH_4)_2SO_4$	$2Cr_2(SO_4)_3 + 6H_2O = 2Cr + 6H_2SO_4 + 2CrO_3$
Cu	63.546	844	2	aq	$CuSO_4 + H_2SO_4$	$Cu = Cu$
Fe	55.845	960	2	aq	$(NH_4)_2SO_4 \cdot FeSO_4$	$Fe = Fe$
Ga	69.723	1,153	3	aq	$Ga(OH)_3 + NaOH$	$4Ga(OH)_3 = 4Ga + 3O_2 + 6H_2O$
In	114.818	700	3	aq	$InCl_3 + NaCl$	$2InCl_3 = 2In + 3Cl_2$
Mn	54.938	976	2	aq	$MnSO_4 + (NH_4)_2SO_4$	$2MnSO_4 + 2H_2O = 2Mn + 2H_2SO_4 + O_2$
Ni	58.693	913	2	aq	$NiSO_4 + H_3BO_4 + NaCl$	$Ni_2S_3 = 2Ni + 3S$
Pb	207.200	259	2	aq	$PbSiS_6 + H_2SiF_6$	$Pb = Pb$
Sn	118.710	452	2	aq	$NaOH + Na_2SnO_3$	$Sn = Sn$
Zn	65.380	820	2	aq	$ZnSO_4 + H_2SO_4$	$2ZnSO_4 + 2H_2O = 2Zn + 2H_2SO_4 + O_2$
Al	26.982	2,980	3	f	$AlF_3 \cdot 3NaF$, 980 ℃	$2Al_2O_3 + 3C = 4Al + 3CO_2$
Ca	40.078	1,338	2	f	$CaCl_2$, 800 ℃	$CaCl_2 = Ca + Cl_2$
Li	6.938	3,862	1	f	$LiCl + KCl$, 450 ℃	$2LiCl = 2Li + Cl_2$
Mg	24.305	2,204	2	f	$MgCl_2 + CaCl_2 + NaCl$	$MgCl_2 = Mg + Cl_2$
Na	22.990	1,166	1	f	$NaCl + CaCl_2$, 570 ℃	$2NaCl = 2Na + Cl_2$

#: CRC Handbook of Chemistry & Phiysics 97th, * aq: 수용액, f: 용융염

[예제 7.1] 0.01 N 농도의 질산은($AgNO_3$) 용액 중 $AgNO_3$와 Ag 함유량(g/L)을 구하라. 단 $AgNO_3$와 Ag의 분자량과 원자량은 각각 169.9, 107.9 g/mol이다.

[풀이] 우선 용액 단위 부피당 $AgNO_3$의 양은 다음과 같다.

$$0.01\ N = 0.01\ g-eq/L = 0.01\ mol/L \tag{1}$$

따라서 $AgNO_3$와 Ag 함유량(g/L)은 각각 다음과 같다.

$$AgNO_3:\ 0.01\ \mathrm{mol/L} \times 169.9\ \mathrm{g/mol} = 1.699\ \mathrm{g/L} \tag{2}$$

$$Ag:\ 0.01\ \mathrm{mol/L} \times 107.9\ \mathrm{g/mol} - Ag = 1.079\ \mathrm{g/L} \tag{3}$$

[예제 7.2] 전해조에 0.8 A의 전류를 5시간 동안 흘려 4.74 g의 Cu가 석출되었다. Cu의 전기화학 당량을 구하라.

[풀이] Cu의 전기화학 당량은 $M/(zF)$로 1 C에 의해 석출되는 Cu 양과 동일하다.

$$\frac{M}{zF} = \frac{w_{\mathrm{Cu}}}{I \cdot t} = \frac{4.74}{0.8 \times 5 \times 60 \times 60} = 0.000329\ \mathrm{g/(A{\cdot}h)}$$

실제로 Cu에 관한 $M/(zF)$를 구하면 다음과 같다.

$$\frac{M_{\mathrm{Cu}}}{zF} = \frac{63.54}{2 \times 96{,}485} = 0.000329\ \mathrm{g/C}$$

7.2.2 Nernst식과 전극전위

$M^{z+} + ze^- = M$ 반응에 관한 Nernst식은 다음과 같다.*

$$E_{eq} = E^\circ - \frac{RT}{zF}\ln\left(\frac{a_{\mathrm{M}}}{a_{\mathrm{M}^{z+}}}\right) \tag{7.4}$$

여기서 E°는 표준 전극전위(표준 산화환원전위, standard electrode potential)이며, 반응에 관여하는 모든 화학종의 활동도가 1일 때의 평형전위이다. 표 2.2에 몇 가지 주요 금속의 표준 전극전위를 나타내었다. 금속 M이 순수할 때는 a_{M}=1이므로 25 ℃에서는 다음과 같이 나타낸다.

* 2.8.2 평형전위와 Nernst식 참조.

$$E_{eq} = E^\circ + \frac{2.303 \times 8.314 \times 298}{z \times 96,485} \log a_{M^{z+}} \quad (\text{at } 298 \text{ K}) \tag{7.5}$$

$$= E^\circ + \frac{0.0591}{z} \log a_{M^{z+}}$$

E°의 값이 (+) 쪽으로 클수록 귀한(noble) 원소이며, (-) 쪽으로 클수록 비한(base) 원소라 한다. 전해채취에서는 목적금속보다 귀한 원소를 용액 정제 과정에서 분리하여 제거하고, 보다 비한 원소는 목적금속이 음극에 석출될 때 분리하여 용액에 남기는 방법으로 순금속을 제조한다. 또 전해정제에서는 목적금속보다 귀한 원소를 양극 용해 때 분리하고, 비한 금속은 목적금속을 음극에 석출시킬 때 용액 중에 남기는 2단계의 분리로 순금속을 제조한다.

[예제 7.3] 25 ℃에서 다음 반응의 평형전위를 구하라.

① $Zn^{2+} + 2e = Zn$, $a_{Zn^{2+}} = 0.1$, $E^\circ = -0.7618$ V

② $Cu^{2+} + 2e = Cu$, $a_{Cu^{2+}} = 0.01$, $E^\circ = 0.3419$ V

[풀이] Nernst식을 이용하여 각각의 평형전위를 구한다.

① $$E_{eq} = E^\circ + \frac{0.0591}{z} \log a_{M^{z+}} = -0.7618 + \frac{0.0591}{2} \log(0.1)$$
$$= -0.7914 \text{ V}$$

② $$E_{eq} = 0.3419 + \frac{0.0591}{2} \log(0.01) = -0.2828 \text{ V}$$

[예제 7.4] $Fe^{3+} + e = Fe^{2+}$의 표준 전극전위를 구하라. 단, $E^\circ_{Fe^{3+}/Fe} = -0.037$ V, $E^\circ_{Fe^{2+}/Fe} = -0.447$ V이다.

[풀이] 주어진 값으로부터

$$Fe^{3+} + 3e = Fe,\ E^{\circ}_{(1)} = -0.037\ V \tag{1}$$

$$\Delta G^{\circ}_{(1)} = -zFE^{\circ}_{(1)} = -3 \times F \times (-0.037) = 0.111F$$

$$Fe^{2+} + 2e = Fe,\ E^{\circ}_{(1)} = -0.447\ V \tag{2}$$

$$\Delta G^{\circ}_{(2)} = -zFE^{\circ}_{(2)} = -2 \times F \times (-0.447) = 0.894F$$

문제의 반응식은 식(1)-(2)이며, 자유에너지 변화는 다음과 같다.

$$Fe^{3+} + e = Fe^{2+} \tag{3}$$

$$\Delta G^{\circ}_{(3)} = -zFE^{\circ}_{(3)} = \Delta G^{\circ}_{(1)} - \Delta G^{\circ}_{(2)} = 0.111F - 0.894F = -0.783F$$

$$\therefore\ E^{\circ}_{(3)} = 0.783\ V\ (\because\ z = 1) \tag{4}^{*}$$

7.2.3 과전압(over voltage)과 분극(polarization)

전류밀도를 높여 반응을 빠르게 진행하기 위해서는 전극 계면에 있는 반응저항을 극복하기 위한 과잉 전압이 필요하다. 이러한 과잉 전압은 전류가 흐르고 있는 상태에서의 전극전위와 전해욕 조성으로부터 Nernst식으로 구한 평형전위의 차이로 과전압(η)이라 부르며 다음과 같다.

$$\eta = E - E_{eq} \tag{7.6}$$

전극전위 E가 평형전위 E_{eq}에서 벗어나는 것을 분극이라 한다. 평형전위에서 η만큼 분극되어 있는 전위 E를 분극전위(polarization potential)라 하지만 일반적으로 전해 분극(electrolytic polarization)이라 부른다. 전해 분극(또는 분극)은 전류가 흐르지 않는 상태에서의 실측 전위와 전류가 흐르고 있는 상태에서의 실측 전위 차이로 정의된다. 전류 'zero'의 상태에서 평형전위를 나타내지 않는 전극계에서는 과전

* 부록의 값(0.771 V)과 약간의 차이가 있음.

압과 분극이 일치하지 않지만 그다지 엄밀하게 구분하지는 않는다.

실용적으로는 전류밀도와 분극의 관계를 나타내는 분극 곡선(polarization curve)에 근거하여 금속의 전기화학적 거동을 해석한다. 일반적으로 전해제련은 전류 제어 조건(정전류)에서 조업하지만, 전류밀도를 높이면 anode 전위가 귀한 방향으로 변화하고(anode 분극이 증가), 또 cathode 전위는 비한 방향으로 변화한다(cathode 분극이 증가). 이러한 분극의 원인에는 활성화 분극, 농도분극, 저항분극, 기계적 부동태 분극 등이 있다.

7.2.4 분해전압

전기분해는 임의의 조건에서 일어나는 것은 아니며, 일정한 전압에 도달했을 때 전류가 급격히 통과하여 전해가 시작된다. 이와 같이 전류를 통과시켜 전극반응이 일어나는 데 필요한 최소 전압을 분해전압(dissociation voltage), 또는 전해조 전압(cell voltage)이라 한다. 전원 단자 간 전압 E_t (V)는 시스템의 각 부분에 전류를 흘리기 위한 전압으로 다음과 같다.

$$E_t = (E_A - E_C) + IR_S + IR_L \tag{7.7}$$

여기서 E_A와 E_C는 각각 전류가 흐르고 있는 상태의 양극과 음극의 전극전위이며, 그 차이인 $(E_A - E_C)$는 산화반응과 환원반응의 구동에 필요한 전압이다. 또 IR_S와 IR_L은 각각 전해욕 및 리드선에 전류를 흘리기 위한 전압이다.

한편 양극과 음극의 평형전위를 $E_{A,eq}$, $E_{C,eq}$ 라 하면 $E_A - E_{A,eq}$는 양극에서의 산화반응 진행을 위한 구동력이며, 양극 과전압 η_A라 부른다.

$$E_A - E_{A,eq} = \eta_A \tag{7.8}$$

음극에서는 음극 과전압 η_C가 (+) 값을 가지도록 정의하면 다음 식이 얻어진다.

$$E_{C,eq} - E_C = \eta_C \quad (7.9)$$

식(7.8) 및 (7.9)를 식(7.7)에 대입하면 다음과 같다.

$$E_t = [E_{A,eq} - E_{C,eq}] + [\eta_A + \eta_C + IR_S + IR_L] \quad (7.10)$$

여기서 우변의 $[\eta_A + \eta_C + IR_S + IR_L]$항은 유한한 크기의 전해 전류를 흘릴 때 필요한 전압이며, $[E_{A,eq} - E_{C,eq}]$항은 전기분해를 할 때의 필요 최소한의 단자 간 전압으로 이론 분해전압 E_r이라 한다. 전해를 진행하기 위해서는 적어도 이 전지의 기전력과 같은 크기의 역방향 전해전압을 인가해야 한다. 이 이론 분해전압은 양극 및 음극의 평형전위를 Nernst식으로 평가하여 계산할 수 있다.

예를 들어 Cu^{2+} 이온이 황산동으로 용해되어 있다면 수용액 중에서 SO_4^{2-} 이온의 상대가 Cu^{2+} 이온에서 H^+ 이온으로 변한 것이 되므로 전체적인 물질수지는 다음과 같다.

$$CuSO_4 + H_2O \rightarrow Cu + H_2SO_4 + \frac{1}{2}O_2 \quad (7.11)$$

Cu의 전해채취에서 pH 및 $a_{Cu^{2+}}$의 정확한 값은 알 수 없으나 이론 분해전압의 개략적인 값은 예제 7.6과 같이 표준 전극전위의 차 0.89 V를 이용하면 된다. 실제 Pb anode 상에서의 산소 발생은 산소 과전압이 필요하므로 이론 분해전압에 이것을 더한 것이 실제 분해전압 E_z이다.

$$E_z = E_r + E_{ir} \quad (7.12)$$

여기서 E_{ir}은 가스 발생을 위한 최소 분극(과전압)이다.

[예제 7.5] $CdSO_4$ 수용액을 전기분해할 때 가해진 전압(V)에 대응하는

전류(A)가 다음 표와 같을 때 $CdSO_4$ 수용액의 분해전압을 구하라.

E(V)	0.5	1.0	1.5	1.8	2.0	2.2	2.4	2.6	3.0
I(A)	0.002	0.004	0.006	0.007	0.008	0.028	0.069	0.110	0.192

[풀이] 주어진 데이터를 플롯하면 그림 7.2와 같다. 그림에서 전류가 급격하게 상승하는 부분의 추세선을 구하면 $y = 0.205x - 0.423$이다. 따라서 전류가 0일 때의 전압을 구하면 이 값이 분해전압이며 0.423/0.205=2.063 V이다.

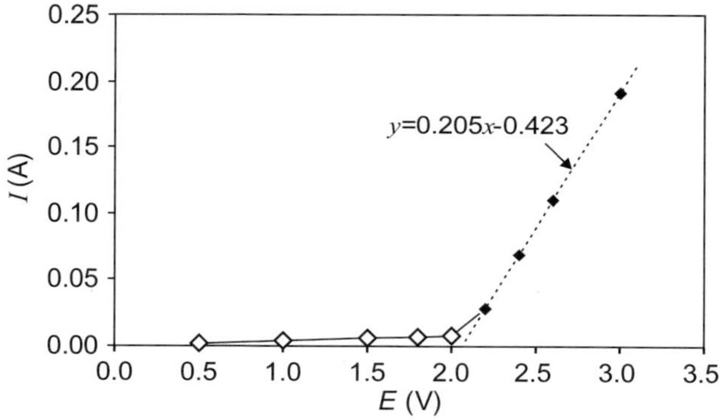

그림 7.2. $CdSO_4$ 수용액의 전위-전류 변화

[예제 7.6] 황산산성 황산동 수용액 전해액에서 Pb anode로 Cu를 전해채취할 때의 이론 분해전압을 구하라. 단, 각 전극의 반응은 다음과 같다.

$$\text{anode} : H_2O \rightarrow \frac{1}{2}O_2 + 2H^+ + 2e, \ E^\circ = 1.229 \text{ V} \tag{1}$$

$$\text{cathode}: Cu^{2+} + 2e \rightarrow Cu, \ E^\circ = 0.3419 \text{ V} \tag{2}$$

[풀이] 전해조 내에서 일어나는 전체 반응은 식(1)+(2)에 의해 다음과 같다.

$$Cu^{2+} + H_2O \rightarrow Cu + \frac{1}{2}O_2 + 2H^+ \tag{3}$$

식(3)의 이론 분해전압은 각 전극전위 값의 차이로 다음과 같다.

$$E_r = E_{A,\,eq} - E_{C,\,eq} = 1.229 - 0.3419 = 0.887 \ \ \mathrm{V}$$

7.3 수용액 전해채취

7.3.1 전해채취의 개요

전해채취는 침출액 등의 용액에서 전기분해에 의해 순수한 금속을 얻는 것이다. 수용액 전해채취는 Cd, Cr, Co, Cu, In, Mn, Tl, Zn 등 다양한 금속에 적용하고 있다. 원료를 적당한 용매에 침출한 후, 전해를 방해하는 불순물을 제거하고, 불용성 양극을 사용하여 전기분해를 하면 음극에 목적금속이 석출된다. 전해에 의해 용매는 재생되어 다시 침출 공정 등에 사용된다. 표 7.2에는 대표적인 전해채취의 예를 나타내었다.[3]

표 7.2. 전해채취 조건의 예

금속	전해액 주성분	전해액 조성(g/L)	온도(℃)	전류밀도(A/m^2)
Cd	$CdSO_4$+H_2SO_4	Cd 50~60 H_2SO_4 100~120	25~35	70~150
Co	$CoSO_4$+H_3BO_3+NaF	Co 20, H_3BO_3 50, NaF 5	60~65	50~200
Cr	$(NH_4)_2SO_4Cr_2(SO_4)_3$ +H_2SO_4	Cr 40, NH_3 90 pH 2.5~2.65	45	700
Cu	$CuSO_4$+H_2SO_4	Cu 25~35 Free H_2SO_4	30~45	100~130
Ga	Ga+NaOH	-	45~50	2,000
Mn	$MnSO_4$+H_2SO_4 +$(NH_4)_2SO_4$	Mn 25~35 $(NH_4)_2SO_4$ 100~150 pH 7.0~7.5	35~40	350~500
Ni	$NiCl_2$+HCl+NaCl (DSA, 격막 사용)	Ni 70~90 pH 1.5	60~65	230~250
Zn	$ZnSO_4$+H_2SO_4	Zn 50~60 H_2SO_4 150~160	30~45	500~600

목적금속 M을 전해채취할 때 M의 음극 전위는 다음과 같다.

$$E_{M} = E^{\circ} + \frac{RT}{zF}\ln a_{M^{z+}} - \eta \tag{7.13}$$

따라서 금속 석출에 필요한 전위 E_M은 E°, $a_{M^{z+}}$, η에 의해 결정되므로 이러한 값을 적당히 조절하거나 선택하여 목적금속만 석출되도록 한다.

7.3.2 전극

이온 전도체인 전해욕(electrolyte)에 전류를 흘려 보내기 위해서는 그림 7.1과 같이 전해욕에서 전류의 입구와 출구 역할을 하는 2개의 전극(electrode)인 양극(anode)과 음극(cathode)이 필요하다.

(1) 양극(anode)

전해채취에서 양극은 산화반응이 일어나는 곳으로 도전체 작용만 하며, 산성 용액에서는 산소가, 염화물 용액에서는 염소 가스가 발생한다. 따라서 양극은 전해액에 대해 화학적으로나 전기화학적으로 불용성이어야 한다. 또 양극은 전해액에 침식되지 않고 산소 과전압이 적으며 튼튼한 것이 바람직하고, 판상 등 임의의 형상으로 가공이 쉬운 재료를 사용한다.

양극에서 고형 생성물이 생성되기도 하지만, 충분한 전기 전도성을 가지고 있으면 큰 문제가 되지 않는다. 그러나 전기 전도성이 나쁘면 전해욕 전압을 상승시키므로 양극 표면에 치밀한 고형물이 생성되면 적당한 방법을 사용하여 주기적으로 제거해 주어야 한다.

불용성 합금 양극으로는 목적금속에 따라 다음과 같은 합금을 사용하고 있으며, 주된 anode 반응은 산소 발생 반응이다.

① Cu 전해채취: Pb-Sb(4~12 %)

② Zn, Cd 전해채취: Pb-Ag(0.5~1 %)

③ Cr 전해채취: Pb-Sn(3~10 %)

④ Mn 전해채취: Pb-Sn(30~50 %)-Co(0.3~0.4 %)

Pb는 황산 용액 중에서 상당한 내석성을 가지고 있어서 황산산성의 전해액에서는 Pb나 Pb 합금을 많이 사용한다. 이것은 Pb 양극 표면이 난용성의 $PbSO_4$로 피복되어 통전하면 다음 식과 같이 양극 산화에 의해 $PbSO_4$보다 도전성도 좋고 한층 더 난용성인 PbO_2가 생성되어 불용성 양극으로 작용하기 때문이다.

$$PbSO_4 + 2H_2O \rightarrow PbO_2 + SO_4^{2-} + 2e \quad (7.14)$$

염산이나 질산산성 전해액과 같이 Cl^- 이온이나 NO_3^- 이온이 많이 함유되어 있으면 RuO_2 피복의 Ti판(DSA*: dimensionally stable anode)이나 특수한 합금(Chilex: Cu-Si합금, Cosil: Co-Si합금)을 사용하기도 한다. 이때 주된 anode 반응은 염소 발생 반응이다.

(2) 음극(cathode)

음극은 전해채취에서 환원반응이 일어나는 곳으로, 목적금속의 석출, 공존하는 불순물 금속 이온의 석출, 수소 발생 등의 현상이 일어난다. 일반적으로 목적금속과 동일한 순금속을 사용하기도 하지만, 조업의 편의성 등을 위해 대부분 다른 금속을 사용하여 전해석출 후에 박리하여 회수하고 있다. 음극판의 선택은 다음과 같은 점을 고려하여 선택한다.[4]

---

* DSA는 혼합 금속 산화물(MMO, mixed metal oxide) 전극으로 전기 분해에서 양극으로 사용하기 위한 높은 전도성과 내식성을 갖춘 전극이다. 순수 Ti 판이나 메시 같은 기판에 여러 종류의 금속 산화물을 코팅하여 만든다.

① 사용 전해액에 대해 화학적으로 용해되지 않을 것

② 전해 후 목적금속의 박리가 쉬울 것

③ 전기 전도성이 좋을 것

④ 가공성, 기계적 강도가 클 것

⑤ 목적금속이 비한 금속일 때는 수소 과전압이 높을 것

따라서 Zn, Cd 등의 전해에서는 Al판, Cu, Cr, Mo, Co 등의 전해에서는 스테인리스강판 등을 음극으로 사용하고 있다.

7.3.3 전해욕

전해액은 목적금속 이온이 함유된 수용액을 사용하지만, 금속 이온의 가수분해 방지, 염기성 염의 생성 방지 및 욕의 전기전도도 증대를 위해 무기산을 첨가한다. 대부분 안정하고 값싼 황산산성 전해욕을 사용한다. 이때 양극에서는 무해한 O_2가 발생하지만, 염산산성 염화물욕을 사용하면 양극에서 Cl_2 가스가 발생하므로 가스 제거에 주의하여야 한다.

한편 전해액 중 목적금속보다 귀한 금속은 음극에 우선 석출하므로 미리 제거하여야 한다. 또 목적금속보다 비하지만 음극 석출에 영향을 미치는 금속도 미리 제거해 두어야 한다. 특히 목적금속보다 비한 금속도 목적금속의 석출에 따라 농도가 증가하여 목적금속의 활동도가 감소하면 석출될 가능성이 있으므로, 목적금속과 합금을 잘 만드는 비한 금속은 제거하여야 한다.(예제 7.11 참조)

수용액 전해채취에서 전해액은 일정한 pH와 금속 이온의 농도를 유지하여야 한다. 따라서 정제한 침출액 등을 일정한 pH와 이온 농도로 조절하여 일정한 속도로 연속적으로 전해조에 유입시키고 전해가 끝난 용

액은 다시 침출 등에 사용하고 있다. 그림 7.3에는 실제 아연 전해채취 전해조를 나타내었다.

그림 7.3. ㈜영풍 석포제련소의 아연 전해채취

전해욕에는 목적금속의 염 및 유리산 외에 소량의 유기물 또는 무기물을 첨가하여 cathode 상의 금속 석출 상태를 개선한다. 표 7.3에 몇 가지 금속의 전해채취 시 첨가제를 나타내었다.

표 7.3. 전해채취 시 전해욕 첨가제

금속	Zn	Cd	Cu	Mn	Co	Cr
첨가제	아교 크레졸 대두	아교	아교 치오요소 아비톤	개미산 아교 SO_2	$CoCO_3$ (pH 조정)	아황산소다 고락

7.3.4 전해채취의 예

(1) 아연 전해채취

그림 7.4에는 아연의 습식제련 공정도를 나타내었다. 우리나라의 (주)영풍과 고려아연에서는 습식법으로 고순도 아연을 생산하고 있다. 아연

습식제련의 1단계에서는 다음 식과 같이 황화광(ZnS)을 산화 배소하여 ZnO로 만들고, 이때 발생하는 SO_2 가스는 황산으로 회수한다.

$$ZnS(s) + \frac{3}{2}O_2(g) = ZnO(s) + SO_2(g) \tag{7.15}$$

ZnO(배소광)는 다음 식과 같이 H_2SO_4 용액(아연 전해 미액)으로 침출한다.

$$ZnO + H_2SO_4 = ZnSO_4 + H_2O \tag{7.16}$$

배소광의 황산 침출에서 모든 불순물을 잔사로 분리시킬 수 없다. 따라서 침출액 중에는 Fe, Cu, As, Sb, Ni, Co, Cd 등의 불순물도 용해되어 있으므로 이러한 불순물들을 정액 공정(purification)에서 제거한다.*5 아연소광 침출액 중에 포함된 불순물을 분류하면 다음과 같다.

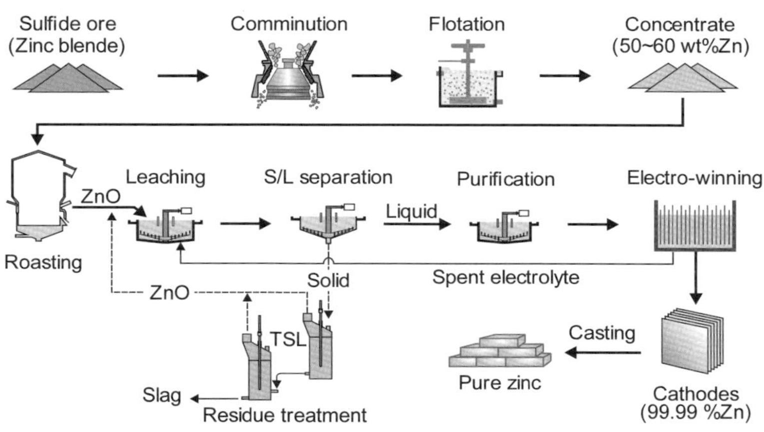

그림 7.4. 아연 습식제련 공정도의 예

* 6.5 침출액의 정제 참조.

① 수소 과전압은 낮지 않으나 분해전압이 낮은 것: 아연과 함께 음극에 석출되어 제품의 순도를 낮춘다.(Cd, Pb 등)

② 수소 과전압은 낮으나 분해전압이 높은 것: 전류효율에는 영향을 미치나 음극에는 잘 석출되지 않는다.(Ni, Fe, Co 등)

③ 수소 과전압과 분해전압이 낮은 것: 전류효율을 저하시키며, 음극에도 석출되어 제품의 순도를 낮춘다.(Cu, Sb, As, Ge 등)

한편 아연 전해채취에서 용액 중 각종 불순물의 허용 한도는 표 7.4와 같다.

표 7.4. 아연 전해채취에서 용액 중 불순물의 허용 한도(mg/L)

Impurity	Cd	Cu	Co	Ni	Sb	As	Cl
Before	200~700	100~150	5~20	-	-	-	-
Limit	0.1~0.5	-	〈0.3	〈0.1	〈0.1	〈0.1	10-50

배소광 침출액을 정제할 때는 우선 침출액을 산화시켜 Fe^{2+} 이온을 Fe^{3+} 이온으로 산화시켜 수산화물로 만들어 제거하며, 이때 As, Sb를 Fe과 함께 공침(co-precipitation)시켜 제거한다. As의 공침 반응은 다음과 같다.

$$4Fe(OH)_3 + H_3AsO_3 = Fe_4O_5(OH)_5As + 5H_2O \qquad (7.17)$$

이어서 아연분말을 첨가하여 Cu, Ni, Co, Cd 등을 치환 침전으로 석출시켜 제거한다. 각 금속 이온의 제거 한계는 표 6.5와 같다.

불순물을 제거한 황산아연 수용액에서 알루미늄판을 음극(cathode)으로, Ag를 함유한 Pb판을 불용성 양극으로 사용하여 아래 식과 같이 Zn를 전해채취한다.

$$ZnSO_4 + H_2O = Zn + H_2SO_4 + \frac{1}{2}O_2 \tag{7.18}$$

이때 양극에서는 산소 가스가 발생하며, 음극에서는 고순도 금속 아연(99.98~99.99 %)이 석출된다. 불순물이 없는 순수 전해액에서의 음극반응은 다음과 같다.

$$Zn^{2+} + 2e = Zn, \ E^\circ = -0.7618 \ V \tag{7.19}$$

$$2H^+ + 2e \rightarrow H_2, \ E^\circ = 0 \ V \tag{7.20}$$

상온(25 ℃)에서 각각의 전극전위는 다음과 같다.

$$E_{Zn} = E^\circ_{Zn^{2+}} + \frac{RT}{2F}\ln a_{Zn^{2+}} = -0.7618 + 0.0296\log a_{Zn^{2+}} \tag{7.21}$$

$$E_H = \frac{RT}{F}\ln a_{H^+} = 0.0591\log a_{H^+} \tag{7.22}$$

아연은 이온화 경향이 수소보다 크기 때문에 식 (7.19)의 평형전위에서는 환원될 수 없으나, 수소 과전압이 약 0.7 V로 높아 수용액 중에서도 전해채취가 가능하다.[6] 수소 과전압은 cathode로 사용하는 금속의 종류, 순도, 표면 상태, 전해액 중의 이온 농도, 전류밀도, 전해 온도, 첨가제 등의 영향을 받는다. 실제 Zn 전해채취에서는 산성 용액에서 수소 발생 없이 충분히 높은 전류효율로 조업하고 있다.

음극에 석출된 Zn는 자동 박리기에서 전극(알루미늄판)과 분리한 후 용해로에서 용해하고 성분조정(합금화 아연 등)을 거쳐 잉곳으로 주조한다. 그림 7.5에는 음극에서 분리한 Zn(좌)와 주조한 Zn 잉곳(우)을 나타내었다.

그림 7.5. 전해채취한 아연판(좌)과 주조한 아연 잉곳(우) (영풍 석포제련소)

[예제 7.7] 25 ℃에서 Zn-H_2O계의 $E-\mathrm{pH}$ 관계를 계산하여 나타내고, H_2O의 분해에 관한 것과 함께 나타내 보자. 그리고 표준상태에서 아연 전해채취의 이론 분해전압을 구하고, 수소 과전압이 0.7 V일 때 Zn의 전해채취가 가능한 이유에 대해 알아보자.

$$\text{cathode: } Zn^{2+} + 2e^- = Zn \quad (1)$$

$$Zn^{2+} + 2H_2O = Zn(OH)_2 + 2H^+ \quad (2)$$

$$Zn(OH)_2 + 2H^+ + 2e^- = Zn + 2H_2O \quad (3)$$

$$\text{anode: } H_2O \rightarrow \frac{1}{2}O_2 + 2H^+ + 2e, \; E^\circ = 1.23 \text{ V} \quad (4)$$

$$\Delta G^\circ_{Zn^{2+}} = -147.03 \text{ kJ}, \; \Delta G^\circ_{H_2O} = -237.178 \text{ kJ},$$

$$\Delta G^\circ_{Zn(OH)_2} = -553.58 \text{ kJ}$$

[풀이] (1) $Zn^{2+} + 2e^- = Zn$

$$\Delta G^\circ = \Delta G^\circ_{Zn} - \Delta G^\circ_{Zn^{2+}} = 0 - (-147.03) = 147.03 \text{ kJ}$$

$$\log K = -\frac{147{,}030}{2.303 \times 8.314 \times 298} = -25.768$$

$$E = \frac{0.0591}{2}(\log K + \log a_{Zn^{2+}}) = -0.7618 + 0.0296 \log a_{Zn^{2+}} \text{ V}$$

$$\therefore \; E = -0.7618 \text{ V at } a_{Zn^{2+}} = 1$$

(2) $Zn^{2+} + 2H_2O = Zn(OH)_2 + 2H^+$

$$\Delta G^\circ = (\Delta G^\circ_{Zn(OH)_2} + 2\Delta G^\circ_{H^+}) - (\Delta G^\circ_{Zn^{2+}} + 2\Delta G^\circ_{H_2O}) = 67.876 \text{ kJ}$$

$$\log K = \log\left(\frac{a^2_{H^+}}{a_{Zn^{2+}}}\right) = -\frac{67,876}{2.303 \times 8.314 \times 298} = -11.896$$

$$\therefore \; pH = -0.5\log K - 0.5\log a_{Zn^{2+}} = -5.948 - 0.5\log a_{Zn^{2+}}$$

$$pH = 5.948 \text{ at } a_{Zn^{2+}} = 1$$

(3) $Zn(OH)_2 + 2H^+ + 2e^- = Zn + 2H_2O$

$$\Delta G^\circ = (\Delta G^\circ_{Zn} + 2\Delta G^\circ_{H_2O}) - (\Delta G^\circ_{Zn(OH)_2} + 2\Delta G^\circ_{H^+}) = 79.22 \text{ kJ}$$

$$\log K = \log\left(\frac{a_{Zn} \cdot a^2_{H_2O}}{a_{Zn(OH)_2} \cdot a^2_{H^+}}\right) = -\frac{79,220}{2.303 \times 8.314 \times 298} = -13.884$$

$$E = \frac{0.0591}{2}(\log K - 2pH) = -0.410 - 0.0591pH \text{ V}$$

(1)~(3)으로부터 그림 7.6과 같은 $Zn - H_2O$계의 $E-pH$도를 그릴 수 있으며, 그림 중 H_2O의 안정 영역에 관한 것은 그림 6.3에 나타내었다.

한편 전해조 내에서 일어나는 전체 반응은 다음과 같다.

$$Zn^{2+} + H_2O \rightarrow Zn + \frac{1}{2}O_2 + 2H^+ \tag{5}$$

따라서 식(5)의 이론 분해전압은 각 전극전위 값의 차이로 다음과 같다.

$$E_r = E_{A,eq} - E_{C,eq} = 1.23 + 0.7618 = 1.992 \text{ V} \tag{6}$$

한편 식(1)의 Zn 음극 전위가 −0.7618 V로 Zn-H_2O계의 $E-pH$도에서 수소 발생 영역에 있으나 Zn 표면에서의 수소 과전압이 0.7 V이므로

−0.0618 V가 된다. 이에 따라 물의 안정 영역(■)에 금속 Zn가 존재하여 수소 발생 없이 Zn의 전해채취가 가능하다. 특히 전류가 흐를 때 Zn 분극보다 수소 분극이 매우 커서 충분한 전류효율로 Zn의 전해채취가 가능하다.

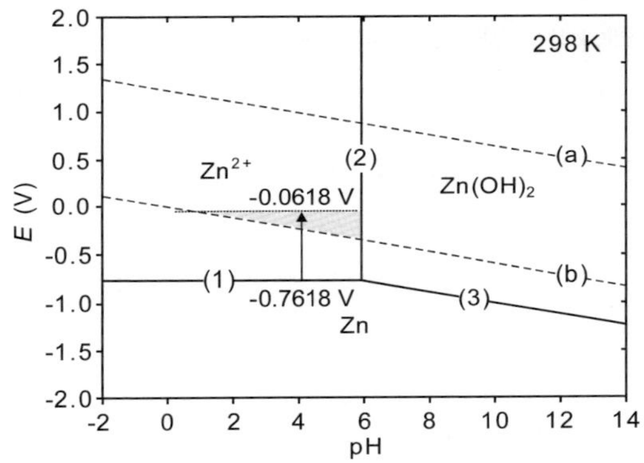

그림 7.6. Zn-H_2O계의 $E-\mathrm{pH}$도(각 물질의 활동도가 1일 때)

[예제 7.8] 전해채취로 Zn 1 ton을 생산하기 위한 전기량과 전력량을 구하라. 단, 조 전압은 3 V, 전류효율은 90 %이며, Zn의 원자량은 65.38 g/mol이다.

[풀이] 식(7.3)으로부터 전기량($I \cdot t$)는 다음과 같다.

$$Q = I \cdot t = w_{\mathrm{Zn}} \cdot \frac{zF}{M_{\mathrm{Zn}}} \tag{1}$$

$$= 1{,}000{,}000 \times \frac{2 \times 26.8}{65.38} = 819{,}823 \ \mathrm{A \cdot hr}$$

전류효율이 90 %이므로 실제 필요한 전기량 Q'은 다음과 같다.

$$Q' = \frac{Q}{0.9} = \frac{819{,}823}{0.9} = 910{,}914 \ \mathrm{A \cdot hr} \tag{2}$$

실제 전해에 필요한 전력량($Q' \cdot E$)은 다음과 같이 계산한다.

$$Q' \cdot E = 910{,}914(\mathrm{A} \cdot \mathrm{hr}) \times 3(\mathrm{V}) = 2{,}732{,}742\ \mathrm{Wh} \tag{3}$$

[예제 7.9] 아연 전해조 내에 단면적이 1 m^2인 50개의 불용성 양극과 51개의 음극이 들어 있다. 전류밀도 500 A/m^2, 전류효율 95 %에서 24시간 동안 전해하였을 때 석출되는 아연 양을 구하라. 단 아연 원자량은 65.38 g/mol이다.

[풀이] 24시간 동안 단위 면적(1 m^2)당 석출되는 Zn 양(w_{Zn})은 다음과 같다.

$$w_{\mathrm{Zn}} = \xi \cdot \frac{M}{zF} \cdot I \cdot t \tag{1}$$

$$= \left(\frac{95}{100}\right)\left(\frac{65.38}{2 \times 96{,}485}\right)(500)(24 \times 60 \times 60) = 13{,}905\ \mathrm{g/m^2}$$

음극 면적은 다음과 같다.(양면 49개, 단면 2개)

$$S_C = 50 \times 2 \times 1 = 100\ \mathrm{m^2} \tag{2}$$

따라서 음극에서의 전체 Zn 석출량은 다음과 같다.

$$w_{tot,\mathrm{Zn}} = \frac{w_{\mathrm{Zn}} \times S_C}{1{,}000} = \frac{13{,}905 \times 100}{1{,}000} = 1{,}390.5\ \mathrm{kg} \tag{3}$$

(2) Ni의 전해채취

염화니켈이나 황산니켈 용액에서 Ni 전해채취의 전극 반응은 다음과 같다.

Cathode (Ni stater sheet or Ti blank)

$$NiCl_2 + 2e = Ni + 2Cl^- \tag{7.23}$$

$$NiSO_4 + 2e = Ni + SO_4^{2-} \tag{7.24}$$

Anode (DSA, dimensionally stable anode)

$$2Cl^- = Cl_2(g) + 2e \tag{7.25}$$

$$H_2O = 1/2O_2(g) + 2H^+ + 2e \tag{7.26}$$

총괄반응식은 다음과 같다.

$$NiCl_2 = Ni + Cl_2(g) \tag{7.27}$$

$$NiSO_4 + H_2O = Ni + H_2SO_4 + 1/2O_2(g) \tag{7.28}$$

전해채취 시에 양극에서 발생하는 산소나 염소 가스는 회수하여 침출 공정에 사용한다. 그림 7.7에는 전해조 구성을 모식적으로 나타내었다.[7] 양극은 Ti 판에 산화 루테늄과 같은 백금족 금속 산화물(Ru, Ir, Ta etc. oxide)을 피복한 DSA anode를 사용한다. DSA anode는 염소 과전압이 낮고 더욱이 염소에 대해서 강한 성질을 갖고 있다. 기판이 되는 Ti은 염소에 약하지만, 불용성 피막으로 보호되고, 흑연보다도 전기저항이 적은 특징을 가지고 있다.[8]

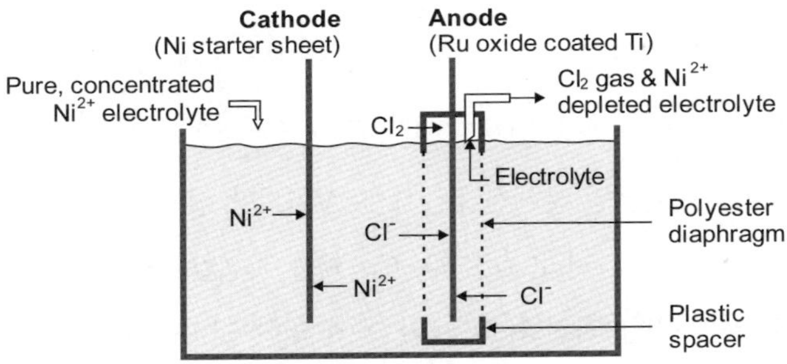

그림 7.7. Ni 전해채취의 전해조 구성

[예제 7.10] 8,500,000 A의 전류를 사용하여 하루에 200톤의 Ni을 전해채취했을 때의 전류효율을 구하라. 단 Ni의 원자량은 58.7 g/mol이며 $z=2$이다.

[풀이] Ni의 석출량(w_{Ni})은 다음과 같다.

$$w_{Ni}=\frac{\xi}{100}\cdot\frac{M_{Ni}}{zF}\cdot I\cdot t \tag{1}$$

따라서 전류효율 ξ는 다음과 같다.

$$\xi=\frac{w_{Ni}\cdot z\cdot F}{M_{Ni}\cdot I\cdot t}\times 100=\frac{200\times 10^6\times 2\times 96,485}{58.7\times 8.5\times 10^6\times 24\times 3,600}\times 100 \tag{2}$$

$\therefore\ \xi=89.5\ \%$

(3) Cu의 전해채취

Cu 전해채취에서 각 전극에서의 반응은 다음과 같다.

Cathode(stainless steel plate)

$$Cu^{2+}+2e=Cu,\ E_C^\circ=0.337\ \text{V} \tag{7.29}$$

Anode(Pb-Sb alloy or Pb-Ag alloy)

$$H_2O=\frac{1}{2}O_2+2H^++2e,\ E_A^\circ=-1.229\ \text{V} \tag{7.30}$$

Overall reaction

$$Cu^{2+}+H_2O=Cu+\frac{1}{2}O_2+2H^+,\ E^\circ=E_C^\circ+E_A^\circ=-0.892\ \text{V} \tag{7.31}$$

이와 같이 이론적인 분해전압은 0.89 V이지만 실제 조전압은 약 2 V이다. 이것은 산소 과전압(-0.5 V), Cu 석출 과전압(-0.05 V), 음극에서 Cu 석출 시의 저항 과전압(-0.5 V) 등에 의한 것이다.

[예제 7.11] $Cu|Cu^{2+}$와 $Ni|Ni^{2+}$의 표준 전극전위는 각각 0.3419 V와 −

0.257 V이다. Cu와 Ni 이온의 활동도가 모두 0.1인 용액을 정전류에서 백금전극으로 서서히 전해하였을 때, Ni 이온이 석출되기 시작할 때 용액 중 구리 이온의 대략적인 농도를 구하라.[9]

[풀이] $a_{Cu^{2+}} = a_{Ni^{2+}} = 0.1$일 때 Cu와 Ni의 전극전위는 각각 다음과 같다.

$$E_{Cu} = E^{\circ}_{Cu} + \frac{RT}{2F}\ln a_{Cu^{2+}} = 0.3419 + \frac{0.0591}{2}\log a_{Cu^{2+}} \quad (1)$$

$$= 0.3124 \text{ V at } a_{Cu^{2+}} = 0.1$$

$$E_{Ni} = E^{\circ}_{Ni} + \frac{RT}{2F}\ln a_{Ni^{2+}} = -0.257 + \frac{0.0591}{2}\log a_{Ni^{2+}} \quad (2)$$

$$= -0.2866 \text{ V at } a_{Ni^{2+}} = 0.1$$

Ni보다 귀한(noble) Cu가 우선하여 석출한다. 따라서 액 중의 Cu 이온이 서서히 감소하여 $E_{Cu} = E_{Ni} = -0.2866$ V가 되었을 때 Ni 이온의 석출이 시작된다. 이때 Cu 이온의 활동도 $a_{Cu^{2+}}$는 식(1)로부터 다음과 같다.

$$0.3419 + 0.0296\log a_{Cu^{2+}} = -0.2866 \quad (3)$$

$$\therefore\ [Cu^{2+}] \cong a_{Cu^{2+}} = 5.89 \times 10^{-22} \text{ mol/L}$$

7.4 수용액 전해정제

7.4.1 전해정제의 원리

전해정제(electro-refining)는 건식제련이나 정련에서 얻어진 조금속을 전기분해하여 순도가 높은 금속으로 제조하는 것이며, 그림 7.1(b)처럼 전해채취와 달리 조금속을 anode로 사용한다. 전해정제의 전체 반응은 목적금속이 anode에서 cathode로 이동하는 것이며, 이론 분해전압이 작아 전해채취보다 소비전력이 작다. Cu 등을 포집금속으로 사용하여 귀금속을 함유한 조금속을 만들고, 전해정제를 통해 회수하기도 한다.

전해정제 원리를 그림 7.8에 나타낸 Cu-H_2O계의 전위-pH도를 이용하여 알아본다.[10] 그림으로부터 $a_{Cu^{2+}}=1$인 $Cu(OH)_2$ 염이 녹아 있는 수용액 중에 Cu 금속판을 담그면 이때의 전위는 B점으로 표준 전극전위 E°_{Cu}(0.337 V)에 상당한다. 두 장의 Cu 판 사이를 도체로 연결하여 직류를 흘리면 분극이 일어나고, 전위는 그림에서 A와 C로 이동한다. 금속판 A는 Cu 이온의 안정 영역에 있으므로 $Cu \rightarrow Cu^{2+}+2e^-$의 반응으로 구리가 용출된다. 전자($e^-$)는 도체를 통해 금속이 안정한 범위에 있는 금속판 C에 도달하여 $Cu^{2+}+2e^- \rightarrow Cu$의 반응으로 Cu가 석출된다. 따라서 A 극판은 계속하여 용출되는 양극이 되고, C의 음극판 위에 금속이 석출하게 된다. 이러한 용해와 석출을 일으키는 전위와 그 외의 조건은 금속 종류에 따라 다르므로 A 극판을 조금속(crude metal)으로 두고 용해시켜 C의 순금속 음극판 위로 이동시키는 전해정제가 가능하다.

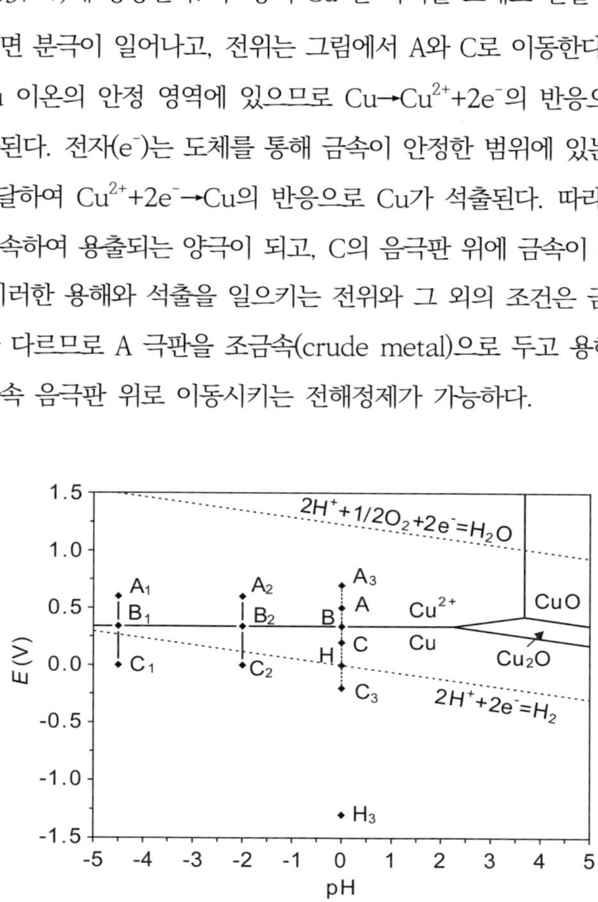

그림 7.8. Cu-H_2O계의 전위-pH도 ($a_{Cu^{2+}}$ =1,298 K)

전해정제에서 pH, 액 농도, 전류밀도 등의 영향을 정성적으로 알아보자. 만일 pH를 낮추어 극판이 A_1, C_1 위치에 있다면, C_1에서는 평형론적으로 $2H^+ + 2e^- \rightarrow H_2$ 반응에 의한 수소 가스 발생 영역에 위치한다. 이때 극판에서 수소 과전압이 작다면 Cu 석출 반응에 선행하여 수소 가스가 발생한다. 또 전해채취를 계속하여 Cu^{2+}의 농도가 극단으로 낮게 되면 B점에 해당하는 위치가 낮은 전위 측으로 옮겨 가면서 전위값 위치는 A_2, C_2로 되어 음극에서 수소가 발생할 염려가 있다. 그리고 전해 전류밀도를 증가시키면 당연히 분극이 커지고 극판 위치가 A_3, C_3로 되어 수소 가스 발생에 의해 전류효율이 저하할 수 있다. 그러나 이때는 수소 가스 발생을 위한 분극이 훨씬 크고, 이 전류밀도에 상당하는 수소 가스 발생의 전위는 H_3로 낮아지므로 오히려 전류효율이 향상하는 경우도 있다.

7.4.2 전극과 전해욕

(1) Anode

전해정제에 사용되는 anode는 건식제련에서 제조된 조금속이므로 전해정제가 가능하도록 순도가 높아져 있지만, 리사이클링에서는 귀금속 회수를 목적으로 조금속을 만들기도 한다. 전해정제에서는 다음 식과 같이 anode에서 목적금속이 이온 형태로 전해욕 중으로 용출된다.

$$Cu \rightarrow Cu^{2+} + 2e^- \quad \text{(구리의 용해)} \tag{7.32}$$

$$H_2O \rightarrow \frac{1}{2}O_2 + 2H^+ + 2e^- \quad \text{(산성 용액에서 산소 발생)} \tag{7.33}$$

$$2Cl^- \rightarrow Cl_2 + 2e^- \quad \text{(염화물 용액에서 염소 발생)} \tag{7.34}$$

이때 목적금속보다 귀한 불순물은 용출되지 않고 anode 면에 그대로 남고, 서로 연결이 끊어져 미분의 anode slime이 되어 전해조 바닥에 침전한다. 목적금속보다 비한 불순물은 전해욕 중에 용출되지만 cathode 상에 석출하지 않는 전해조건을 설정하므로 전해욕 중에 잔류하며 전해 도중에 제거한다. 그림 7.9에는 Cu anode를 전해조에 장입하는 장면을 나타내었다.

그림 7.9. Cu anode의 전해조 장입(LS MnM 제공)

(2) Cathode

Cathode에서는 전해욕 중 양이온의 감소 및 음이온의 증가와 동일한 양의 전자를 전극에서 빼앗는 환원반응(cathode 반응)이 일어나며, 반응식은 다음과 같다.

$$Cu^{2+} + 2e^{-} \rightarrow Cu \text{ (구리의 석출)} \quad (7.35)$$

$$2H^{+} + 2e^{-} \rightarrow H_2 \text{ (산성 용액에서 수소 발생)} \quad (7.36)$$

전해정제에서는 cathode가 제품 금속이므로 일정 기준 이상의 순도를 가질 필요가 있다. 예전에는 cathode로 정제 금속과 동일한 고순도의 금속판을 사용하기도 하였으나, 현재 구리나 납의 전해정제에서는 스테인리스강판을 사용하고 있다.

(3) 전해욕

전해정제의 전해욕은 다음과 같은 성질이 요구된다.

① 목적금속의 용해도가 클 것

② 전기전도도가 높아야 하므로 가능한 한 유리산 농도를 높게 한 산성 용액이나 고 알칼리 용액을 사용

③ Anion이 화학적으로 안정할 것

④ Anode 표면에서 slime의 밀착성이 적고 분산 부유가 일어나지 않을 것

⑤ Cathode 상에 평활한 석출물이 얻어질 것

전해채취와 마찬가지로 cathode 상의 금속 석출 상태를 개선할 목적으로 전해욕에 유기물이나 무기물을 첨가한다. 아교, 젤라틴, 펄프 폐액 등과 같이 보호 콜로이드를 형성하는 첨가제와 치오요소(thiourea), 알로인(aloin)과 같은 관능기를 갖는 유기물 등을 함께 사용하여 치밀하고 균일한 표면을 갖는 석출 금속을 얻고 있다.

[예제 7.12] 구리의 전해정제에서 10 F의 전기량을 전해조에 흘려 250 g의 전기동을 석출하였다. 전류효율을 구하라.

[풀이]

$$w_{\mathrm{Cu}} = \frac{M_{\mathrm{Cu}}}{zF} \cdot I \cdot t \quad \therefore \; I \cdot t = w_{\mathrm{Cu}} \cdot \frac{zF}{M_{\mathrm{Cu}}} \tag{1}$$

$$I \cdot t = 250 \times \frac{2 \times 96{,}485}{63.54} = 759{,}246 \text{ C}, \quad \therefore \; \frac{680{,}285}{96{,}485} = 7.87 \text{ F} \tag{2}$$

10 F의 전기량을 흘렸으므로 전류효율(η)은 다음과 같다.

$$\eta = \frac{7.87}{10} \times 100 = 78.7\ \% \tag{3}$$

[예제 7.13] 조동(crude Cu)를 전해정제하여 음극에 500 g의 Cu가 석출되었다. 이때 필요한 전기량(A-hr)을 구하라.

[풀이] 식(7.3)으로부터 석출량을 w_{Cu}라 하면 다음과 같이 나타낼 수 있다.

$$I \cdot t = w_{Cu} \cdot \frac{zF}{M_{Cu}} = 500 \times \frac{2 \times 26.8}{63.54} = 422\ (\mathrm{A \cdot hr}) \tag{1}$$

또는

$$I \cdot t = w_{Cu} \cdot \frac{zF}{M_{Cu}} = 500 \times \frac{2 \times 96,485}{63.54 \times 3,600} = 422\ (\mathrm{A \cdot hr}) \tag{2}$$

[예제 7.14] 전해액 중 Cu^{2+}가 0.7 kg/m^{3}인 50 ℃의 전해액으로 Cu를 전해정제할 때 Ag가 석출되는 용액 중 최소 농도를 구하라. 단 양극과 음극의 전압 차이는 0.035 V이다.[11]

$$Cu^{2+} + 2e = Cu,\ E^\circ_{Cu} = 0.3419\ \mathrm{V} \tag{1}$$

$$Ag^{+} + e = Ag,\ E^\circ_{Ag} = 0.7996\ \mathrm{V} \tag{2}$$

[풀이] 0.7 kg/m^3 Cu^{2+}는 0.7 g/L로 $a_{Cu^{2+}} \fallingdotseq 0.7$로 둘 수 있으므로 양극에서 구리의 산화전위는 다음과 같다.

$$E_{anode} = E^\circ_{Cu} + \frac{RT}{zF}\ln\left(\frac{a_{Cu^{2+}}}{a_{Cu}}\right) \tag{3}$$

$$= 0.3419 + \frac{8.314 \times 323}{2 \times 96,485}\ln(0.7) = 0.3369\ \mathrm{V}$$

음극에서 Ag의 석출 전위는 다음과 같다.

$$E_{cathode} = E^{\circ}_{\mathrm{Ag}} + \frac{RT}{zF}\ln\left(\frac{a_{\mathrm{Ag^+}}}{a_{\mathrm{Ag}}}\right) = E^{\circ}_{\mathrm{Ag}} + \frac{RT}{zF}\ln a_{\mathrm{Ag^+}} \tag{4}$$

$$= 0.7996 + \frac{8.314 \times 323}{1 \times 96,485}\ln a_{\mathrm{Ag^+}} = 0.7996 + 0.0278\ln a_{\mathrm{Ag^+}} \ \mathrm{V}$$

전해조 전압은 다음과 같다.

$$E_{cell} = E_{anode} - E_{cathode} = 0.035 \ \mathrm{V} \tag{5}$$

$$\therefore \ 0.035 = 0.3369 - (0.7996 + 0.0278\ln a_{\mathrm{Ag^+}})$$

$$\therefore \ \ln a_{\mathrm{Ag^+}} = -\frac{0.4977}{0.0278} = -17.9029, \quad a_{\mathrm{Ag^+}} = 1.68 \times 10^{-8}$$

묽은 용액에서 활동도는 농도와 같다고 볼 수 있으므로 Ag가 석출되는 최소 농도는 1.68×10^{-8} g/L (kg/m^3)이다.

7.4.3 전해정제의 예

(1) 귀금속의 전해정제

순도가 약 99 %인 조은(crude Ag)과 조금(crude Au)은 순도를 더욱 더 높이기 위해 전해정제를 한다. 표 7.5에 Ag, Au를 비롯한 몇 가지 금속의 전해정제 예를 나타내었다.[3] 금의 전해정제는 Wohlwill법을 이용하며, 양극에는 조금(Au>94 %)을, 음극에는 순금판을 사용한다. 전해액으로는 약산성의 $HAuCl_4$ 용액(Au 50~80 g/L)을 사용하며 유리 HCl을 30~60 g/L 첨가한다. 양극에서는 금의 용해, 음극에서는 금의 석출이 일어나며, 각 전극에서의 반응은 다음과 같다.

$$\text{Anode: } \mathrm{Au + 3Cl^- + HCl + 3e = HAuCl_4} \tag{7.37}$$

$$\text{Cathode: } \mathrm{HAuCl_4 + 3H^+ + 3e = Au + 4HCl} \tag{7.38}$$

전해정제 중 양극(조금)의 부동태화를 방지하기 위해 교류와 직류

전원을 병용하면서 전해정제를 한다. 전해법으로 순도 99.99 % 이상까지 정제되고, 얻어진 전해 Au는 잉곳으로 주조하여 Au 지금으로 공급한다.[12]

표 7.5. 전해정제 금속과 전해 조건의 예

금속	전해액 주성분	전해액조성(g/L)	온도(℃)	전류밀도(A/m^2)
Ag	$AgNO_3$+HNO_3 (Moebius법)	Ag 50 free HNO_3 5~10	35~40	250
Au	$HAuCl_4$+HCl (Wohlwill법)	Au 50~80 free HCl 30~60	60~70	200~400
Bi	$BiCl_3$+HCl	Bi 3~4 free HCl 100	50~60	200
Cu	$CuSO_4$+H_2SO_4	Cu 40~50 H_2SO_4 180~200	40~60	220~250
In	$InCl_3$+NaCl	In 40~50 NaCl 100	25~30	100
Ni	$NiSO_4$+NaCl	Ni 70, Na 40	60	200
Pb	$PbSiF_6$+H_2SiF_6 (Betts법)	Pb 80~120 free H_2SiF_6 70~100	30~40	80~150
Sn	Sn+H_2SO_4+H_2SiF_6	Sn 30, H_2SO_4 60 free H_2SiF_6 50~60	30	40~80

한편 금은 3가뿐만 아니라 1가로도 용해되며, 1가 염에서는 다음 식과 같이 분말상의 금 침전물이 전해석출 금의 1/10 정도 생성된다.[13]

$$3HAuCl_2 = 2Au + 2HCl + HAuCl_4 \quad (7.39)$$

은의 전해정제에는 Moebius법이 널리 이용되고 있으며, 양극에는 조금은판(Ag 90 % 이상, Au 1~5 %)을, 음극으로는 순은판이나 스테인리스판을 사용한다. 전해액으로는 약산성의 $AgNO_3$ 용액(Ag 40~50 g/L)을 사용하며, 35~40 ℃에서 양극을 전해포로 감싸서 전해한다. Ag가 음극판에 덴드라이트상으로 석출하므로 긁어내면서 전해를 한다. 얻어진 전해 Ag는 세척한 후 잉곳으로 주조하여 공급하며, Ag 지금의 순도는 99.99 % 이상이다.[12] 이 과정에서 양극 중의 불순물인 Au, Pt, Te, Pb($PbSO_4$)의 일부가 anode slime으로 침전된다. 그리고 Cu, Pb, Bi 등은 용액 중으로 용해되어 들어간다. 다만 Cu가 많으면 은과 함께 음극에 석출되므로 50 g/L 이하로 관리한다.[14]

(2) 납의 전해정제

용광로 등에서 만들어진 조연은 Betts법을 적용하여 전해정제를 하기도 한다. Betts법은 Cu를 제거한 조연을 양극으로 주조하여 H_2SiF_6(75~120 g/L)와 $PbSiF_6$(65~100 g/L)[15]로 구성된 36~48 ℃의 전해액에서 전해하여 얇은 고순도의 납 종판(mother plate)이나 스테인리스강판 음극에 석출시켜 정제하는 방법이다. 전해조는 콘크리트조에 아스팔트나 경질의 염화비닐을 내장(lining)하여 사용하며, 각 전극에서의 반응은 다음과 같다.

$$\text{Anode: } H_2O + 2e^- = 2H^+ + \frac{1}{2}O_2(g) \tag{7.40}$$

$$\text{Cathode: } PbSiF_6 + 2H^+ + 2e^- = Pb + H_2SiF_6 \tag{7.41}$$

$$\text{Overall: } PbSiF_6 + H_2O = H_2SiF_6 + Pb + \frac{1}{2}O_2(g) \tag{7.42}$$

전해정제 과정에서 Pb보다 귀한 Cu, Sb, Bi, Ag, Au 등은 전해 슬라임으로 제거되며, Pb보다 비한 Zn 등은 전해액 중에 용해된다. 전기화학적 표준 전극전위가 Pb(-0.13 V)와 유사한 Sn(-0.14 V)은 Pb와 같이 음극에 석출되므로 Sn이 함유된 조연은 건식정제 공정에서 Harris법 등으로 사전에 제거해야 한다. 전해 슬라임은 양극에 부착되어 있어야 하며, 용액 중으로 탈락되면 음극에 혼입되어 불순물이 된다. 이러한 양극의 탈부착은 전해액 중 Sb 농도에 의존하므로 적절한 수준을 유지하여야 한다.[16]

양극 슬라임은 침전물 용융로에서 용융한 후 회취법으로 산화시켜 Sb를 우선적으로 휘발제거하고 산화를 계속하면 Bi는 PbO 슬래그 중에 농축되고, Au-Ag 합금이 얻어진다. 이것을 전해하여 순차적으로 Ag, Au를 얻는다. Bi를 함유한 PbO 슬래그는 전기로에서 환원하여 조Bi를 만들고 양극으로 주조하고 $Bi_2(SiF_6)_3$+H_2SiF_6 전해액으로 음극판(구리판이나 스테인리스판) 위에 Bi를 석출시킨다.[17]

(3) Ni의 전해정제

Ni 전해정제의 Hybinette법은 Ni 고품위 매트(48 %Ni, 27 %Cu, 22 %S)를 산화 배소한 후, Cu를 제거한 전해 미액으로 매트 중 Cu를 침출시켜 제거하고, 잔사를 전기로에서 용융환원하여 조Ni(76 %Ni, 17 %Cu)을 만들어 전해정제하는 방법이다. 전해정제 시 각 전극에서의 반응은 다음과 같다.

$$\text{Anode: } Ni(s, impure) = Ni^{2+}(aq.) + 2e \tag{7.43}$$

$$\text{Cathode: } Ni^{2+}(aq.) + 2e = Ni(s, pure) \tag{7.44}$$

한편 Ni_3S_2를 전해정제하여 금속 Ni을 얻기도 한다. 전해정제의 원리를 적용하여 약 26.7 wt%S를 함유하는 Ni_3S_2를 양극으로 주조하여 약 505 ℃에서 서냉 열처리로 β-Ni_3S_2를 β'-Ni_3S_2로 바꾼 후 다음 식과 같이 전해정제한다.[18]

$$\text{Anode: } Ni_3S_2 = 3Ni^{2+} + 2S + 6e \tag{7.45}$$

$$\text{Cathode: } Ni^{2+} + e = 2Ni \tag{7.46}$$

따라서 총괄 반응식은 다음과 같다.

$$Ni_3S_2 = 3Ni + 2S \tag{7.47}$$

다만 Ni_3S_2 매트의 전해정제에서 S는 용해되지 않으므로 이를 회수하기 위해 양극을 폴리프로필렌제 직조 백에 넣어서 전해한다.(예제 7.15 참조)

[예제 7.15] 다음 데이터로부터 Ni_3S_2에서 Ni을 전해정제할 때 주조된 양극을 캔버스 백에 보관하고 다이어프램 셀(diaphragm cells)을 사용하는 것이 필수적인 이유를 설명해 보자.[19]

$$Ni_3S_2 = 3Ni + 2S,\ \Delta G^\circ = 202{,}924\ \text{J/mol at 298 K} \tag{1}$$

$$Fe^{2+} + 2e = Fe,\ E^\circ_{Fe} = -0.447\ \text{V} \tag{2}$$

$$S^{2-} = S + 2e,\ E^\circ_{S} = 0.476\ \text{V} \tag{3}$$

[풀이] 식(1)의 Ni_3S_2 전해정제에서 $z = 6$이므로 셀 전위는 다음과 같다.

$$E^\circ_{cell} = -\frac{\Delta G^\circ_{(1)}}{zF} = -\frac{202{,}924}{6 \times 96{,}485} = -0.351\ \text{V} \tag{4}$$

Anode에서는 $E^\circ_{Fe} = -0.447$ V이므로 Fe에 관한 셀 전위는 다음과 같다.

$$E^\circ_{cell} = E^\circ_{Fe} + \frac{RT}{zF}\ln\left(\frac{a_{Fe^{2+}}}{a_{Fe}}\right)$$

$$\therefore\ \ln\left(\frac{a_{Fe^{2+}}}{a_{Fe}}\right) = \frac{(E^\circ_{cell} - E^\circ_{Fe}) \times zF}{RT} \tag{5}$$

$$= \frac{(-0.351 + 0.447) \times 2 \times 96{,}485}{8.314 \times 298} = 7.477$$

$$\therefore\ \left(a_{Fe^{2+}}/a_{Fe}\right) = 1{,}767$$

Cathode에서는 $E^\circ_{Fe} = 0.447$ V이므로 Fe에 관한 셀 전위는 다음과 같다.

$$\therefore \ \ln\left(\frac{a_{Fe^{2+}}}{a_{Fe}}\right) = \frac{(-0.351-0.447)\times 2\times 96{,}485}{8.314\times 298} = -62.15 \tag{6}$$

$$\therefore \ (a_{Fe^{2+}}/a_{Fe}) = 1.02\times 10^{-27}$$

Anode에서 $(a_{Fe^{2+}}/a_{Fe}) = 1{,}767$ 이므로 $a_{Fe^{2+}} \gg a_{Fe}$, 즉 Fe은 anode에서 용해되어 나온다. 그러나 cathode에서는 반대로 $a_{Fe} \gg a_{Fe^{2+}}$ 이므로 cathode에서 Fe^{2+} 이온이 방출될 것이다. 따라서 Ni 전해정제에서는 cathode에서 Fe^{2+} 이온의 방출을 방지하기 위해 다이어프램 셀을 사용하며, 전해질 정제를 한다.

S에 관한 셀 전위는 다음과 같다.

$$E^\circ_{cell} = E^\circ_S + \frac{RT}{zF}\ln\left(\frac{a_{S^{2-}}}{a_S}\right) = E^\circ_S - \frac{RT}{zF}\ln\left(\frac{a_S}{a_{S^{2-}}}\right) \tag{7}$$

$$\therefore \ \ln\left(\frac{a_S}{a_{S^{2-}}}\right) = \frac{(E^\circ_S - E^\circ_{cell})\times zF}{RT} \tag{8}$$

$$= \frac{(0.476+0.351)\times 2\times 96{,}485}{8.314\times 298} = 64.41$$

$$\therefore \ (a_S/a_{S^{2-}}) = 9.40\times 10^{27}$$

$a_S \gg a_{S^{2-}}$ 이므로 S는 용해되지 않으며, cathode에서의 방출을 염려할 필요가 없다. 다만 S를 회수하기 위해 Ni_3S_2 양극을 캔버스 백에 넣어 전해정제를 한다.

7.5 용융염 전해

7.5.1 용융염 전해의 개요

산소 친화력이 높은 활성 금속들은 용융제련을 하면 불순물과 반응하여 고순도 금속을 얻기 힘든 경우가 많다. 또 수소보다 현저하게 비하고, 수소 과전압이 작으면 수용액 전해법을 적용할 수 없다. 따라서 이러한 금속들은 금속염을 만들어 정제한 후 용융시킨 용융염 전해액 중에서 전기분해를 하여 금속을 채취하거나 정제하며, 이러한 방법을 용융염 전해라 한다.

용융염 전해를 하는 대표적인 금속에는 Al, Mg, Be, Ce, Li, Na, K, Ca 등이 있으며, 그 외에도 각종 희토류(La, Ce, MM, Nd-Fe, La, Ce, MM, Pr-Fe, Nd-Fe, Di-Fe, Dy-Fe, Al-Y)도 용융염 전해로 제조하고 있다.

특히 Al은 용융염 전해에 의해 대량 생산되고 있으며, Al은 고순도가 필요하거나, Al 스크랩으로부터 재생하는 경우 3층식 용융염 전해법으로 정제하여 99.998 %의 고순도 Al을 얻고 있다.

7.5.2 용융염 전해의 기초

(1) 수용액 전해와 용융염 전해의 차이

분해전압이 물보다 큰 알칼리 금속이나 알칼리 토류금속과 같은 비한(base) 금속염의 수용액 전기분해에서는 물 분해가 우선하여 H_2, O_2가 발생하며 금속은 석출되지 않는다. 그러나 용융염 전해에서는 물과 같은 용매가 없으므로 이러한 비한 금속을 석출시킬 수 있다.

용융염 전해는 고온에서 일어나지만 전해장치에 기인하는 부반응을 억제하기 위해서도 가능한 한 저온이 바람직하므로 다른 용융염을 첨가하여 저융점 용융염을 만드는 경우가 많다. 또 도전율 향상, 목적금속과 용융염의 분리성 개선 및 적당한 밀도차를 부여하기 위해서도 혼합 용융염을 이용한다. 이러한 목적으로 첨가하는 용융염의 분해전압은 목적금속 용융염의 분해전압보다 높고 그 자체가 분해되지 않아야 한다. 이러한 염을 지지염(supporting electrolyte)이라 한다. 예를 들면 Al의 경우 도전율이 낮고 융점이 높은 산화물(Al_2O_3)을 용융 불화물(빙정석: Na_3AlF_6)에 용해하여 전해한다.

용융염 전해에서는 용융염을 전해 온도로 유지하는 데 많은 열량을 필요로 한다. 이 열량을 보급하는 방법에는 전해욕의 저항에 의해 발생하는 Joule 열을 이용하는 내부 가열법과 외부에서 연료 등으로 가열하는 외부 가열법이 있다. Al의 용융염 전해에서는 내부 가열법 전해조를 사용하며, Mg의 용융염 전해에서는 내부 가열법과 외부 가열법의 양쪽 전해조를 사용한다. 이처럼 많은 열량을 필요로 하는 점이 수용액 전해와 근본적으로 다른 점이다.

(2) 용융염 전해의 특이 현상

용융염 전해에는 수용액 전해에서 볼 수 없는 금속 안개(metal fog)나 anode 효과 같은 특이 현상이 있다. 또 석출 금속도 용융 상태이므로 전해 중 접촉하고 있는 용융염에서 불순물이 혼입될 가능성도 있다.

용융금속이 용융염과 접촉하고 있을 때 일정 온도 이상이 되면 용융금속의 표면에서 착색된 안개 같은 것이 생겨나 용융염을 착색시키면서 균일한 액체가 되어 용융염 중으로 확산되어 들어간다. 이와 같이 용융염 중으로 균일하게 용해되어 들어가는 미립 액체금속을 금속 안개라 한다. 이러한 금속 안개는 Al-빙정석에서는 백색, Pb-$PbCl_2$에서는 황갈색, Ag-AgCl에서는 흑색, Na-NaCl에서는 적갈색, Zn-$ZnCl_2$에서는 청색, Cd-CdCl계에서는 갈색을 나타낸다.

금속 안개는 반응성이 매우 강하므로 용융염 전해 시 이러한 현상이 발생하면 전해욕면에서 외기와 반응하여 전류효율이 낮아진다. 따라서 금속 안개가 발생하지 않는 욕조성과 전해조건을 선택한다. 일반적으로 용융염의 금속 용해도 감소 및 복염 형성을 목적으로 적당한 첨가제를 첨가하여 금속 안개의 발생을 억제하고 있다.

용융염 전해채취는 불용성 anode를 사용하므로 anode에서는 가스가 발생한다. 정상적인 상태에서는 발생 가스가 기포로 되어 연속적으로 anode 표면을 이탈하여 욕 표면으로 방산된다. 그러나 어느 정도 이상의 전류밀도에서 전해하면 발생 가스가 anode 표면을 덮어 전극과 전해욕의 접촉이 끊어지고 전류의 통과가 곤란하게 된다. 이런 경우 욕 전압이 급격히 상승하며 anode-전해욕 사이에 불꽃 방전이 일어나고, 이때 발생한 열에 의해 anode가 빨갛게 빛나는 상태로 된다. 이 현상을 anode 효과라 부른다. Al 전해에서는 전해욕 중 Al_2O_3가 1.5 % 이하로 감소하면 anode 효과가 발생하여 전해가 되지 않게 된다. 이 현상의 기구는 명확하지 않으나 용융염과 전극의 '젖음성'이 큰 영향을 주고 있다. 탄소 전극에서는 흑연화의 정도가 증가하면 anode 효과가 발생하기 쉽다.

[예제 7.16] 나트륨은 900 K의 35 mol% NaCl과 65 mol% $CaCl_2$ 용융염의 전기분해에 의해 만들어진다. 혼합 용융염을 이상용액으로 가정하고 1기압에서 나트륨과 염소 가스를 생성하는 전해 전지의 가역 셀 전위를 구하라. 단, NaCl 용융열의 영향은 무시한다.[20]

$$Na(l) + \frac{1}{2}Cl_2(g) = NaCl(s),\ \Delta G^\circ = -409{,}560 + 86.4T\ \text{J} \qquad (1)$$

[풀이] 900 K의 NaCl-$CaCl_2$ 혼합 용융염을 전해하여 Na과 Cl_2가 생성되는 반응의 표준 생성 자유에너지와 평형상수는 식(1)로부터 다음과 같다.

$$NaCl(s) = Na(l) + \frac{1}{2}Cl_2(g),\ \Delta G^\circ_{(2)} = 331,800\ \text{J (at 900 K)} \quad (2)$$

$$K_{(2)} = \frac{a_{Na} \cdot p_{Cl_2}^{1/2}}{a_{NaCl}} = \frac{1}{a_{NaCl}} \quad (\because a_{Na} = p_{Cl_2} = 1) \quad (3)$$

$$E = E^\circ - \frac{RT}{zF}\ln K_{(2)} = E^\circ + \frac{RT}{zF}\ln a_{NaCl} \quad (4)$$

여기서 표준 전극전위 E°는 다음과 같다.

$$E^\circ = -\frac{\Delta G^\circ}{zF} = -\frac{331,800}{1 \times 96,485} = -3.44\ \text{V} \quad (5)$$

또 NaCl-$CaCl_2$ 혼합 용융염이 이상용액이므로 $a_{NaCl} = x_{NaCl}$이다. 따라서

$$E = E^\circ + \frac{RT}{zF}\ln a_{NaCl} = -3.44 + \frac{8.314 \times 900}{1 \times 96,485}\ln 0.35 = -3.52\ \text{V} \quad (6)$$

7.5.3 알루미늄의 용융염 전해

대표적인 Al 광석은 보크사이트(bauxite, gibbsite $Al(OH)_3$, boehmite AlO(OH), diaspore, AlO(OH)의 혼합물)이다. 주성분은 중량비(wt%)로 45~60 Al_2O_3, 2~20 Fe_2O_3, 1~4 TiO_2, 1~10 SiO_2 등이며, 기타 미량 성분(Mn, Ga, Ca, V, P, As)이 함유되어 있다. 우선 보크사이트에서 바이어법(Bayer process, 1888년) 등으로 순 Al_2O_3를 제조한다. 순 Al_2O_3를 불화물계(Hall-Héroult법)나 염화물계(Alcoa법)의 용융염 중에서 전해 환원하여 99.8 % 품위의 Al 1차 지금을 제조한다. 그리고 전해 Al은 3층식 전해법이나 편석법에 의해 고순도로 정제한다.

금속 Al은 Hall-Héroult법[21]이나 Alcoa법에 의한 용융염 전해로 얻어진다. 우선 홀-에루법 전해조의 모식도를 그림 7.10에 나타내었다.[22]

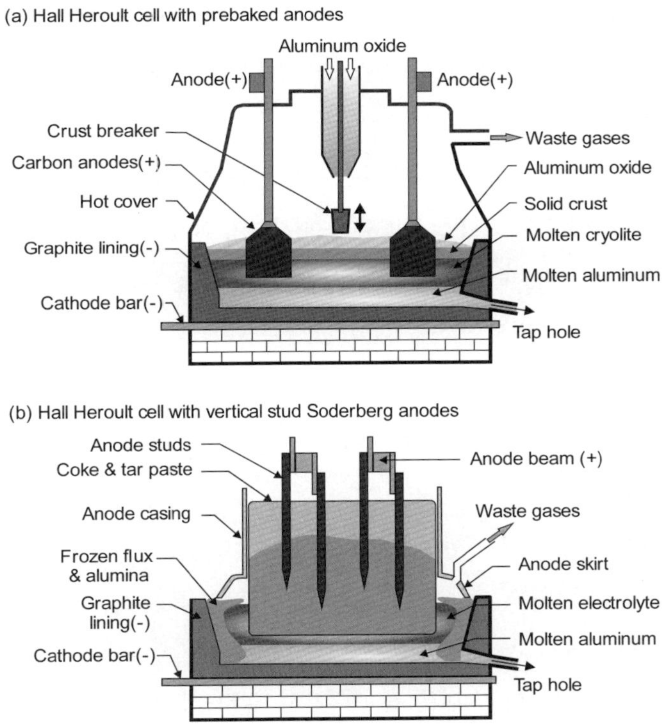

그림 7.10. 홀-에루법(Hall-Héroult process) 전해조

음극(cathode)은 노 바닥의 탄소벽돌이며, 양극(anode)은 전해욕 중에 침지되어 있는 탄소이다. 전해조는 크게 양극을 미리 소성한 것(prebaked)을 사용하는 것과 소성하지 않은 것(Soderberg식)을 사용하는 것, 두 가지 방식으로 나눌 수 있다. 그림 7.10(a)의 양극은 미리 소

성한 흑연을 사용하지만, Soderberg식 양극은 상부에 투입된 페이스트가 양극의 전해소모에 의해 하강하는 과정에서 전해에 따른 자체 열로 소성된다. 그리고 Soderberg식에는 그림 7.10(b)와 같이 전극을 수직으로 삽입하는 것과 수평으로 삽입하는 것이 있다. 양극은 전해가 진행됨에 따라 발생하는 산소 또는 공기 중의 산소와 반응하여 CO_2와 CO로 소모된다.

전해욕은 알루미나(Al_2O_3)의 용해도가 높은 빙정석(Na_3AlF_6)에 5~15 %의 AlF_3와 소량의 CaF_2, LiF 등을 첨가하여 NaF/AlF_3를 1.1~1.4 정도가 되도록 한다. 5 %의 Al_2O_3를 용해한 전해욕을 960 ℃ 부근에서 용융 상태로 유지하면서 전해를 한다. Al은 노 바닥의 음극에서 용융 상태로 석출되고, 양극(탄소)은 CO_2, CO가 발생되면서 소모된다. Cathode와 anode에서의 반응은 각각 다음과 같다.

$$\text{Cathode(-)}: \ Al^{3+} + 3e = Al \tag{7.48}$$

$$\text{Anode(+)}: \ 2O^{2-} = O_2 + 4e \tag{7.49}$$

따라서 Al 용융염 전해의 총괄반응은 다음과 같다.

$$Al_2O_3(\text{or } 2Al_2O_3) + 3C = 2Al + 3CO(\text{or } 3CO_2) \tag{7.50}$$

Al을 제조하는 Alcoa법은 홀-에루법과 달리 염화물 전해욕을 사용한다. 그림 7.11에 공정도와 복극형 전해조(bipolar electrolytic cell)를 나타내었다.[23] 바이어법으로 제조한 Al_2O_3를 700~900 ℃에서 다음 식과 같이 염화시킨다.

$$Al_2O_3(s) + 2C(s) + 3Cl_2(g) = 2AlCl_3(g) + CO(g) + CO_2(g) \tag{7.51}$$

생성된 $AlCl_3$(g)는 약 70 ℃에서 고상의 $AlCl_3$ 입자상으로 응축된다. $AlCl_3$ 입자를 약 700 ℃의 용융 혼합 염화물에 첨가하여 전해욕 조성이

$5\ \%AlCl_3$, $53\ \%NaCl$, $40\ \%LiCl$, $0.5\ \%MgCl_2$, $0.5\ \%KCl$, $1\ \%CaCl_2$가 되도록 한다. Cathode 쪽에 용융 Al이 생성되고, anode에서는 $Cl_2(g)$가 방출되며 Al_2O_3의 염화반응에 재사용한다.

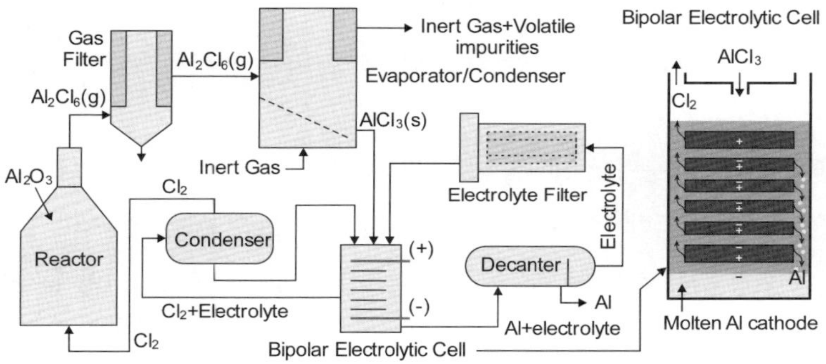

그림 7.11. Alcoa의 알루미늄 염화물 전해 공정과 복극형 전해조

Al 용융염 전해에서 1 kg의 Al을 제조하려면 화학 양론적으로 알루미나 1.89 kg, 탄소 0.33 kg이 필요하다. 실제로는 각각 1.89 kg과 0.41 kg으로 탄소는 여분으로 소모된다. 전해욕에서 전기를 운반하는 것은 F^- 이온과 Na^+ 이온이며 Al^{3+} 이온도 일부를 분담하지만 O^{2-} 이온은 용해량도 적고 그 기여는 적다. 그러나 O^{2-} 이온은 anode 표면에서 탄소의 CO_2로의 산화반응에 관여하고 있다.

[예제 7.17] Al_2O_3의 분해반응이 다음과 같이 주어져 있을 때, 500 ℃에서 전해환원에 필요한 최소 전위차를 구하라.

$$\frac{2}{3}Al_2O_3 = \frac{4}{3}Al + O_2,\ \ \Delta G^\circ = 1{,}116{,}200 - 207.31\,T\ \text{J} \qquad (1)$$

[풀이] 깁스 자유에너지변화는 $\Delta G^\circ = -zFE^\circ$이며, 500 ℃에서 $\Delta G^\circ_{(1)}$은 다음과 같다.

$$\Delta G^\circ_{(1)} = 1,116,200 - 207.31\,T = 956,000 \text{ J/mol}$$

$$\therefore\ E^\circ_{(1)} = -\frac{\Delta G^\circ_{(1)}}{zF} = -\frac{955,950}{4 \times 96,485} = -2.48 \text{ V}$$

따라서 전해환원에 필요한 최소 전위차는 2.48 V이다.

[예제 7.18] 알루미늄 산화물을 1,000 ℃에서 용융염 전해하여 금속 Al을 만든다. 음극반응이 $Al^{3+} + 3e = Al$일 때 5 kg의 Al을 얻는 데 필요한 전기량(C)을 구하라. 단, 전류효율은 100 %로 가정하고, Al의 원자량은 27 g/mol이다.

[풀이] 전해에 필요한 전기량은 식(7.1)로부터 다음과 같다.

$$Q = z \cdot F \cdot n \quad \text{C}$$

$$n_{Al} = 5,000/27 = 185.2 \text{ mol}$$

$$\therefore\ Q = 3 \times 96,485 \times 185 = 5.36 \times 10^7 \text{ C}$$

7.5.4 마그네슘의 용융염 전해

Mg의 용융염 전해법에는 무수 $MgCl_2$를 사용하는 IG Farben법, Norsk Hydro법, VAMI법 등이 있으며, 함수염인 $MgCl_2 \cdot 1.25H_2O$를 사용하여 전해하는 Dow Chemical법이 있다. 그림 7.12에 각 전해법의 공정도를 비교하여 나타내었다.

(1) IG Farben process

IG Farben process(이하 IG법)은 그림 7.12(a)와 같이 무수 염화마그네슘을 원료로 사용한다. 무수 $MgCl_2$는 2단계에 걸쳐서 만든다. 1단계에서는 $MgCO_3$나 돌로마이트(dolomite, $MgCO_3 \cdot CaCO_3$)로부터 하소 등의 반응으로 MgO를 얻는다.

2단계에서는 MgO 분말을 Cl_2 가스를 이용하여 다음 식과 같이 염화시킨다.

$$MgO(s) + C(s) + Cl_2(g) = MgCl_2(l) + CO(g) \tag{7.52}$$

$$2MgO(s) + C(s) + 2Cl_2(g) = 2MgCl_2(l) + CO_2(g) \tag{7.53}$$

염화반응에서 얻어진 용융 상태의 $MgCl_2$는 레이들로 운반하여 용융염 전해조에 공급한다.

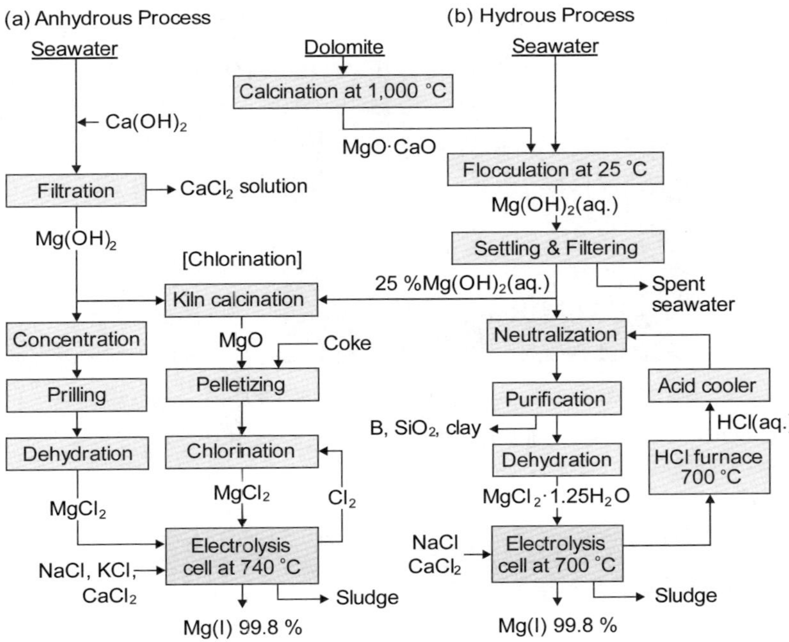

그림 7.12. Mg의 용융염 전해 공정도
(a) Anhydrous process (b) hydrous process

그림 7.13에 IG Farben법 전해조의 단면을 나타내었으며, 전해조는 장방형이며 내화벽돌로 만들어져 있다. 전해조의 용융염 중에는 한 쌍의 판상 탄소제 양극(anode)과 철강제의 음극(cathode)이 침지되어 있으며, 각 전극의 상부는 격벽으로 분리되어 있다. 전해조에서의 반응은 다음과 같다.

$$\text{Cathode: } Mg^{2+}(l,\ \text{in molten salt}) + 2e^- = Mg(l) \tag{7.54}$$

$$\text{Anode: } 2Cl^-(l,\ \text{in molten salt}) = Cl_2(g) + 2e^- \tag{7.55}$$

$$\text{Overall: } MgCl_2(l) = Mg(l) + Cl_2(g) \tag{7.56}$$

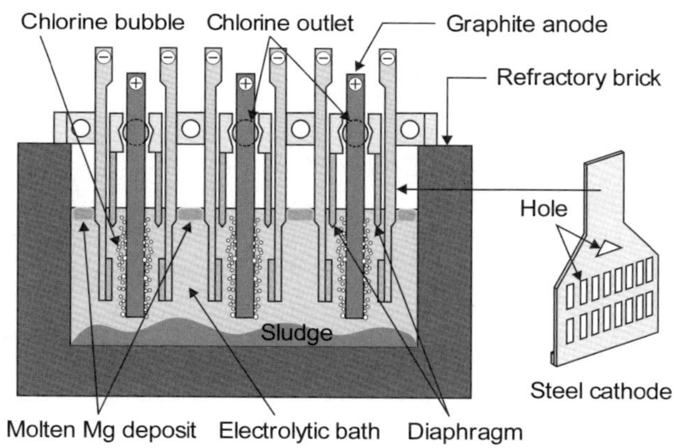

그림 7.13. IG Farben법 용융염 전해조

양극에서 발생하는 Cl_2 가스는 염화로에 보내어 MgO의 염화반응에 사용한다. 음극에 석출한 Mg은 음극의 구멍을 통과하여 음극실의 전해욕 상부로 떠오르며, 이것을 모아 출탕하여 잉곳으로 만든다.

원료를 조제할 때, 돌로마이트뿐만 아니라 카날라이트도 사용하므로,

전해욕으로는 $MgCl_2$-KCl이나 $MgCl_2$-KCl-$CaCl_2$계의 적당한 조성의 것을 사용한다. 주로 $MgCl_2$를 6~20 % 정도 용해한 것을 사용하지만, $BaCl_2$, CaF_2, MgF_2 등을 첨가하기도 한다. 대표적인 조성은 40 %$CaCl_2$, 20 %KCl, 30 %NaCl, 10 %$MgCl_2$이다.

표 7.6에는 IG법을 포함한 각 전해법의 조업 예를 나타내었다.

표 7.6. Mg의 용융염 전해 조업 조건

Parameter		Electrolysis Type		
		IG Farben	Dow	Bipolar
Electrolyte(%)	$MgCl_2$	13	25	18~23
	NaCl	35	60	55~58
	$CaCl_2$	40	15	20~25
	KCl	12	0	~2
Temperature (℃)		740	700	652
Cell voltage (V)		7	6.3	10.5
Current (A)		18,000	60,000	11,000×3
Current density ($A \cdot cm^2$)		0.35~0.5	-	0.55
Current efficiency (%)		90	75~80	75~80
Energy efficiency (%)		34	33	55~59
Power consumption ($kWh \cdot (kg\text{-}Mg)^{-1}$)		17.6~19.8	17.6	9.8
Consumption of graphite anode ($kg \cdot (kg\text{-}Mg)^{-1}$)		0.02	0.1	-
Distance of electrodes (mm)		140	38	-
Mg production rate ($kg \cdot day^{-1}$)		180	500	2,700

(2) Dow법

Dow법은 함수염인 $MgCl_2 \cdot 1.25H_2O$를 전해 원료로 사용하는 방법이며, 그림 7.12(b)에 공정도를 나타내었다. 해수와 돌로마이트로부터 수산화 마그네슘을 추출하고, 염산으로 중화한 염화 마그네슘($MgCl_2$) 수용액을 건조하여 2수화염의 플레이크를 만들어 전해 원료로 사용한다. 원료인 $MgCl_2$는 가수분해되기 쉽고, 도전성이 낮은 결점이 있으므로, NaCl과 $CaCl_2$를 첨가한 전해욕을 사용한다. 전해조는 그림 7.14와 같이 한 열이 여러 개의 흑연 전극으로 구성된 anode가 2열로 배치되어 있고, 그 사이를 분할하는 구조로 되어 있다.

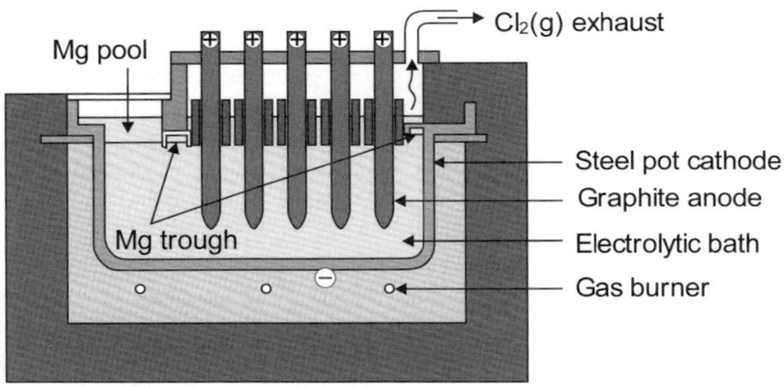

그림 7.14. Dow법 용융염 전해조

(3) Alcan법

IG법은 그림 7.13과 같이 전해조에 격벽이 있고 Alcan법에는 격벽이 없지만, 기본적으로 큰 차이는 없다. Anode는 상부의 뚜껑에 장착되어 있으며, cathode는 뒤쪽 측벽에서 관통되어 있다. Mg은 유도로를 통해 용융 풀에 모이게 되어 있으며, 염소실과는 벽으로 분리되어 있다.

(4) 신 IG Farben법

신 IG Farben법은 Alcan법과 같이 전해조에 격벽이 없는 구조로 되어 있으나, 기본적으로는 IG법과 큰 차이가 없다. Cathode는 뒤쪽 측벽에서 관통하여 격자상으로 배치되어 있으며, anode는 상부의 뚜껑에서 격자상 cathode의 빈 공간에 장착되어 있다. Mg은 염소 가스 리프트를 이용한 전해욕의 순환류를 따라 금속실에 모인다. 따라서 조전압은 IG법보다 약 1 V 낮으며, 전력 원단위를 감소시킬 수 있다. 이 방법은 대형의 전해조에 적합한 것으로 알려져 있다.[24]

(5) Ti 제련 부산물인 $MgCl_2$의 전해법

Ti을 제조하는 Kroll법은 $TiCl_4$를 Mg으로 환원한다. 1톤의 Ti을 얻으려면 Mg도 약 1톤이 필요하며, 부산물로 $MgCl_2$가 생성된다. 따라서 $MgCl_2$를 용융염 전해하여 Mg과 염소(Cl_2)로 재생시키며, 각각 $TiCl_4$의 환원 및 TiO_2의 염화공정에 재사용한다. $MgCl_2$의 용융염 전해에는 전극의 배치와 연결 방법에 따라 일반적인 단극형(mono-polar type) 전해조와 복극형(bi-polar type) 전해조가 있으며, 그림 7.15에 각각의 원리를 나타내었다.[25] 각각의 전극에 전기를 공급하는 단극형 전해조는 일반적인 Mg의 용융염 전해와 동일하게 양극과 음극으로 구성된 한 쌍의 전극이 직렬이나 병렬로 배치되어 있다. 그림 7.15(a)에 나타낸 단극형 전해조에서는 Mg의 생산성 향상을 위해 전해 전류를 증대시키거나 여러 개의 전해조를 직렬로 연결하여야 하나 전해에 따른 발열이 커지는 문제점이 있다.

그림 7.15(b)의 복극형 전해조는 Alcan법과 Ti 제련에서만 적용하는 방법으로, 단극형 전해조와 달리 양쪽 끝에 위치한 양극과 음극에만 전기를 공급한다. 양 끝의 양극과 음극 사이에 음극과 양극 역할을 동시에 수행하는 복극(bi-polar) 전극이 3~5개 정도 배치되어 있다.[26] 각 전극에서의 전해반응은 일반 Mg 전해와 같지만, 복극형 전해조에서는 동일

한 전류 조건에서도 전해 속도가 빨라져 단극형 전해조보다 생산성이 3배 정도 증가하는 것으로 알려져 있다.

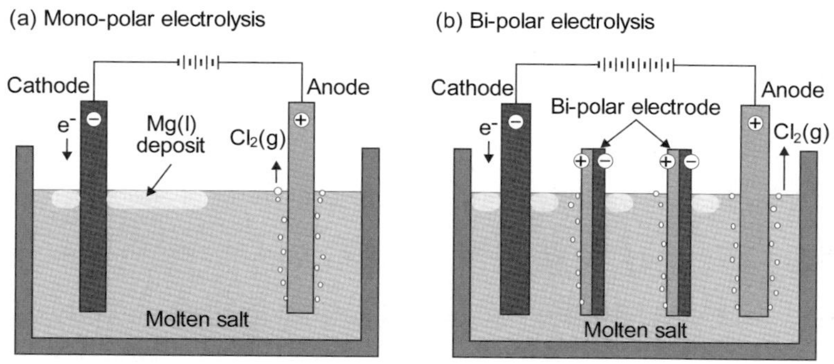

그림 7.15. 타이타늄 제련 부산물인 $MgCl_2$의 재생 전해조의 모식도
(a) Mono-polar형 전해조 (b) Bi-polar형 전해조

(6) MgO의 용융염 전해

기존의 용융염 전해법은 무수 $MgCl_2$를 출발원료로 사용하므로 음극에서 액상 Mg이 생성되지만 양극에서 유독성의 염소(Cl_2) 가스가 발생한다. 또 무수 $MgCl_2$ 제조에 많은 에너지가 필요하며, 철(Fe)을 전극으로 사용하므로 Mg 중 Fe 함량이 높은 단점이 있다.

최근 Kang 등은 그림 7.16과 같이 액상 금속을 음극(cathode)으로 사용하여 MgO를 용융염 전해해 금속 Mg을 제조하는 친환경 공정인 MSE-LMC(Molten Salt Electrolysis using Liquid Metal Cathode)법을 개발하였다.[27, 28] 신공정에서는 Cl_2 가스와 같은 독성가스가 발생하지 않으며, 백금(Pt)과 같은 불활성 전극을 사용하면 양극(anode)에서 O_2가 발생한다. Mg과 합금화된 액상 금속을 진공 증류하면 조건에 따라

99.975 % 이상의 순도를 갖는 Mg을 얻을 수 있다.

MSE-LMC법에서는 불화마그네슘(MgF_2)-불화리튬(LiF) 용융염을 전해질로 사용하며, 전해 셀은 원리적으로 상용 Al 전해 셀과 동일한 구조를 갖고 있다. 각 전극에서의 반응은 다음과 같다.

$$\text{Cathode: } Mg^{2+} + 2e = Mg(l) \tag{7.57}$$

$$Mg(l) + M(Sn, Ag, \text{or } Cu) = (Mg - M)_{alloy}(l) \tag{7.58}$$

$$\text{Anode: } O^{2-} = 1/2O_2(g) + 2e \ \ (\text{Pt anode}) \tag{7.59}$$

$$C(s) + xO^{2-} = CO_x(g) + 2xe \ \ (\text{C anode}) \tag{7.60}$$

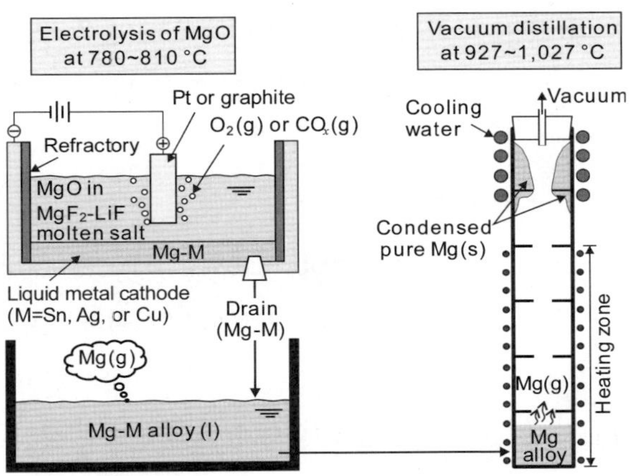

그림 7.16. MgO의 용융염 전해와 진공 증류 모식도

한편 MSE-LMC법의 음극은 전해 셀 바닥에서 환원된 Mg 금속과 합금을 생성할 수 있는 Cu, Sn, Ag 등을 사용하였다. 음극 금속은 Mg보다 밀도가 크고, Mg의 고용도가 크면서, 전해 온도에서 Mg 합금 중 Mg의 증기압이 낮아 전해 중 Mg의 증발이 없어야 한다. 또 Mg과의 증기압

차이가 커서 진공 증류를 통해 Mg과 쉽게 분리할 수 있는 금속이어야 한다. 양극으로는 흑연(C)이나 백금(Pt)을 사용하였다.[29] 특히 MSE-LMC법은 Al 전해셀과 유사하여 쉽게 상용화할 수 있을 것으로 기대를 모으고 있다.

7.5.5 타이타늄의 용융염 전해

Ti은 TiO_2를 염화시켜 $TiCl_4$로 만든 후 용융 Mg으로 환원하는 회분식의 Kroll법으로 만들고 있다. 따라서 염화 공정이 필요 없고 연속화도 가능한 용융염 전해법에 대해 FFC-Cambridge법 등 많은 연구가 이루어지고 있다. 아직 생산성 등의 문제가 남아 있지만 향후 많은 발전이 기대되고 있으며, 그림 7.17에 몇 가지 프로세스의 원리를 나타내었다.

(1) FFC-Cambridge법

FFC(Fray-Farthing-Chen)-Cambridge법은 TiO_2를 용융염 전해하여 환원하는 것으로, 그림 7.17(a)에 프로세스의 원리를 나타내었다.[30] 용융 $CaCl_2$ 중에서 음극(cathode)으로는 TiO_2 분말을 소결하여 성형한 것을, 양극(anode)으로는 탄소를 사용하여 다음 식과 같이 용융염 전해로 Ti을 만드는 방법이다.

$$TiO_2 + 4e^- = Ti + 2O^{2-} \quad (in\ CaCl_2) \tag{7.61}$$

Anode에서는 다음 식의 산화반응이 일어난다.

$$2O^{2-} = O_2 + 4e^- \quad (in\ CaCl_2) \tag{7.62}$$

$$C + 2O^{2-} = CO_2 + 4e^- \quad (in\ CaCl_2) \tag{7.63}$$

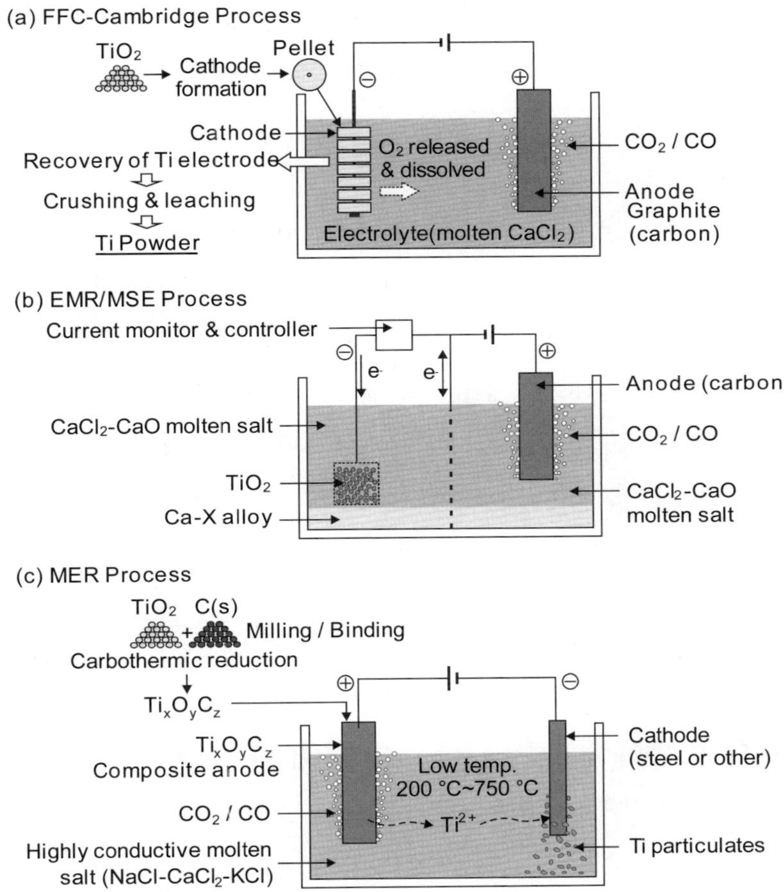

그림 7.17. Ti의 용융염 전해 환원의 원리 비교

(2) EMR/MSE법

EMR(Electronically mediated reaction)/MSE(Molten salt electrolysis) 법은 전기화학적 산화환원 반응을 이용한 금속 열환원 반응인 EMR로 TiO_2를 환원하고, 환원제를 용융염 전해하여 재생하는 MSE법을 결합한

것으로, 그림 7.17(b)에 전해조와 프로세스의 원리를 나타내었다.[31] 불순물에 의해 환원제가 오염되어도 고순도의 금속을 제조할 수 있는 원리를 이용한 것이다.[32, 33]

(3) MER법

MER(Materials and Electrochemical Research Corporation)법은 출발원료로 oxycarbide($Ti_xO_yC_z$)를 사용하여 용융염 전해하는 것으로, 그림 7.17(c)에 프로세스의 원리를 나타내었다.[34] 우선 anode는 다음 식과 같이 TiO_2를 진공이나 불활성 분위기에서 탄소 열환원(1,200~2,100 ℃)으로 만든 oxycarbide($Ti_xO_yC_z$)를 사용한다.

$$TiO_2 + C = Ti_xO_yC_z + (1-z)CO \tag{7.64}$$

Anode 및 cathode에서의 전해반응은 각각 다음 식과 같다.

$$\text{Anode: } Ti_xO_yC_z \rightarrow xTi^{2+} + zCO/CO_2(g) + 2e^- \tag{7.65}$$

$$\text{Cathode: } xTi^{2+} + 2e^- \rightarrow xTi(s) \tag{7.66}$$

Cathode가 환원되어 Ti이 만들어지는 FFC법과 달리 MER법에서는 조금속의 전해정제와 유사하게 anode에서 용해된 Ti 이온이 cathode에 석출되어 전해조 바닥에 모인다.

7.5.6 희토류 원소의 용융염 전해

희토류 원소를 금속으로 만드는 것은 출발원료에 따라 금속 열환원법, 금속 열환원 증류법, 금속 열환원 확산법이 있으나, 여기에서는 염화물 전해법, 불화물욕 산화물 전해법, 불화물 전해법 등 용융염 전해에 관해 알아 본다. 희토류 원소의 용융염 전해법은 주로 미쉬메탈의 제조에서 발전하여 온 방법이지만, 융점이 낮은 La, Ce, Nd, Pr 등의 단일 희토류 원소의 제조에도 널리 사용되고 있다. 공업적으로는 염화물욕-염화물 전해와 불화물욕-산화물, 불화물욕-불화물 전해 등이 있다.

(1) 염화물의 용융염 전해법

염화물의 용융염 전해는 미쉬메탈은 물론 단일 희토류 금속을 공업적으로 생산하는 중요한 방법이다. 그림 7.18(a)에 대형 염화물 전해 장치의 예를 나타내었다.[35] 조염화 희토류($RECl_3·6H_2O$)를 가열·탈수하여 제조한 무수 희토류 염화물과 전해욕의 융점과 점도를 조정하기 위해 NaCl이나 $CaCl_2$ 등을 소량 혼합하여 전해조에 장입하고 용융시킨 후,

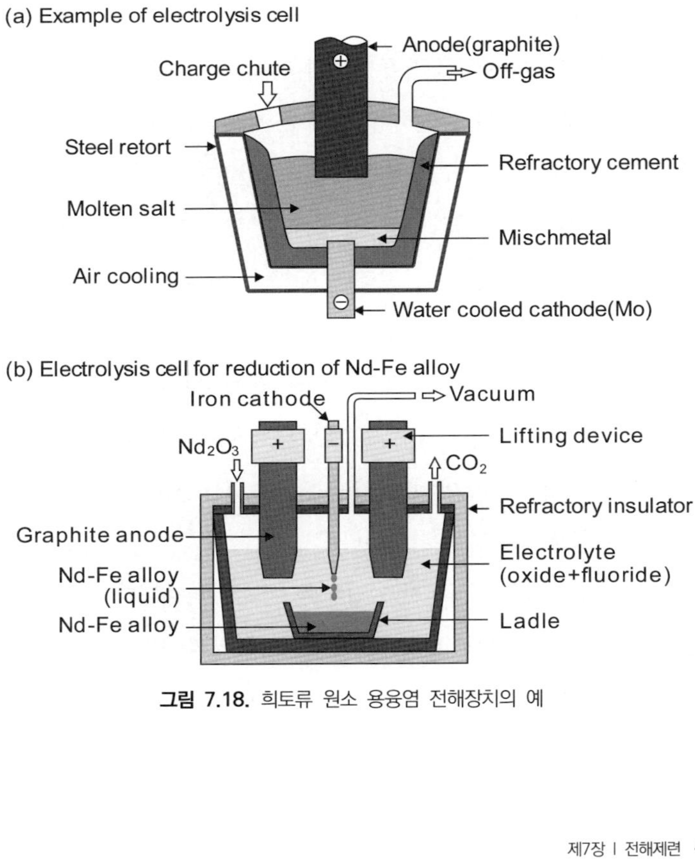

그림 7.18. 희토류 원소 용융염 전해장치의 예

800~900 ℃에서 흑연 anode와 금속(Mo) cathode로 전해한다. 이때의 전해환원 반응은 다음 식과 같다.

$$2RECl_3 = 2RE^{3+} + 6Cl^- \quad (7.67)$$

$$\text{Cathode: } 2RE^{3+} + 6e^- = 2RE \quad (7.68)$$

$$\text{Anode: } 6Cl^- = 3Cl_2\uparrow + 6e^- \quad (7.69)$$

전압은 10~15 V, anode 전류밀도는 0.5~1 A/cm^2, cathode 전류밀도는 1~10 A/cm^2 정도이다. 전해할 때 흑연 양극 표면에서는 염소 가스가 발생하고, 음극 표면에 희토류 금속이 석출한다. 염소 가스는 수산화나트륨 용액으로 세정하여 차아염소산나트륨으로 회수한다.

(2) 불화물욕 산화물 전해법

불화물욕에 희토류 산화물을 투입하여 전해하는 방법으로, 기본개념은 알루미늄의 전해제련[36]과 동일하다. 희토류 산화물은 불화물이나 염화물과 달리 안정도가 매우 높고 흡습성이 없는 안정한 물질이다. 전해 온도 800~1,100 ℃에서 산화물의 이론 분해전압은 2.4~2.6 V이지만, 불화물은 4.6~5.6 V로 높은 편이다. 그러나 NdF_3는 융점이 1,373 ℃로 높아 단독으로는 용융염 전해가 곤란하다. LiF(융점 483 ℃), BaF_2(융점 1,353 ℃)를 적절히 첨가하면 700 ℃의 융점을 갖는 삼원 공융 혼합염을 만들 수 있으며, 여기에 수 %의 희토류 산화물을 용해시킬 수 있다. 일반적인 미쉬메탈의 제조에서는 REF_3 50 %, LiF 30 %, BaF_2 20 %의 조성을 갖는 혼합 용융염을 사용한다.[35]

그림 7.18(b)에는 Nd합금 제조 장치의 예를 나타내었다.[37] Nd은 화학적으로 매우 활성인 원소이며, 산소나 탄소 등과의 친화력이 매우 강하여 고순도 금속을 제조하기 위해서는 고도의 환원 기술이 필요하다. 광

석 중 Nd을 습식처리에 의해 고순도의 산화물 원료(Nd_2O_3)로 만든다. 이것을 그림과 같이 800~1,100 ℃의 용융염(불화물+산화물) 중에 투입하여 용해하면 이온성 융체가 되어 전기분해에 의해 금속 Nd이 얻어진다. 특히 철을 소모식 전극(음극)으로 사용하는 Nd의 용융염 전해에서는 연속적으로 자석 합금용의 Nd-Fe 액체 합금을 직접 제조할 수 있는 장점이 있다. 그러나 불화물을 함유하는 용융염을 사용하므로 장치와 조업 관리가 곤란한 문제점도 있다.

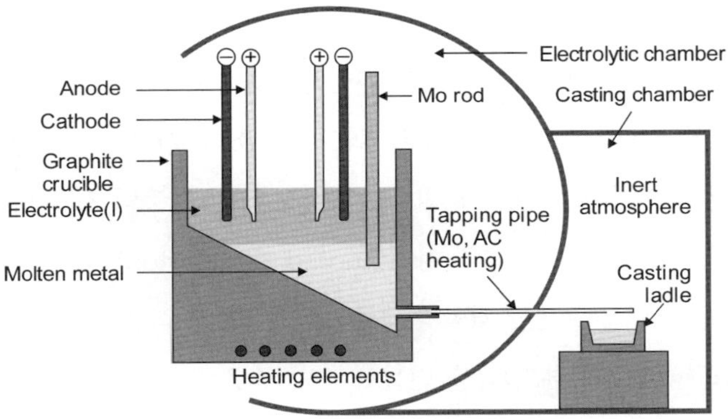

그림 7.19. Leno의 연속 전해장치 모식도

그림 7.19에는 Leno에서 공업화한 La과 Ce의 연속 전해장치의 모식도를 나타내었다.[38] 이 방법에서는 63 %CeF_3-16 %BaF_3-21 %LiF 조성의 불화물 전해욕 중에 La이나 Ce 산화물을 연속적으로 공급하여 전해한다.

(3) 불화물 전해법

흑연 양극을 사용한 불화물 전해에서는 산소가 전극의 탄소와 결합하여 양극 표면에 양극 효과(anode effect)에 의한 전기 부도체 막을 형성한다.

그러나 LiF를 다량 함유한 용융염과 함께 양극 효과가 잘 일어나지 않는 흑연 전극을 사용하면 불화물도 쉽게 전해할 수 있다. 이 방법으로 Nd-Fe-B 자석용 Nd 모합금을 제조한다. NdF 40~76 %, LiF 24~59 %의 혼합 용융염과 흑연 양극 및 소모성의 순철 음극을 사용하면, 900~950 ℃, 8~12 V에서 전해할 수 있다. 특히, 금속 석출량에 대응하는 NdF를 투입하면 연속적으로 전해할 수 있다. 이때의 전류효율은 70~72 %이며, Nd 76~81 %, Fe 19~24 %의 합금이 만들어진다. 다만 배기되는 불소가스의 무해화 처리를 위한 설비비가 많이 드는 문제점이 있다.[35]

(4) 희토류 스크랩의 용융염 전해

용융염 전해를 이용하여 스크랩에서 희토류 원소를 분리할 수도 있다. 그림 7.20에 용융염 전해를 이용한 희토류 원소의 분리와 회수 개념도를 나타내었다.[39, 40] 우선 희토류 원소를 함유하는 자석 등의 스크랩을 양극(anode)으로 사용하여 양극 용해(anodic dissolution)시킨다. 용해된 희토류 원소 이온을 합금 격막의 양극실측(음극으로 작용)에서 다음 식과 같이 환원하여 희토류 합금을 만들고 격막 중으로 확산시킨다.

$$M + xRE(III) + 3xe = [M - RE_x] \tag{7.70}$$

여기서 M은 합금 모재가 되는 Ni 등의 금속,[41] RE는 Dy 등의 희토류 원소이며 용융염 중에 3가 이온으로 존재하는 것으로 가정하였다. 합금 격막의 음극실측(양극으로 작용)에서는 상기한 반응식의 역반응이 일어나 희토류 원소만 선택적으로 용해되어 희토류 원소 이외의 불순물을 분리할 수 있다. 최종적으로는 음극실 중에 용해된 희토류 이온을 음극(cathode)상에 석출시키거나 Fe 등과의 합금으로 환원·석출시켜 회수할 수 있다.

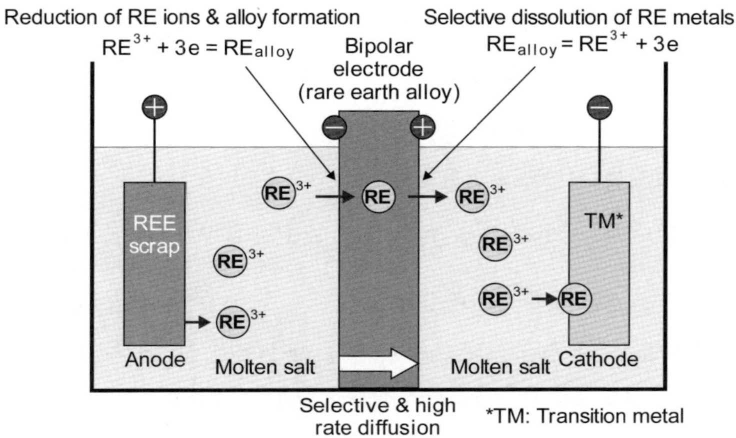

그림 7.20. 용융염 전해와 합금 격막을 이용한 희토류 원소의 분리 및 회수 프로세스의 개념도

7.5.7 기타 금속의 용융염 전해

(1) 리튬 염화물의 용융염 전해

현재 고순도 금속 Li은 LiCl+KCl의 공정 조성(42 mol%KCl, 350 ℃)을 갖는 혼합 용융염에서 LiCl을 용융염 전해하여 만든다.[42] LiCl+KCl 2원계의 액상 범위는 400 ℃에서 35~45 mol% KCl로 확대되므로 400~450 ℃ 정도에서 조업한다. 음극으로는 연강(mild steel)을 사용하며 액상의 Li이 석출되고, 양극으로는 흑연(graphite)을 사용하며 염소 가스가 발생한다. 이때 전류밀도는 2 A/cm^2, 전력 소비량은 35 kWh/kg-Li 정도이며, 각 전극에서의 반응은 다음과 같다.[43]

$$\text{Anode (graphite): } Cl^- = 1/2Cl_2(g) \tag{7.71}$$

$$\text{Cathode (mild steel): } Li^+ + e = Li(l) \tag{7.72}$$

$$\text{Overall reaction: } LiCl(l) = Li(l) + 0.5Cl_2(g),\ E^\circ_{427\,℃} = 3.6\,V \tag{7.73}$$

다만 Li의 용융염 전해법은 많은 에너지를 소비할 뿐만 아니라 유독성 염소 가스가 발생하는 문제점이 있어서 새로운 금속 Li의 제조법에 관해 많은 연구가 이루어지고 있다.[44]

(2) 나이오븀 불화물의 용융염 전해

금속 Nb은 K_2NbF_7를 다음 식과 같이 용융염 전해하여 얻을 수 있다.[45]

$$NbF_7^{2-} + 5Cl^- = Nb + 5/2Cl_2 + 7F^- \tag{7.74}$$

전해욕으로는 K_2NbF_7-NaCl-KCl계를 사용하며, 전해조는 흑연을 사용한다. 전해욕 온도를 650~700 ℃로 유지하고 K_2NbF_7을 공급하면서 직류가열에 의해 염을 용해하며, 400 A/cm^2의 전류밀도에서 전해한다.

(3) 탄탈럼 불화물의 용융염 전해

그림 7.21에는 K_2TaF_7을 용융염 전해하여 커패시터용의 고순도 Ta 분말을 제조하는 공정도를 나타내었다.[46] 전해질은 KCl-NaCl의 공정 조

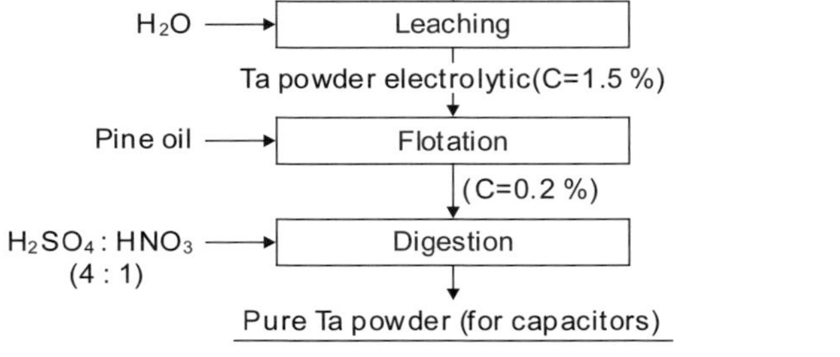

그림 7.21. K_2TaF_7의 용융염 전해에 의한 Ta 분말 제조 공정도

성에 25 wt% K_2TaF_7을 첨가하며, 흑연 도가니 중 700~800 ℃에서 K_2TaF_7의 분해전압인 1.2 V 이상에서 전해한다. 용융염 전해를 위한 도가니로 흑연을 사용하므로 Ta 분말 중 1~1.5 %C이 함유되지만, pine oil을 이용한 부유 선별로 0.2 %C까지 낮출 수 있다. 또 황산+질산의 혼산으로 침출하여 C을 23 ppm까지 낮추어 커패시터용 Ta 분말을 얻는다. 한편 Ta_2O_5를 55.0 %KCl, 27.5 %KF, 17.5 %K_2TaF_7의 전해욕 중에 첨가하여 용융염 전해를 하기도 한다.[47]

(4) 바나듐의 용융염 전해

금속 V은 $NaVO_3$를 용융염 전해하여 만들 수 있다. 특히 $NaVO_3$를 출발원료로 사용하므로 암모늄염의 생성이나 하소를 생략할 수 있는 장점이 있다. 공정 조성의 $CaCl_2$-NaCl 용융염 중에서 $NaVO_3$를 전해하면 다음 식과 같이 CaV_2O_6가 만들어진다.

$$2NaVO_3 + CaCl_2 = CaV_2O_6 + 2NaCl \tag{7.75}$$

CaV_2O_6를 다시 용융염 전해하면 CaV_2O_4가 만들어져 용융염 중 V_2O_3의 용해도가 증가한다. 따라서 전극 근처에서 CaV_2O_4는 금속 V으로 환원되며, 각각의 반응식은 다음과 같다.[48]

$$CaV_2O_6 + 4e^- = CaV_2O_4 + 2O^{2-} \tag{7.76}$$

$$CaV_2O_4 + 6e^- = CaO + 2V + 3O^{2-} \tag{7.77}$$

7.5.8 용융염 전해정제

(1) Al의 용융염 전해정제법(3층 전해법)

홀-에루법에서 전해채취한 Al의 순도는 최대 99.8 %이며, 불순물로는 전해욕의 원료나 전극의 회분 등에서 나온 Si, Fe, Ti 등이 있다. 따라서 99.9 % 이상의 순 Al을 얻거나, Al 스크랩으로부터 고순도 지금을 재생하기 위해서는 정제를 하여야 한다. 현재 공업화되어 있는 정제법에는 편석법과 3층 전해정제법(three layers electro-refining)이 있다.

그림 7.22에 Al 3층 전해정제의 전해조를 나타내었다.[49] 전해조 바닥부터 양극인 모합금 용탕, 전해욕, 음극인 정제된 Al 용탕이 비중 차이에 의해 3층으로 유지되면서 전해정제를 한다. 우선 Al에 Cu를 첨가하여 융점이 낮고 밀도가 큰 Al-Cu(약 30 %Cu, 공정조성, m.p. 548 ℃, 밀도 3.0 g/cm^3, 두께 20~25 cm) 합금 양극을 만든다. 그 위에 순 Al보다 밀도가 큰 전해욕(AlF_2-BaF_2-NaF계, 밀도 약 2.8 g/cm^3, 두께 12~15 cm)을 두고, 최상부에 99.99 %의 정제 Al(밀도 약 2.8 g/cm^3, 두께 10~15 cm)을 배치한다. 이 상태로 각 층을 비중 차이로 유지하면서 760~800 ℃에서 전해정제를 하면 99.998 %의 고순도 Al이 얻어진다.

3층 전해정제의 원리는 전해욕 중 금속의 전극전위가 서로 다른 것을 이용한 것이다. Al보다 귀한(noble) Fe, Si, Cu 등은 양극 합금 중에 남고, 비한(base) 금속인 Na, Ca, Mg 등은 전해욕 중으로 분배되지만 음극에 석출되지 않고 전해욕 중에 남아 고순도의 Al으로 정제된다.[50]

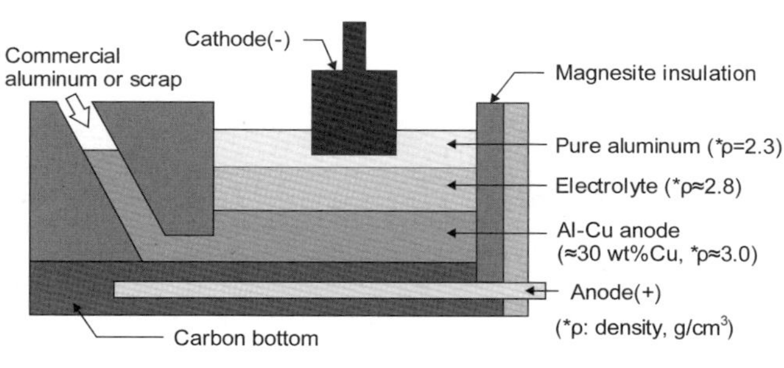

그림 7.22. Al 3층 전해정제로의 구조

(2) V의 용융염 전해정제

조금속 V을 LiCl-KCl-VCl_2 등 염화물 전해욕 중에서 전해정제할 수 있다. 조금속 V을 양극(anode)으로 사용하고, 전도성과 내식성이 우수한 W, Mo, Ti 등을 음극(cathode)로 사용하여 전해정제를 하며, 각 전극에서의 반응은 다음과 같다.

$$\text{Anode: } V(\text{crude}) + 2Cl^- = VCl_2 \tag{7.78}$$

$$\text{Cathode: } VCl_2 + 2e = V(\text{pure}) + 2Cl^- \tag{7.79}$$

전해정제에서는 V보다 불활성인 금속 불순물과 C, O, N, Si 등의 비금속성 불순물들은 양극에 잔류하며, V보다 활성인 금속 불순물들은 전해질 중으로 용해되어 V과 함께 음극에 석출될 수 있다. 표 7.7에는 VCl_2 조성을 비롯한 전해욕 조성에 따른 전해정제 조건을 나타내었다.[51]

표 7.7. V 용융염 전해정제의 용융염 조성과 전해정제 조건

Electrolyte	NaCl-KCl -VCl_2	$CaCl_2$-NaCl -VCl_2	LiCl-KCl -VCl_2	LiCl-KCl -VCl_3
Electrolysis temp. (℃)	800	620	620	450
Initial cathode current density (A/m^2)	3,229	3,229	3,170	2,848
Cathode current efficiency (%)	70	90	90	67
Purity of V (wt%)	99.42	99.80	99.85	97.5
Recover rate of V (%)	70	87	86	70

[참고문헌]

1 김대룡, 윤병하, 1994: 금속전기화학의 이론과 응용, p.192, 형설출판사.

2 安座上竹四, 栗倉泰弘, 1999: 金属製錬工学(Extractive Metallurgy), 日本金属学会, p.132.

3 梅津良昭, 1997: 電解プロセス, 資源と素材(Shigen-to-Sozai) 113(12), pp.945-947.

4 김대룡, 윤병하, 1994: 금속전기화학의 이론과 응용, p.205, 형설출판사.

5 손호상, 2019: 자원리사이클링공학, p.224, 경북대학교출판부.

6 손호상, 2019: 자원리사이클링공학, p.210, 경북대학교출판부.

7 F. K. Crundwell et al., 2011: Extractive Metallurgy of Nickel, Cobalt and Platinum-Group Metals, p.334, Elsevier Ltd. UK.

8 中村威一, 2013: 最新選鉱技術事情-鉱種別代表的プロセス編(2): ニッケル, JOGMEC 金属資源レポート43, pp.131-149.

9 손호상 역, 2017: A. Yazawa의 열역학 문제집, p.322, 경북대학교출판부.

10 손호상 역, 2017: A. Yazawa의 열역학 문제집, p.363, 경북대학교출판부.

11 M. Shamsuddin, 2016: Physical Chemistry of Metallurgical Processes, p.552, The Minerals, Metals & Materials Society, John Wiley & Sons, Inc., Hoboken, New Jersey.

12 J. Shibata and A. Okuda, 2002: Recycling Technology of Precious Metals, Sigen-to-Sozai 118(1), pp.1-8.

13 박평주, 이승이, 김수식, 백영현, 1980: 비철제련공학, p.296, 대한금속학회, 탑출판사.

14 손호상, 2023: 희소금속의 제련과 리사이클링, p.645, 경북대학교출판부.

15 Roderick J. Sinclair, 2009: The Extractive Metallurgy of Lead, p.235, The Australasian Institute of Mining and Metallurgy Spectrum Series Volume Number 15.

16 박평주 등, 1980: 비철제련공학, p.347, 희중당.

17 T. Azakami and Y. Awakura, 1999: Extractive Metallurgy, p.157, JIM, Sendai, Japan.

18 M. Shamsuddin, 2016: Physical Chemistry of Metallurgical Processes, p.538, The Minerals, Metals & Materials Society, John Wiley & Sons, Inc., Hoboken, New Jersey.

19 M. Shamsuddin, 2016: Physical Chemistry of Metallurgical Processes, p.551, The Minerals, Metals & Materials Society, John Wiley & Sons, Inc., Hoboken, New Jersey.

20 M. Shamsuddin, 2016: Physical Chemistry of Metallurgical Processes, p.549, The Minerals, Metals & Materials Society, John Wiley & Sons, Inc., Hoboken, New Jersey.

21 Charles M. Hall, 1889: Process of Reducing Aluminium by Electrolysis, USA Patent No.400,766.

22 Graham W. Gibbs and France Labreche, 2014: Cancer Risks in Aluminum Reduction Plant Workers, JOEM 56(5S), pp.S40-S59.

23 Primary Metal Production-MTU, https://fliphtml5.com/vtss/tuja/basic/51-55

24 伊藤靖彦, 2003: 溶融塩の応用—エネルギー・環境技術への展開, p.27, アイピーシー.

25 O. Takeda, T. Uda, and T. H. Okabe, 2014: Ch. 2.9 Rare Earth, Titanium Group Metals, and Reactive Metals Production, pp.1059-1060, Treatise on Process Metallurgy 3: Industrial Processes, Elsevier Ltd.

26 Hyung-kyu Park, Chul-Joo Kim, Ho-Sung Yoon, et al., 2009: Preparation of Magnesium by Fused Salt Electrolysis Using Mono-Polar Cell, J. of Korean Inst. of Resources Recycling 18(3), pp.62-68.

27 T.-H. Lee, T. H. Okabe, J.-Y. Lee, Y. M. Kim, and J. Kang, 2020: Molten Salt Electrolysis of Magnesium Oxide Using a Liquid-Metal Cathode for the Production of Magnesium Metal, Metall. & Meter. Trans. B 51B, pp.2993-3006.

28 T.-H. Lee, T. H. Okabe, J.-Y. Lee, Y. M. Kim, and J. Kang, 2021: Development of a novel electrolytic process for producing high-purity magnesium metal from magnesium oxide using a liquid tin cathode, Journal of Magnesium and Alloys 9, pp.1644-1655.

29 T.-H. Lee, T. H. Okabe, J.-Y. Lee, Y. M. Kim, and J. Kang, 2021: Investigation of Electrowinning of Mg from MgO Using a Liquid Metal Cathode in MgF_2-CaF_2-NaF or MgF_2-LiF Molten Salt, Korean J. Met. Mater. 59(6), pp.392-403.

30 G. Z. Chen, D. J. Fray, and T. W. Farthing, 2000: Direct electrochemical reduction of titanium dioxide to titanium in molten calcium chloride, Nature 407, pp.361-364.

31 T. H. Okabe, 2005: New smelting process of titanium, Keikinzoku 55(11), pp.537-543.

32 T. H. Okabe, C. Zheng, C. and Y. Taninouchi, 2018: Thermodynamic Considerations of Direct Oxygen Removal from Titanium by Utilizing the

Deoxidation Capability of Rare Earth Metals, Metall. Mater. Trans. B, 49B, pp.1056-1066.

33 C. Zheng, T. Ouchi, L. Kong, Y. Taninouchi, and T. H. Okabe, 2019: Electrochemical Deoxidation of Titanium in Molten $MgCl_2$–YCl_3, Metall. Mater. Trans. B 50B, pp.1652-1661.

34 W. V. Tonder, 2010: South Africal Titanium: Techno-Economic Evaluation of Alternatives to the Kroll Process, p.108. Master Thesis, Stellenbosch Univ. South Africa.

35 Hyungkyu Park, Jinyoung Lee, Sungwook Cho and Joonsoo Kim, 2012: Overview on the Technologies for Extraction of Rare Earth Metals, J. of Korean Inst. of Resources Recycling 21(3), pp.74-83.

36 Ho-Sang Sohn, 2019: Recycling Technology of Aluminum, J. of Korean Inst. of Resources Recycling 28(2), pp.3-13.

37 岡部 徹, 2007: 希土類金屬の製造技術とリサイクル, 金屬 77(6), pp.598-604.

38 金屬鑛業事業團資源情報センター, 1995: 發電機用超傳導材料開發狀況調査報告書-レアアースの製造技術, p.136. 金屬鑛業事業團.

39 M. Tanaka, K. Koyama, H. Narita, and T. Oishi, 2011: Studies on the Recycling Technologies for Rare Metals Mainly by Hydrometallurgical Methods, Materia Japan 50(4), pp.161-167.

40 M. Firdaus, M. Akbar Rhamdhani, Y. Durandet et al., 2016: Review of High-Temperature Recovery of Rare Earth (Nd/Dy) from Magnet Waste, J. Sustain. Metall. 2, pp.276–295.

41 S. Kobayashi, T. Nohira, K. Kobayashi, et al., 2012: Electrochemical Formation of Dy-Ni Alloys in Molten LiF-CaF_2-DyF_3, J. of The Electrochemical Soc. 159(12), pp.E193-E197.

42 T. Tran and V. T. Luong, 2015: Ch. 3 Lithium Production Process, p.108, Lithium Process Chemistry- Resources, Extraction, Batteries, and Recycling, Ed. by A. Chagnes and J. Swiaatowska, Elsevier Inc., USA.

43 G. J. Kipouros and D. R. Sadoway, 1998: Toward New Technologies for the Production of Lithium, JOM 50(5), pp.24-26.

44 X. Zhang, A. Han and Y. Yang, 2020: Review on the production of high-purity lithium metal, J. Mater. Chem. A 8, pp.22455–22466.

45 N. Sato and M. Nanjo, 1988: Intelligent Metallurgy of Rare Metals (II) Niobium(III), Advanced Separation Process and Recycling, Bulletin of the Research Institute of Mineral Dressing and Metallurgy, Tohoku University 44(1), pp,123-137.

46 D. K. Bose and C. K. Gupta, 2002: Extractive Metallurgy of Tantalum, Mineral Processing and Extractive Metallurgy Review: An International Journal, 22, pp.389-412.

47 A. N. Zelikman, O. E. Krein, and G. V. Samsonov, 1964: Metallurgy of Rare Metals, p.137, Izdatel'stvo Metallurgiya Moskva.

48 W. Weng, M. Wang, X. Gong, et al., 2016: One-step electrochemical preparation of metallic vanadium from sodium metavanadate in molten chlorides, Int. Journal of Refractory Metals and Hard Materials 55, pp.47-53.

49 손호상, 2019: 알루미늄의 리사이클링 기술, 자원리싸이클링 28(2), pp.3-13.

50 Norio Tsuchihashi, 1994: Production and refining of aluminum metal, Keikinzoku 44(7), pp.406-417.

51 R. Yuan, S. Li, Y. Che, et al., 2021: A critical review on extraction and refining of vanadium metal, International Journal of Refractory Metals and Hard Materials 101, 105696.

Extractive Metallurgy and Recycling of Metals

제8장

철강제련

8.1 철강제련의 개요

8.2 고로 제선법

8.3 용선 예비처리

8.4 전로 제강법

8.5 전기로 제강법

8.6 용강의 2차 정련

8.7 스테인리스강의 정련

8.8 연속 주조

제8장 | # 철강제련

Ferrous Metallurgy

8.1 철강제련의 개요

철(鐵, iron, Fe)은 인류가 가장 많이 사용하는 금속으로 전 세계에서 연간 18억 톤 이상이 생산되고 있으면서, 구조용 금속으로는 알루미늄(Al) 다음으로 지각 중 원소 존재도가 높은 금속이다. 철강은 차량, 선박 등의 운송수단, 교량, 철도 등의 사회기반시설은 물론 각종 건축물과 생활용품에 이르기까지 다양한 분야에서 사용되고 있으므로 철이 없는 세상은 상상하기 힘들 정도로 중요한 금속이다.

철강 생산량은 2차 대전이 끝나고 경제 재건기인 1950년대에 들어서면서 2억 톤을 돌파한 이래 지속적으로 증가하였다. 특히 이 시기에 순산소 전로법(BOF, Basic Oxygen Furnace)이 실용화되어 철강의 대량 생산에 기여하였다. 이후 1980년대 말까지 8억 톤 미만을 생산하였으나, 1990년대에 들어와서 중국의 철강 특수에 힘입어 전 세계 조강 생산량이 현저하게 증가하였다. 2022년 전 세계 철강 생산량은 18.854억 톤[1]으로 전체 금속 생산량의 약 93 %(중량 기준)를 차지한다. 또 2022년 현재 중국의 조강 생산량은 약 10.18억 톤으로 전 세계 조강 생산량의

54 %를 차지하고 있다. 우리나라의 조강 생산량 순위는 중국, 인도, 일본, 미국, 러시아에 이어 6위이며 2021년도에 7,040만 톤, 2022년에는 6,580만 톤을 생산하였다. 그림 8.1에 1900년부터 2022년까지 철강 생산량의 변화를 나타내었다.

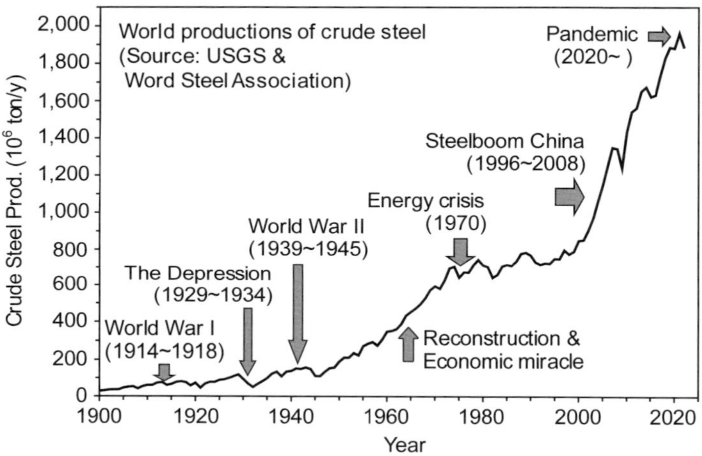

그림 8.1. 전 세계 조강 생산량 변화와 국제 정세

지각 중의 철은 일부를 제외하면 산화철(FeO_x)로 존재한다. 산화철을 환원하여 철을 제조하는 방법은 고로-전로에 의한 '간접 제철법'과 가스 환원으로 고체의 금속철을 제조하여 전기로에서 용해하는 '직접 제철법'으로 분류할 수 있다. 생산량 측면에서는 간접 제철법의 비율이 압도적으로 높다. 그림 8.2에는 철강 제조의 주류를 이루고 있는 고로 일관 철강 제조 프로세스를 나타내었다.[2] 우선 철광석으로부터 선재, 판재 등 제품까지 일관하여 생산하는 공장을 선강 일관 제철소(Integrated Iron and Steelmaking Works or Integrated Mill), 전기로에서 주원료인

철스크랩을 용해하여 제품을 만드는 공장을 전기로 밀(Electric Arc Furnace(EAF) Mill), 슬래브(slab)·블룸(bloom)·빌릿(billet) 등의 반제품을 가열·압연하여 제품으로 만드는 공장을 압연 밀이라 한다. 철스크랩은 전기로 제강의 주원료로 사용되지만, 전로(BOF)에서도 잉여 열량을 이용하기 위해 일정 비율을 사용하고 있다.

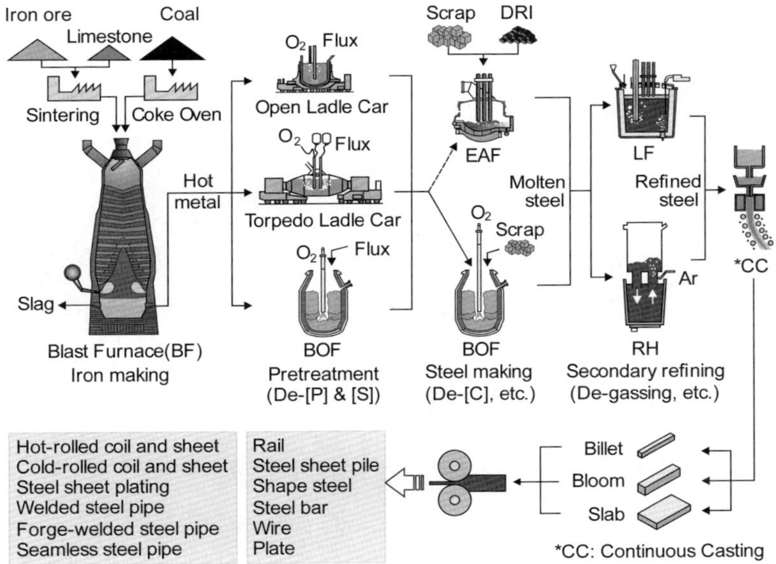

그림 8.2. 철강 제조 프로세스의 예

고로(용광로)-예비처리(탈황, 탈린 등)-전로(전기로)-2차 정련(LF, RH 등)의 공정을 거쳐서 목표 성분과 온도로 제어한 용강을 연속주조(CC) 설비에서 슬래브·블룸·빌릿 등으로 연속 주조하고 소정의 길이로 절단한다. 이것을 가열로에서 압연 온도로 재가열한 후, 제품으로 열간 가공한다. 후판의 경우 가역식의 후판 압연기로, 열연 박판은 hot strip mill을 이용하여 가공한다. 열연 박판은 산세 후 한 번 더 가역식 압연기 또는 탠덤 압연기에서 냉연 박판으로 가공한다. 필요에 따라 냉연 박판을 산세 처리한 후, 주석 및 아연 등으로 도금하여 여러 가지 표면처리 강판을 제조한다. 강관은 박판이나 후판을 성형·용접하는 방법 또는 빌릿이나 블룸을 열간에서 천공(boring)한 후에 용접하지 않고 최종 크기까지 압연하는 방법 등으로 제조한다.

8.2 고로 제선법

철강 제조 공정은 고로(BF, blast furnace)*에서의 철광석 환원에서 시작된다. 고로에서는 코크스 중 탄소(C)와 이것이 산화하여 발생한 일산화탄소(CO)가 환원제이므로 환원과 동시에 침탄 반응이 일어나 약 4.5 %의 탄소를 함유하는 용융 선철(용선, hot metal)이 얻어진다. 한편 2022년 기준 전 세계 선철(pig iron) 생산량은 약 13.013억 톤에 달한다.[3]

8.2.1 제선의 화학

철강 재료의 주원료가 되는 철광석에는 철분 함량이 높은 적철광(hematite, Fe_2O_3)과 자철광(magnetite, Fe_3O_4)이 있으며, 그 외에 갈철광(limonite), 능철광(siderite)† 등이 있다. 따라서 고로에서는 Fe_2O_3, Fe_3O_4가 C이나 CO에 의해 다음과 같이 순차적으로 환원된다.

---

* 고로: 용광로(blast furnace). 독일어인 Hochöfen(high furnace)을 번역한 것.
† Limonite와 Siderite는 Ni 산화광으로도 잘 알려져 있다.

<560 ℃: $Fe_2O_3(s) \rightarrow Fe_3O_4 \rightarrow Fe$

560~1,377 ℃: $Fe_2O_3(s) \rightarrow Fe_3O_4 \rightarrow FeO \rightarrow Fe$

(1) 산화철의 C에 의한 직접환원 평형

직접환원은 산화물을 고체탄소로 환원하는 것이며, 산화철의 직접환원 반응은 다음과 같다.

$$3Fe_2O_3(s) + C(s) = 2Fe_3O_4(s) + CO(g) \tag{8.1}$$

$$\Delta H^\circ_{298} = 119.96 \text{ kJ}, \ \Delta G^\circ = 152{,}555 - 244.2\,T \text{ J}$$

$$Fe_3O_4(s) + C(s) = 3FeO(s) + CO(g) \tag{8.2}$$

$$\Delta H^\circ_{298} = 212.96 \text{ kJ}, \ \Delta G^\circ = 182{,}270 - 192.8\,T \text{ J}$$

$$FeO(s) + C(s) = Fe(s) + CO(g) \tag{8.3}$$

$$\Delta H^\circ_{298} = 153.9 \text{ kJ}, \ \Delta G^\circ = 154{,}610 - 153.7\,T \text{ J}$$

833 K 이하에서는 다음과 같다.*

$$Fe_3O_4(s) + 4C(s) = 3Fe(s) + 4CO(g) \quad < 833 \text{ K} \tag{8.4}$$

$$\Delta H^\circ_{298} = 674.54 \text{ kJ}, \ \Delta G^\circ = 642{,}800 - 654.02\,T \text{ J}$$

산화철의 고체탄소에 의한 직접환원은 모두 흡열반응이므로 노 내의 열보상 관점에서 바람직하지 않은 반응이다.

(2) 산화철의 CO에 의한 간접환원 평형

간접환원은 산화물을 CO 가스로 환원하는 것이며, 산화철의 간접환원 반응은 다음과 같다.[4†]

$$3Fe_2O_3(s) + CO(g) = 2Fe_3O_4(s) + CO_2(g) \tag{8.5}$$

---

* FeO는 833 K 이상에서만 존재한다.

† 부록의 데이터에 의한 계산값과는 차이가 있다.

$$\Delta H^\circ_{298} = -52.46\ \text{kJ},\ \ \Delta G^\circ = -44{,}300 - 39.89\,T\ \text{J}$$

$$Fe_3O_4(s) + CO(g) = 3FeO(s) + CO_2(g) \tag{8.6}$$

$$\Delta H^\circ_{298} = 36.3\ \text{kJ},\ \ \Delta G^\circ = 29{,}860 - 38.29\,T\ \text{J}$$

$$FeO(s) + CO(g) = Fe(s) + CO_2(g) \tag{8.7}$$

$$\Delta H^\circ_{298} = -17.3\ \text{kJ},\ \ \Delta G^\circ = -22{,}800 + 24.26\,T\ \text{J}$$

833 K 이하에서는 다음과 같다.

$$Fe_3O_4(s) + 4CO(g) = 3Fe(s) + 4CO_2(g) \tag{8.8}$$

$$\Delta H^\circ_{298} = -15.14\ \text{kJ},\ \ \Delta G^\circ = -38{,}540 + 34.49\,T\ \text{J}$$

간접환원은 식(8.6)의 Fe_3O_4→FeO 환원을 제외하면 모두 발열반응이며, 환원제의 이용 효율도 높아 고로 내에서는 직접환원보다 간접환원이 바람직하다. 간접 환원반응을 상률(phase rule)에 의해 고찰하면 독립성분은 3, 상은 3(기체 1, 고상 2)이므로 자유도는 2가 된다. 전체 압력 $p_{CO} + p_{CO_2} = 1$ atm이라 하면 CO/CO_2 비는 온도의 함수가 되고 그림 8.3과 같이 부도아 평형도에 나타낼 수 있다.(예제 8.1 참조) 식(8.5)의 Fe_2O_3-Fe_3O_4-CO/CO_2의 평형선은 CO%가 매우 낮기 때문에 x축에 거의 밀착되어 있다. C-CO/CO_2의 평형, 즉 부도아 평형선에서 좌상부의 평면 안은 carbon deposition의 범위이며 준안정계이므로 점선으로 나타내었다. 그러나 carbon deposition 반응이 현저하게 진행하는 범위는 380~730 ℃ 부근의 음영(▒) 부분이다. Wüstite는 Fe_3O_4와 FeO의 고용체로 생각할 수 있으므로 다음 반응으로 나타낸다.[5]

$$Fe_3O_4(\text{in wüstite}) + CO(g) = 3FeO(\text{in wüstite}) + CO_2(g) \tag{8.9}$$

이 경우는 상의 수가 2(가스 1, 고상 1)이므로 자유도는 3이 된다. 전체 압력과 (%O)(in wüstite)를 지정하면 CO/CO_2 비는 온도의 함수가 되며, 이러한 관계를 그림 8.3에 나타내었다.

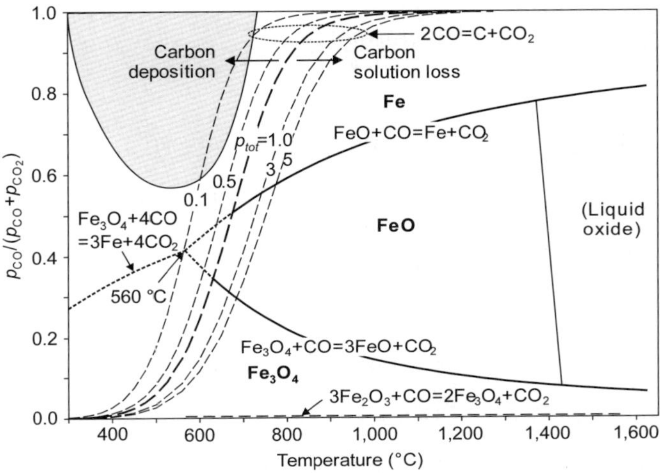

그림 8.3. 산화철 환원에 관한 Fe-C-O계 평형도(p_{tot}=1 atm)

[예제 8.1] 산화철의 CO에 의한 환원에서 Fe-FeO-Fe_3O_4-CO-CO_2계의 환원 평형도를 그리고, 각 상의 안정 영역을 알아보자.

[풀이] 우선 Fe-FeO 평형은 다음 식과 같다.

$$FeO(s)+CO(g)=Fe(s)+CO_2(g),\ \ \Delta G^\circ=-22{,}800+24.26T\ \text{J} \quad (1)$$

식(1)의 평형상수는 다음과 같다.($a_{Fe}=a_{FeO}=1$)

$$K_{(1)}=\frac{a_{Fe}\cdot p_{CO_2}}{a_{FeO}\cdot p_{CO}}=\frac{p_{CO_2}}{p_{CO}}=\exp\left(-\frac{\Delta G^\circ}{RT}\right) \quad \therefore p_{CO_2}=p_{CO}\cdot K_{(1)} \quad (2)$$

전체 압력 $p_{tot}=p_{CO}+p_{CO_2}$이므로 다음 식과 같이 나타낼 수 있다.

$$p_{tot}=p_{CO}+p_{CO_2}=p_{CO}+p_{CO}\cdot K_{(1)}=p_{CO}(1+K_{(1)}) \quad (3)$$

$$\therefore \frac{p_{CO}}{p_{tot}}=\frac{1}{1+K_{(1)}} \quad (4)$$

따라서 온도에 따른 $K_{(1)}$을 구하여 식(4)에 대입하면 식(1)의 온도-p_{CO}/p_{tot} 관계를 그림으로 나타낼 수 있다. Fe_3O_4-FeO, Fe_3O_4-Fe 평형도 같은 방식으로 계산하며, 그림 8.3에 온도에 따른 Fe-FeO-Fe_3O_4-CO-CO_2계의 평형 관계를 나타내었다.

[예제 8.2] 고로 노상부(hearth)의 슬래그가 코크스($a_C = 1$)와 평형하고 있을 때 1,500 ℃에서 슬래그에 용해되어 배출되는 FeO 양을 추정하라. 단, FeO 농도가 낮은 영역에서 FeO의 활동도는 몰 분율과 같고, $a_{Fe} = 0.9$, 노상부의 p_{CO}는 1 atm으로 가정한다.[6]

$$Fe(l) + 1/2O_2(g) = FeO(l),\ \Delta G^\circ_{(1)} = -256{,}240 + 53.8T \text{ J} \tag{1}$$

$$C(s) + 1/2O_2(g) = CO(g),\ \Delta G^\circ_{(2)} = -110{,}920 - 89.01T \text{ J} \tag{2}$$

[풀이] 식(2)-(1)에 의해 다음 식이 얻어진다.

$$FeO(l) + C(s) = Fe(l) + CO(g),\ \Delta G^\circ_{(3)} = 145{,}320 - 142.81T \text{ J} \tag{3}$$

1,500 ℃에서 $\Delta G^\circ_{(3)} = -107{,}882$ J이므로 평형상수는 다음과 같다.

$$K_{(3)} = \frac{a_{Fe} \cdot p_{CO}}{a_{FeO} \cdot a_C} = \exp\left(-\frac{\Delta G^\circ_{(3)}}{RT}\right) = 1{,}508.15 \tag{4}$$

식(4)에 a_{Fe}=0.9, $p_{CO} = 1$ atm을 대입하면

$$a_{FeO} \fallingdotseq x_{FeO} = \frac{a_{Fe} \cdot p_{CO}}{K_{(3)} \cdot a_C} = \frac{0.9 \times 1}{1{,}508.15 \times 1} = 5.97 \times 10^{-4}$$

$x_{FeO} \fallingdotseq 0.0006$은 약 0.03 wt% FeO보다 적은 값이지만, 실제 노상부의 FeO는 0.5~1 wt% 정도로 알려져 있다. 따라서 실조업에서 고로 노상부의 슬래그는 고체 탄소와 비평형 상태에 있으며, 산소분압은 부도아 평형의 평형 산소분압보다 약간 높은 값을 나타낸다.

(3) 산화철의 수소에 의한 환원 평형

기후 온난화와 탄소중립이 주목받으면서 수소환원 제철에 많은 관심이 주어져 있다. 산화철의 H_2(g)에 의한 환원 평형은 다음과 같다.[7]

$$3Fe_2O_3(s) + H_2(g) = 2Fe_3O_4(s) + H_2O(g) \quad (8.10)$$

$$\Delta H^\circ_{298} = -11.31 \text{ kJ}, \ \Delta G^\circ = 16{,}940 - 100.2T \text{ J}$$

$$Fe_3O_4(s) + H_2(g) = 3FeO(s) + H_2O(g) \quad (8.11)$$

$$\Delta H^\circ_{298} = 81.7 \text{ kJ}, \ \Delta G^\circ = 507{,}185 - 510.1T \text{ J}$$

$$FeO(s) + H_2(g) = Fe(s) + H_2O(g) \quad (8.12)$$

$$\Delta H^\circ_{298} = 22.6 \text{ kJ}, \ \Delta G^\circ = 17{,}900 - 9.79T \text{ J}$$

833 K(560 ℃) 이하에서는 다음과 같다.

$$Fe_3O_4(s) + 4H_2(g) = 3Fe(s) + 4H_2O(g) \quad (8.13)$$

$$\Delta H^\circ_{298} = 149.5 \text{ kJ}, \ \Delta G^\circ = 100{,}340 - 78.1T \text{ J}$$

우스타이트 중에서 Fe_3O_4는 다음 식과 같이 반응한다.

$$Fe_3O_4(\text{in wüstite}) + H_2(g) = 3FeO(\text{in wüstite}) + H_2O(g) \quad (8.14)$$

이상의 산화철 수소환원은 식(8.10)의 $Fe_2O_3 \rightarrow Fe_3O_4$의 환원을 제외하면 모두 흡열반응이므로 열원을 확보하는 것이 필요하다. 그림 8.4에 산화철의 수소환원에 관한 Fe-H-O계 평형도를 나타내었으며, 산화철-CO/CO_2와 마찬가지로 산화철-H_2O/H_2의 평형 관계를 예제 8.3과 같이 구한다.

[예제 8.3] H_2(g)에 의한 산화철의 환원에 관한 Fe-FeO-Fe_3O_4-H_2-H_2O계의 환원 평형도를 그리고, 각 상의 안정 영역을 알아보자.

[풀이] 우선 Fe_3O_4-Fe 평형은 다음 식과 같다.

$$Fe_3O_4(s) + 4H_2(g) = 3Fe(s) + 4H_2O(g) \quad \Delta G^\circ = 100{,}340 - 78.1T \text{ J} \quad (1)$$

식(1)의 평형상수는 다음과 같다.

$$K_{(1)} = \frac{a_{Fe} \cdot p_{H_2O}^4}{a_{Fe_3O_4} \cdot p_{H_2}^4} = \left(\frac{p_{H_2O}}{p_{H_2}}\right)^4 = \exp\left(-\frac{\Delta G_{(1)}^\circ}{RT}\right) \quad (\because a_{Fe} = a_{Fe_3O_4} = 1)$$

$$\therefore p_{H_2O} = p_{H_2} \cdot K_{(1)}^{1/4} \tag{2}$$

전체 압력은 $p_{tot} = p_{H_2} + p_{H_2O}$ 이므로 다음 식과 같이 나타낼 수 있다.

$$p_{tot} = p_{H_2} + p_{H_2O} = p_{H_2} + p_{H_2} \cdot K_{(1)}^{1/4} = p_{H_2}(1 + K_{(1)}^{1/4}) \tag{3}$$

$$\therefore \frac{p_{H_2}}{p_{tot}} = \frac{1}{1 + K_{(1)}^{1/4}} \tag{4}$$

따라서 온도에 따른 $K_{(1)}$을 구하여 식(4)에 대입하면 식(1)의 온도-p_{H_2}/p_{tot} 관계를 그림으로 나타낼 수 있다. Fe_3O_4-FeO, FeO-Fe 평형도 같은 방식으로 계산하며, 그림 8.4에 온도에 따른 Fe-FeO-Fe_3O_4-H_2-H_2O계의 평형 관계를 나타내었다.

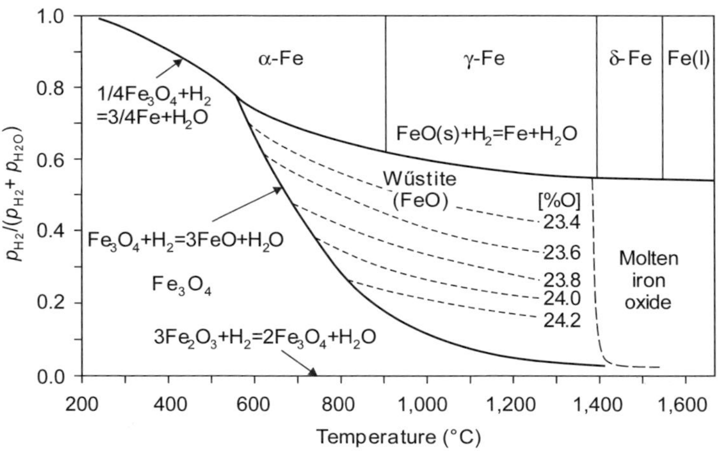

그림 8.4. 산화철의 수소환원에 관한 Fe-H-O계 평형도

[예제 8.4] 액체 상태의 wüstite(Fe_xO)를 CO 가스로 환원하여 1,600 ℃에서 다음 값을 얻었다.[8]

$$Fe_xO(l) + CO(g) = xFe(l) + CO_2(g), \quad K = p_{CO_2}/p_{CO} = 0.187 \qquad (1)$$

CO 가스 대신에 H_2 가스로 환원하였을 때 평형 H_2O/H_2 비를 구하라. 단,

$$2H_2(g) + O_2(g) = 2H_2O(g), \quad \Delta G^\circ_{(2)} = -493{,}070 + 109.88\,T \text{ J} \qquad (2)$$

$$2CO(g) + O_2(g) = 2CO_2(g), \quad \Delta G^\circ_{(3)} = -565{,}160 + 172.03\,T \text{ J} \qquad (3)$$

[풀이] 문제는 다음 식의 평형상수를 구하는 것이다.

$$Fe_xO(l) + H_2(g) = xFe(l) + H_2O(g), \quad K = p_{H_2O}/p_{H_2} \qquad (4)$$

우선 식(2)와 (3)으로부터 다음 식의 평형상수를 구한다.

$$CO_2(g) + H_2(g) = CO(g) + H_2O(g) \qquad (5)$$

$$\Delta G^\circ_{(5)} = (\Delta G^\circ_{(2)} - \Delta G^\circ_{(3)})/2 = 36{,}045 - 31.075\,T$$

$$= 36{,}045 - 31.075 \times 1{,}873 = -22{,}159 \text{ J (at 1,873 K)}$$

$$\therefore K_{(5)} = \frac{p_{CO} \cdot p_{H_2O}}{p_{CO_2} \cdot p_{H_2}} = \exp\left(-\frac{\Delta G^\circ_{(5)}}{RT}\right) = 4.15 \text{ (at 1,873 K)} \qquad (6)$$

식(1)에서 $p_{CO_2}/p_{CO} = 0.187$이므로 식(6)에 대입하면 다음과 같다.

$$\frac{p_{H_2O}}{p_{H_2}} = K_{(5)} \times \frac{p_{CO_2}}{p_{CO}} = 4.15 \times 0.187 = 0.776 \qquad (7)$$

(4) Si의 환원반응

광석 중 SiO_2의 환원반응은 노 내 저온 부분에서는 거의 진행하지 않으며, 노 하부와 바닥의 고온 부분에서 일어난다. 실제로 SiO_2가 환원되어 Si이 용철 중으로 흡수되는 것은 두 가지 경로가 있다. 첫 번째는 고체나 용융 슬래그 중의 SiO_2가 SiO(g)로 환원된 후 다시 SiO(g)가 용융

선철과 반응하여 Si이 철 중에 용해되어 들어가는 것으로 다음과 같다.

$$(SiO_2) + C(s) = SiO(g) + CO(g) \tag{8.15}$$

$$SiO(g) + [C] = [Si] + CO(g) \tag{8.16}$$

두 번째 경로는 용융 슬래그와 용융 선철이 접촉하는 계면에서 다음과 같이 환원되어 직접 용철 중으로 용해되는 것이다.[9]

$$(SiO_2) + 2C(s) = [Si] + 2CO(g),\ \Delta H^{\circ}_{298} = 689.4\ \text{kJ/mol} - \text{Si} \tag{8.17}$$

$$\log K = -\frac{30,935}{T} + 20.455$$

이러한 SiO_2의 환원반응은 흡열반응이므로 노 바닥 온도가 높을수록 촉진된다. 또 노 바닥부의 열적 상황에 큰 영향을 받으므로 용선 중 Si 양은 노 내 상황 판정의 중요한 인자가 된다.

(5) Mn의 환원반응

망간의 고급 산화물인 MnO_2는 Mn_2O_3, Mn_3O_4 등으로 열분해되기도 하며, 고로 내에서는 CO(g)에 의해 비교적 쉽게 MnO까지 환원된다. 그리고 MnO는 노상의 고온부에서 다음과 같이 직접환원으로 환원된다.[10]

$$(MnO) + C(s) = [Mn] + CO(g),\ \Delta H^{\circ}_{298} = 274.5\ \text{kJ/mol} \tag{8.18}$$

$$\log K = -\frac{11,600}{T} + 7.68$$

이 반응은 흡열반응이므로 고온일수록 반응이 촉진되고, 또 염기도가 높을수록 a_{MnO}가 높게 되며, 산소 퍼텐셜이 낮을수록 [%Mn]이 높게 된다. 또, 용선 중에는 [Si]이 있으므로, 다음 식과 같이 겉보기 평형상수인 K'으로 나타내며 염기도의 함수가 된다.

$$(SiO_2) + 2[Mn] = [Si] + 2(MnO) \tag{8.19}$$

$$K'_{Mn,Si} = \frac{(\%Mn)}{[\%Mn]}\sqrt{[\%Si]} = f(\text{basicity})$$

여기서 [Si]이 0.01~3.5 wt%일 때 K'은 다음과 같다.

$$K' = -1.41\left[\frac{(\%CaO + (\%MgO)}{(\%SiO_2)}\right] + 1.48 \tag{8.20}$$

SiO_2의 환원이 평형에 도달해 있지 못하므로 실제 평형은 아니며 겉보기 평형으로 이러한 식이 얻어진 것으로 이해되고 있다.

(6) S의 반응

고로에 장입되는 S의 90 %는 코크스에서 유래한다. 또, 고로 출구에서 보면 장입된 S의 85~90 %는 슬래그상에 흡수되어 배출된다. 따라서 고로에서의 탈황 반응은 슬래그-메탈 사이의 반응에 의해 진행되는 것으로 보고 있다.

C 포화 용철과 고로 슬래그 사이의 S 분배는 다음 식으로 나타낸다.[10]

$$[S] + (CaO) + [C] = (CaS) + CO(g), \ \log K = -\frac{5{,}690}{T} + 6.022 \tag{8.21}$$

또, 용선 중에 [Si]이 있으므로 다음 반응이 일어난다.

$$[S] + (CaO) + 1/2[Si] = (CaS) + 1/2(SiO_2) \tag{8.22}$$

$$K'_{S-Si} = \frac{(\%S)}{[\%S]} \cdot \sqrt{[\%Si]} = f(\text{basicity})$$

슬래그-메탈 사이의 탈황 반응은 분배평형 상수 $L_S = (\%S)/[a_S]$로 나타낸다. C 포화 용철과 고로 기본계 슬래그의 S 분배비를 실측한 결과 염기도 $B = (\%CaO)/(\%SiO_2)$에 크게 좌우되는 것으로 알려져 있다.

한편 Bell 등은 고로 슬래그의 S 분배비를 다음 식으로 나타내었다.[11]

$$\log\frac{(\%S)}{[\%S]} = \log C_S - \frac{1}{2}\log p_{O_2} - \frac{7{,}054}{T} + 2.224 \tag{8.23}$$

여기서 C_S는 sulfide capacity라 부르며, 고로 슬래그에서는 1,450~

1,550 ℃에서 적용할 수 있는 다음의 실험식이 주어져 있다.(예제 8.5 참조)

$$\log C_S = 1.35\frac{1.79(\%CaO)+1.24(\%MnO)}{1.66(\%SiO_2)+0.33(\%Al_2O_3)} - \frac{6,911}{T} - 1.649 \quad (8.24)$$

따라서 탈황 반응은 다음 조건에서 촉진된다.

① 노상 온도가 높을수록,

② 염기도가 높을수록(a_{CaO}가 높으므로),

③ 산소 퍼텐셜이 낮을수록(C(s) 공존에서는 p_{CO}가 낮고, 슬래그 중의 (%FeO)나 메탈 중의 [%O]가 낮으며, 메탈 중의 [%C]이나 [%Si]이 높을수록)

(7) P의 반응

고로 내에서 인은 노 바닥 부근의 고온 범위에서 다음 식과 같이 직접 환원에 의해 환원된다.

$$\frac{1}{2}(P_2O_5) + \frac{5}{2}C(s) = [P] + \frac{5}{2}CO(g), \quad (8.25)$$

$$\Delta H^\circ_{298} = 355.0 \ \text{kJ/mol} - P$$

이 반응도 흡열반응이며, 고로의 노 바닥부가 강 환원성 분위기이므로 장입 원료 중의 P_2O_5는 100 % 환원되어 용철 중으로 흡수된다. 따라서 용선 중 [P]는 원료 중 P_2O_5 양에 좌우된다.

[예제 8.5] 용철과 슬래그 사이의 S 분배는 온도 T, 산소분압 p_{O_2} 및 다음의 탈황능 C_S에 의존한다.[12]

$$C_S = (\%S)\sqrt{p_{O_2}/p_{S_2}} \quad (1)$$

아래 식으로부터 S 분배비 (%S)/[%S]를 T, C_S, p_{O_2}의 함수로 구하라.

$$1/2S_2(g) = [S], \quad \Delta G^\circ = -131,880 + 22.05T \text{ J} \tag{2}$$

[풀이] $\Delta G^\circ = -2.303RT\log K$이므로 식(2)의 평형상수는 다음과 같다.

$$\log K_{(2)} = \log\left(\frac{a_S}{p_{S_2}^{1/2}}\right) = \log\left(\frac{f_S \cdot [\%S]}{p_{S_2}^{1/2}}\right)$$

$$= -\frac{\Delta G^\circ_{(2)}}{2.303RT} = \frac{6,888}{T} + 1.15 \tag{3}$$

한편 평형상수 $K_{(2)}$는 다음과 같이 나타낼 수 있다.

$$\frac{f_S[\%S]}{p_{S_2}^{1/2}} = \left(\frac{f_S[\%S]}{p_{S_2}^{1/2}}\right)\left(\frac{p_{O_2}^{1/2}(\%S)}{p_{O_2}^{1/2}(\%S)}\right) = \left(f_S\frac{[\%S]}{(\%S)}\right)\left(\frac{(\%S) \cdot p_{O_2}^{1/2}}{p_{O_2}^{1/2} \cdot p_{S_2}^{1/2}}\right) \tag{4}$$

여기서 식(4) 우변을 식(1)의 C_S를 이용하여 정리하면 다음과 같다.

$$\frac{f_S[\%S]}{p_{S_2}^{1/2}} = f_S\frac{[\%S]}{(\%S)}\frac{C_S}{p_{O_2}^{1/2}} \tag{5}$$

따라서 식(5)를 식(3)에 대입하여 정리하면 다음과 같다.

$$\log\frac{(\%S)}{[\%S]} = -\frac{6,888}{T} + 1.15 + \log f_S + \log C_S - \frac{1}{2}\log p_{O_2}$$

[예제 8.6] 표준 자유에너지 변화값은 표준상태에서 산소 친화력을 나타낸다. 고로 바닥부 온도를 1,800 K로 가정하고, 그림 2.9의 엘링감도(Ellingham Diagram)로부터 원료 중 금속상으로만 분배되는 산화물, 금속-슬래그로, 슬래그로만 분배되는 산화물, 노 내에서 증발하여 순환되는 산화물에 대해 알아보자.

[풀이] 엘링감도에서 $2Fe + O_2 = 2FeO$ 선보다 위쪽의 것은 고로 내에서 100 % 환원되어 금속상으로 들어간다. 또, $2Fe + O_2 = 2FeO$와 $2C + O_2 = 2CO$ 중간의 것은 슬래그와 금속상으로 분배된다. 그리고 $2C + O_2 = 2CO$ 선보다 아래쪽의 것은 전혀 환원되지 않고 슬래그상으로 들어간다. 이러한 내용을 요약하면 표 8.1과 같다.

표 8.1. 금속상과 슬래그상으로 분배되는 산화물 분류

금속으로 환원되어 대부분 금속상으로 들어가는 것	Cu_2O, PbO, NiO, CoO, P_2O_5, SnO_2, FeO
슬래그-금속상으로 분배되는 것	Cr_2O_3, MnO, V_2O_5, SiO_2, CaS
대부분 슬래그상으로 들어가는 것	Al_2O_3, MgO, CaO
노 내에서 증발하여 순환	ZnO, Na_2O, K_2O

8.2.2 제철 원료와 그 처리

(1) 철광석

철은 지각 중 원소 존재도에서 산소, 규소, 알루미늄 다음으로 많고, 산화물을 비롯한 다양한 형태의 천연광석이 존재한다. 철의 전 세계 매장량은 Fe 함유량 기준으로 약 850억 톤이며, 2022년 기준 생산량은 Fe 함유량 기준으로 약 16억 톤이다.[13] 표 8.2에는 철광석 종류별 물성을 나타내었으며,[14] 대표적인 철광석은 이론적 철 함유량이 70 %인 hematite(적철광, Fe_2O_3)와 72 %인 magnetite(자철광, Fe_3O_4)이다. 실제 철광석의 철분은 최대 65 % 정도이고 그 외에 2~6 %의 SiO_2와 1~3 %의 Al_2O_3 및 미량 불순물이 함유되어 있다.

표 8.2. 철광석의 종류별 물성

구분	화학식	Fe(%)	결정계	비중	경도 (Mohs)	색상	자성
적철광 (Hematite)	Fe_2O_3	70.0	육방정	4.5 ~5.3	5.5 ~6.5	적색, 적갈색, 회색, 흑색	약자성
자철광 (Magnetite)	Fe_3O_4	72.4	등축정	4.9 ~5.2	5.5 ~6.5	흑색	강자성
갈철광 (Limonite)	$Fe_2O_3 \cdot nH_2O$, FeOOH	66.3 ~48.3, 62.9	비정질+ 사방정	3.6 ~4.0	4.0 ~5.5	황갈색 적갈색	약자성
능철광 (Siderite)	$FeCO_3$	48.3	육방정	3.7 ~3.9	3.5 ~4.0	담황색 갈색	약자성

고품위 철광석은 입도 조정을 위해 파쇄하며, 이때 괴광석(lump ore) 외에 분광석이 발생한다. 저품위 광석은 선광을 위해 파쇄하므로 보다 미세한 미분광석이 된다. 분광석은 소결(sintering)하여 소결광으로, 미분광석은 펠레타이징하여 펠릿(pellet)으로 만들어 고로에 장입한다. 일반적으로 고로에 장입되는 철광석 비율은 괴광석 20 %, 펠릿 3 %, 소결광 77 % 정도로 사전 처리한 것이 대부분이다.

소결 공정에서는 직경 2~3 mm의 분광석과 연료인 분말 코크스, 용제인 분말 석회석을 혼합 후 철제 팔레트(palette)에 넣고 점화한다. 그리고 코크스의 연소열로 분광석을 부분적으로 용융·결합시킨 후 파쇄, 선별하여 직경 15~30 mm의 소결광을 얻는다. 소결기는 팔레트를 연결, 이동시켜서 연속적으로 소결을 하는 Dwight-Loyd식(DL식)이 주류이다.

펠릿은 200 mesh 이하의 미분광석을 석회석, 돌로마이트 등의 부원료와 함께 혼합하고 조립기*에서 직경 10~15 mm의 구상으로 성형한 후 중유나 석탄을 연료로 소결하여 만든다. 한편 소성이 필요 없는 냉간결합 펠릿이 있으며 현재는 제철소의 집진 더스트 등을 처리하기 위한 소규모 설비가 가동되고 있다.

펠릿은 소결광보다 고품위이고 슬래그 성분의 함유량이 적으며, 미분광석 처리에 적합하지만 제조 시에 화석연료를 많이 소비하고 구형이어서 고로의 장입물 제어가 어려운 문제점도 있다.

(2) 코크스

코크스는 고로에서 철광석 환원제로서뿐만 아니라 탄소 공급원 및 장입물의 가열·용해를 위한 열원 역할을 한다. 코크스는 석탄을 코크스로

* 3.4 분말의 성형과 조립 참조.

에서 건류하여 만든다. 대표적인 코크스용 석탄은 역청탄(bituminous coal)과 갈탄(lignite)이다. 역청탄의 전 세계 매장량은 약 7조 톤이며 가채량도 약 2조 톤으로 가장 많다.

고로에서 사용하는 코크스는 탄소를 다량으로 함유하면서 회분이나 유황분이 적고 기공률이 적당하며 고온에서도 분화되지 않는 강도를 지녀야 한다. 이와 같은 조건을 만족하는 코크스는 역청탄 중에서도 점결성이 있고 회분(ash)이나 유황(S)이 적은 석탄으로 제조한다.

코크스로에서는 분쇄, 혼합한 원료탄을 탄화실에 장입하고 1,200~1,300 ℃에서 14~18시간 동안 간접 가열로 건류하여 고정 탄소(fixed carbon)가 약 90 % 함유된 코크스를 만든다. 이와 동시에 가스, 타르, 핏치(pitch) 등의 부산물이 얻어지므로 정제, 처리하여 연료용 가스, 순수소 가스, 벤젠, 톨루엔, 자일렌 등의 C1 화성품, 나프탈렌, 염료 및 탄소 섬유 등의 유용한 부산물로 제조한다.

(3) 부원료

제철 원료 중 철원인 철광석과 원료탄을 주원료, 나머지 원료를 부원료라 부른다. 철광석에는 철분 이외 맥석 등 많은 불순물을 함유하고 있다. 이러한 불순물은 철광석의 환원 및 용해 과정 중 슬래그로 제거되는데 플럭스는 슬래그 생성을 쉽게 하여 불순물 제거를 돕는 역할을 한다. 표 8.3에는 대표적인 부원료 종류와 성분 예를 나타내었다.

석회석(lime stone)의 주성분은 탄산칼슘($CaCO_3$)이다. 순수 석회석의 이론상 CaO 함량은 56 %(CO_2 44 %)이나 실제로는 SiO_2, Fe_2O_3, MgO, Al_2O_3 등의 불순물을 약간 포함하고 있다.* 제선, 제강 공정에서

* 석회석은 구성물질인 방해석의 결정구조에 따라 치밀질, 결정질로 구분되는데 제강용으로는 치밀질,

표 8.3. 대표적인 제철용 부원료와 성분 예(wt%)

종류	CaO	MgO	SiO_2	Fe_2O_3	Al_2O_3
석회석	54.93	0.70	0.47	0.51	0.31
백운석	34.48	17.97	2.41	0.40	0.11
사문암	2.00	38.75	39.13	2.07	0.69
규석	0.20	0.20	95.96	0.70	1.32

석회석은 염기성 산화물로서 슬래그 유동성을 개선하고 탈황, 탈린 등에 유용하다. 또 석회석은 직접 고로나 소결 공정에 사용되지만 반응성을 높이기 위해 하소하여 생석회(CaO)로 만들어 제강 및 소결에 사용하기도 한다.

한편 슬래그의 염기도 조정, Al_2O_3 희석 등의 목적으로 규석이나 규사를 사용한다. 고로나 소결에 사용되는 규석은 주로 주성분인 SiO_2가 90 % 이상, Al_2O_3 2 % 이하의 것이 사용되고 있다. 사문암은 SiO_2 및 MgO원으로 소결광 제조에 사용되며, 고로 슬래그의 유동성 개선 및 탈황률 향상에 유용하다. 사문암의 주성분은 serpentine($3MgO \cdot 2SiO_2 \cdot 2H_2O$)으로 제철용으로는 MgO 30 % 이상, SiO_2 30 % 이상, Al_2O_3 3 % 이하의 것을 사용한다.

백운석(dolomite)은 $CaCO_3 \cdot MgCO_3$로 방해석($CaCO_3$)과 마그네사이트($MgCO_3$)의 중간 성질을 갖는다. 백운석은 제선, 제강 공정에서 CaO, MgO원으로 사용되는데 MgO는 고로 슬래그에서 Al_2O_3 상승에 의한 유동성 악화를 방지하는 효과가 있고, 소결광의 환원 분화성 및 고온 성상을 개선시키는 것으로도 알려져 있다.

[예제 8.7] 불순물로 자철광(Fe_3O_4)이 소량 함유되어 있는 적철광(Fe_2O_3)

소결용으로는 두 종류 모두 사용된다.

분말을 대기 중에서 가열하여 100 % 적철광으로 만들려고 한다. 적절한 가열 온도를 구하라. 단, 대기 중 산소는 21 vol.%이며, 표준 생성 자유 에너지는 다음과 같다.

$$\Delta G^\circ_{Fe_3O_4} = -1{,}086{,}480 + 298\,T \text{ J/mol}$$

$$\Delta G^\circ_{Fe_2O_3} = -812{,}145 + 250.38\,T \text{ J/mol}$$

[풀이] 자철광이 적철광으로 산화되는 평형 반응식은 다음과 같다.

$$4Fe_3O_4 + O_2 = 6Fe_2O_3 \quad (1)$$

$$\therefore\ \Delta G^\circ_{(1)} = 6 \times \Delta G^\circ_{Fe_2O_3} - 4 \times \Delta G^\circ_{Fe_3O_4} = -526{,}950 + 310.28\,T \quad (2)$$

Fe_3O_4와 Fe_2O_3의 활동도를 1로 두면 다음과 같이 나타낼 수 있다.

$$\Delta G^\circ_{(1)} = -RT\ln K_{(1)} = -RT\ln\left(\frac{a^6_{Fe_2O_3}}{a^4_{Fe_3O_4} \cdot p_{O_2}}\right) = RT\ln p_{O_2} \quad (3)$$

식(3)에 $p_{O_2} = 0.21$ atm을 대입하면 다음과 같다.

$$RT\ln 0.21 = -526{,}950 + 310.28\,T \quad (4)$$

$$\therefore\ T = 1{,}630 \text{ K} (1{,}357 \text{ ℃})$$

적철광의 반응성이 자철광보다 높기 때문에 이러한 산화반응을 하기도 한다. 반응을 촉진하기 위해서는 고온이 유리하지만 1,357 ℃ 이상으로 가열하면 오히려 Fe_2O_3의 분해가 일어날 수 있으므로 최고 허용 온도는 1,357 ℃이다.

8.2.3 고로 설비

그림 8.5에는 고로와 주변 설비의 개요를 나타내었다. 대형 고로는 전체 높이가 100 m 이상이며, 노 바닥 직경은 16 m 이상이다. 고로는 외부를 강판제의 철피로 싸고, 내부를 내화물로 라이닝한 수직 원통형의

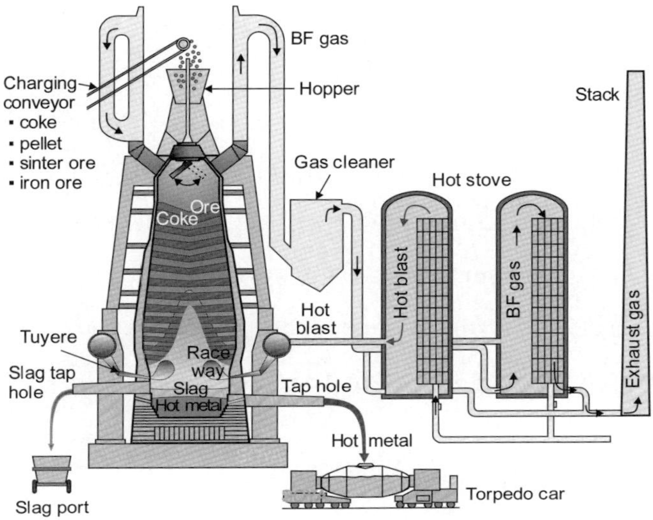

그림 8.5. 고로와 부대 설비의 개요

단순 구조물이다. 철피와 내화물 사이에는 수냉식 철물(stave)을 매설하여 냉각한다. 일반적으로 shaft부와 belly, bosh부는 샤못트 연와나 탄화 규소질의 연와로, 노상부는 카본 연와로 라이닝되어 있다. 노상의 측벽에는 열풍로, 열풍관, 열풍 환상관을 통해 열풍을 노 내에 취입하는 수냉 풍구(tuyere) 수십 개가 방사상으로 설치되어 있다. 용선이나 슬래그를 배출하는 출선구나 출재구도 여기에 설치되어 있다.

고로 본체 외의 주요 부대 설비로 철광석과 코크스 등의 원료를 노정으로 운반하는 벨트 컨베이어, 운반된 원료를 일시 저장하는 hopper, 원료를 노 내의 직경 방향으로 적정한 분포가 되도록 장입하는 bell식 또는 bell-less식 장입 장치, 열풍을 만들어 송풍하는 열풍로(hot stove)나 송풍기 및 노정 가스를 제진하고 회수·저장하는 장치, 그리고 풍구에서 미분탄을 취입(PCI, Pulverized Coal Injection)하기 위해 석탄을 분쇄하고 압송하는 설비 등이 있다.

고로의 내용적은 포스코 광양 1고로의 6,000 m^3를 비롯하여 대형 고로는 4,500~6,000 m^3 정도이다. 2017년 기준으로 4,500 m^3 이상의 내용적을 가진 고로는 우리나라의 7기를 비롯하여 전 세계에 37기가 가동되고 있다. 고로 설비 교체에는 많은 비용이 필요하므로 노 수명을 연장하면 생산 cost 저감이 가능하다. 최근에는 조업 기술과 보수 기술의 진보에 따라 고로 수명이 20년 이상으로 연장되었다.

8.2.4 고로 조업

(1) 고로 내 반응

그림 8.6에는 고로 각 부분의 이름과 위치별 일어나는 반응을 나타내었다. 노체는 상부에서 하부로 가면서 넓어지는 shaft부, 직통상의 belly부, 그리고 그 아랫부분의 좁아지는 bosh부, 그리고 최하부의 hearth부(노상)로 구성되어 있다. 저온 부분에서는 직접 환원이 거의 진행하지 않고 고온의 조안(bosh) 부분 이하에서 일부 진행된다. 고로 전체로서는 대부분 CO(g)에 의한 간접 환원반응이 일어난다. 그러나 노 내에서 생성된 CO_2(g)가 carbon solutionloss 반응을 일으키므로 외견상 직접 환원이 상당히 일어나는 것으로 보인다. 양자의 비율은 조업 방법에 따라 차이가 있으나 간접 환원이 70~80 %, 직접 환원이 20~30 % 정도이다. 직접 환원은 모든 반응이 흡열반응이므로 노 내의 열보상 관점에서 바람직하지 않다.

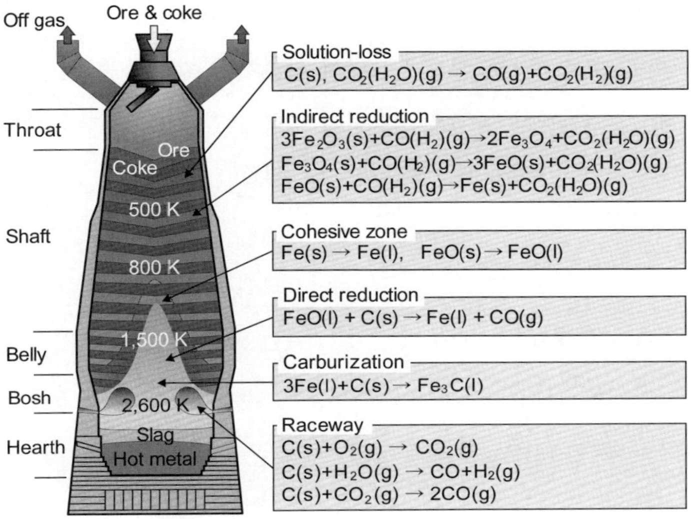

그림 8.6. 용광로 각 부분의 이름과 일어나는 반응

열풍은 노 내에서 코크스나 미분탄과 반응하여 CO와 N_2의 혼합가스가 되어* 노정에서 내려오는 원료와 열교환 및 반응을 하면서 노 내를 상승하여 노정으로 배출, 회수된다. 이때 열풍이 노체의 직경 방향으로 적당한 분포를 가지면서 통과하기 쉽도록 노정에서 장입하는 철원과 코크스 층의 두께 비 및 분포를 제어한다. 철원은 노 내를 강하하면서 노 상부의 저온 영역에서는 CO 가스에 의한 간접환원에 의해, 노 하부의 고온 영역에서는 고체 탄소에 의한 직접환원에 의해 환원됨과 동시에 용융되어 노 바닥에 모인다. 노 바닥에 모인 용선 및 용융 슬래그는 일정 시간마다 노벽에 설치된 출선구와 출재구를 뚫어 배출한다.

* 예제 2.5 참조.

[예제 8.8] 고로의 한 부분에서 $FeO + CO = Fe + CO_2$의 반응이 900 ℃에서 일어나고 있다. 이 부분에 도달한 가스가 5 %CO_2, 38 %CO를 함유할 때 가스와 광석(FeO)은 반응하여 평형에 있다고 가정하고, 여기서 철 55.85 kg(Fe 1 kmol)을 환원하는 데 필요한 노 하부의 연소 탄소량을 구하라.[15]

$$C(s) + O_2(g) = CO_2(g): \ \Delta G^\circ_{(1)} = -394,380 - 1.13T \text{ J} \quad (1)$$

$$C(s) + \frac{1}{2}O_2(g) = CO(g): \ \Delta G^\circ_{(2)} = -111,960 - 87.78T \text{ J} \quad (2)$$

$$Fe(s) + \frac{1}{2}O_2(g) = FeO(g): \ \Delta G^\circ_{(3)} = -264,430 + 64.73T \text{ J} \quad (3)$$

[풀이] 식(1)-(2)-(3)으로부터 문제의 반응식은 다음과 같다.

$$FeO(s) + CO(g) = Fe(s) + CO_2(g): \Delta G^\circ_{(4)} = -17,990 + 21.92T \text{ J} \quad (4)$$

지금 x kmol의 혼합 가스가 반응 부분에 도달하였다고 하면 CO_2는 $0.05x$ kmol, CO는 $0.38x$ kmol을 함유하고 있다. 이 가스에 의해서 Fe 1 kmol을 환원한 후의 가스는 다음과 같다.

$$CO_2: \ 0.05x + 1 \ (\text{kmol}), \quad CO: \ 0.38x - 1 \ (\text{kmol})$$

여기서 1,173 K에서 평형에 도달해 있으므로 평형상수 $K_{(4)}$는 다음과 같다.

$$K_{(4)} = \frac{a_{Fe} \cdot p_{CO_2}}{a_{FeO} \cdot p_{CO}} = \exp\left(-\frac{\Delta G^\circ_{(4),1173}}{RT}\right) \quad (5)$$

식(5)에 $\Delta G^\circ_{(4),1173} = 7,722$ J이며, $a_{Fe} = a_{FeO} = 1$을 대입하면

$$\frac{p_{CO_2}}{p_{CO}} = \exp\left(-\frac{\Delta G^\circ_{(4),1173}}{RT}\right) = 0.453 \quad (6)$$

반응 후의 CO_2, CO의 몰 수를 대입하면 다음과 같다.

$$\frac{p_{CO_2}}{p_{CO}} = \frac{n_{CO_2}}{n_{CO}} = \frac{0.05x + 1}{0.38x - 1} = 0.453, \quad \therefore \ x = 11.9 \text{ kmol} \quad (7)$$

구하고자 하는 C의 몰 수가 $(0.05x + 0.38x)$이므로 C 양은 다음과 같다.

$$(0.05x + 0.38x) \times M_C = (0.43 \times 11.9) \times 12 = 61.4 \ \text{kg}$$

(2) 고로 조업 예

그림 8.7에는 고로 조업의 예를 나타내었다.[16] 고로 노정에서 선철 1톤당 소결광, 괴광석 및 펠릿 등 합계 약 1,600 kg의 철원과 환원제인 코크스 약 370 kg을 층상으로 교대로 장입한다. 환원제의 일부를 미분탄 형태로 노 하부의 풍구를 통해 선철 1톤당 90~120 kg 취입하기도 한다. 또 열풍로에서 습기와 산소 농도를 조정한 공기를 1,150~1,250 ℃로 가열하여 선철 1톤당 약 1,000 Nm^3의 비율로 취입한다. 고로에서는 약 1,530 ℃의 용선, 선철 1톤당 약 300 kg의 용융 슬래그와 노정에서 더스트를 함유한 배가스가 배출된다. 용선은 토피도나 오픈 레이들로

Charging raw materials		
Material	Charge (kg/t)	Dia. (mm)
Coke	369	50
Sinter	1,200	20
Lump ore	337	25
Pellet	25	12

Blast conditions	
Blast volume(Nm^3/t)	1,000
Pulverized coal(kg/t)	180
Moisture(g/Nm^3)	25
Temperature(°C)	1,150
Pressure(MPa)	0.45
O_2 enrichment(vol.%)	5.0

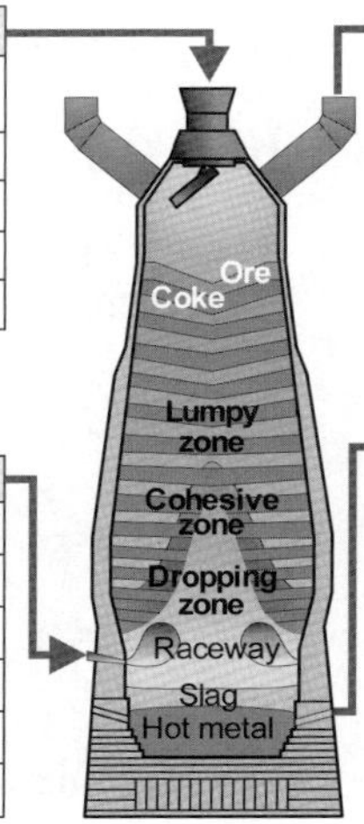

Furnace top gas	
Dust(kg/t)	15
Gas vol.(Nm^3/t)	1,540
Temperature(°C)	132
CO (vol.%)	24.2
CO_2 (vol.%)	23.2
H_2 (vol.%)	3.9
H_2O (vol.%)	4.2
N_2 (vol.%)	48.6

Pig iron & Slag			
Hot metal temp.(°C)			1,500
Slag ratio(kg/t)			295
Pig iron(wt%)		Slag(wt%)	
C	4.6	CaO	44.3
Si	0.42	SiO_2	34.7
Mn	0.30	Al_2O_3	15.0
P	0.11	MgO	4.2
S	0.02	MnO	0.3
		(S)	0.7

그림 8.7. 대형 고로(10,000 t/d)의 물질수지 계산 예

옮겨 용선 예비처리를 한 후 제강공장으로 운반한다. 용융 슬래그는 냉각 후 파쇄하여 노반재나 시멘트 원료로 재활용한다. 배가스는 더스트를 제거한 후, 가열로 등의 연료로 사용한다.

고로의 능력은 1일 생산 가능한 용선 중량으로 나타내지만, 대표적인 기술 지표로는 노 내 부피 1 m^3당 1일 출선량인 출선비와 선철 1톤당 코크스 및 보조 연료의 소비량인 연료비를 들 수 있다. 고로 조업의 중요한 과제는 에너지 원단위 저감, 출선량, 성분, 온도 안정화 및 노 수명 연장 등이다.

[예제 8.9] 1,000 ℃에서 초기 조성이 25 %CO, 75 %N_2인 1,000 Nm^3의 기체로 FeO를 환원할 때 얻어지는 순철 양을 구하라.(단, Fe은 55.85 g/mol이다.)[17]

$$FeO(s) + CO(g) = Fe(s) + CO_2(g), \quad \Delta G^\circ = -22,800 + 24.26T \text{ J} \quad (1)$$

[풀이] 1,000 ℃에서 $\Delta G^\circ_{(1)} = 8,083$ J이며, $a_{Fe} = a_{FeO} = 1$(FeO와 Fe는 순수 고체)로 두면 평형상수는 다음과 같다.

$$K_{(1)} = \frac{a_{Fe} \cdot p_{CO_2}}{a_{FeO} \cdot p_{CO}} = \frac{p_{CO_2}}{p_{CO}} = \exp\left(-\frac{8,083}{8.314 \times 1,273}\right) = 0.466 \quad (2)$$

$$\therefore \frac{p_{CO_2}}{p_{CO}} = \frac{n_{CO_2}}{n_{CO}} = 0.466 \quad (3)$$

CO 가스 중 CO_2로 산화된 비율을 α라 두면 다음 관계가 성립한다.

$$n_{CO_2} = 0.25\alpha, \quad n_{CO} = 0.25 - 0.25\alpha = 0.25(1-\alpha), \quad n_{N_2} = 0.75$$

$$\therefore \frac{n_{CO_2}}{n_{CO}} = \frac{0.25\alpha}{0.25(1-\alpha)} = 0.466 \quad \therefore \alpha = 0.318 \quad (4)$$

환원가스 1,000 Nm^3 중 CO는 250 Nm^3이지만, 반응한 CO 가스는 250×0.318=79.5 Nm^3이며, 표준상태에서 기체 1 mol의 부피가 22.414 L이므로 생성된 Fe은 다음과 같다.

$$w_{Fe} = \frac{79.5}{22.414} \times 55.85 = 198.09 \text{ kg} - \text{Fe} \tag{5}$$

[예제 8.10] 1톤의 순수 적철광(Fe_2O_3)을 간접환원으로 Fe까지 환원할 때 필요한 이론적 코크스 양과 CO_2 발생량을 구하라. 단 코크스 중 고정탄소(fixed carbon)는 85 %이며, Fe, O, C의 원자량은 각각 55.85, 16, 12 g/mol이다.

[풀이] 적철광의 간접 환원반응은 다음과 같다.

$$Fe_2O_3 + 3CO = 2Fe + 3CO_2 \tag{1}$$

즉, 1 mol의 Fe_2O_3 환원에 3 mol의 CO가 필요하므로 3 mol의 C이 필요하다.

$$n_{Fe_2O_3} = \frac{10^3 \text{ (kg)}}{55.85 \text{ (g/mol)}} = 17.91 \text{ kmol} \tag{2}$$

$$\therefore\ n_C = 3 \times n_{Fe_2O_3} = 3 \times 17.91 = 53.73 \text{ kmol} \tag{3}$$

$$\therefore\ w_C = 53.73 \times 12 = 644.76 \text{ kg} \tag{4}$$

코크스 중 고정탄소가 85 %이므로 이론적인 필요 코크스 양은 다음과 같다.

$$w_{coke} = \frac{w_C}{0.85} = \frac{644.76}{0.85} = 758.54 \text{ kg} \tag{5}$$

CO_2 발생량은 다음과 같다.

$$w_{CO_2} = n_C \cdot M_{CO_2} = 53.73 \times 44 = 2,364.12 \text{ kg} \tag{6}$$

따라서 1톤의 적철광 환원에 758.54 kg의 코크스가 필요하지만, 철광석 중 불순물 등의 환원에도 코크스가 소비되므로 실제 필요량은 이보다 많을 수 있다.

8.2.5 신제철법

(1) FINEX 프로세스

FINEX 공정은 우리나라에서 개발된 용융환원 공정으로서 그림 8.8(a)에 공정도를 나타내었다. 4단의 유동 환원로(Fluidized Bed Furnace)와 용융 가스화로(Melter & gasifier)로 구성되어 있다. 하부의 용융 가스화로는 COREX의 용융 가스화로와 동일하지만 FINEX는 COREX와 달리 약 8 mm 이하의 분광을 원료로 사용하기 위해 충진층식 환원로 대신 유동층 환원로를 채택한 것이 특징이다.

유동층 환원로는 예열로, 예비환원로, 최종 환원로 등 4단의 반응기로 구성되어 있다. 유동층 환원로는 분체의 유동을 위한 최소 유동화 속도 이상의 유속을 확보하여야 하므로 환원 가스의 체류 시간이 충진층식에 비해 상대적으로 짧아 환원 가스 이용률이 충진층식의 약 1/3 수준이다. 따라서 충진층식 환원로나 고로에 근접하는 가스 이용률 확보를 위해 최소 3~4단의 반응기를 설치하였다. 유동층 환원로에서 철광석은 최종 금속화율 90 % 이상으로 환원되고, 환원철을 괴상화시켜 하부의 용융 가스화로에 장입하여 용융 선철을 생산한다. 용융 가스화로에서 생성된 환원가스(CO)는 유동층 환원로에 공급되어 철광석 분말의 최종 환원, 예비환원, 예열 등에 사용된다.

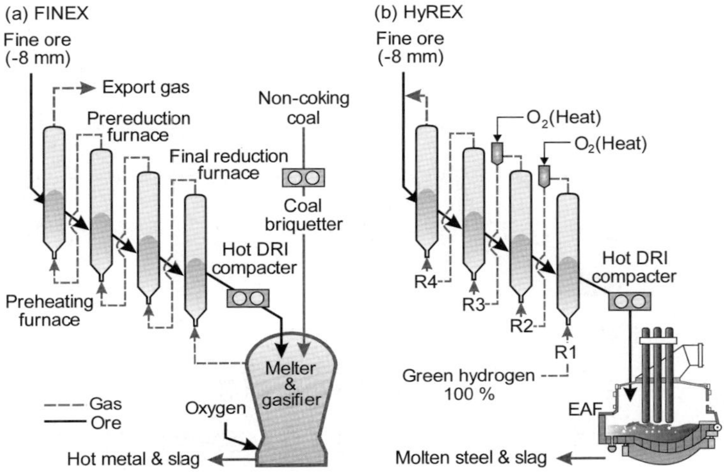

그림 8.8. FINEX와 HyREX 프로세스의 공정도

(2) HyREX(Hydrogen Reduction) 프로세스

최근 지구 온난화와 관련하여 탄소중립이 중요한 과제로 부각되었다. 특히 철강산업의 CO_2 배출량은 산업 부분 전체 배출량의 약 40 %를 차지하여 탄소중립의 걸림돌이 되고 있다. 따라서 철강산업에서는 탄소중립 실현을 위해 수소환원제철에 많은 관심을 기울이고 있다. 수소환원제철은 크게 고로 수소환원, 직접 수소환원, 유동층 수소환원으로 구분할 수 있다. 고로 수소환원은 기존의 고로에서 환원제로 수소를 사용하는 방법이지만 아직 실현되지 못하고 있다. 직접 수소환원은 기존의 직접 환원철 제조법과 유사한 것으로 천연가스를 이용하는 것이지만 수소로 대체할 수 있다. 다만 철광석을 펠릿 등으로 괴상화시켜야 한다.

포스코에서는 그림 8.8(b)와 같이 기존의 유동층 환원로인 FINEX 프로세스를 활용하여 100 % 수소로 분말 철광석을 환원하는 HyREX법을 개발하고 있다. 2025년부터 Demo 단계에 돌입, 2030년까지 HyREX 기술을 검증할 계획이다. 또 2050년까지 포항·광양 제철소의 기존 고로 설비를 단계적으로 수소환원제철로 전환하여, '2050 탄소중립'을 달성할 계획이다. 다만 철광석의 수소환원은 흡열반응이므로 열원이 필요하다. 한편 HyREX에서 환원된 DRI는 전기로에서 용융 및 정련하여 용강을 제조할 계획이다.[18]

(3) 직접 환원철

직접 환원철은 고체 상태의 분광이나 괴광을 1,000 ℃ 전후에서 개질한 천연가스로 환원한 것이다. 2022년의 직접 환원철 생산량은 1.25억 톤(고로법 선철 생산량 13억 톤)에 달한다.[19] 최근의 철강산업 탄소중립과 관련하여 직접 환원철(DRI: Direct Reduced Iron)에 많은 관심이 주어져 있다. 실제로 DRI-EF법에 의해 철강 1톤 생산 시 1.37톤의 CO_2가 발생하여 BF-BOF법의 2.33톤보다 낮은 값이다.[20] 최근에는 수소를 환원제로 사용하는 직접 환원철법에 관한 연구도 활발하게 진행되고 있다.

표 8.4에는 몇 가지 주요 직접 환원철법을 비교하여 나타내었다.[21] 표와 같이 미드렉스법이 주류이며, 그림 8.9에 공정도를 나타내었다.[22] 미드렉스법의 주요 설비는 천연가스 개질로와 환원로, 각각의 열회수 장치로 구성되어 있다. 샤프트 상부에서 철광석 펠릿을 장입하고, 환원로 하부에서 환원가스가 취입된다. 펠릿은 환원로를 강하하는 과정에서 약 90 %까지 환원되어 샤프트 하부에서 환원철(DRI)로 배출된다. 환원로의 노정 가스는 집진 후 천연가스와 혼합되어 가스 개질로에서 환원가스(CO, H_2 혼합가스)로 변환되어 순환 사용된다.

한편 1984년에 실용화된 Hot Briquette 장치를 환원로(샤프트) 하부에 설치하여 발화 위험성 감소로 DRI의 취급이나 수송이 보다 쉬워져 전기로 제강에서 스크랩 대체재로 사용되게 되었다. 또한 Mini-Mill이 박판 제조 분야에 진출함에 따라 DRI는 단순한 스크랩 대체에 머물지 않고, 불순 원소가 적은 양질의 철원으로 심가공용 등 고급강 원료로 사용되기 시작하였다.

표 8.4. Direct reduction processes

Process	Reactor	Ore	Reductant	Rank*
Midrex	Shaft	Lump/pellet	Gaseous	1
SL/RN, ACCAR, CODIR, etc.	Rotary kiln	Lump/pellet	Solid	2
HyL	Retort	Lump/pellet	Gaseous	3
HIB	Fluidized bed	Fine	Gaseous	4

* Rank is in terms of production and popularity in the world.

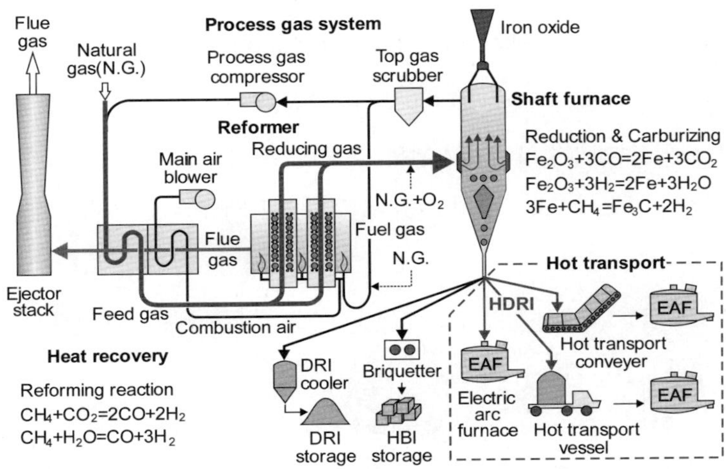

그림 8.9. Midrex법 공정도

8.3 용선 예비처리

고로에서 환원된 용선 중에는 환원제인 코크스에서 유래한 C는 물론 철광석 중의 Fe와 함께 환원된 Si, Mn, P 등과 코크스 등에서 유래한 S가 함유되어 있다. 이러한 용선은 필요에 따라 탈규, 탈황, 탈린을 위한 예비처리를 한 후, 전로에서 필요 탄소량까지 산화-탈탄하여 용강으로 만든다. 특히 강재 품질 요구 수준이 고급화됨에 따라 고순도강에 대한 수요가 증가하여 P, S, H, N, O 등의 불순물이나 MnS, SiO_2, Al_2O_3 등의 비금속 개재물 함유량을 낮출 필요가 있었다. 이와 같은 고순도화는 전로 정련만으로는 충분하지 않고 효율도 좋지 않아 일부 정련 기능을 전로의 전·후 공정으로 분담시키게 되었다.

최근에는 전로의 생산성 향상 등을 위한 제로 슬래그(Zero Slag Process, ZSP)[23] 조업에 따라 탈규 처리가 일반화되고 있다. 용선을 탈규 처리한 후 탈린을 하면 탈린용 CaO의 효율이 향상된다. 따라서 용선 중 Si을 0.1 wt% 이하까지 제거하고 탈황, 탈린한 후 전로에서는 탈탄정련에만 전념하는 프로세스도 적용하고 있다. 그림 8.10에 이러한 예비처리 공정

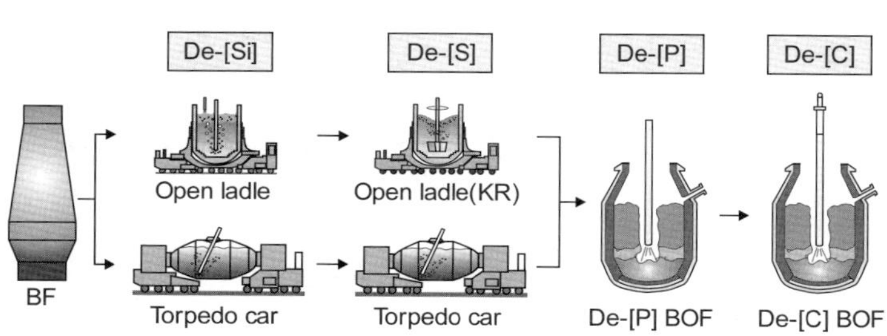

그림 8.10. Zero slag 전로 정련을 위한 예비처리의 예

도를 종합하여 나타내었다. 특히 유휴 전로를 활용하였던 전로 탈린은 전용로를 설치하여 조업하기도 한다. 이러한 예비처리에 의해 P은 약 0.1 wt%에서 평균 0.012 wt%인 제품 규격 이하까지도 안정적으로 제거할 수 있게 되었다.

8.3.1 반응 이론

(1) 탈규 반응

용철 중 Si은 제강 반응의 열원 역할을 하는 중요한 성분이지만 다량으로 함유되어 있으면 탈탄, 탈린 반응 등을 저해하고 슬래그 부피가 증가하는 등 유해 원소로 작용한다. 따라서 필요에 따라 일부 탈규 처리를 하여 왔으나, 최근에는 탈린, 탈황 효율 향상은 물론 전로 정련 시의 슬래그 발생량을 대폭 감소시키기 위해 적극적인 탈규를 하고 있다. 탈규제로는 밀스케일, 소결광, 사철 등의 산화철 분말을 사용한다.

한편 용선에 탈규제를 취입할 때 다음과 같은 탈규와 탈탄의 경합 반응이 일어나는 것으로 알려져 있다.[24]

$$[Si] + 2(O)_{flux} = (SiO_2)_{slag} \tag{8.26}$$

$$[C] + (O)_{flux} = CO(g) \tag{8.27}$$

탈규 반응 속도는 용선 측 Si의 물질이동이 율속단계이며, 탈탄 반응 속도는 반응 계면의 산소 농도에 비례하며 산소 공급은 용융한 탈규제 내의 산소 확산이 율속하는 것으로 가정할 수 있다.

(2) 탈린 반응

고로의 주, 부원료 중에 함유되어 있는 인 화합물은 대부분 고로 내에서 환원되어 용철 중에 잔류한다. 용철 중 인은 최종 제품의 기계적 성질에 악영향(입계 편석에 의한 취성, 용접성 저하 등)을 미치므로 예비처리 공정에서 미리 제거한다. 특히 용선은 비교적 저온이므로 탈규와 탈린이 동시에 일어난다. 도가니에서의 CaO에 의한 용선 탈린 실험에서는 다음과 같은 반응이 일어나는 것으로 알려져 있다.

$$4(CaO) + 2[P] + 5(O) = (4CaO \cdot P_2O_5) \tag{8.28}$$

한편 용선 예비처리에서는 말기에도 슬래그-메탈 간 반응은 평형상태에 있지 않으며, 일종의 정상상태에 있는 것으로 추측하고 있다. 따라서 몇 가지 반응기구가 제안되어 있지만, 이론적 취급은 곤란하고 단순하게 다음과 같이 나타낼 수 있다.

$$[P] + 2.5(FeO) = (PO_{2.5}) + 2.5Fe(l) \tag{8.29}$$

슬래그에 의한 산화 탈린은 다음과 같이 P이 산화 제거되어 슬래그 중에 PO_4^{3-}로 존재하는 것으로 나타내기도 한다.

$$[P] + \frac{3}{2}(O^{2-}) + \frac{5}{4}O_2(g) = (PO_4^{3-}) \tag{8.30}$$

$$K = \frac{a_{PO_4^{3-}}}{a_P \cdot a_{O^{2-}}^{3/2} \cdot p_{O_2}^{5/4}} = \frac{f_{PO_4^{3-}} \cdot (wt\%PO_4^{3-})}{a_P \cdot a_{O^{2-}}^{3/2} \cdot p_{O_2}^{5/4}}$$

여기서 평형상수의 분모항에 p_{O_2}와 $a_{O^{2-}}$가 있으므로 탈린은 고산소분압 및 고염기성 슬래그 환경이 바람직한 것을 알 수 있다.

(3) 탈황 반응

고체 탈황제에 의한 Fe-C-S계 용철의 탈황 반응은 다음과 같다.

$$CaO(s) + [C] + [S] = CaS(s) + CO(g) \tag{8.31}$$

$$\log K = \log\left(\frac{[\%O]}{[\%S]}\right) = -\frac{5,140}{T} + 1.19$$

$$CaC_2 + [S] = CaS + 2[C] \tag{8.32}$$

$$Na_2CO_3 + [S] = Na_2S + CO_2(g) + [O] \tag{8.33}$$

CaO 취입에 의한 Fe-C-Si-S계 용철의 탈황에서 취입된 CaO 표면에 $2CaO \cdot SiO_2$ 및 $3CaO \cdot SiO_2$층이 형성되어 용철 중에서 S의 확산을 방해한다. 따라서 미분말 CaO를 용선 중에 취입하여 탈황 효율을 높인다.

한편 탈황 반응은 산화 및 환원 반응을 고려한 다음 식과 sulfur capacity C로 나타낼 수 있다.[25]

$$\frac{1}{2}S_2(g) + O^{2-} = S^{2-} + \frac{1}{2}O_2(g) \tag{8.34}$$

$$C_{S^{2-}} = \frac{(wt\%S^{2-}) \cdot p_{O_2}^{1/2}}{p_{S_2}^{1/2}} = \frac{K \cdot a_{O^{2-}}}{f_{S^{2-}}}$$

$$\frac{1}{2}S_2(g) + \frac{3}{2}O_2(g) + O^{2-} = SO_4^{2-} \tag{8.35}$$

$$C_{SO_4^{2-}} = \frac{(wt\%SO_4^{2-})}{p_{S_2}^{1/2} \cdot p_{O_2}^{3/2}} = \frac{K \cdot a_{O^{2-}}}{f_{SO_4^{2-}}}$$

따라서 환원 탈황이나 산화 탈황에서도 고염기도 슬래그가 바람직하다.

[예제 8.11] 0.05 %S, 1.5 %Si, 3.5 %C, 2.0 %Mn을 함유한 선철 중 S의 활동도계수를 구하고, 그 결과에 대해 고찰해 보자.[26] 단,

$$e_S^{(S)} = -0.028,\ e_S^{(Si)} = 0.066,\ e_S^{(C)} = 0.11,\ e_S^{(Mn)} = -0.025$$

[풀이] S의 활동도계수 f_S는 다음과 같이 계산한다.

$$\begin{aligned}\log f_S &= \log f_S^{(S)} + \log f_S^{(Si)} + \log f_S^{(C)} + \log f_S^{(Mn)} \\ &= e_S^{(S)}[\%S] + e_S^{(Si)}[\%Si] + e_S^{(C)}[\%C] + e_S^{(Mn)}[\%Mn] \\ &= (-0.028) \times 0.05 + 0.066 \times 1.5 + 0.11 \times 3.5 + (-0.025) \times 2 \\ &= 0.4326\end{aligned}$$

$\therefore\ f_S = 2.71$

$e_S^{(C)} = 0.11$이라는 값으로부터 C은 S의 활동도계수를 크게 하는 효과가 있다. 따라서 C 농도가 높은 용선 단계에서 예비처리로 탈황을 하는 것이 효과적이다.

[예제 8.12] 용철의 탈황 반응이 1,300 ℃에서 아래 두 반응으로 일어날 때, 각 반응에 따른 탈황 한계를 구하라. 단, 용철의 조성은 0.05 wt% S, 0.3 wt% Si, 4.5 wt% C, 0.3 wt% Mn, 0.1 wt% P이며, $f_S = 3.6$, $f_{Si} = 4.5$이다. 그리고 반응에 관여하는 고체는 전부 순수한 것으로 가정하며, $p_{CO} = 1$ atm이다.[27]

$$(CaO)(s) + [S]_{1wt\%} + [C] = (CaS)(s) + CO(g) \tag{1}$$

$$\Delta G^\circ_{(1)} = 96{,}609 - 105.19\,T \text{ J}$$

$$2(CaO)(s) + [S]_{1wt\%} + \frac{1}{2}[Si] = (CaS)(s) + \frac{1}{2}(2CaO \cdot SiO_2)(s) \tag{2}$$

$$\Delta G^\circ_{(2)} = -225{,}706 + 74.68\,T \text{ J}$$

[풀이] 주어진 조건을 이용하여 식(1), (2)로부터 평형 S 농도를 구한다. 우선 1,300 ℃에서 각각의 표준 자유에너지와 평형상수는 다음과 같다.

$$\Delta G^\circ_{(1)} = -68{,}854.87 \text{ J},\ K_{(1)} = \exp\left(-\frac{\Delta G^\circ_{(1)}}{RT}\right) = 193.44 \tag{3}$$

$$\Delta G^\circ_{(2)} = -108{,}234.36 \text{ J},\ K_{(2)} = \exp\left(-\frac{\Delta G^\circ_{(2)}}{RT}\right) = 3{,}928.89 \tag{4}$$

여기서 용선은 C 포화이므로 $a_C = 1$이며, 나머지 고체도 순수하므로 평형상수는 다음과 같이 나타낼 수 있다. 이를 통해 Si이 있을 때의 탈황 한계가 낮음을 알 수 있다.

$$K_{(1)} = \frac{a_{CaS} \cdot p_{CO}}{a_{CaO} \cdot a_S} = \frac{1}{f_S \cdot [\%S]_{(1)}} \quad (5)$$

$$\therefore\ [\%S]_{(1)} = \frac{1}{f_S \cdot K_{(1)}} = \frac{1}{3.6 \times 193.44} = 0.00144\ \text{wt\%} \quad (6)$$

$$K_{(2)} = \frac{a_{CaS} \cdot a_{2CaO \cdot SiO_2}^{1/2}}{a_{CaO}^2 \cdot a_S \cdot a_{Si}^{1/2}} = \frac{1}{f_S \cdot [\%S]_{(2)} \cdot f_{Si}^{1/2} \cdot [\%Si]^{1/2}} \quad (7)$$

$$\therefore\ [\%S]_{(2)} = \frac{1}{K_{(2)} \cdot f_S \cdot f_{Si}^{1/2} \cdot [\%Si]^{1/2}} \quad (8)$$

$$= \frac{1}{3{,}928.89 \times 3.6 \times (4.5 \times 0.3)^{1/2}} = 0.00006\ \text{wt\%}$$

8.3.2 용선 예비처리의 예

그림 8.11에는 토피도 레이들을 이용하는 예비처리 공정의 예를 나타내었다.[28] 용선 중 Si은 전로에서 제일 먼저 산화되고, 첨가된 생석회(CaO) 및 산화철(FeO)과 반응하여, $CaO-FeO-SiO_2$계의 슬래그로 된다. 이 때문에 용선 중의 Si 농도가 낮으면 전로에서는 Si 산화반응이

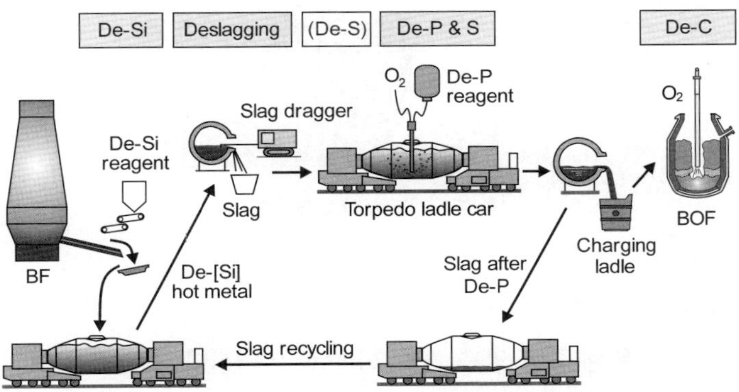

그림 8.11. 토피도 레이들을 이용한 용선 예비처리의 예

단축되어 생산효율이 향상됨과 동시에 생성 슬래그 양도 적고, 따라서 철의 실수율이 높은 정련이 가능하게 된다. 탈규는 그림에서와 같이 고로의 주상 혹은 이송 용기에서 용선 중에 mill scale, 소결광 등의 산화철을 투입하여 실시한다. 특히 고로 주상 탈규법은 교반력이 약하여 반응효율이 낮고 Si 제거에 한계가 있으며 용선 온도가 낮아지기도 한다. 따라서 최근에는 별도의 탈규장을 설치하여 적극적인 탈규를 하기도 한다.

그림 8.12에는 오픈 레이들을 이용하는 탈규 전용 장치의 예를 나타내었다.[23] 상취 랜스를 통한 기체 산소와 탈규제로 첨가하는 산화철 비율을 조절하여 처리 후의 용선온도를 제어한다. 또 탈규 효율을 높이기 위해 교반용 침지 랜스를 통해 생석회를 용선 중에 취입(injection)한다.

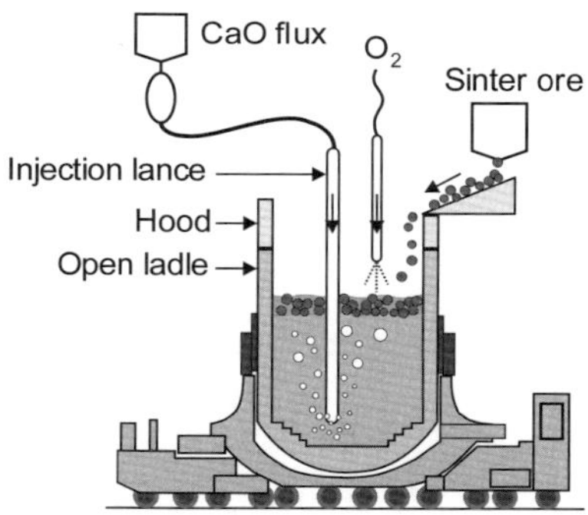

그림 8.12. 탈규 전용 장치의 예

탈린은 석회, 산화철, 형석 등을 혼합한 탈린제를 가스와 함께 용선 중에 취입하여 용선 중의 인을 슬래그상으로 제거한다. 또한 탈린제와 처리 조건의 적정한 선정에 따라서는 탈린과 함께 탈황 처리를 하는 것도

가능하다. 탈린 반응은 Si 농도가 낮을수록 잘 진행하므로, 탈린 처리는 탈규 후에 하는 것이 보통이다. 용선은 탈린 처리에 의해 어느 정도 탈황도 되지만, 저[S]강 제조 시에는 별도로 용선 중에 CaO, Na_2CO_3, CaC_2, Mg 등의 탈황제를 취입하여 한 번 더 탈황처리를 한다. 그림 8.13에는 레이들에 의한 용선 예비처리 장치의 예를 나타내었다.

최근에는 유휴 전로를 이용하였던 예비처리인 전로 탈린이 일반화되어 그림 8.10과 같이 별도의 탈린 전용 전로를 설치하여 운용하고 있다.[29, 30] 그리고 용선 중 Si 농도가 높을 때는 미리 탈규 처리를 하기도 한다.

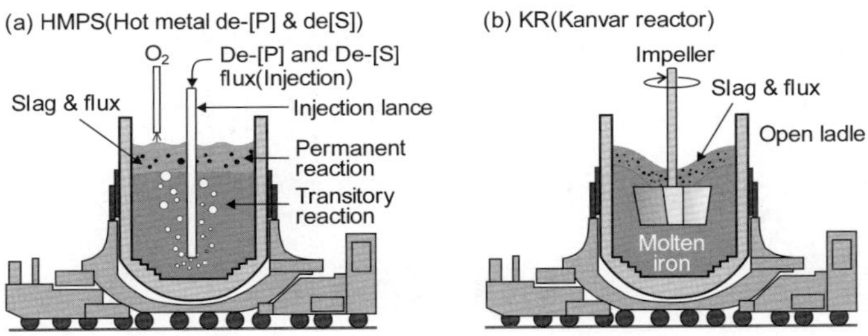

그림 8.13. Open ladle에 의한 용선 예비처리 예

[예제 8.13] 1,500 ℃에서 CaC_2에 의한 용철의 탈황 반응이 식(1)과 같을 때 용철 중 S의 제거 한계를 구하라. 단, CaC_2, CaS는 순고체로 가정하고, 용철의 탄소 농도는 5.1 wt%이다. 그리고 용철 중에 C, S 이외의 불순물은 없는 것으로 가정한다. $e_S^{(C)} = 0.24$이다.[31]

$$CaC_2(s) + [S] = CaS(s) + 2C(s) \tag{1}$$

$$Ca(l) + \frac{1}{2}S_2(g) = CaS(s), \quad \Delta G^\circ = -551{,}368 + 104.35\,T \text{ J} \tag{2}$$

$$Ca(l) + 2C(s) = CaC_2(s), \quad \Delta G^\circ = -57{,}321 - 28.45\,T \text{ J} \tag{3}$$

$$\frac{1}{2}S_2(g) = [S], \ \Delta G^\circ = -131{,}880 + 22.05T \text{ J} \tag{4}$$

[풀이] 식(2)~(4)로부터 식(1)의 표준 자유에너지변화는 다음과 같다.

$$CaC_2(s) + [S] = CaS(s) + 2C(s), \ \Delta G^\circ_{(1)} = -362{,}167 + 110.75T \text{ J} \tag{5}$$

여기서 $a_{CaC_2} = a_{CaS} = a_C = 1$이고 1,500 ℃에서 $\Delta G^\circ_{(1)} = -165{,}807$ J이므로 식(1)의 평형상수 $K_{(1)}$은 다음과 같다.

$$K_{(1)} = \frac{a_{CaS} \cdot a_C^2}{a_{CaC_2} \cdot a_S} = \frac{1}{f_S[\%S]} = \exp\left(-\frac{\Delta G^\circ_{(1)}}{RT}\right) = 76{,}744 \tag{6}$$

$$\therefore [\%S] = \frac{1}{K_{(1)} \cdot f_S} \tag{7}$$

여기서 $\log f_S = e_S^{(C)} \cdot [\%C]$이므로 $e_S^{(C)} = 0.24$와 1,500 ℃에서 용철의 탄소 용해도 5.1 wt%를 대입하면 다음과 같이 된다.

$$\log f_S = e_S^{(C)} \cdot [\%C] = 0.24 \times 5.1 = 1.224 \quad \therefore f_S = 16.75 \tag{8}$$

$$\therefore [\%S] = \frac{1}{K_{(1)} \cdot f_S} = \frac{1}{76{,}744 \times 16.75} \fallingdotseq 7.77 \times 10^{-7} \text{ wt\%} \tag{9}$$

8.4 전로 제강법

고로에서 생산된 선철은 약 5 %의 C과 Si, Mn, P, S 등의 불순물을 함유하여 취성이 있으므로 기계 가공을 할 수 없다. 따라서 제강(steelmaking)은 이러한 불순물을 산화시켜 제거함과 동시에 강욕의 온도를 높여 용융 상태에서 목적 조성과 목표 온도의 강을 높은 효율로 정련하는 것이다.

제강 공정의 주원료는 고로에서 생산된 용선(hot metal)과 이것을 응고한 형선, 철스크랩 등이다. 철스크랩에는 자가 스크랩과 시중 스크랩이 있으며, 탄소중립과 관련하여 중요한 철원으로 주목받고 있다. 부원료로는 용강의 탈린, 탈황제인 $CaCO_3$, CaO, CaF_2 등을 조재제로 사용한다.

불순물 제거를 위한 산화제로는 순산소 가스를 사용하지만 필요에 따라 괴상의 철광석(산화철)도 사용한다. 전로 제강에서는 주로 순산소를 이용하고 보조적으로 철광석을 사용하지만, 전기로 제강에서는 산화제로 주로 철광석을 이용하고 보조적으로 순산소를 이용한다.

8.4.1 제강의 화학

(1) 제강법의 원리

제강 공정은 불순물을 산화·제거하는 과정으로 다음 식과 같이 기체 산소와 고체 산소인 산화철(철광석)을 산화제로 사용한다.[32]

$$1/2O_2(g) = [\%O], \quad \Delta G^\circ = -111{,}700 - 6.78T \text{ J} \tag{8.36}$$

$$1/3Fe_2O_3(s) = 2/3Fe(l) + [O], \quad \Delta G^\circ = 159{,}300 - 88.62T \text{ J} \tag{8.37}$$

위의 식에서 $O_2(g)$에 의한 용철의 산화반응은 발열이며, 일반적으로 심한 교반을 수반한다. 그러나 고체 산소인 $Fe_2O_3(s)$에 의한 산화반응은 흡열반응으로 큰 교반은 기대할 수 없다. 따라서 기체 산소를 제강 반응에 이용하는 것이 조업상 유리하지만, 탈탄 최성기에 보조적으로 철광석을 투입하기도 한다.

제강 공정에서는 산화반응에 의해 불순물을 제거한다. 따라서 제강 공정에서 제거할 수 있는 원소의 대략은 엘링감도에서 불순물의 산소에 대한 화학적 친화력의 대소 관계로부터 알 수 있다. 즉, 제강 온도에서

Fe-FeO 선보다 위쪽에 있는 원소는 제거할 수 없으며 금속상 중에 남는다. Fe-FeO 선보다 아래쪽에 있는 원소는 쉽게 제거할 수 있다. 이 선의 근방에 있는 원소는 슬래그-용철 양쪽 상으로 분배되며 그 대략은 그림 8.14와 같다. 특히 Zn는 증기압이 높아 제강분진이 되어 기상으로 분배되며 별도의 처리를 거쳐 회수하고 있다. 그리고 Cu, Sn은 철스크랩에서 유래하지만 산화정련을 하는 전로에서는 제거할 수 없으므로 철저한 관리가 필요하다.

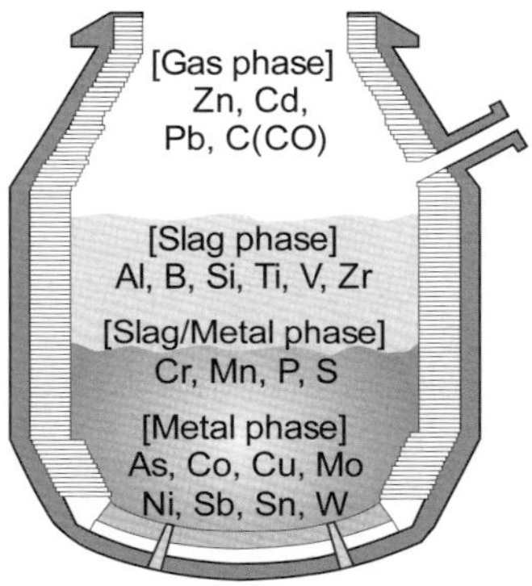

그림 8.14. 엘링감도에서 본 제 원소의 분배 거동

한편 제강 공정은 사용 내화물 재료와 조재제의 사용법에 따라 염기성 조업과 산성 조업으로 구분한다. 염기성 조업은 노 내 내화재로 MgO 또는 돌로마이트(MgO-CaO) 등의 염기성 내화재를 사용하고, 조재제로 $CaCO_3$나 CaO를 첨가하여 (%CaO)/(%SiO_2)=1~4의 슬래그로 조업하는 방법이다. 슬래그는 CaO-SiO_2-FeO 3원계를 주성분으로 하고, 여기에 MgO, MnO, P_2O_5, CaF_2, Al_2O_3 등이 함유되어 있다.

산성 조업은 내화재로 SiO_2 내화물을 사용하고 조재제로 Mn 광석이나 SiO_2를 첨가하여 (%CaO)/(%SiO_2)<1로 조업하는 방법이다. 산성 조업은 탈황, 탈린이 불가능하여 최근에는 거의 하지 않는다.

(2) 용철의 산소 용해도

제강 반응은 용철 중에 산소를 취입하여 용선 중의 C을 제거하는 것이다. 우선 Fe의 슬래그-용철 사이 반응과 평형상수는 다음과 같다.[33]

$$Fe_tO(l) = tFe(l) + [O], \quad \Delta G^\circ = -117,700 - 49.83T \text{ J} \tag{8.38}$$

$$K = \frac{a_O}{a_{Fe_tO}} = \frac{f_O \cdot [\%O]}{a_{Fe_tO}}, \quad \log f_O = \left(-\frac{1,750}{T} + 0.76\right)[\%O]$$

여기서 a_O, f_O는 각각 용철 중 산소 농도를 [wt%]로 나타낸 활동도와 활동도계수이며, 활동도 기준은 Fe-O계 무한 희박용액을 기준으로 한 Henry의 법칙을 따른다. 그리고 전체 압력이 일정할 때, 용철의 산소 포화 용해도는 다음과 같다.[33]

$$\log[\%O]_{sat} = -\frac{6,320}{T} + 2.734 \ (\text{at } 1,793 \sim 1,973 \text{ K}) \tag{8.39}$$

한편 용철 중 산소 용해량은 다음 식으로 나타내는 것처럼 H_2/H_2O 혼합가스와의 평형으로부터 구한다.

$$[O]_{wt\%} + H_2(g) = H_2O(g), \quad \Delta G^\circ = -134,800 + 61.71T \text{ J} \tag{8.40}$$

$$H_2(g) + 1/2O_2(g) = H_2O(g), \quad \Delta G^\circ = -246,535 + 54.94T \text{ J} \tag{8.41}$$

따라서 위 두 식의 조합에 의해 다음 식이 얻어진다.

$$1/2O_2(g) = [O], \ (1 \text{ wt\%}), \quad \Delta G^\circ = -111,700 - 6.78T \text{ J} \tag{8.42}$$

$$\log\left(\frac{a_O}{\sqrt{p_{O_2}}}\right) = \frac{5,836}{T} + 0.354$$

1,873 K에서는 용철이 용융 wustite와 평형할 때 포화 산소 용해도 $[\%O]_{sat}$

$=0.23$, 산소 활동도 $a_O = 0.21$, 평형 산소분압 $p_{O_2} = 5.2 \times 10^{-9}$이다.[34]

[예제 8.14] 어떤 일정한 조건에서 순철 중 산소 농도는 0.01 wt%이다. 동일 산소분압에서 0.01 wt%Al, 4 wt%Cr, 0.1 wt%Si을 함유하는 용강 중 산소 농도를 구하라.[35] 단, $e_O^{(Al)} = -0.94$, $e_O^{(Cr)} = -0.041$, $e_O^{(Si)} = -0.14$

[풀이] 용강 중 산소 용해 반응은 다음과 같다.

$$\frac{1}{2}O_2(g) = [O] \quad K_{(1)} = \frac{a_O}{p_{O_2}^{1/2}} = \frac{f_O \cdot [wt\%O]}{p_{O_2}^{1/2}} \tag{1}$$

우선 순철 중의 값으로부터 평형상수 $K_{(1)}$을 구한다. 순철 중 [O]가 Henry의 법칙을 따른다면 순철에서 $f_O = 1$이며 순철 중 $[wt\%O] = 0.01$이므로 식(1)로부터

$$K_{(1)} \times p_{O_2}^{1/2} = 0.01 \tag{2}$$

문제의 합금강에 관한 식(1)의 f_O는 다음과 같다.

$$\log f_O = e_O^{(O)}[wt\%O] + e_O^{(Al)}[wt\%Al] + e_O^{(Cr)}[wt\%Cr] + e_O^{(Si)}[wt\%Si] \tag{3}$$

[O]가 미량이므로 상호작용을 무시하여 $e_O^{(O)} \approx 0$으로 두면

$$\log f_O = -0.94 \times 0.01 + (-0.041) \times 4 + (-0.14) \times 0.1 = -0.1874$$

$$\therefore f_O = 0.65 \tag{4}$$

식(1)로부터 [wt%O]는 다음과 같다.

$$[wt\%O] = \frac{K_{(1)} \cdot p_{O_2}^{1/2}}{f_O} = \frac{0.01}{0.65} = 0.0154 \ \ wt\% \tag{5}$$

※ 여기서 [O]가 미량이고 O의 상호작용을 무시할 수 있어서 $e_O^{(O)} = 0$로 가정하였으나, $e_O^{(O)} = -0.20$을 이용하여 계산하여도 전혀 차이가 없다.

(3) 용철 중 탄소와 산소의 반응

제강 과정은 탄소를 산화·제거하는 과정이므로, 용철 중 탄소와 산소의 반응이 핵심이다. 또 탈탄 반응에서는 CO(g) 생성에 의한 비등 작용으로 용철이 현저하게 교반된다. 그 결과로 노 내 반응의 촉진, 성분이나 온도의 균일화, 탈가스 반응, 비금속 개재물의 분리 촉진 등 많은 유익한 효과가 있다.

탈탄 반응의 평형 관계는 다음의 3가지 식으로 나타낸다.[36]

$$[O]+CO(g)=CO_2(g),\quad \Delta G^\circ=-166{,}900+91.16T\ J \tag{8.43}$$

$$\log\left(\frac{p_{CO_2}}{p_{CO}\cdot a_O}\right)=\frac{8{,}717}{T}-4.761$$

$$[C]+CO_2(g)=2CO(g),\quad \Delta G^\circ=144{,}700-129.5T\ J \tag{8.44}$$

$$\log\left(\frac{p_{CO}^2}{p_{CO_2}\cdot a_C}\right)=-\frac{7{,}557}{T}+6.764$$

$$[C]+[O]=CO(g),\quad \Delta G^\circ=-22{,}200-38.34T\ J \tag{8.45}$$

$$\log\left(\frac{p_{CO}}{a_C\cdot a_O}\right)=\frac{1{,}160}{T}+2.002$$

여기서 C와 O의 활동도계수는 다음과 같다.[36]

$$\log f_C=\log f_C^C+\log f_C^O \fallingdotseq \log f_C^C=0.243[\%C] \tag{8.46}$$

$$\log f_O=\log f_O^O+\log f_O^C \fallingdotseq \log f_O^C=-0.421[\%C] \tag{8.47}$$

여기서 용철 중 산소와 탄소의 농도는 (wt%)로 나타내고, 활동도 기준은 철을 용매로 하는 Henry의 법칙을 따르며, 위의 식은 1,823~1,973 K, [%C]=0.1~1.0의 범위에서 성립한다.

[예제 8.15] 상기한 용철 중 탄소와 산소의 반응에 관한 자유도를 구하라.[37]

[풀이]

성분 n: 5([C], [O], CO, CO_2, Fe(l))

평형식 r: 2

$$[O]+CO(g)=CO_2(g),\ [C]+CO_2(g)=2CO(g),\ [C]+[O]=CO(g)$$

위와 같이 관련된 식은 3개이지만 다른 2개의 식으로부터 나머지 1개의 식을 도출할 수 있으므로 독립식은 2개이다.

상 p: 2(gas, $l-\mathrm{Fe}$)

$$\therefore F=(n-r)+2-p=(5-2)+2-2=3$$

따라서 3변계이며, 온도와 전체 압력이 일정할 때 메탈 중의 산소와 탄소량은 CO/CO_2 혼합비에 의해 결정되며, 평형식은 위의 3가지 식에 의해서 대표된다.

(4) 용철 중 탄소와 산소의 농도곱

용철 중 탄소와 산소의 관계는 다음 식과 같이 나타낼 수 있다.

$$CO(g)=[C]+[O],\quad \Delta G^\circ=22{,}200+38.34T\ \mathrm{J} \tag{8.48}$$

탄소 농도가 낮은 범위에서는 $f_C \fallingdotseq 1$, $f_O \fallingdotseq 1$로 두어도 무방하므로, 다음 식으로 나타낸다.[38]

$$\log\left(\frac{[\%C][\%O]}{p_{CO}}\right)=-\frac{1{,}160}{T}-2.002 \tag{8.49}$$

따라서 $p_{CO} \fallingdotseq 1$일 때, 용철 중의 탄소와 산소의 농도곱 m은 온도에 따라 일정한 값을 나타낸다.(예제 8.16 참조)

$$[\%C]\cdot[\%O]=m,\ (m=0.0024\ \text{at}\ 1{,}873\ \mathrm{K})$$

따라서 [%C]와 [%O]는 쌍곡선적인 관계로 변화한다.(그림 8.15 참조)

또 고탄소 농도에서는 활동도계수를 조합하여 다음과 같이 나타낸다.[39]

$$\log\left(\frac{[\%C][\%O]}{p_{CO}}\right)=\log\left(\frac{a_C\cdot a_O}{p_{CO}}\right)-0.243[\%C]+0.421[\%C] \qquad (8.50)$$

$$=\log\left(\frac{a_C\cdot a_O}{p_{CO}}\right)+0.178[\%C]$$

따라서 고탄소 농도 범위에서는 탄소와 산소의 농도곱 m은 [%C]와 함께 증가하며, p_{CO}가 낮을수록 감소한다.

[예제 8.16] $\underline{C}+\underline{O}=CO$의 반응에서 1,500 ℃, 1,600 ℃, 1,700 ℃의 평형상수를 구하라. 또, 1,600 ℃에서 p_{CO} =0.1, 1, 2 atm일 때의 C와 O의 관계를 도시하라. 단, 다음 반응의 평형상수는 식(1), (2)와 같이 주어져 있다.

$$\underline{O}+CO(g)=CO_2(g),\ \log K_{(1)}=\log\left(\frac{p_{CO_2}}{p_{CO}\cdot a_O}\right)=\frac{8,717}{T}-4.761 \qquad (1)$$

$$\underline{C}+CO_2(g)=2CO(g),\ \log K_{(2)}=\log\left(\frac{p_{CO}^2}{p_{CO_2}\cdot a_C}\right)=-\frac{7,557}{T}+6.764 \quad (2)$$

[풀이] 식(1)+(2)에 의해

$$\underline{C}+\underline{O}=CO(g),\ \log K_{(3)}=\log\left(\frac{p_{CO}}{a_C\cdot a_O}\right)=\frac{1,160}{T}+2.003 \qquad (3)$$

따라서 각 온도에서의 평형상수는 다음과 같다.

Temp. (℃)	1,500	1,600	1,700
$K_{(3)}$	454	419	389

한편 탄소 농도가 낮은 범위에서는 $f_C\fallingdotseq 1$, $f_O\fallingdotseq 1$로 둘 수 있으므로 식(3)은 다음 식으로 나타낸다.

$$\log\left(\frac{[\%C][\%O]}{p_{CO}}\right) = -\frac{1,160}{T} - 2.003$$

$$\therefore \log([\%C][\%O]) = \log p_{CO} - \frac{1,160}{T} - 2.003 \quad (4)$$

따라서 1,600 ℃에서는 다음과 같으며, 그림 8.15에 p_{CO}에 따른 [wt%C]-[wt%O]의 관계를 나타내었다.

$$\log([\%C][\%O]) = \log p_{CO} - \frac{1,160}{T} - 2.003 = \log p_{CO} - 2.622$$

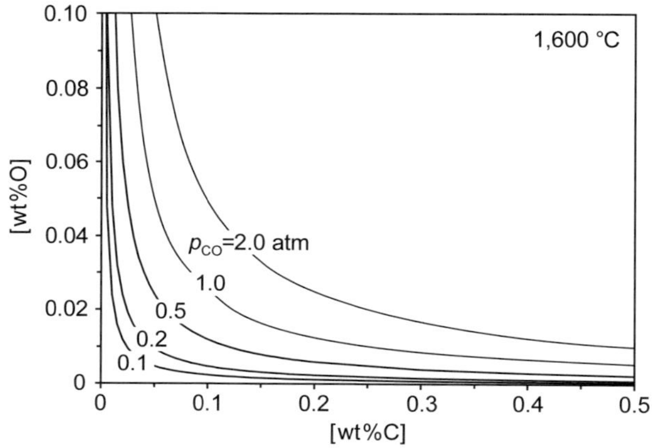

그림 8.15. 1,600 ℃에서 p_{CO}에 따른 [wt%C]-[wt%O]의 관계

8.4.2 전로 설비

그림 8.16에는 전로와 주변 설비 모식도를 나타내었다. 전로의 노체는 강철제 외피(30~40 mm)의 내부에 영구장 내화물로 돌로마이트(MgO-CaO) 내화물 벽돌을 사용하고, 그 내부의 용강이나 슬래그와 만나는 가동 벽돌로 마그네시아 카본(마그카본, MgO-C) 벽돌*을 사용하여 축로한다. 전로는 그림 8.16에 나타낸 것과 같은 단면을 가지고 경동

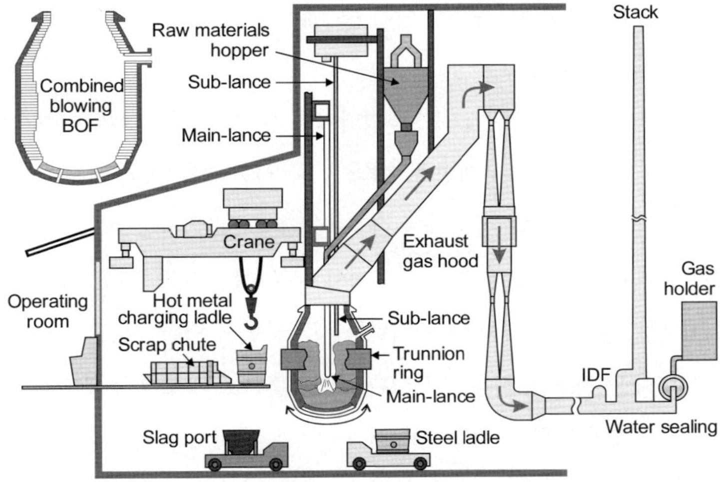

그림 8.16. 전로와 주변 설비 모식도

할 수 있다. 또 전로 주위에는 부대설비로 부원료 및 스크랩의 장입장치, 순산소 취입용 랜스(lance), 용강의 온도와 탄소농도 계측용 서브랜스(sub-lance) 및 이러한 장치의 승강장치, 순산소 가스 취입장치, 배가스의 회수, 처리설비 등이 설치되어 있다. 전로의 능력은 1회에 정련할 수 있는 조강의 중량으로 나타내며, 250 ton 및 340 ton 등 대형 전로가 가동되고 있다.

전로의 주 기능은 순산소 가스로 용선을 탈탄하여 용강으로 만들고 온도를 맞추는 것이다. 전로에서는 상취 랜스에서 고속의 순산소 제트를 용선 표면에 분사하여 용선 중 탄소와 직접 반응시켜 CO로 탈탄하며 반

---

* 마그네시아 카본(마그카본, MgO-C) 벽돌: 마그네시아 골재, 비늘형 흑연(flake graphite), 산화방지제, 수지 성분으로 구성되어 높은 내식성, 내스포링성(spalling resistance), 내슬래그 침윤성 등의 기능을 가지고 있다.

응열에 의해 승온된다. 순산소 상취전로에서는 용선을 20분 이내에 탈탄하는 것이 가능하다.

상취 전로에서는 저탄소 농도 영역에서 Fe의 산화가 과다하여 탈탄 반응이 지연되는 것이 문제였다. 슬래그 중 산화철이 과잉으로 증가하면 용강 중 탄소와 급격히 반응하여 슬로핑(slopping)이나 스피팅(spitting) 등이 일어나 슬래그나 용강이 노구에서 분출하는 일도 있다. 용강의 과산화를 억제하여 슬로핑이나 스피팅을 방지하면서 탈탄 속도를 향상시키기 위해 다공 랜스를 적용하고 있다. 한편 순산소 가스를 전로의 바닥에서 용강 중에 취입하는 저취법이 개발되어 용선 교반이 강화되고 강욕의 균일 혼합시간이 단축되며, 특히 저탄소 영역에서의 탈탄 효율이 개선되기도 하였다.

현재는 양자의 특징을 살린 상·저취 복합취련 전로(combined blowing BOF)가 주류를 이루고 있고, 저취 가스도 불활성 가스를 비롯하여 여러 가지 가스를 이용하고 있다. 그리고 저취 풍구도 단공, 이중관, MHP(multiple hole plug) 등 여러 가지가 연구되어 적용되고 있다.

8.4.3 전로 조업

(1) 전로 내 반응

그림 8.17에는 전로 내 위치별 일어나는 반응을 나타내었다. 전로에서의 주반응은 순산소 가스(O_2) 및 산화철(Fe_2O_3)에 의한 용선 탈탄 반응이다. 특히 제강 공정에서 제거하여야 하는 불순물은 철강 5대 원소(C, Si, Mn, P, S)와 분위기로부터 용강 중에 용해되는 수소나 질소, 탈탄

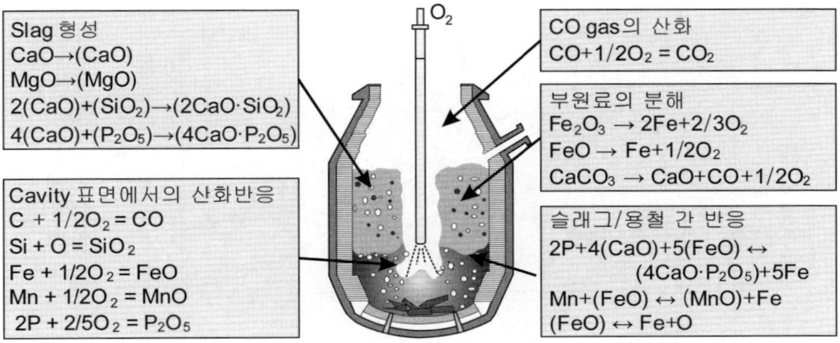

그림 8.17. 전로 내 위치별 반응

반응에 이용되면서 용해된 산소 등이다. 이러한 불순물 원소의 정련 반응은 다음과 같다.

$$[C]+[O]=CO(g),\ \Delta G^\circ=-22{,}200-38.34T\ J \tag{8.51}$$

$$[Si]+2[O]=(SiO_2),\ \Delta G^\circ=-576{,}440+218.2T\ J \tag{8.52}$$

$$[Mn]+[O]=(MnO),\ \Delta G^\circ=-241{,}000+105.93T\ J \tag{8.53}$$

$$2[P]+3(CaO)+5[O]=(3CaO\cdot P_2O_5) \tag{8.54}$$

$$[S]+(CaO)=(CaS)+[O] \tag{8.55}$$

$$2[N]=N_2(g),\ \Delta G^\circ=-19{,}382-40.34T\ J \tag{8.56}$$

$$2[H]=H_2(g),\ \Delta G^\circ=-72{,}920-60.92T\ J \tag{8.57}$$

그림 8.18에는 전로 취련 중 용강 및 슬래그 성분 변화의 예를 나타내었다.[40] 용선과 순산소 가스의 반응에서는 Si이 우선적으로 산화되면서 탄소의 산화인 탈탄이 진행된다. 용선 중 탄소 농도가 1 wt% 정도까지 낮아지면 탄소의 산화와 함께 Fe도 급격히 산화되어 슬래그 중 (FeO)의 농도는 증가한다. Fe의 산화는 0.1 wt% 이하의 저탄소 농도 영역에서 현저하며, 슬래그로의 Fe 손실과 동시에 탈탄 산소 효율과 탈탄 속도가 낮아진다.

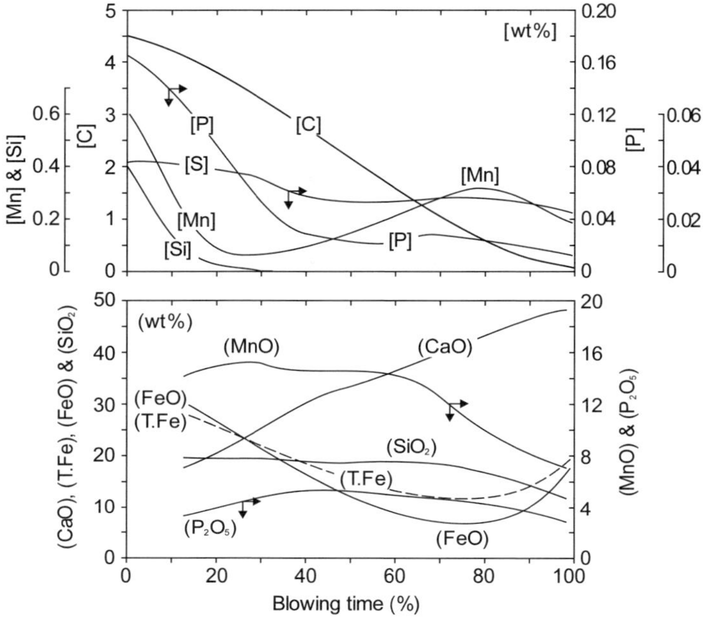

그림 8.18. 전로 취련 중 용강 및 슬래그 성분 변화의 예(85톤 전로)

[예제 8.17] 전로에서 고탄소강 취련이 끝난 후의 용강에는 1 wt%C과 0.05 wt%P를 함유하고 있었으며, 전로취련 종점에서의 온도는 1,600 ℃이다. 전로에서의 질소분압이 0.79 atm일 때 용강 중 용존 질소량을 구하라.[41]

$$\frac{1}{2}(\mathrm{N_2}) = [\mathrm{N}]_{\mathrm{Fe,wt\%}};\ \Delta G^\circ_{(1)} = 3{,}598 + 23.89\,T\ \mathrm{J} \tag{1}$$

$$e_{\mathrm{N}}^{\mathrm{N}} = 0,\ e_{\mathrm{N}}^{\mathrm{C}} = 13 \times 10^{-2},\ e_{\mathrm{N}}^{\mathrm{P}} = 5.1 \times 10^{-2}$$

[풀이] 전로 공정이 완료된 후 슬래그가 존재하지 않는 것으로 가정하고, 용강 중 질소 농도를 구하는 문제이다. 우선 1,600 ℃에서 $\Delta G^\circ_{(1)} =$ 48,344 J이므로 식(1)의 평형상수는 다음과 같다.

$$K_{(1)} = \frac{a_N}{p_{N_2}^{1/2}} = \frac{f_{N,1\%}[\%N]}{p_{N_2}^{1/2}} = \exp\left(-\frac{\Delta G^\circ_{(1)}}{RT}\right) = 0.0448 \tag{2}$$

식(2)로부터 $f_{N,1\%}$를 알면 용강 중 질소 농도를 구할 수 있다.

$$\log f_{N,1\%} = [\%N]e_N^N + [\%C]e_N^C + [\%P]e_N^P \tag{3}$$

$$= 0 + 1.0 \times 0.13 + 0.05 \times 0.051 = 0.1326$$

$$\therefore f_{N,1\%} = 1.357$$

따라서 식(2)를 정리하면

$$[\%N] = \frac{K_{(1)} \cdot p_{N_2}^{1/2}}{f_{N,1\%}} = \frac{0.0448 \times \sqrt{0.79}}{1.357} = 0.0293 \text{ wt\%} \tag{4}$$

[예제 8.18] 1,600 ℃에서 Fe 중 Mn과 FeO 중 MnO는 이상적인 거동을 나타낸다. 슬래그 조성이 40 wt%MnO와 60 wt%FeO일 때 이 슬래그와 평형하는 Fe 중의 Mn 농도(wt%)를 구하라. 단, Fe와 Mn의 원자량은 각각 55.85와 54.95 g/mol이다.[42]

$$(FeO)_{slag} + [Mn]_{Fe-Mn} = (MnO)_{slag} + [Fe]_{Fe-Mn} \tag{1}$$

$$\Delta G^\circ_{(1)} = -121{,}671 + 15.35T \text{ J}$$

[풀이] 이 문제는 전로에서의 슬래그-메탈 간 반응으로, 우선 1,600 ℃에서 $\Delta G^\circ_{(1)} = -92{,}921$ J이므로 식(1)의 평형상수는 다음과 같다.

$$K_{(1)} = \frac{a_{MnO} \cdot a_{Fe}}{a_{FeO} \cdot a_{Mn}} = \exp\left(-\frac{\Delta G^\circ_{(1)}}{RT}\right) = 390 \text{ at } 1{,}873 \text{ K} \tag{2}$$

Fe 중 Mn과 FeO 중 MnO는 이상적인 거동을 나타내므로

$$K_{(1)} = \frac{a_{MnO} \cdot a_{Fe}}{a_{FeO} \cdot a_{Mn}} = \frac{x_{MnO} \cdot x_{Fe}}{x_{FeO} \cdot x_{Mn}} = 390 \tag{3}$$

$$x_{MnO} = \frac{40/(54.94+16)}{40/(54.94+16)+60/(55.85+16)} = 0.403$$

$$x_{FeO} = 1-0.403 = 0.597$$

$$x_{Fe} + x_{Mn} = 1, \quad \therefore x_{Fe} = 1 - x_{Mn}$$

각각의 값을 식(3)에 대입하면 다음과 같다.

$$K_{(1)} = \frac{x_{MnO} \cdot x_{Fe}}{x_{FeO} \cdot x_{Mn}} = \frac{0.403 \times (1-x_{Mn})}{0.597 \times x_{Mn}} = 390 \tag{4}$$

$$\therefore x_{Mn} = 0.0017, \; x_{Fe} = 1 - x_{Mn} = 0.9983$$

$$\therefore [\text{wt\%Mn}] = \frac{x_{Mn} \times M_{Mn}}{x_{Mn} \times M_{Mn} + x_{Fe} \times M_{Fe}} \times 100$$

$$= \frac{0.0017 \times 54.95}{0.0017 \times 54.95 + 0.9983 \times 55.85} \times 100 = 0.167$$

(2) 전로에서의 탈탄 속도

LD전로에서 용철 중 탄소 농도와 탈탄 속도를 나타내면 그림 8.19와 같다. 즉, 탈탄 속도인 $-d[\%C]/dt$는 3기로 나누어 생각할 수 있는 태형을 나타낸다. 이러한 관계는 전로의 탈탄 속도를 매크로적으로 본 것이며, 전로 계산기 제어의 모델 패턴으로 이용된다.

제1기: Si 취련이라고도 불리며, O_2는 탈탄에도 소비되지만 Si이나 Mn 산화에 우선적으로 소비된다. 용강 온도가 아직 낮고, 탈탄 속도는 매우 느리다. 따라서 노정 가스량도 적다. 그러나 취련이 진행함에 따라서 [Si]이나 [Mn]이 감소하면서 점점 탈탄 속도가 시간과 함께 증대하며, 탈탄 속도는 다음 식으로 나타낸다.

$$-\frac{d[\%C]}{dt} = k_1 t \tag{8.58}$$

여기서 속도상수 k_1 값은 Si, Mn 농도와 온도에 의존한다.

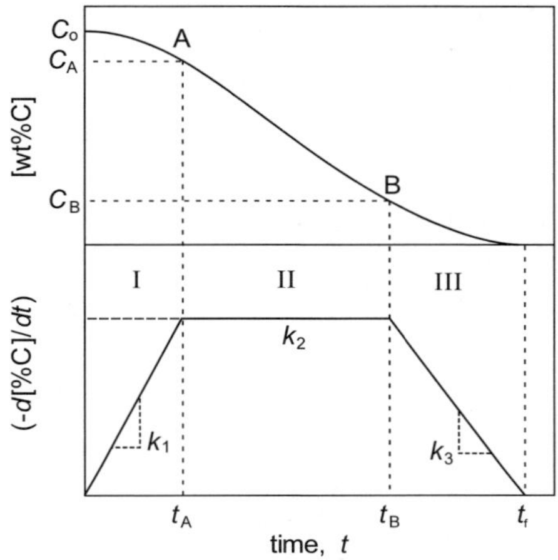

그림 8.19. 용강의 [wt%C]과 탈탄 속도 변화

제2기: 취련의 중기로서, 탈탄 최성기 또는 C 취련이라고도 불리며, 공급된 O_2의 대부분이 [C]과 반응하여 CO 가스가 된다. 이 시기의 탈탄 속도는 O_2 공급속도에 의해 결정되므로 O_2 유량이 탈탄 속도를 좌우하며, 탈탄 속도는 다음 식으로 나타낸다.

$$-\frac{d[\%C]}{dt} = k_2 F_{O_2} \tag{8.59}$$

이때 k_2 값은 산소공급량에 의존하며, F_{O_2}는 송산량이다.

제3기: [C] 농도가 0.3~0.7 wt% 정도가 되면 탈탄 속도는 저하하기 시작하여 제3기로 옮겨 가고, 탈탄 속도는 [C] 농도에 의존하게 된다. 이때의 [C] 농도를 임계 탄소량이라 한다. 임계 탄소량 이하의 범위에서 탈탄 속도는 용강 중 탄소 이동 율속이며, 탈탄 속도는 다음 식으로 나타낸다.

$$-\frac{d[\%C]}{dt} = k_3[\%C] \tag{8.60}$$

여기서 k_3는 온도, 송산량 및 랜스 높이 등에 의해 변화한다.

[예제 8.19] 1,600 ℃에서 용강 중 탄소가 CO로 휘발·제거되는 속도가 1.67×10^{-4} (wt%C/s)일 때 용해되어 있는 수소의 최대 제거 속도를 구하라. 단, 전체 압력은 1 atm이고, 용강은 1,600 ℃에서 10 ppm의 수소를 함유하고 있으며, C와 H의 상호작용은 무시한다.[43]

$$\frac{1}{2}H_2(g) = [H]\,(ppm),\ \Delta G^\circ = 31{,}970 - 44.43T\ J \tag{1}$$

[풀이] 제거되는 C와 H 양은 평형상태에서 CO와 H_2의 증기압에 비례하는 것으로 생각한다. 일정 시간에서 제거되는 C와 H의 몰 수를 n_C, n_H, 각각의 제거 속도를 R_C, R_H (wt%/sec)라 하면 다음 관계가 성립한다.

$$n_C : n_H = \frac{R_C}{12} : R_H = p_{CO} : 2p_{H_2} \tag{2}$$

다음은 1,600 ℃에서 식(1)의 $\Delta G^\circ_{(1)} = -51{,}247$ J이므로 p_{H_2}는 다음과 같다.

$$K_{(1)} = \frac{[H]}{p_{H_2}^{1/2}} = \exp\left(-\frac{\Delta G^\circ_{(1)}}{RT}\right) = 26.87 \tag{3}$$

$$\therefore\ p_{H_2} = \left(\frac{[H]}{K_{(1)}}\right)^2 = \left(\frac{10}{26.87}\right)^2 = 0.1385\ \text{atm}$$

기상은 CO와 H_2만 있으며, 전체 압력이 1 atm이므로 p_{CO}는 다음과 같다.

$$p_{CO} = 1 - p_{H_2} = 1 - 0.1385 = 0.8615\ \text{atm} \tag{4}$$

따라서 식(2)로부터 수소 제거 속도는 다음과 같다.

$$R_H = \frac{2}{12}\cdot R_C \cdot \frac{p_{H_2}}{p_{CO}} \tag{5}$$

$$= \frac{2}{12}\cdot 1.67\times10^{-4}\cdot\frac{0.1385}{0.8615} = 4.47\times10^{-6}\ \text{wt\%/s}$$

실제의 탈수소 속도는 이것보다 훨씬 느리므로 RH 등의 진공 처리에 의해 수소를 제거한다.

(3) 전로 조업 예

용광로(고로)에서는 코크스를 환원제로 사용하여 산화철을 환원하므로, 용선 중에는 약 4.5 wt%의 C과 광석 중 P, Si, Mn, S 등이 환원되어 들어간다. 따라서 이 상태로는 철강 재료로 사용할 수 없으므로 전로(BOF)에서 산화정련을 한다. 전로의 주원료는 용선이지만 산화 반응열에 의한 용강의 과열을 방지하기 위해 약 10~20 %의 철스크랩도 원료로 사용하고 있다. 그림 8.20에는 상·저취 복합취련 전로 조업에서 물질수지의 예를 나타내었다.

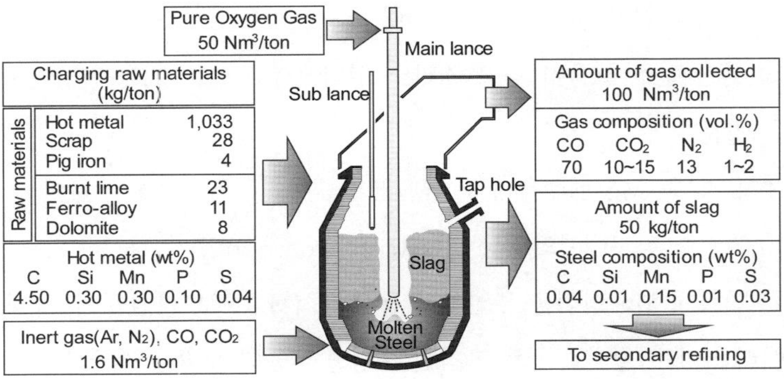

그림 8.20. 상·저취 복합 취련 전로 조업의 물질수지 예

한편 냉각재로 투입된 철스크랩 중의 불순물도 산화정련으로 제거되지만, 철보다 산소와의 친화력이 낮은 Cu, Sn, Ni 등은 제거할 수 없다.

산화정련에 의한 불순물 제거는 C과 같이 가스상으로 제거되는 것과, Si, Mn, P, S 등 슬래그상으로 제거되는 반응으로 구분할 수 있다. 특히 슬래그상으로 제거되는 것은 조재제로 첨가하는 CaO와 반응하여 슬래그를 생성한다. 이때 생성되는 슬래그 양은 용강 톤당 약 50 kg 이하이다. 그리고 탈탄 반응에 기여하고 남은 산소는 용강 중에 남는다. 이 산소는 최종적으로 Si, Al 등의 탈산제를 투입하여 SiO_2, Al_2O_3 등의 산화물로 만들어 제거하거나, 다음 공정인 진공 탈가스 처리에서 일산화탄소로 제거된다. 목표값까지 탈탄, 탈산하고 합금원소를 첨가한 용강은 필요에 따라 2차 정련(secondary refining) 공정을 거친다.

(4) 전로 정련의 제로 슬래그 조업

예비처리에서 탈규, 탈린한 용선을 전로에서 정련하면 다음과 같은 특징이 있다.[44]

① 슬래그 양이 현저하게 감소한다.

② 탈탄 산소 효율이 높고 저탄소 영역에서도 산소 효율이 낮아지지 않는다.

③ 용강 중 Mn 실수율이 증가한다.

④ 고탄소 농도에서의 취련 종료(catch carbon법)가 가능하다.

⑤ 전로에 Mn 광석을 투입하여 용강 중 [Mn]으로 환원할 수 있다.

이러한 제로 슬래그 전로 제강법은 정련 기능의 분할을 적극적으로 활용한 것이며, 예비처리 용선을 이용한 전로 정련으로 탈탄 정련을 하는 전로에서는 플럭스를 거의 사용하지 않는 기술이다. 이러한 기술의 도입에 의해 탈규-탈탄에서의 슬래그 발생량이 약 100 kg/t-steel에서 약 40 kg/t-steel까지 감소한 것으로 보고되어 있다.[24]

[예제 8.20] 4.5 wt%C을 함유하는 용선 100톤을 LD전로에서 취련하여 1,000 ppm의 산소와 0.04 wt%C을 함유하는 용강을 제조할 때 필요한 산소량(Nm^3)을 구하라. 단, 용선은 C 이외의 원소는 함유하지 않는 것으로 가정하며,* 배출되는 가스는 70 %CO와 30 $\%CO_2$를 함유하며 이상기체로 가정한다.(C: 12.0 g/mol, O: 16 g/mol, 25 ℃ 표준상태에서 이상기체의 부피는 22.4 L/mol로 가정)

[풀이] 초기 C 함유량이 4.5톤이며, 최종 C 양이 0.04톤이므로 제거하여야 할 C은

$$W_C = 4.5 - 0.04 = 4.46 \text{ t} \tag{1}$$

용강 중 산소량은 0.1톤이므로

$$\frac{100{,}000 \text{ g}-\text{O}}{32 \text{ g/mol}} = 3{,}125 \text{ mol}, \quad V_{O_2} = \frac{3{,}125 \times 22.4}{1{,}000} = 70 \text{ Nm}^3 \tag{2}$$

용철 C 중 70 %는 CO, 30 %는 CO_2로 제거되며 반응식은 다음과 같다.

$$C + 1/2O_2 = CO, \quad C + O_2 = CO_2$$

CO로 제거되는 C 양은 $4.46 \times 0.7 = 3.122$ t이므로

$$\frac{3.122 \text{ t}}{12 \text{ g/mol}} = 260{,}167 \text{ mol}-\text{C}, \quad \frac{260{,}167}{2} = 130{,}083 \text{ mol}-\text{O}_2$$

$$\therefore V_{O_2} = \frac{130{,}083 \times 22.4 \text{ L}}{1{,}000} = 2{,}914 \text{ Nm}^3-\text{O}_2 \tag{3}$$

CO_2로 제거되는 C 양: $4.46 \times 0.3 = 1.338$ t

$$\frac{1.338 \text{ t}}{12 \text{ g}} = 111{,}500 \text{ mol}-\text{C} = 111{,}500 \text{ mol}-\text{O}_2$$

$$\therefore V_{O_2} = \frac{111{,}500 \times 22.4 \text{ L}}{1{,}000} = 2{,}498 \text{ Nm}^3-\text{O}_2 \tag{4}$$

$$\therefore V_{O_2,\,tot} = 70 + 2{,}914 + 2{,}498 = 5{,}482 \text{ Nm}^3 \tag{5}$$

---

* 실제로는 C, Si, Mn, P, S를 함유하며, 철강 5대원소라 부른다.

8.5 전기로 제강법

8.5.1 전기로 제강의 개요

전기로 제강법은 철스크랩이나 직접 환원철(DRI, direct reduced iron)과 같은 냉철원을 원료로 사용하고, 전기에너지를 이용하여 용해·정련하는 방법이다. 현재는 순산소 전로(BOF) 다음으로 중요한 제강법이며, 특히 철스크랩을 주원료로 사용하므로 리사이클링 관점에서 가장 대표적인 공정이다. 전기로는 가열방식에 따라 아크로와 유도로로 구분하지만 철강 제조 공정에서는 주로 노 용량이 크고 생산성이 높은 전기 아크로(Electric Arc Furnace, EAF)를 사용하고 있다. 그림 8.21에는 철스크랩을 주원료로 사용하는 교류식 전기로의 모식도를 나타내었다.[45]

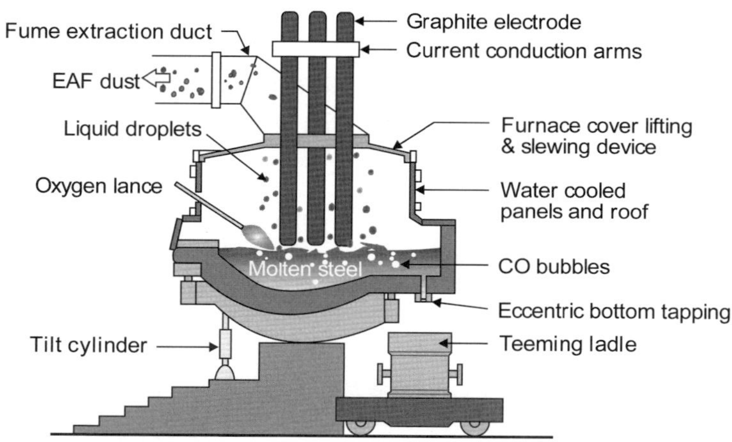

그림 8.21. 편심 노저 출강식 전기로의 모식도

그림 8.22에는 철스크랩을 원료로 사용하여 철근이나 소형 H형강 등 건설·구조용 빌릿을 생산하는 전기로 조업의 예를 모식적으로 나타내었다. 스테인리스강이나 합금강 등의 특수강, 고급선재나 봉강을 생산할 때는 필요에 따라 LF, VOD, AOD, RH(Ruhrstahl-Hausen) 등의 2차정련을 하기도 한다.

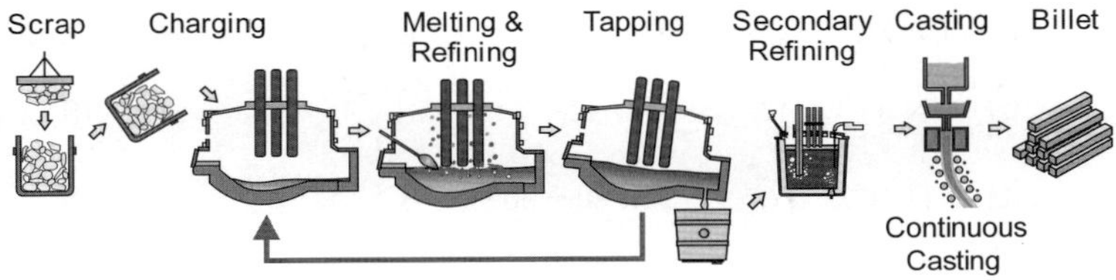

그림 8.22. 빌릿을 제조하는 전기로의 조업 예

전기로 조업은 용해기(원료 장입+용해), 산화기, 환원기로 구분한다. 그러나 현재는 노외 정련(2차 정련) 보급에 의해 환원기를 단축하거나, 완전히 생략하는 경우가 많다. 용해기에는 장입된 고체 상태의 철스크랩이 용융되기 시작하며, 이때부터 휘발성 물질(아연 등)이 제거되기 시작한다. 산화기에는 산소 취입 정련에 의해 다음 식의 반응으로 불순물을 제거하고, 목표 탄소량으로 조정한다.

$$[C]+[O]=CO(g), \quad \Delta G^\circ=-22,200-38.34T \text{ J} \tag{8.61}$$

$$[Si]+2[O]=(SiO_2), \quad \Delta G^\circ=-576,440+218.2T \text{ J} \tag{8.62}$$

$$[Mn]+[O]=(MnO), \quad \Delta G^\circ=-241,000+105.93T \text{ J} \tag{8.63}$$

$$2[P]+3(CaO)+5[O]=(3CaO \cdot P_2O_5) \tag{8.64}$$

또 탈탄 비등에 의한 용강 중 수소나 질소의 탈가스 등이 일어나며,

고염기도, 고산화성 슬래그에 의해 탈린이 촉진된다. 특히 전기로 조업에서 탈탄에 의해 발생하는 CO 가스의 방출과정에서 용철의 비산, Zn와 같이 비등점이 낮은 성분의 휘발이 활발하게 일어난다.

환원기에서는 탈산, 탈황, 합금성분의 조정 및 출강 온도 조정 등이 이루어지며, 탈황 반응은 식(8.65)와 같다. 현재는 노외 정련(2차 정련)에서 탈산이나 탈가스 등을 하는 경우가 많다.

$$[S] + (CaO) = (CaS) + [O] \tag{8.65}$$

$$2[N] = N_2(g),\ \Delta G^\circ = -19{,}382 - 40.34T\ \text{J} \tag{8.66}$$

$$2[H] = H_2(g),\ \Delta G^\circ = -72{,}920 - 60.92T\ \text{J} \tag{8.67}$$

[예제 8.21] 철스크랩 1 kg을 25 ℃에서 1,600 ℃까지 올리는 데 필요한 열량을 구하라. 단, 철은 고체 상태에서 760 ℃, 910 ℃, 1,400 ℃에서 변태가 일어나며, 이때의 생성열은 각각 1,364, 900, 690 J/mol이다. 그리고 융점은 1,537 ℃, 용융열은 15,355 J/mol, 원자량은 55.85 g/mol이며 온도 범위에 따른 열용량은 표와 같다.

Temp. range (℃)	$C_{P,Fe}$ [$J \cdot K^{-1} \cdot mol^{-1}$]
25~760	$12.55 + 31.71 \times 10^{-3}T + 2.51 \times 10^{5}T^{-2}$
760~910	46.57
910~1,400	$24.27 + 8.37 \times 10^{-3}T$
1,400~1,537	$28.20 + 6.86 \times 10^{-3}T$
1,537~2,700	$40.88 + 1.67 \times 10^{-3}T$

[풀이] Fe은 25 ℃~1,600 ℃ 사이에는 네 번의 상변태가 있다. 따라서 승온에 필요한 열량은 다음과 같이 구한다.

$$Q_{1873} = \Delta H^{\circ}_{298} + \int_{298}^{1033} C_{P,1} dT + \Delta H^{tr}_{1033} + \int_{1033}^{1183} C_{P,2} dT + \Delta H^{tr}_{1183} \quad (1)$$

$$+ \int_{1183}^{1673} C_{P,3} dT + \Delta H^{tr}_{1673} + \int_{1673}^{1810} C_{P,4} dT + \Delta H^{tr}_{1810} + \int_{1810}^{1873} \Delta C_{P,5} dT$$

$$\int_{298}^{1033} C_{P,1} dT = \int_{298}^{1033} (12.55 + 31.71 \times 10^{-3} T + 2.51 \times 10^{5} T^{-2}) dT$$

$$= 25,334.259$$

$$\int_{1033}^{1183} C_{P,2} dT = 6,985.5, \qquad \int_{1183}^{1673} C_{P,3} dT = 17,748.956,$$

$$\int_{1673}^{1810} C_{P,4} dT = 5,500.1, \qquad \int_{1810}^{1873} C_{P,5} dT = 2,769.184$$

각 온도 구간에서 구한 열량과 변태열을 식(1)에 대입하면

$$Q_{1873} = 76,647 \ \ \mathrm{J/mol}$$

문제에서 스크랩 1 kg당의 열량이므로

$$Q' = \frac{Q_{1873}}{M_{\mathrm{Fe}}} \times \frac{1000}{1000} = \frac{76,647}{55.85} \left[\frac{\mathrm{J}}{\mathrm{mol}} \cdot \frac{\mathrm{mol}}{\mathrm{g}} \right] \times \frac{1000}{1000} \left[\frac{\mathrm{g}}{\mathrm{kg}} \cdot \frac{\mathrm{kJ}}{\mathrm{J}} \right]$$

$$= 1,372.4 \ \ \mathrm{kJ/kg}$$

8.5.2 에너지 절약형 전기로

그림 8.23에는 철스크랩 용융과정에서의 열손실 등을 포함한 일반 전기로와 수직형 샤프트로(Finger shaft로)의 에너지 수지를 비교하여 나타내었다. 그림과 같이 전기로 조업은 다량의 전기 에너지를 소비하므로 열효율을 높이기 위한 새로운 형태의 전기로들이 개발되어 조업 중에 있다. 특히 철스크랩을 투입하기 전에 예열하면 용해에 필요한 전기에너지를 절약할 수 있으므로 최근의 전기로는 스크랩을 수직형 샤프트나 수평

형 장입 설비에서 예열할 수 있도록 개발되어 있다. 스크랩을 예열하면 약 100 kWh/t의 전력을 절약할 수 있으며, 예열은 다음 식과 같이 전기로 내에서 발생한 CO 가스의 2차 연소열을 이용하기도 한다.

$$2CO(g) + O_2(g) = CO_2(g),\ \Delta G^\circ = -565{,}160 + 172.03\,T\ \text{J}$$

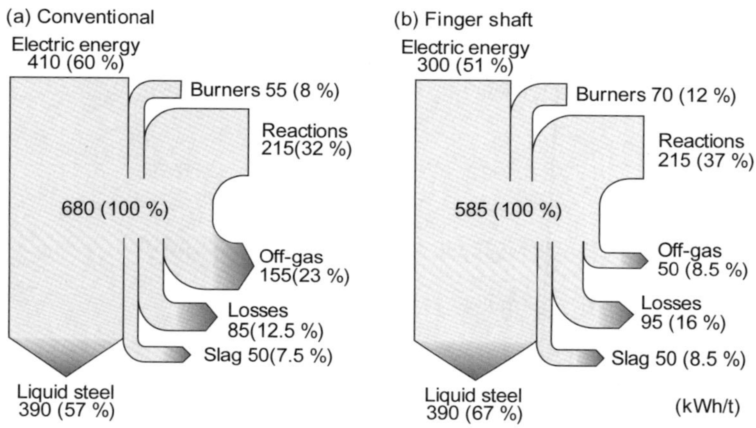

그림 8.23. 기존 전기로와 Finger shaft로의 에너지 수지 비교

그림 8.24에는 에너지 절약형 전기로인 Finger shaft로와 Consteel 법을 나타내었다. Finger shaft로는 전 세계에 20기 이상이 가동 중이다. 이러한 수직형의 경우 우수한 생산성과 전기에너지 절약 및 실수율 향상 등에 효과가 있고, 특히 샤프트에 장입되어 있는 스크랩이 더스트를 포집하여 더스트 발생량이 적은 장점이 있다.

수평형의 연속 스크랩 예열식 전기로인 Consteel법(Techint)은 일관 제철소 전체의 생산능력 유연성을 확보하기 위해 종래의 설비를 유효하게 활용하면서 일관 제철소의 일부 또는 전체를 개조하여 시간당 300톤

이상의 생산성을 가지는 고품질의 미니밀로 가동되고 있다. 특히 Consteel법은 70 %의 철스크랩과 약 30 %의 용선을 사용할 수 있어서 제강 코스트가 BF-BOF보다 낮은 것으로 알려져 있다. 현재 제강 능력은 60~300 ton/h 정도이며, 전 세계에 약 30기 이상 가동 중이다. 특히 미국과 중국에 많이 설치되어 있으며,[46] 우리나라에서도 2009년에 160 ton 용량의 Consteel 2기가 가동되기 시작하였다.

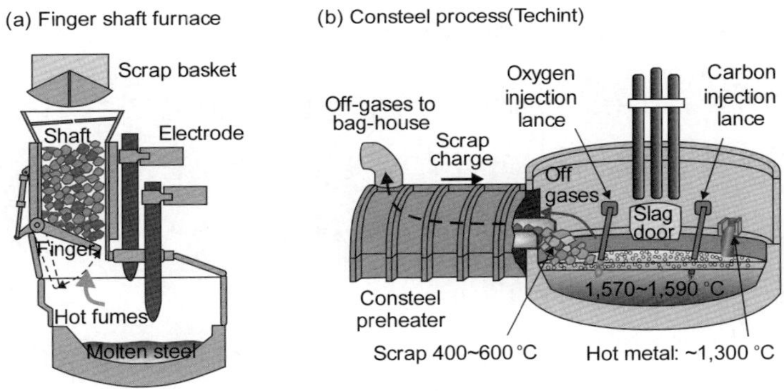

그림 8.24. 에너지 절약형 전기로의 예

8.6 용강의 2차 정련

8.6.1 용강의 탈산

제강 공정은 용선 중 탄소를 산화 제거하여 목표로 하는 탄소 농도의 강으로 취련하는 과정이다. 용강 중 [C]와 [O] 사이에는 그림 8.15와 같이 $[\text{wt\%C}] \cdot [\text{wt\%O}] = m$(일정)의 관계가 있으며, [wt%C]가 감소하면

[wt%O]가 상승한다. 따라서 탈탄이 완료된 후 일정 농도의 산소가 용강 중에 잔류한다. 산소를 제거하지 않고 응고시키면 기포 발생, 산화물계의 개재물 생성 등에 의해 강재의 성질을 현저하게 해치므로 용강 중 산소를 제거해야 하며, 이 과정을 탈산(deoxidation)이라 한다. 탈산법에는 다음과 같이 확산탈산과 화학탈산(강제탈산)의 두 가지 방법이 있다.

(1) 확산탈산

산소에 관한 슬래그-메탈 사이의 반응은 다음과 같다.[47]

$$(Fe_tO) = [O] + Fe(l),\ \log K = \log\left(\frac{a_O \cdot a_{Fe}}{a_{Fe_tO}}\right) = -\frac{6,150}{T} + 2.604 \quad (8.68)$$

여기서 a_O의 농도는 wt%를 사용하고 헨리의 법칙을 기준으로 한다. a_{Fe_tO}는 몰 분율을 사용하고, 슬래그와 평형하는 용융 순철의 활동도가 1이므로 1,873 K에서는 다음 식과 같이 된다.

$$[a_O] = K \cdot (a_{Fe_tO}) = 0.21(a_{Fe_tO}) \quad (8.69)$$

따라서 슬래그 중 a_{Fe_tO}를 낮추면 금속 중 $[a_O]$를 낮출 수 있다. 이것을 확산 탈산이라 하며, 전기로 제강법의 환원기 등에서 적용하고 있다.

(2) 화학탈산(강제탈산)

용강 중에 산소에 대한 친화력이 Fe보다 높은 원소를 첨가하고 용강 중 탈산 생성물의 용해도가 없을 때, 다음 식과 같이 용강 중 산소가 제거되는 것을 화학탈산(chemical deoxidation)이라 한다.

$$x[M] + y[O] = (M_xO_y), \quad K = \frac{a_{M_xO_y}}{a_M^x \cdot a_O^y} \quad (8.70)$$

여기서 $a_{M_xO_y}$는 몰 분율 표시로 라울의 활동도 기준을 잡는다. a_M, a_O는 wt% 표시로 헨리의 기준을 따르며, 다음과 같다.

$$a_O = [wt\%O] \cdot f_O, \quad f_O = f_O^O \cdot f_O^M \tag{8.71}$$

$$a_M = [wt\%M] \cdot f_M, \quad f_M = f_M^M \cdot f_M^O \tag{8.72}$$

여기서 순수 산화물($a_{M_xO_y} = 1$)이 석출되고, 용강 중 [M]과 [O]의 농도가 낮은 범위($a_O \fallingdotseq [wt\%O]$, $a_M \fallingdotseq [wt\%M]$)에서는 다음과 같이 나타낼 수 있다.

$$[\%M]^x \cdot [\%O]^y = K'(\text{일정}) \tag{8.73}$$

여기서 K'을 탈산곱(deoxidation product)이라 한다. 따라서 [M]과 [O]는 쌍곡선적 관계로 변화한다. 주요한 탈산제의 대소 관계를 그림 8.25에 나타내었다.[48] 탈산제로는 Al, FeSi, FeMn 등을 사용하지만, 실제 조업에서는 SiMnFe, CaSi, SiAlMn, SiMnAlFe, CaSiMn, SiTiFe 등 복합 탈산제를 사용하는 경우가 많다.

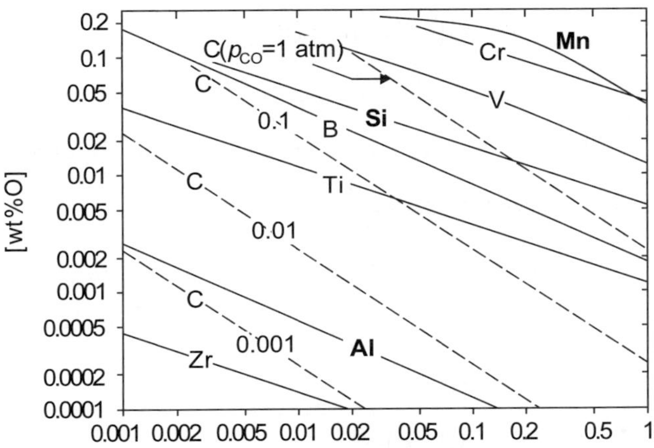

그림 8.25. 탈산제에 따른 용철의 탈산평형(1,873 K)

[예제 8.22] 0.0105 wt%Al을 함유하는 1,727 ℃의 용융 Fe이 알루미나

도가니와 아래 식과 같이 평형하고 있을 때 용철 중 잔류 산소 농도를 구하라.[49]

$$Al_2O_3 = 2[Al]_{Fe,wt\%} + 3[O]_{Fe,wt\%};\ K_{(1),2000} = 3.162 \times 10^{-12} \quad (1)$$

단, Fe-O 2성분계 합금 중 O의 활동도계수와 Fe-Al 2성분계 합금 중 Al의 활동도계수는 1이다. 그리고 $e_O^{Al} = -3.15$이며, Al과 O의 원자량은 각각 27과 16 g/mol이다.

[풀이] 이 문제는 제강 공정에서 Al으로 탈산한 경우 잔류 Al 농도에 따른 용강 중 산소 농도를 구하는 것으로, 식(1)의 평형상수는 다음과 같다.

$$K_{(1)} = \frac{a_{Al}^2 \cdot a_O^3}{a_{Al_2O_3}} = \frac{[wt\%Al]^2 f_{Al}^2 \cdot [wt\%O]^3 f_O^3}{a_{Al_2O_3}} = 3.162 \times 10^{-12} \quad (2)$$

활동도계수 f_{Al}과 f_O는 다음과 같다.

$$\log f_{Al,1\%} = [wt\%Al] \cdot e_{Al}^{Al} + [wt\%O] \cdot e_{Al}^{O} \quad (3)$$

$$\log f_{O,1\%} = [wt\%O] \cdot e_O^{O} + [wt\%Al] \cdot e_O^{Al} \quad (4)$$

식(2)의 양변에 대수를 취하고 식(3), (4)를 대입하여 정리하면

$$\begin{aligned} \log K_{(1)} &= 2\log[\%Al] + 3\log[\%O] + 2\log f_{Al} + 3\log f_O \quad (5) \\ &= 2\log[\%Al] + 3\log[\%O] + 2[\%Al]e_{Al}^{Al} + 2[\%O]e_{Al}^{O} \\ &\quad + 3[\%O]e_O^{O} + 3[\%Al]e_O^{Al} \\ &= 2\log[\%Al] + 3\log[\%O] + [\%Al](2e_{Al}^{Al} + 3e_O^{Al}) \\ &\quad + [\%O](2e_{Al}^{O} + 3e_O^{O}) \end{aligned}$$

한편, 탈산제 M을 이용하여 용강을 탈산했을 때 금속 M의 농도에 따른 용강 중 산소 농도를 나타내는 일반식은 다음과 같으며, 대수 방정식을 풀어야 한다.

$$\log K = x \cdot \log[\%M] + y \cdot \log[\%O]$$

$$+[\%M] \cdot (x \cdot e_M^M + y \cdot e_O^M) + [\%O] \cdot (x \cdot e_M^O + y \cdot e_O^O)$$

그러나 용강 중 산소 농도가 낮을 때는 위 식 우변의 마지막 항은 무시할 수 있다. 따라서 식(5)는 다음과 같이 나타낼 수 있다.

$$\log K_{(1)} = 2\log[\%Al] + 3\log[\%O] + [\%Al](2e_{Al}^{Al} + 3e_O^{Al}) \quad (6)$$

Fe-O 2성분계 합금 중 산소와 Fe-Al 2성분계 합금 중 알루미늄의 활동도계수가 1이므로 $e_O^O = e_{Al}^{Al} = 0$이며, e_{Al}^O는 다음과 같다.

$$e_O^{Al} = \frac{M_O}{M_{Al}} e_{Al}^O = -3.15, \quad \therefore e_{Al}^O = -3.15 \times \frac{27}{16} = -5.32 \quad (7)$$

각각의 상호작용계수를 식(3)과 식(4)에 대입하면

$$\log f_{Al,1\%} = -5.32[wt\%O] \quad (8)$$

$$\log f_{O,1\%} = 0.0105 \times (-3.15) = -0.0331 \quad \therefore f_{O,1\%} = 0.9266 \quad (9)$$

식(6)에 각각의 값을 대입하면 잔류 산소 농도는 다음과 같다.

$$3\log[\%O] = -11.50 + 3.648 - 0.992 = -8.844$$

$$\therefore [\%O] = 0.0011 \ wt\%$$

[예제 8.23] 산소 농도가 0.04 wt%O인 1,520 ℃의 저탄소강 용탕에 2 kg/t의 Si을 용해시켜 탈산하였다. SiO_2의 활동도를 1로 두고 생성 SiO_2 양을 구하라.[50]

$$SiO_2(s) = \underline{Si}(\%) + 2\underline{O}(\%): \ \Delta G_{(1)}^\circ = 592{,}915 - 229.401T \text{ J} \quad (1)$$

[풀이] 위 반응식의 평형상수는 다음과 같다.

$$K_{(1)} = \frac{[\%Si] \cdot [\%O]^2}{a_{SiO_2}} = \exp\left(-\frac{\Delta G_{(1)}^\circ}{RT}\right) \quad (2)$$

여기서 $a_{SiO_2}=1$, $T=1{,}793$ K를 대입하면 다음과 같다.

$$K_{(1)}=[\%Si]\cdot[\%O]^2=5.12\times10^{-6} \qquad (3)$$

용강 1 ton당 SiO_2가 x kg 생성하는 것으로 두고, Si과 O의 원자량이 각각 28, 16이므로 1,793 K에서

잔류 $\underline{Si}=(2-28/60\cdot x)$ (kg)

잔류 $\underline{O}=(0.4-32/60\cdot x)$ (kg)

여기서 잔류 Si, O는 양의 값이어야 하므로 $x\le 0.75$이다. 따라서 식(3)으로부터

$$\left(\frac{(2-28/60\cdot x)\times100}{10{,}00}\right)\left(\frac{(0.4-32/60\cdot x)\times100}{1{,}000}\right)^2=5.12\times10^{-6}$$

이 식을 풀면 x는 0.65, 0.86, 4.28의 3가지 실수의 해가 얻어지지만 $x\le 0.75$이므로 $x=0.65$로 된다. 따라서 생성하는 SiO_2 양은 다음과 같다.

$x=0.65$ kg/t

8.6.2 용강의 2차 정련

용강의 2차 정련 기술은 고급강을 제조하기 위해 전로에서 출강한 용강을 주조하기 전 수소 등의 가스 성분을 제거할 목적으로 도입되었다. 현재는 전로의 기능이 주로 탈탄 반응에만 국한됨에 따라 2차 정련은 고순도강 제조를 위한 표준공정이 되었다. 2차 정련 중에서도 가장 중요한 기능은 탈황, 탈가스(탈질소, 탈수소 등), 개재물 제거 및 극저 탄소강 생산 시의 최종 탈탄 등이다. 따라서 2차 정련 설비에는 온도 조절 기능, 최종 정련 기능 및 성분 조정 기능 등이 부가되었다. 대표적인 2차 정련 설비로는 RH(Ruhrstahl-Hausen), DH(Dortmund Hoerder), VTD(Vacuum

Tank Degassing) 등의 진공 탈가스 장치와 LF(Ladle Furnace) 등이 있으며, 그림 8.26에 이러한 2차 정련 설비를 나타내었다.

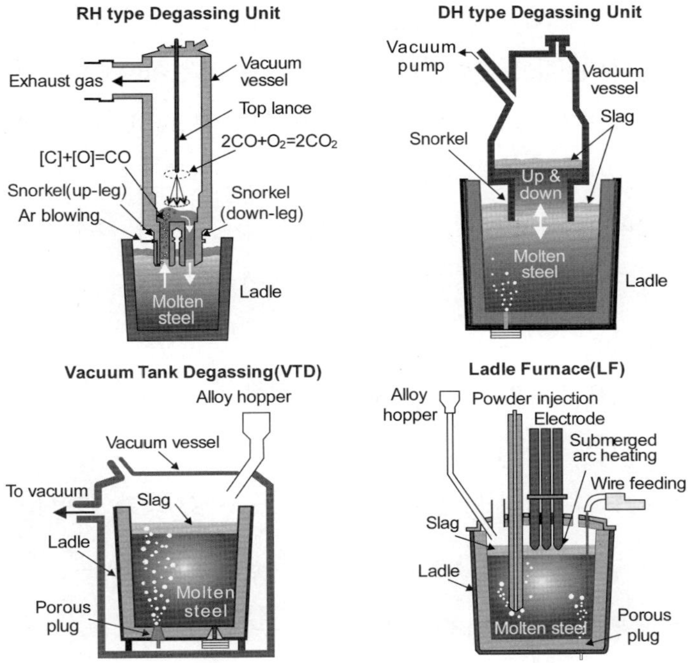

그림 8.26. 주요한 2차 정련 설비의 모식도

RH는 레이들 내의 용강 중에 침지한 2개의 관(snorkel) 중 한쪽(흡상관)에 Ar 가스를 취입하고, air lift pump 작용으로 관 내의 용강을 진공조로 상승시킨다. 용강은 조 내에서 진공에 노출된 후, 다른 한 개의 관(배출관)을 통해 레이들로 돌아온다. 이러한 과정에서 용강 중의 질소와 수소가 제거된다. RH는 용강의 환류 속도가 커서 대량의 용강을 신

속하게 처리하는 데 적합하다. 또 그림에서와 같이 진공조 내에 순산소 가스를 분사하여 탈탄이나 승온을 하거나, 플럭스를 첨가하여 탈황, 탈산을 가속하는 등의 정련 기능도 확대되었다.

한편 LF는 강력한 가열 기능을 가지고 있어 다량의 합금 첨가와 정밀한 온도 조절이 가능하고, 환원성 플럭스를 사용하여 고온 처리에 의한 탈황 및 탈산 생성물 제거 효과가 뛰어나므로 합금강의 2차 정련에 많이 사용된다.

[예제 8.24] 1기압의 수소분압 분위기에서 액체 철 중의 수소 용해도는 다음과 같이 주어져 있다. 단, 용해도 S_{H_2}는 [wt%]이다.

$$\log S_{H_2} = -\frac{1,670}{T} - 1.68$$

1,600 ℃에서 수소분압을 1 μmHg까지 감압했을 때 수소 용해도를 구하라.

[풀이] 주어진 식으로부터 1,600 ℃에서의 수소 용해도를 구한다.

$$\log S_{H_2} = -\frac{1,670}{1,873} - 1.68 = -2.572 \quad \therefore S_{H_2} = 2.68 \times 10^{-3} \text{ wt\%}$$

이 값으로부터 시버트 법칙의 상수 K'을 구한다.

$$K' = \frac{S_{H_2}}{\sqrt{p_{H_2}}} = \frac{2.68 \times 10^{-3}}{\sqrt{760}} = 9.73 \times 10^{-5}$$

수소의 분압이 1 μmHg인 경우의 수소 용해도는

$$S_{H_2} = 9.73 \times 10^{-5} \times \sqrt{1 \times 10^{-3}} = 3.076 \times 10^{-6} \text{ wt\%}$$

따라서 1 ppm(10^{-4} wt%) 이하까지 낮출 수 있다.

8.7 스테인리스강의 정련

스테인리스강(STS)은 Fe-Cr-Ni-C계 용융 조합금(crude alloy)을 원료로 사용하며, 이러한 원료는 전로나 전기로에서 용해한다. 전로를 사용하는 경우, 용선을 예비처리(탈Si, S, P)한 후에 전로로 가져가고, Cr원으로는 Cr광석이나 고탄소 페로크롬, Ni원으로는 Ni광석과 Ni합금을 투입하여 1차 정련 후에 레이들 정련을 한다. 특히 STS는 전기로에서 스크랩을 용해하고, 성분 조정을 거쳐서 제조하는 경우가 많다. 전기로를 사용할 때는 스테인리스강 스크랩, 고품질의 탄소강 스크랩을 주원료로 사용하고, Cr원으로는 Cr광석, Cr합금, Ni원으로는 Ni광석, Ni합금, 고Ni 스크랩 등을 배합하여 용해하며, 1차 정련 후에 레이들 정련을 한다.

스테인리스강은 기본 성분으로 다량의 크롬을 함유하므로, 가능한 한 Cr의 산화손실이 적은 조건에서 저탄소까지 충분히 탈탄하여 정련한다. Fe-[Cr]-[C]-[O]계의 평형 관계는 [%Cr]=3~30의 범위에서는 다음과 같이 계산할 수 있다.[51]

$$Cr_2O_3(s) = 2[Cr] + 3[O], \qquad (8.74)$$

$$\log K = \log\left(\frac{a_{Cr}^2 \cdot a_O^3}{a_{Cr_2O_3}}\right) = -\frac{36,200}{T} + 16.1$$

$$[C] + [O] = CO(g), \qquad (8.75)$$

$$\log K = \log\left(\frac{p_{CO}}{a_C \cdot a_O}\right) = \frac{1,160}{T} + 2.003$$

상기한 두 식의 조합에 의해 용철 중 [Cr]과 [C]의 관계는 다음 식과 같다.

$$Cr_2O_3(s) + 3[C] = 2[Cr] + 3CO(g) \qquad (8.76)$$

$$\log K = \log\left(\frac{a_{Cr}^2 \cdot p_{CO}^3}{a_{Cr_2O_3} \cdot a_C^3}\right) = -\frac{32,720}{T} + 22.11, \qquad [\%Cr] > 7 \qquad (8.77)$$

위 식들에서 Cr_2O_3는 순수한 고체로 가정하여 $a_{Cr_2O_3} = 1$로 두며, 그림 8.27(a)에는 식(8.77)로부터 p_{CO}=0.1 atm의 조건에서 온도에 따른 a_{Cr}-a_C의 관계를, 그림 8.27(b)에는 1,700 ℃에서 p_{CO}에 따른 a_{Cr}-a_C의 관계를 나타내었다.

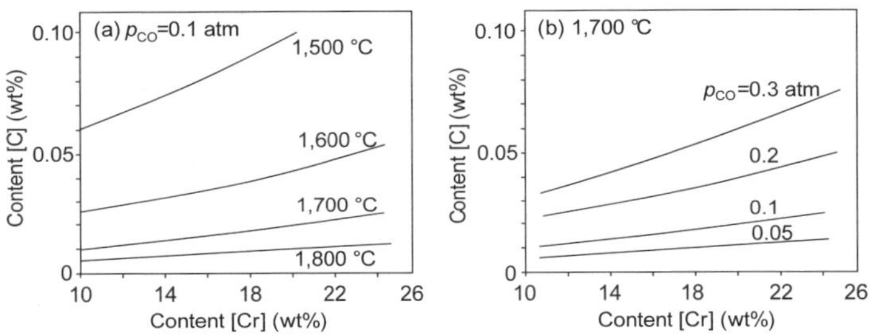

그림 8.27. 스테인리스강 취련에서 Cr-C의 관계

크롬은 강력한 산화물 형성 원소이기 때문에 통상의 정련 방법을 적용하기 곤란하다. 이 그림으로부터 Cr 손실을 적게 하면서 충분히 탈탄하기 위해서는 고온에서 용해하고, p_{CO}를 낮추는 것이 필요함을 알 수 있다. 따라서 Cr 공존하에 우선 탈탄을 위해서는 정련 분위기 중 p_{CO}를 낮추는 것이 유효하다.

주로 스테인리스강의 정련에 이용되는 2차 정련 설비에는 AOD(Argon Oxygen Decarburization)와 VOD(Vacuum Oxygen Decarburization)가 있으며, 그림 8.28에는 각각 AOD로와 VOD로의 원리도를 나타내었다. 이들은 노 내의 p_{CO}를 제어할 수 있는 레이들 정련법이다.

AOD법은 Ar 희석으로 p_{CO}를 낮추어 탈탄하는 스테인리스강 정련법이다. AOD법의 반응 용기는 전로형이며, O_2와 Ar 가스를 취입하는 풍구는 노 바닥 가까이의 측벽에 설치되어 있다. 풍구는 2중 구조로, 외관에는 풍구 냉각용 Ar 가스만 흘리고, 내관에는 O_2와 Ar의 혼합가스를 흘린다. VOD법은 감압으로 p_{CO}를 낮추어 탈탄하는 스테인리스강 정련법이다. VTD법 또는 LVD법(레이들 진공 탈가스법)과 유사하지만, 진공조 위 뚜껑에 승강 가능한 O_2 취정랜스를 설치하여 산화 탈탄이 가능하며, 레이들 바닥부의 다공성 플러그에서 Ar 가스를 취입하여 용강을 교반한다.

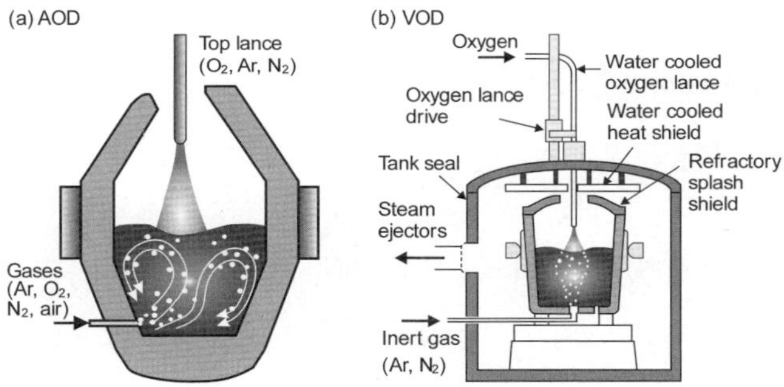

그림 8.28. 스테인리스강의 정련로
(a) AOD (b) VOD

VOD법과 비교하여 AOD법은 다음과 같은 특징이 있다.

① 다량의 가스 취입이 가능하여 고탄소 영역의 탈탄이 쉽고, 생산성이 높다.

② 열효율이 높고 다량의 냉각제(스크랩)를 사용할 수 있다.

③ VOD법보다 탈탄기의 Cr 산화가 많으며, 환원제 사용량이 많다.

④ 극저황강을 취련할 수 있다.

⑤ 출강 시 노벽에 부착한 스크랩이 용해되어 탄소량 상승 및 대기 중 N_2 흡수 등으로 극저탄소, 극저질소강 취련은 어렵다.

[예제 8.25] 18 %Cr, 8 %Ni, 1 %Mn, 1 %Si, 1 %Al을 함유하는 강을 1,600 ℃의 대기 중($p_{N_2}=0.79$ atm)에서 용해했을 때 평형 질소 농도를 구하라.[52]

$$\frac{1}{2}N_2(g) \rightarrow [N], \quad K_{(1)}=0.045 \text{ at } 1{,}600\ ℃ \tag{1}$$

$$e_N^N=0,\ e_N^{Cr}=-0.045,\ e_N^{Ni}=0.010,\ e_N^{Mn}=-0.020,$$

$$e_N^{Si}=0.047,\ e_N^{Al}=0.003$$

[풀이] 식(1)의 평형상수 $K_{(1)}$은

$$K_{(1)}=\frac{a_N}{p_{N_2}^{1/2}}=\frac{f_N[\%N]}{p_{N_2}^{1/2}}=0.045 \tag{2}$$

$$\log f_N = e_N^N[\%N]+e_N^{(Cr)}[\%Cr]+e_N^{(Ni)}[\%Ni]+e_N^{(Mn)}[\%Mn] \tag{3}$$

$$+e_N^{(Si)}[\%Si]+e_N^{(Al)}[\%Al]$$

$$=-0.045\times18+0.010\times8-0.02\times1+0.047\times1+0.003\times1$$

$$=-0.700$$

따라서 식(2)의 양변에 대수를 취하면

$$\log K_{(1)}=\log f_N+\log[\%N]-\frac{1}{2}\log p_{N_2}=\log(0.045) \tag{4}$$

식(2)와 (3)의 값과 $p_{N_2}=0.79$를 대입하면

$$\log[\%N]=\log(0.045)-\log f_N+\frac{1}{2}\log p_{N_2} \tag{5}$$

$$=\log(0.045)+0.700+\frac{1}{2}\log(0.79)=-0.698$$

$$\therefore\ [wt\%N]=0.200$$

8.8 연속 주조

8.8.1 응고의 물리화학

(1) 열전달과 응고

철강은 다성분계이므로 순금속과 달리 응고 구간을 가진다. 따라서 고-액 계면에서 액상과 고상 사이에 용질 성분의 분배가 일어난다. 또 응고잠열이 방출되어 고상에서 상변태가 일어난다. 용질 분배와 상변태는 용질 성분의 농도, 냉각 조건 등에 의존하고 그 정도에 따라 중간 제품이나 최종 제품의 품질을 좌우한다.

강의 응고 개시 온도와 응고 종료 온도에 관한 간편한 방법으로 다음 식이 주어져 있다.

$$T_A = T_E + m_1 C_1 + m_2 C_2 + m_3 C_3 + \cdots \tag{8.78}$$

여기서 T_A는 응고 개시 또는 종료 온도(K), T_E는 순철의 융점(K), m_i는 용질 i 원소의 온도 강하 계수(K/%), C_i는 용질 i의 초기농도(wt%)를 나타낸다. 응고 종료 온도는 용질의 농축도에 따라 다르지만 용질 분배식에서 용질 농축을 고려하여 보정할 수 있다.

또 강의 응고에서는 δ상에서 γ상과 액상을 형성하는 포정(peritectic) 변태를 수반하는 특징이 있다. 포정응고는 연속주조 초기의 표면결함 생성에 크게 관여한다. Fe-C계의 포정반응 영역은 C=0.08~053 wt%에서 1,499 ℃이지만, 포정온도는 Cr, Mo, V, Si이 첨가되면 낮아지고, Ni, Mn이 첨가되면 높아진다. 일반적으로 오스테나이트화가 쉬운 원소는 포정온도를 높인다.

응고는 기본적으로 열이 빠져나가는 것에 의한 고체의 생성이며, 열이

동의 기본은 다음의 퓨리에식을 따른다.

$$C \cdot \rho\left(\frac{\partial T}{\partial t}\right) = \frac{\partial}{\partial x}\left(k \cdot \frac{\partial T}{\partial x}\right) \tag{8.79}$$

C: 비열(J/(kg·K)), ρ: 밀도(kg/m^3), k: 열전도도(J/(m·s·K)),

T: 온도(K)

한편, 현상론적으로는 응고두께 D(m)는 다음 식으로 알려져 있다.

$$D = \varkappa\sqrt{t} - a \tag{8.80}$$

여기서 $\varkappa$: 응고속도상수(m/s$^{1/2}$), t: 응고시간(s), a: 상수(m)이다. 즉, 응고상 두께는 시간 t의 제곱근에 비례한다. 강에서 $\varkappa$의 값은 강괴의 크기, 주형의 종류, 주조온도 등에 의해 변화하지만 대략 $(2.5 \sim 4.0) \times 10^{-3}$ (m/s$^{1/2}$) 정도이다.

(2) 용질 원소의 분배와 편석

용질 원소를 함유하는 금속은 응고될 때 용질 원소의 종류, 냉각·응고 조건에 따라 서로 다른 용질 분배를 나타낸다. 평형상태를 유지하면서 응고될 때, 고체와 액체에서 용질 원소의 농도비를 평형분배계수라 하며 다음과 같다.

$$k_{\circ} = \frac{C_s}{C_l} \quad (0 \sim 1) \tag{8.81}$$

Fe-X 2성분계에서 X의 $k_{\circ}$를 표 8.5에 나타내었다.[53] 여기서 $(1 - k_{\circ})$를 편석계수(segregation coefficient)라 부르며, 이 값이 클수록 편석되기 쉬우므로 $k_{\circ}$가 클수록 편석이 적다. 따라서 이 표로부터 S, O, P, C, N, H 등은 편석되기 쉽고, Cr, Al, Mn 등은 편석이 적은 것을 알 수 있다.

표 8.5. Fe-X 2성분계의 평형 분배계수 $k_{\circ}$

Element		C	Si	Mn	P	S
$k_{\circ}$	$\delta-\mathrm{Fe}$	0.13~0.29	0.60~0.85	0.68~0.90	0.13~0.23	0.02~0.06
	$\gamma-\mathrm{Fe}$	0.31~0.40	0.52~0.61	0.70~0.85	0.06~0.13	0.02~0.05
Element		O	H	N	Al	Cr
$k_{\circ}$	$\delta-\mathrm{Fe}$	0.02	0.3	0.28	0.92	0.89~0.97
	$\gamma-\mathrm{Fe}$	0.02	0.4	0.5	-	0.85~0.87
Element		Cu	Mo	Nb	Ni	V
$k_{\circ}$	$\delta-\mathrm{Fe}$	0.56~0.90	0.70~0.86	0.28~0.33	0.75~0.84	0.78
	$\gamma-\mathrm{Fe}$	0.70~0.72	0.57~0.61	0.2	0.85~0.95	0.62

실제 응고 편석은 평형상태에서 벗어나 있고, 응고속도, 확산, 강욕의 유동 등에 의해서 분배계수가 변화한다. 따라서 액상에서 확산이 일어나는 액상 경계층을 벗어난 완전 혼합 영역에서 Burton에 의해서 도출된 다음의 유효 분배계수 k_e가 널리 이용되고 있다.

$$k_e = \frac{C_s}{C_l} = \frac{k_{\circ}}{k_{\circ} + (1-k_{\circ})\exp\left(-\frac{f\delta}{D}\right)} \tag{8.82}$$

여기서 f : 응고속도(m/s), D: 확산계수(m^2/s), δ: 경계층 두께(m)이다.

(3) 수지상정의 응고

그림 8.29에 나타낸 초기농도 $C_{\circ}$(%)의 용강이 응고되어 고-액 계면의 고상 농도 C_s^*(%), 액상 농도 C_l^*(%)인 경우에 대해 알아보자. 고-액 계면 근처의 액상에는 그림 8.29(b)에 나타낸 용질 원소 농축층이 존재한다. 용질 원소의 농축에 따라 액상선 온도는 그림 8.29(c), 8.29(d)와 같이 변화하지만 실제 온도 구배가 그림 8.29(d)의 점선과 같을 때 응고계면 앞쪽에 조성적 과냉(constitutional supercooling)이 발생한다.[54]

응고속도 f (m/s)가 다음 식으로 나타내는 임계 응고속도 f_c 이하이면 응고계면이 평활하며, 이보다 크면 응고계면이 분기되어 평활계면 앞쪽에 존재하는 조성적 과냉을 완화하도록 계면 형태가 평활에서 셀, 덴드라이트로 변화한다.

$$f_c = \frac{G_l \cdot k_\circ \cdot D_l}{m \cdot C_\circ(1-k_\circ)} \tag{8.83}$$

여기서 m: 평형 액상선 구배(K/%), G_l: 액상 중 온도 구배(K/m), D_l: 용질의 액상 내 확산계수(m^2/s)이다.

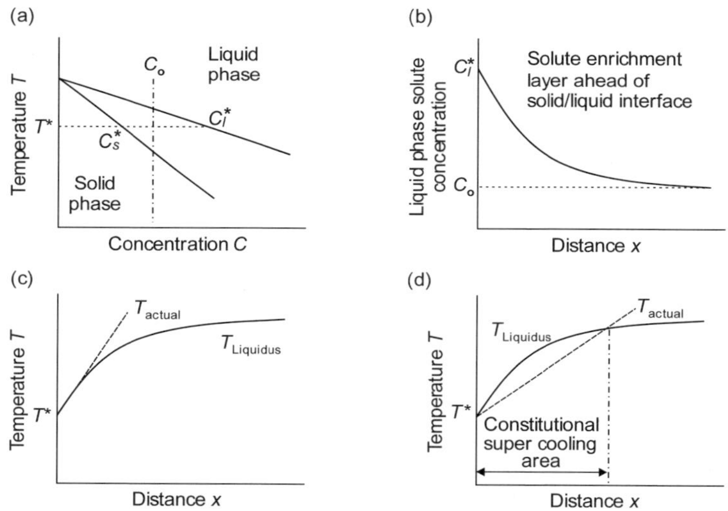

그림 8.29. 응고계면에서의 용질 분포, 온도구배와 조성적 과냉각

(4) 비금속 개재물

강 중에는 산화물, 황화물, 질화물이나 인화물과 같은 미세한 비금속성 개재물이 존재한다. 이러한 것 중에서 정련이나 주조 과정에서 발생

하여 뒤이은 열간가공에서도 존재하는 것을 비금속 개재물(nonmetallic inclusion)이라 한다. 이러한 비금속 개재물이 적은 강을 고청정강(clean steel)이라 부른다. 비금속 개재물은 산화물계와 황화물계가 있다. 생성 원인으로는 외래적(exogenous)인 것과, 내생적(indigenous)인 것이 있다. 전자는 일반적으로 대형이며 내화물, 슬래그, 스컴 등이 혼입된 것이다. 후자는 수 μm에서 수십 μm의 작은 것으로 탈산 생성물이 남은 것이다.

8.8.2 연속 주조의 개요

성분이나 온도를 조정하고 비금속 개재물을 제거하여 청정하게 제조한 용강을 레이들에서 주형에 주입, 응고시켜 반제품이나 제품을 만든다. 예전에는 다수의 주철제 주형에 용강을 나누어 주입하고, 응고 종료 후 주형에서 분리하여 재가열, 분괴·압연하는 조괴-분괴법을 적용하였다. 현재는 레이들 내 용강을 중간 용기(턴디쉬, tundish)를 거쳐 수냉 구리 주형의 한쪽 방향에서 주입하고 다른 방향에서 연속적으로 인발하는 연속 주조법이 주류를 이루고 있다.

연속 주조의 장점은 다음과 같다.

① 주편이 분괴 후의 반제품과 유사한 형상(near net shape)이므로 재가열과 분괴공정을 생략할 수 있음

② 분괴법에서 잘라 내는 강괴의 윗부분이나 아랫부분에 상당하는 부분이 연속주조 주편에서는 매우 적어 실수율이 대폭 향상

③ 성분 편석과 비금속 개재물이 적음

④ 기술의 진보와 함께 생산성이나 주편 표면 품질이 현저하게 개선되

어 상공정인 전로 및 하공정인 열간압연과 생산성이 잘 들어맞아 공정 간 연속화가 가능

연속 주조기는 전로와 동일한 생산성을 확보하기 위해 주형에서 빠른 속도로 인발한다. 따라서 인발된 주편의 얇은 응고 셸(shell) 내부에는 미응고 용강이 들어 있다. 주편을 인발하면서 표면에 물 혹은 water mist를 분사하여 냉각시킴으로써 응고 셸 두께가 증가하면서 용강 정압도 증가한다. 따라서 응고 셸이 이 압력에 의해 변형되지 않도록 지지 롤로 지탱한다. 생산성 향상 및 뒤틀림이나 균열 방지를 위해서는 용강/응고 셸/주형 혹은 스프레이 사이의 열전달 해석이 매우 중요하다. 그리고 주형 내부 또는 지지 롤 사이의 응고 셸 내부 응력, 뒤틀림 및 변형의 해석도 중요하다.

주편 품질은 변형이나 균열 외에 비금속 개재물 또는 용질 원소의 편석에 의해서도 영향을 받는다. 비금속 개재물은 유동하는 용강의 공기에 의한 재산화, 슬래그 혼입, 내화물 용손 등에 의해 레이들→턴디쉬→주형으로 갈수록 증가한다. 이것을 저감하기 위해 턴디쉬, 턴디쉬/주형 사이의 노즐을 경유하는 용강 유동을 비금속 개재물이 응집, 부상, 분리하는 데 최적이 되도록 제어한다.

용질 원소의 용해도는 용강보다 고상 중에서 더 낮다. 따라서 용질 원소는 응고 진행과 함께 성장하는 응고 셸 앞면의 용강으로 배출되어 농축(정편석)된다. 편석은 주상정 또는 수지상정의 arm space 및 주편 두께 방향의 중심부 등 응고 말기에 해당되는 곳에서 현저하게 일어난다. 정출하는 결정의 형태와 용강 중 온도구배, 냉각 속도 관계, 응고 진행에 따른 용질 원소의 응고 전면으로의 편석, 편석에 미치는 응고 속도 및 용

강 유동의 영향 등에 관한 응고 이론이 정량적이고 체계적으로 연구되어 있다.

8.8.3 연속 주조기

연속 주조기는 그림 8.30과 같이 턴디쉬, 주형, 주형 진동장치, 주편 지지 롤 및 스프레이 노즐, 주편 절단용 가스 절단기 및 주편 인발용의 더미 바(dummy bar) 등으로 구성되어 있다.

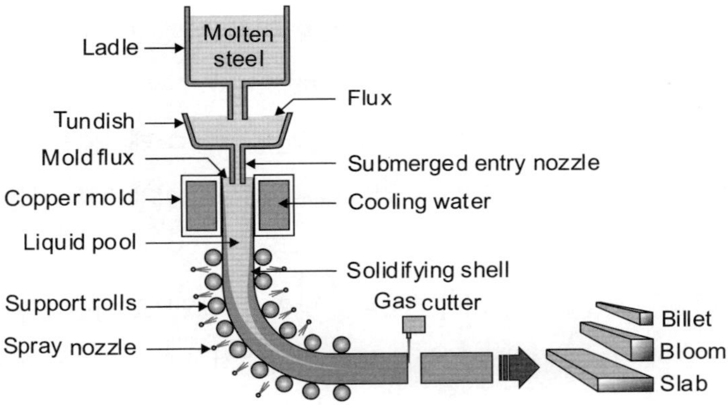

그림 8.30. 연속 주조기 조업 예

선재, 봉강 및 형강 그리고 파이프용 소재 등은 주편 단면이 작은 원 또는 정방형의 빌릿 연주기나 같은 형상이지만 대단면인 브룸 연주기를 사용한다. 후판 및 박판용 소재는 대단면의 장방형 광폭 슬래브 연주기를 사용한다. 판재용 슬래브는 일반 연속 주조에서는 두께 100~250 mm로 주조하지만, 이것보다 얇은 40~80 mm 두께의 슬래브를 주조하는 박슬래브 연주기도 실용화되어 있다. 이는 후속의 열간 박판 압연공정에서 조압연을 생략할 수 있는 장점이 있다. 이 프로세스는 슬래브 두께가 얇아 생산량에 제약이 있으므로 전기로와 조합하는 Mini-Mill에서 채용하기에 적합하다.

그림 8.31에는 연속주조기의 형식을 나타내었다.[55] 그림과 같이 연속주조기에는 (a) 주형과 지지 롤을 수직으로 배치한 수직형, (b) 수직으로 이동하면서 응고한 주편을 응고완료 위치에서 수평으로 구부리는 수직 만곡형, (c) 만곡주형과 지지 롤을 동일 반경의 원호상에 배치하고, 주편을 응고선단에서 수평으로 교정하는 만곡형, (d) 주형과 상부 지지 롤 군을 수직으로 배치하고, 그 후 주편을 점점 구부려서 응고 선단에서 수평으로 교정하는 수직 연속 만곡형, (e) 주형과 지지 롤을 수평으로 배치한 수평형 등이 있다. 수직형은 주형 내로 혼입된 비금속 개재물의 부상 분리가 쉬워 고급강 주조에 많이 사용되지만, 건물 높이가 높아 건설비가 증가하는 결점이 있다.

만곡형은 건물을 낮게 지어 건설비를 낮출 수 있으므로 양산강의 주조는 주로 이 방식을 채택하고 있다. 품질 및 생산성의 향상이 동시에 요구되는 대형 슬래브 주조기에는 수직형과 만곡형의 이점을 살린 절충형인 수직 만곡형이 널리 활용되고 있다. 수평형은 설비비 및 건물 건설비가 저렴하므로 작은 롯트의 빌릿 생산에 사용된다.

레이들에서 턴디쉬, 턴디쉬에서 주형으로의 용강 주입에는 내화물제 노즐을 설치하여 공기 접촉에 의한 재산화를 방지한다. 턴디쉬는 강욕의 깊이를 깊게 하거나 Dam 및 Weir 등을 설치하여 비금속 개재물의 부상 분리 촉진을 도모하고 있다.

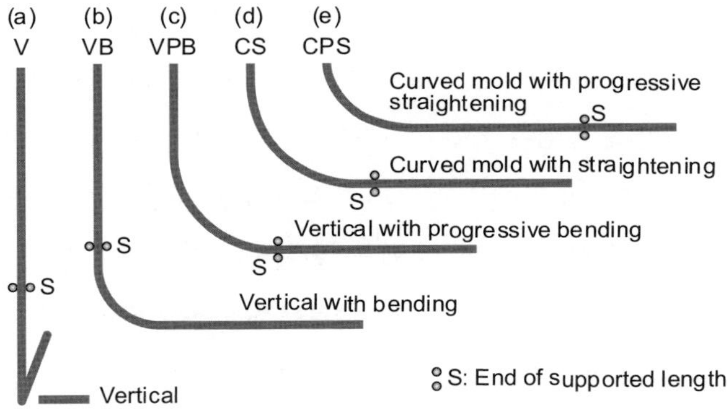

그림 8.31. 연속 주조기의 형식

턴디쉬/주형 간의 노즐은 비금속 개재물이 용강류와 함께 혼입되어 주편 응고 셸에 포착되는 것을 저감할 수 있도록 설계한다. 같은 목적으로 주형에 자장을 걸어서 턴디쉬로부터 유입되는 용강류를 제어하는 장치도 사용되고 있다. 주형에는 주편의 응고 셸이 고착되는 것을 방지하기 위하여 진동장치(60~240 cycle/mim, 진폭 ±4~10 mm)를 설치한다. 지지 롤은 강도를 높이고 롤 간극을 작게 하여 용강 정압에 의한 주편의 bulging과 그에 따른 균열 및 편석을 방지한다. 주형 직하에서 주편 응고 완료부까지의 롤 사이에는 주편 전폭에 걸쳐서 냉각용의 물 또는 water mist spray 노즐을 설치한다. 주형 또는 지지 롤 사이에 전자 교반장치를 부착하여 주편 내의 용강을 전자기 유도 교반하기도 하며, 최종 응고 위치에 주편을 압하하는 장치를 구비하기도 한다.

8.8.4 연속 주조 조업

연속주조 조업은 우선 주형 내에 더미 바를 삽입하여 주형 하단을 막고 용강을 레이들에서 턴디쉬를 경유하여 용강과 공기의 접촉을 방지하면서 주형 내로 주입한다. 그리고 더미 바를 아래쪽으로 뽑아내어 주편 인발을 시작한다. 주형에 유입된 용강이 주형과 접촉하면 급랭되어 미세한 입상정의 얇은 응고 셸을 형성한다. 응고 셸은 주형 내를 통과하면서 주상 수지상정의 성장에 의해 두께가 증가한다. 주형 내의 용강 표면에는 규산염계의 플럭스를 첨가한다. 이 플럭스는 용강 표면을 덮어서 용강의 보온과 동시에 부상하는 비금속 개재물을 흡수한다. 또 플럭스는 주형/주편 사이에 유입되어 주편의 고착을 방지하기 위하여 진동하고 있는 주형과 주편 사이의 윤활을 함과 동시에 급격한 주편 온도 저하를 완화시킨다.

주형 내 강욕 표면이 불안정하면 주편에 표면 결함이 발생하므로 센서를 이용하여 탕면 위치를 측정해서 턴디쉬부터의 용강 유출량을 일정하게 제어한다. 미응고 용강을 내장한 상태로 주형을 빠져나온 주편은 롤(roll)군으로 지지되어 스프레이로 수냉되면서 아래쪽으로 인발된다. 이 사이에 주상 수지상정이 더욱 발달하고, 결국에는 등축 수지상정이 형성되어 응고가 완료된다. 이러한 과정에서 응고 셸에는 냉각에 따른 열뒤틀림, 냉각수축, 변태, 용강 정압에 의한 뒤틀림 등이 부가된다. 고온의 응고 셸은 강도나 인성이 매우 낮으므로 주형 내 혹은 주형 하부에서 주편의 표면 균열 및 내부 균열이 발생하기 쉽다. 그래서 뒤틀림에 의한 균열이 발생하지 않도록 주편 위치와 강종에 따라서 water mist spray 강도를 조절하는 패턴 제어를 한다. 그리고 주편의 응고 종료 지점에서 압하하여 중심 편석을 경감한 후, 가스 토치로 일정한 크기로 절단하여 열간 압연 공정으로 보낸다. 주편의 생산성 향상과 결함 감소에 따라 표면을 정정하지 않고 열편 상태에서 가열로에 장입, 재가열하여 압연하는 Hot Charge Rolling이나 가열로에서의 재가열도 생략하고 직접 압연하는 Hot Direct Rolling 기술도 적용되고 있다.

연속 주조기의 조업에서 주조를 중단하지 않고 다수의 heat를 연속적으로 주입하는(연속-연속주조, 이하 연연주) 방법을 채택하여 생산성과 실수율을 현저하게 증가시킬 수 있다. 그 이유는 주조를 위한 준비과정이 생략되고, 주조 초기와 주조 말기의 품질 저하에 의한 절단 부위가 감소하기 때문이다. 연연주의 수단으로서 폭이나 강종이 다른 주편에 대해서도 연속적으로 주조가 가능한 주입 중 주형폭 변경기술, 주입 중 다른 강종의 연연주 기술이 개발, 실용화되어 있다. 그리고 주조가 진행됨에 따라서 용손되거나 폐쇄되는 노즐을 주조 중단 없이 신속하게 자동 교환하는 시스템도 개발되어 있다. 또한 응고 셸이 불균일하게 성장한 경우, 얇은 부분이 터져서 내부의 용강이 유출하는 break out의 예지 및 방지 기술도 실용화되어 있다. 생산성을 올리기 위해서는 이와 같은 조업의 원활한 진행을 위한 기술 외에 주조 속도를 높이는 방법도 있다. 주조 속도는 기술과 설비의 개선에 의하여 슬래브 주조기에서는 2.0~3.0 m/min 정도이며, 생산 능력은 1 strand당 3 ton/min, 2 strand 연주기에서 3백만 톤/연 정도에 이르고 있다.

[참고문헌]

1 E. Basson, 2023: 2022 World Steel in Figures, p.7, World Steel Association.

2 손호상, 2019: 자원리사이클링공학, p.263, 경북대학교출판부.

3 E. Basson, 2023: 2022 World Steel in Figures, p.19, World Steel Association.

4 A. Ghosh and A. Chatterjee, 2008: Ironmaking and Steelmaking: Theory and Practice, p.87, PHI Learning Private Limited, New Delhi, India.

5 S. Banya, 2000: Ferrous Process Metallurgy, p.36, JIM, Sendai, Japan.

6 M. Ohtani, 1979: Ferrous Process Metallurgy, p.43, JIM, Sendai, Japan.

7 S. Banya, 2000: Ferrous Process Metallurgy, p.38, JIM, Sendai, Japan.

8 大谷正康, 1971: 鉄冶金熱力学, p.169, 日刊工業新聞社.

9 A. Ghosh and A. Chatterjee, 2008: Ironmaking and Steelmaking: Theory and Practice, p.104, PHI Learning Private Limited, New Delhi, India.

10 大谷正康, 2002: 鉄鋼便覧 第4版 第1巻1編2.1製銑反応の熱力學, 日本鐵鋼協會.

11 S. Banya, 2000: Ferrous Process Metallurgy, p.49, JIM, Sendai, Japan.

12 大谷正康 外, 1975: 冶金物理化学練習-基礎と応用, p.134, 丸善.

13 C. Candice Tuck, 2023: Iron, U.S. Geological Survey, Mineral Commodity Summaries, January 2023.

14 S. Banya, 2000: Ferrous Process Metallurgy, p.14, JIM, Sendai, Japan.

15 손호상 역, 2017: A. Yazawa의 열역학 문제집, p.81, 경북대학교출판부.

16 佐藤道貴, 鉄鋼工学 改訂版 Ch 1 製銑, p.42, JFE 21世紀財團.

17 大谷正康, 1971: 鉄冶金熱力学, p.174, 日刊工業新聞社.

18 https://newsroom.posco.com/kr, 2022.5.10.

19 E. Basson, 2023: 2022 World Steel in Figures, p.19, World Steel Association.

20 Sustainability Indicators 2023 report, World Steel Association(2023. 11.)

21 S. K. Dutta and R. Sah, 2006: Direct Reduced Iron: Production, In Encyclopedia of Iron, Steel, and Their Alloys, pp.1082-1108, Taylor & Francis, New York.

22 佐藤道貴, 鉄鋼工学 改訂版 Ch 1 製銑, p.65, JFE 21世紀財團.

23 R. Kawabata, et. al., 2002: Development of Environmentally-friendly Steelmaking Process by Zero-slag Operation in BOF, NKK 技報 No.178, pp.1-5.

24 三木祐司, 鉄鋼工学 改訂版 Ch 2 製鋼, p.90, JFE 21世紀財團.

25 Y. Ogawa and N. Maruoka, 2014: Progress of Hot Metal Treatment Technology and Future Outlook, Tetsu-to-Hagané 100(4), pp.434-444.

26 손호상 역, 2017: A. Yazawa의 열역학 문제집, p.188, 경북대학교출판부.

27 M. Shamsuddin, 2016: Physical chemistry of metallurgical processes, p.279, John Wiley & Sons, Inc., Hoboken, New Jersey.

28 S. Kitamura, et al. 1990: Establishment of Steel Making Process with High Productivity and High Efficiency by Use of Hot Metal Pretreatment, Tetsu-to-Hagane 76(11), pp.1801-1808.

29 손호상, 최현수, 정우광, 유병돈, 1997: 전로를 이용한 용선 탈린공정 개발, 대한금속학회지 35(12), pp.1716-1723.

30 N. Kikuchi, Y. Uchida, and Y. Miki, 2016: Improvement of Hot Metal Dephosphorization in Torpedo Car and Converter, JFE Techincal Report, No. 38(2016. 8), pp.8-13.

31 大谷正康 外, 1975: 冶金物理化学練習-基礎と応用, p.132, 丸善.

32 S. Banya, 2000: Ferrous Process Metallurgy, p.65, JIM, Sendai, Japan.

33 S. Banya and Y. Iguchi, 1988: Steelmaking Data Sourcebook Revised Ed., p.111, The Japan Society for the Promotion of Science The 19th Committee on Steelmaking, Gordon and Breach Science Publishers.

34 S. Banya, 2000: Ferrous Process Metallurgy, p.76, JIM, Sendai, Japan.

35 손호상 역, 2017: A. Yazawa의 열역학 문제집, p.379, 경북대학교출판부.

36 Y. Kawai and K. Mori, 1988: Steelmaking Data Sourcebook Revised Ed., p.59, The Japan Society for the Promotion of Science The 19th Committee on Steelmaking, Gordon and Breach Science Publishers.

37 S. Banya, 2000: Ferrous Process Metallurgy, p.78, JIM, Sendai, Japan.

38 A. Ghosh and A. Chatterjee, 2008: IRONMAKING AND STEELMAKING Theory and Practice, p.275, PHI Learning Private Limited, New Delhi.

39 S. Banya, 2000: Ferrous Process Metallurgy, p.78, JIM, Sendai, Japan.

40 S. Banya, 2000: Ferrous Process Metallurgy, p.108, JIM, Sendai, Japan.

41 G. S. Upadhyaya and R. K. Dube, 1977: Problems in Metallurgical Thermodynamics and Kinetics, p.183, Pergamon Press, Oxford, U.K.

42 G. S. Upadhyaya and R. K. Dube, 1977: Problems in Metallurgical Thermodynamics and Kinetics, p.140, Pergamon Press, Oxford, U.K.

43 손호상 역, 2017: A. Yazawa의 열역학 문제집, p.179, 경북대학교출판부.

44 三木祐司, 鉄鋼工学 改訂版 Ch 2 製鋼, p.98, JFE 21世紀財團.

45 손호상, 2018: 제강분진의 건식 처리기술 현황, 자원리싸이클링 27(2), pp.68-76.

46 Francesco Memoli and Mauro Bianchi Ferri, 2008: 2007 – A record year for Consteel, MILLENNIUM STEEL, pp.83-88.

47 S. Banya, 2000: Ferrous Process Metallurgy, p.138, JIM, Sendai, Japan.

48 S. Banya, 2000: Ferrous Process Metallurgy, p.139, JIM, Sendai, Japan.

49 G. S. Upadhyaya and R. K. Dube, 1977: Problems in Metallurgical Thermodynamics and Kinetics, p.182, Pergamon Press, Oxford, U.K.

50 손호상 역, 2017: A. Yazawa의 열역학 문제집, p.185, 경북대학교출판부.

51 S. Banya, 2000: Ferrous Process Metallurgy, p.186, JIM, Sendai, Japan.

52 大谷正康 外, 1975: 冶金物理化学練習-基礎と応用, p.109, 丸善.

53 三木祐司, 鉄鋼工学 改訂版 Ch 2 製鋼, p.126, JFE 21世紀財團.

54 三木祐司, 鉄鋼工学 改訂版 Ch 2 製鋼, p.127, JFE 21世紀財團.

55 W. R. Irving, 1993: Continuous Casting of Steel, p.14, The Institute of Materials, London.

부록

Extractive Metallurgy and Recycling of Metals

[부록 1] 물질의 몰 비열 1

$C_P = a + bT + cT^{-2} + dT^2$ (J · mol^{-1} · K^{-1})

물질	a	$b \times 10^3$	$c \times 10^{-5}$	$d \times 10^6$	온도범위/K
Ag(s)	21.3	8.54	1.51	-	298~m.p.
Ag(l)	30.5	-	-	-	m.p.~1600
Al(s)	20.7	12.4	-	-	298~m.p.
Al(l)	31.8	-	-	-	m.p.~2400
Al_2O_3(s)	106.6	17.8	-28.5	-	298~1800
AlN(s)	34.4	16.9	-8.37	-	298~1500
C(黑鉛)	0.109	38.94	-1.48	-17.38	298~1100
CO(g)	28.4	4.1	-0.46	-	298~2500
CO_2(g)	44.14	9.04	-8.54	-	298~2500
Ca(α)	25.37	-7.263	-	23.7	298~720
Ca(l)	29.3	-	-	-	m.p.~1757
CaO(s)	49.62	4.52	-6.95	-	298~1177
CaS(s)	45.2	7.74	-	-	298~2000
Cr(s)	24.4	9.87	-3.7	-	298~m.p.
Cr(l)	39.3	-	-	-	m.p.
Cr_2O_3(s)	119.4	9.20	-15.6	-	350~1800
Cu(s)	22.6	6.28	-	-	298~m.p.
Cu(l)	31.4	-	-	-	m.p.~1600
Cu_2O(s)	62.34	23.8	-	-	298~1200
CuO(s)	38.8	20.1	-	-	298~1250
Cu_2S(α)	81.59	-	-	-	298~376
Cu_2S(β)	97.28	-	-	-	376~623
Fe(α,δ)	37.12	6.167	-	-	298~1809
Fe(γ)	24.5	8.45	-	-	1187~1674
Fe(l)	41.8	-	-	-	m.p.~1873
FeO(s)	51.80	6.78	-1.59	-	298~1200
Fe_3O_4(α)	91.55	202	-	-	298~900
Fe_3O_4(β)	200.8	-	-	-	900~1800
Fe_2O_3(α)	98.28	77.8	-14.9	-	298~950
Fe_2O_3(β)	151.0	-	-	-	950~1050
Fe_2O_3(γ)	132.6	7.36	-	-	1050~1750
FeS(α)	21.7	110.5	-	-	298~411
FeS(β)	72.80	-	-	-	411~598
H_2(g)	27.3	3.3	0.50	-	298~3000
H_2O(g)	30.0	10.7	0.33	-	298~2500
H_2S(g)	32.7	12.4	-1.9	-	298~2000

[부록 1] 물질의 몰 비열 2

물질	a	$b\times10^3$	$c\times10^{-5}$	$d\times10^6$	온도범위/K
Mg(s)	22.3	10.3	-0.431	-	298~m.p.
Mg(l)	32.6	-	-	-	m.p.~1150
$MgCl_2$(s)	79.08	5.94	-8.62	-	298~m.p.
$MgCl_2$(l)	92.47	-	-	-	m.p.~1500
MgO(s)	48.99	3.14	-11.7	-	298~3098
Mn(α)	23.8	14.1	-1.57	-	298~990
Mn(β)	34.9	2.8	-	-	990~1360
Mn(γ)	25.2	14.9	-1.85	-	298~1410
Mn(δ)	46.44	-	-	-	1410~1517
Mn(l)	46.0	-	-	-	m.p.~b.p.
MnO(s)	46.48	8.12	-3.7	-	298~1800
MnS(s)	47.70	7.53	-	-	298~1803
Mo(s)	5.18	1.66	-	-	-
Mo(l)	41.8	-	-	-	-
N_2(g)	27.9	4.27	-	-	298~2500
Ni(α)	17.0	29.5	-	-	298~633
Ni(l)	38.5	-	-	-	m.p.~2000
NiO(α)	-20.9	157.2	16.3	-	298~525
NiO(β)	58.07	-	-	-	525~565
NiS(s)	38.9	26.8	-	-	298~670
O_2(g)	30.0	4.2	-1.7	-	298~3000
Pb(s)	23.6	9.75	-	-	298~m.p.
Pb(l)	32.4	-3.10	-	-	m.p.~1200
PbS(s)	44.60	16.4	-	-	298~900
S_2(g)	36.5	0.67	-3.8	-	298~3000
Si(s)	23.9	2.5	-4.1	-	298~m.p.
Si(l)	25.6	-	-	-	m.p.~1873
SiO_2(α)	17.9	88.12	-	-	298~523
SiO_2(β)	72.76	1.30	-41.4	-	523~1995
Sn(白)	21.6	18.2	-	-	298~m.p.
Sn(l)	34.7	-9.2	-	-	510~810
V(s)	20.5	10.8	0.8	-	298~m.p.
V_2O_3(s)	122.8	19.9	-22.7	-	298~1800
Zn(s)	22.4	10.0	-	-	298~m.p.
Zn(l)	31.4	-	-	-	m.p.~1200
ZnO(s)	48.99	5.10	-9.12	-	298~1600

[부록 2] 물질의 표준생성열, 표준엔트로피, 융점, 끓는점 1

물질	ΔH°_{298}/kJ·mol^{-1}	S°_{298}/J·mol^{-1}·K^{-1}	m.p./K	b.p./K
Ag(s)	0	42.55±0.20	1,234.93	2,435
Al(s)	0	28.30±0.10	933.47	2,792
Al(g)	330.0±4.0	164.554±0.004	-	-
Al_2O_3(s)	-1675.7±1.3	50.91±0.1	2,323	3,250
AlN(s)	-318	20.2	3,273	-
C(흑연)	0	5.74±0.10	-	-
CO(g)	-110.53±0.17	197.660±0.004	-205.1	-191.51
CO_2(g)	-393.51±0.13	213.785±0.010	-56.561tp	-78.464sp
Ca(s)	0	41.59±0.40	1,115.15	1,757
Ca(g)	+177.8±0.8	154.887±0.004	-	-
CaO(s)	-634.9	38.1	2,886	-
CaS(s)	-482.4	56.5	2,797	-
Cr(s)	0	23.8	2,180.15	2,944
Cr(g)	+397.5±4.2	174.18	-	-
Cr_2O_3(s)	-1139.7	81.2	2,705	≈3,273
Cu(s)	0	33.15±0.08	1,357.77	2,833
Cu(g)	+337.4±1.2	166.398±0.004	-	-
Cu_2O(s)	-168.6	93.1	1,517	2,073dec
CuO(s)	-157.3	42.6	1,550	-
Cu_2S(s)	-79.5	120.9	1,402	-
Fe(s)	0	27.3	1,811.15	3,134
Fe(g)	+415.5±1.3	180.37	-	-
$FeCl_2$(s)	-341.8	118.0	950	1,296
$Fe_{0.95}O$(s)	-264.4±1.3	58.79±0.8	1,651	-
Fe_3O_4(s)	-1,118.4	146.4	1,870	-
Fe_2O_3(s)	-824.2	87.4	1,867	-
FeS(s)	-100.0	60.3	1,461	dec
H_2(g)	0	130.680±0.003	-	-
H_2O(g)	-241.826±0.040	188.835±0.010	-	-
H_2S(g)	-20.6±0.5	205.81±0.05	-	-
Hf(s)	0	43.6	2,496.15	4,876
HfO_2(s)	-1,144.7	59.3	3,073	≒5,673
$HfCl_4$	-990.4	190.8	705.15tp	590.15sp
Li(s)	0	29.1	453.5	1,615
LiOH	-487.5	42.8	746	1,899
Li_2CO_3	-1,215.9	90.4	1,005	1,573dec
Li_2O	-597.9	37.6	1,621	-
Li_2S	-441.4	-	1,645	-
Li_3PO_4	-2,095.8	-	1,478	-
LiCl	-408.6	59.3	883	1,656

[부록 2] 물질의 표준생성열, 표준엔트로피, 융점, 끓는점 2

물질	ΔH°_{298}/kJ·mol^{-1}	S°_{298}/J·mol^{-1}·K^{-1}	m.p./K	b.p./K
Mg(s)	0	32.7	923.15	1,363
Mg(g)	+147.1±0.8	148.648±0.003	-	-
$MgCl_2$(s)	-641.3	89.6	987	1,691
MgO(s)	-601.60±0.30	26.95±0.15	3,098	3,873
MgS(s)	-351.5±3.3	50.33±0.8	2,499	-
Mn(s)	0	32.0	1,519.15	2,334
Mn(g)	+283.26±4.2	173.59	-	-
MnO(s)	-385.2	59.7	2,115	-
MnS(s)	-214.2	78.02	1,803	-
Mo(s)	0	28.7	2,895.15	4,912
Mo(g)	+658.1±5.4	181.84	-	-
MoO_2(s)	-588.9	46.3	2,073dec	-
MoO_3(s)	-745.1	77.7	1,075	1,428
MoS_2(s)	-235.1	62.6	2,023	-
N_2(g)	0	191.609±0.004	-	-
Ni(s)	0	29.9	1,728.15	3,186
Ni(g)	+430.1±2.1	182.09	-	-
NiO(s)	-240.6±2.1	38.1±0.4	2,228	-
NiS(s)	-82.0	53.0	1,249	-
Ni_3S_2(s)			1,062	
O_2(g)	0	205.152±0.005	-	-
Pb(s)	0	64.80±0.30	600.61	2,022
Pb(g)	+195.2±0.8	175.375±0.005	-	-
PbO(赤)	-219.0	66.5	1,160	-
PbS(s)	-100.4	91.2	1,386	-
S(斜方)	0	32.1	368.35^{tr}	717.76
S_2(g)	+128.60±0.30	228.03	-	-
SO_2(g)	-296.81±0.20	248.223±0.050	-	-
Si(s)	0	18.8	1,687.15	3,538
Si(g)	+450±8	167.981±0.004	-	-
SiO_2(s)	-910.7	41.5	1,995	-
Sn(white)	0	51.2	505.08	2,859
Sn(g)	+301.2±1.5	168.492±0.004	-	-
SnO_2(s)	-577.6	49.0	1,903	-
Ti(s)	0	30.7	1,941.15	3,560
Ti(g)	473±3	180.298±0.010	-	-
$TiCl_4$(g)	-763.2±3.0	353.2±4.0	249.03	409.61
TiO_2(s, ru)	-944.0	50.6	2,116	≒3,273

[부록 2] 물질의 표준생성열, 표준엔트로피, 융점, 끓는점 3

물질	ΔH°_{298}/kJ·mol^{-1}	S°_{298}/J·mol^{-1}·K^{-1}	m.p./K	b.p./K
V(s)	0	28.9	2,183.15	3,680
V(g)	+515.5±7.9	182.17±0.8	-	-
V_2O_3(s)	-1,218.8	98.3	2,230	≈3,273
V_2O_5(s)	-1,550.6	131	954	2,023
W(s)	0	32.6	3,687.15	5,828
WO_2(s)	-589.7	50.5	≒1,773	2,003
WO_3(s)	-842.9	75.9	1,746	≒1,973
Zn(s)	0	41.6	692.68	1,180
Zn(g)	+130.40±0.40	160.990±0.004	-	-
ZnO(s)	-350.5	43.7	2,247	-
ZnS(s)	-206.0	57.7	1,293	
Zr(s)	0	39.0	2,127.15	4,679
$ZrCl_4$	-980.5	181.6	710 tp	604 sp
ZrO_2(s)	-1,100.6	50.4	2710	4573

tp: triple point, sp: sublimation point, dec: decomposition
* CRC Handbook of Chemistry and Physics, 97th Ed.

[부록 3] 표준 자유에너지변화 1

$\Delta G^\circ/\mathrm{J} = A + BT\log T + CT = -19.15\,T\log K$

반응식	$\Delta G^\circ/\mathrm{J} = A + BT\log T + CT$			온도범위 (K)
	A	B	C	
$2Ag(s)+Cl_2(g)=2AgCl(s)$	-246230		97.61	298-730
$2Ag(s)+Cl_2(g)=2AgCl(l)$	-206180		44.02	730-1235
$2Ag_2O(s)+4NO_2(g)+O_2(g)$ $=4AgNO_3(s)$	-564440		830.29	298-460
$4Ag(s)+O_2(g)=2Ag_2O(s)$	-61530		134.05	298-460
$4Ag(s)+S_2(g)=2Ag_2S(s)$	-170160		68.91	451-1115
$4Ag(s)+S_2(g)=2Ag_2S(l)$	-151080		51.80	1115-1235
$4Ag(l)+S_2(g)=2Ag_2S(l)$	-192810		85.61	1235-1500
$2Ag(s)+SO_2(g)+O_2(g)=Ag_2SO_4(l)$	-404340	-127.57	679.65	930-1234
$2Al(s)+Cl_2(g)=2AlCl(g)$	-109190		-162.10	298-933
$2Al(l)+Cl_2(g)=2AlCl(g)$	-146220		-123.17	933-2000
$2/3Al(s)+Cl_2(g)=2/3AlCl_3(g)$	-390490		34.03	298-933
$2/3Al(l)+Cl_2(g)=2/3AlCl_3(g)$	-400070		44.17	933-2000
$2/3Al(s)+F_2(g)=2/3AlF_3(s)$	-1003480		170.35	298-933
$2/3Al(l)+F_2(g)=2/3AlF_3(s)$	-1004480		171.43	933-1548
$2/3Al(l)+F_2(g)=2/3AlF_3(g)$	-819700		52.09	1548-2000
$2Al(s)+N_2(g)=2AlN(s)$	-637980		211.32	298-933
$2Al(l)+N_2(g)=2AlN(s)$	-659280		234.15	933-2500
$4Al(l)+O_2(g)=2Al_2O(g)$	-371820		-90.57	933-2000
$4/3Al(s)+O_2(g)=2/3Al_2O_3(s)$	-1116200		207.31	298-933
$4/3Al(l)+O_2(g)=2/3Al_2O_3(s)$	-1126890		218.81	933-2327
$1/3Al_2O_3(s)+SO_3(g)$ $=1/3Al_2(SO_4)_3(s)$	-197020	-38.70	307.57	600-1100
$9/2Al_2O_3(s)+B_2O_3(s)$ $=1/2(9Al_2O_3\cdot 2B_2O_3)(s)$	-63730		-39.06	298-723
$2Al_2O_3(s)+B_2O_3(s)$ $=2Al_2O_3\cdot B_2O_3(s)$	-68190		1.58	298-723
$2Al_2O_3(s)+B_2O_3(l)$ $=2Al_2O_3\cdot B_2O_3(s)$	-99080		44.19	723-1308
$4Al(s)+3C(s)=Al_4C_3(s)$	-209730		42.60	298-933
$4Al(l)+3C(s)=Al_4C_3(s)$	-258690		94.86	933-1800
$2Al(s)+As_2(g)=2AlAs(s)$	-422480		173.80	298-933
$2Al(l)+As_2(g)=2AlAs(s)$	-442580		195.43	933-2013
$2Al(s)+P_2(g)=2AlP(s)$	-473340		180.71	298-933
$2Al(l)+P_2(g)=2AlP(s)$	-499130		208.24	933-1800
$2Al(s)+Sb_2(g)=2AlSb(s)$	-284410		228.31	298-933

[부록 3] 표준 자유에너지변화 2

반응식	$\Delta G°/J = A + BT\log T + CT$			온도범위 (K)
	A	B	C	
$2Al(l)+Sb_2(g)=2AlSb(s)$	-305320		250.72	933-1333
$2Al(l)+Sb_2(g)=2AlSb(l)$	-228650		193.24	1333-1800
$2As(s)=As(g)$	187530		-160.33	298-875
$2/3As(s)+Cl_2(g)=2/3AsCl_3(g)$	-173760		28.74	403-875
$4/3As(s)+O_2(g)=2/3As_2O_3(s)$	-436110		175.38	298-582
$4/3As(s)+O_2(g)=2/3As_2O_3(l)$	-424410		155.28	582-670
$4/3As(s)+O_2(g)=1/3As_4O_6(g)$	-396130		112.76	670-875
$4/5As(s)+O_2(g)=2/5As_2O_5(g)$	-369850		191.26	298-875
$2As(s)+S_2(g)=2AsS(s)$	-269790		169.22	298-580
$2As(s)+S_2(g)=2AsS(l)$	-248270		131.99	580-844
$4/3As(s)+S_2(g)=2/3As_2S_3(s)$	-239150		163.27	298-585
$4/3As(s)+S_2(g)=2/3As_2S_3(l)$	-211370		155.61	585-875
$2B(s)+N_2(g)=2BN(s)$	-500950		165.42	298-2000
$4/3B(s)+O_2(g)=2/3B_2O_3(l)$	-823170		143.45	723-2329
$4B(s)+C(s)=B_4C(s)$	-64280		5.03	298-2000
$Ba(s)+Cl_2(g)=BaCl_2(s)$	-856430		156.51	298-1002
$Ba(l)+Cl_2(g)=BaCl_2(s)$	-859780		159.93	1002-1235
$Ba(l)+Cl_2(g)=BaCl_2(l)$	-816240		124.61	1235-2000
$2Ba(s)+O_2(g)=2BaO(s)$	-1097760		188.52	298-1002
$2Ba(l)+O_2(g)=2BaO(s)$	-1114860		205.67	1002-2286
$2Ba(s)+S_2(g)=2BaS(s)$	-1050730		201.67	298-1001
$2Ba(l)+S_2(g)=2BaS(s)$	-1077630		228.03	1001-2000
$BaO(s)+CO_2(g)=BaCO_3(g)$	-289440	-131.01	597.21	298-1646
$BaO(s)+H_2O(g)=Ba(OH)_2(s)$	-153200		143.32	298-681
$BaO(s)+H_2O(g)=Ba(OH)_2(l)$	-118050		91.18	681-1305
$BaO(s)+SO_3(g)=BaSO_4(s)$	-530420	-14.94	238.55	298-1623
$2Be(s)+O_2(g)=2BeO(s)$	-1220000		203.57	298-1560
$2Be(l)+O_2(g)=2BeO(s)$	-1237290		207.82	1560-2742
$2/3Bi(l)+Cl_2(g)=2/3BiCl_3(l)$	-235150		106.28	545-712

[부록 3] 표준 자유에너지변화 3

반응식	$\Delta G°/J = A + BT\log T + CT$			온도범위 (K)
	A	B	C	
$2/3Bi(l)+Cl_2(g)=2/3BiCl_3(g)$	-185540		36.54	712-1835
$4/3Bi(l)+O_2(g)=2/3Bi_2O_3(s)$	-390740		193.99	545-1098
$4/3Bi(l)+O_2(g)=2/3Bi_2O_3(l)$	-314130		123.10	1098-1835
$4/3Bi(l)+S_2(g)=2/3Bi_2S_3(s)$	-272840		186.24	545-1048
$1/3Bi_2O_3(s)+SO_3(g)=1/3Bi_2(SO_4)_3$	-261120		207.46	298-1098
$1/2C(s)+Cl_2(g)=1/2CCl_4(g)$	-53120	-11.70	105.33	349-800
$1/2C(s)+H_2(g)=1/2CH_4(g)$	-34560	25.63	-32.68	298-1200
$2C(s)+O_2(g)=2CO(g)$	-221840		-178.01	298-3000
$C(s)+O_2(g)=CO_2(g)$	-393500		-2.99	298-3000
$2CO(g)+O_2(g)=2CO_2(g)$	-565160		172.03	298-3000
$C(s)+S_2(g)=CS_2(g)$	-10530		-7.22	319-2000
$2CO(g)+S_2(g)=2COS(g)$	-182480		156.98	298-2000
$Ca(s)+Cl_2(g)=CaCl_2(s)$	-799110		162.27	298-1045
$Ca(l)+Cl_2(g)=CaCl_2(l)$	-758550		115.42	1115-1774
$Ca(s)+F_2(g)=CaF_2(\alpha)$	-1232310	-22.91	242.41	298-1115
$Ca(l)+F_2(g)=CaF_2(\alpha)$	-1236520	-28.90	264.44	1115-1424
$Ca(l)+F_2(g)=CaF_2(\beta)$	-1206100		152.04	1424-1690
$2Ca(s)+O_2(g)=2CaO(s)$	-1267840		206.40	298-1115
$2Ca(l)+O_2(g)=2CaO(s)$	-1285360		222.20	1115-1774
$2Ca(g)+O_2(g)=2CaO(s)$	-1576180		386.12	1774-3200
$CaO(s)+CO_2(g)=CaCO_3(s)$	-175930		150.69	298-1127
$CaO(s)+H_2O(g)=Ca(OH)_2(s)$	-106740		135.64	298-793
$1/2CaO(s)+Al_2O_3(s)$ $=1/2(CaO\cdot 2Al_2O_3)(s)$	-8290		-14.83	298-2038
$3CaO(s)+Al_2O_3(s)=3CaO\cdot Al_2O_3(s)$	-11890		-33.32	298-1808
$CaO(s)+Al_2O_3(s)=CaO\cdot Al_2O_3(s)$	-18260		-18.07	298-1873
$2CaO(s)+Fe_2O_3(s)=2CaO\cdot Fe_2O_3(s)$	-38490		-9.75	873-1708
$CaO(s)+Fe_2O_3(s)=CaO\cdot Fe_2O_3(s)$	-37610		1.98	950-1489
$CaO(s)+SiO_2(s)=CaSiO_3(\alpha)$	-89120		0.50	298-1483
$CaO(s)+SiO_2(s)=CaSiO_3(\beta)$	-83260		-3.43	1483-1816
$2CaO(s)+SiO_2(s)=Ca_2SiO_3(s)$	-126360		-5.02	298-1673
$CaO(s)+SO_3(g)=CaSO_4(s)$	-477600	-174.10	776.59	1100-1638

[부록 3] 표준 자유에너지변화 4

반응식	$\Delta G°/J = A + BT\log T + CT$			온도범위 (K)
	A	B	C	
$2Ca(s)+S_2(g)=2CaS(s)$	-1073150		192.57	673-1115
$2Ca(l)+S_2(g)=2CaS(s)$	-1091530		209.08	1115-1774
$1/2Ca(s)+C(s)=1/2CaC_2(s)$	-27160		-15.40	298-1115
$1/2Ca(l)+C(s)=1/2CaC_2(s)$	-30670		-12.35	1115-1774
$Cd(l)+Cl_2(g)=CdCl_2(s)$	-391380		156.53	594-842
$Cd(l)+Cl_2(g)=CdCl_2(l)$	-346710		103.52	842-1039
$Cd(g)+Cl_2(g)=CdCl_2(g)$	-436640		190.11	1039-1236
$2Cd(l)+O_2(g)=2CdO(s)$	-524250		210.00	594-1039
$2Cd(g)+O_2(g)=2CdO(s)$	-712290		391.10	1039-1755
$2Cd(l)+S_2(g)=2CdS(s)$	-444450		191.97	594-1039
$2Cd(g)+S_2(g)=2CdS(s)$	-634710		375.09	1039-1633
$3CdO(s)+SO_3(g)=CdSO_4\cdot 2CdO(s)$	-497690		359.66	1100-1273
$1/2(CdSO_4\cdot 2CdO(s))+SO_3(g)$ $=3/2CdSO_4(s)$	-161920		92.05	1100-1273
$2/3Ce(s)+Br_2(g)=2/3CeBr_3(s)$	-597840		143.29	298-1005
$2/3Ce(l)+Br_2(g)=2/3CeBr_3(l)$	-560060		106.31	1071-1730
$2/3Ce(s)+Cl_2(g)=2/3CeCl_3(s)$	-697970		157.56	298-1071
$2/3Ce(l)+Cl_2(g)=2/3CeCl_3(l)$	-651550		113.64	1080-1997
$2/3Ce(s)+F_2(g)=2/3CeF_3(s)$	-1122680		163.35	298-1071
$2/3Ce(l)+F_2(g)=2/3CeF_3(s)$	-1113640		154.86	1071-1710
$2/3Ce(l)+F_2(g)=2/3CeF_3(l)$	-1046090		115.30	1710-2000
$2/3Ce(s)+I_2(g)=2/3CeI_3(s)$	-491520		144.76	298-1033
$2/3Ce(l)+I_2(g)=2/3CeI_3(l)$	-456020		109.98	1071-1780
$4/3Ce(s)+O_2(g)=2/3Ce_2O_3(s)$	-1195540		187.47	298-1071
$4/3Ce(l)+O_2(g)=2/3Ce_2O_3(s)$	-1194340		186.26	1071-2450
$Ce(s)+O_2(g)=CeO_2(s)$	-1087910		205.87	298-1071
$Ce(l)+O_2(g)=CeO_2(s)$	-1085520		203.68	1071-2500
$4/3Ce(s)+S_2(g)=2/3Ce_2S_3(s)$	-917200		190.65	298-1071
$4/3Ce(l)+S_2(g)=2/3Ce_2S_3(s)$	-921690		194.80	1071-2163
$Ce(l)+S_2(g)=CeS_2(s)$	-745030		192.55	298-1071

[부록 3] 표준 자유에너지변화 5

반응식	$\Delta G°/J = A + BT\log T + CT$			온도범위 (K)
	A	B	C	
$Co(s)+Cl_2(g)=CoCl_2(s)$	-318120	-43.58	270.38	298-994
$Co(s)+Cl_2(g)=CoCl_2(l)$	-273430	-39.72	214.12	994-1354
$Co(s)+Cl_2(g)=CoCl_2(g)$	-166040	-84.55	275.20	1354-1768
$2Co(s)+O_2(g)=2CoO(s)$	-468200		140.98	298-1768
$3/2Co(s)+O_2(g)=1/2Co_3O_4(s)$	-458360		193.73	298-1226
$CoO(s)+SO_3(g)=CoSO_4(s)$	-289660	-115.60	573.96	890-1250
$9/4Co(s)+S_2(g)=1/4Co_9O_8(s)$	-331540		166.57	298-1048
$3/2Co(s)+S_2(g)=1/2Co_3O_4(s)$	-305600		172.34	298-953
$Co(s)+S_2(g)=CoS_2(s)$	-279780		182.67	298-1100
$Cr(s)+Cl_2(g)=CrCl_2(s)$	-390150		119.56	298-1088
$Cr(s)+Cl_2(g)=CrCl_2(l)$	-333910		67.19	1088-1576
$2/3Cr(s)+Cl_2(g)=2/3CrCl_3(s)$	-365400		143.64	298-1088
$4/3Cr(s)+O_2(g)=2/3Cr_2O_3(s)$	-754900		170.00	298-2000
$Cu(s)+Cl_2(g)=CuCl_2(s)$	-222920	-36.19	253.93	298-862
$2Cu(s)+Cl_2(g)=2CuCl(l)$	-225340		39.22	709-1357
$2Cu(s)+Cl_2(g)=2CuCl(g)$	175230		-169.12	298-1357
$2Cu(s)+Cl_2(g)=2/3Cu_3Cl_3(g)$	-176800		5.03	298-1357
$4Cu(s)+O_2(g)=2Cu_2O(s)$	-338300		146.63	298-1357
$4Cu(l)+O_2(g)=2Cu_2O(s)$	-380110		177.35	1357-1517
$4Cu(l)+O_2(g)=2Cu_2O(l)$	-243390		87.34	1517-2000
$2Cu(s)+O_2(g)=2CuO(s)$	-306220		173.30	298-1357
$4Cu(s)+S_2(g)=2Cu_2S(s)$	-262400		61.00	298-1357
$4Cu(l)+S_2(g)=2Cu_2S(s)$	-235480		41.26	1357-1400
$4Cu(l)+S_2(g)=2Cu_2S(l)$	-282000		74.52	1400-1600
$2Cu(s)+S_2(g)=2CuS(s)$	-234070		154.88	298-774
$Cu_2O(s)+Fe_2O_3(s)=2CuFeO_2(s)$	-42710		16.38	1091-1470
$CuO(s)+Fe_2O_3(s)=2CuFe_2O_4(s)$	19400	3.50	-37.52	700-1400
$2CuO(s)+SO_3(g)=CuO\cdot CuSO_4(s)$	-217690	-21.59	240.96	800-1200
$CuO\cdot CuSO_4(s)+SO_3(g)=2CuSO_4(s)$	-216650	-21.59	253.55	700-1100
$2Cu_2S(s)+4FeS(s)+S_2(g)$ $=4CuFeS_2(s)$	-436560	-248.80	1055.84	298-830

[부록 3] 표준 자유에너지변화 6

반응식	$\Delta G°/J = A + BT\log T + CT$			온도범위 (K)
	A	B	C	
$2/3Dy(s)+Cl_2(g)=2/3DyCl_3(s)$	-662900		163.58	298-924
$2/3Dy(s)+Cl_2(g)=2/3DyCl_3(l)$	-616300		113.77	924-1682
$2/3Dy(l)+Cl_2(g)=2/3DyCl_3(l)$	-600670		104.15	1682-1810
$2/3Dy(s)+F_2(g)=2/3DyF_3(s)$	-1123600		158.74	298-1430
$2/3Dy(s)+F_2(g)=2/3DyF_3(l)$	-1071880		122.53	1430-1682
$2/3Dy(l)+F_2(g)=2/3DyF_3(l)$	-1072850		123.10	1682-2000
$4/3Dy(s)+O_2(g)=2/3Dy_2O_3(s)$	-1235650		190.14	298-1682
$4/3Dy(l)+O_2(g)=2/3Dy_2O_3(s)$	-1243600		194.38	1682-2000
$2/3Er(s)+Cl_2(g)=2/3ErCl_3(s)$	-660030		158.66	298-1049
$2/3Er(s)+Cl_2(g)=2/3ErCl_3(l)$	-613830		114.64	1049-1795
$2/3Er(s)+F_2(g)=2/3ErF_3(s)$	-1121210		160.29	298-1419
$2/3Er(s)+F_2(g)=2/3ErF_3(l)$	-1060170		116.87	1419-1795
$2/3Er(l)+F_2(g)=2/3ErF_3(l)$	-1070410		122.59	1795-2000
$Eu(s)+Br_2(g)=EuBr_2(s)$	-746730		173.66	298-956
$Eu(l)+Br_2(g)=EuBr_2(l)$	-702690		130.06	1090-1797
$2/3Eu(s)+Br_2(g)=2/3EuBr_3(s)$	-530580		167.36	298-663
$2/3Eu(s)+Cl_2(g)=2/3EuCl_3(s)$	-620450		167.17	298-897
$2/3Eu(s)+Cl_2(g)=2/3EuCl_3(l)$	-570530		110.98	897-1090
$2/3Eu(l)+Cl_2(g)=2/3EuCl_3(l)$	-574210		114.44	1090-1300
$2/3Eu(s)+F_2(g)=2/3EuF_3(s)$	-1051880		169.37	298-1090
$2/3Eu(l)+F_2(g)=2/3EuF_3(s)$	-1029330		148.03	1090-1650
$4/3Eu(s)+O_2(g)=2/3Eu_2O_3(s)$	-1102730		200.05	298-1090
$4/3Eu(l)+O_2(g)=2/3Eu_2O_3(s)$	-1098910		195.86	1090-1350
$1/5Fe(s)+CO(g)=1/5Fe(CO)_5(g)$	-34240		112.63	298-800
$Fe(s)+Cl_2(g)=FeCl_2(s)$	-338480		121.93	298-950
$Fe(s)+Cl_2(g)=FeCl_2(l)$	-287640		68.33	950-1293
$Fe(s)+Cl_2(g)=FeCl_2(g)$	-160330		-29.43	1293-1809
$2/3Fe(s)+Cl_2(g)=2/3FeCl_3(s)$	-264830		138.28	298-577
$2/3Fe(s)+Cl_2(g)=1/3Fe_2Cl_6(g)$	-221730		61.73	604-1809
$2Fe(s)+O_2(g)=2´FeO´(s)$	-528860		129.46	298-1650
$2Fe(s)+O_2(g)=2´FeO´(l)$	-477560		97.06	1650-1809

[부록 3] 표준 자유에너지변화 7

반응식	ΔG°/J= $A + BT\log T + CT$			온도범위 (K)
	A	B	C	
$3/2Fe(s)+O_2(g)=1/2Fe_3O_4(s)$	-543240		149.00	880-1809
$4/3Fe(s)+O_2(g)=2/3Fe_2O_3(s)$	-541430		166.92	298-1809
$2'FeO'(s)+SiO_2(s)=Fe_2SiO_4(s)$	-33260		15.27	298-1490
$2'FeO'(l)+SiO_2(s)=Fe_2SiO_4(l)$	24480		-21.59	1500-1700
$'FeO'(s)+Al_2O_3(s)=FeAl_2O_4(s)$	-33140		6.11	298-1644
$FeO(s)+SO_3(g)=FeSO_4(s)$	-266060	-31.00	290.03	298-944
$1/3Fe_2O_3(s)+SO_3(g)$ $=1/3Fe_2(SO_4)_3(s)$	-203300	-34.10	297.19	700-1000
$2Fe(s)+S_2(g)=2FeS(s)$	-312470		118.41	598-1461
$2Fe(s)+S_2(g)=2FeS(l)$	-240670		69.16	1461-1809
$2Fe(l)+S_2(g)=2FeS(l)$	-265370		82.82	1809-2000
$2'FeS'(s)+S_2(g)=2'FeS_2'(s)$	-362750		376.56	600-1100
$3Fe(s)+C(s)=Fe_3C(s)$	13780		-12.31	1000-1410
$4/3Ga(l)+O_2(g)=2/3Ga_2O_3(s)$	-729080		218.56	303-1998
$2Ga(l)+As_2(g)=2GaAs(s)$	-346080		223.11	303-1511
$2Ga(l)+P_2(g)=2GaP(s)$	-356680		225.45	303-1740
$2Ga(l)+Sb_2(g)=2GaSb(s)$	-327070		213.15	303-985
$2/3Gd(s)+Br_2(g)=2/3GdBr_3(s)$	-581180		156.41	298-1058
$2/3Gd(s)+Br_2(g)=2/3GdBr_3(l)$	-535620		113.28	1058-1585
$2/3Gd(s)+Cl_2(g)=2/3GdCl_3(s)$	-670060		160.14	298-875
$2/3Gd(s)+Cl_2(g)=2/3GdCl_3(l)$	-627730		111.57	875-1585
$2/3Gd(l)+Cl_2(g)=2/3GdCl_3(l)$	-614390		102.78	1585-1919
$2/3Gd(s)+F_2(g)=2/3GdF_3(s)$	-1127520		159.16	298-1505
$2/3Gd(l)+F_2(g)=2/3GdF_3(l)$	-1079840		126.53	1585-2000
$2/3Gd(s)+I_2(g)=2/3GdI_3(s)$	-454290		144.43	298-1204
$2/3Gd(s)+I_2(g)=2/3GdI_3(l)$	-399080		98.43	1204-1585
$4/3Gd(s)+O_2(g)=2/3Gd_2O_3(s)$	-1214540		187.64	298-1550
$Ge(s)+O_2(g)=GeO_2(s)$	-554000		173.01	298-1210
$Ge(l)+O_2(g)=GeO_2(s)$	-575460		190.43	1210-1409
$Ge(l)+O_2(g)=GeO_2(l)$	-556160		176.86	1409-1993

[부록 3] 표준 자유에너지변화 8

반응식	$\Delta G°/J = A + BT\log T + CT$			온도범위 (K)
	A	B	C	
$H_2(g)+Cl_2(g)=2HCl(g)$	-188270		-12.10	298-2000
$H_2(g)+F_2(g)=2HF(g)$	-548600		-6.72	298-2000
$2H_2(g)+O_2(g)=2H_2O(g)$	-493070		109.88	298-3000
$2H_2(g)+S_2(g)=2H_2S(g)$	-177760		96.75	298-2000
$2Hg(l)+Cl_2(g)=2HgCl(g)$	161180		-141.69	298-629
$2Hg(g)+Cl_2(g)=2HgCl(g)$	36770		56.40	629-2000
$2Hg(l)+O_2(g)=2HgO(s)$	-180930		213.99	298-629
$2Hg(l)+S_2(g)=2HgS(s)$	-234540		212.61	298-629
$HgO(s)+SO_3(g)=HgSO_4(s)$	-225760	-32.71	284.25	298-720
$Hg(l)+Se(l)=HgSe(s)$	-60260		26.22	493-629
$2Hg(g)+Se_2(g)=2HgSe(s)$	-352120		354.82	629-969
$4/3In(l)+O_2(g)=2/3In_2O_3(s)$	-616030		210.37	430-2183
$2In(l)+S_2(g)=2InS(s)$	-397480		207.87	430-953
$4/3In(s)+S_2(g)=2/3In_2S_3(s)$	-362730		189.75	430-1371
$2In(l)+As_2(g)=2InAs(s)$	-309300		207.80	430-1216
$2In(l)+P_2(g)=2InP(s)$	-323050		218.60	430-1344
$2In(l)+Sb_2(g)=2InSb(s)$	-294910		201.61	430-798
$2In(l)+Sb_2(g)=2InSb(l)$	-191760		72.17	798-1200
$2K(l)+Cl_2(g)=2KCl(s)$	-873990		191.88	336-1036
$2K(g)+Cl_2(g)=2KCl(l)$	-949300		264.85	1044-1710
$4K(l)+O_2(g)=2K_2O(s)$	-723520		280.56	336-980
$4K(g)+O_2(g)=2K_2O(l)$	-919220		469.44	1031-1325
$4K(l)+S_2(g)=2K_2S(s)$	-885880		278.08	336-1036
$K_2O(s)+CO_2(g)=K_2CO_3(s)$	-395880		152.77	298-1154
$K_2O(s)+H_2O(g)=2KOH(s)$	-241660		110.69	298-679
$K_2O(s)+H_2O(g)=2KOH(l)$	-201190		49.67	679-1154
$2/3La(s)+Br_2(g)=2/3LaBr_3(s)$	-629960		150.69	298-1061
$2/3La(l)+Br_2(g)=2/3LaBr_3(l)$	-588190		112.33	1193-1980
$2/3La(s)+Cl_2(g)=2/3LaCl_3(s)$	-708490		155.50	298-1131
$2/3La(l)+Cl_2(g)=2/3LaCl_3(l)$	-646910		101.45	1193-2000

[부록 3] 표준 자유에너지변화 9

반응식	$\Delta G^\circ/J = A + BT\log T + CT$			온도범위 (K)
	A	B	C	
$2/3La(s)+F_2(g)=2/3LaBr_3(s)$	-1129460		160.12	298-1193
$2/3La(l)+F_2(g)=2/3LaBr_3(s)$	-1118830		150.72	1193-1766
$2/3La(l)+F_2(g)=2/3LaBr_3(l)$	-1066980		121.24	1766-2000
$2/3La(s)+I_2(g)=2/3LaI_3(s)$	-503820		145.31	298-1051
$2/3La(l)+I_2(g)=2/3LaI_3(l)$	-459550		103.74	1193-1925
$4/3La(s)+O_2(g)=2/3La_2O_3(s)$	-1192800		186.49	298-1193
$4/3La(l)+O_2(g)=2/3La_2O_3(s)$	-1195950		189.19	1193-2000
$4/3La(s)+S_2(g)=2/3La_2S_3(s)$	-928650		185.48	298-1193
$4/3La(l)+S_2(g)=2/3La_2S_3(s)$	-935100		190.93	1193-2000
$2Li(l)+Cl_2(g)=2LiCl(s)$	-819100		166.37	454-883
$2Li(l)+Cl_2(g)=2LiCl(l)$	-771120		111.79	883-1605
$4Li(l)+O_2(g)=2Li_2O(s)$	-1207370		273.37	454-1605
$Li_2O(s)+CO_2(g)=Li_2CO_3(s)$	-222110		154.93	298-993
$Li_2O(s)+CO_2(g)=Li_2CO_3(l)$	-153750		85.87	993-1300
$Li_2O(s)+H_2O(g)=2LiOH(s)$	-127630		132.69	298-744
$Li_2O(s)+H_2O(g)=2LiOH(l)$	-66480		51.33	744-1312
$Mg(s)+Cl_2(g)=MgCl_2(s)$	-641490		156.88	298-923
$Mg(l)+Cl_2(g)=MgCl_2(l)$	-599670		114.21	980-1366
$Mg(g)+Cl_2(g)=MgCl_2(l)$	-717580		200.49	1366-1691
$2Mg(s)+O_2(g)=2MgO(s)$	-1202700		214.28	298-923
$2Mg(l)+O_2(g)=2MgO(s)$	-1217280		230.08	923-1366
$2Mg(g)+O_2(g)=2MgO(s)$	-1461830		410.87	1366-3098
$MgO(s)+CO_2(g)=MgCO_3(s)$	-99970		173.02	298-812
$MgO(s)+H_2O(g)=Mg(OH)_2(s)$	-79740		146.85	298-700
$MgO(s)+SiO_2(s)=MgSiO_3(s)$	-41390		7.72	298-1850
$2MgO(s)+SiO_2(s)=Mg_2SiO_4(s)$	-67310	-69.37	6.02	298-2171
$MgO(s)+SO_3(g)=MgSO_4(s)$	-328700		421.29	1000-1428
$2Mg(s)+S_2(g)=2MgS(s)$	-816730		185.59	298-923
$2Mg(l)+S_2(g)=2MgS(s)$	-833260		203.48	923-1366
$2Mg(g)+S_2(g)=2MgS(s)$	-1080470		384.53	1366-2000
$Mn(s)+Cl_2(g)=MnCl_2(s)$	-478660		128.10	298-923
$Mn(s)+Cl_2(g)=MnCl_2(l)$	-432790		78.42	923-1500

[부록 3] 표준 자유에너지변화 10

반응식	$\Delta G^\circ/J = A + BT\log T + CT$			온도범위 (K)
	A	B	C	
$2Mn(s)+O_2(g)=2MnO(s)$	-765060		148.96	298-1519
$2Mn(l)+O_2(g)=2MnO(s)$	-801100		173.02	1519-2083
$MnO(s)+SiO_2(s)=MnSiO_3(s)$	-27960		2.42	298-1564
$3/2Mn(s)+O_2(g)=1/2Mn_3O_4(s)$	-692000		172.42	298-1519
$3/2Mn(l)+O_2(g)=1/2Mn_3O_4(s)$	-704250		180.46	1519-1835
$Mn(s)+O_2(g)=MnO_2(s)$	-521430		181.94	298-803
$MnO(s)+SO_3(g)=MnSO_4(s)$	-292720	-38.31	318.00	298-973
$2Mn(s)+S_2(g)=2MnS(s)$	-554100		127.28	298-1519
$2Mn(l)+S_2(g)=2MnS(s)$	-593390		153.17	1519-1803
$2Mn(l)+S_2(g)=2MnS(l)$	-541680		124.49	1803-2000
$Mo(s)+O_2(g)=MoO_2(s)$	-570230		164.94	298-2000
$2/3Mo(s)+O_2(g)=2/3MoO_3(s)$	-494660		165.71	298-1074
$4/3Mo(s)+S_2(g)=2/3Mo_2S_3(s)$	-392570		174.01	298-2050
$1/3N_2(g)+H_2(g)=2/3NH_3(g)$	-28720	19.46	11.32	298-1500
$N_2(g)+O_2(g)=2NO(g)$	180490		-24.90	298-2000
$1/2N_2(g)+O_2(g)=NO_2(g)$	32010		63.71	298-2000
$2Na(l)+Cl_2(g)=2NaCl(s)$	-819120		172.80	371-1074
$2Na(g)+Cl_2(g)=2NaCl(l)$	-927890		258.82	1154-1738
$2Na(l)+F_2(g)=2NaF(s)$	-1149130		207.93	371-1154
$2Na(g)+F_2(g)=2NaF(l)$	-1240810		291.27	1269-2063
$Na(l)+1/3Al(l)+F_2(g)$ $=1/3Na_3AlF_6(l)$	-1125490		206.50	1285-2273
$4Na(l)+O_2(g)=2Na_2O(s)$	-835060		277.03	371-1154
$4Na(g)+O_2(g)=2Na_2O(s)$	-1157660		553.90	1154-1405
$4Na(g)+O_2(g)=2Na_2O(l)$	-1041780		472.32	1405-2000
$4Na(l)+S_2(g)=2Na_2S(s)$	-880740		263.18	371-1154
$4Na(g)+S_2(g)=2Na_2S(l)$	-1257720		580.74	1192-1600
$Na_2O(s)+SiO_2(s)=Na_2SiO_3(s)$	-234740		9.02	298-1362
$Na_2O(s)+CO_2(s)=Na_2CO_3(s)$	-310570		131.76	723-1123
$Na_2O(s)+CO_2(s)=Na_2CO_3(l)$	-278200		102.80	1123-1405
$Na_2O(l)+CO_2(s)=Na_2CO_3(l)$	-318130		131.37	1405-2000
$Na_2O(s)+SO_3(s)=Na_2SO_4(s)$	-575870	-50.09	315.01	600-1157

[부록 3] 표준 자유에너지변화 11

반응식	$\Delta G°/J = A + BT\log T + CT$			온도범위 (K)
	A	B	C	
$4/5Nb(s)+O_2(g)=2/5Nb_2O_5(s)$	-754030		166.99	298-1783
$4/5Nb(s)+O_2(g)=2/5Nb_2O_5(l)$	-687010		128.88	1783-2000
$2/3Nd(s)+Br_2(g)=2/3NdBr_3(s)$	-610380		154.40	298-955
$2/3Nd(s)+Br_2(g)=2/3NdBr_3(l)$	-575690		117.97	955-1289
$2/3Nd(l)+Br_2(g)=2/3NdBr_3(l)$	-567630		111.81	1289-1859
$2/3Nd(s)+Cl_2(g)=2/3NdCl_3(s)$	-691490		157.94	298-1032
$2/3Nd(s)+Cl_2(g)=2/3NdCl_3(l)$	-640240		107.84	1032-1289
$2/3Nd(l)+Cl_2(g)=2/3NdCl_3(l)$	-642500		109.59	1289-1976
$2/3Nd(s)+F_2(g)=2/3NdF_3(s)$	-1115350		158.36	298-1289
$2/3Nd(l)+F_2(g)=2/3NdF_3(s)$	-1108590		152.67	1289-1650
$2/3Nd(l)+F_2(g)=2/3NdF_3(l)$	-1064280		125.88	1650-2000
$2/3Nd(s)+I_2(g)=2/3NdI_3(s)$	-477360		151.55	298-1060
$2/3Nd(s)+I_2(g)=2/3NdI_3(l)$	-428520		105.47	1060-1289
$2/3Nd(l)+I_2(g)=2/3NdI_3(l)$	-430830		107.56	1289-1777
$4/3Nd(s)+O_2(g)=2/3Nd_2O_3(s)$	-1201760		185.00	298-1289
$4/3Nd(l)+O_2(g)=2/3Nd_2O_3(s)$	-1208130		189.78	1289-2000
$4/3Nd(s)+S_2(g)=2/3Nd_2S_3(s)$	-876800		193.28	298-1289
$4/3Nd(l)+S_2(g)=2/3Nd_2S_3(s)$	-895780		208.05	1289-2000
$Ni(s)+Cl_2(g)=NiCl_2(s)$	-301710		146.36	298-1128
$1/4Ni(s)+CO(g)=1/4Ni(CO)_4(g)$	-39550		100.16	298-1728
$2Ni(s)+O_2(g)=2NiO(s)$	-468580		169.44	298-1728
$2Ni(l)+O_2(g)=2NiO(s)$	-494910		184.68	1728-2228
$NiO(s)+Fe_2O_3(s)=NiO \cdot Fe_2O_3(s)$	-17730		-5.33	855-1500
$2Ni(s)+S_2(g)=2NiS(s)$	-287480		153.91	670-850
$3Ni(s)+S_2(g)=Ni_3S_2(s)$	-277150		100.12	828-1079
$3Ni(s)+S_2(g)=Ni_3S_2(l)$	-241460		66.94	1079-1700
$NiO(s)+SO_3(g)=NiSO_4(s)$	-248070		198.82	900-1200
$3Ni(s)+Ti(s)=Ni_3Ti(s)$	-143140		-8.05	298-1653
$Ni(s)+Ti(s)=NiTi(s)$	-68040		11.33	298-1583
$1/2Ni(s)+Ti(s)=1/2NiTi_2(s)$	-42710		6.03	298-1257
$2P(s, red)=P_2(g)$	176900		-165.80	298-703

[부록 3] 표준 자유에너지변화 12

반응식	$\Delta G°/J = A + BT\log T + CT$			온도범위 (K)
	A	B	C	
$2P(l,\ white) = P_2(g)$	140220		-124.17	317-552
$2/5P_2(g) + O_2(g) = 1/5P_4O_{10}(g)$	-631620		201.20	552-1973
$Pb(l) + Cl_2(g) = PbCl_2(l)$	-324340		102.74	774-1223
$Pb(l) + Cl_2(g) = PbCl_2(g)$	-189480		-7.63	1223-2020
$2Pb(s) + O_2(g) = 2PbO(s)$	-438340		198.17	298-601
$2Pb(l) + O_2(g) = 2PbO(s)$	-439340		200.40	601-1159
$2Pb(l) + O_2(g) = 2PbO(l)$	-368880		139.58	1159-1897
$2Pb(l) + S_2(g) = 2PbS(s)$	-324220		174.76	601-1387
$2Pb(l) + S_2(g) = 2PbS(l)$	-277040		140.65	1387-1587
$PbO(l) + SiO_2(s) = PbO \cdot SiO_2(l)$	-2930		-9.25	1159-1800
$5PbO(l) + SO_3(g) = PbSO_4 \cdot 4PbO(s)$	-304890		128.45	800-1108
$3/2(PbSO_4 \cdot 4PbO(s)) + SO_3(g) = 5/2(PbSO_4 \cdot 2PbO(s))$	-298650	-70.33	357.61	889-1168
$2(PbSO_4 \cdot 2PbO(s)) + SO_3(g) = 3(PbSO_4 \cdot PbO(s))$	-367860	-70.33	435.47	889-1223
$PbSO_4 \cdot PbO(s) + SO_3(g) = 2PbSO_4(s)$	-309620	-70.33	407.52	800-1139
$2/3Pr(s) + Br_2(g) = 2/3PrBr_3(s)$	-620590		154.56	298-966
$2/3Pr(s) + Br_2(g) = 2/3PrBr_3(l)$	-482110		31.55	966-1204
$2/3Pr(l) + Br_2(g) = 2/3PrBr_3(l)$	-577530		111.34	1204-1909
$2/3Pr(s) + Cl_2(g) = 2/3PrCl_3(s)$	-699000		155.87	298-1059
$2/3Pr(s) + Cl_2(g) = 2/3PrCl_3(l)$	-653090		112.33	1059-1204
$2/3Pr(l) + Cl_2(g) = 2/3PrCl_3(l)$	-651240		111.18	1204-1982
$2/3Pr(s) + F_2(g) = 2/3PrF_3(s)$	-1121250		158.74	298-1204
$2/3Pr(l) + F_2(g) = 2/3PrF_3(s)$	-1114450		152.99	1204-1672
$2/3Pr(l) + F_2(g) = 2/3PrF_3(l)$	-1057720		119.10	1672-2000
$2/3Pr(s) + I_2(g) = 2/3PrI_3(s)$	-493610		144.49	298-1011
$2/3Pr(s) + I_2(g) = 2/3PrI_3(l)$	-459880		111.14	1011-1204
$2/3Pr(l) + I_2(g) = 2/3PrI_3(l)$	-454930		107.34	1204-1803
$4/3Pr(s) + O_2(g) = 2/3Pr_2O_3(s)$	-1202730		190.22	298-1204
$4/3Pr(l) + O_2(g) = 2/3Pr_2O_3(s)$	-1210970		197.12	1204-2000
$7/6Pr(s) + O_2(g) = 1/6Pr_7O_{12}(s)$	-1108530		208.73	298-1184
$Pr(s) + O_2(g) = PrO_2(s)$	-972800		193.64	298-500

[부록 3] 표준 자유에너지변화 13

반응식	$\Delta G°/J = A + BT\log T + CT$			온도범위 (K)
	A	B	C	
$Pr(s)+S_2(g)=2PrS(s)$	-1028810		210.46	298-1204
$Pr(l)+S_2(g)=2PrS(s)$	-1049700		227.72	1204-2000
$3/2Pr(s)+S_2(g)=1/2Pr_3S_4(s)$	-902700		202.45	298-1204
$3/2Pr(l)+S_2(g)=1/2Pr_3S_4(s)$	-917610		214.77	1204-2000
$Pt(s)+O_2(g)=PtO_2(s)$	168330		1.41	298-2000
$2S(l)=S_2(g)$	115350		-132.59	388-717
$2S(g)=S_2(g)$	-430790		119.85	298-2000
$3/2S_2(g)=S_3(g)$	-53750		72.21	298-1300
$2S_2(g)=S_4(g)$	-110210		142.63	400-2000
$3S_2(g)=S_6(g)$	-277600		311.58	298-1200
$4S_2(g)=S_8(g)$	-402300		451.44	298-1200
$S_2(g)+O_2(g)=2SO(g)$	-117180		-14.06	298-2000
$1/2S_2(g)+O_2(g)=SO_2(g)$	-361660		72.48	298-2000
$1/3S_2(g)+O_2(g)=2/3SO_3(g)$	-306080		108.96	298-2000
$2Sb(s)=Sb_2(g)$	226740		-151.99	298-904
$2Sb(l)=Sb_2(g)$	171570		-91.38	904-1858
$4/3Sb(s)+O_2(g)=2/3Sb_2O_3(s)$	-469720		177.50	298-904
$4/3Sb(s)+O_2(g)=1/3Sb_4O_6(g)$	-430150		144.50	928-1858
$4/3Sb(s)+O_2(g)=2/5Sb_2O_5(s)$	-397600		191.91	298-798
$4/3Sb(s)+S_2(g)=2/3Sb_2S_3(s)$	-262470		158.16	298-823
$4/3Sb(s)+S_2(g)=2/3Sb_2S_3(l)$	-219710		106.21	823-904
$4/3Sb(l)+S_2(g)=2/3Sb_2S_3(l)$	-243470		132.61	904-1273
$2/3Sc(s)+F_2(g)=2/3ScF_3(s)$	-1069530		148.80	298-1812
$2/3Sc(s)+Cl_2(g)=2/3ScCl_3(s)$	-608230		154.18	298-1240
$2/3Sc(s)+Br_2(g)=2/3ScBr_3(s)$	-500950		146.28	298-1202
$4/3Sc(s)+O_2(g)=2/3Sc_2O_3(s)$	-1270590		196.36	298-1812
$Se(s)+O_2(g)=SeO_2(s)$	-224870		179.94	298-493
$Se(l)+O_2(g)=SeO_2(s)$	-229470		189.15	493-601
$Se(l)+O_2(g)=SeO_2(g)$	-119810		6.49	601-957

[부록 3] 표준 자유에너지변화 14

반응식	$\Delta G°/J = A + BT\log T + CT$			온도범위 (K)
	A	B	C	
$1/2Si(s)+Cl_2(g)=1/2SiCl_4(g)$	-332800		67.23	330-1685
$3/2Si(s)+N_2(g)=1/2Si_3N_4(s)$	-373100		166.16	298-1685
$3/2Si(l)+N_2(g)=1/2Si_3N_4(s)$	-435760		203.12	1685-2146
$2Si(s)+O_2(g)=2SiO(g)$	-204060		-164.43	298-1685
$Si(s)+O_2(g)=SiO_2(s)$	-904180		172.37	298-1685
$Si(l)+O_2(g)=SiO_2(s)$	-943040		195.31	1685-2001
$2Si(s)+S_2(g)=2SiS(g)$	97600		-166.13	298-1685
$Si(l)+C(s)=SiC(s)$	-72760		7.04	298-1685
$2/3Sm(s)+Cl_2(g)=2/3SmCl_3(s)$	-680780		162.36	298-950
$2/3Sm(s)+Cl_2(g)=2/3SmCl_3(l)$	-640810		120.38	950-1345
$2/3Sm(s)+F_2(g)=2/3SmF_3(s)$	-1107180		159.30	298-1348
$2/3Sm(l)+F_2(g)=2/3SmF_3(s)$	-1098480		152.64	1345-1572
$2/3Sm(l)+F_2(g)=2/3SmF_3(l)$	-1066170		132.07	1572-2000
$4/3Sm(s)+O_2(g)=2/3Sm_2O_3(s)$	-1216100		195.47	298-1345
$4/3Sm(l)+O_2(g)=2/3Sm_2O_3(s)$	-1228520		204.70	1345-2000
$Sn(l)+Cl_2(g)=SnCl_2(l)$	-305770		97.80	520-885
$1/2Sn(l)+Cl_2(g)=1/2SnCl_4(g)$	-238520		71.63	505-2000
$Sn(l)+O_2(g)=SnO_2(s)$	-579810		204.09	505-2140
$2Sn(l)+O_2(g)=2SnO(l)$	-516390		154.16	1250-1500
$2Sn(l)+O_2(g)=2SnO(g)$	13170		-100.42	505-2000
$2Sn(l)+S_2(g)=2SnS(s)$	-353280		195.78	505-1153
$2Sn(l)+S_2(g)=2SnS(l)$	-273520		126.56	1153-1477
$2Sn(l)+S_2(g)=2SnS(g)$	46850		-90.51	1477-2000
$2Sr(s)+O_2(g)=2SrO(s)$	-1180730		196.47	298-1050
$2Sr(l)+O_2(g)=2SrO(s)$	-1190200		205.41	1050-1685
$SrO(s)+CO_2(g)=SrCO_3(s)$	-264960	-68.96	394.47	298-1513
$SrO(s)+H_2O(g)=Sr(OH)_2(g)$	-133250		143.34	298-783
$4/5Ta(s)+O_2(g)=2/5Ta_2O_5(s)$	-810480		164.49	298-2058
$2/3Tb(s)+Cl_2(g)=2/3TbCl_3(s)$	-660990		159.85	298-855

[부록 3] 표준 자유에너지변화 15

반응식	$\Delta G°$/J= $A + BT\log T + CT$			온도범위 (K)
	A	B	C	
$2/3Tb(s)+Cl_2(g)=2/3TbCl_3(l)$	-617760		109.50	855-1630
$2/3Tb(s)+F_2(g)=2/3TbF_3(s)$	-1132200		158.70	298-1450
$2/3Tb(s)+F_2(g)=2/3TbF_3(l)$	-1071330		116.24	1450-1630
$2/3Tb(l)+F_2(g)=2/3TbF_3(l)$	-1082590		123.31	1630-2000
$2/3Tb(s)+I_2(g)=2/3TbI_3(s)$	-462180		144.48	298-1228
$2/3Tb(s)+I_2(g)=2/3TbI_3(l)$	-405270		98.02	1228-1625
$4/3Tb(s)+O_2(g)=2/3Tb_2O_3(s)$	-1237600		183.90	298-1630
$7/6Tb(s)+O_2(g)=1/6Tb_7O_{12}(s)$	-1099200		177.19	298-1385
$Te(l)+O_2(g)=TeO_2(s)$	-335480		194.58	723-1006
$Te(l)+O_2(g)=TeO_2(l)$	-301040		160.46	1006-1267
$1/2Th(s)+F_2(g)=1/2ThF_4(s)$	-1043550		146.24	298-1383
$Th(s)+O_2(g)=ThO_2(s)$	-1220540		180.67	298-2023
$1/2Ti(s)+Cl_2(g)=1/2TiCl_4(g)$	-381050		59.80	409-1939
$2Ti(s)+O_2(g)=2TiO(s)$	-1100130	-60.03	387.26	600-1939
$4/3Ti(s)+O_2(g)=2/3Ti_2O_3(s)$	-993860		166.20	298-1939
$6/5Ti(s)+O_2(g)=2/5Ti_3O_5(s)$	-967300		162.94	298-1939
$Ti(s)+O_2(g)=TiO_2(s)$	-936550		173.33	298-1939
$2Ti(\alpha)+N_2(g)=2TiN(s)$	-673320		186.84	298-1166
$2Ti(\beta)+N_2(g)=2TiN(s)$	-669070		183.14	1166-1939
$Ti(\alpha)+C(s)=2TiC(s)$	-183850		10.26	298-1166
$Ti(\beta)+C(s)=2TiC(s)$	-186670		12.64	1166-2000
$1/2U(s)+F_2(g)=1/2UF_4(s)$	-1594760	-1904.66	6566.56	298-1309
$1/2U(l)+F_2(g)=1/2UF_4(l)$	-915720		113.59	1405-1730
$1/3U(s)+F_2(g)=1/3UF_6(g)$	-714760		90.95	329-1405
$2U(s)+N_2(g)=2UN(s)$	-561410	52.85	-17.23	298-1405
$U(s)+O_2(g)=UO_2(s)$	-1081240		169.75	298-1405
$U(l)+O_2(g)=UO_2(s)$	-1084060		171.86	1405-3115
$3/4U(s)+O_2(g)=1/4U_3O_8(s)$	-891100		163.55	298-1405
$2/3U(s)+O_2(g)=2/3UO_3(s)$	-816300		168.34	298-1050
$U(s)+C(s)=UC(s)$	-96630		-8.00	298-1405
$U(l)+C(s)=UC(s)$	-111930		2.87	1405-2000

반응식	$\Delta G°/J = A + BT\log T + CT$			온도범위 (K)
	A	B	C	
$4/3V(s)+O_2(g)=2/3V_2O_3(s)$	-800190		164.60	298-2190
$4/5V(s)+O_2(g)=2/5V_2O_5(s)$	-618730		171.60	298-943
$4/5V(s)+O_2(g)=2/5V_2O_5(l)$	-581050		131.84	943-1290
$W(s)+O_2(g)=WO_2(s)$	-583790		174.78	298-1803
$2/3W(s)+O_2(g)=2/3WO_3(s)$	-555270		162.24	298-1745
$W(s)+C(s)=WC(s)$	-39100		0.33	298-2000
$2/3Y(s)+Cl_2(g)=2/3YCl_3(s)$	-663260		150.22	298-994
$2/3Y(s)+Cl_2(g)=2/3YCl_3(l)$	-623300		110.31	994-1757
$2/3Y(s)+F_2(g)=2/3YF_3(s)$	-1139790		151.71	298-1428
$2/3Y(s)+F_2(g)=2/3YF_3(l)$	-1078310		108.11	1428-1799
$2/3Y(s)+I_2(g)=2/3YI_3(s)$	-469060		140.72	298-1273
$2/3Y(s)+I_2(g)=2/3YI_3(l)$	-415400		98.08	1273-1580
$4/3Y(s)+O_2(g)=2/3Y_2O_3(s)$	-1265920		188.20	298-1799
$Zn(l)+Cl_2(g)=ZnCl_2(l)$	-399740		124.71	693-1004
$Zn(g)+Cl_2(g)=ZnCl_2(g)$	-394070		102.03	1179-2000
$Zn(g)+F_2(g)=ZnF_2(l)$	-811530		210.10	1223-1776
$2Zn(l)+O_2(g)=2ZnO(s)$	-712540		215.91	693-1179
$2Zn(g)+O_2(g)=2ZnO(s)$	-929500		399.96	1179-2243
$2Zn(l)+S_2(g)=2ZnS(s)$	-548500		207.68	693-1179
$2Zn(g)+S_2(g)=2ZnS(s)$	-745870		375.25	1179-1907
$ZnO(s)+CO_2(g)=ZnCO_3(s)$	-73620		174.50	298-422
$2ZnO(s)+SiO_2(s)=Zn_2SiO_4(s)$	-36540		2.43	298-1300
$3/2ZnO(s)+SO_3(g)$ $=1/2(ZnO\cdot 2ZnSO_4(s))$	-239280	-31.80	274.60	800-1200
$ZnO\cdot 2ZnSO_4(s)+SO_3(g)$ $=3ZnSO_4(\alpha)$	-224810		189.16	800-1007
$ZnO\cdot 2ZnSO_4(s)+SO_3(g)$ $=3ZnSO_4(\beta)$	-164350		129.16	1007-1200
$1/2Zr(s)+Cl_2(g)=1/2ZrCl_4(g)$	-435950		58.11	609-2000
$Zr(s)+O_2(g)=ZrO_2(s)$	-1090960		180.14	298-2125

[부록 4] 298.15 K, 101.325 kPa (1 atm)에서 수용액의 표준 전극전위 1

Reaction	$E°/V$	Reaction	$E°/V$
$Ag^{+} + e = Ag$	0.7996	$Cr^{2+} + 2e = Cr$	-0.913
$Ag^{2+} + e = Ag^{+}$	1.980	$Cs^{+} + e = Cs$	-3.026
$Ag^{3+} + 2e = Ag^{+}$	1.9	$Cu^{+} + e = Cu$	0.521
$Ag^{3+} + e = Ag^{2+}$	1.8	$Cu^{2+} + 2e = Cu$	0.3419
$AgBr + e = Ag + Br^{-}$	0.07133	$Cu^{2+} + 2CN^{-} + e = [Cu(CN)_2]^{-}$	1.103
$AgCl + e = Ag + Cl^{-}$	0.22233	$CuI_2^{-} + e = Cu + 2I^{-}$	0.00
$AgCN + e = Ag + CN^{-}$	-0.017	$Cu(OH)_2 + 2e = Cu + 2OH^{-}$	-0.222
$AgNO_2 + e = Ag + 2NO_2^{-}$	0.564	$2Cu(OH)_2 + 2e = Cu_2O + 2OH^{-} + H_2O$	-0.080
$Ag_2SO_4 + 2e = 2Ag + SO_4^{2-}$	0.654	$Dy^{2+} + 2e = Dy$	-2.2
$Al^{3+} + 3e = Al$	-1.676	$Dy^{3+} + 3e = Dy$	-2.295
$Al(OH)_3 + 3e = Al + 3OH^{-}$	-2.30	$Dy^{3+} + e = Dy^{2+}$	-2.6
$AlF_6^{3-} + 3e = Al + 6F^{-}$	-2.069	$Er^{2+} + 2e = Er$	-2.0
$As + 3H^{+} + 3e = AsH_3$	-0.608	$Er^{3+} + 3e = Er$	-2.331
$Au^{+} + e = Au$	1.692	$Er^{3+} + e = Er^{2+}$	-3.0
$Au^{3+} + 2e = Au^{+}$	1.401	$Eu^{2+} + 2e = Es$	-2.812
$Au^{3+} + 3e = Au$	1.498	$Eu^{3+} + 3e = Eu$	-1.991
$Au^{2+} + e = Au^{+}$	1.8	$Eu^{3+} + e = Eu^{2+}$	-0.36
$AuOH^{2+} + H^{+} + 2e = Au^{+} + H_2O$	1.32	$F_2 + 2H^{+} + 2e = 2HF$	3.053
$AuCl_4^{-} + 3e = Au + 4Cl^{-}$	1.002	$F_2 + 2e = 2F^{-}$	2.866
$Au(OH)_3 + 3H^{+} + 3e = Au + 3H_2O$	1.45	$Fe^{2+} + 2e = Fe$	-0.447
$Bi^{+} + e = Bi$	0.5	$Fe^{3+} + 3e = Fe$	-0.037
$(CN)_2 + 2H^{+} + 2e = 2HCN$	0.373	$Fe^{3+} + e = Fe^{2+}$	0.771
$2HCNO + 2H^{+} + 2e = (CN)_2 + 2H_2O$	0.330	$Ga^{3+} + 3e = Ga$	-0.549
$CO_2 + 2H^{+} + 2e = HCOOH$	-0.199	$Ga^{+} + e = Ga$	-0.2
$Ca^{+} + e = Ca$	-3.80	$Gd^{3+} + 3e = Gd$	-2.279
$Ca^{2+} + 2e = Ca$	-2.868	$Ge^{2+} + 2e = Ge$	0.24
$Ca(OH)_2 + 2e = Ca + 2OH^{-}$	-3.02	$Ge^{4+} + 4e = Ge$	0.124
$Cd^{2+} + 2e = Cd$	-0.4030	$2H^{+} + 2e = H_2$	0.0000
$Ce^{3+} + 3e = Ce$	-2.336	$H_2 + 2e = 2H^{-}$	-2.23
$CeOH^{3+} + H^{+} + e = Ce^{3+} + H_2O$	1.715	$2H_2O + 2e = H_2 + 2OH^{-}$	-0.8277
$Cl_2(g) + 2e = 2Cl^{-}$	1.3583	$H_2O_2 + 2H^{+} + 2e = 2H_2O$	1.776
$Co^{2+} + 2e = Co$	-0.28	$Hf^{4+} + 4e = Hf$	-1.55
$Co^{3+} + e = Co^{2+}$	1.92	$HfO_2 + 4H^{+} + 4e = Hf + 2H_2O$	-1.505
$[Co(NH_3)_6]^{3+} + e = [Co(NH_3)_6]^{2+}$	0.108	$HfO(OH)_2 + H_{20} + 4e = Hf + 4OH^{-}$	-2.50
$Co(OH)_2 + 2e = Co + 2OH^{-}$	-0.73	$Hg^{2+} + 2e = Hg$	0.851
$Co(OH)_3 + e = Co(OH)_2 + OH^{-}$	0.17	$Ho^{2+} + 2e = Ho$	-2.1

[부록 4] 298.15 K, 101.325 kPa (1 atm)에서 수용액의 표준 전극전위 2

Reaction	$E°/V$	Reaction	$E°/V$
$Ho^{3+} + 3e = Ho$	-2.33	$O(g) + 2H^{+} + 2e = H_2O$	2.421
$Ho^{3+} + e = Ho^{2+}$	-2.8	$O_2 + H_2O + 2e = OH_2^{-} + OH^{-}$	-0.076
$I_2 + 2e = 2I^{-}$	0.5355	$Pb^{2+} + 2e = Pb$	-0.1262
$In^{+} + e = In$	-0.14	$PbCl_2 + 2e = Pb + 2Cl^{-}$	-0.2675
$Ir^{3+} + 3e = Ir$	1.156	$PbO_2 + 4H^{+} + 2e = Pb^{2+} + 2H_2O$	1.455
$Ir_2O_3 + 3H_2O + 6e = 2Ir + 6OH^{-}$	0.098	$PbSO_4 + 2e = Pb + SO_4^{2-}$	0.3588
$K^{+} + e = K$	-2.931	$Pd^{2+} + 2e = Pd$	0.951
$La^{3+} + 3e = La$	-2.397	$[PdCl_4]^{2-} + 2e = Pd + 4Cl^{-}$	0.591
$La(OH)_3 + 3e = La + 3OH^{-}$	-2.90	$Pd(OH)_2 + 2e = Pd + 2OH^{-}$	0.07
$Li^{+} + e = Li$	-3.0401	$Pr^{2+} + 2e = Pr$	-2.0
$Mg^{+} + e = Mg$	-2.70	$Pr^{3+} + 3e = Pr$	-2.353
$Mg^{2+} + 2e = Mg$	-2.372	$Pr^{4+} + e = Pr^{3+}$	3.2
$Mg(OH)_2 + 2e = Mg + 2OH^{-}$	-2.690	$Pt^{2+} + 2e = Pt$	1.18
$Mn^{2+} + 2e = Mn$	-1.185	$[PtCl_4]^{2-} + 2e = Pt + 4Cl^{-}$	0.755
$Mn^{3+} + e = Mn^{2+}$	1.5415	$[PtCl_6]^{2-} + 2e = [PtCl_4]^{2-} + 2Cl^{-}$	0.68
$Mn(OH)_2 + 2e = Mn + 2OH^{-}$	-1.56	$Pt(OH)_2 + 2e = Pt + 2OH^{-}$	0.14
$Mn(OH)_3 + e = Mn(OH)_2 + OH^{-}$	0.15	$Re^{3+} + 3e = Re$	0.300
$Mo^{3+} + 3e = Mo$	-0.200	$Rh^{+} + e = Rh$	0.600
$MoO_2 + 4H^{+} + 4e = Mo + 4H_2O$	-0.152	$Rh^{3+} + 3e = Rh$	0.758
$MoO_3 + 6H^{+} + 6e = Mo + 3H_2O$	0.075	$[RhCl_6]^{3-} + 3e = Rh + 6Cl^{-}$	0.431
$3N_2 + 2H^{+} + 2e = 2HN_3$	-3.09	$Ru^{2+} + 2e = Ru$	0.455
$N_2 + 2H_2O + 6H^{+} + 6e = 2NH_4OH$	0.097	$Ru^{3+} + e = Ru^{2+}$	0.2487
$HNO_2 + H^{+} + e = NO + H_2O$	0.983	$RuO_2 + 4H^{+} + 2e = Ru^{2+} + 2H_2O$	1.120
$Na^{+} + e = Na$	-2.71	$S + 2e = S^{2-}$	-0.4763
$Nb^{3+} + 3e = Nb$	-1.099	$S + 2H^{+} + 2e = H_2S(aq)$	0.142
$Nb_2O_5 + 10H^{+} + 10e = 2Nb + 5H_2O$	-0.644	$Sb + 3H^{+} + 3e = SbH_3$	-0.510
$Nd^{3+} + 3e = Nd$	-2.323	$Sb_2O_3 + 6H^{+} + 6e = 2Sb + 3H_2O$	0.152
$Nd^{2+} + 2e = Nd$	-2.1	$Sc^{3+} + 3e = Sc$	-0.2077
$Nd^{3+} + e = Nd^{2+}$	-2.7	$Se + 2e = Se^{2-}$	-0.670
$Ni^{2+} + 2e = Ni$	-0.257	$Se + 2H^{+} + 2e = H_2Se(aq)$	-0.399
$Ni(OH)_2 + 2e = Ni + 2OH^{-}$	-0.72	$Se + 2H^{+} + 2e = H_2Se$	-0.082
$NiO_2 + 4H^{+} + 2e = Ni2^{+} + 2H_2O$	1.678	$SeO_4^{2-} + H_2O + 2e = SeO_3^{2-} + 2OH^{-}$	0.05
$NiO_2 + 2H_2O + 2e = Ni(OH)_2 + 2OH^{-}$	-0.490	$SiF_6^{2-} + 4e = Si + 6F^{-}$	-1.24
$O_2 + 2H^{+} + 2e = H_2O_2$	0.695	$SiO_2(qtz) + 4H^{+} + 4e = Si + 2H_2O$	0.857
$O_2 + 4H^{+} + 4e = 2H_2O$	1.229	$SiO + 2H^{+} + 2e = Si + H_2O$	-0.8

[부록 4] 298.15 K, 101.325 kPa (1 atm)에서 수용액의 표준 전극전위 3

Reaction	$E°$/V	Reaction	$E°$/V
$Sm^{2+} + 2e = Sm$	-2.68	$TiOH^{3+} + H^{+} + e = Ti^{3+} + H_2O$	-0.055
$Sm^{3+} + 3e = Sm$	-2.304	$Tl^{+} + e = Tl$	-0.336
$Sm^{3+} + e = Sm^{2+}$	-1.55	$Tl^{3+} + 3e = Tl$	0.741
$Sn^{2+} + 2e = Sn$	-0.1375	$Tm^{2+} + 2e = Tm$	-2.4
$Sn^{4+} + 2e = Sn^{2+}$	0.151	$Tm^{3+} + 3e = Tm$	-2.319
$Sn(OH)_{3+} + 3H^{+} + 2e = Sn^{2+} + 3H_2O$	0.142	$Tm^{3+} + e = Tm^{2+}$	-2.2
$SnO_2 + 4H^{+} + 2e = Sn^{2+} + 2H_2O$	-0.094	$U^{3+} + 3e = U$	-1.66
$SnO_2 + 3H^{+} + 2e = SnOH^{+} + H_2O$	-0.194	$U^{4+} + e = U^{3+}$	-0.52
$Sr^{+} + e = Sr$	-4.10	$V^{2+} + 2e = V$	-1.175
$Sr^{2+} + 2e = Sr$	-2.899	$V^{3+} + e = V^{2+}$	-0.255
$Sr(OH)_2 + 2e = Sr + 2OH^{-}$	-2.88	$V_2O_5 + 6H^{+} + 2e = 2VO^{2+} + 3H_2O$	0.957
$Ta^{3+} + 3e = Ta$	-0.6	$V(OH)_4^{+} + 2H^{+} + e = VO^{2+} + 3H_2O$	1.00
$Ta_2O_5 + 10H^{+} + 10e = 2Ta + 5H_2O$	-0.750	$W^{3+} + 3e = W$	0.1
$Tb^{3+} + 3e = Tb$	-2.28	$WO_2 + 4H^{+} + 4e = W + 2H_2O$	-0.119
$Tb^{4+} + e = Tb^{3+}$	3.1	$WO_3 + 6H^{+} + 6e = W + 3H_2O$	-0.090
$Te^{4+} + 4e = Te$	0.568	$WO_3 + 2H^{+} + 2e = WO_2 + H_2O$	0.036
$Te + 2e = Te^{2-}$	-1.143	$Y^{3+} + 3e = Y$	-2.372
$Te + 2H^{+} + 2e = H_2Te$	-0.793	$Yb^{2+} + 2e = Yb$	-2.76
$TeO_2 + 4H^{+} + 4e = Te + 2H_2O$	0.593	$Yb^{3+} + 3e = Yb$	-2.19
$Th^{4+} + 4e = Th$	-1.899	$Yb^{3+} + e = Yb^{2+}$	-1.05
$ThO_2 + 4H^{+} + 4e = Th + 2H_2O$	-1.789	$Zn^{2+} + 2e = Zn$	-0.7618
$Th(OH)_4 + 4e = Th + 4OH^{-}$	-2.78	$ZnO + H_2O + 2e = Zn + 2OH^{-}$	-1.260
$Ti^{2+} + 2e = Ti$	-1.628	$Zn(OH)_2 + 2e = Zn + 2OH^{-}$	-1.249
$Ti^{3+} + 3e = Ti$	-1.209	$Zr^{4+} + 4e = Zr$	-1.45
$Ti^{3+} + e = Ti^{2+}$	-0.369	$ZrO_2 + 4H^{+} + 4e = Zr + 2H_2O$	-1.553
$TiO_2 + 4H^{+} + 2e = Ti^{2+} + 2H_2O$	-0.502	$ZrO(OH)_2 + H_2O + 4e = Zr + 4OH^{-}$	-2.36

* CRC Handbook of Chemistry and Physics, 97th Ed.

[부록 5] 수용액계에서의 열역학 Data 1

화 학 식	상태	ΔG°_{298K} (kJ/mol)	ΔH°_{298K} (kJ/mol)	S°_{298K} (J/(mol·K))
H^+	aq	0	0	0
H_2	g	0	0	130.574
O_2	g	0	0	205.028
H_2O	l	-237.178	-285.830	69.91
OH^-	aq	-157.298	-229.994	-10.75
Al	c	0	0	28.32
Al^{3+}	aq	-485.0	-531.0	-321.7
$Al(OH)_3$	c	-1138	-1276	(71)
$Al_2O_3 \cdot H_2O$(boehmite)	c	-1825.5	-1974.8	96.86
$Al_2O_3 \cdot H_2O$(diaspore)	c	-1841	-2000	70.54
$Al_2O_3 \cdot 3H_2O$(gibbsite)	c	-2287.4	-2562.7	140.21
$H_2AlO_3^-$	aq	-1067.7	—	—
AlO_2^-	aq	-823.4	-918.8	-21
$Al(OH)_4^-$	aq	-1297.9	-1490.3	117
Ag	c	0	0	42.70
Ag^+	aq	77.124	105.579	72.68
Ag_2O	c	-11.21	-31.05	121.3
$Ag_2S(\alpha)$	c	-40.67	-32.59	144.01
AgCl	c	-109.805	-127.068	96.2
AgCN	c	156.9	146.0	107.19
$Ag(CN)_2^-$	aq	305.4	270.3	192
$Ag(NH_3)_2^+$	aq	-17.24	-111.29	245.2
Au	c	0	0	47.7
Au^{+*}	aq	163.2	—	—
Au^{3+}	aq	433.5	—	—
$Au(CN)_2^-$	aq	285.8	242.3	172
$AuCl_4^-$	aq	-235.1	-325.5	61
CO_2	g	-394.383	-393.51	213.639
HCO_3^-	aq	-587.06	-691.11	94.9
H_2CO_3	aq	-623.42	-698.7	191.11
CO_3^{2-}	aq	-528.10	-676.26	-53.1
CH_3COO^-	aq	-372.46	-488.87	—
CH_3COOH	aq	-95.51	-488.45	—
Ca	c	0	0	41.6
Ca^{2+}	aq	-553.54	-542.83	-53.1
$Ca(OH)_2$	c	-898.56	-986.08	83.39
CaO	c	-604.04	-635.09	39.75
CaS	c	-477.4	-482.4	56.5

[부록 5] 수용액계에서의 열역학 Data 2

화 학 식	상태	ΔG°_{298K} (kJ/mol)	ΔH°_{298K} (kJ/mol)	S°_{298K} (J/(mol·K))
Cd	c	0	0	55.6
Cd^{2+}	aq	-77.580	-75.90	-73.2
$Cd(OH)_2$	c	-473.6	-560.7	96
$HCdO_2^-$	aq	-361.9	—	—
CdO	c	-228.4	-258.2	54.8
CdS	c	-156.5	-161.9	64.9
Cl_2	g	0	0	222.95
Cl^-	aq	-131.168	-167.456	55.2
Co	c	0	0	28.5
Co^{2+}	aq	-54.4	-58.2	-113
Co^{3+}	aq	120.9	—	
$Co(OH)_2$	c	-454.4	-539.7	79
$HCoO_2^-$	aq	-347.1	—	
$Co(OH)_3$	c	-596.6	-730.5	(84)
CoO	c	-214.22	-237.94	52.97
CoS^*	c	-82.8	-80.8	67.4
HCN	aq	119.7	—	—
CN^-	aq	172.4	150.6	94.1
Cr	c	0	0	23.8
Cr^{2+}	aq	-175.8	—	—
$Cr(OH)_2$	c	-587.8	—	—
Cr^{3+}	aq	-215.5	—	-307.5
$Cr(OH)_2^{2+}$	aq	-431.0	-474.9	-68.6
$Cr(OH)_3$	c	-900.8	-1033.8	80.3
H_2CrO_4	aq	-777.9	—	—
$HCrO_4^-$	aq	-773.6	-921.3	69.0
CrO_4^{2-}	aq	-736.8	-894.3	38.5
CrO_2^-	aq	-535.6	—	—
$Cr_2O_7^{2-}$	aq	-1319.6	-1522.9	213.8
Cr_2O_3	c	-1046.8	-1128.4	81.2
Cu	c	0	0	33.3
Cu^+	aq	50.00	71.67	40.6
Cu^{2+}	aq	65.52	64.77	-99.6
$Cu(OH)_2$	c	-356.9	-443.9	(79)
$HCuO_2^-$	aq	-257.0	—	—
CuO_2^{2-}	aq	-182.0	—	—
Cu_2O	c	-146.0	-168.6	93.14
CuO	c	-129.7	-157.3	42.64
Cu_2S	c	-86.2	-79.5	120.9
CuS	c	-53.6	-53.1	66.5

[부록 5] 수용액계에서의 열역학 Data 3

화 학 식	상태	ΔG°_{298K} (kJ/mol)	ΔH°_{298K} (kJ/mol)	S°_{298K} (J/(mol·K))
$CuSO_4$	c	-661.9	-771.36	109
$CuFeS_2$	c	-190.58	-190.4	124.98
$Cu(NH_3)_2^{2+}$	aq	-65.3	-151.0	263.6
$Cu(NH_3)_4^{2+}$	aq	-111.29	-348.5	273.6
Fe	c	0	0	14.6
Fe^{2+}	aq	-78.87	-89.1	-137.7
$Fe(OH)_2$	c	-486.6	-569.0	88
$HFeO_2^-$	aq	-379.2	—	—
Fe^{3+}	aq	-4.6	-48.5	-315.9
$FeOH^{2+}$	aq	-233.9	-282.0	-97.1
$Fe(OH)_3$	c	-696.6	-823.0	106.7
Fe_2O_3	c	-742.2	-824.2	87.40
Fe_3O_4	c	-1,015.5	-1,118.4	146.4
FeS	c	-100.4	-100.0	60.29
FeS_2	c	-166.9	-178.2	52.93
Fe_7S_8	c	-748.5	-736.4	485.8
Li	c	0	0	29.12
Li^+	aq	-293.31	-278.49	13.4
LiOH	c	-438.95	-484.93	42.80
$LiOH \cdot H_2O$	c	-680.95	-788.01	71.21
LiCl	c	-384.37	-408.61	59.33
$LiSO_4^-$	aq	-1,042.2	-1,190.8	38.5
Li_2SO_4	c	-1,321.70	-1,436.49	115.1
$Li_2SO_4 \cdot H_2O$	c	-1,565.5	-1,735.5	163.6
Li_2O	c	-561.18	-597.94	37.57
Mg	c	0	0	32.5
Mg^{2+}	aq	-454.8	-466.85	-138.1
$Mg(OH)_2$	c	-833.58	-924.54	63.18
MgO(periclase)	c	-569.44	-601.70	26.94
MgS	c	-341.8	-346.0	50.33
Mn	c	0	0	31.8
Mn^{2+}	aq	-228.0	-220.75	-73.6
$Mn(OH)_2$	c	-615.0	-695.4	99.2
$HMnO_2^-$	aq	-505.8	—	—
MnO_4^{2-}	aq	-503.8	—	—
MnO_4^-	aq	-449.4	-542.7	190.0
MnS	c	-218.4	-214.2	78.2
MnO_2	c	-465.18	-520.03	53.05
NH_3	aq	-26.57	-80.29	111.3
NH_4^+	aq	-79.37	-132.51	113.4

[부록 5] 수용액계에서의 열역학 Data 4

화 학 식	상태	ΔG°_{298K} (kJ/mol)	ΔH°_{298K} (kJ/mol)	S°_{298K} (J/(mol·K))
Ni	c	0	0	30.1
Ni^{2+}	aq	-45.6	-54.0	-128.9
$Ni(OH)_2$	c	-447.3	-529.7	88
$HNiO_2^-$	aq	-349.2	—	—
$Ni(OH)_3$	c	-541.8	-678.2	(81.6)
NiO	c	-211.7	-239.7	37.99
NiS	c	-79.5	-82.0	52.97
Ni_3O_2	c	-197.1	-202.9	133.9
$Ni(NH_3)_6^{2+}$	aq	-250.1	-630.1	394.6
Pb	c	0	0	64.9
Pb^{2+}	aq	-24.39	-1.7	10.46
$Pb(OH)_2$	c	-452.3	-515.9	—
$HPbO_2^-$	aq	-338.82	—	—
PbO(yellow)	c	-187.90	-217.32	68.7
PbO(red)	c	-188.95	-218.99	66.5
PbS	c	-98.7	-100.4	91.2
$PbSO_4$	c	-813.20	-919.94	148.57
PbO_2	c	-217.36	-277.4	68.6
H_2S	g	-33.56	-20.63	205.69
H_2S	aq	-27.86	-39.7	121
HS^-	aq	-12.05	-17.6	62.8
S^{2-}	aq	85.8	33.1	-14.6
SO_4^{2-}	aq	-744.63	-909.27	20.1
HSO_4^-	aq	-756.01	-887.34	131.8
SO_2	aq	-300.70	-322.980	161.9
HSO_3^-	aq	-527.81	-626.22	139.7
SO_3^{2-}	aq	-486.6	-635.5	-29
Sn	c	0	0	51.5
Sn^{2+}(aq HCl)	aq	-27.2	-8.8	-17
Sn^{4+}(aq HCl)	aq	2.5	30.5	-117
$Sn(OH)_2$	c	-491.6	-561.1	155
$HSnO_2^-$	aq	-410	—	—
$Sn(OH)_6^{2-}$	aq	-1299	—	—
SnO	c	-256.9	-285.8	56.5
SnO_2	c	-519.7	-580.7	52.3
SnS	c	-98.3	-100	77

[부록 5] 수용액계에서의 열역학 Data 5

화 학 식	상태	ΔG°_{298K} (kJ/mol)	ΔH°_{298K} (kJ/mol)	S°_{298K} (J/(mol·K))
U	c	0	0	50.32
U^{3+}	aq	-520.37	-514.51	-125
U^{4+}	aq	-578.93	-613.45	-327
UO_2	c	-1031.5	—	—
UO_2^{+}	aq	-993.88	-1034.9	50
UO_2^{2+}	aq	-988.86	-1047.4	-71
UO_3	c	-1141.9	—	—
$UO_3 \cdot H_2O$	c	-1434.77	-1570.30	138
$U(OH)^{3+}$	aq	-809.41	-853.14	-125
$U(OH)_3$	c	-1100.97	—	—
$U(OH)_4$	c	-1470.74	—	—
UO_2SO_4	c	-1730.51	-1954.72	-54
$UO_2(CO_3)_3^{4-}$	aq	-2677.12	—	—
$UO_2(CO_3)_2(H_2O)_2^{2-}$	aq	-2601.83	—	—
UO_2CO_3	c	-1576.99	—	—
$UO_2(OH)_2 \cdot H_2O$	c	-1827.97	—	—
Zn	c	0	0	41.6
Zn^{2+}	aq	-147.03	-153.89	-112.1
$Zn(OH)_2$	c	-553.58	-641.91	81.2
$HZnO_2^{-}$	aq	-464.0	—	—
ZnO_2^{2-}	aq	-389.2	—	—
ZnO	c	-318.32	-348.28	43.64
ZnS(sphalerite)	c	-201.29	-205.98	57.7
$ZnSO_4$	c	-874.5	-982.8	119.7
$Zn(NH_3)_4^{2+}$	aq	-307.5	—	—

[부록 6] SI Units*

Table 1. SI base units.

Base quantity	SI base unit	
	Name	Symbol
length	meter	m
mass	kilogram	kg
time	second	s
electric current	ampere	A
thermodynamic temperature	kelvin	K
amount of substance	mole	mol
luminous intensity	candela	cd

Table 2. Examples of SI derived units expressed in terms of SI base units.

Derived quantity	SI base unit	
	Name	Symbol
area	square meter	m^2
volume	cubic meter	m^3
speed, velocity	meter per second	m/s
acceleration	meter per second squared	m/s^2
wave number	reciprocal meter	m^{-1}
mass density (density)	kilogram per cubic meter	kg/m^3
specific volume	cubic meter per kilogram	m^3/kg
current density	ampere per square meter	A/m^2
magnetic field strength	ampere per meter	A/m
amount-of-substance concentration (concentration)	mole per cubic meter	mol/m^3
luminance	candela per square meter	cd/m^2

* Barry N. Taylor: "Guide for the Use of the International System of Units(SI)", NIST Special Publication 811, 1995 Edition.

Table 3. Value of selected physical constants.

상 수	기호	값	단위
Faraday 상수	F	9.6485309×10^{4}	$C \cdot mol^{-1}$
Avogadro 수	N_A	6.0221367×10^{23}	mol^{-1}
기체상수	R	8.3145101	$J \cdot K^{-1} \cdot mol^{-1}$
기체상수	R	1.9872	$cal \cdot K^{-1} \cdot mol^{-1}$
기체상수	R	0.0820578	$L \cdot atm \cdot K^{-1} \cdot mol^{-1}$
Boltzmann 상수	k_B	1.380658×10^{-23}	$J \cdot K^{-1}$
중력가속도	g	980.665	$cm \cdot s^{-2}$
표준상태의 이상기체부피	-	22.41409	$L \cdot mol^{-1}$
Planck 상수	h	$6.6260755 \times 10^{-34}$	$J \cdot s$

Table 4. SI prefixes

Fraction	Prefix	Symbol	Fraction	Prefix	Symbol
10^{-1}	deci	d	10	deca	da
10^{-2}	centi	e	10^{2}	hecto	h
10^{-3}	milli	m	10^{3}	kilo	k
10^{-6}	micro	μ	10^{6}	mega	M
10^{-9}	nano	n	10^{9}	giga	G
10^{-12}	pico	p	10^{12}	tera	T
10^{-15}	femto	f	10^{15}	peta	P
10^{-18}	atto	a	10^{18}	exa	E

Table 5. Conversion table for units

Units	Symbol	Value
Length		
meter(SI unit)	m	
centimeter	cm	$=10^{-2}$ m
angstrom	A	$=10^{-10}$ m
micron	μ	$=10^{-6}$ m
Volume		
cubic meter(SI unit)	m^3	
liter	L	$=dm^3=10^{-3}$ m^3
Mass		
kilogram(SI unit)	kg	
gram	g	$=10^{-3}$ kg
Energy		
joule(SI unit)	J	
erg	erg	$=10^{-7}$ J
rydberg	Ry	$=2.17987\times10^{-18}$ J
electron volt	eV	$=1.60218\times10^{-19}$ J
inverse centimeter	cm^{-1}	$=1.98645\times10^{-23}$ J
calorie(thermochemical)	cal	=4.184 J
liter atmosphere	L·atm	=101.325
Pressure		
pascal(SI unit)	Pa	
atmosphere	atm	=101325 Pa
bar	bar	$=10^5$ Pa
torr	Torr	=133.322 Pa
pounds pre square inch	psi	$=6.894757\times10^3$ Pa
Power		
watt(SI unit)	W	
horsepower	hp	=745.7 W
Angle		
radian(SI unit)	rad	
degree	o	$=\frac{2\pi}{360}\text{rad}=\left(\frac{1}{57.29578}\right)\text{rad}$